今すぐ使える かんたん

AutoCAD《オートキャド》

AutoCAD/AutoCA 改訂2版

2022 /2021 /2020 対

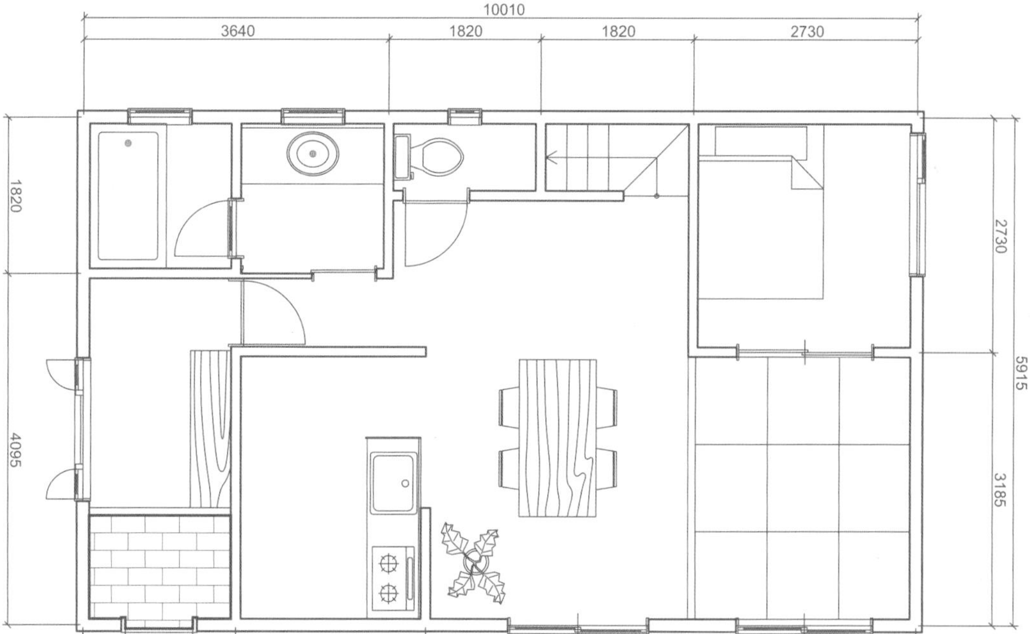

技術評論社

本書の使い方

- ●画面の手順解説だけを読めば、操作できるようになる！
- ●もっと詳しく知りたい人は、両端の「側注」を読んで納得！
- ●これだけは覚えておきたい機能を厳選して紹介！

特　長　1

機能ごとに
まとまっているので、
「やりたいこと」が
すぐに見つかる！

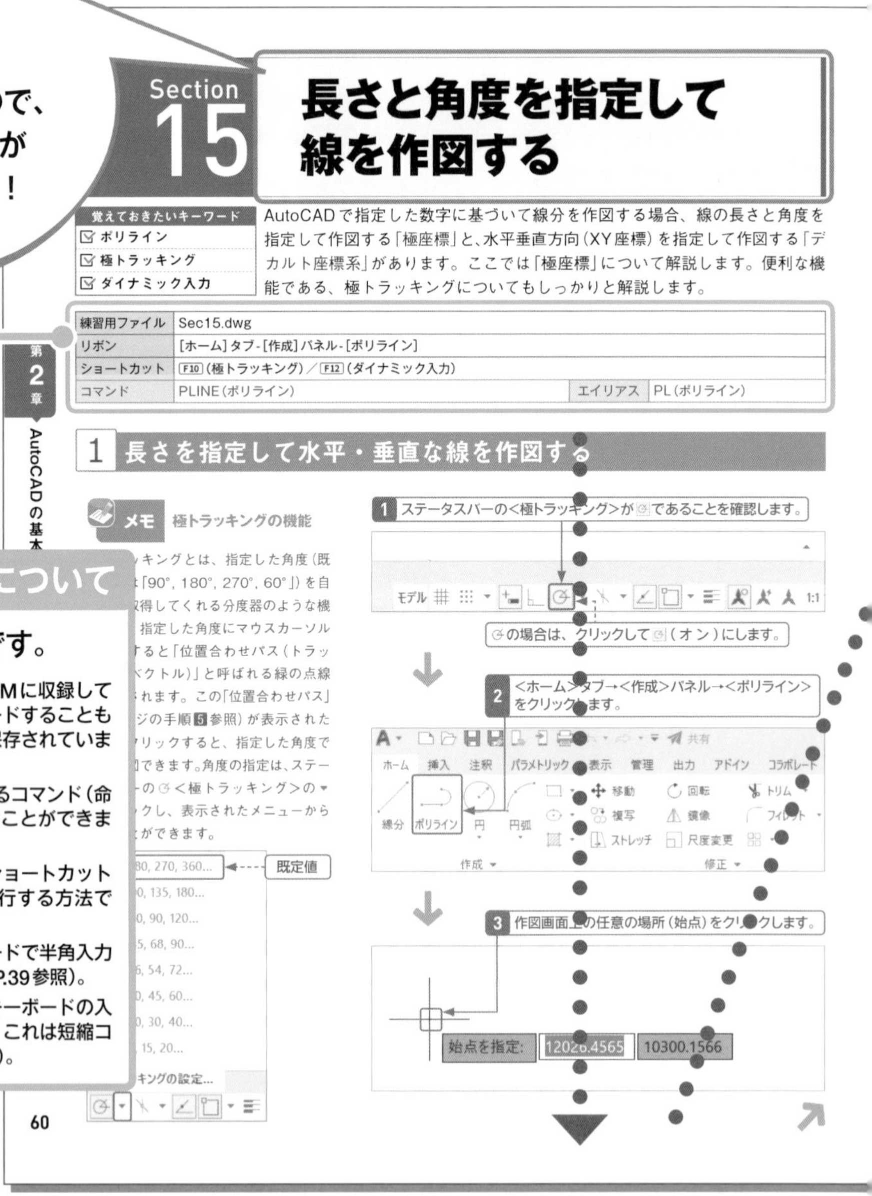

Section 15

長さと角度を指定して線を作図する

AutoCADで指定した数字に基づいて線分を作図する場合、線の長さと角度を指定して作図する「極座標」と、水平垂直方向（XY座標）を指定して作図する「デカルト座標系」があります。ここでは「極座標」について解説します。便利な機能である、極トラッキングについてもしっかりと解説します。

覚えておきたいキーワード
- ☑ ポリライン
- ☑ 極トラッキング
- ☑ ダイナミック入力

練習用ファイル	Sec15.dwg		
リボン	[ホーム] タブ-[作成] パネル-[ポリライン]		
ショートカット	F10 (極トラッキング)／F12 (ダイナミック入力)		
コマンド	PLINE (ポリライン)	エイリアス	PL (ポリライン)

第2章　AutoCADの基本

1 長さを指定して水平・垂直な線を作図する

メモ 極トラッキングの機能

…キングとは、指定した角度（既…「90°, 180°, 270°, 60°」）を自…収得してくれる分度器のような機…指定した角度にマウスカーソル…すると「位置合わせパス（トラッ…ベクトル）」と呼ばれる緑の点線…れます。この「位置合わせパス」…ジの手順6参照）が表示された…クリックすると、指定した角度…できます。角度の指定は、ステー…の＜極トラッキング＞の▼…し、表示されたメニューから…ができます。

…80, 270, 360…	◀──	既定値
…0, 135, 180…		
…0, 90, 120…		
…5, 68, 90…		
…0, 54, 72…		
…0, 45, 60…		
…0, 30, 40…		
…15, 20…		

…キングの設定…

● 各Sectionの表について

表の見方は次の通りです。

練習用ファイル：付属のCD-ROMに収録しており、弊社サイトからダウンロードすることもできます。章ごとのフォルダに保存されています。

リボン：本Sectionで解説しているコマンド（命令）を画面メニューから実行することができます（P.38参照）。

ショートカット：特定のキーやショートカットメニューなどからコマンドを実行する方法です。

コマンド：コマンド名をキーボードで半角入力して実行する場合に使用します（P.39参照）。

エイリアス：コマンドで示したキーボードの入力操作をより短くしたものです。これは短縮コマンドとも呼ばれます（P.40参照）。

1 ステータスバーの＜極トラッキング＞が◉であることを確認します。

モデル ⊞ … ┼ ∟ ◉ … ∠ ⬜ ≡ ⚒ ⚒ 人 1:1

◉の場合は、クリックして◉（オン）にします。

2 ＜ホーム＞タブ→＜作成＞パネル→＜ポリライン＞をクリックします。

ホーム 挿入 注釈 パラメトリック 表示 管理 出力 アドイン コラボレート

線分 ポリライン 円 円弧 … 移動 ⊕ 回転 トリム … 複写 ⚠ 鏡像 フィレット … ストレッチ 尺度変更

作成 修正

3 作図画面上の任意の場所（始点）をクリックします。

始点を指定： 1202゜o.4565 10300.1566

60

How to use

特長 2

やわらかい上質な紙を使っているので、開いたら閉じにくい！

● 補足説明

操作の補足的な内容を「側注」にまとめているので、よくわからないときに活用すると、疑問が解決！

- メモ：補足説明
- ヒント：便利な機能
- ステップアップ：応用操作解説
- キーワード：用語の解説
- 注意：注意事項

Section 15 長さと角度を指定して線を作図する

4 マウスカーソルを右(3時方向)に移動すると、

5 位置合わせパスが表示されます。

角度を示す「0°」が表示されます。

6 線の長さ(ここでは「1500」)を入力し、

7 Enter キーを押して、確定します。

8 マウスカーソルを上(12時方向)に移動すると、

9 位置合わせパスが表示されます。

10 線の長さ(ここでは「1500」)を入力し、

11 Enter キーを押して、確定します。

12 そのほかの線も同様の手順で作図します。

メモ 角度の表示ついて

既定値では、東(時計の3時方向)を0°とし、反時計回りに、北(90°)、西(180°)と計測します。また、ダイナミック入力がオンで作図する場合、180°以上の角度に関しては、0°から時計回りで表示されます。つまり、絶対角度(原点からの角度)が240°のときは、「120°」と表示されます。詳細は、P.63の「メモ」を参照してください。

90°(北)　180°(西)　0°(東)　270°(南)

ダイナミック入力では「90」と表示される

メモ 数字の入力は半角

長さや角度などの数字を入力するときは、半角で入力します。入力した数字の下に波下線が表示されたら全角です。切替えの方法についてはP.42で確認して

メモ 線色・線の太さについて

ここでは、すべてのプロパティの[ByLayer]にし、線の太さオフにして解説しています。

ByLayer / ByLayer / ByLayer / プロパティ

第2章

61

● 基本操作

赤い矢印の部分だけを読んで、パソコンを操作すれば、難しいことはわからなくても、あっという間に操作できる！

特長 3

大きな操作画面で該当箇所を囲んでいるのでよくわかる！

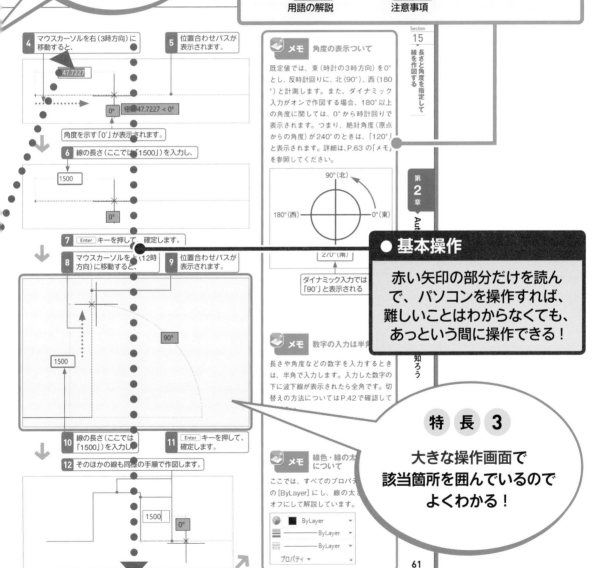

目次

Contents

第1章 AutoCADの基本

Contents

Contents

第5章 ベアリングの図面を作図しよう

Contents

第6章 L型側溝の図面を作図しよう

Contents

●本書付属のCD-ROMに収録されているデータについて

本書付属のCD-ROMには練習用ファイルが収録されています。パソコンに保存して本書とともに利用してください。なお、この中にある「添付画像フォルダ」には、一部の図面に埋め込まれている画像が収録されています。必要なフォルダなので、削除しないでください。

また、練習用ファイルは弊社サイトからダウンロードすることもできます。ダウンロードできるWebページは以下の通りです。

https://gihyo.jp/book/2021/978-4-297-12367-3/support

アクセスして、以下の「ID」と「パスワード」を入力して「ダウンロード」ボタンをクリックしてください。

ID：AutoCAD　パスワード：Sample　（半角英字で大文字小文字を正確に入力してください）

ご注意：ご購入・ご利用の前に必ずお読みください

- 本書に記載された内容は、情報の提供のみを目的としています。したがって、本書を用いた運用は、必ずお客様自身の責任と判断によって行ってください。これらの情報の運用の結果について、技術評論社および著者はいかなる責任も負いません。

- 本書記載の情報は、特に断りのない限り、2021年9月現在のものを掲載しております。OSやソフトウェアはバージョンアップされる場合があり、本書での説明とは機能内容や画面図などが異なってしまうこともあり得ます。あらかじめご了承ください。

- 本書はAutoCAD 2022（業種別ツールセットを含まない）とWindows10を使用して操作方法を解説しています。

以上の注意事項をご承諾いただいた上で、本書をご利用願います。これらの注意事項をお読みいただかずに、お問い合わせいただいても、技術評論社および著者は対処しかねます。あらかじめ、ご承知おきください。

Chapter 01

第1章

AutoCADの基本

Section 01 AutoCAD（オートキャド）とは

覚えておきたいキーワード
- CAD
- CG
- 実寸型CAD

ここでは、CAD（キャド）の定義やAutoCAD（オートキャド）の種類やバージョンなどについて解説します。また、AutoCADの特徴である「実寸型CAD」についても理解し、尺度と図形の関係性についてもイメージできるようになりましょう。

1 そもそもCADとは

CAD（キャド）とはcomputer-aided designの略称で、「コンピューター支援設計」とも訳され、コンピューターを用いて設計をすること、あるいはコンピューターによる設計支援ツールのことを指します。
コンピューターグラフィックス（CG）と混同されることも多いのですが、CGが数値の精密さをそれほど求められないコンピューターゲームや映画やアニメーションなどを指すのに対して、CADは数値が明確な建築や機械の製図などに用いられます。

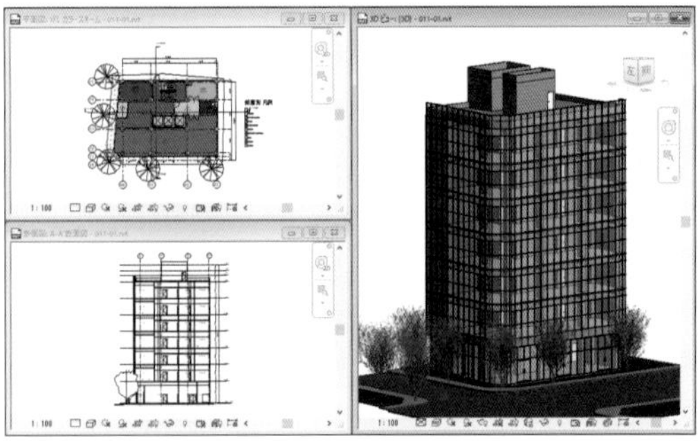

CADでは実際に「物」を作るための図を作成するため、数値は正確である必要があり、大変重要なものとなります。一方、CGでは「物」を作るわけではないため、CADとは数値の意味合いが少し異なったものになります。

2 2DCADと3DCADの違い

CADは2次元（2D）CADと3次元（3D）CADに分けられます。水平方向（X軸）と垂直方向（Y軸）の2つのベクトルで構成されるのが「2DCAD」で、その「2DCAD」に奥行き（Z軸）を追加したものが「3DCAD」です。とくに「3DCAD」の進歩は目覚ましく、建築に特化した「BIM（ビム）」、土木に特化した「CIM（シム）」、機械に特化した「CAM（キャム）」など、業界の特性に合わせた3DCADが開発されています。本書では、AutoCADでの2次元（2D）の作図方法について解説しています。

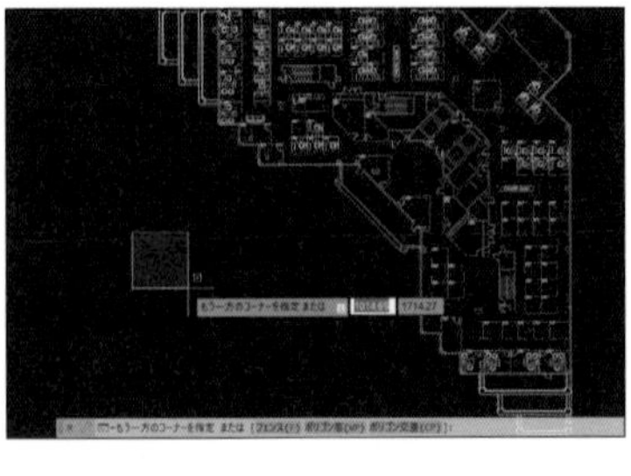

2DCAD

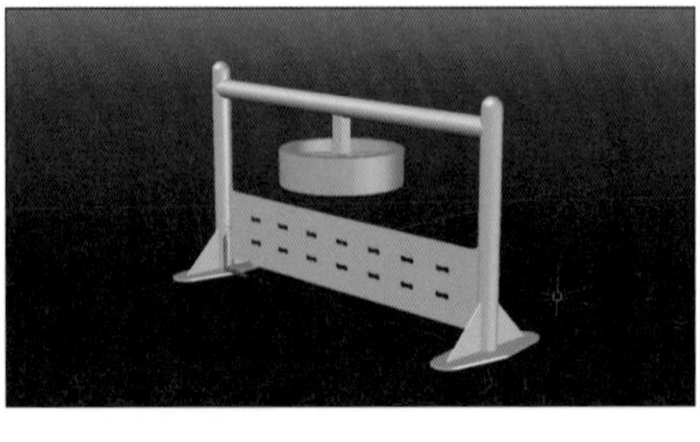

3DCAD

3 AutoCADの特徴である実寸型CADとは

手描きの製図とAutoCADでは作図の方法が異なります。
手描きの製図では、用紙に合わせて尺度を設定し、図形を大きくしたり（倍尺）、小さくしたり（縮尺）しながら作図します。
一方、AutoCADでは、まず図形をそのままの大きさ（実寸）で作図し、印刷時の用紙サイズと尺度に合わせて、カメラのレンズのように図形を拡大縮小して投影します。これを「実寸型」といいます。この概念が、AutoCAD初心者には非常にわかりにくいところなので、本書ではこれらの部分についてもわかりやすく解説していきます。

AutoCADでは実寸で作図し、手描きCADでは実物より縮めたかたちで作図します。

実寸型CADイメージ

手描き製図イメージ

AutoCADでは実寸で作図し、印刷する際に1:100、あるいは1:10といった印刷尺度（P.153参照）を設定して印刷します。

メモ AtutoCAD LTの販売終了について

オートデスクは2021年6月7日でAutoCAD LT（日本向け）の新規サブスクリプションの販売を終了し、それに伴い3D／2Dに対応した「AutoCAD（業種別ツールセットを含まない）」がAutoCAD LTと同一価格で利用できるようになりました。現在AutoCAD LTをお使いの方は、引き続きAutoCAD LTを利用できます。詳細につきましてはオートデスクのホームページで確認してください。

メモ バージョンの違いについて

AutoCADは2008バージョンより、画面構成（インターフェイス）が大きく改正され、それまでのツールバー形式からリボン形式に変更されました。毎年、新しいバージョンが発表されていますが、画面構成や基本コマンドについては大きな変更はありません（2021年現在）。本書では「AutoCAD 2022（業種別ツールセットを含まない）」を使用しますが、2008以降のバージョンであれば「AutoCAD」「AutoCAD LT」どちらでも学習していただけます（一部コマンドを除く）。

Section 02 ダウンロード／インストールする

覚えておきたいキーワード
- ダウンロード
- 体験版
- 動作環境

ここでは「AutoCAD（業種別ツールセットを含まない）」の体験版のダウンロードとインストールの手順について解説します。体験版では30日間無料で利用できます。体験版試用期間中に、インターネットよりライセンス（使用権）購入すれば再インストールすることなく継続して使用することができます。

1 体験版のダウンロードページにアクセスする

メモ 検索サイトからアクセスする

GoogleやYahoo!などの検索サイトで、「オートキャド　体験版」とキーワードを入力して、検索結果から体験版のダウンロードページを表示することもできます。

メモ AutoCAD 2023のダウンロードとインストールについて

バージョンアップに伴い、AutoCAD 2022のダウンロードは2022年5月で終了しました。AutoCAD 2023でも本書をご利用いただけます。AutoCAD 2023のダウンロードとインストールの方法は本書のサポートページで解説しています。下記のウェブページをご確認ください。

https://gihyo.jp/book/2021/978-4-297-12367-3/support

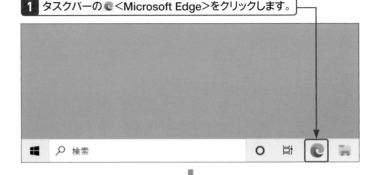

1 タスクバーの<Microsoft Edge>をクリックします。

2 Microsoft Edgeが起動します。

3 アドレスバーにURL（https://www.autodesk.co.jp/products/autocad/free-trial）を入力して、

4 Enter キーを押すと、

5 体験版のダウンロードページが表示されます。

2 AutoCADをダウンロードする

1 <無償体験版をダウンロード>をクリックします。

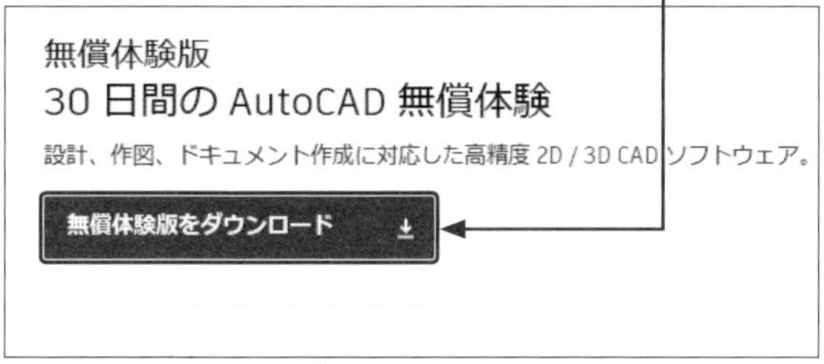

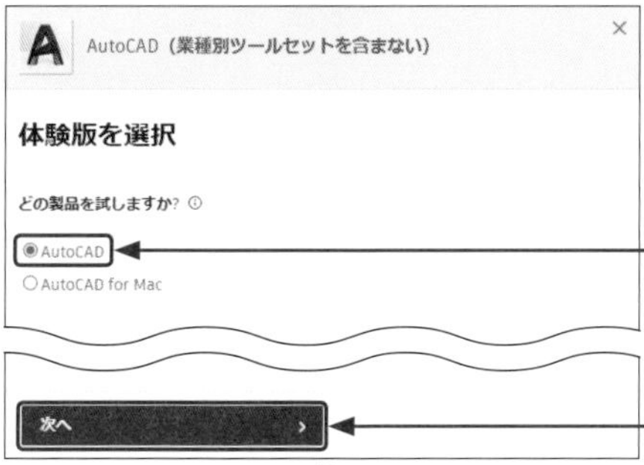

2 <AutoCAD>をクリックして選択し、

3 <次へ>をクリックします。

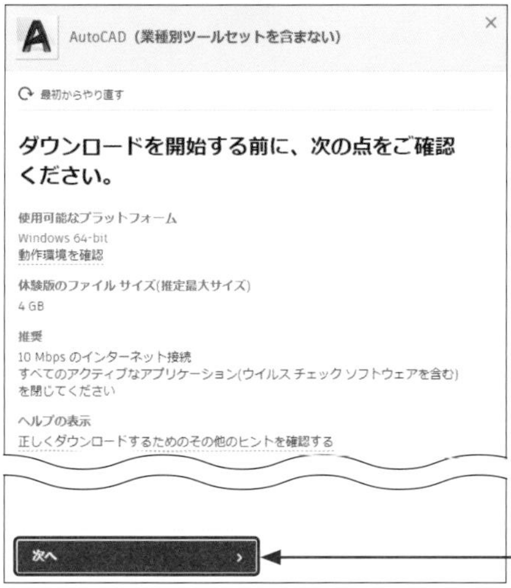

4 動作環境を確認し、

5 <次へ>をクリックします。

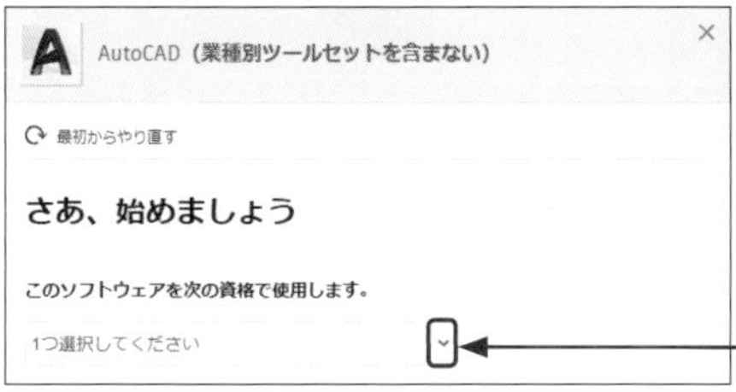

6 「さあ、始めましょう」画面が表示されます。

7 ⌄をクリックします。

ヒント AutoCAD for Macについて

「AutoCAD for Mac」をインストールすれば、MacでもAutoCADを使用できます。ただし、インターフェイスやコマンドが一部異なるため、本書ではWindows版を使用し、Mac版の操作方法については解説しておりません。詳細については、オートデスクのホームページで確認してください。

メモ AutoCADの動作環境

AutoCADの動作環境は、オートデスクのホームページ（https://www.autodesk.co.jp/products/autocad/）で確認してください。動作環境の文字の右にあるWindows／Macのアイコンをクリックすると、必要な動作環境が表示されます。

ヒント パソコンのスペックを確認するには

デスクトップの何もないところで右クリックし、メニューから<ディスプレイ設定>をクリックして選択します。表示される「設定」画面左の領域に表示される<詳細情報>をクリックすると、パソコンのスペックが表示されます。

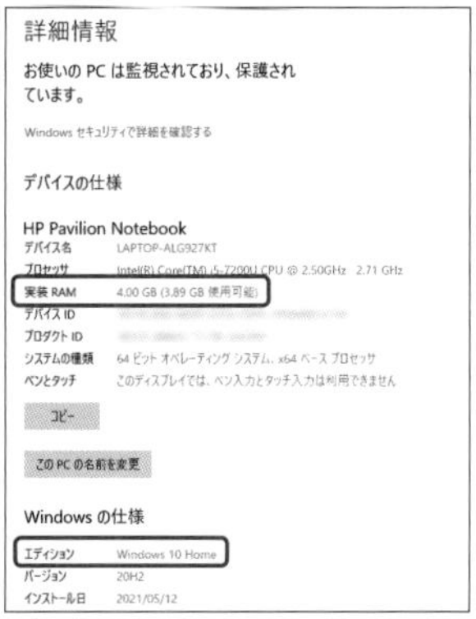

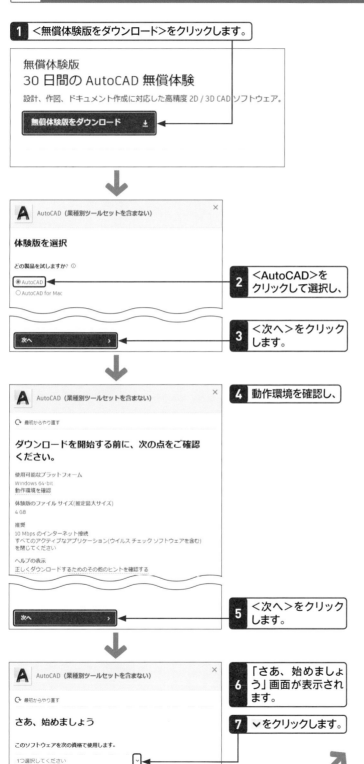

メモ 学生版を使用するには

オートデスクに登録された学校の学生や教職員であれば、学生版を使用することができます。詳しくはオートデスクのホームページ（https://www.autodesk.co.jp/education/free-software/featured）で確認してください。

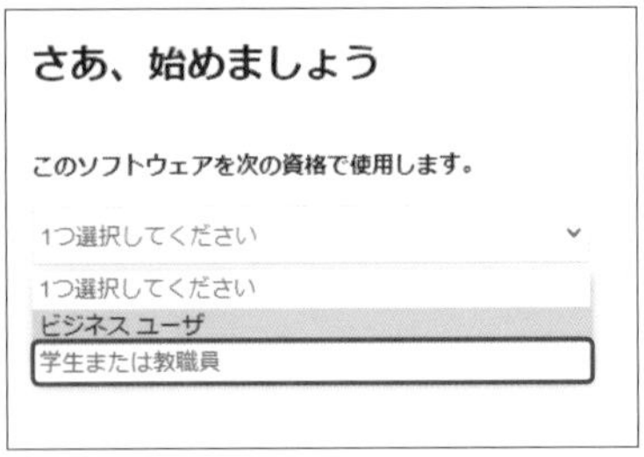

8 表示されるメニューから、＜ビジネスユーザ＞をクリックして選択します。

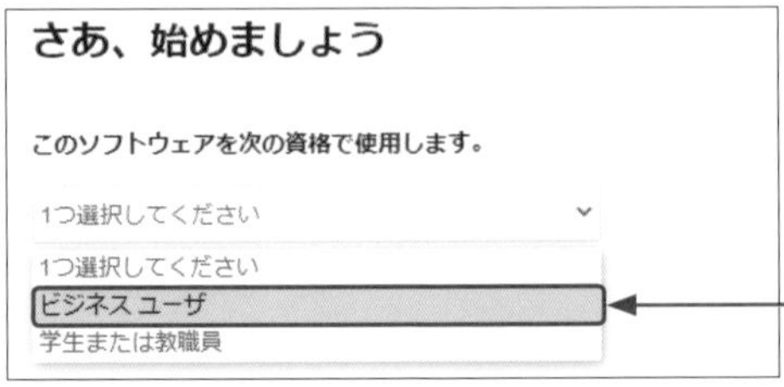

9 言語選択のリストが「日本語」になっていることを確認し、

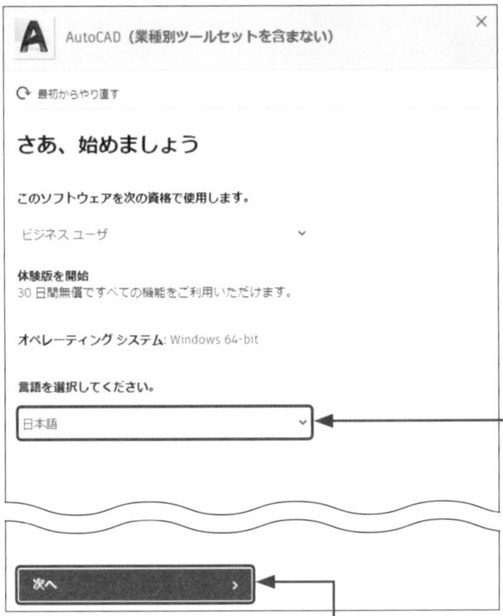

10 ＜次へ＞をクリックします。

11 「サインイン」画面が表示されます。

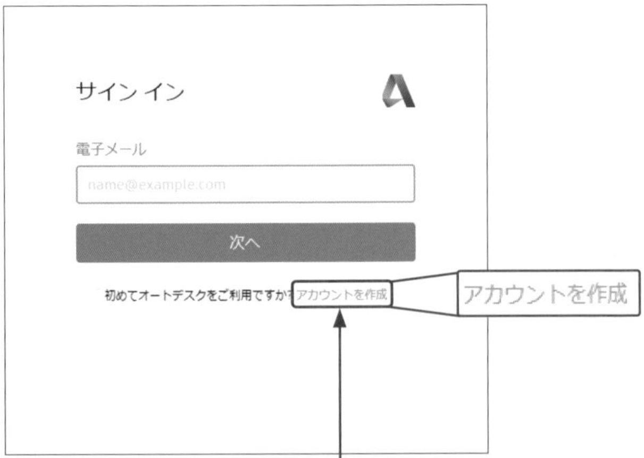

12 ＜アカウントを作成＞をクリックします。

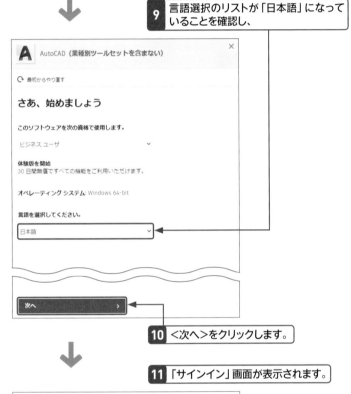

13 氏名を入力し、

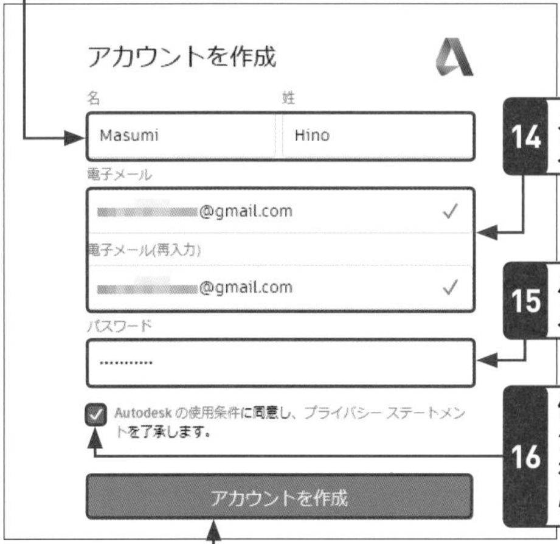

14 メールアドレスを入力して、

15 パスワードを入力します。

16 使用条件とプライバシーステートメントの□をクリックして☑にしたら、

17 ＜アカウントを作成＞をクリックします（右の「注意」参照）。

18 「アカウントが作成されました」画面が表示されます。

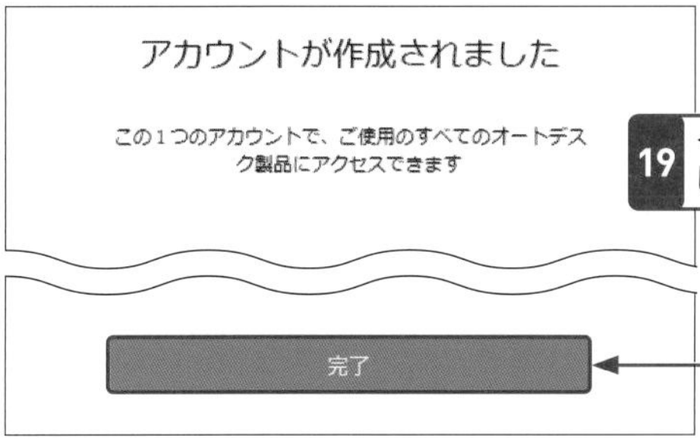

19 ＜完了＞をクリックします。

20 会社名、都道府県、郵便番号、電話番号を入力し、

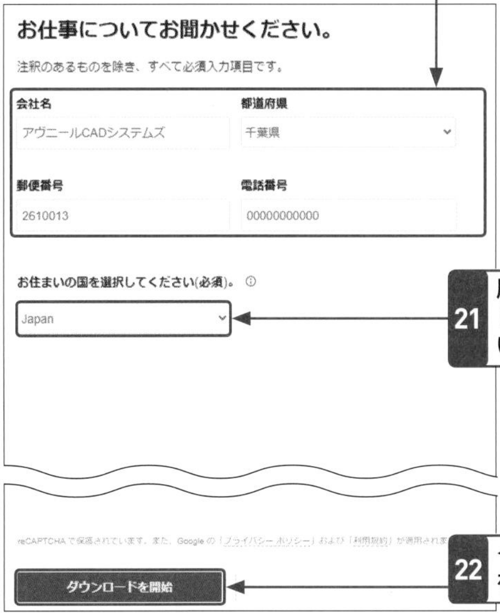

21 居住している国が「Japan」に選択されていることを確認して、

22 ＜ダウンロードを開始＞をクリックします。

メモ パスワードの設定条件について

パスワードは以下の条件をすべて満たす必要があります。

- 最低１つの文字
- 最低１つの数字
- 最低８文字
- 最低３つの異なる文字

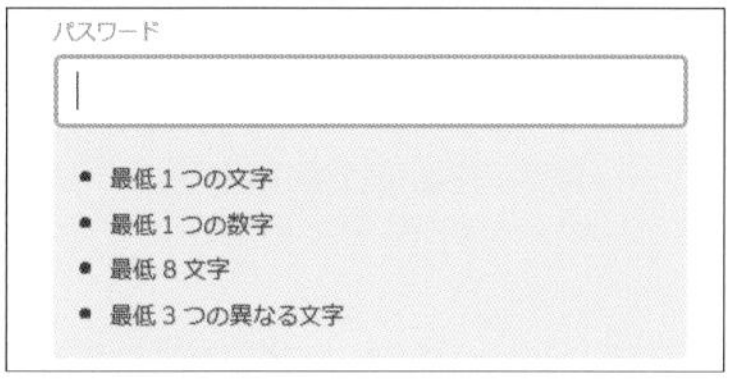

注意 アカウントの確認メール

手順17を実行すると、手順14で設定したメールアドレスに確認メールが届くので、＜電子メールを確認＞をクリックして認証します。「アカウントは確認されました」のページが表示されたら、＜完了＞をクリックします。この作業をしないとP.23手順3でサインインできない場合があるので、必ず行ってください。

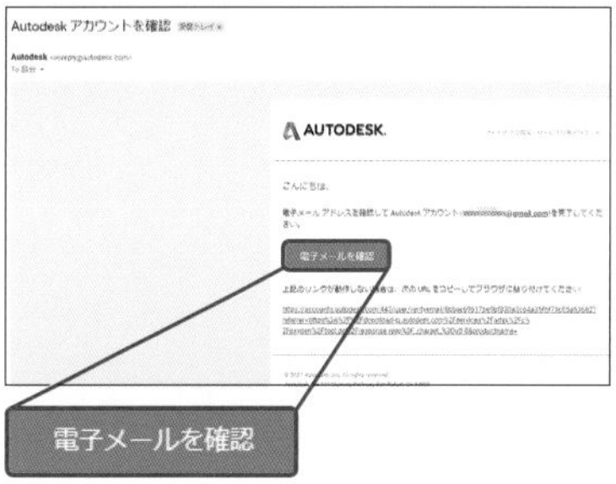

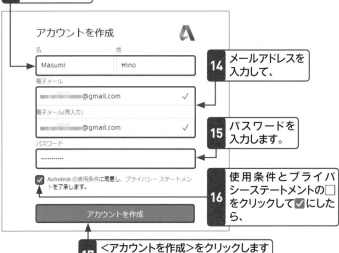

3 AutoCADをインストールする

ここでは、前ページの続きで解説しています。

1 ダウンロードが終了したら、＜ファイルを開く＞をクリックします。

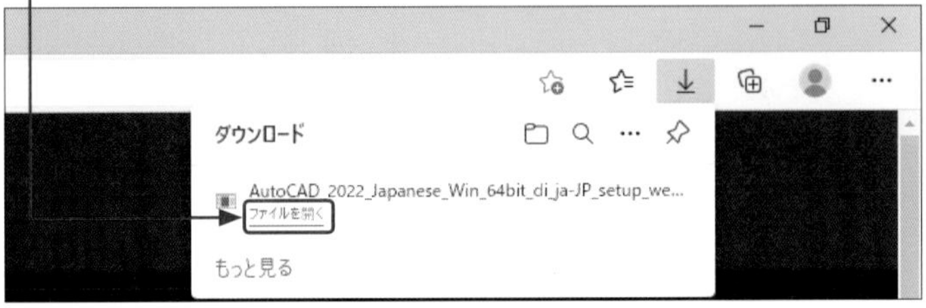

2 「ソフトウェア使用許諾契約」画面が表示されます。

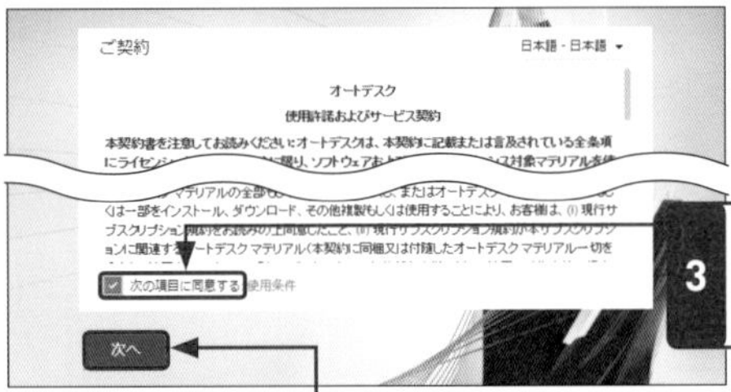

3 内容を確認して、問題がなければ＜次の項目に同意する＞にチェックし、

4 ＜次へ＞をクリックします。

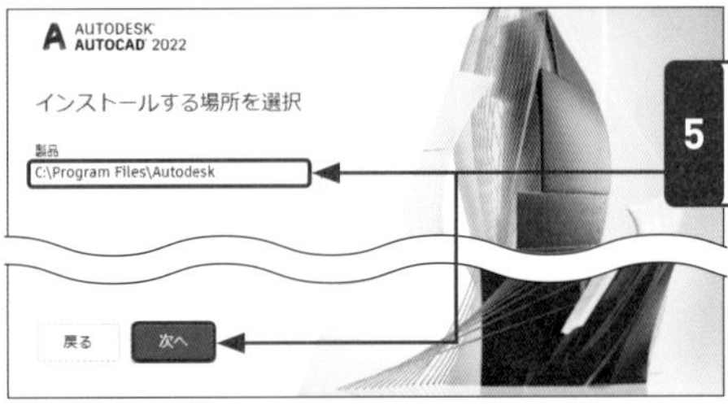

5 インストールする場所を確認し、＜次へ＞をクリックします。

6 ＜インストール＞をクリックして、インストールを開始します。

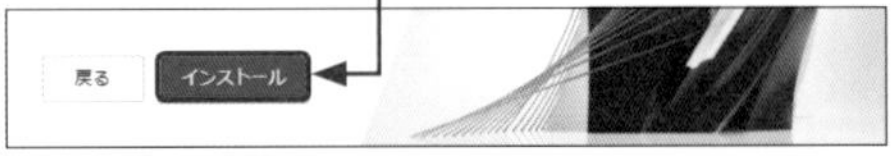

7 「インストール完了」と表示されれば、インストールは完了です。

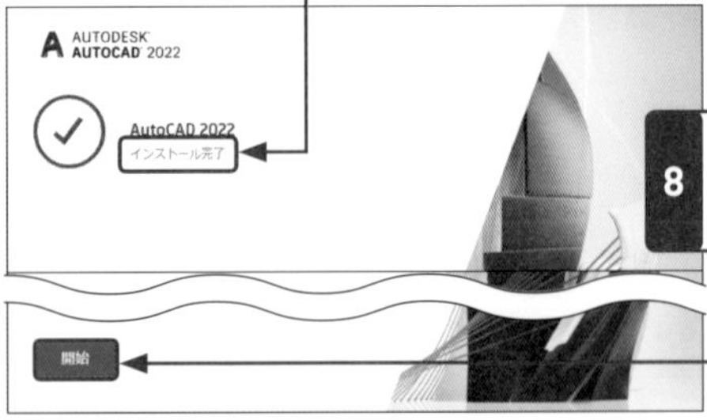

8 ＜開始＞をクリックして、ソフトウェアを起動します。

ヒント ダイアログボックスが消えた場合

手順**1**でダイアログボックスが消えてしまった場合は、ダウンロードフォルダを開き、「AutoCAD_2022_Japanese_Win_64bit_di_ja-JP_setup_webinstall.exe」ファイルをダブルクリックします。

ヒント 空き容量に注意

AutoCADのダウンロードとインストールには10GB必要なので、ハードディスクの空き容量には注意してください。

メモ 「ユーザーアカウント制御」画面が表示されたら

手順**1**で「ユーザーアカウント制御」画面が表示された場合は、＜はい＞をクリックして許可します。

メモ インストールに失敗したら

ダウンロードやインストールが失敗してしまう場合は、インターネット速度が10Mbps以上で、すべてのアクティブなアプリケーション（ウィルスチェックソフト含む）が閉じられているか確認します。それでもインストールできない場合は、オートデスクに問い合わせてください（https://www.autodesk.co.jp/company/contact-us）。

4 初期設定を行う

ここでは、前ページの続きで解説しています。

1 「AutoCAD 2022」が起動します。

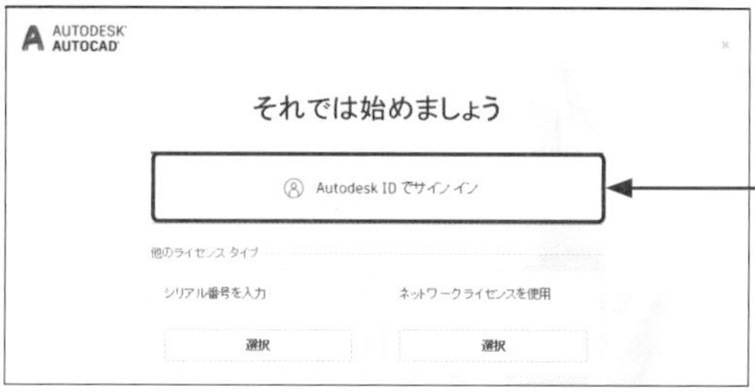

2 <Autodesk IDでサインイン>をクリックします。

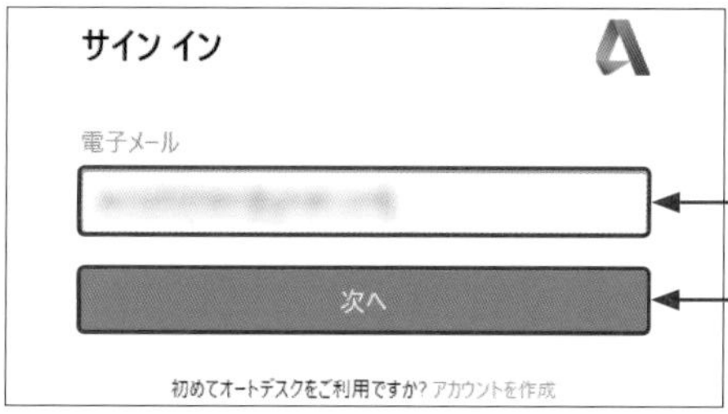

3 P.21の手順14で登録したメールアドレスを入力し、

4 <次へ>をクリックします。

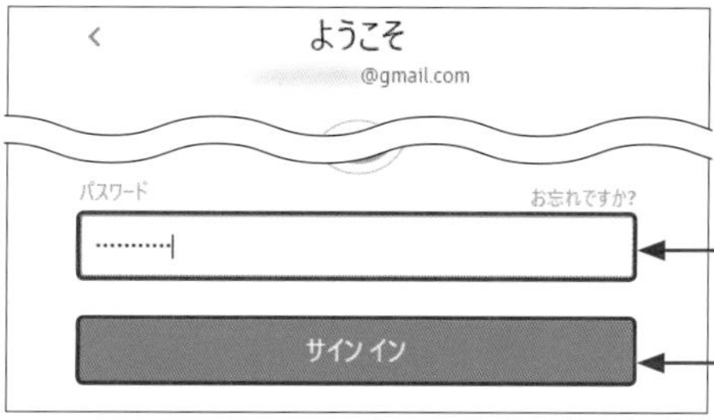

5 P.21の手順15で登録したパスワードを入力し、

6 <サインイン>をクリックします。

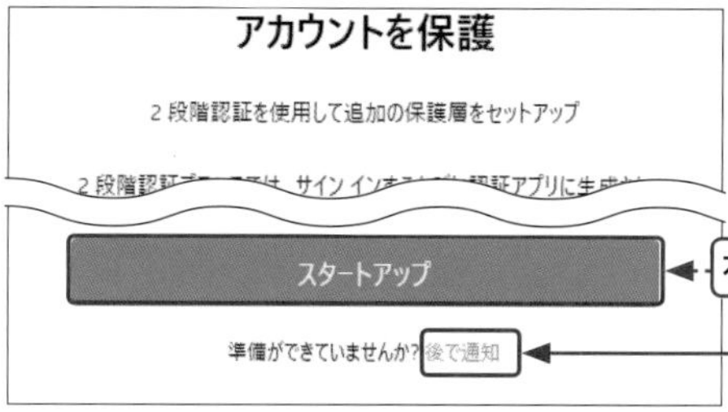

右の「ヒント」参照。

7 <後で通知>をクリックします。

8 <体験版を使用開始>をクリックします。

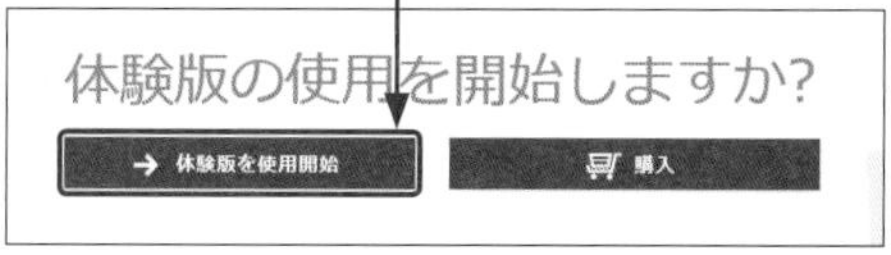

9 AutoCADが起動します。

ヒント　2段階認証とは

2段階認証とは、メールアドレス(ID)とパスワードによる認証方法だけでなく、セキュリティコードによる認証を追加することで、よりセキュリティを高めるしくみです。この2段階認証を利用する場合は、手順7で<スタートアップ>をクリックします。

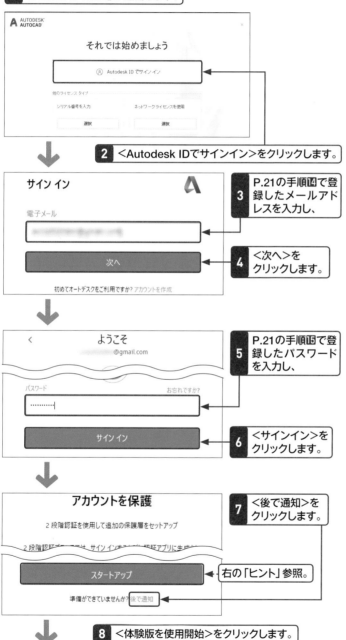

Section 03 起動／終了する

覚えておきたいキーワード
- 起動
- 終了
- アイコン

ここでは、AutoCADの起動と終了方法について解説します。とくにアプリケーションの起動時や終了時はトラブルが発生しやすいものです。きちんとした起動と終了の方法を知ることで、故障やデータ喪失などのトラブルを未然に防ぐようにしましょう。

リボン	[アプリケーションメニュー] ー [Autodesk AutoCAD 2022を終了]		
ショートカット	Ctrl + Q（AutoCADの終了）		
コマンド	QUIT（AutoCAD の終了）	エイリアス	EXIT

1 AutoCADを起動する

メモ　デスクトップにアイコンがない場合

デスクトップにアイコンがない場合は、<スタート>→<AutoCAD 2022 - 日本語 (Japanese)> → <AutoCAD 2022 - 日本語 (Japanese)>をクリックして起動します。

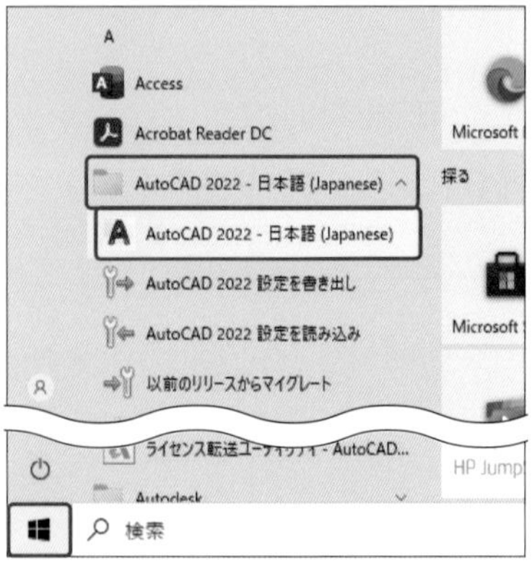

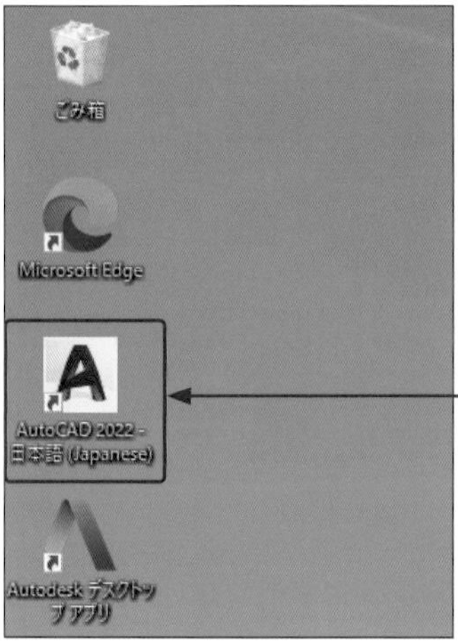

1 デスクトップにある<AutoCAD 2022 - 日本語 (Japanese)>をダブルクリックします。

2 ダイアログボックスが表示された場合は、画面の指示に従って操作を進めます（次ページ中段の「メモ」参照）。

3 AutoCADが起動して、「スタート」タブ画面が表示されます。

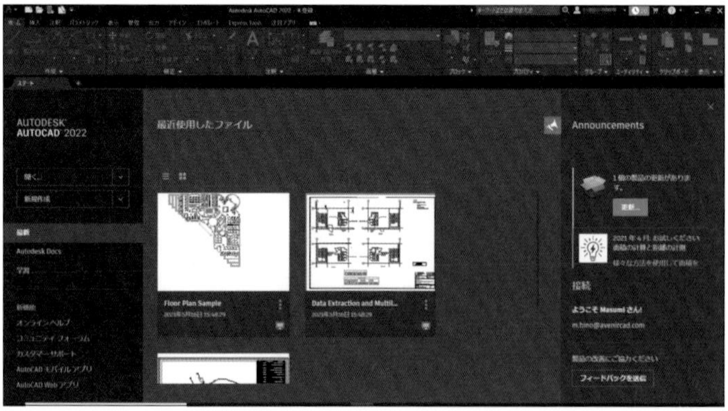

注意　起動の重複に注意!

AutoCADはほかのアプリケーションと比較して、起動に時間を要します。何度もアイコンをダブルクリックしてしまうと、起動が重複し、トラブルの原因にもなるので注意しましょう。

2 AutoCADを終了する

終了方法①

1 ☒<閉じる>をクリックし、AutoCADを終了します。

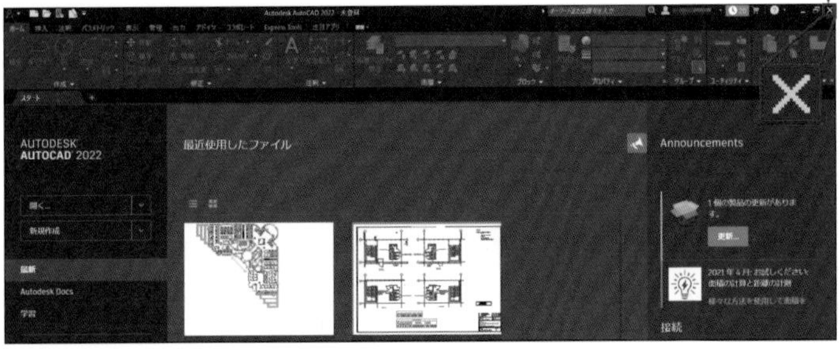

終了方法②

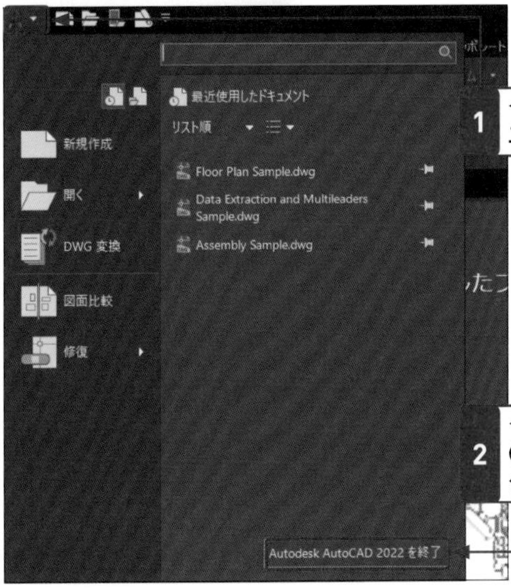

1 <アプリケーションメニュー>をクリックし、

2 <Autodesk AutoCAD 2022を終了>をクリックします。

メモ 図面を開いている場合

図面を変更した状態で終了しようとすると、図面の保存を確認するダイアログボックスが表示されます。必要に応じて図面を保存しましょう。

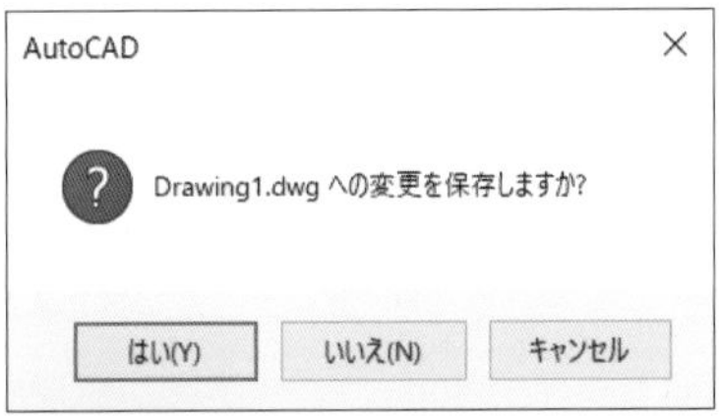

メモ 体験版の起動について

体験版を使用中の場合、起動時に「体験版の使用を開始しますか？」ダイアログボックスが表示されるので、<体験版を使用開始>をクリックします。次に表示される「体験版へようこそ」ダイアログボックスでは、<×（閉じる）>をクリックしてダイアログボックスを閉じます。

ヒント タスクバーにピン止めするには

タスクバーにピン止めするには、スタート画面にある<AutoCAD 2022 - 日本語 (Japanese)>で右クリックして、<その他>→<タスクバーにピン留めする>をクリックします。タスクバーにアイコンが表示されるるようになり、以降はアイコンをクリックするだけで起動することができます。

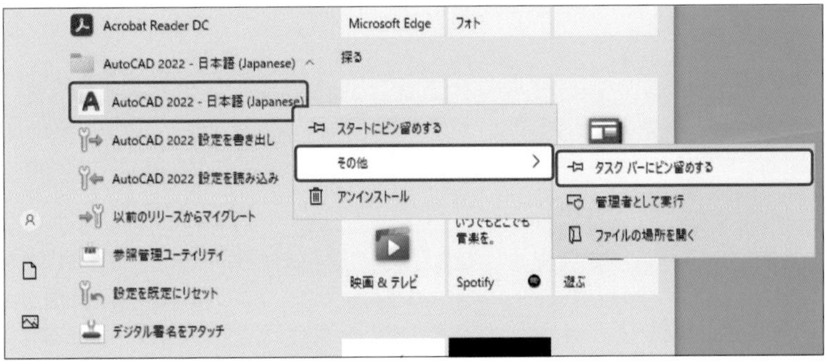

Section 04

画面構成（インターフェイス）を知る

覚えておきたいキーワード
- ☑ インターフェイス
- ☑ コマンドウィンドウ
- ☑ ステータスバー

ここでは、AutoCADの画面構成（インターフェイス）について解説します。聞きなれない用語が多いですが、今後本書で頻繁に登場するので、画面上の位置と名称をしっかり確認しておきましょう。本書の画面と実際の画面が異なる場合は、ディスプレイの解像度やウィンドウサイズを変えてみましょう。

1 AutoCADの画面名称と機能

ここでは、作図領域の色やリボンの色、グリッド表示を変更した状態で解説しています（詳細はP.28のSec.05参照）。

アプリケーションメニュー

ファイル操作に関するコマンドが表示されます。クリックするとサブメニューが表示されます。

クイックアクセスツールバー

使用頻度が高いコマンドが収められています。

リボン

コマンドが分類されたツールパレットです。<タブ><パネル><その他のツール>で構成されています。

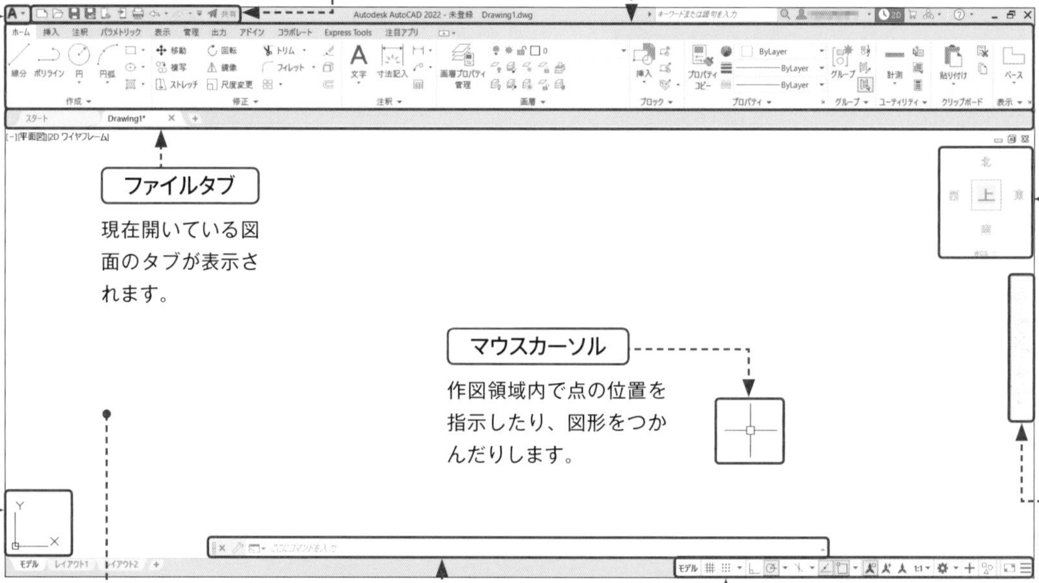

ファイルタブ

現在開いている図面のタブが表示されます。

マウスカーソル

作図領域内で点の位置を指示したり、図形をつかんだりします。

作図領域

図形を作成・編集する領域です。

UCSアイコン

初期値では絶対座標の原点に表示されます（ワールド座標系）。原点の位置とX方向とY方向は、ユーザーが変更することもできます（ユーザー座標系）。

コマンドラインウィンドウ（コマンドライン）

操作をナビゲーションしたり、コマンドや数値、オプションを入力したりします（P.39参照）。

ステータスバー

オブジェクトスナップ（P.54参照）など作図を補助する機能のオン／オフをコントロールします。

ナビゲーションバー

画面移動やズームコマンドなど、画面操作のショートカットキーがまとめられています（P.37参照）。

ViewCube（AutoCADのみ）

3Dビューの投影をコントロールします。

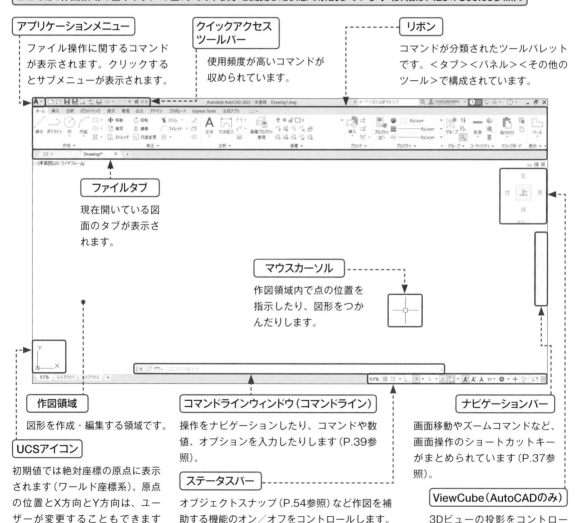

以下のリボン操作は図面を開いているときのみ有効です。

リボン

リボンタブをダブルクリックすると、リボンの表示を切り替えることができます。

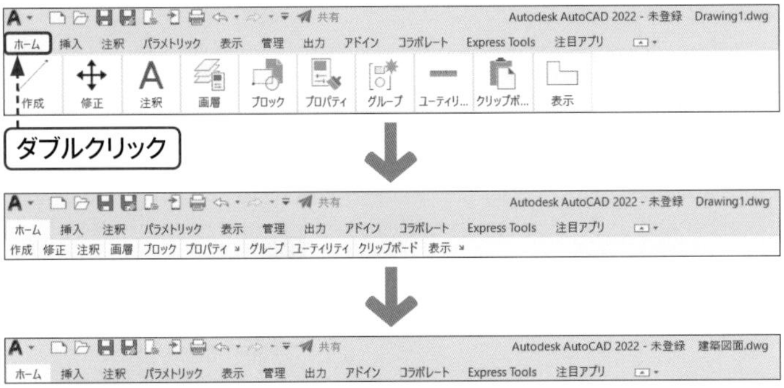

ファイルタブ

ファイルタブにマウスカーソルをポイントすると、モデルとレイアウト（P.160参照）のプレビューイメージが表示されます。また、ファイルタブ上で右クリックするとファイル操作を行うことができます。

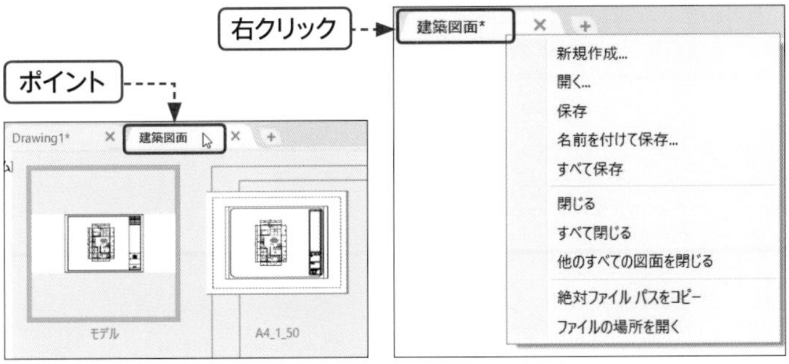

マウスカーソルのポイントでプレビューイメージが表示されます。

右クリックでファイル操作を行うことができます。

マウスカーソル

点を指示するときは「クロスヘア」、図形を選択するときは「ピックボックス」など、マウスカーソルは操作内容によって形状が変化し、名称も変わります。

クロスヘア

ピックボックス

メモ　画面の内容が異なる場合

ディスプレイの解像度やウィンドウサイズによって、リボンの表示が本書と異なることがあります。その場合はパネル上にマウスカーソルをポイントすると展開表示されます。

メモ　ファイルタブのアイコンについて

読み込み専用の図面を開くとタブに「鍵」のアイコンが表示され、図面が変更されている場合（保存前）はファイル名のあとに「＊（アスタリスク」が表示されます。

メモ　ステータスバーのボタンが表示されないときは

ステータスバー右端にある≡＜カスタマイズ＞をクリックするとメニューが表示されるので、項目をクリックしてチェックを入れることでステータスバーにアイコンが表示されます。

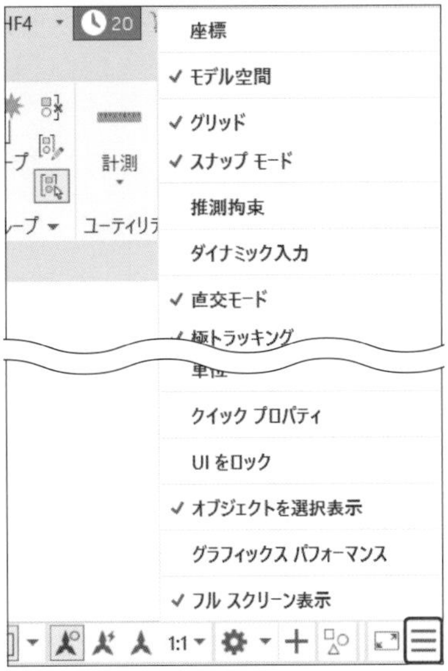

Section 05 作業しやすくするために設定を変更する

覚えておきたいキーワード
☑ オプション
☑ 背景色
☑ グリッド

AutoCADはカスタマイズ（使用者の必要に応じて設定を変更すること）の自由度が高いソフトです。ここでは、本書と同じ状態で作業するために、作業領域の背景色とリボンの配色パターン、カーソルや文字の大きさをカスタマイズします。

リボン	［アプリケーションメニュー］-［オプション］		
ショートカット	F7（グリッド）／Ctrl+G（グリッド）		
コマンド	Options（オプション）	エイリアス	op（オプション）

1 リボンの色を変更する

注意 カスタマイズの設定について

手順3を行う前に、作図画面上でクリックして、マウスカーソルの横にメッセージが表示されている状態で、手順4を実行しても「オプション」ダイアログが表示されない場合があります。その際はEscキー（P.42参照）を押してメッセージを解除してから、再度手順3を実行してください。

1 ＜スタート＞タブで、＜新規作成＞をクリックします。

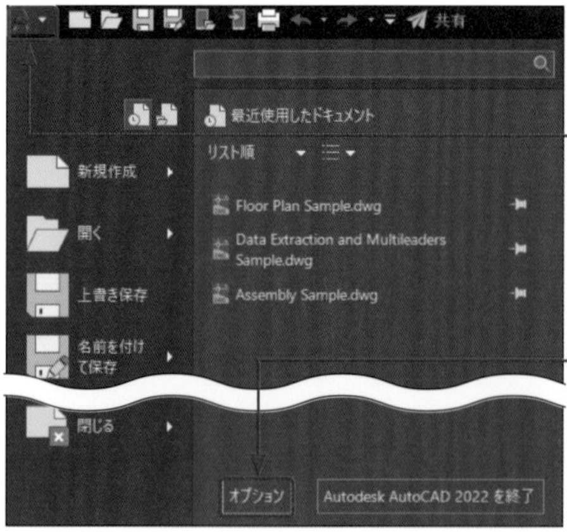

2 図面が新規作成されます。

3 ＜アプリケーションメニュー＞をクリックし、

4 ＜オプション＞をクリックします。

5 「オプション」ダイアログボックスが表示されます。

6 <表示>タブをクリックします。

7 「カラーテーマ」の ⌄ をクリックし、

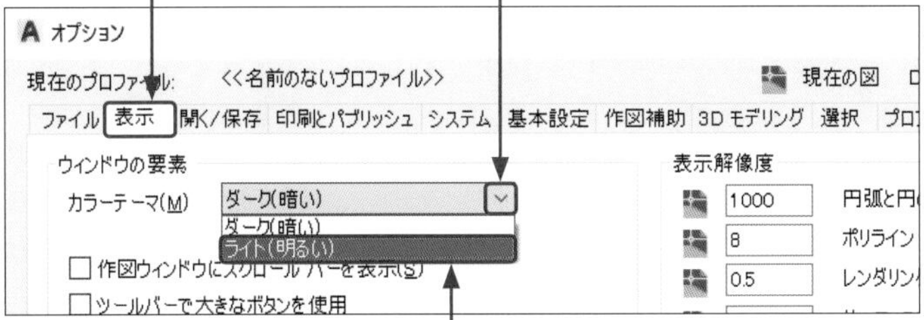

8 <ライト(明るい)>をクリックして選択します。

メモ AutoCAD LTの場合

AutoCAD LTでは、手順7は「配色パターン」と表示されます。

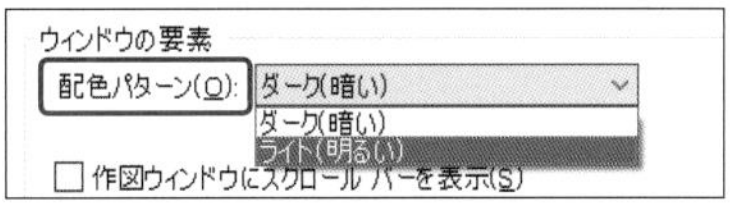

2 画面の背景を白に変更する

1 続けて、<色>をクリックします。

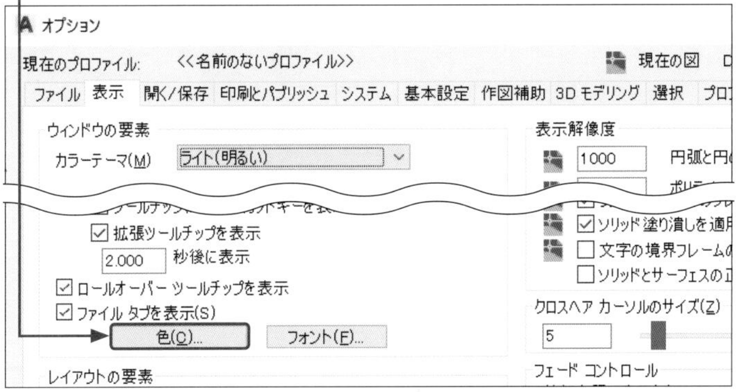

2 「作図ウィンドウの色」ダイアログボックスが表示されます。

3 「コンテキスト」で<2Dモデル空間>、「インターフェース要素」で<共通の背景色>が選択されていることを確認し、

4 「色」で<White>をクリックして選択します。

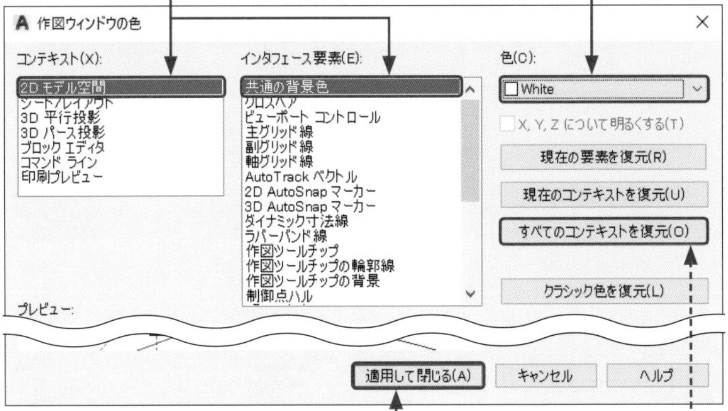

5 <適用して閉じる>をクリックします。

右の「ヒント」参照。

ヒント 目が疲れるときは

手順4では背景色を<White>(白)に設定します。これは本書と同じ環境で作業するためです。もし、作業中明るすぎて目が疲れる場合は、あらかじめ設定してある既定値の「33.40.48」でも問題ありません。既定値に戻す場合は、<すべてのコンテキストを復元>をクリックします。

メモ AutoCAD LTの場合

AutoCAD LTでは、手順3の「インターフェース要素」は「背景」と表示されます。

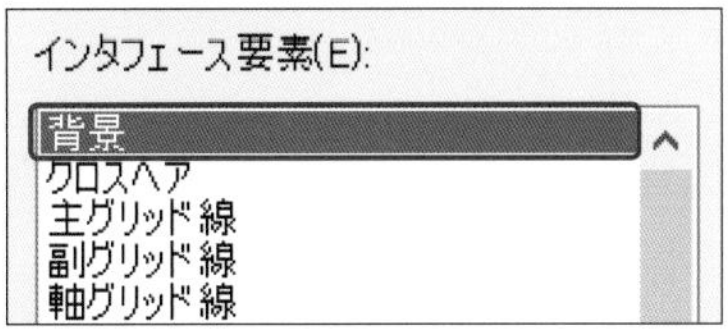

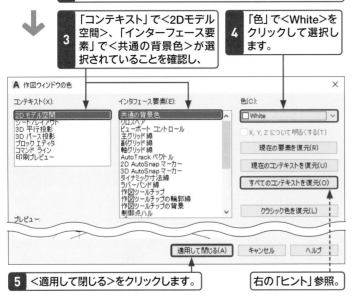

3 ダイナミック入力の文字の大きさを調整する

キーワード ダイナミック入力

「ダイナミック入力」とは、従来画面下部の「コマンドウィンドウ」に表示されていた情報をカーソルのすぐ横に表示させることで、より作業効率を向上させる機能のことです。ここでは、既定値よりも少し大きくして、作業をしやすくしています（P.39参照）。

ここでは、前ページの続きで解説しています。

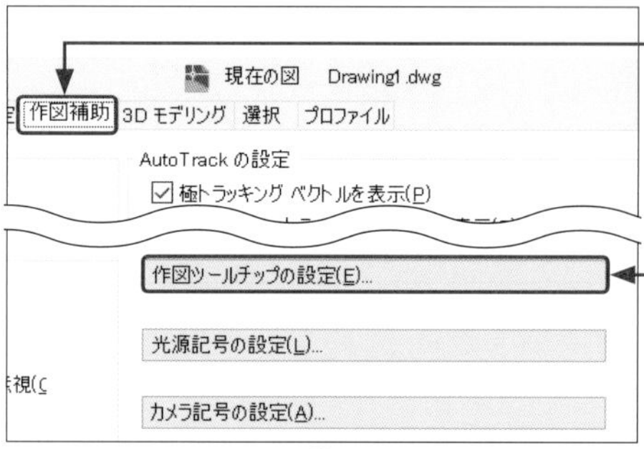

1 引き続き、<作図補助>タブをクリックし、

2 <作図ツールチップの設定>をクリックします。

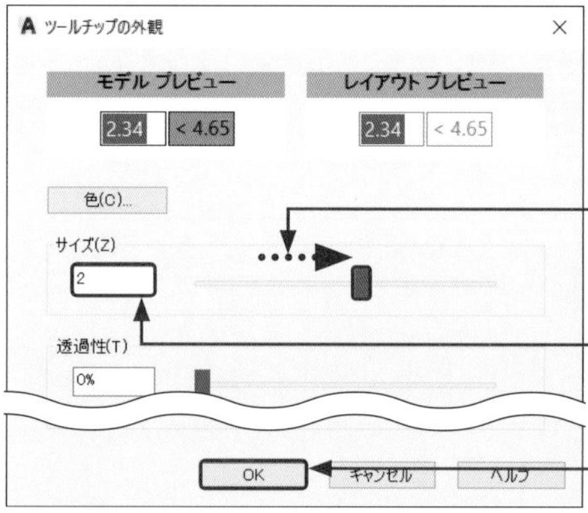

3 「ツールチップの外観」ダイアログボックスが表示されます。

4 「サイズ」のスライドバーを右にドラッグし、

5 <2>に設定します。

6 <OK>をクリックします。

4 ピックボックスのサイズを調整する

キーワード ピックボックス

「ピックボックス」とは、移動コマンドやコピーコマンドなどで、図形を選択する際のカーソルの形状を指します。スライドバーをドラッグすることで、左に配置されているピックボックスもサイズが変わります。この変化を目安にサイズを決めます。ここでは既定値よりも少し大きくして、作業をしやすくしています。

1 引き続き、<選択>タブをクリックし、

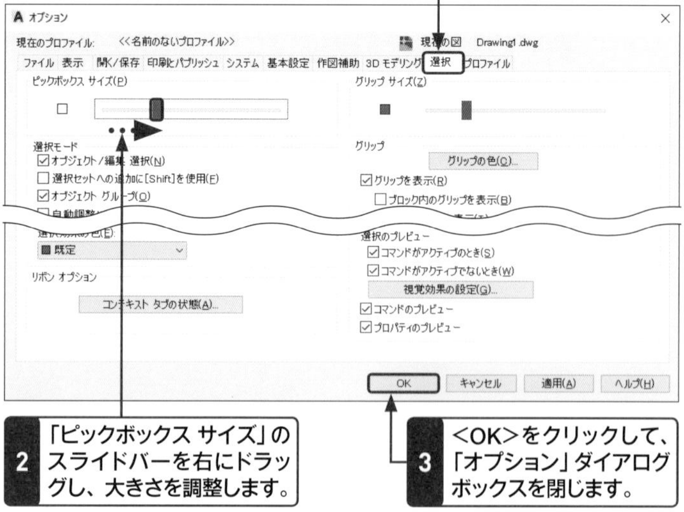

2 「ピックボックス サイズ」のスライドバーを右にドラッグし、大きさを調整します。

3 <OK>をクリックして、「オプション」ダイアログボックスを閉じます。

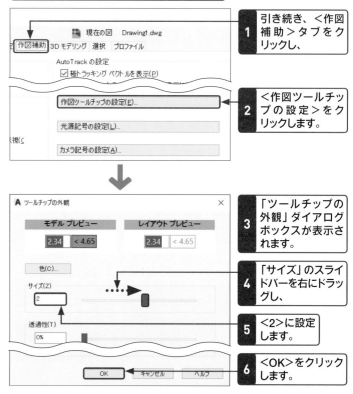

5 ロック画層のフェードをオフにする

1 <ホーム>タブ→<画層>パネル→<画層▼>をクリックして、

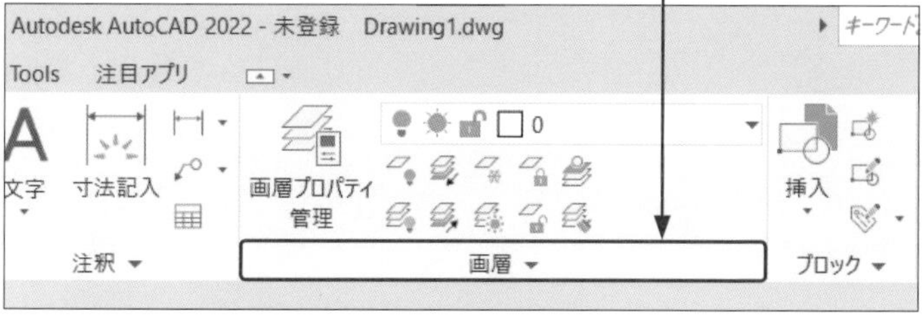

2 画層パネルを展開します。

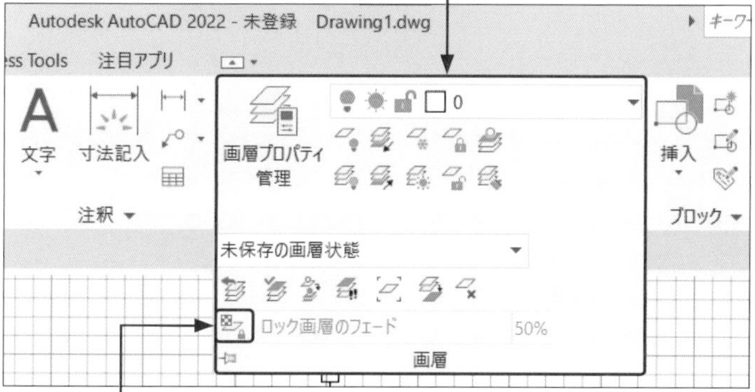

3 <ロック画層のフェード>をクリックして、オフにします。

メモ ロック画層のフェードについて

ロック画層のフェードとは、ロックされた画層上のオブジェクトを薄く表示することで、ロックされていない画層上のオブジェクトと区別するための機能です。オブジェクトが薄く表示されることで操作しづらい場合があるため、ここでは機能をオフにしています。

メモ 展開したパネルが閉じてしまうときは

展開したパネルは、マウスカーソルをポイントしている間は表示されますが、展開したパネルの外にマウスカーソルを移動すると自動的に閉じます。閉じてしまったときは、再度<画層▼>をクリックして展開します。

6 グリッド線を非表示にする

1 ステータスバーの<作図グリッドを表示>をクリックして、にします。

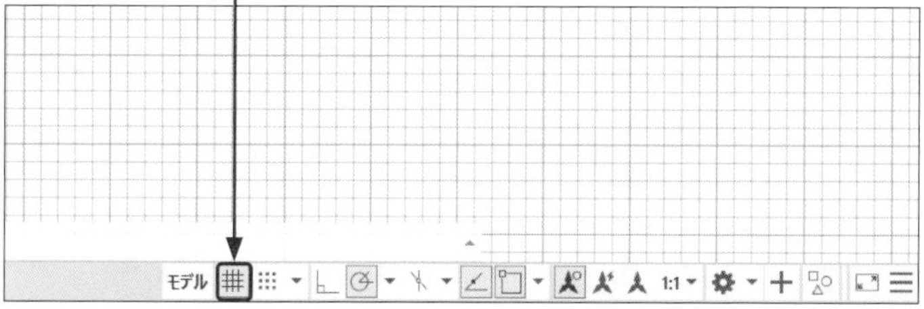

2 作図領域に表示されたグリッド(格子線)が非表示になります。

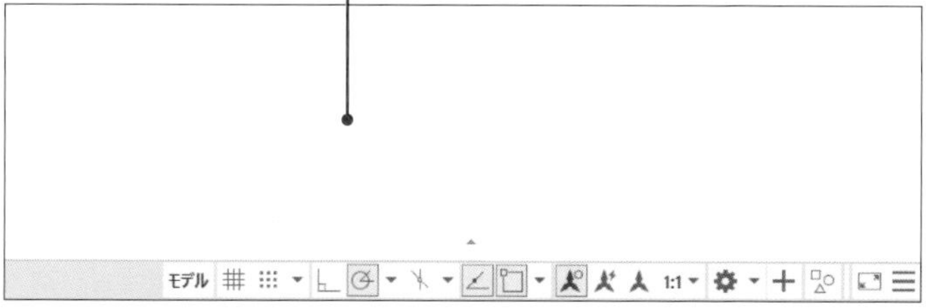

メモ 図面を開いたときにグリッドが表示されたときは?

グリッドの表示設定は、図面単位で設定され、最後に図面を保存した状態(またはテンプレートの設定)に依存します。もし、保存された図面を開いてグリッドが表示されたときは、再度<作図グリッドを表示>をクリックしてオフにします。

Section 06 図面を開く／閉じる

覚えておきたいキーワード
☑ 開く
☑ 閉じる
☑ DXF ファイル

ここでは、AutoCADで作成し保存された図面データ（DWG図面ファイル）の開き方について解説します。アプリから開くだけでなく、エクスプローラーから開く場合やDXFファイルを開く方法、またファイルタブを使って開くなど、さまざまな方法があります。

練習用ファイル	建築図面.dwg		
リボン	［アプリケーションメニュー］-［開く］-［図面］／［アプリケーションメニュー］-［閉じる］-［現在の図面］		
ショートカット	Ctrl＋O（図面を開く）		
コマンド	OPEN（開く）／CLOSE（閉じる）	エイリアス	—

1 図面を開く

メモ クイックアクセスツールバーの表示について

AutoCADを起動した直後（スタートタブがアクティブな状態）と図面を開いているときでは、クイックアクセスツールバーのアイコン数が異なりますが、「開く」のアイコンはどちらの場合にも表示されます。

ヒント ファイルタブから開く場合

ファイルタブから開く場合は、＜ファイルタブ＞の上で右クリックし、表示されるメニューから＜開く＞をクリックします。

1 クイックアクセスツールバーの＜開く＞をクリックします。

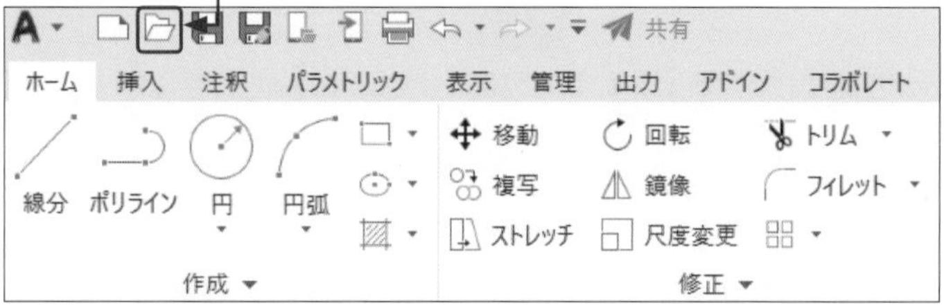

2 「ファイルを選択」ダイアログボックスが表示されるので、CD-ROM（またはダウンロードした図面フォルダ）内の＜第1章フォルダ＞→＜建築図面.dwg＞をクリックして選択します。

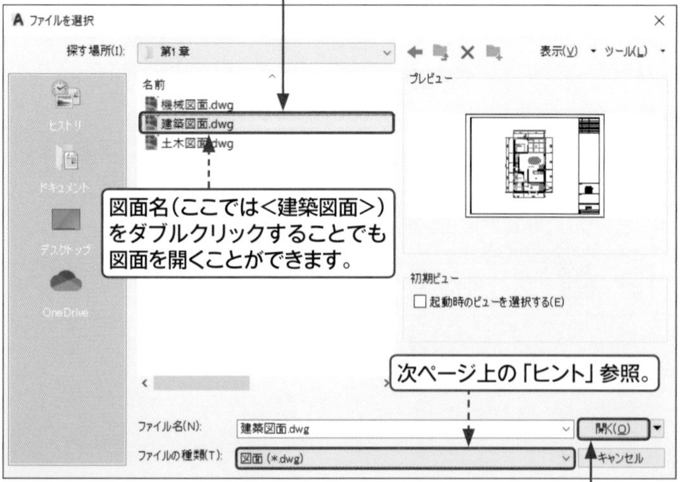

3 ＜開く＞をクリックします。

4 選択した図面が表示されます。

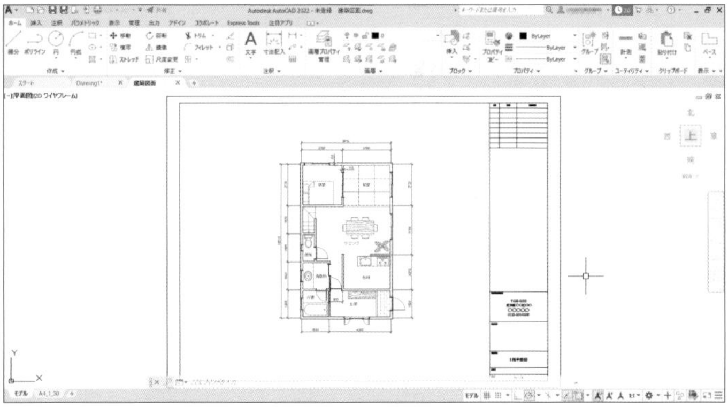

ヒント DXFの図面を開くには

DXF形式（ファイル変換可能な形式）で保存された図面を開くには、「ファイルの種類」の∨をクリックして＜DXF（＊.dxf）＞に切り替えます。ただし、次回開いたときもDXF形式のままになり、通常のAutoCAD図面が表示されなくなってしまうので、次回使用時に＜図面（＊.dwg）＞に戻しておきましょう。

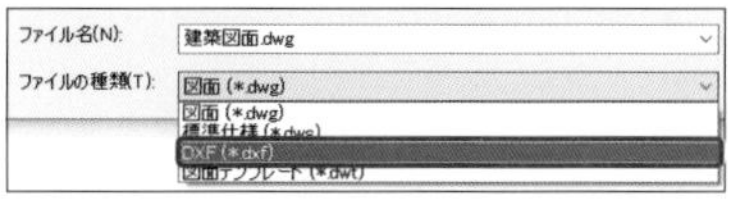

2 図面を閉じる

1 閉じたい図面の＜ファイルタブ＞にある×をクリックします。

2 図面が閉じます。

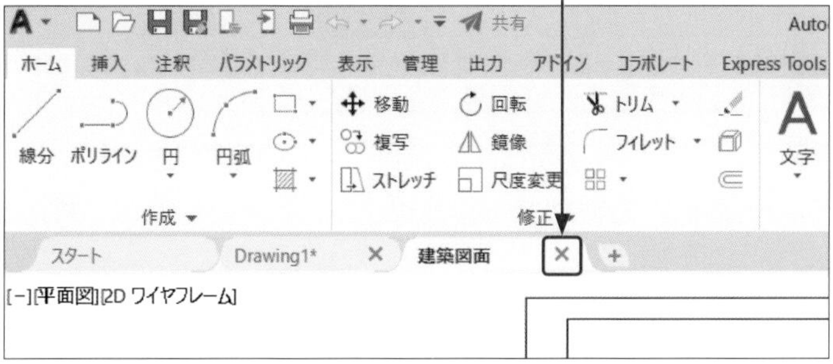

ヒント 開いている図面をまとめて閉じたい場合

＜ファイルタブ＞を右クリックして表示されるメニューの＜すべて閉じる＞をクリックすると（前ページの「ヒント」の画面参照）、図面をまとめて閉じることができます。

ステップアップ エクスプローラーから図面を開くには

図面はエクスプローラーから開くこともできます。方法は以下のとおりです。

1 ＜タスクバー＞にあるをクリックして、エクスプローラーを起動します。

2 図面が保存されているフォルダを開き、図面をダブルクリックします。

3 AutoCADが自動的に起動して、図面が表示されます。

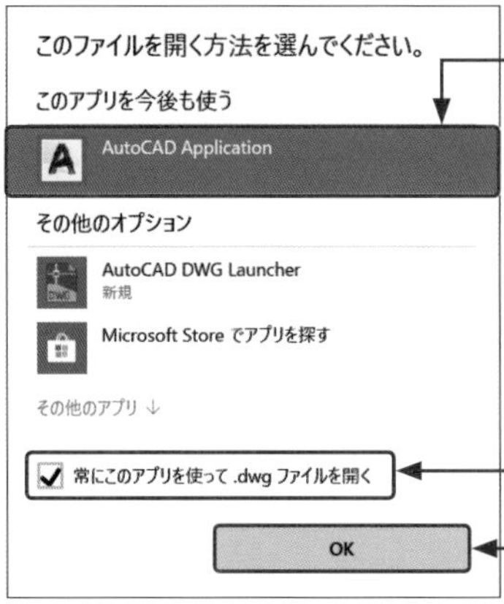

4 アプリの選択画面が表示された場合は、＜AutoCAD Application＞が選択されていることを確認し、

5 ＜常に…＞の□をクリックして☑にし、

6 ＜OK＞をクリックします。

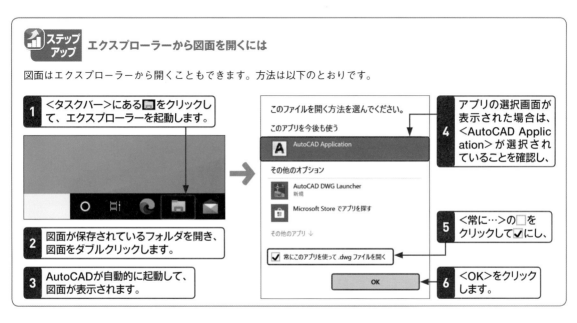

Section 07 図面を保存する

覚えておきたいキーワード
☑ 名前を付けて保存
☑ 上書き保存
☑ 図面修復管理

長時間かけて作図した図面も、思いがけないトラブルでデータが消えてしまうことがあります。図面をきちんと保存するという作業は地味ですが、とても重要な操作です。しっかりと理解して、こまめに保存するようにしましょう。ここでは、突発的に強制終了されたときの対処法も解説します。

練習用ファイル	建築図面.dwg		
リボン	[アプリケーションメニュー] - [名前を付けて保存] - [図面] ／ [アプリケーションメニュー] - [上書き保存]		
ショートカット	Ctrl + Shift + S (名前を付けて保存) ／ Ctrl + S (上書き保存)		
コマンド	SAVEAS (名前を付けて保存) ／ QSAVE (上書き保存)	エイリアス	Q

1 図面に名前を付けて保存する

「建築図面.dwg」図面を開きます。

1 クイックアクセスツールバーの<名前を付けて保存>をクリックします。

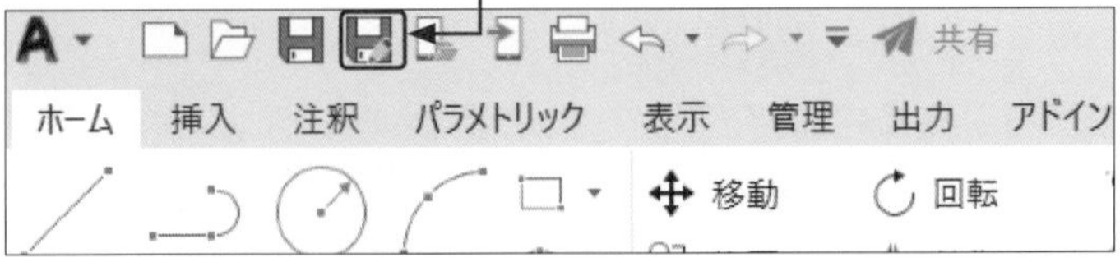

2 「図面に名前を付けて保存」ダイアログボックスが表示されます。

3 保存先のフォルダを選択します。

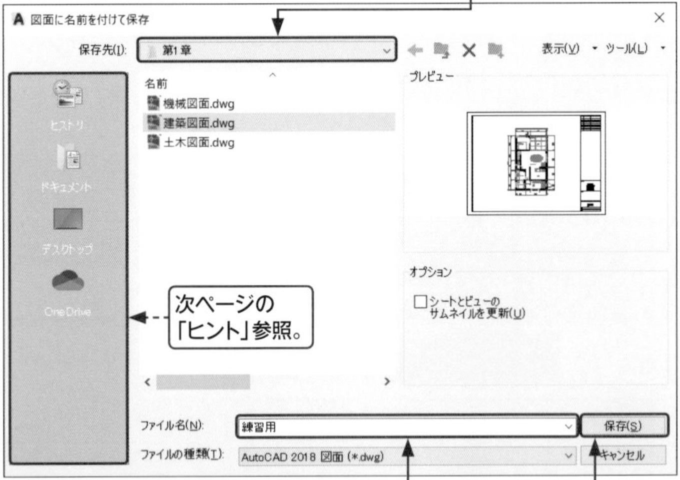

次ページの「ヒント」参照。

4 新しいファイル名を入力して（ここでは「練習用」）変更します。

5 <保存>をクリックします。

注意 バージョンの違いに注意!

AutoCADは作成するバージョンによって保存形式が異なります。最新のバージョンであれば過去のバージョンで保存された図面を開けますが、逆に新しいバージョンで保存された図面は、古いバージョンでは開けません（上位互換）。古いバージョンのAutoCADを使用している相手に図面を渡す場合は、ファイルの種類を相手に確認するなどして変更して保存します。ただし、バージョンを落として保存すると、新しい機能で作成された図形などは変換されないことがあるので注意が必要です。

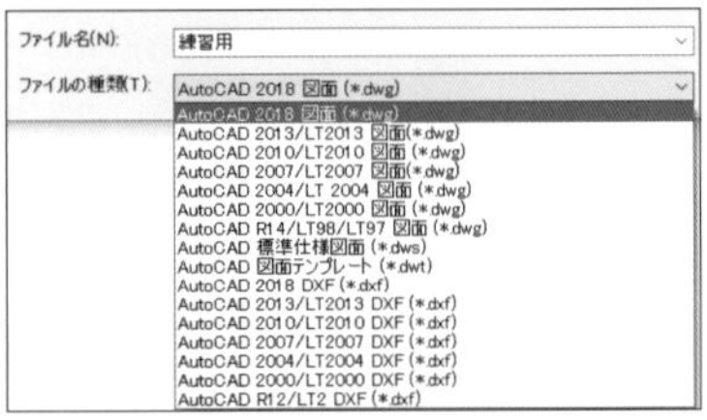

メモ 名前に使用できない文字について

以下の半角文字はファイル名やフォルダ名では使用できません。
¥ / : * ? "" < > |

2 上書き保存する

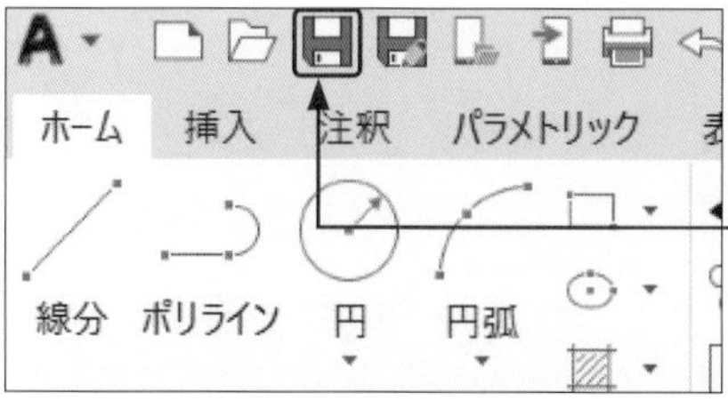

1 クイックアクセスツールバーの<上書き保存>をクリックします。

メモ 上書き保存について

上書き保存は、その名のとおりファイル名は変わりません。図面を変更した内容でそのまま保存されます。

3 図面修復管理を利用する

突発的にAutoCADが強制終了された場合は、次回AutoCADを起動すると「図面修復管理」パレットが表示され、保存されずに強制終了した図面の自動保存バックアップデータが表示されます。

1 「図面修復管理」パレットの<閉じる>をクリックします。

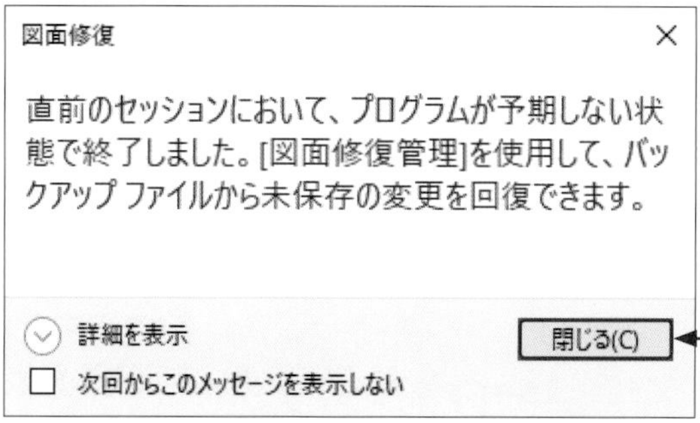

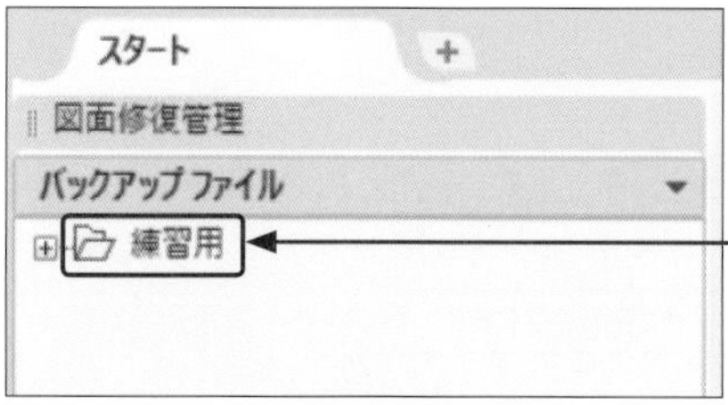

2 バックアップされたファイルを使用する場合はフォルダをクリックし、

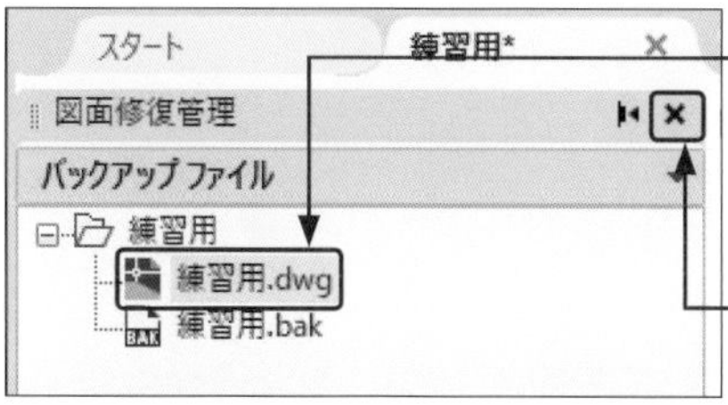

3 ファイル名をダブルクリックして開きます。

4 <閉じる>をクリックして図面修復管理パレットを閉じます。

以降は、本Sectionを参考に「名前を付けて保存」か「上書き保存」を実行します。

ヒント よく使うフォルダを「場所リスト」に登録する

よくアクセスするフォルダを「場所リスト」に登録しておくと便利です。クイックアクセスツールバーの<開く>をクリックして、登録したいフォルダをファイルリストに表示し、場所リストにドラッグ＆ドロップすると登録されます。また、リストから削除したい場合は、場所リストにあるフォルダを右クリック→<除去>をクリックします。削除されるのはショートカットキーのみでフォルダ本体は削除されません。

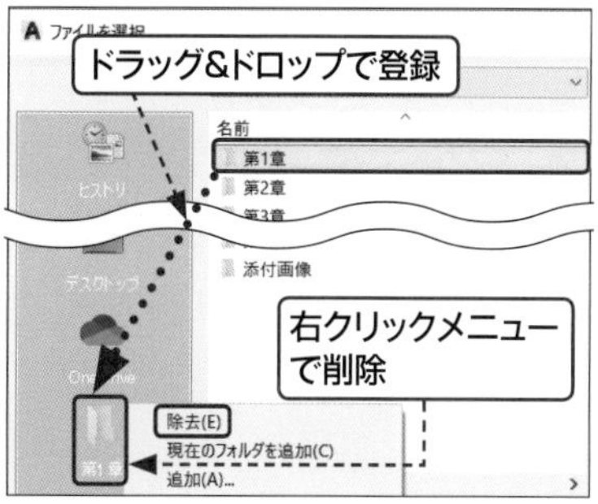

メモ 自動保存される図面の種類

強制終了した図面の状態によっては、同じ図面が複数の拡張子で保存されることがあります。その際は図面名をクリックし、下部詳細に表示される最終保存時間を確認して、復元したい図面をダブルクリックで開きます。

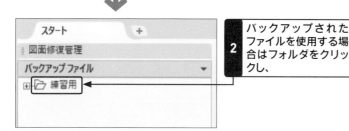

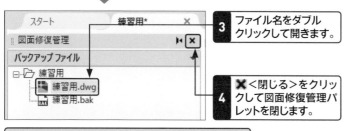

Section 08 作図を拡大／縮小表示する

覚えておきたいキーワード
- 拡大／縮小表示
- 画面移動
- オブジェクト範囲ズーム

手描きとCADの大きな違いは、作図している画面を拡大したり縮小したりして表示できることです。AutoCADでは、マウスのホイールボタンやコマンド、ナビゲーションバーなどを使用して表示をコントロールします。ここでは、主にマウスを利用した操作方法を解説します。

練習用ファイル	建築図面.dwg		
リボン	[表示] - [ビューポートツール] - [ナビゲーションバー]		
ショートカット	[ショートカットメニュー] - [画面移動]		
コマンド	ZOOM	エイリアス	Z

1 図面の一部を拡大表示する

メモ マウスのホイールボタンの主な役割

マウスのホイールボタンは、クリックボタンの間に配置されている車輪状のボタンを指します。マウスのホイール操作によって、拡大／縮小、移動、ズームといった操作がかんたんに行えます。以下は、ホイールボタンの主な操作方法です。

拡大表示	上方向の回転
縮小表示	下方向の回転
全体表示	ダブルクリック
画面移動	ドラッグ

ヒント 右クリックメニューを使用する

画面の移動は、作図上で右クリックし、表示されるメニューの<画面移動>をクリックしてドラッグで移動することも可能です。移動を終了するには Esc キーを押します。

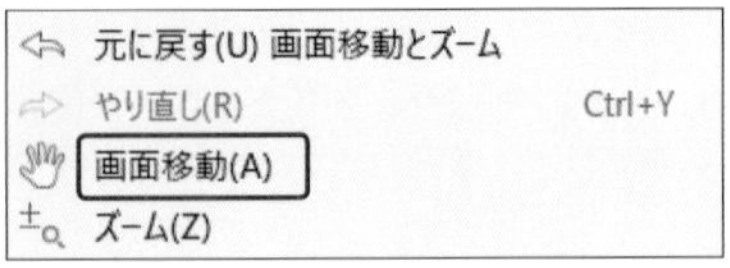

1 「建築図面.dwg」図面を開きます。

2 「台所」の文字の上付近にマウスカーソルを移動し、

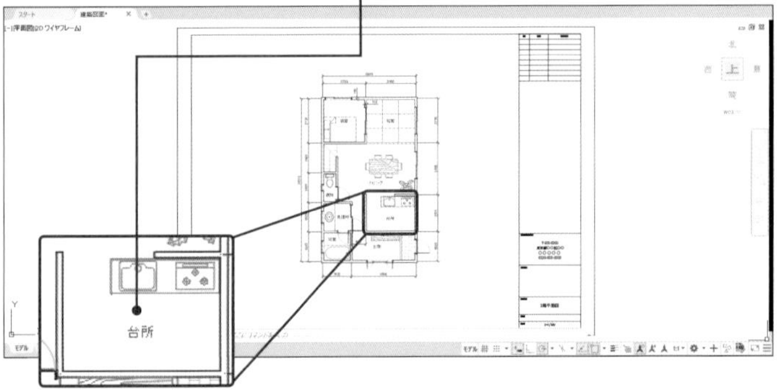

3 ホイールボタンを上方向に回転します。

4 「台所」が拡大表示されます。

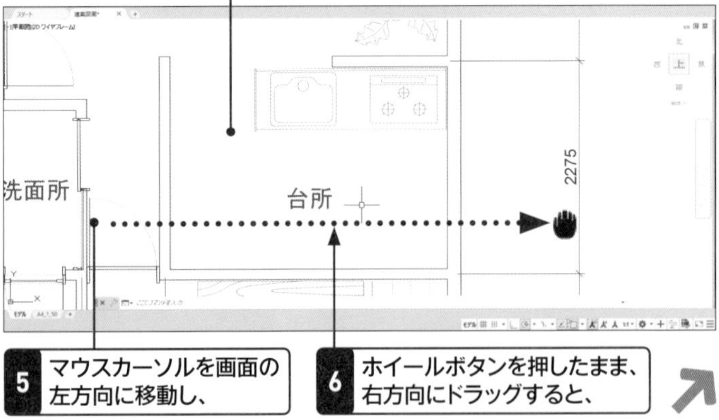

5 マウスカーソルを画面の左方向に移動し、

6 ホイールボタンを押したまま、右方向にドラッグすると、

7 図面が移動して「洗面所」が表示されます。

8 「洗面所」の文字の上付近にマウスカーソルを移動し、ホイールボタンを下方向に回転させると、

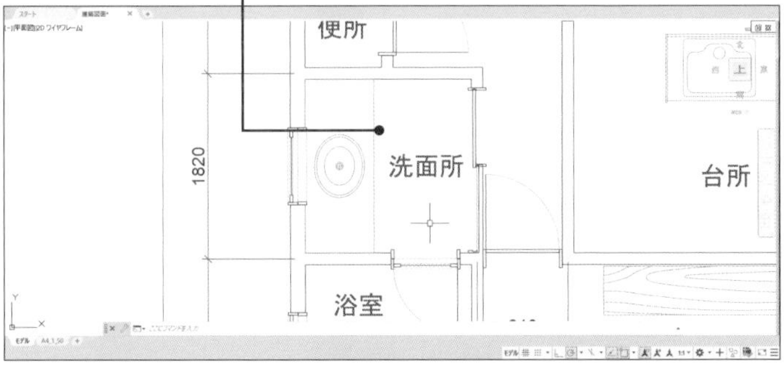

9 図面が縮小表示されます。

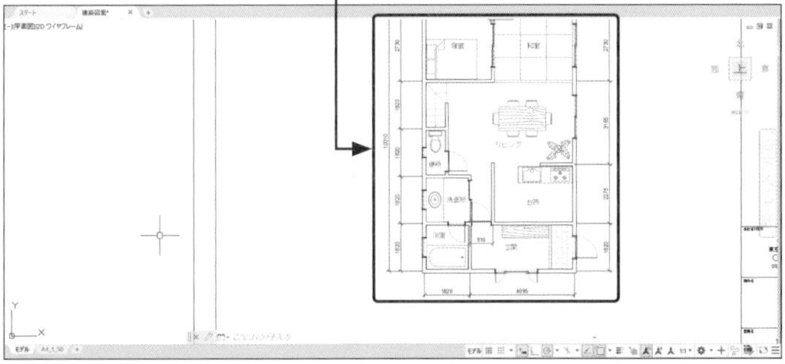

10 任意の場所で、ホイールボタンをダブルクリックすると、手順**1**のように図面全体が表示されます。

メモ ナビゲーションバーを使用する

手順**9**で画面右側に表示されている「ナビゲーションバー」の<オブジェクト範囲ズーム>をクリックすると、手順**10**と同じように図面全体が表示されます。なお、ナビゲーションバーが表示されていない場合は、<表示>タブの<ビューポートツール>パネルにある<ナビゲーションバー>をクリックしてオンにします。なお、ノートパソコンなどを利用しており、マウスを使っていない場合、AutoCADの操作は大変むずかしくなります。マウスの利用は必須といっても過言ではありません。手のひらアイコンだけですべてを操作することはできないので、マウスを利用するようにしてください。

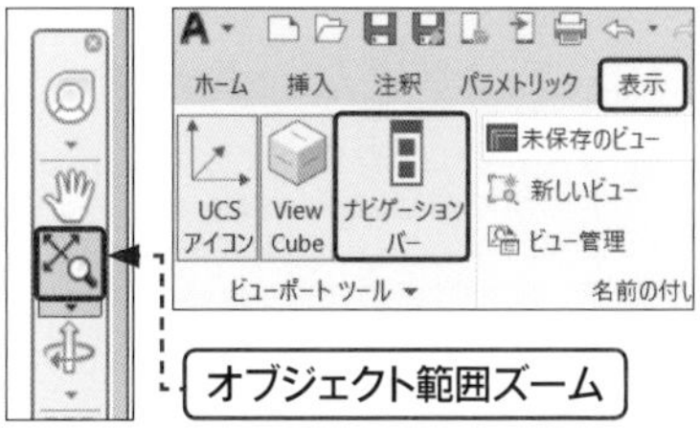

ステップアップ 範囲を指定して拡大する

範囲を任意に指定して拡大することができます。これは、「窓ズーム」とも呼ばれ、大変便利な拡大方法です。

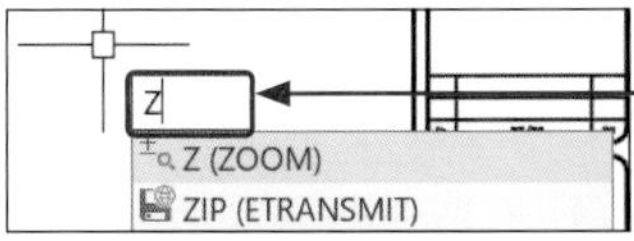

1 画面をクリックしないで、任意の場所で「Z（半角）」と入力して、

2 Enter キーを押します。

3 拡大したい範囲の始点をクリックし、

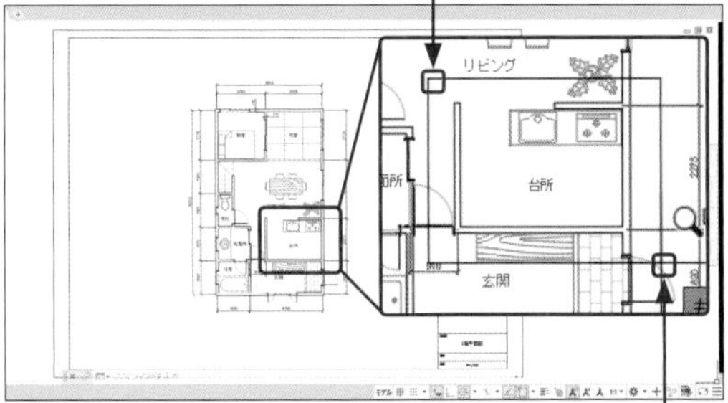

4 対角の終点をクリックします。

5 指定した範囲が拡大されます。

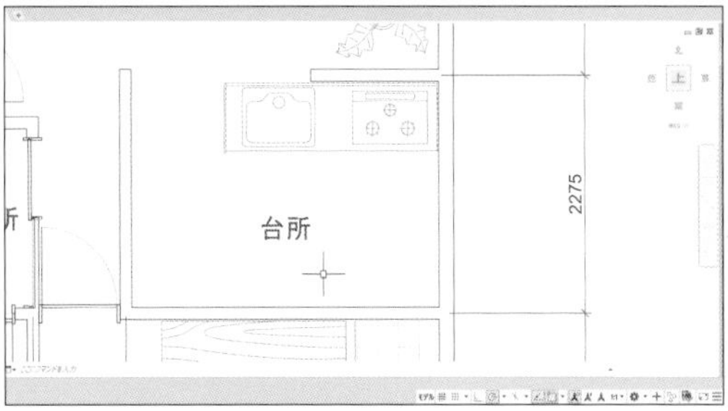

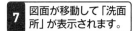

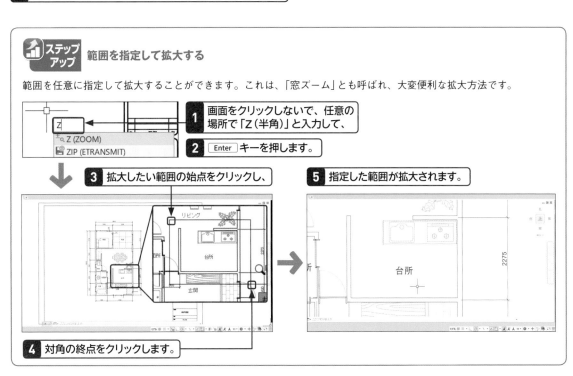

Section 09 コマンド実行の方法を知る

覚えておきたいキーワード
☑ リボン
☑ コマンド
☑ ダイナミック入力

AutoCADではコマンドを実行して各種操作を行います。たとえば、線を作図する場合は、「LINE」と入力すればコマンドが実行されます。さまざまな操作を指示命令するのが「コマンド」です。AutoCADではリボンに配置されたアイコンやキーボード入力などによってコマンドを実行できます。

リボン	[表示]タブー[パレット]パネルー[コマンドライン]
ショートカット	F12(ダイナミック入力)/Ctrl+U(元に戻す)/Ctrl+Y(やり直す)

1 リボンから実行するコマンドを確認する

メモ パネルダイアログボックスランチャー

リボンパネルの右下にある↘矢印をクリックすると、そのパネルに関連する設定ダイアログボックスを表示させることができます。この↘のことをパネルダイアログボックスランチャーと呼びます。

リボン操作の基本

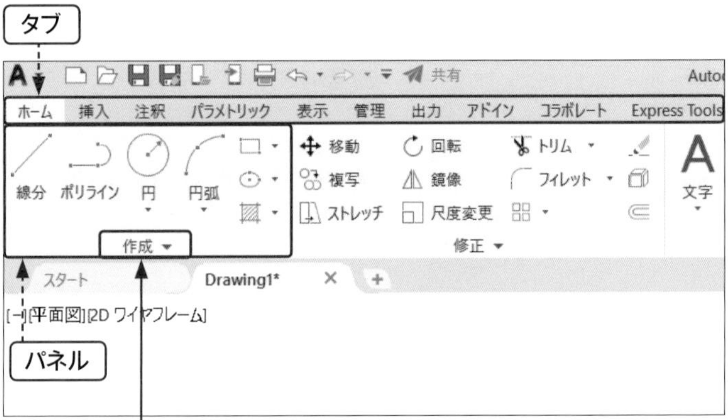

1 クリックすると、

2 「その他のツール」が表示されます。

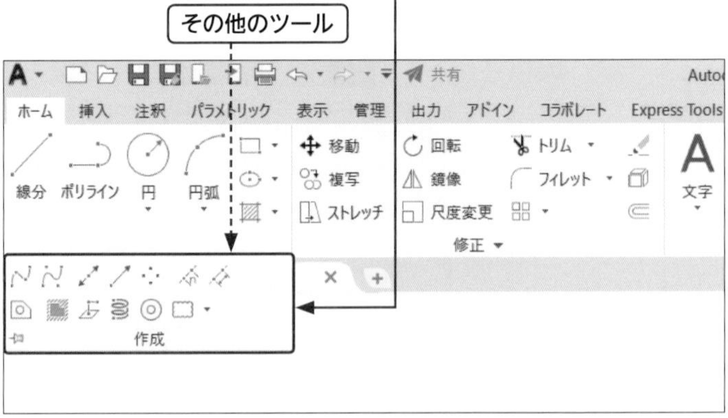

3 各種アイコンをクリックすることで、コマンドが実行できます。

注意 コマンドのキャンセルについて

選択したコマンドをキャンセルしたい場合は、Escキーを押します。

特殊なリボンタブ（特定コマンド）を知る

特定のコマンドを実行、または特定の図形を選択したときのみ表示されるリボンタブ（コンテキストリボンタブ）もあります。

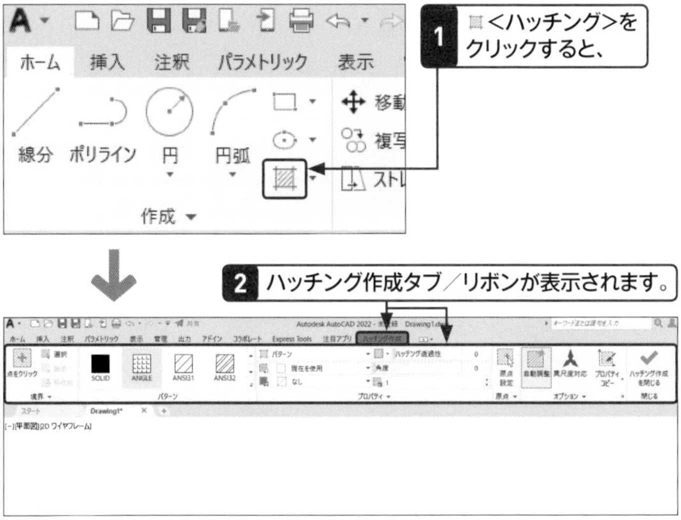

メモ　アイコンは最後に使用したコマンドが表示される

ドロップダウンメニューから関連コマンドを使用した場合（例：円コマンドなど）、AutoCADを終了するまでリボンには最後に使用したコマンドが表示されます。この表示は、AutoCADを再起動したタイミングでリセットされます。

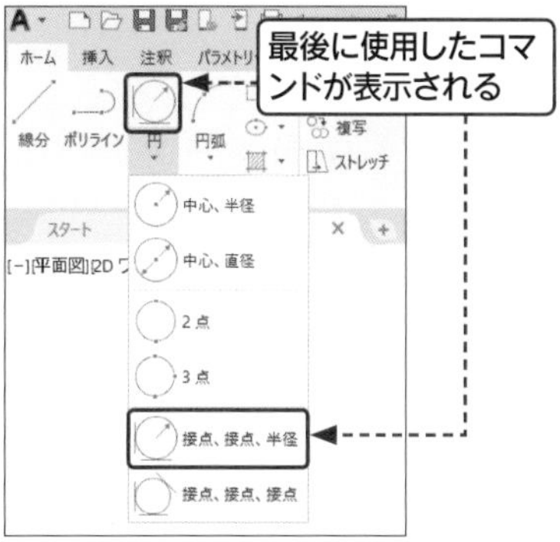

2 コマンド入力の基本を確認する

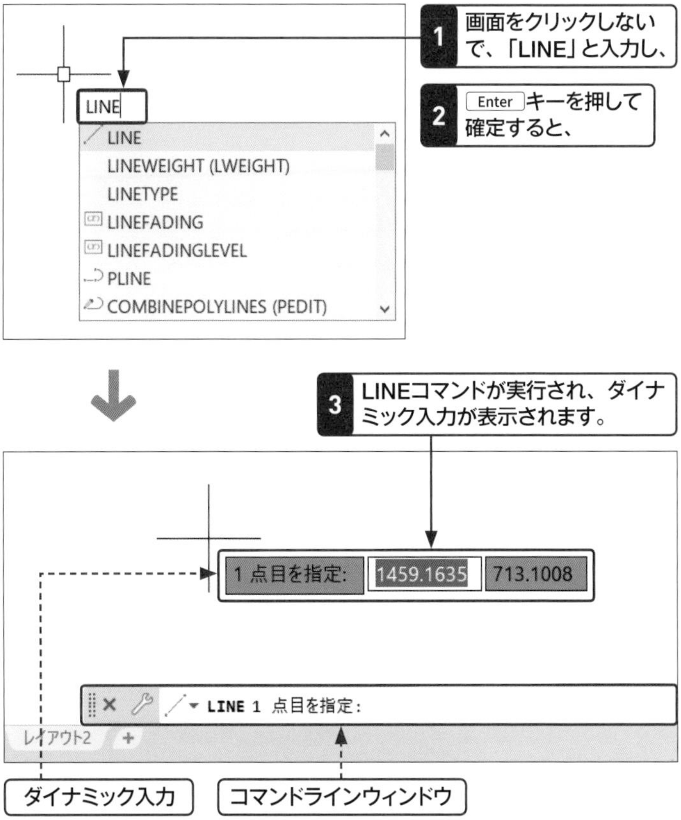

注意　ダイナミック入力が表示されない場合

ダイナミック入力が表示されない場合は、ステータスバーの≡＜カスタマイズ＞をクリックし、＜ダイナミック入力＞をクリックしてチェックを入れます。ステータスバーに＜ダイナミック入力＞が表示されるので、クリックして（ダイナミック入力オン）にします。

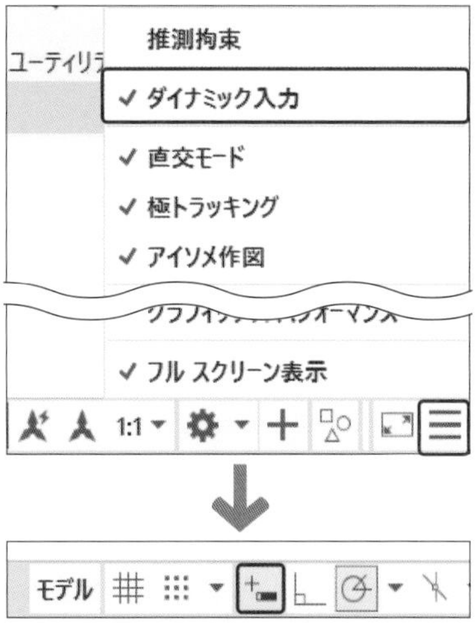

3 オートコンプリート機能を利用してコマンド入力する

キーワード オートコンプリート機能

「オートコンプリート機能」とは、コマンド名を入力するときに、入力した文字から始まるコマンド名の候補を一覧表示してくれる機能です。コマンド名が長いときなどに便利です。

ヒント コマンドエイリアスを利用する

コマンドの短縮形を「コマンドエイリアス」と呼び、コマンド名をすべて入力しなくても、下図のように「L」と入力するだけで、コマンドのリストを呼び出すことができます（P.315参照）。

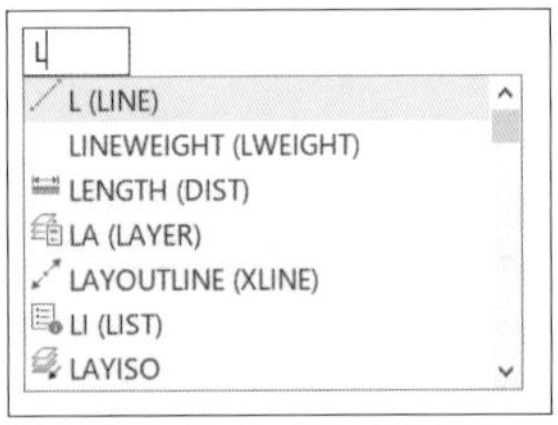

1 コマンドの入力途中で使用したいコマンド名が表示されたら、

2 そのコマンドをクリックします。

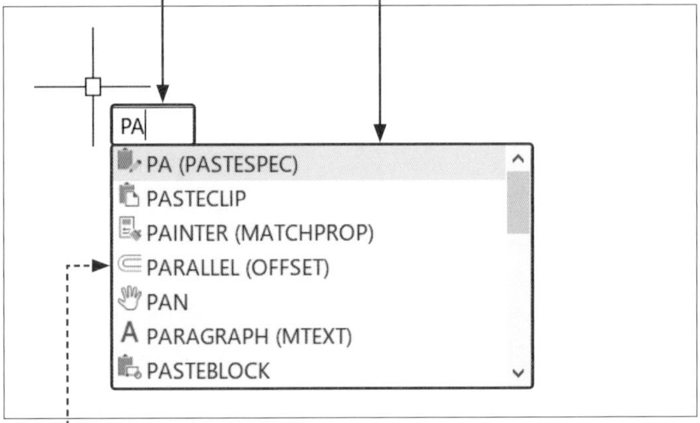

↑ ↓ キーで選択し、Enter キーで実行することもできます。

4 操作を取り消して元に戻す

メモ コマンド実行中に一部操作を元に戻す

手順**1**のようにコマンドラインに「元に戻す」が表示されている場合は、「U」と入力して Enter キーを押しても直前の操作に戻すことができます。

ここでは複数の作図を行ったあと、線分コマンドを実行して作図途中の状態で解説しています。

コマンド実行中に直前の操作を元に戻す

1 <元に戻す（U）>をクリックします。

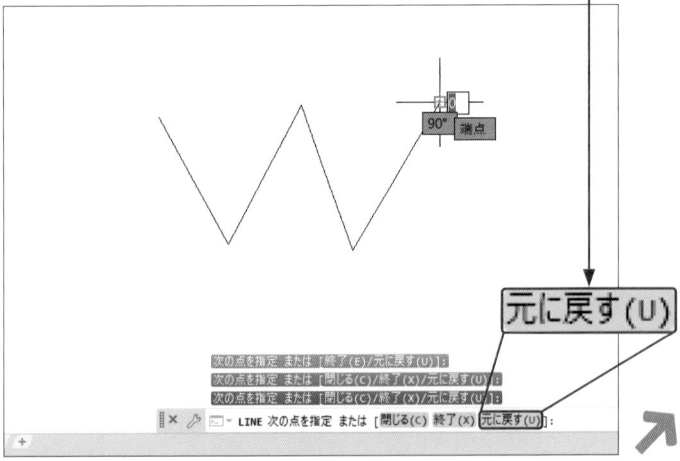

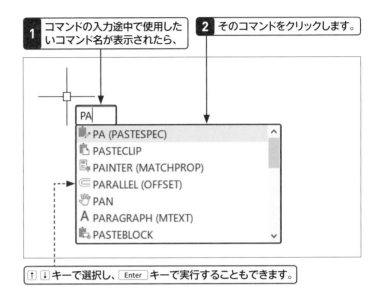

2 直前の操作が取り消されました。

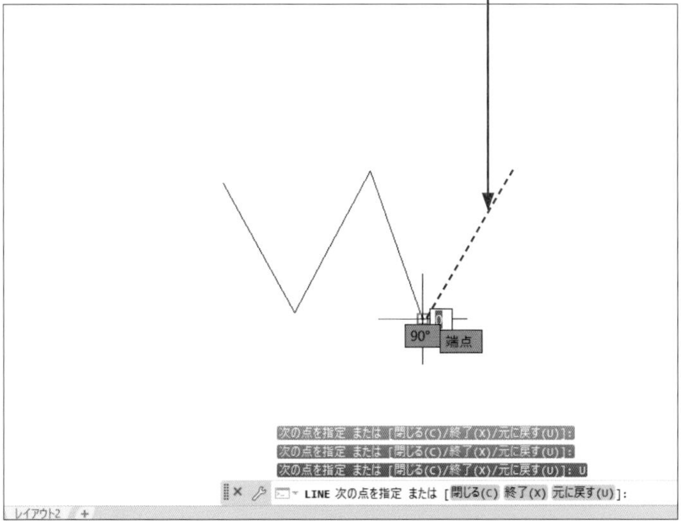

作成した図を取り消してコマンド実行前の状態に戻す

1 クイックアクセスツールバーの <元に戻す>をクリックします。

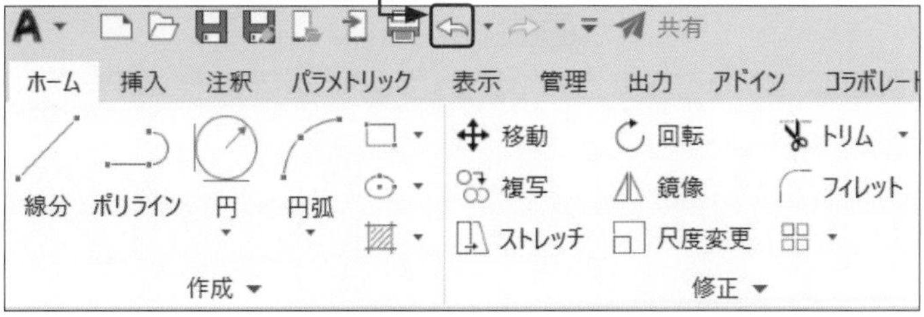

2 線分コマンド自体が取り消されました。

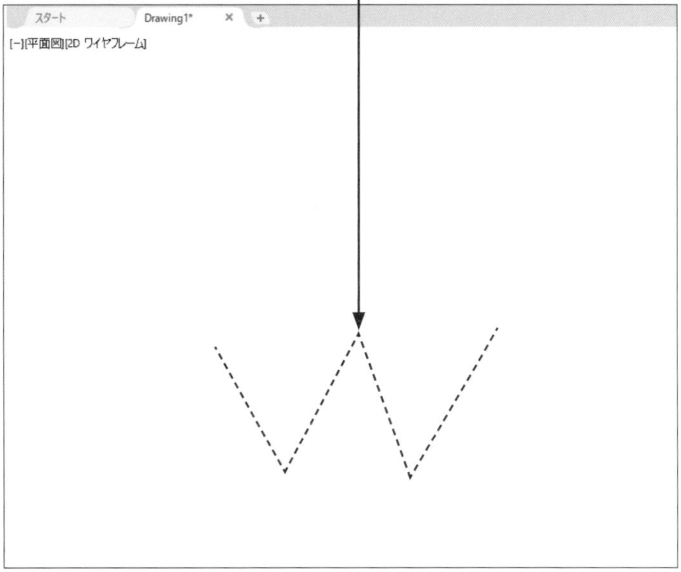

注意 **操作のタイミングは慎重に**

ここで解説しているように、実行したコマンド内での操作をすべてを取り消す <元に戻す>（クイックアクセスツールバー内）と、コマンド内で実行した直前の操作のみ取り消す<元に戻す（U）>があるので、操作には十分注意してください。1つのコマンドで連続して作図している場合、 <元に戻す>をクリックすると作成したすべての図形が取り消されてしまいます。なお、 <元に戻す>をクリックして元に戻した操作を取り消す場合は、 <元に戻す>の右隣りにある <やり直し（REDO）>をクリックします。ただし、これは <元に戻す>をクリックした直後のみ有効です。

5 コマンドを入力する際のキーの名称と役割

コマンドはキーボードを利用して実行する場合が多いですが、通常の入力以外にも覚えておくべき各キーの役割があります。主な役割は以下のとおりです（AutoCADで使用できるキーボードショートカットキーについてはP.314「主なキーボードショートカット」参照）。

Esc キー

現在のすべての操作をキャンセルするときに使います。また、AutoCADでの Esc キーは「操作のリセット」ボタンのような役割を持っています。コマンドを途中で終了したいときや、図形を選択し直したいときなど頻繁に使用します。

半角/全角 キー

全角（日本語入力「あ」）と半角（直接入力「A」）を切り替えるときに使用します。AutoCADでコマンドや数字を入力するときは通常「半角（直接入力）」を使用します。

ファンクションキー

AutoCADを起動中にファンクションキーを押すと、特定のコマンドのショートカットキーとして利用することができます。

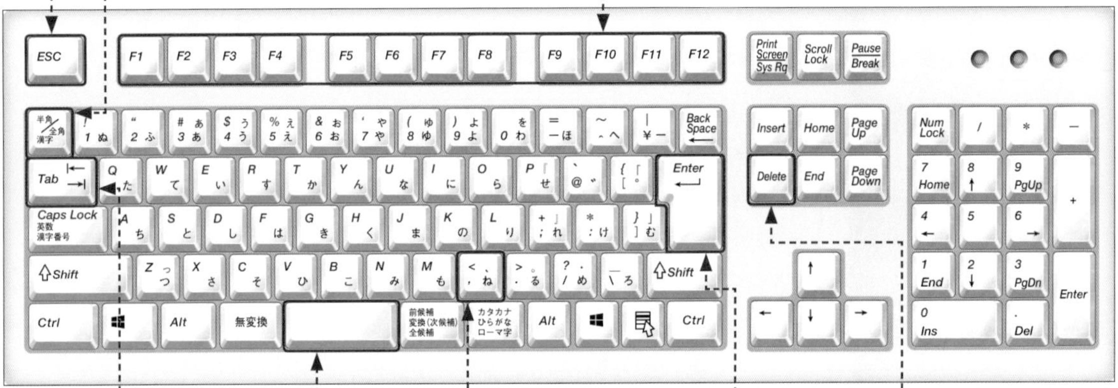

tab キー

ダイナミック入力で項目を切り替える際に使用します（P.63のステップアップ「角度を手入力する場合（ダイナミック入力）」参照）。

Space キー

操作を確定する場合に Enter キーの代わりに Space キーを使用することもできます。ただし、コマンドや数字の入力確定には使用できないので注意してください。

Delete キー

選択している図形を削除することができます。

, キー

座標を入力する際に「X,Y」のようにX座標とY座標を区切る際に使用し、半角（直接入力）で入力します。

Enter キー

コマンドや数字を入力したら必ず Enter キーで確定します（一部コマンドを除く）。また、コマンドを終了する際にも使用します。なお、コマンドが選択されていない状態で、Enter キーを押すと、最後に使用したコマンドを繰り返し利用することができます。

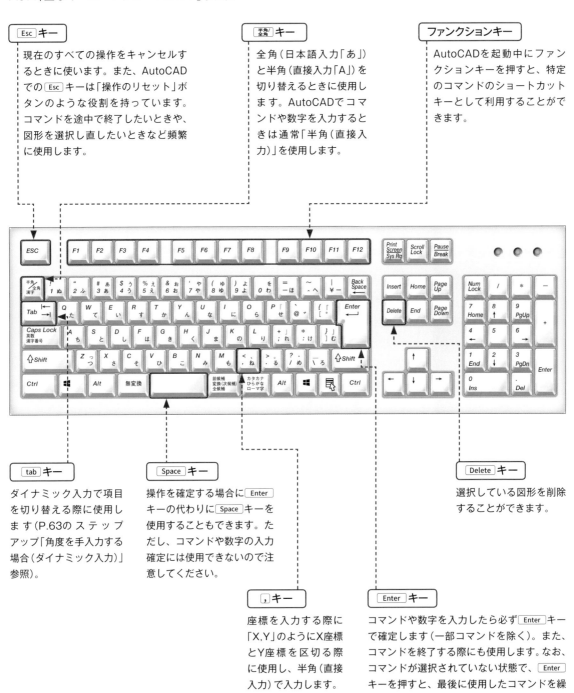

Chapter 02

第2章

AutoCADの基本的な操作と考え方を知ろう

Section 10

図面を新規に作成する

覚えておきたいキーワード
新規作成
テンプレート
計測単位

図面をゼロから作成するには、まず作図に適したテンプレートと呼ばれるひな形を選択します。このテンプレートはAutoCADにあらかじめ用意されたものです。AutoCADは世界中で使用されているので、テンプレートはメートル単位以外に、インチ単位のものも用意されています。

リボン	[アプリケーションメニュー] - [ファイル] - [新規作成]		
ショートカット	Ctrl＋N		
コマンド	NEW（新規作成）／QNEW（クイック新規作成）／UNITS（単位管理）	エイリアス	UN（単位管理）

1 図面を新規作成する

メモ テンプレートの選択について

＜スタート＞タブの画面に表示されている＜新規作成＞をクリックすると、最後に使用したテンプレートで図面が新規作成されます。＜新規作成＞の右の∨をクリックし、＜テンプレートを参照＞を選択すると、テンプレートが一覧表示されるので、ここからテンプレートを選んで図面を新規作成することもできます。

1 クイックアクセスツールバーの＜クイック新規作成＞をクリックします。

2 「テンプレートを選択」ダイアログボックスが表示されます。

3 ＜acadiso.dwt＞をクリックして選択します。

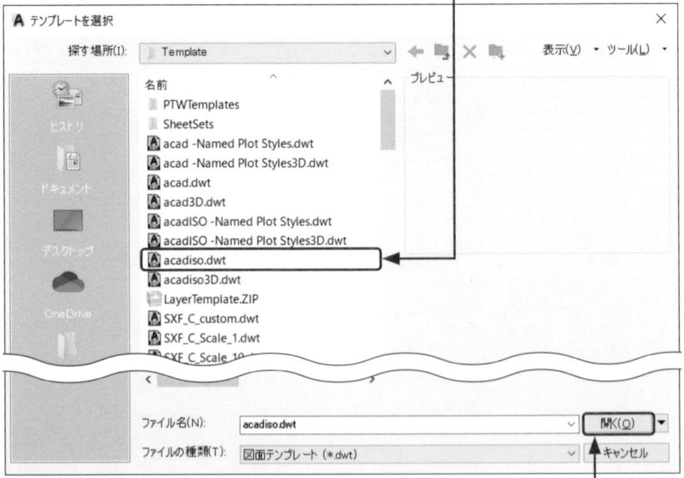

4 ＜開く＞をクリックします。

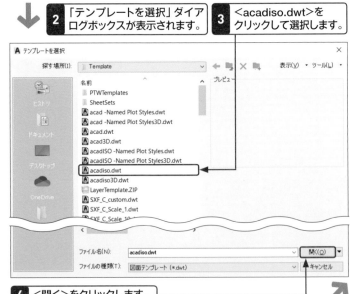

5 「Drawing1」という名前で図面が新規作成されます。

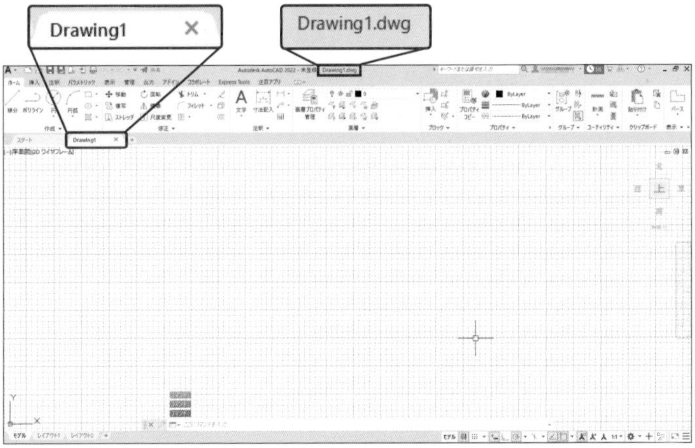

AutoCAD LTで は、acad系のテンプレートは「acadlt」となります。たとえば「acadiso.dwt」は「acadltiso.dwt」となります。

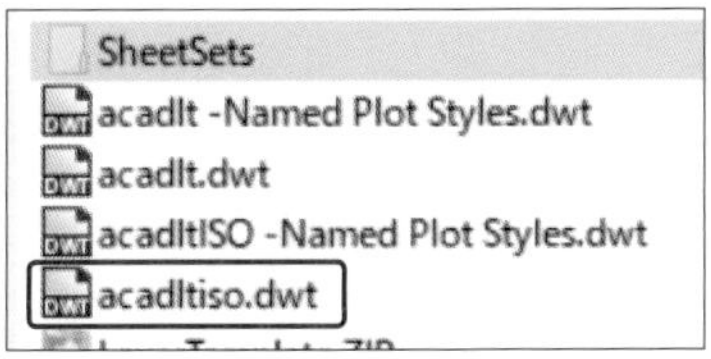

メモ 拡張子の表示について

ファイル名に拡張子が表示されているほうがわかりやすいので、表示されていない場合は、表示する設定に変更しておきましょう。<エクスプローラー>→<表示>タブ→<表示/非表示>パネルと進み、<ファイル名拡張子>の□をクリックして☑にします。

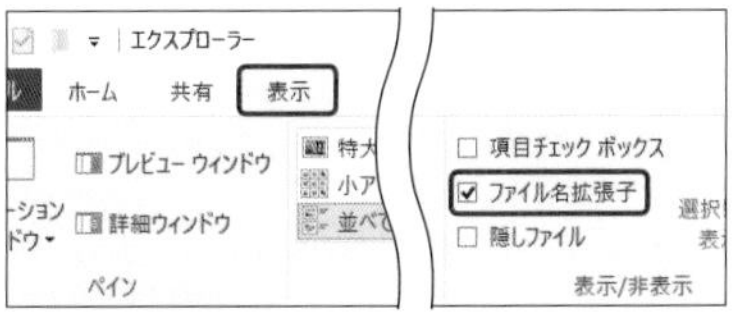

メモ グリッドを非表示にするには

グリッドを非表示にするには、P.31の「グリッド線を非表示にする」を参照してください。

メモ 計測単位について

テンプレートには計測単位が登録されており、今回使用する「acadiso.dwt」(LTでは「acadltiso.dwt」)はミリメートル(mm)単位で作図できますが、「acad.dwt」(LTでは「acadlt.dwt」)など一部のテンプレートはインチ単位で登録されています(例:ミリメートル(mm)単位の場合は1mmで作図/インチ単位の場合は1インチで作図)。登録されている単位は、<アプリケーションメニュー>→<図面ユーティリティ>→<単位設定>→「単位管理」ダイアログボックスの「挿入尺度」で確認・変更できます。

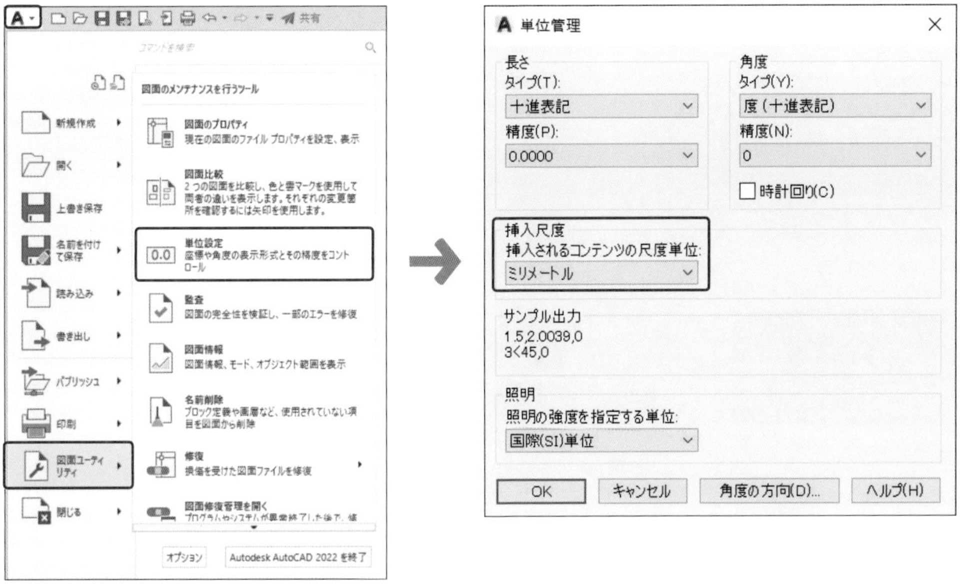

Section 11

プロパティで図形の情報を編集する

覚えておきたいキーワード
- プロパティ
- 線色・線の太さ・線種
- グローバル線種尺度

プロパティとは「特性」「情報」「設定」などのことを指します。ここでは、図形ごとに線の色や線の太さ、線種のプロパティを設定する方法について解説します。画層ごとに設定する「ByLayer」というのもありますが、こちらについてはP.172のSec.46を参照してください。

練習用ファイル	Sec11.dwg		
リボン	[ホーム]タブ-[プロパティ]パネル-[オブジェクトの色(線色)][線の太さ][線種]		
コマンド	COLOR(色選択)/LWEIGHT(線の太さ)/LINETYPE(線種設定)	エイリアス	COL(色選択)/LW(線の太さ)/LT(線種)

1 線色を設定する

キーワード ByLayer

AutoCADの線色や線種の既定値は「ByLayer」です。これは画層ごとにプロパティを設定する方法で、通常はこちらを使用します。画層についてはP.172のSec.46で解説しているので、操作に慣れてきたら画層についても必ず確認しておきましょう。

ヒント 「その他の色」について

「オブジェクトの色」リストで<その他の色>をクリックすると、「色選択」ダイアログボックスが表示され、さまざまな色を選択することができます。

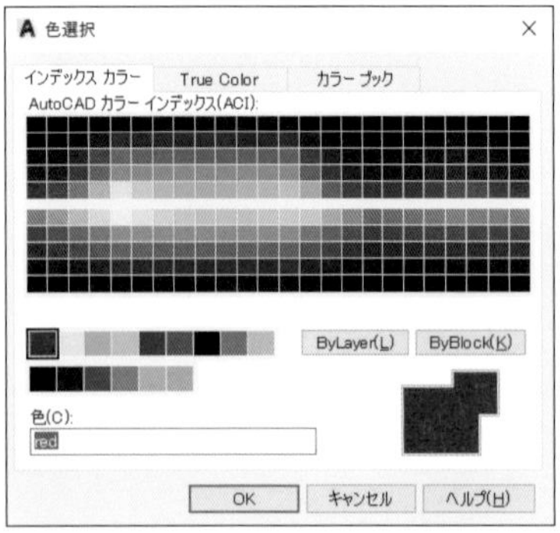

練習用ファイル「Sec11.dwg」を開いておきます。

1 <ホーム>タブ→<プロパティ>パネル→<オブジェクトの色>の<■ ByLayer>をクリックします。

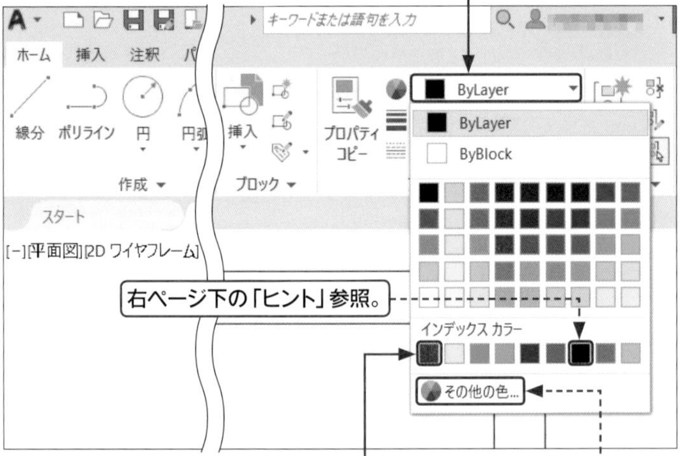

2 「インデックスカラー」の■<赤>をクリックして選択します。

左の「ヒント」参照。

3 「オブジェクトの色」(線色)が<赤>に設定されます。

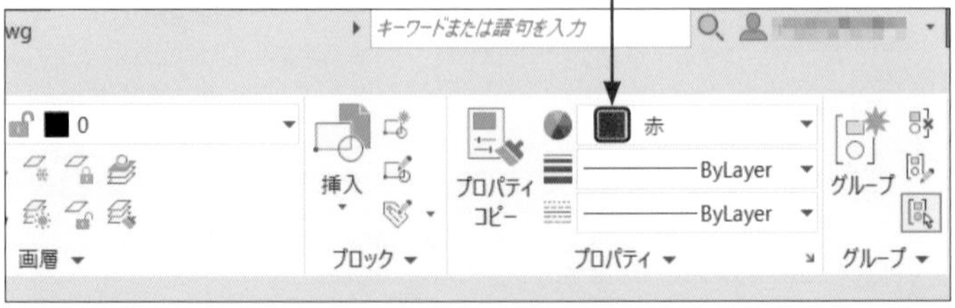

2 線の太さを設定する

1 <ホーム>タブ→<プロパティ>パネル→≡「線の太さ」の<ByLayer>をクリックします。

2 <0.30mm>をクリックして選択します。

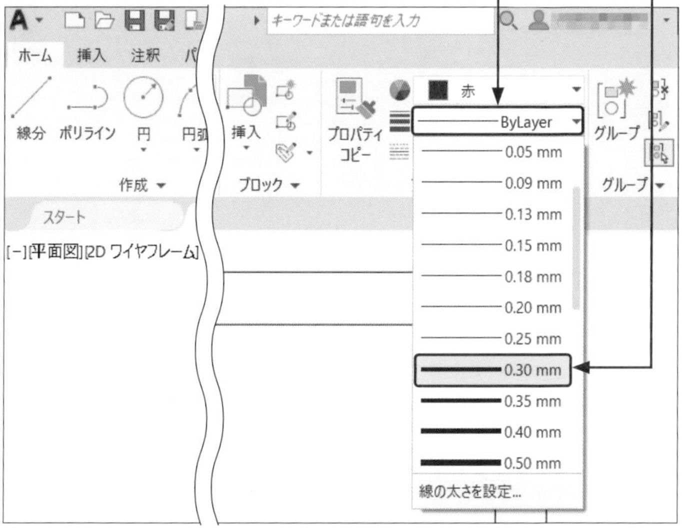

3 線の太さが「0.30mm」に設定されます。

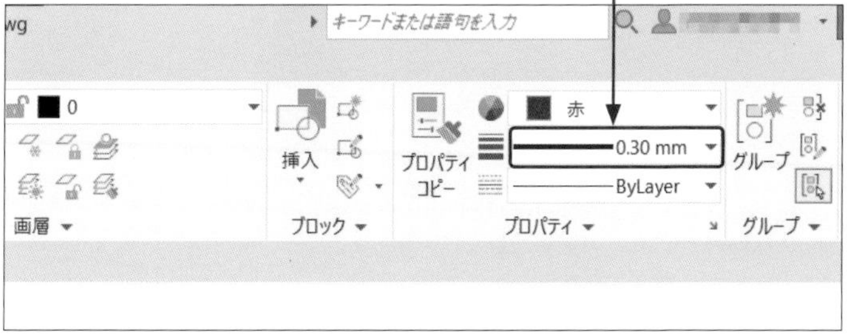

メモ 線の太さの表示について

作図領域に線の太さを反映させる場合は、ステータスバーの≡<カスタマイズ>→<線の太さ>にチェックを入れ、≡<線の太さを表示/非表示>をクリックして≡を≡にします（オンにします）。ただし、線の表示は画面の解像度に依存し、画面上の見た目と印刷結果は一致しないことがあるため、あくまで参考程度とし、通常はオフの状態で作図します。

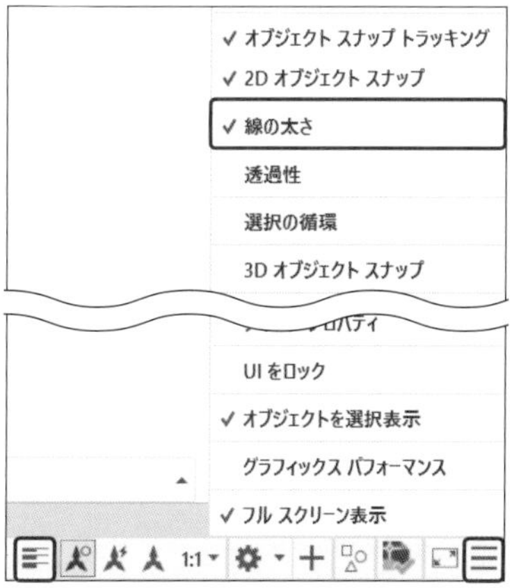

ヒント <白（White）>の設定について

左ページの手順1で■<白（White）>を設定すると、図面の作業領域が白色の場合は黒色で表示され、作業領域が黒色の場合は白色で表示されます。印刷時はどちらも黒色で印刷されます。

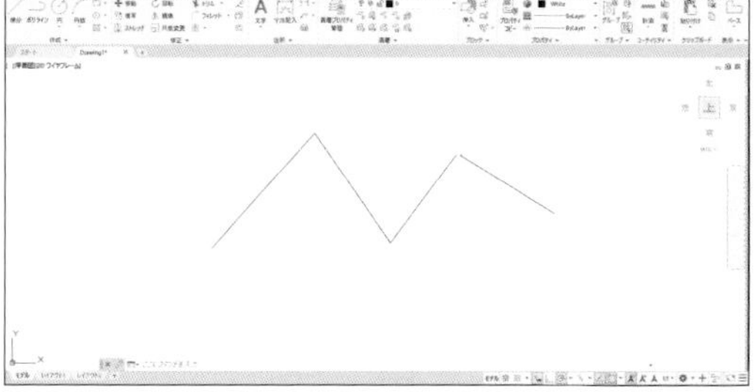

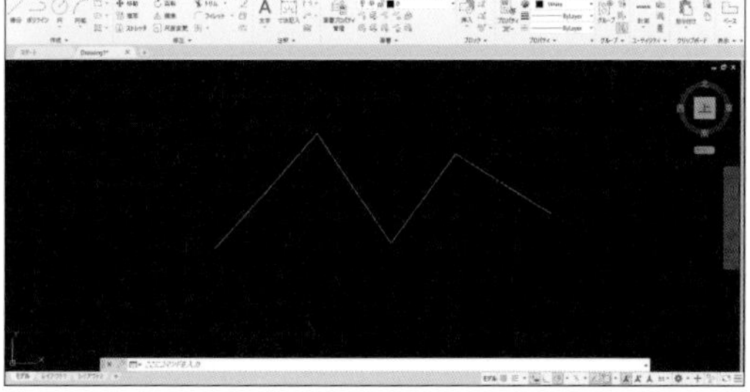

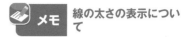

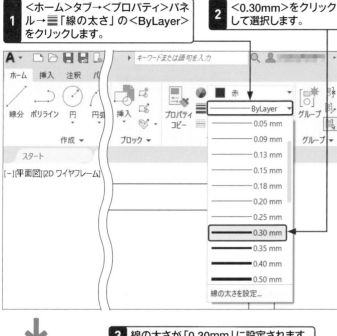

3 線種を設定する

メモ 線種の初期設定について

通常「acadiso.dwt」のテンプレートを使用して図面を作成した場合、線種は「Continuous（実線）」のみがロード（読み込み）されています。それ以外の線種を使用する場合は、図面ごとに線種をロードする必要があります。

メモ AutoCAD LTの場合

手順❺で表示される「線種のロードまたは再ロード」ダイアログボックスのファイル名は、AutoCAD LTでは「acadltiso.lin」と表示されます。

メモ まとめて選択する場合

Shift キーや Ctrl キーを押しながら選択すると、複数の線種をまとめて選択することができます。

1 <ホーム>タブ→<プロパティ>パネル→<線種>→<ByLayer>をクリックします。

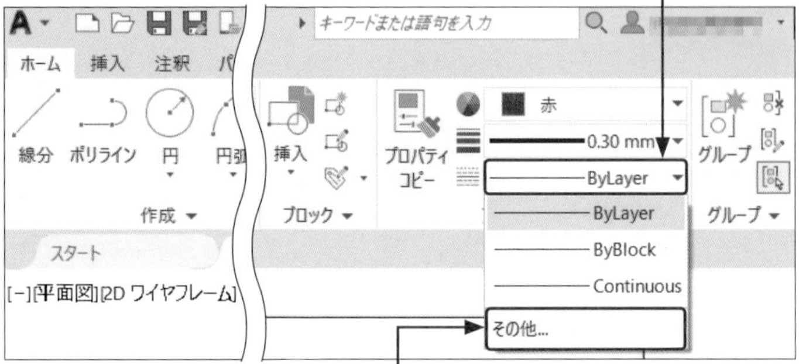

2 <その他>をクリックします。

3 「線種管理」ダイアログボックスが表示されます。

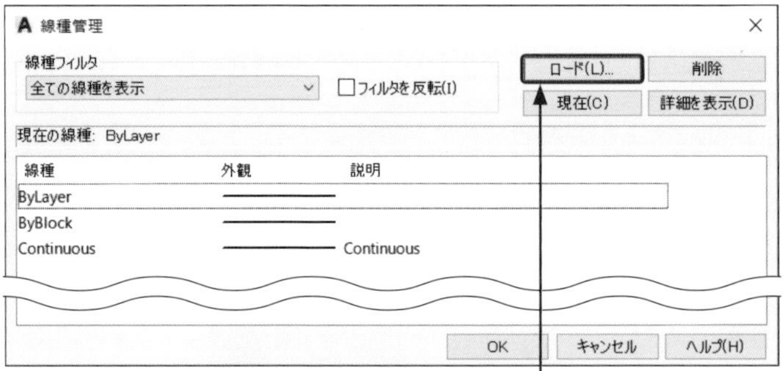

4 <ロード>をクリックします。

5 「線種のロードまたは再ロード」ダイアログボックスが表示されます。

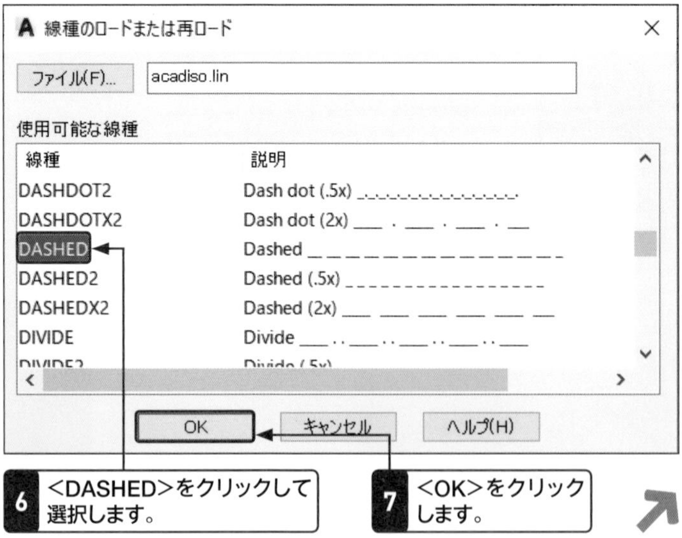

6 <DASHED>をクリックして選択します。

7 <OK>をクリックします。

8 「線種管理」ダイアログボックスで<DASHED>を選択して、

9 <現在>をクリックします。

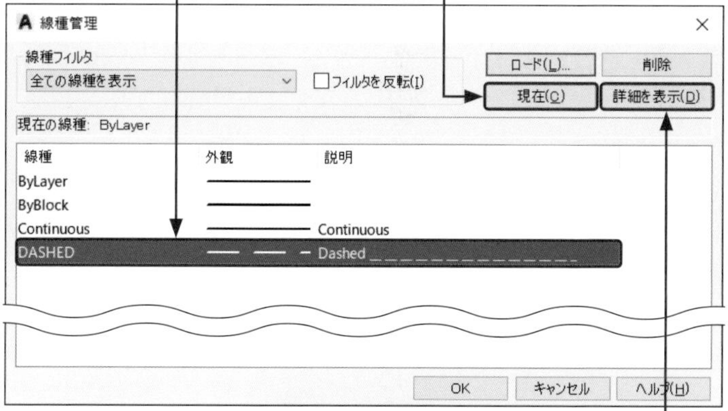

10 <詳細を表示>をクリックします。

11 「グローバル線種尺度」に「50」と入力し、

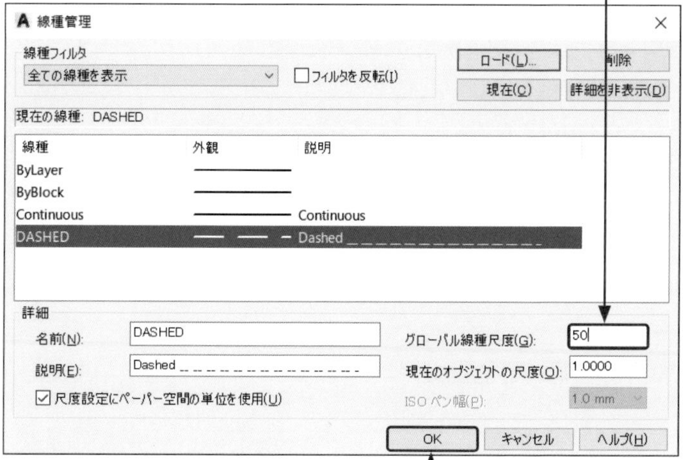

12 <OK>をクリックします。

メモ　ここでの設定について

手順12までを終えて、<見本>を参考に線分を作図すると（線分の作図方法はP.50を参照）、<見本>と同じ線分を作図することができます。

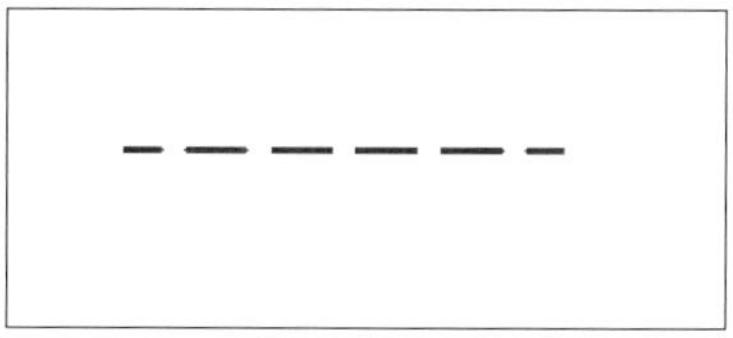

メモ　グローバル線種尺度とは

AutoCADでは「線種尺度」を用いて破線などの間隔を調整します。破線や一点鎖線が実線のように見えてしまう場合に利用します。図面全体の間隔を一斉に変更する場合は、「グローバル線種尺度」を使用します（P.49手順11参照。図形ごとの線種尺度の設定については、P.85のメモ「線種尺度とは」参照）。

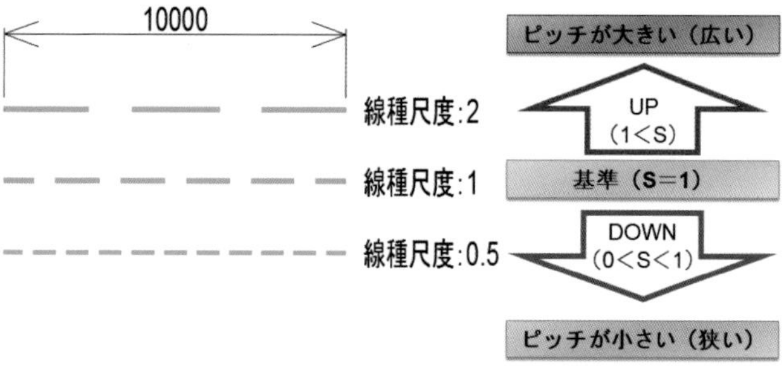

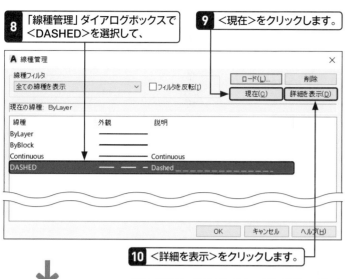

Section 12

2点を指定して線を作図する

覚えておきたいキーワード
線分
ポリライン
オプション

ここでは、作図の基本となる「線」について解説します。AutoCADで直線を作図するには、始点と終点を指定する「線分」か、始点と通過点と終点を指定して連続線として作図する「ポリライン」を使用します。どちらを使用するかは、その後の編集方法によって判断します。

練習用ファイル	Sec12.dwg		
リボン	[ホーム]タブ-[作成]パネル-[線分]/[ホーム]タブ-[作成]パネル-[ポリライン]		
コマンド	LINE(線分)/PLINE(ポリライン)	エイリアス	L(線分)/PL(ポリライン)

1 線を作図する

メモ ここでの設定について

ここでは、ステータスバーの <線の太さを表示/非表示>をクリックして、(オン)にして線を太線で表示しています(P.47の「メモ」参照)。

メモ コマンドの実行について

コマンドの実行は、キーボードから「LINE」と入力することでも可能です。コマンドの入力については、P.39を参照してください。

メモ ダイナミック入力

ダイナミック入力がオンの状態で作図すると、マウスカーソルの隣にメッセージが表示されたり、図形上に長さと角度が表示されたりします。ダイナミック入力の使い方については、P.39を参照してください。

1 <ホーム>タブ→<作成>パネル→<線分>をクリックします。

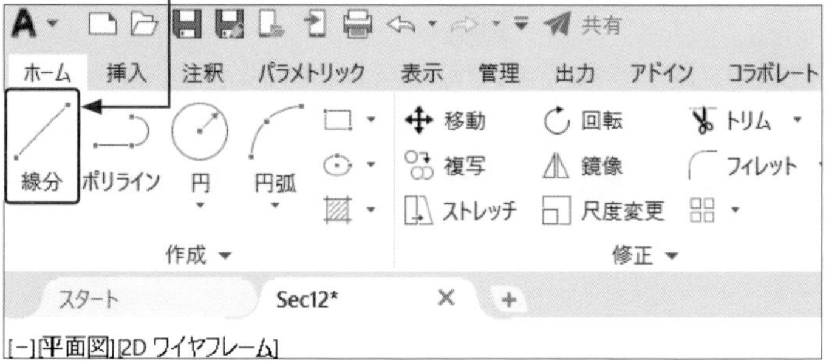

2 作図画面上の任意の場所(始点)をクリックします。

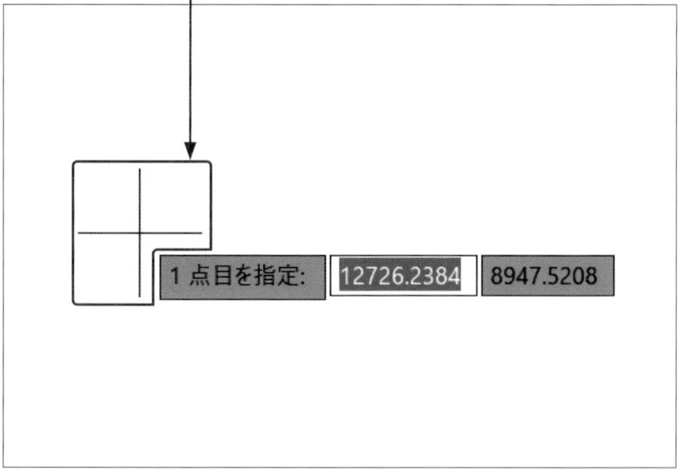

3 マウスカーソルを移動して、

4 任意の場所（終点）でクリックします。

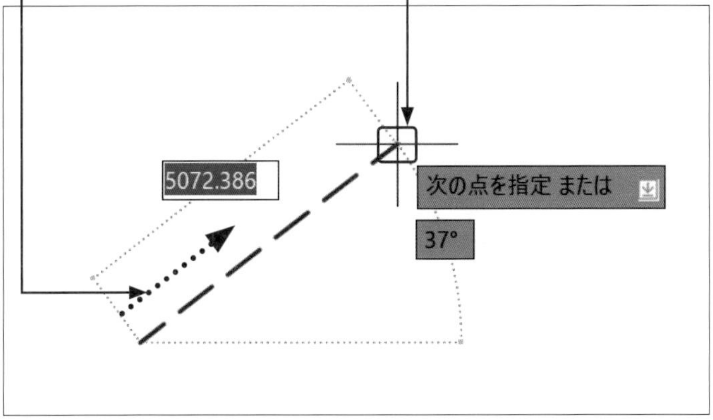

5 Enter キーを押してコマンドを終了します。

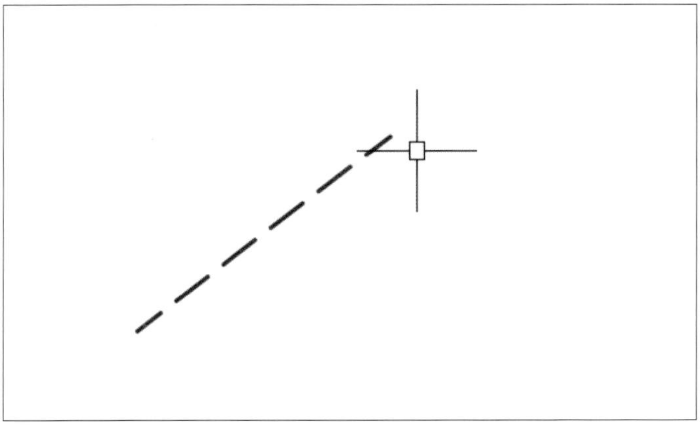

6 Enter キーを押して直前のコマンド（線分）を実行し（右下の「ヒント」参照）、

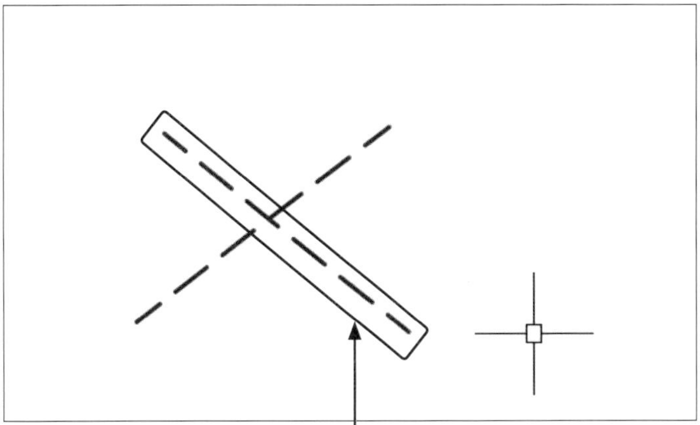

7 手順2～5を繰り返します。

ヒント 極トラッキングについて

マウスカーソルで次の点を指定する際に、緑の点線が表示される場合があります。これは「極トラッキング」と呼ばれる機能です。極トラッキングについては、P.60のSec.15を参照してください。

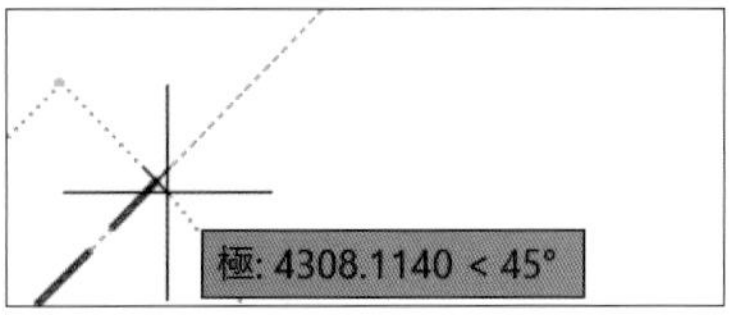

メモ クリックと Enter キーの使い分けについて

操作に慣れるまでは、「クリック」と Enter キーを混同しがちです。「クリック」は「始点／終点を指示する」「図形を選択する」などの操作です。Enter キーは「コマンドを終了する」「直前のコマンドを繰り返す」「キーボードからの文字や数字の入力を確定する」「図形の選択を確定する」など、操作を確定するときに使います。

ヒント コマンドを繰り返す

コマンドが終了した直後に Enter キーを押すか（手順6参照）、右クリックで表示されるメニューから<繰り返し>を選択すると、直前に実行したコマンドを呼び出すことができます。なお、AutoCADでは一部コマンドを除き、<コマンドを選択>→<実行>→ Enter キーで確定して、コマンドが終了します。連続して実行する場合はショートカットメニューの「繰り返し」や「オプション（複数）」（P.53のヒント「オプションの選択方法」参照）を使用します。

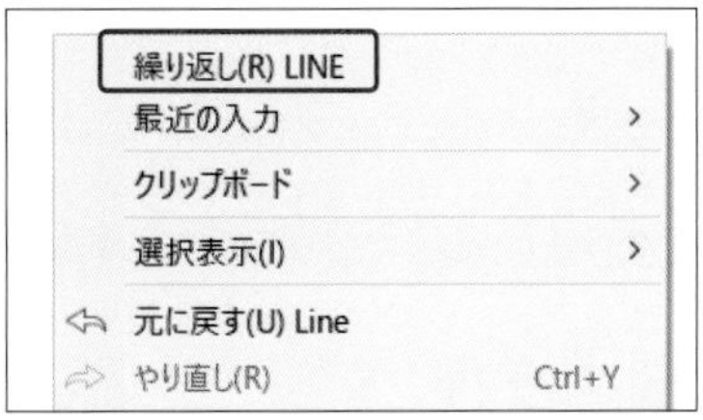

2 ポリラインを作図する

メモ 線分とポリラインの違い

始点と終点で構成される線が「線分」です。「ポリライン」は始点・通過点・終点で構成されており、「連続線」として編集することができます。

1 <ホーム>タブ→<作成>パネル→<ポリライン>をクリックします。

2 作図画面上の任意の場所（始点）をクリックします。

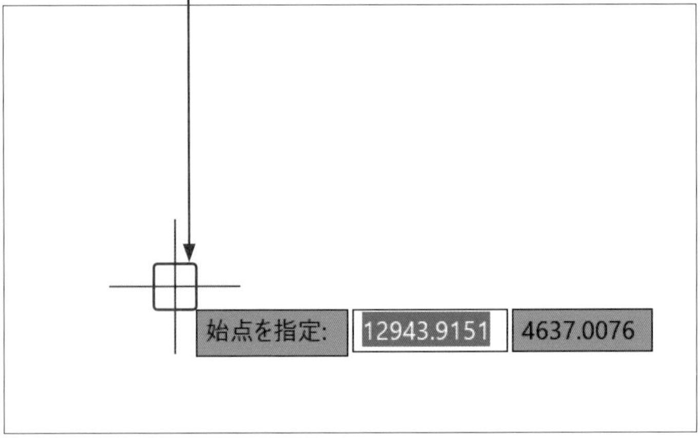

3 マウスカーソルを移動して、

4 任意の場所をクリックします。

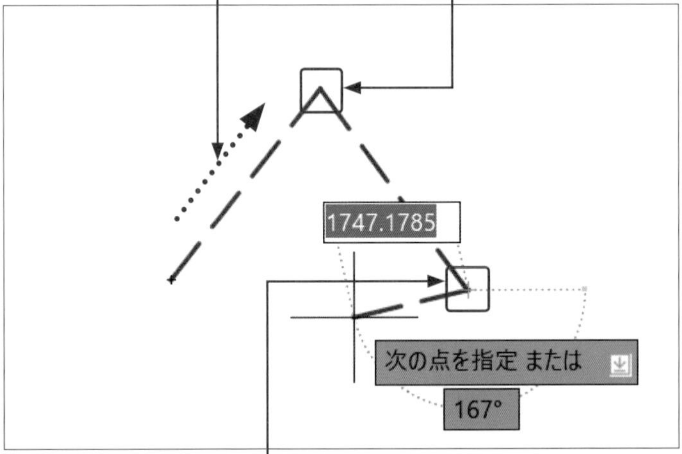

5 続けて、次の頂点をクリックします。

メモ 間違えた場合は

途中で間違えた場合は、コマンドラインの元に戻す(U)<元に戻す>をクリックして、操作を1つ戻します。クイックアクセスツールバーの<元に戻す>を実行すると、すべて元に戻されてしまうので注意が必要です。

6 コマンドラインの<閉じる(C)>をクリックします。

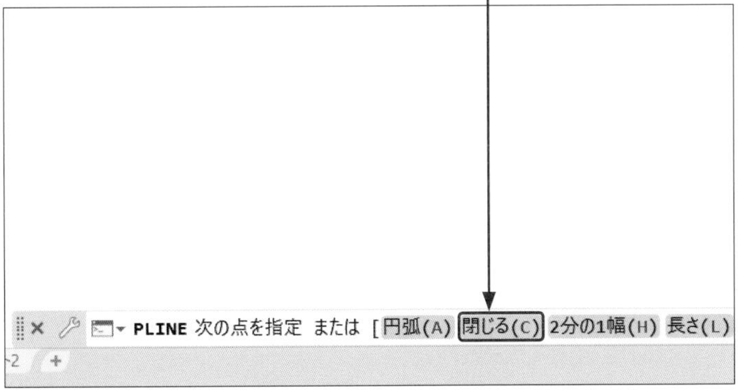

7 始点が終点となり図形が閉じます。

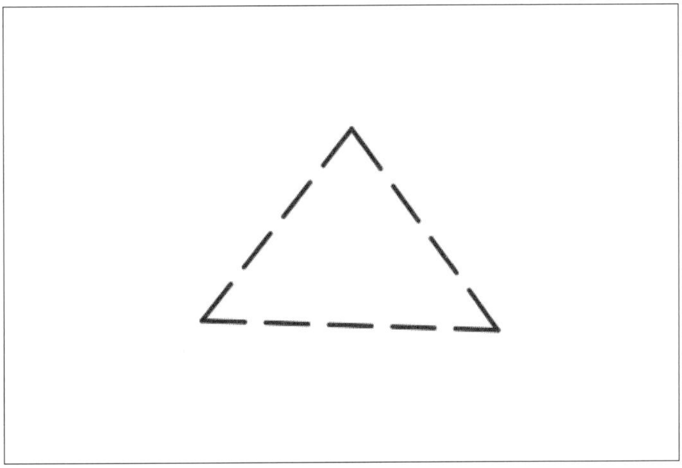

ヒント 始点を終点にするもう1つの方法

始点を終点として図形を閉じる場合は、次の方法でも行えます。始点にマウスカーソルをポイントすると緑の四角と「端点」のツールチップが表示されるので、その時点でクリックします。

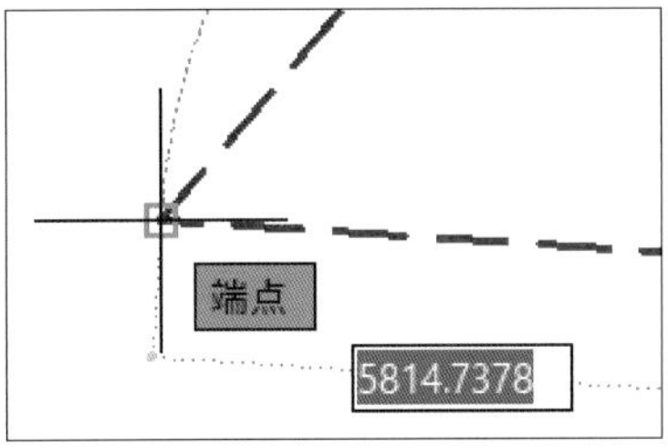

ヒント オプションの選択方法

「オプション」とは、コマンドの途中で追加設定することのできる項目を指します。AutoCADではコマンドの手順に合わせたオプションが表示されます。オプションの選択には次のような方法があります。

①コマンドラインに表示されるオプション閉じる(C)をクリックする方法。

②青い字で表示されるオプション閉じる(C)（キーボードの「C」）のショートカットキーを入力して、Enterキーを押して確定する方法。

③↓キーを押して、表示されるメニューより選択する方法。

④右クリックして表示されるショートカットメニューより選択する方法。

P.53手順**6**についても、上記の三番目（画面左）、四番目（画面右）の方法で<閉じる>を選択することができます。

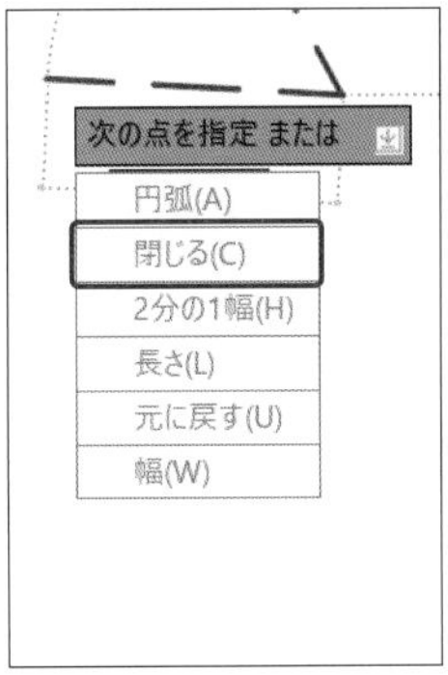

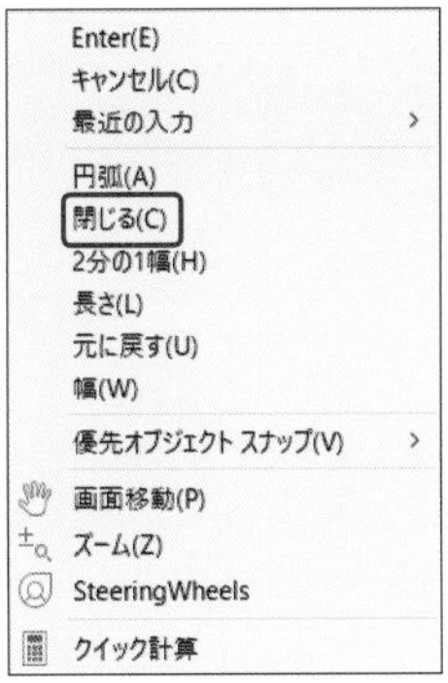

Section 13

線の端部や円の中心点を指定して線を作図する

覚えておきたいキーワード
☑ オブジェクトスナップ
☑ AutoSnap マーカー
☑ 作図補助設定

CADの図形はすべて点（座標）により定義付けられています。オブジェクトスナップは図形上のさまざまな点（端点、中点、交点など）を正確にすばやく取得し、スムーズな作図を補助してくれる重要な機能です。ここでは、とくに使用頻度の高いオブジェクトスナップを中心に解説します。

練習用ファイル	Sec13.dwg		
リボン	[ステータスバー] - [オブジェクトスナップ]		
ショートカット	F3		
コマンド	LINE（線分）／OSNAP（オブジェクトスナップ）	エイリアス	L（線分）／OS（オブジェクトスナップ）

1 オブジェクトスナップとは

作図した線分のちょうど真ん中から線を引きたいといった場合、線分の中点を割り出すために面倒な計算を行う必要があります（座標値の算出）。また、計算してわかった中点を正確にクリックするなどの作業に対しては、細心の注意を払わなければなりません。オブジェクトスナップは、そんな面倒な作業から解放してくれる機能です。
図形にマウスカーソルを近づけると、AutoSnapマーカーと呼ばれる印が現れ、正確に目的の点に吸い寄せられます。この機能によってすばやいスムーズな作図が可能になるわけです。

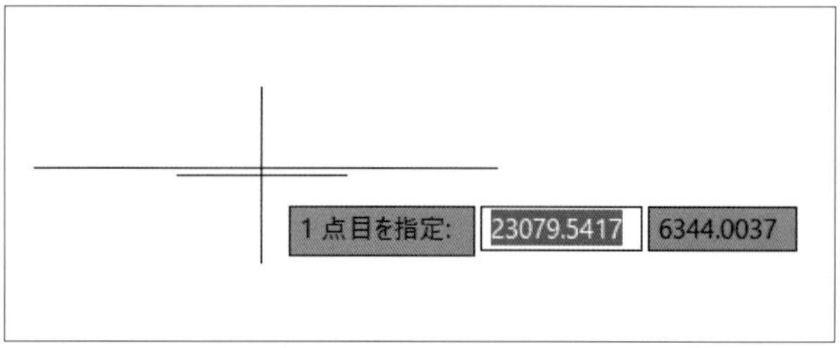

オブジェクトスナップを無効にしていると、中点から線を正確に引くのが難しくなります。

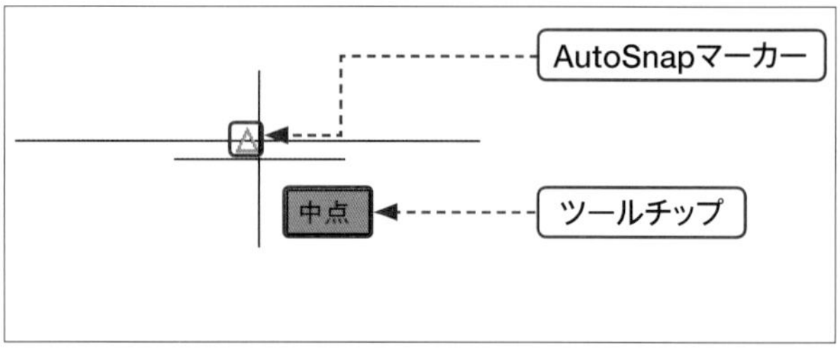

オブジェクトスナップを有効にしていると、AutoSnapマーカーとツールチップである「中点」が現れ、正確でスムーズな作図を補助してくれます。

オブジェクトスナップのモード

オブジェクトスナップは図形に応じて、中点を示してくれるもの、端点を示してくれるもの、また、交点を示してくれるものなど、さまざまなモードが用意されています。詳しくは次ページ以降を参照してください。

2 オブジェクトスナップを設定する

1 ステータスバーの<オブジェクトスナップ>がであることを確認します。の場合はクリックしてにします。

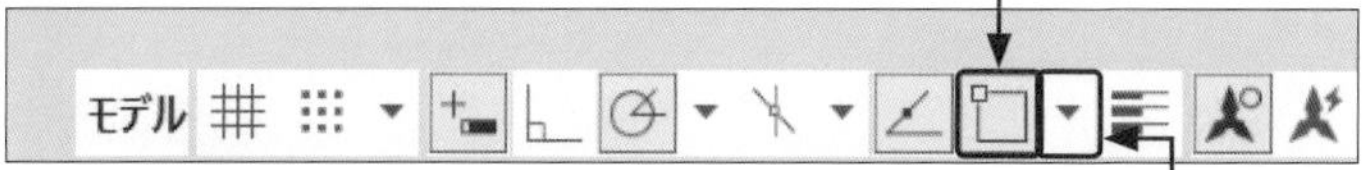

2 ステータスバーの<オブジェクトスナップ>の横にある▼をクリックします。

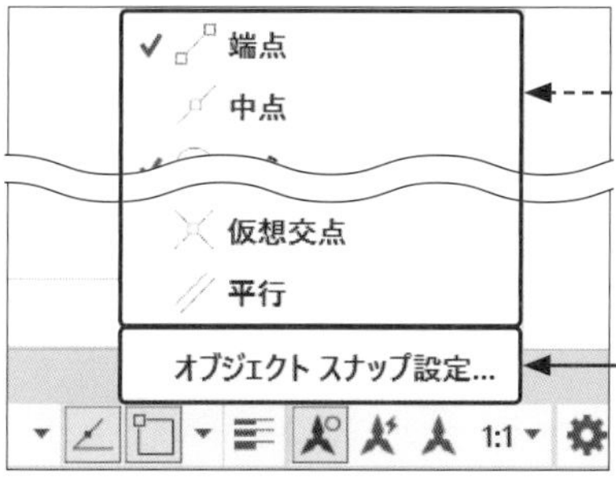

右の「ヒント」参照。

3 表示されるメニューの<オブジェクト スナップ設定>をクリックします。

4 「作図補助設定」ダイアログボックスが表示されます。

5 <オブジェクト スナップ>タブをクリックして、

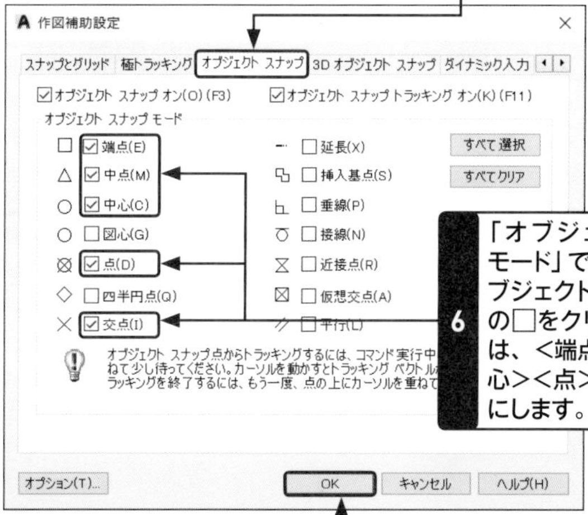

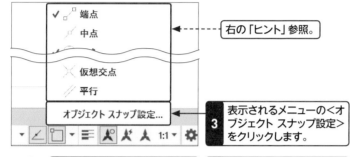

6 「オブジェクトスナップモード」で、利用したいオブジェクトスナップモードの□をクリックし(ここでは、<端点><中点><中心><点><交点>)、☑にします。

7 <OK>をクリックします。

ヒント 表示されるモードについて

<オブジェクトスナップ>の右横の▼をクリックして表示されるメニューの内容は、手順6の「オブジェクトスナップモード」と同じものです。利用したいオブジェクトスナップモードの確認はここから行えます。また、モードをクリックしてチェックを入れることで、利用するモードをここから追加することもできます。

メモ オブジェクトスナップは2種類ある

オブジェクトスナップには、オンにすることで常に使用できる「定常オブジェクトスナップ」と、1回限りで使用する「優先オブジェクトスナップ」があります。ここでは「定常オブジェクトスナップ」について解説し、「優先オブジェクトスナップ」についてはP.58のSec.14で解説します。

3 オブジェクトスナップを利用して端点と端点を線で結ぶ

1 <ホーム>タブ→<作成>パネル→<線分>をクリックします。

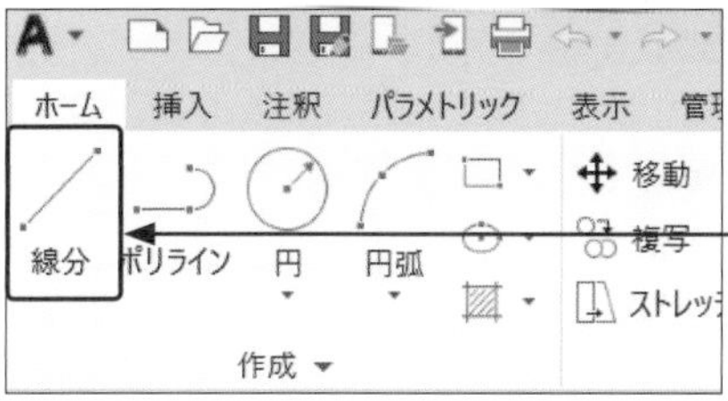

注意 図形が薄く表示される場合

図枠や図形が薄く表示される場合は、P.31「ロック画層のフェードをオフにする」を設定してください。

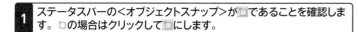

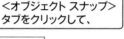

メモ　すばやくスナップするには

オブジェクトスナップは図形上の座標を点として認識します。そのため、マウスカーソルで点を見つける際は、図形の上にマウスカーソルをポイントするとかんたんに点を見つけることができます。また、AutoSnapマーカーが表示されている状態でクリックすれば、点の上でクリックしなくても点を取得できます。

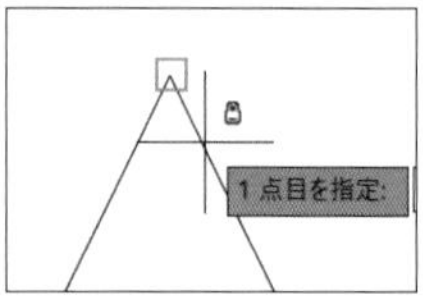

図形の上だと離れていてもスナップします。

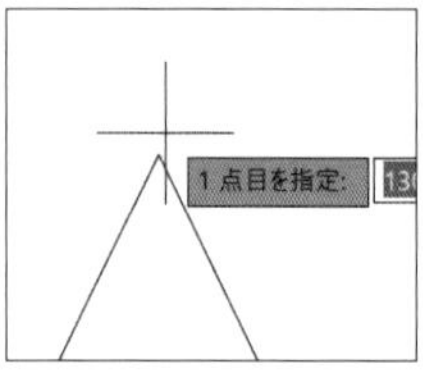

図形に近くてもスナップしません。

2 端点Aにマウスカーソルを近づけます。

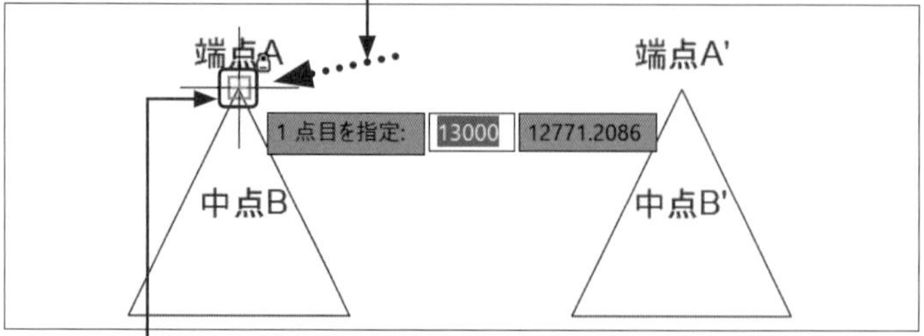

3 端点を示すAutoSnapマーカー□が表示されたら、

4 クリックして点を指定します。

5 続けて、端点A'にマウスカーソルを近づけます。

6 □が表示されたら、

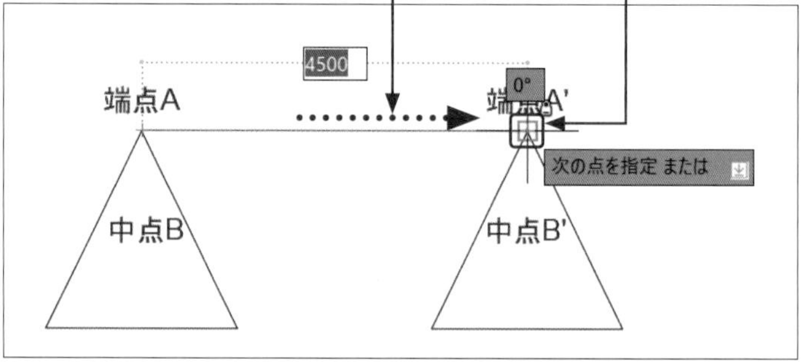

7 クリックして点を指定します。

8 Enter キーを押して確定します。

4 オブジェクトスナップを利用して中点と中点を線で結ぶ

ヒント　AutoSnapマーカーのサイズを調整するには

AutoSnapマーカーと呼ばれるアイコンは、端点は□、中点は△、中心は○など、図形上へマウスカーソルをポイントする位置によって変わるので、覚えておきましょう。また、AutoSnapマーカーの大きさは調整することもできます。＜アプリケーションメニュー＞をクリックして、＜オプション＞をクリックします。「オプション」ダイアログボックスが表示されるので、＜作図補助＞タブをクリックし、「AutoSnapマーカーのサイズ」のスライドバー操作で調整します。

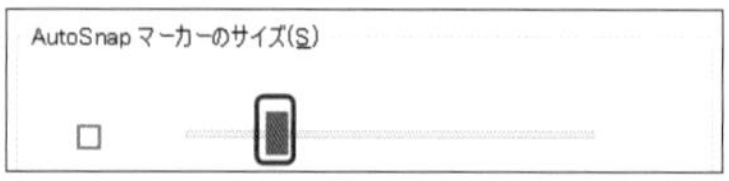

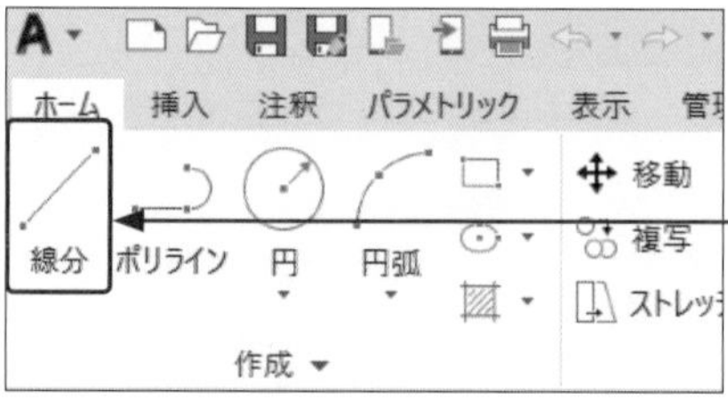

1 ＜ホーム＞タブ→＜作成＞パネル→＜線分＞をクリックします。

2 中点Bにマウスカーソルを近づけます。

3 中点を示す△が表示されたら、

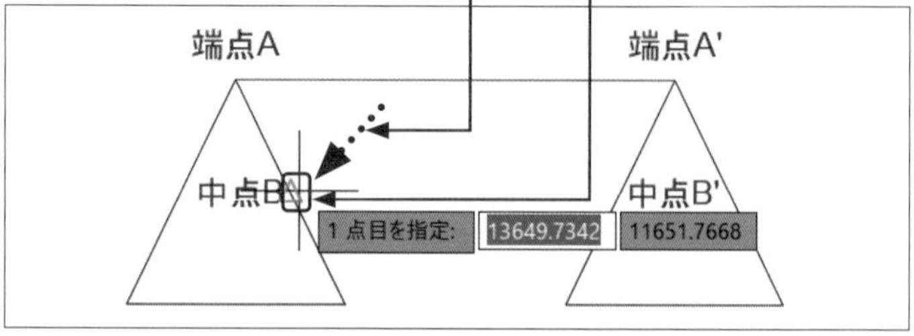

4 クリックして点を指定します。

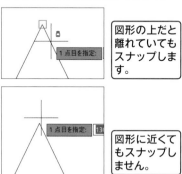

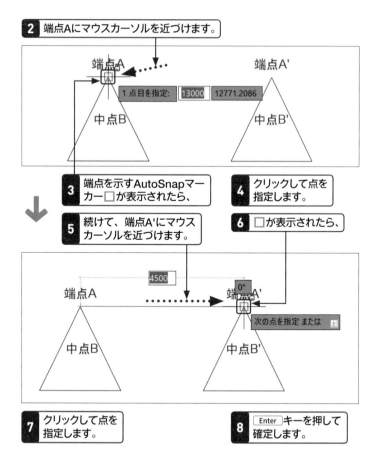

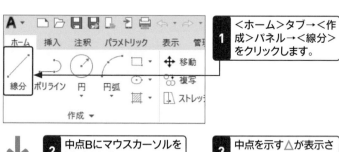

5 続けて、中点B'にマウスカーソルを近づけます。

6 △が表示されたら、

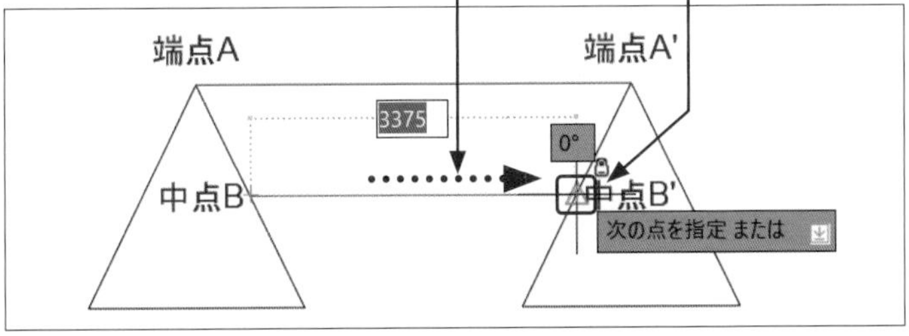

7 クリックして点を指定します。

8 Enter キーを押して確定します。

5 オブジェクトスナップを利用して点と中心と交点を線で結ぶ

1 前ページの手順を参考に、<作成>パネル→<線分>をクリックします。

2 点Cにマウスカーソルを近づけます。

3 点を示す⊠が表示されたら、

4 クリックして点を指定します。

5 続けて、中心Dにマウスカーソルを近づけます。

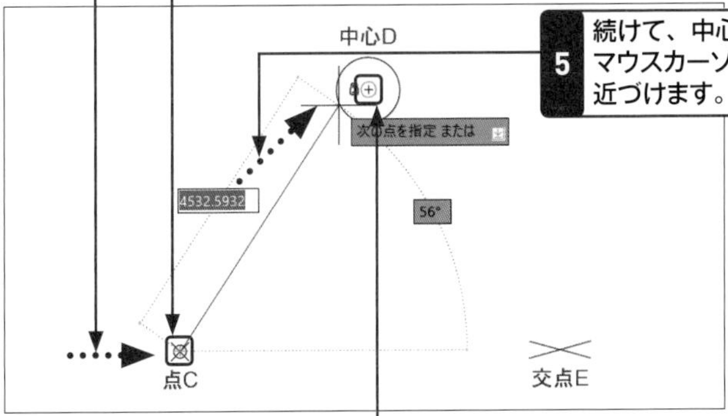

6 中心を示す○が表示されたら、

7 クリックして点を指定します。

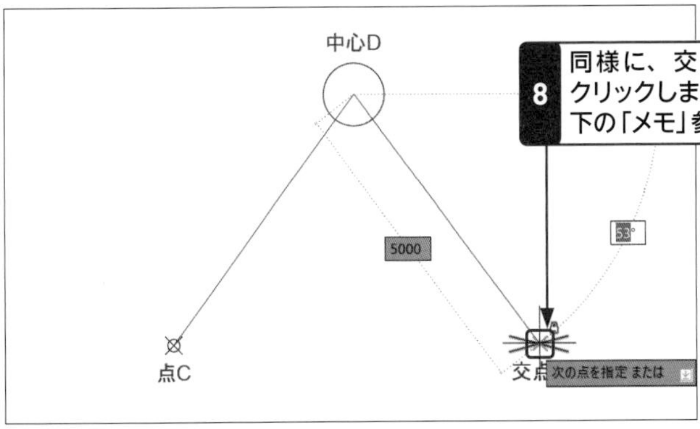

8 同様に、交点Eでクリックします（右下の「メモ」参照）。

9 最後にコマンドラインの<閉じる（C）>をクリックして、三角形を作図します。

メモ 円の中心点をスナップするコツ

円の中心点をスナップする際、いきなり円の中心にマウスカーソルを置いてもスナップできない場合があります。そんなときは円周上にマウスカーソルをのせることで中心点をスナップできます。

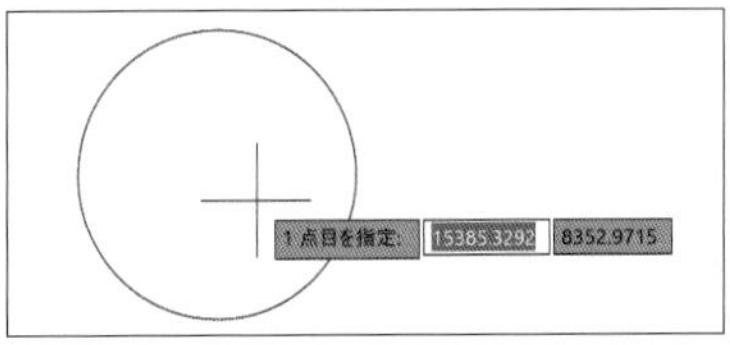

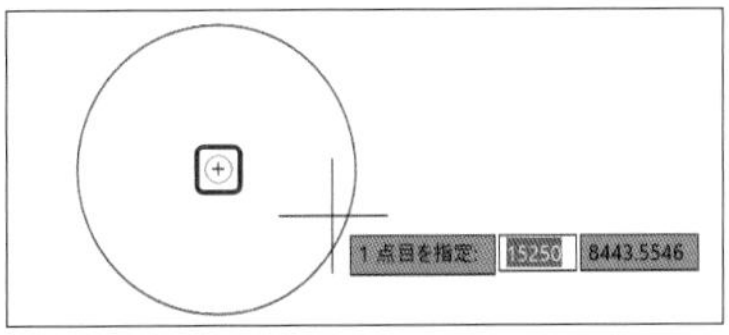

メモ 同じ位置に複数の点がある場合

手順8の交点Eは、それぞれの線分の中点でもあるため、交点を示すAutoSnapマーカー×ではなく、中点を示す△が表示される場合があります。その場合は Tab キーを何度か押すことで点を切り替えることができます。

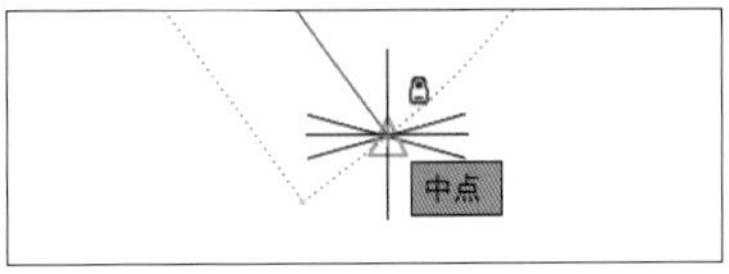

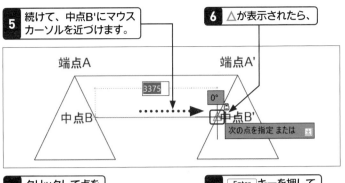

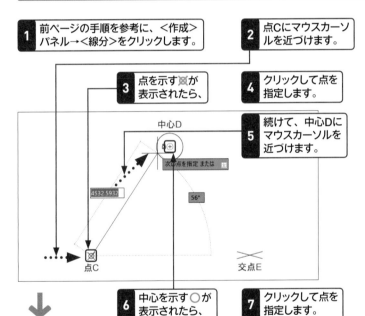

Section 14 指定した2点間の中点を取得する

覚えておきたいキーワード
- 優先オブジェクトスナップ
- 2点間中点
- コマンド変更子

オブジェクトスナップを使用して線分の中点を取得する方法についてはP.54のSec.13で解説しました。ここでは、「優先オブジェクトスナップ」機能を利用して、指定した2つの点の中間点（中点）を取得する方法を解説します。補助線を使うことなくかんたんに中点を指示できるので便利です。

練習用ファイル	Sec14.dwg		
ショートカット	Shift＋右クリック（[優先オブジェクトスナップ] - [2点間中点]）		
コマンド	LINE（線分）／（線コマンドなどを実行中に）MTPまたはM2P（コマンド変更子）	エイリアス	―

1 指定した2点間の中点を中心にした線を作図する

メモ オブジェクトスナップをオンにする

ここでの操作を行う前に、ステータスバーの「オブジェクト」をオンにし、右横の▼をクリックして表示されるメニューの<端点>と<中点>にチェックが入っていることを確認します。

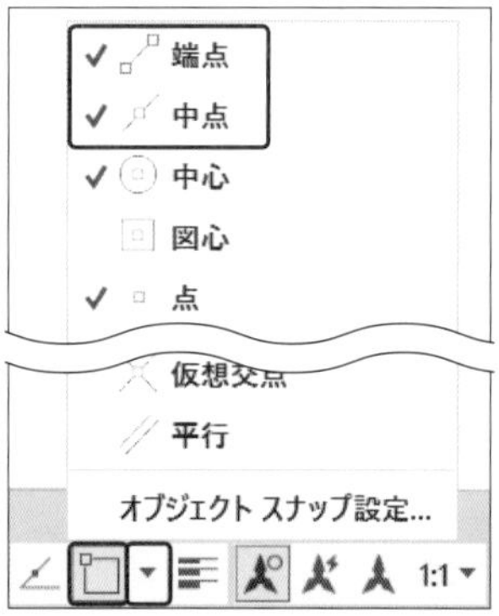

メモ 優先オブジェクトスナップの特徴

優先オブジェクトスナップは「2点間中点」のように通常リボンに表示されていないコマンドが実行できるほか、指定した点に対してのみオブジェクトスナップを適用する機能などがあります。

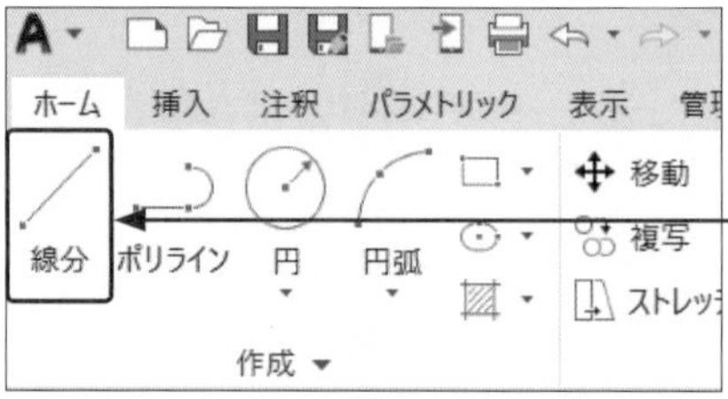

1 <ホーム>タブ→<作成>パネル→<線分>をクリックします。

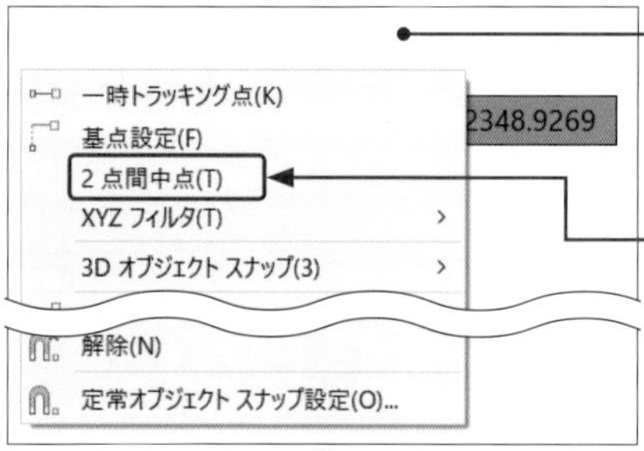

2 作図領域内でShiftキーを押しながら、右クリックし、

3 表示されたメニューで<2点間中点>をクリックして選択します。

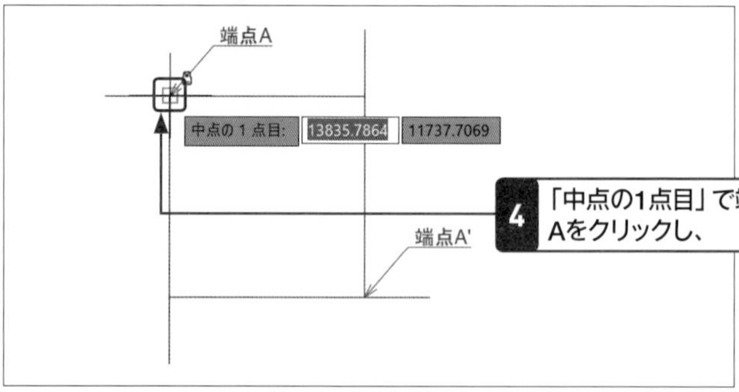

4 「中点の1点目」で端点Aをクリックし、

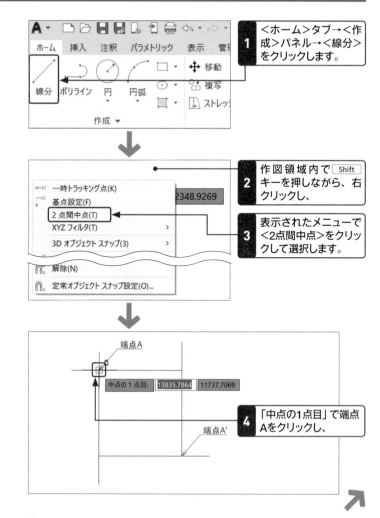

5 「中点の2点目」で端点A'をクリックします。

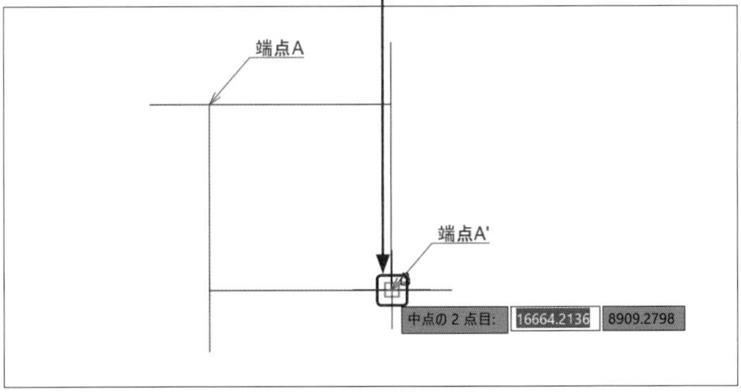

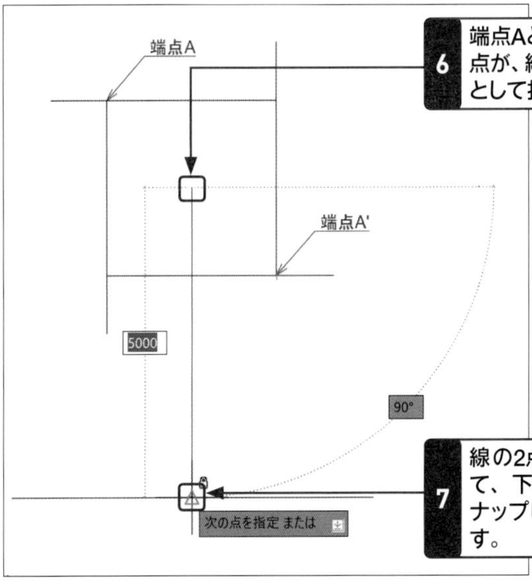

6 端点AとA'の2点間の中点が、線の1点目（始点）として指定されます。

7 線の2点目（終点）として、下の線の中点にスナップしてクリックします。

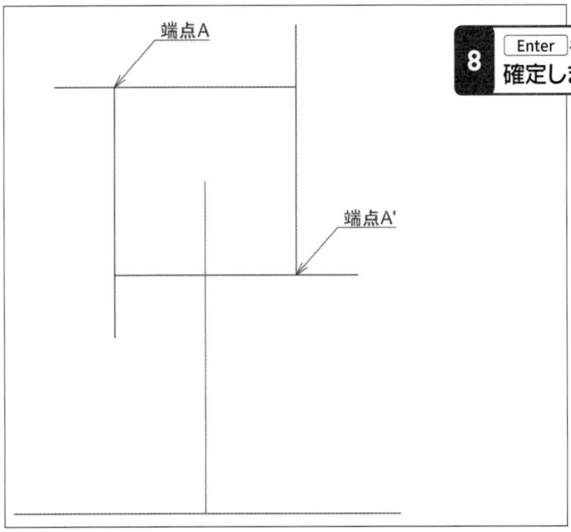

8 Enter キーを押して確定します。

メモ　コマンド変更子とは

優先オブジェクトスナップは、線コマンドや円コマンドなどのように単体で実行するコマンドではありません。ここで解説している2点間中点のように、何かのコマンドを実行しているときに（ここでは線分コマンド）割り込んで使用するものです。こうしたコマンドのことを、「コマンド変更子」と呼びます。

Section 15 長さと角度を指定して線を作図する

覚えておきたいキーワード
- ☑ ポリライン
- ☑ 極トラッキング
- ☑ ダイナミック入力

AutoCADで指定した数字に基づいて線分を作図する場合、線の長さと角度を指定して作図する「極座標」と、水平垂直方向（XY座標）を指定して作図する「デカルト座標系」があります。ここでは「極座標」について解説します。便利な機能である、極トラッキングについてもしっかりと解説します。

練習用ファイル	Sec15.dwg		
リボン	［ホーム］タブ-［作成］パネル-［ポリライン］		
ショートカット	F10（極トラッキング）／F12（ダイナミック入力）		
コマンド	PLINE（ポリライン）	エイリアス	PL（ポリライン）

1 長さを指定して水平・垂直な線を作図する

メモ 極トラッキングの機能

極トラッキングとは、指定した角度（既定値では「90°, 180°, 270°, 60°」）を自動的に取得してくれる分度器のような機能です。指定した角度にマウスカーソルを移動すると「位置合わせパス（トラッキングベクトル）」と呼ばれる緑の点線が表示されます。この「位置合わせパス」（次ページの手順5参照）が表示された状態でクリックすると、指定した角度で線が作図できます。角度の指定は、ステータスバーの<極トラッキング>の▼をクリックし、表示されたメニューから選ぶことができます。

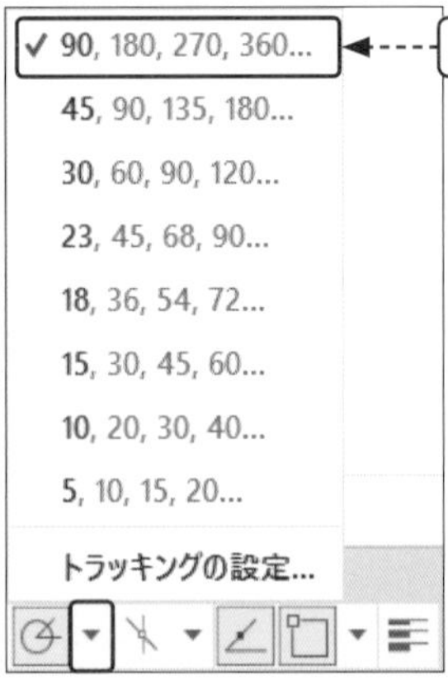

1 ステータスバーの<極トラッキング>がであることを確認します。

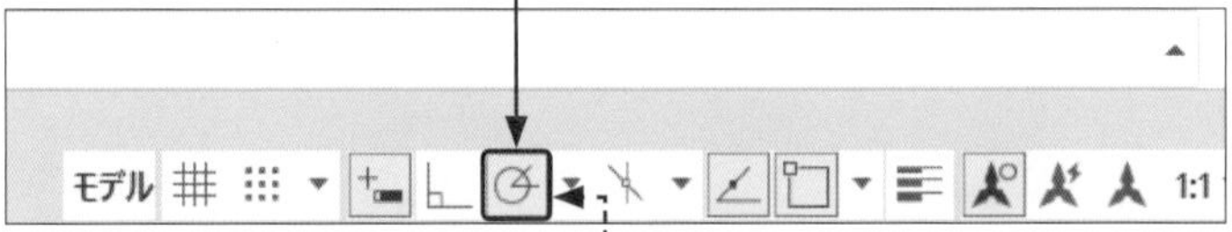

の場合は、クリックして（オン）にします。

2 <ホーム>タブ→<作成>パネル→<ポリライン>をクリックします。

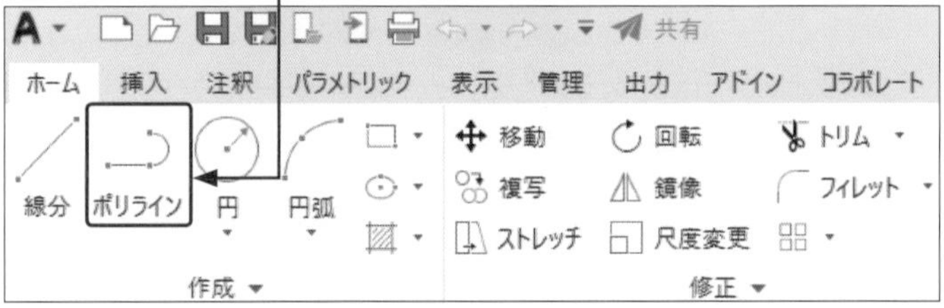

3 作図画面上の任意の場所（始点）をクリックします。

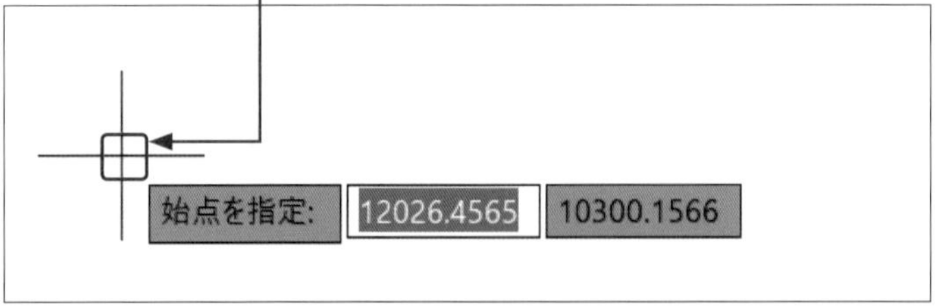

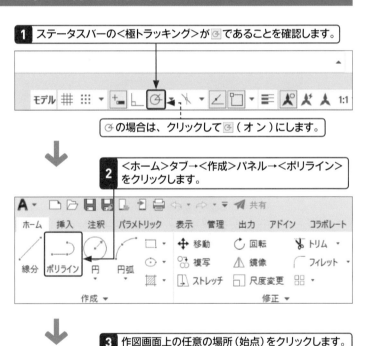

4 マウスカーソルを右（3時方向）に移動すると、

5 位置合わせパスが表示されます。

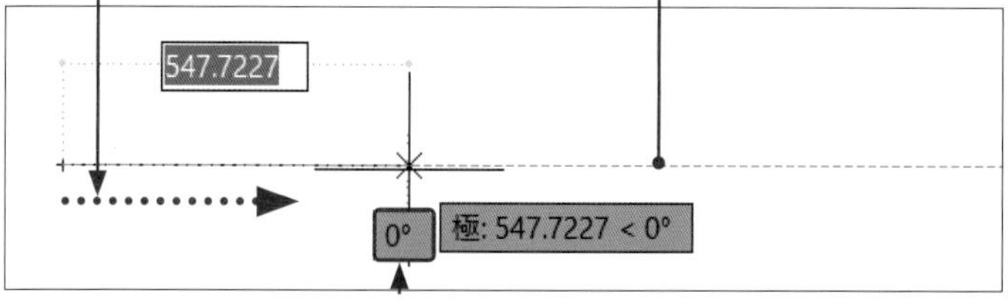

角度を示す「0°」が表示されます。

6 線の長さ（ここでは「1500」）を入力し、

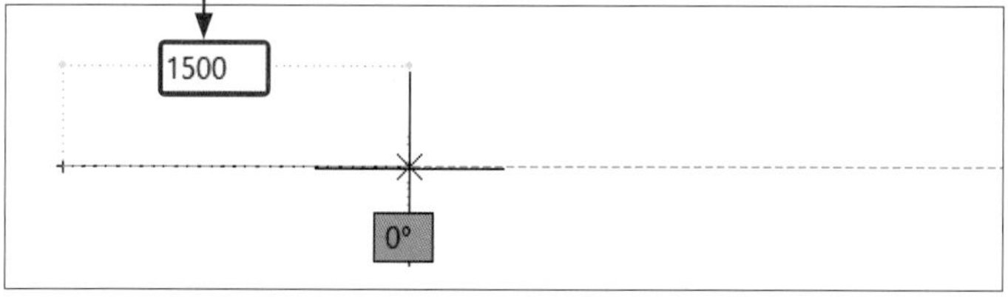

7 Enter キーを押して、確定します。

8 マウスカーソルを上（12時方向）に移動すると、

9 位置合わせパスが表示されます。

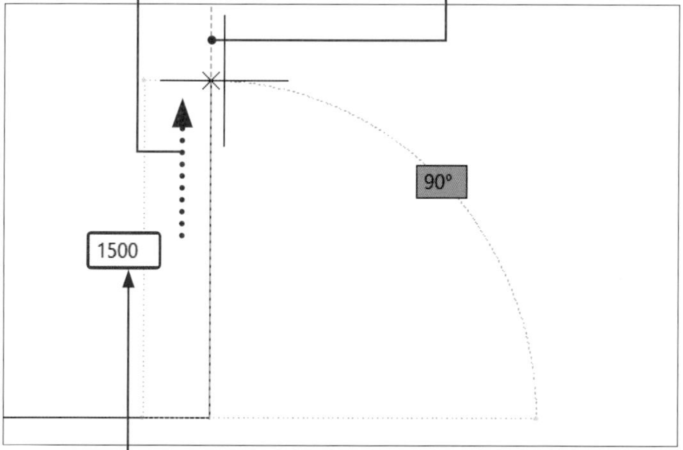

10 線の長さ（ここでは「1500」）を入力し、

11 Enter キーを押して、確定します。

12 そのほかの線も同様の手順で作図します。

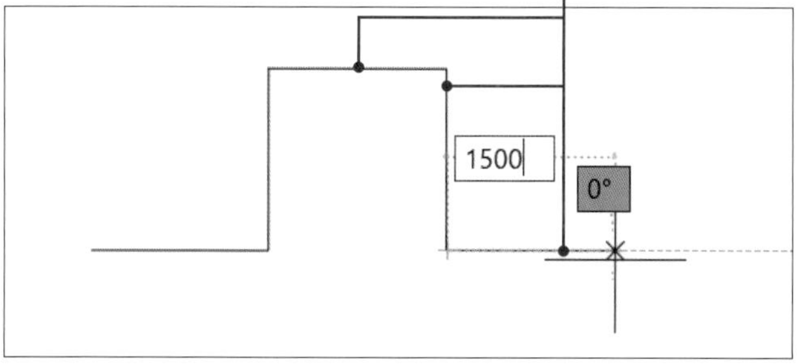

メモ　角度の表示ついて

既定値では、東（時計の3時方向）を0°とし、反時計回りに、北（90°）、西（180°）と計測します。また、ダイナミック入力がオンで作図する場合、180°以上の角度に関しては、0°から時計回りで表示されます。つまり、絶対角度（原点からの角度）が240°のときは、「120°」と表示されます。詳細は、P.63の「メモ」を参照してください。

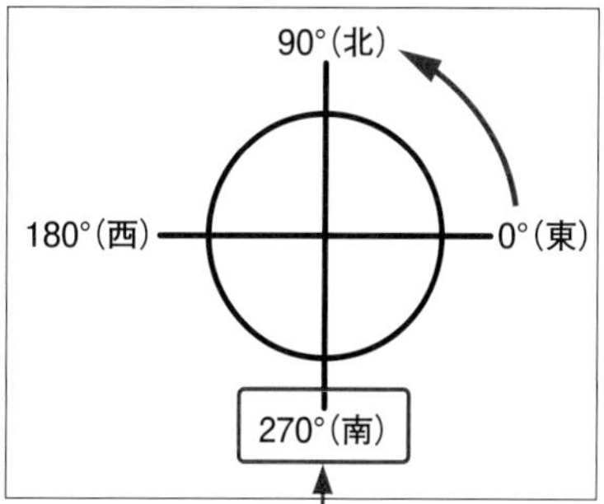

ダイナミック入力では「90°」と表示される

メモ　数字の入力は半角

長さや角度などの数字を入力するときは、半角で入力します。入力した数字の下に波下線が表示されたら全角です。切替えの方法についてはP.42で確認してください。

メモ　線色・線の太さ・線種について

ここでは、すべてのプロパティを既定値の［ByLayer］にし、線の太さの表示もオフにして解説しています。

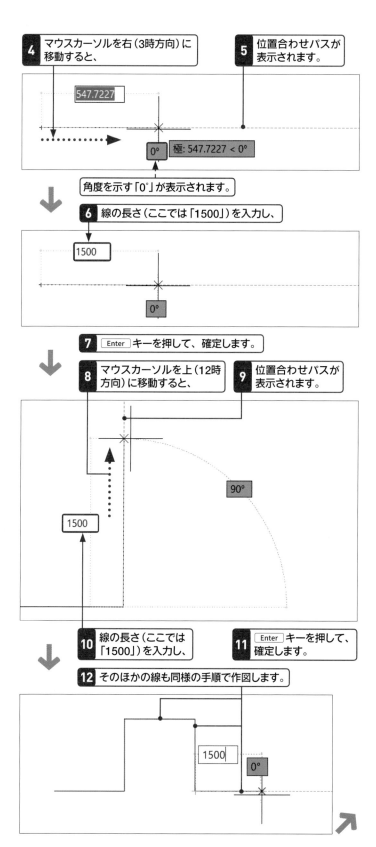

13 図形が完成したら Enter キーを押して、コマンドを終了します。

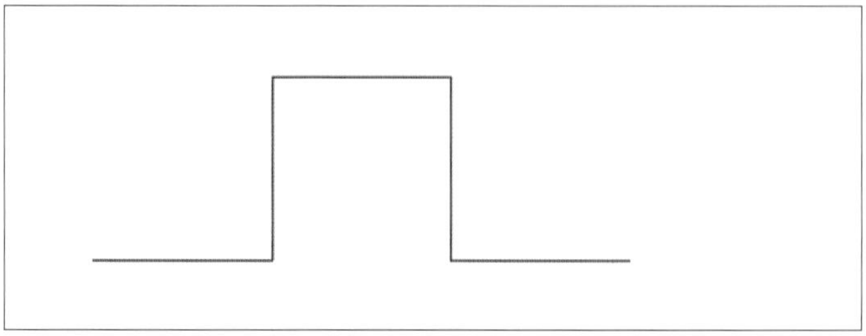

2 長さと角度を指定して正三角形を作図する

1 P.60の手順1を参考に、ステータスバーの<極トラッキング>が になっていることを確認します。

2 <極トラッキング>の ▼ をクリックします。

3 表示されたメニューから<30, 60, 90, 120> をクリックして選択します。

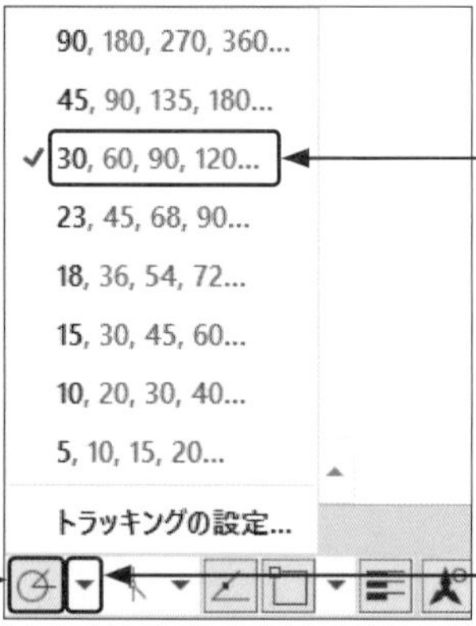

4 <ホームタブ>→<作成>パネル→<ポリライン>をクリックします。

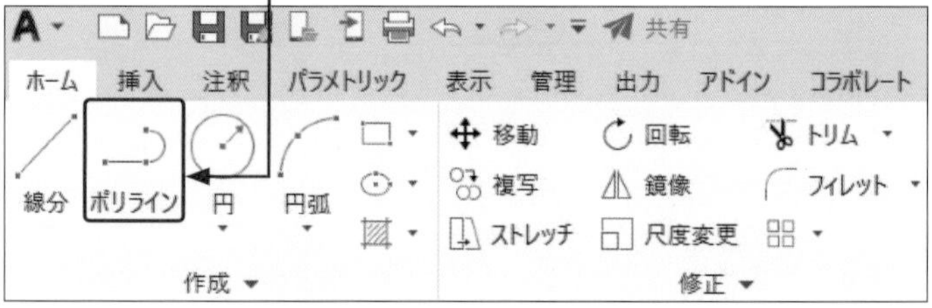

5 作図画面上の任意の場所（始点）をクリックします。

メモ　操作を間違えた場合

操作を途中で間違えた場合は、コマンドラインの<元に戻す（U）>オプションをクリックして、操作を1つ戻します。最初からやり直す場合は、クイックアクセスツールバーの <元に戻す>をクリックします。

メモ　クリックは最初の始点のみ

長さと角度を指定して作図する場合は、最初の始点（P.60の手順3）をクリックして指定したら、次の点はクリックする必要はありません。

6 マウスカーソルを右上（1時方向）に移動すると、

7 位置合わせパスと「60°」が表示されます。

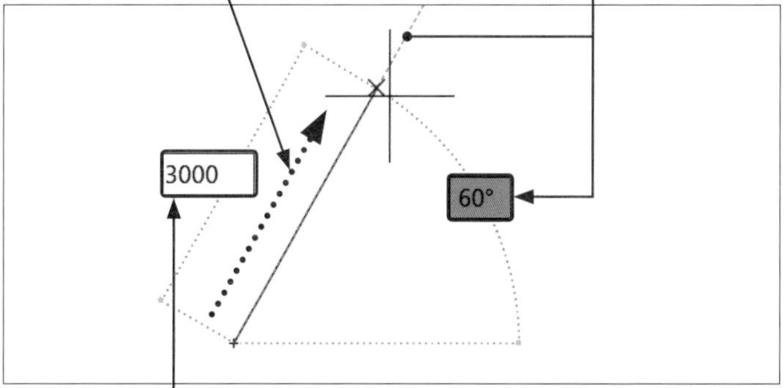

8 位置合わせパスと「60°」が表示されている状態で、線の長さ（ここでは「3000」）を入力し、

9 Enter キーを押して、確定します。

10 マウスカーソルを右下（5時方向）に移動すると、

11 位置合わせパスと「60°」が表示されます。

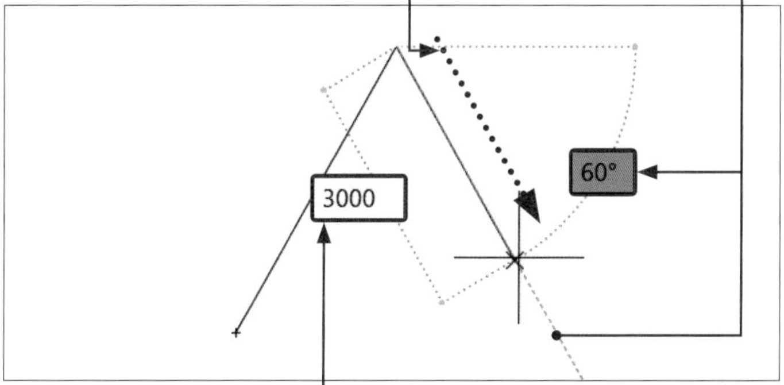

12 線の長さ（ここでは「3000」）を入力し、

13 Enter キーを押して、確定します。

14 コマンドラインの<閉じる（C）>をクリックします。

15 正三角形が作図できました。

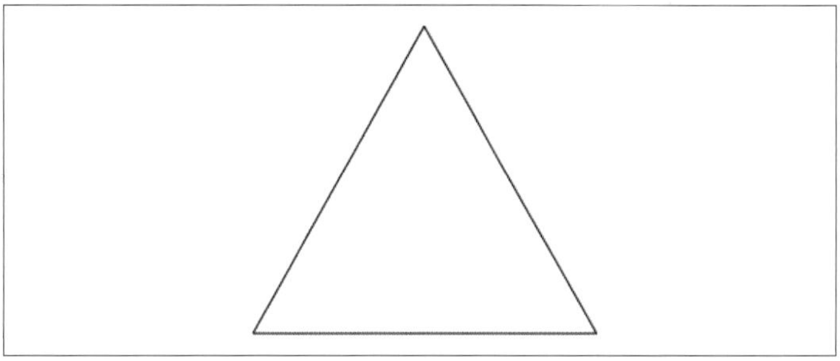

メモ 180°以上の表示について

極トラッキングを使用して作図する場合、東（3時方向）を0°とし、反時計回りに180°まで計測します。180°以上の角度に関しては0°から時計回りで表示されます。つまり、絶対角度（原点からの角度）が240°のときは、「120°」と表示されます。

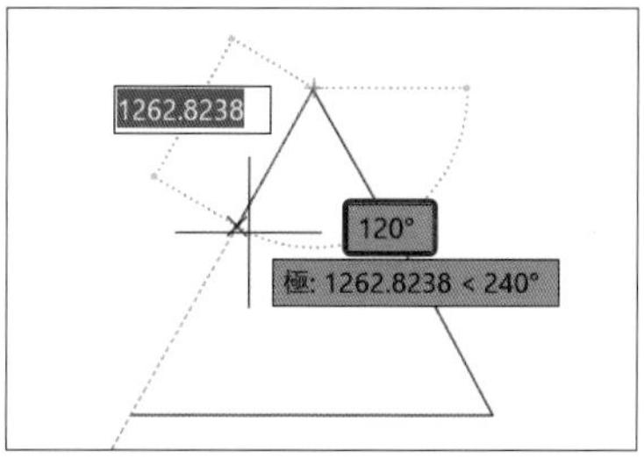

ステップアップ 角度を手入力する場合（ダイナミック入力）

極トラッキングを使用せずに、数値を入力して角度を指定する場合は、以下のとおりです。

1 マウスカーソルを移動し、

2 長さ（ここでは「3000」）を入力して、

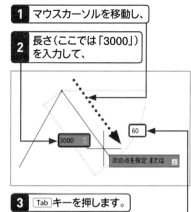

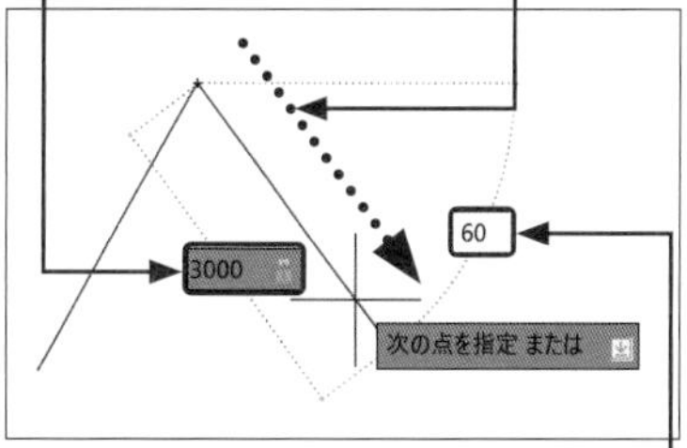

3 Tab キーを押します。

4 角度（ここでは「60」）を入力し、

5 Enter キーを押して、確定します。

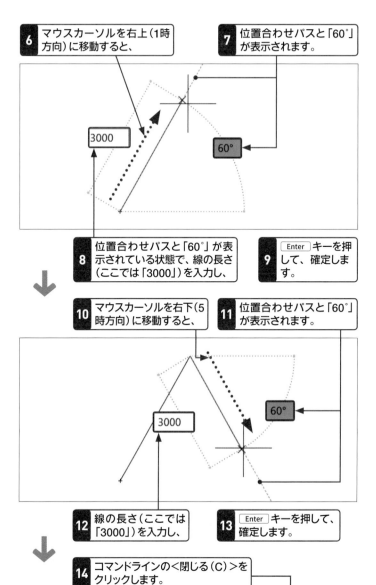

Section 16 縦と横を指定して斜めの線を作図する

覚えておきたいキーワード
- ☑ ポリライン
- ☑ 相対座標
- ☑ ダイナミック入力

ここでは、水平垂直方向（XY座標）を指定して作図する「デカルト座標系」を使用した線の作図方法について解説します。今回はダイナミック入力を使用して、直近で作図した任意の点を原点とする「相対座標」で作図していきます。前Sectionとの違いを確認しながら、作業を進めてみましょう。

練習用ファイル	Sec16.dwg		
リボン	[ホーム]タブ-[作成]パネル-[ポリライン]		
ショートカット	F12（ダイナミック入力）		
コマンド	PLINE（ポリライン）	エイリアス	PL（ポリライン）

1 縦と横を指定してひし形を作図する

メモ 線分コマンドでも可能

連続線として編集する必要のない場合は、線分コマンドでも同じ手順で作図できます。

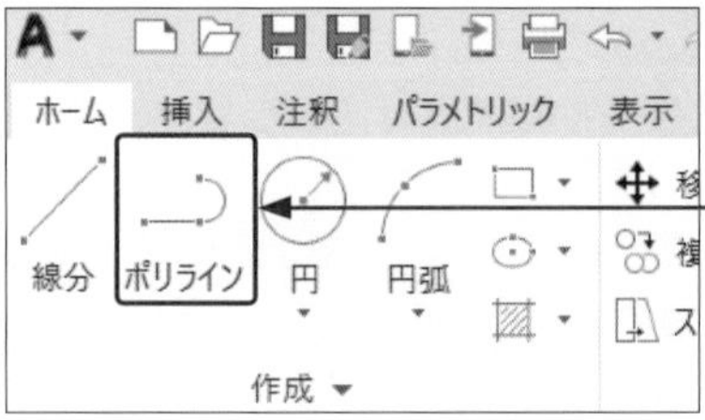

1 <ホーム>タブ→<作成>パネル→<ポリライン>をクリックします。

2 作図画面上の任意の場所（始点）をクリックします。

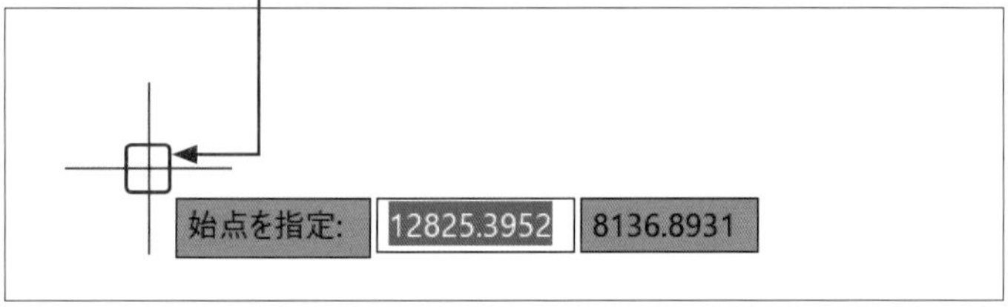

3 「2000,3000」と入力します。

4 Enter キーを押して、確定します。

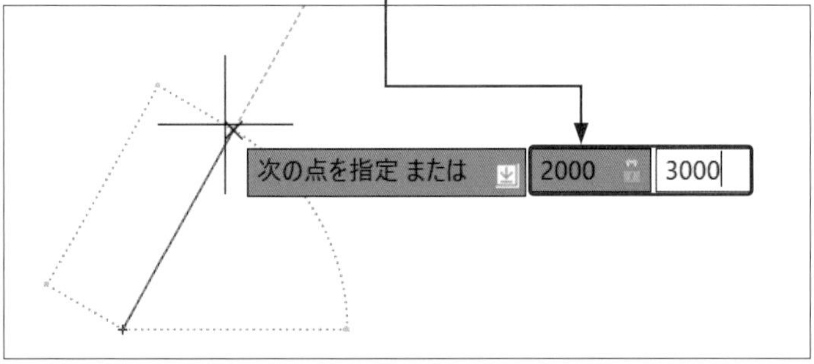

注意 「,（カンマ）」の入力について

手順3のように座標で「,（カンマ）」を入力する場合は、必ず半角で入力します。全角で入力される「、（読点）」では指定できないので注意しましょう（P.42参照）。

5 続けて「2000,-3000」と入力します。

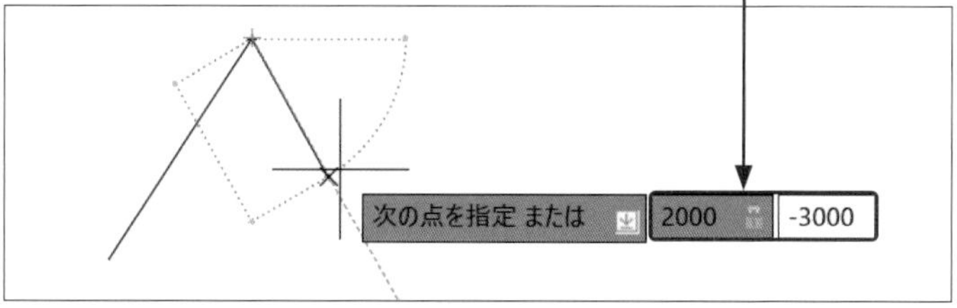

6 Enter キーを押して、確定します。

7 「-2000,-3000」と入力します。

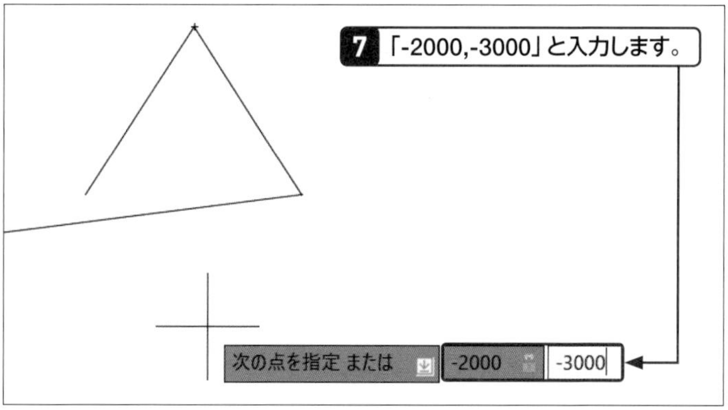

8 Enter キーを押して、確定します。

9 「-2000,3000」と入力します。

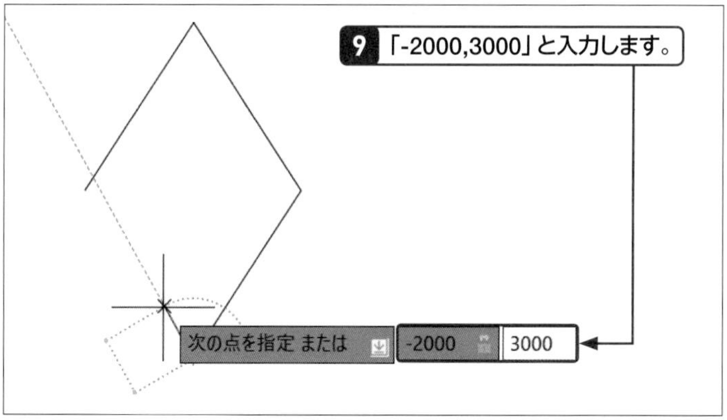

10 Enter キーを押すと、

11 図形が完成します。

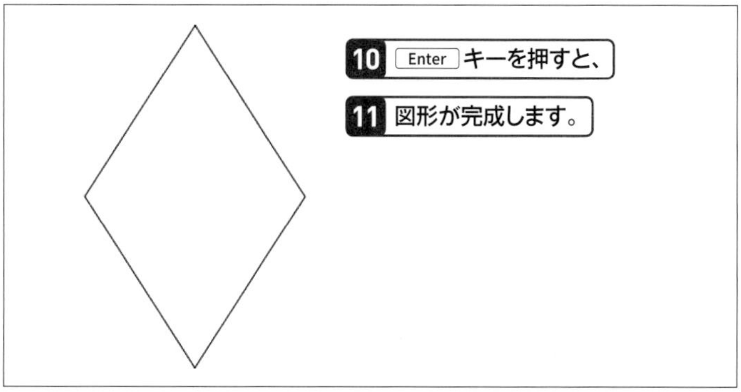

メモ 座標の考え方

デカルト座標系で入力する場合、直近で指定した点（原点）を基準に水平方向をX軸、垂直方向をY軸とし、原点を（0,0）とみなして位置を指定します。これを相対座標といいます。

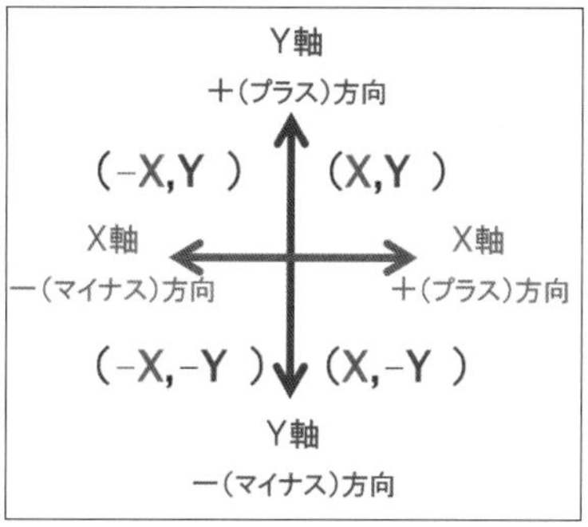

メモ デカルト座標系とは

デカルト座標系とは「直交座標系」とも呼ばれ、X軸とY軸が直交（90°）で交わっている座標系のことを指します。AutoCADでは通常、最後に指示した点を原点（0、0）とする「相対座標」を主に使用します（P.264の「メモ」の「絶対座標について」参照）。

メモ クリックで座標を取得する

CADの図形はすべて座標（X,Y）を持っています。作図領域でクリックすることで、座標を取得し、その座標を基準に作図が行われます。

Section 17

長方形を作図する

覚えておきたいキーワード
- 長方形
- 分解
- サイズオプション

線コマンドに次いで使用頻度が高いのが長方形コマンドです。AutoCADにおける長方形は、ポリライン(連続線)として作図されます。今回は座標を入力して作図する方法とサイズオプションを使用して作図する方法を解説します。またポリラインを分解して、線分として編集する方法も解説します。

練習用ファイル	Sec17.dwg		
リボン	[ホーム]タブ-[作成]パネル-[長方形]/[ホーム]タブ-[修正]パネル-[分解]		
コマンド	RECTANG(長方形)/EXPLODE(分解)	エイリアス	REC(長方形)/X(分解)

1 座標を指定して長方形を作図する

メモ ボタンの形が違う場合

＜作成＞パネルに□＜長方形＞ではなく、⬠＜ポリゴン＞が表示されている場合は、▼をクリックして、表示されたメニューで＜長方形＞を選択します。

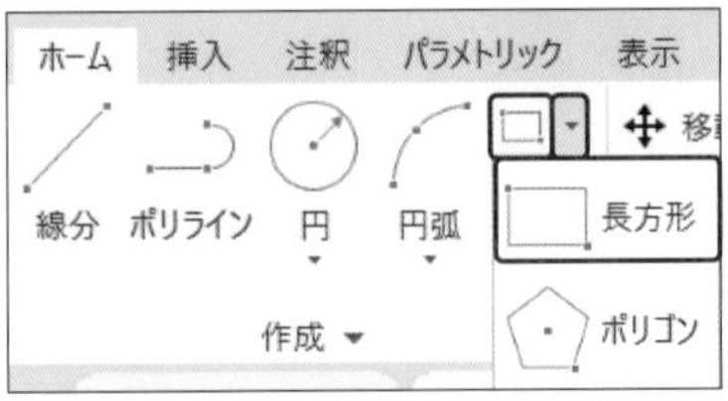

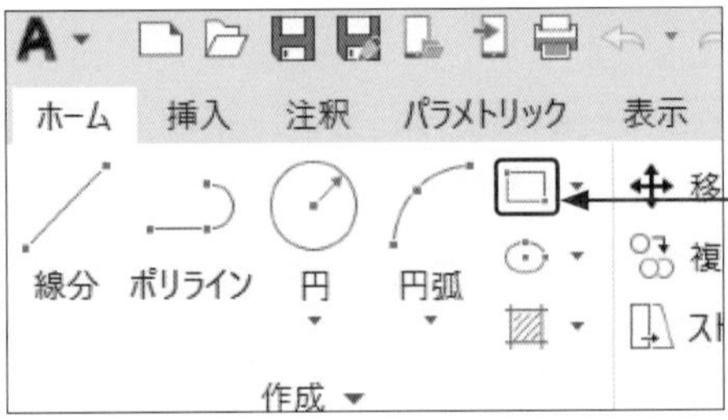

1 ＜ホーム＞タブ→＜作成＞パネル→□＜長方形＞をクリックします。

2 端点Aをクリックします。

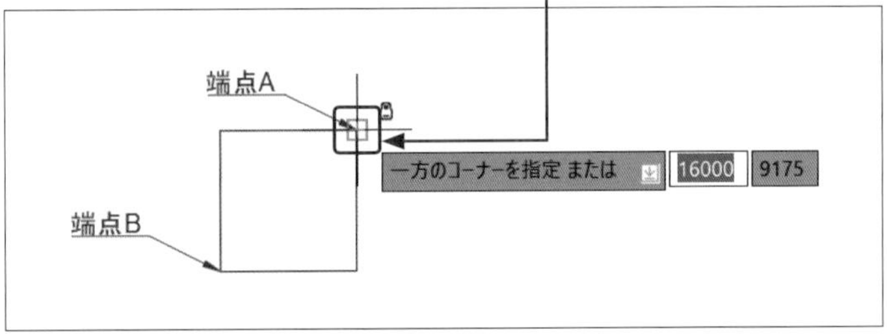

3 「1500,2500」と入力します。

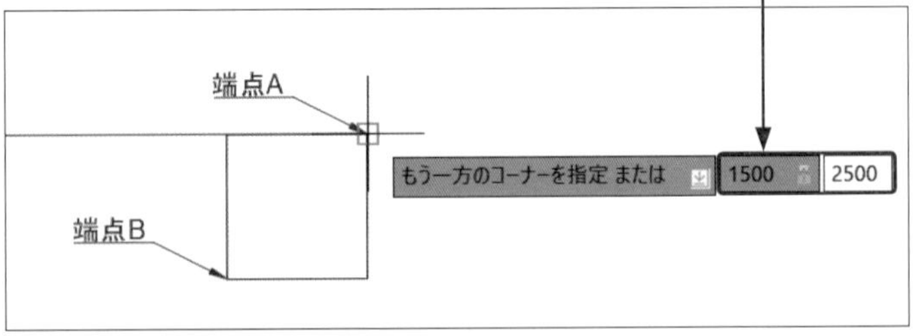

4 Enter キーを押します。

メモ オブジェクトスナップは常にオンに

正確な作図を行うためにオブジェクトスナップ機能は欠かせません。基本的に作図中は常にステータスバーの□＜オブジェクトスナップ＞はオンにしておきましょう。オブジェクトスナップについては、P.54で詳しく解説しています。

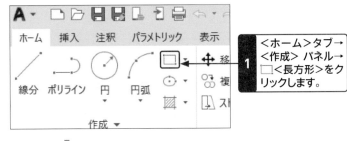

5 長方形が作図できました。

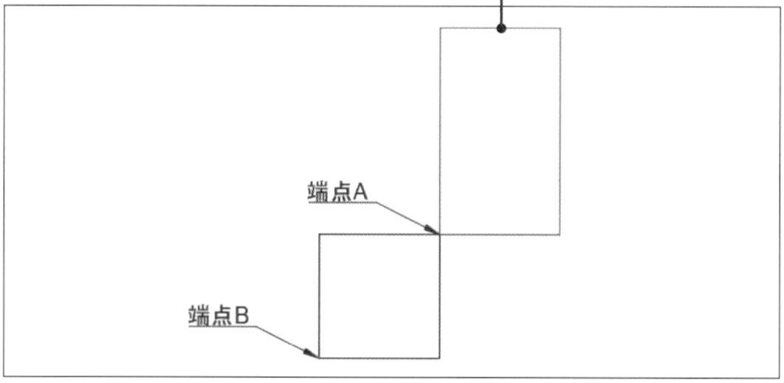

メモ カンマを忘れずに入力する

長方形の大きさを指定する場合には、「X(水平方向), Y(垂直方向)」の形式で入力し、XとYの間には必ず「カンマ(半角)」を入力します。ダイナミック入力を使用している場合は、カンマの代わりに Tab キーでも代用できます。

ステップアップ 長方形を線分として編集したい場合

長方形はポリライン(連続線)として作図されますが、オフセットや部分的な削除など、編集の際に個別の線分として選択できた方が効率がよい場面があります。そんなときは、「分解」コマンドでバラバラの線分に変換することができます。分解は、図形をクリックして選択し、<ホーム>タブの<修正>パネルにある<分解>をクリックします。

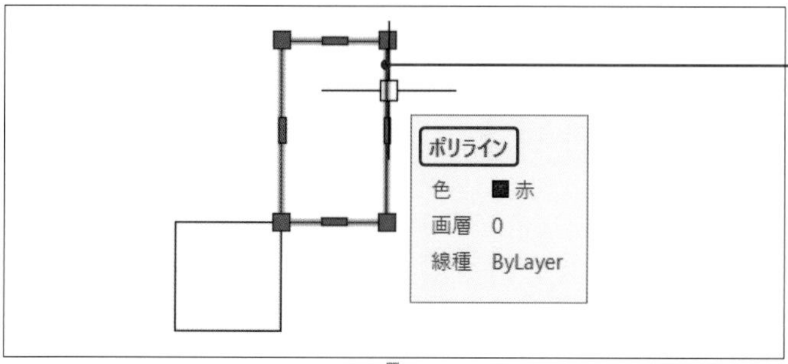

1 変換したい長方形をクリックして選択し(図形の選択方法についてはP.78のSec.20参照)、

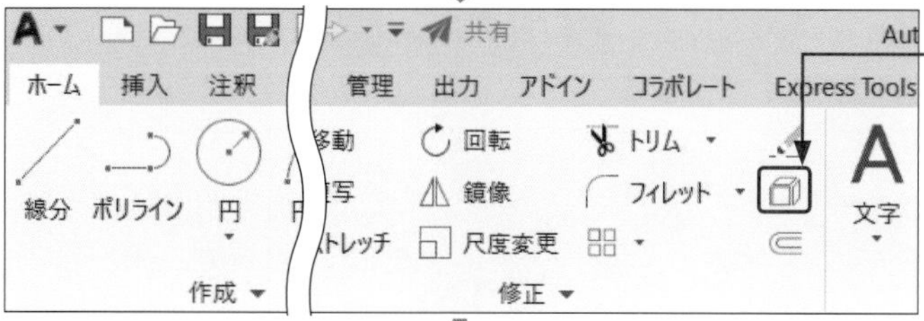

2 <ホーム>タブ→<修正>パネル→<分解>をクリックします。

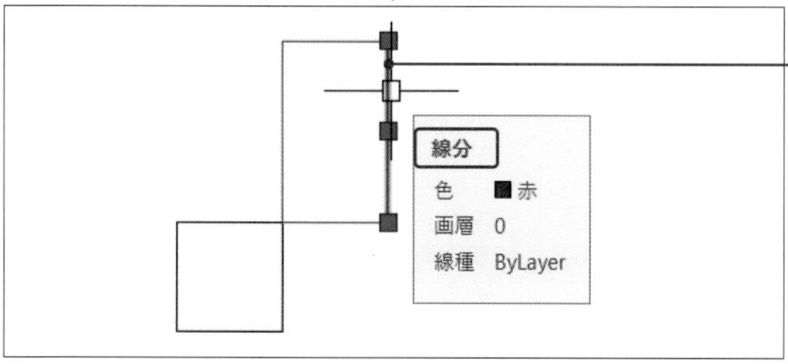

3 線分に変換されました。

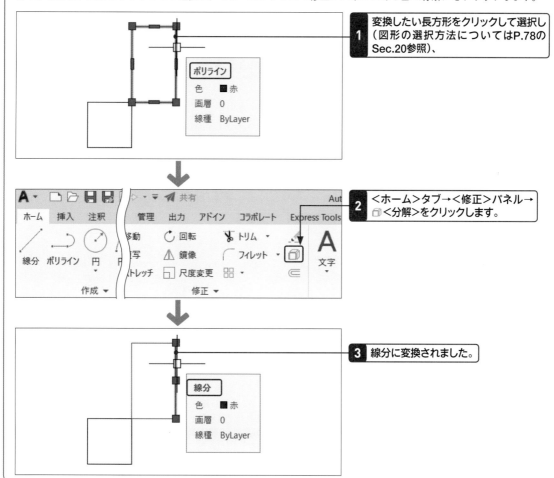

2 サイズオプションを使用して長方形を作図する

ここでは、前ページの続きで説明しています。

1 <ホーム>タブ→<作成> パネル→<長方形>をクリックします。

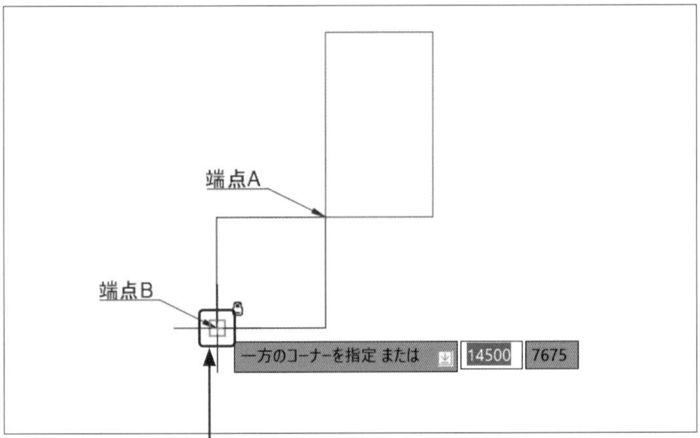

2 端点Bをクリックします。

3 コマンドラインの<サイズ(D)>をクリックします。

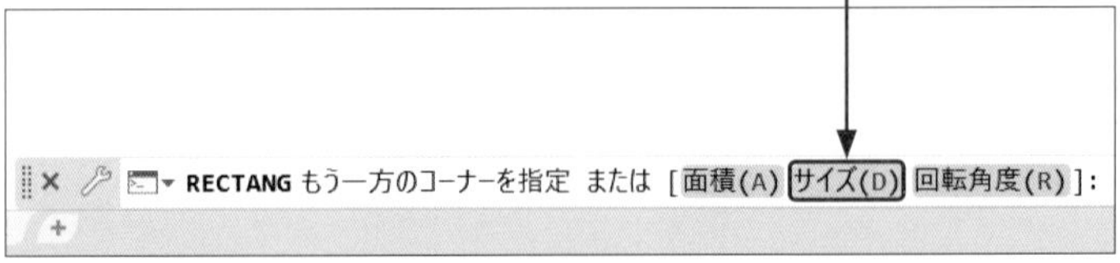

4 「2500」と入力します。

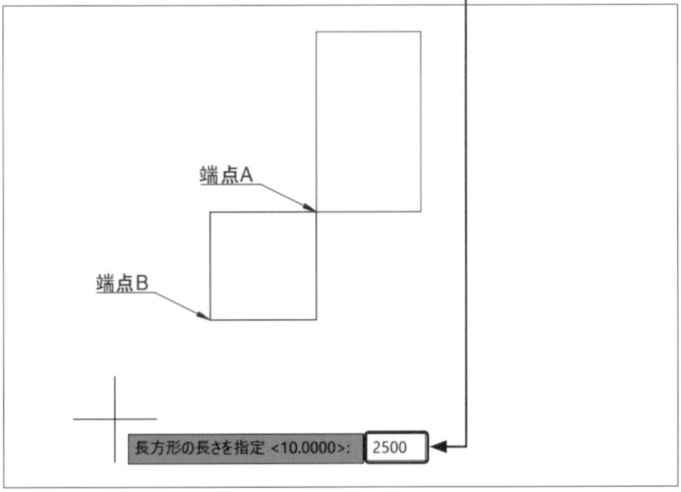

5 Enter キーを押します。

メモ 間違えてしまったときは

AutoCADのオプションはコマンドの手順に合わせて表示されます。もしオプションを選択し忘れたり、異なったオプションを選んでしまったりしたときは、Esc キーなどを押し、いったんコマンドをキャンセルします。その後、あらためてコマンドを選択してやり直します。

メモ オプションの選択方法

オプションを選択するには、コマンドラインをクリックする以外の方法もあります。キーボードからショートカットキーを入力したり、カーソルの↓キーを押して表示されたメニューから選択したり、右クリックして表示されたメニューから選択したりするなどの方法があります。詳細は、P.53 の「ヒント」の「オプションの選択方法」を参照してください。

メモ 長さと幅の考え方

コマンドラインに表示される「長さ」は水平方向(X)、「幅」は垂直方向(Y)になります。

RECTANG 長方形の長さを指定

RECTANG 長方形の幅を指定

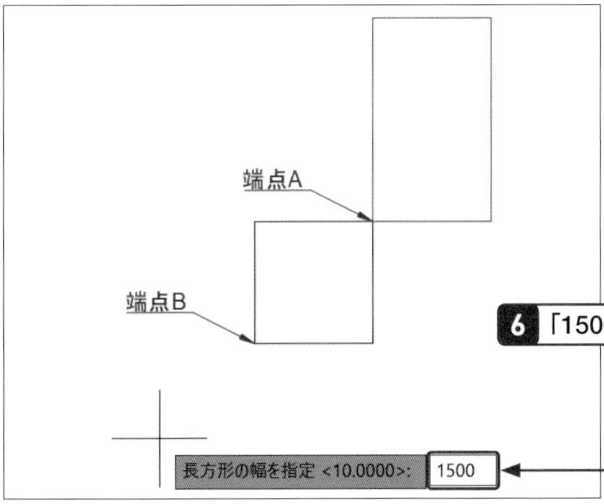

6 「1500」と入力して、

7 Enter キーを押します。

8 マウスカーソルを左下に移動して、

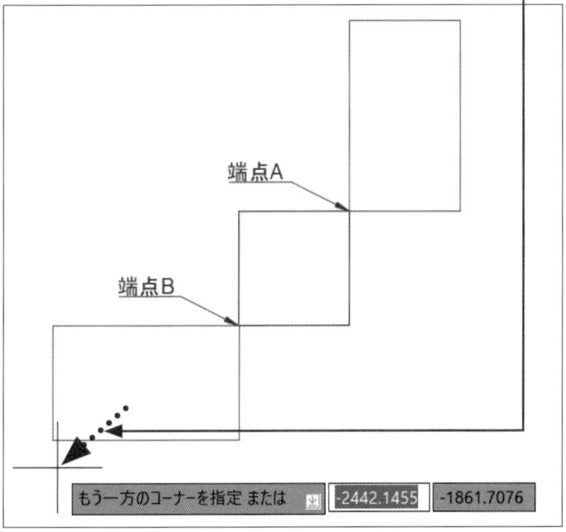

9 クリックします。

10 長方形が作図できました。

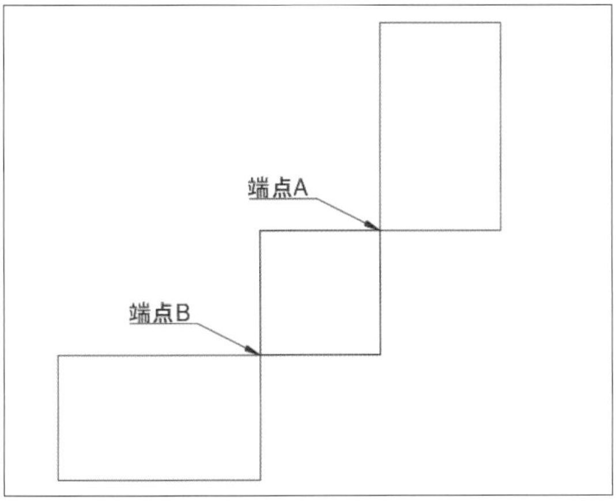

ヒント 前回値を使用する

直近で使用した数値が、コマンドラインに<>で表示された場合、そのまま Enter キーを押すことで、前回の値を使用することができます。

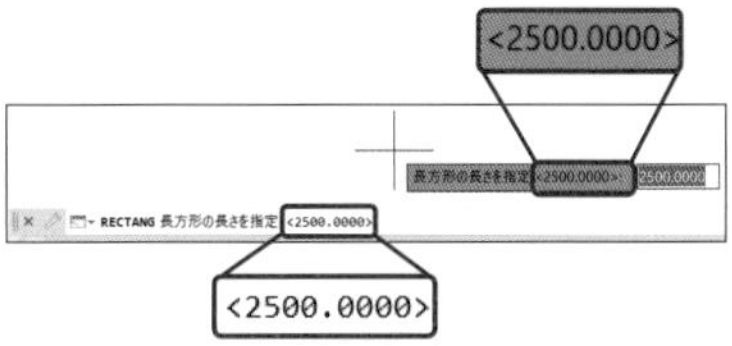

メモ 座標で入力する場合

座標で入力する場合は、1つ目の点に対して左下に作図するので「-2500, -1500」になります。

メモ オプションを使用する場合の注意点

一部のオプションは実行すると設定が残ってしまうことがあります。たとえば、<長方形>コマンドの[面取り]オプションなどです。図面を再起動するとリセットされますが、引き続き作図する場合は、オプションの設定を既定値に戻しておきます。

Section 18

円を作図する

覚えておきたいキーワード
☑ 円
☑ 外接円
☑ 内接円

ここでは、円コマンドについて解説します。中心点と半径を使った基本的な円の作図方法だけでなく、手描きでは難しい「外接円」や「内接円」を複雑な補助線や面倒な計算をすることなく、かんたんに作図する方法についても紹介します。

練習用ファイル	Sec18.dwg		
リボン	[ホーム]タブ-[作成]パネル-[円]		
コマンド	CIRCLE(中心、半径)	エイリアス	C(中心、半径)

1 中心点と半径を指定して円を作図する

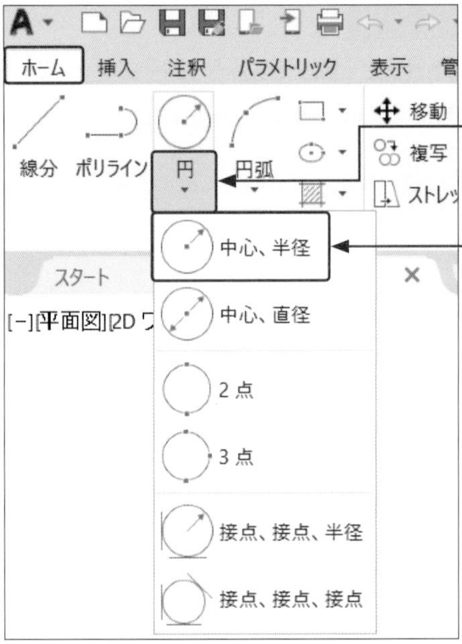

1 ＜ホーム＞タブ→＜作成＞パネル→＜円＞の＜円▼＞をクリックして、メニューを表示します。

2 ＜中心、半径＞をクリックして選択します。

3 点Aの上にマウスカーソルを合わせてクリックします。

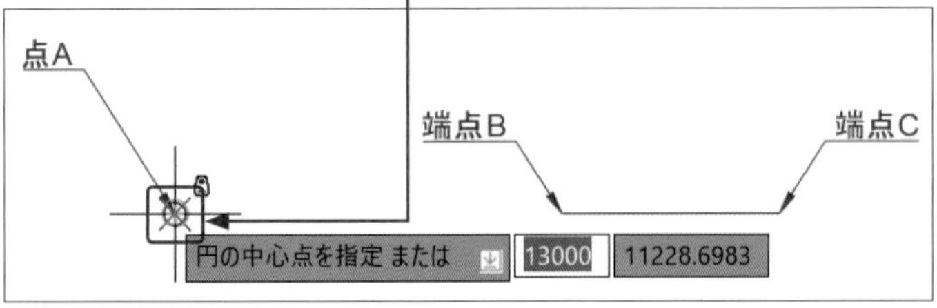

メモ 中心と直径を指定して作図する場合

円の中心点と直径を指定して作図したい場合は、＜円＞の＜円▼＞をクリックしてメニューを表示し、＜中心、直径＞をクリックして選択します。

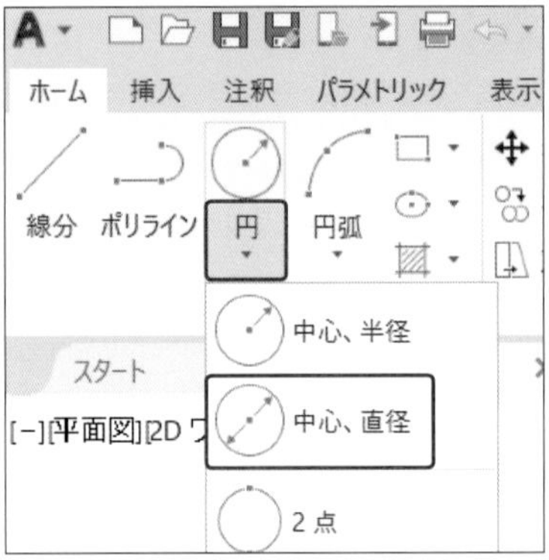

メモ オブジェクトスナップは常にオンに

正確な作図を行うためにオブジェクトスナップ機能は欠かせません。基本的に作図中は常は、ステータスバーの□＜オブジェクトスナップ＞はオンにしておきましょう。オブジェクトスナップについては、P.54で詳しく解説しています。

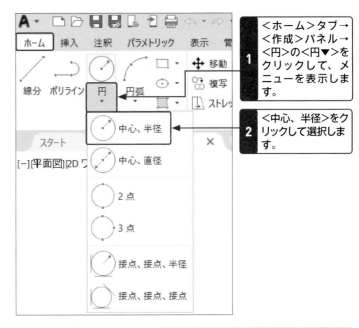

4 「1000」と入力して、

5 Enter キーを押して、確定します。

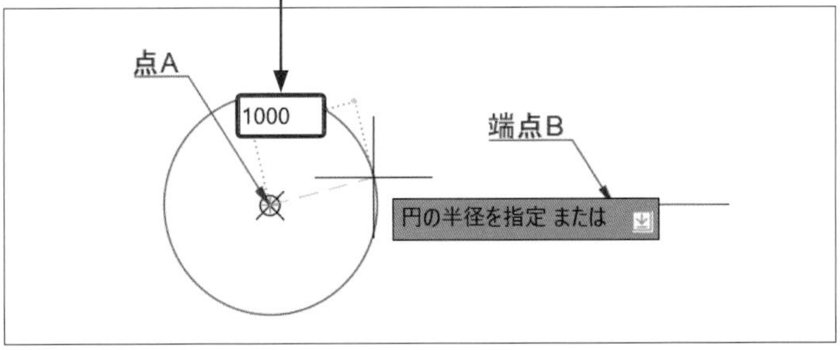

2 直径上の2点を指定して円を作図する

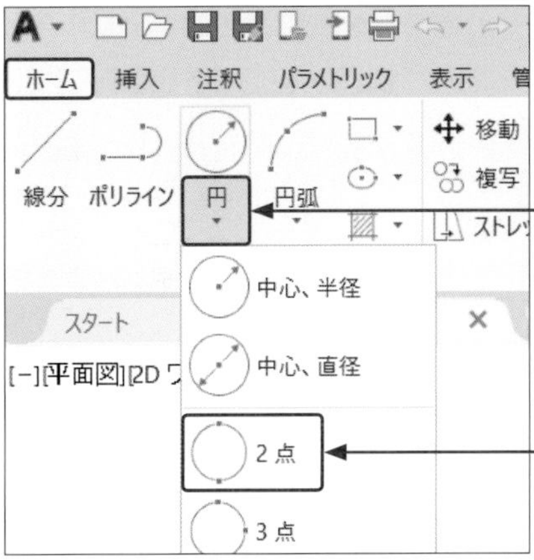

1 <ホーム>タブ→<作成>パネル→<円>の<円▼>をクリックして、メニューを表示します。

2 <2点>をクリックして選択します。

3 端点Bの上にマウスカーソルを合わせてクリックします。

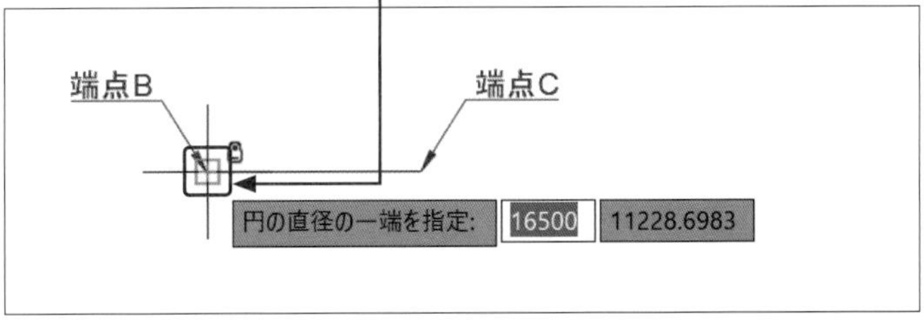

4 続けて、端点Cをクリックして円を作図します。

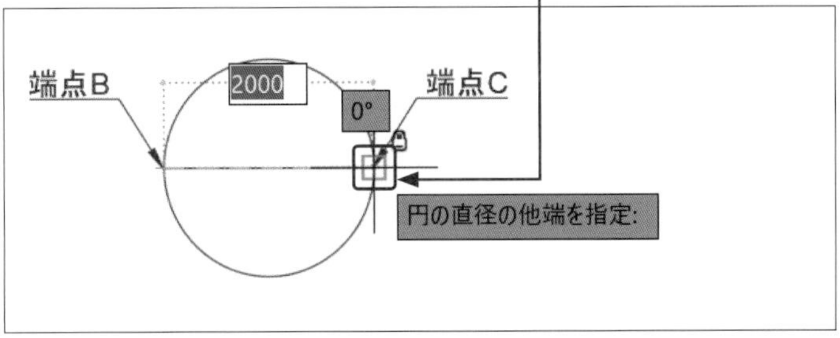

注意 円コマンドの繰り返しについて

コマンドを選択していない状態で Enter キーを押すと、最後に使用したコマンドが繰り返されますが、円コマンドの場合は、すべて<中心、半径>が選択されます。<中心、半径>以外の円コマンドを使用する場合は、リボンから選択するか、<中心、半径>のオプションから実行してください。

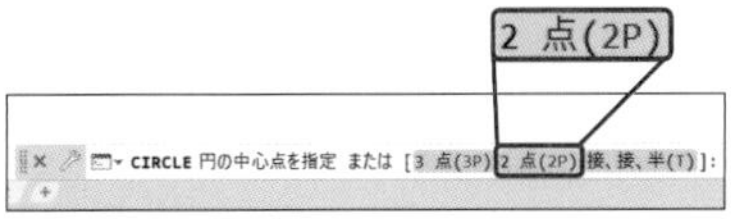

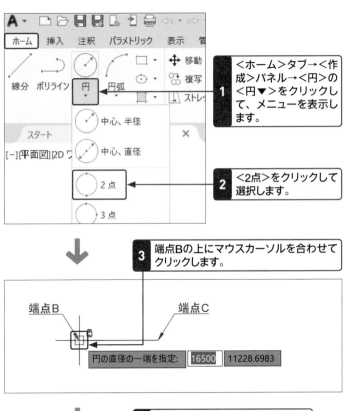

3 円周上の3点を指定して円を作図する

メモ　リボンのアイコンについて

リボンに表示されるアイコンは、最後に使用したコマンドが表示されます。アイコンをクリックすることで、最後に使用したコマンドを繰り返し選択できます。このコマンドは、AutoCADを再起動したタイミングでリセットされます。

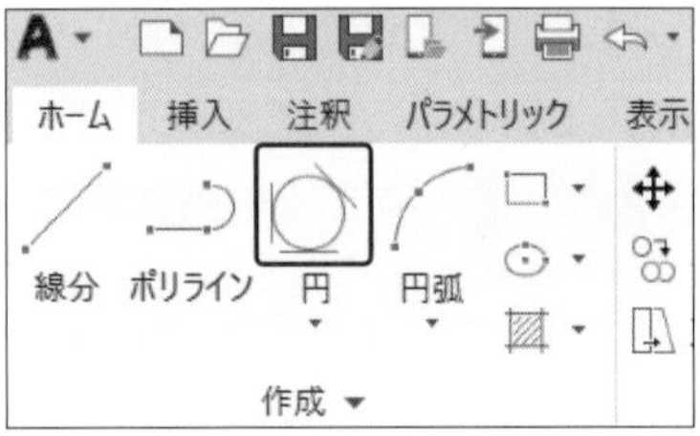

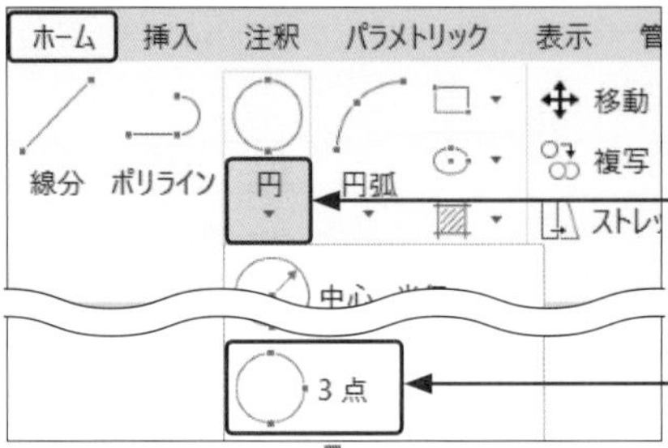

1 <ホーム>タブ→<作成>パネル→<円>の<円▼>をクリックして、メニューを表示します。

2 <3点>をクリックして選択します。

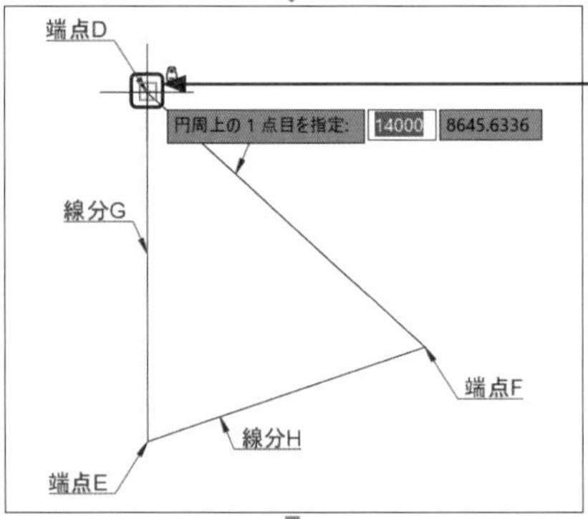

3 端点Dの上にカーソルを合わせてクリックします。

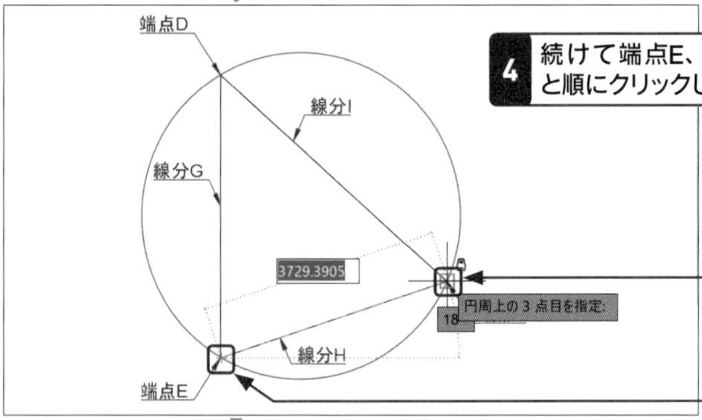

4 続けて端点E、端点Fと順にクリックして、

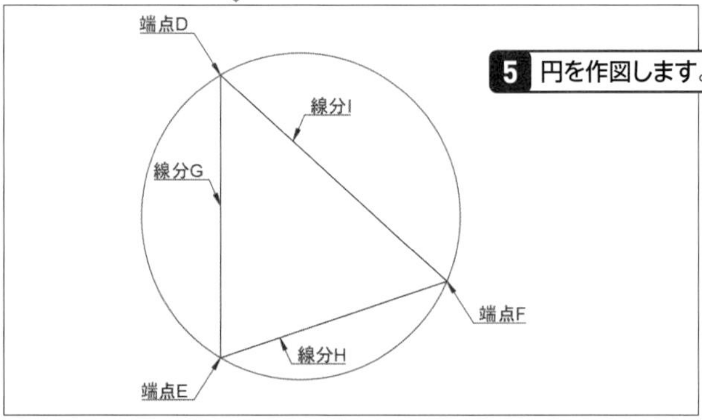

5 円を作図します。

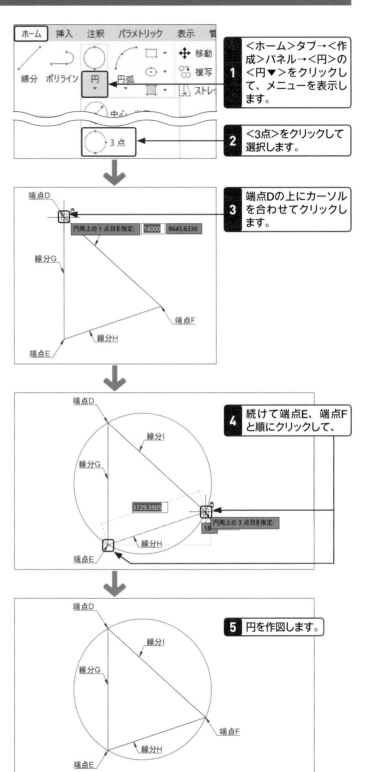

4 三角形に内接する円を作図する

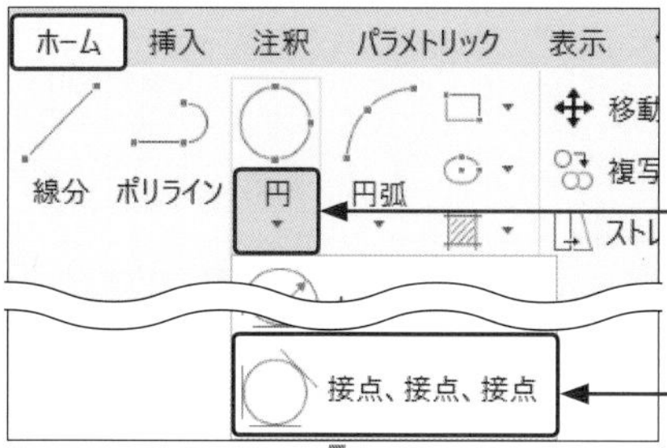

1 <ホーム>タブ→<作成>パネル→<円>の<円▼>をクリックして、メニューを表示します。

2 <接点、接点、接点>をクリックして選択します。

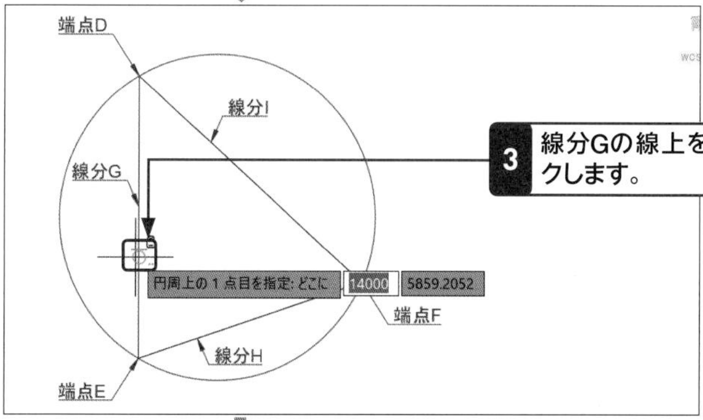

3 線分Gの線上をクリックします。

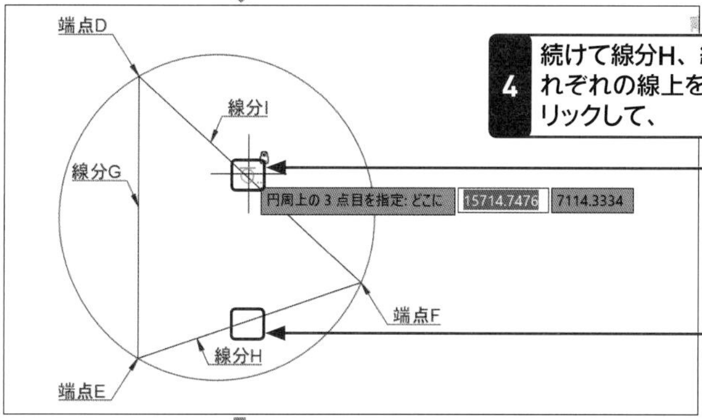

4 続けて線分H、線分Iそれぞれの線上を順にクリックして、

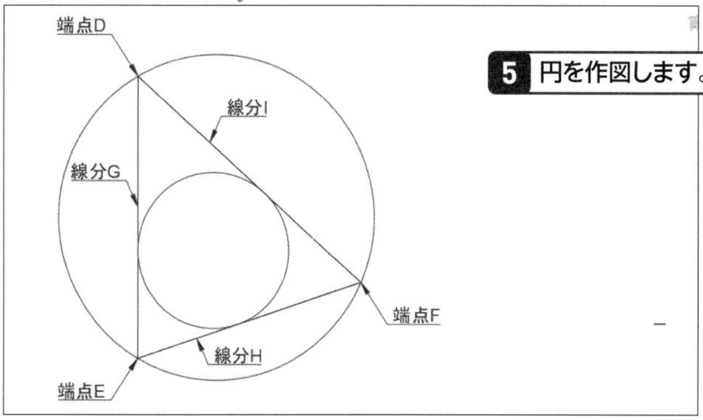

5 円を作図します。

ステップアップ 2つの接点と半径を指定して円を作図する場合

2つの接点と半径を指定して円を作図する場合は、<ホーム>タブの<作成>パネルにある<円>の<円▼>をクリックしてメニューを表示し、<接点、接点、半径>をクリックして選択します。1本目の線分、2本目の線分と順にクリックして選択し、半径を入力したら Enter キーを押して確定します。

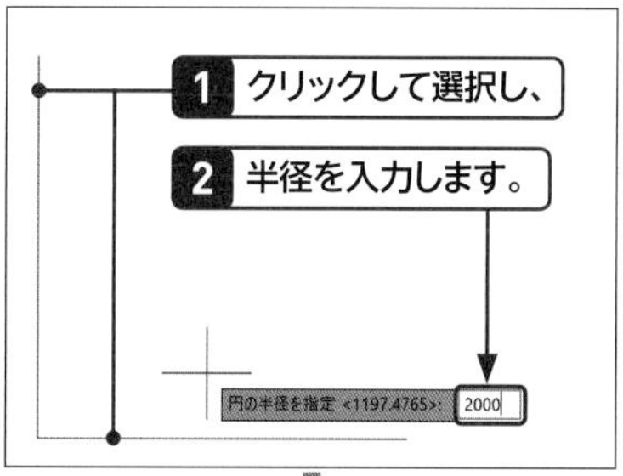

1 クリックして選択し、

2 半径を入力します。

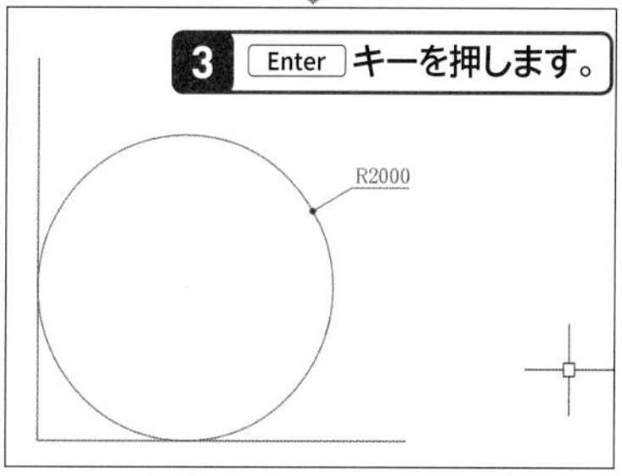

3 Enter キーを押します。

キーワード 暫定接線とは

「暫定接線」とは、接点が確定する前の、仮の状態の接点を指します。

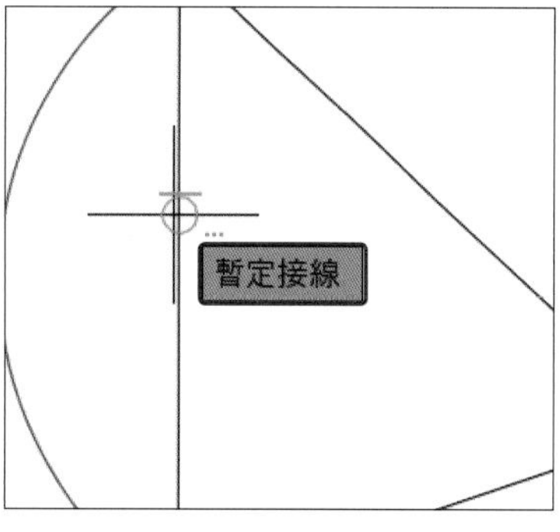

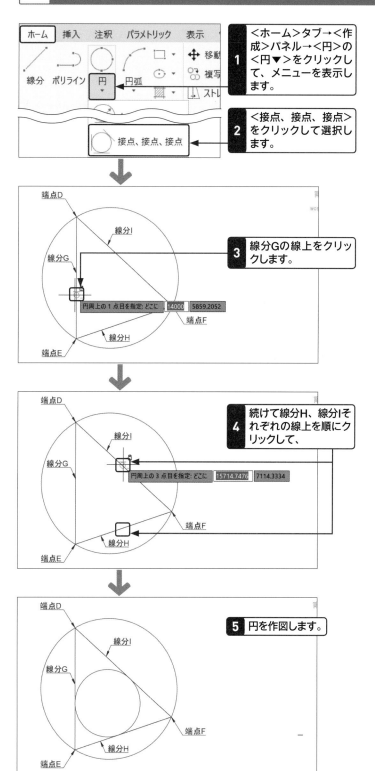

Section 19 離れた位置に図形を作図する

覚えておきたいキーワード
オブジェクトスナップトラッキング
位置合わせ点
トラッキング線

点を取得する「オブジェクトスナップ」と角度を固定する「極トラッキング」の機能を合わせたものが「オブジェクトスナップトラッキング」です。煩わしい補助線を引かなくても、思いどおりの場所に図形を作図することができます。ここでは、投影図の手法を用いて側面図を描く方法を練習します。

練習用ファイル	Sec19.dwg
リボン	[ステータスバー] - [オブジェクトスナップトラッキング]
ショートカット	F11

1 右側面に三角形を作図する

メモ ここでの設定について

ここでは投影図を作図します。機械図面などでは、一般的には平面図、正面図、右側面図を3つの投影面で表現します。今回はすでに作図されている正面図の図形をもとに、右側に「右側面図」を作図します。

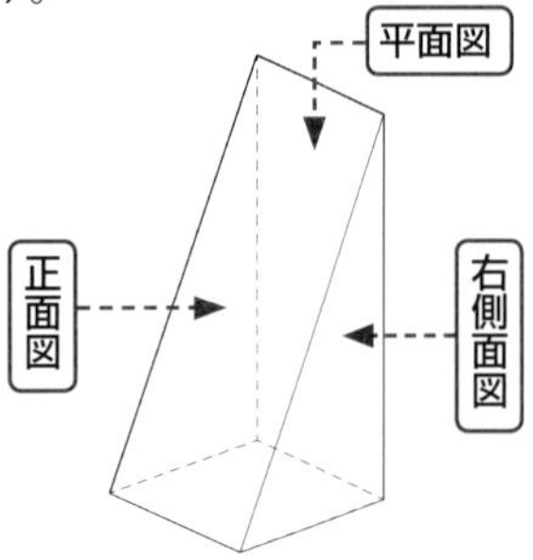
平面図
正面図
右側面図

キーワード 極トラッキング

極トラッキングは、直前に指定した点から決まった角度で次の点を指定したいときに使用します。直接距離入力と組み合わせると、相対座標を入力するよりも、はるかにすばやく作業できます。詳細は、P.60の「メモ」を参照してください。

手順1から5で、すでにオンに設定していたり、チェックが入っていたりする場合は、ここでの操作は必要ありません。

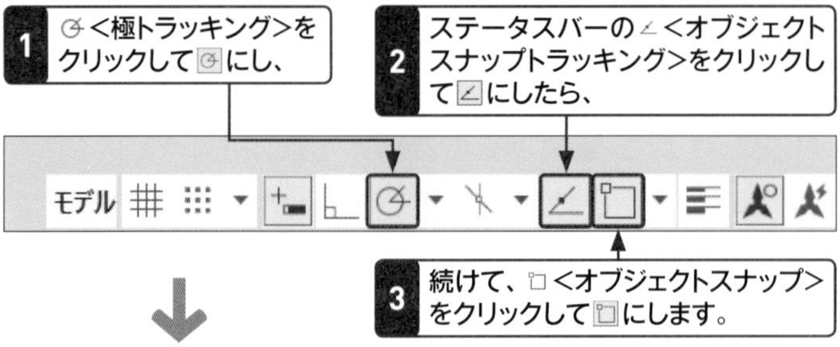
1 <極トラッキング>をクリックしてにし、
2 ステータスバーの<オブジェクトスナップトラッキング>をクリックしてにしたら、
モデル
3 続けて、<オブジェクトスナップ>をクリックしてにします。

端点
中点
中心
図心
点
四半円点
交点
延長
平行
オブジェクト スナップ設定...
1:1
4 <オブジェクトスナップ>の右横のをクリックします。
5 <端点>にチェックが入っていることを確認します。

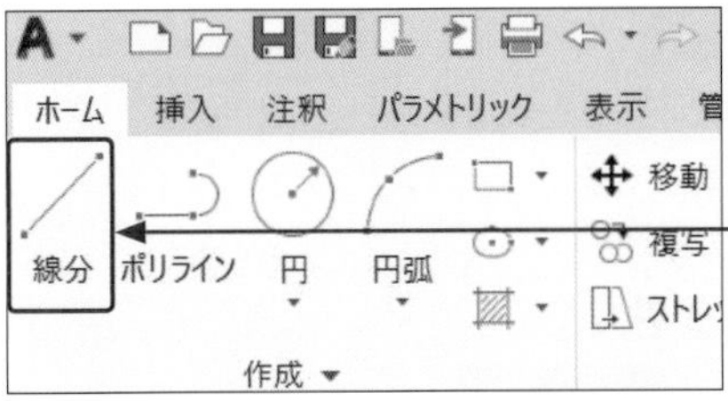

6 <ホーム>タブ→<作成>パネル→<線分>をクリックします。

7 端点Aにカーソルを合わせ（クリックはしない）、右に移動します。

8 水平なトラッキング線が表示されることを確認します。

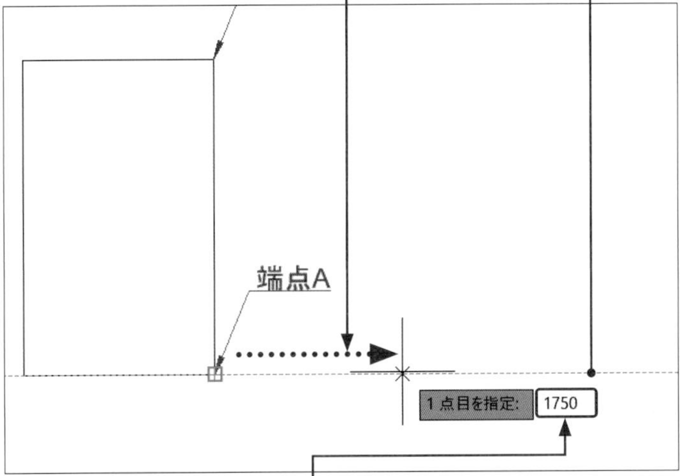

9 トラッキング線が表示されている状態で、1点目に「1750」と入力し、

10 Enter キーを押します。

11 そのまま右方向にカーソルを移動し、

12 0°のトラッキング線が表示されたら、

13 「2000」と入力します。

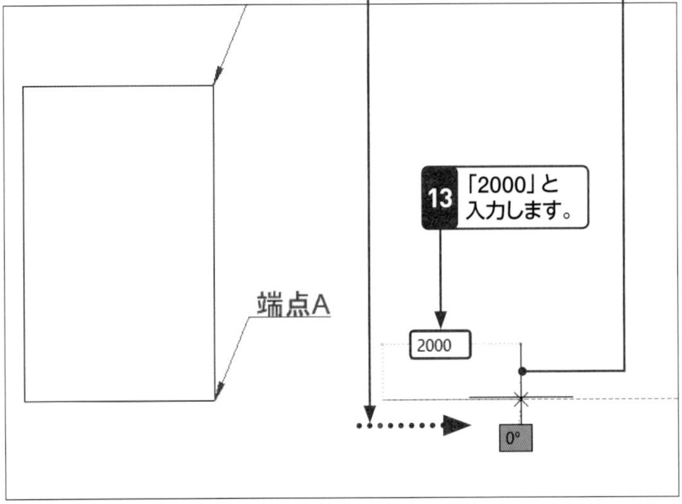

14 Enter キーを押します。

メモ 位置合わせ点について

オブジェクトスナップを使用して、基点となる点の上にマウスカーソルをポイントすると、小さなプラス記号（+）が表示されます。これを位置合わせ点と呼びます。この位置合わせ点を基準に設定を行っていきます。解除する場合は、点の上に再度マウスカーソルを合わせます。また、画面を拡大縮小表示しても解除されてしまうので注意しましょう。

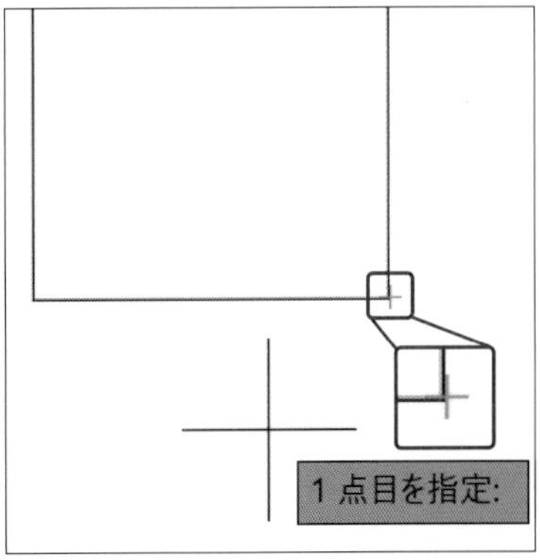

メモ ダイナミック入力の表示について

手順**8**のあと、下記の画像のような表示となりますが、手順**9**の数字をキーボードより入力することで「1点目を指定」に表示が切り替わります。

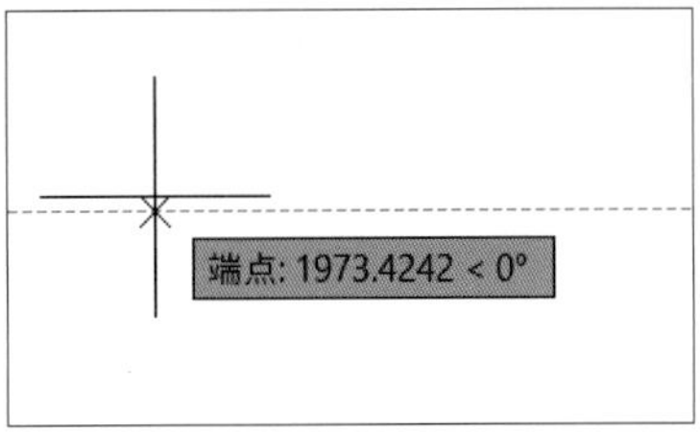

メモ　トラッキング線が邪魔なときは

＜極トラッキング＞や＜オブジェクトスナップトラッキング＞はとても便利な機能ですが、作図の状況によっては「トラッキング線」が作業の妨げになってしまう場合があります。そんなときは、＜極トラッキング＞や＜オブジェクトスナップトラッキング＞の機能を一時的にオフ（ステータスバーのアイコンをクリック）にして作業しましょう。

15 端点Bの上にカーソルを合わせ（クリックはしない）、

16 右に移動し、

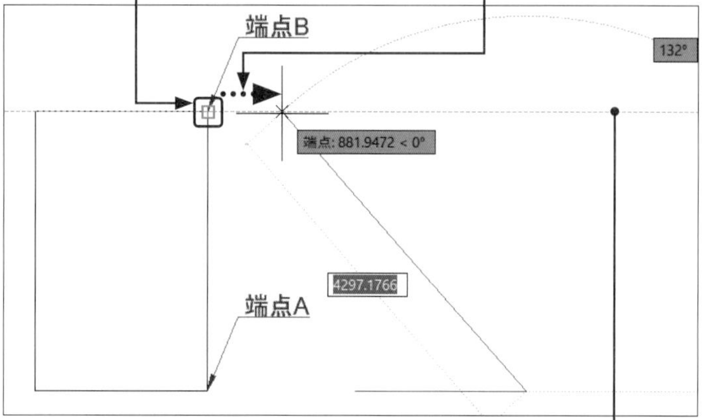

17 水平（0°）のトラッキング線が表示されることを確認します。

18 端点Cから垂直（90°）のトラッキング線が表示される位置までマウスカーソルを移動します。

19 2本のトラッキング線が表示されたら、

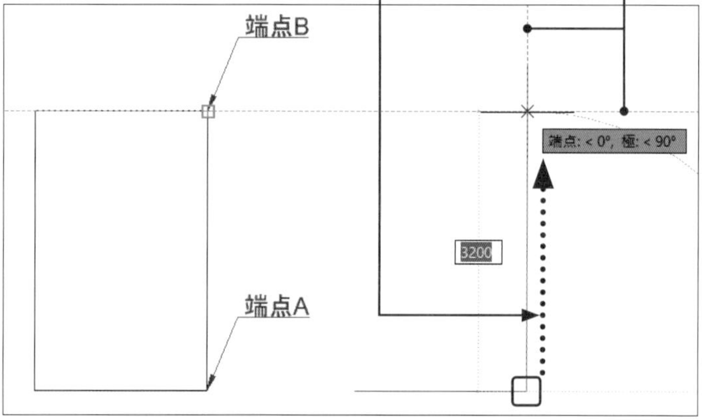

20 そのままクリックします。

21 コマンドラインより＜閉じる（C）＞をクリックします。

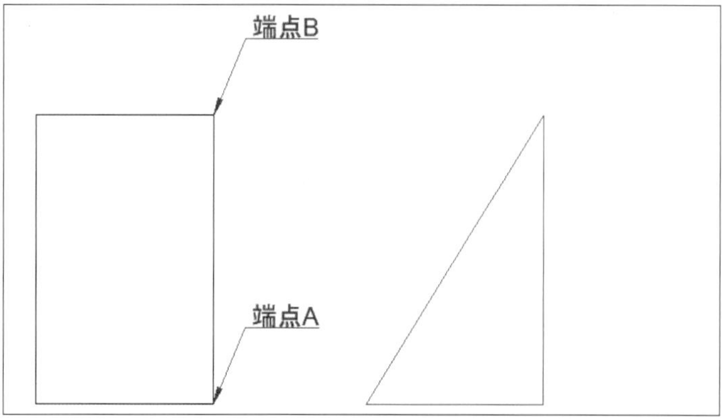

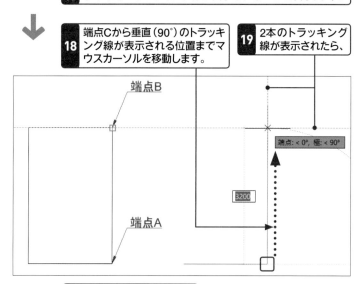

Chapter 03

第3章

図形を移動／コピーしよう

Section 20 図形を選択／解除する

覚えておきたいキーワード
- ピック選択
- 選択解除
- グリップ

作図した図形を編集（移動やコピーなど）するには、必ず図形を選択する必要があります。ここではまず選択の基本となる、複数の図形を1つずつ選択する方法（ピック選択）と選択した図形を解除する方法、同じ種類の図形をまとめて選択する方法について解説します。

練習用ファイル	Sec20.dwg
ショートカット	Ctrl＋A（すべて選択）

1 図形を選択（ピック選択）する

1 選択したい図形の上にマウスカーソルを移動し、

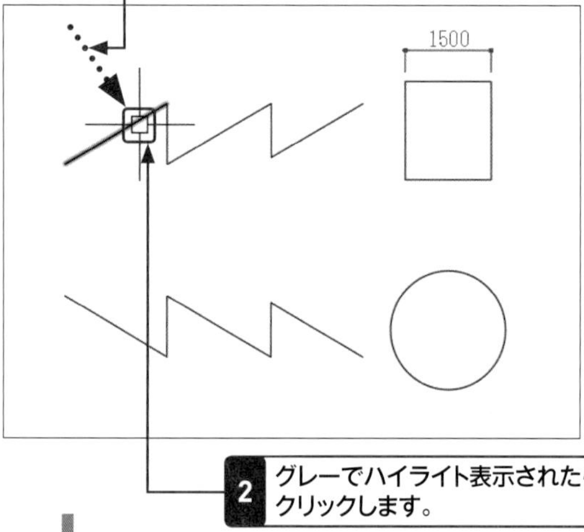

2 グレーでハイライト表示されたら、クリックします。

3 選択された図形は、青いハイライト表示となりグリップが表示されます。

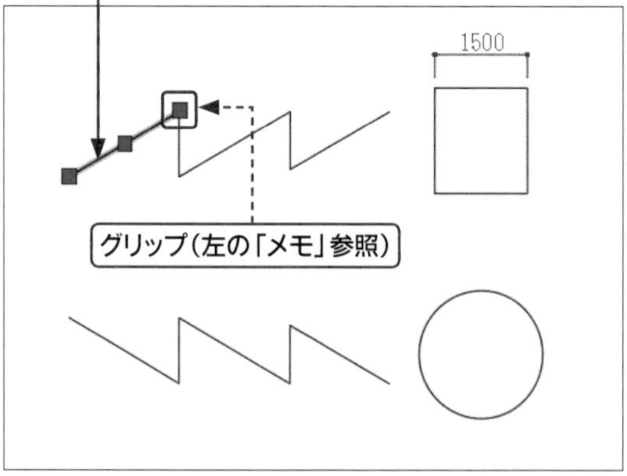

メモ グリップとは

図形を選択すると青い四角形が表示されます。これをグリップといいます。グリップが表示される位置は、図形の種類によって異なります。また、コマンド実行中（移動やコピーなど）は表示されません。

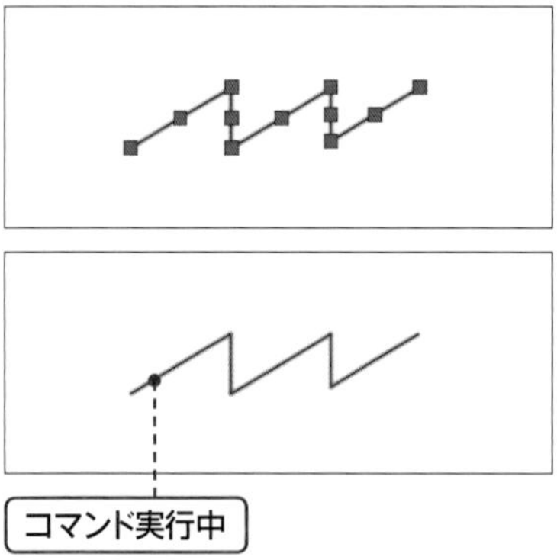

キーワード ピック選択

手順3のように図形を1つずつ個別に選択する方法を「ピック選択」といいます。

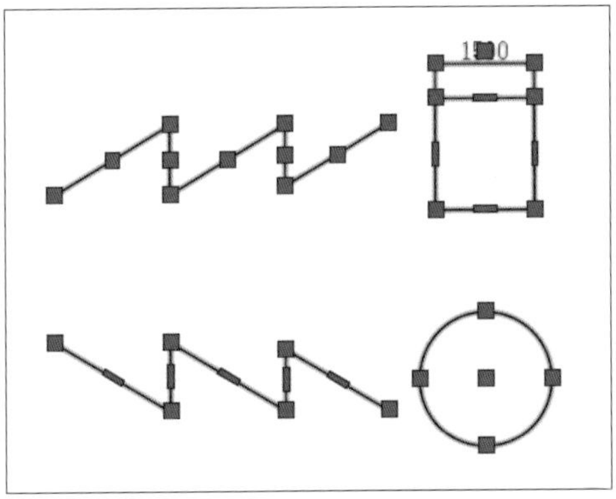

4 続けて、ほかの線分、ポリライン、長方形、寸法もクリックして、すべて選択します。

メモ 見本の図形について

ここでの練習用ファイル「Sec20.dwg」では、左側の<見本>の図形を選択してもグリップは表示されません。これは画層にロックがかかっているためです。画層のロックについては、P.177を参照してください。

2 選択を解除する

1つずつ解除する

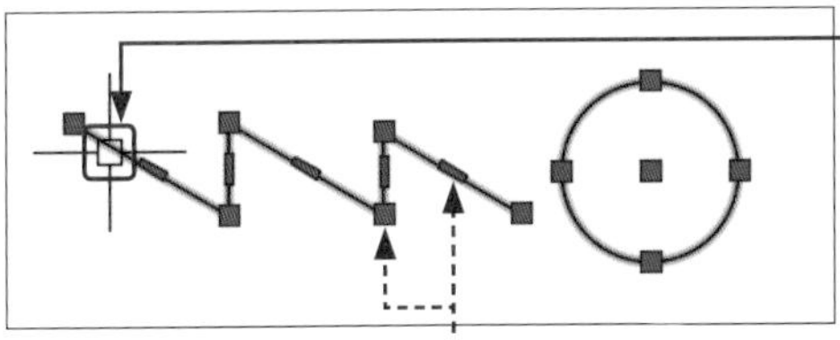

1 左下のポリラインを、Shift キーを押しながらクリックします。

グリップはクリックしないように注意します。

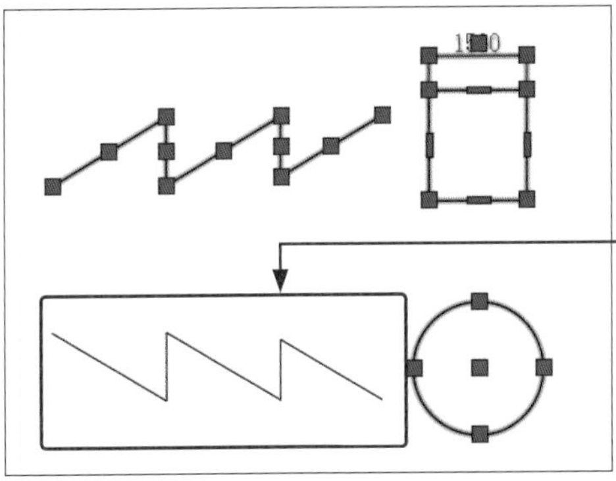

2 クリックしたポリラインのみ、選択が解除されます。

まとめて解除する

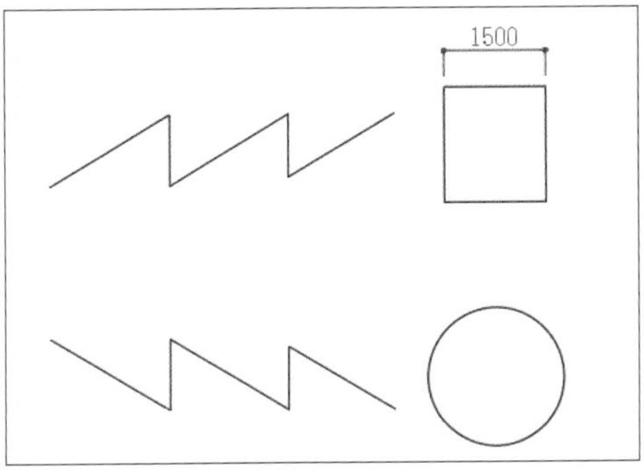

1 Esc キーを押します。

2 すべての選択が解除されます。

メモ ダイナミックグリップメニューについて

図形を選択したときに表示されるグリップの上にマウスカーソルを重ねるとピンク色に変わり、選択している図形の寸法やダイナミックグリップメニューが表示されます。これを利用すると編集が可能になります。また、グリップをクリックすると赤茶色になり、ストレッチ（線を延ばすなど）などの操作ができるようになります（P.94のSec.25を参照）。

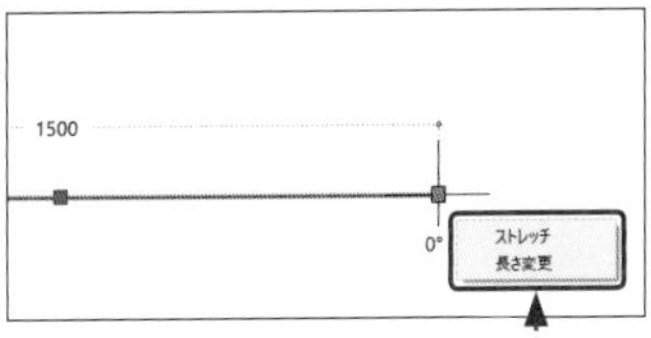

ダイナミッククリップメニュー

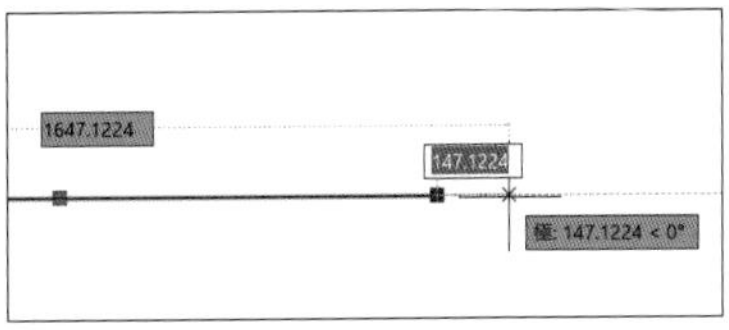

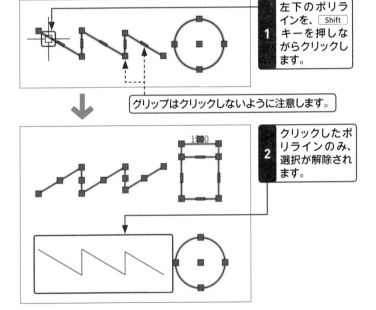

Section 21

複数の図形をまとめて選択する

覚えておきたいキーワード
☑ 窓選択
☑ 交差選択
☑ 投げ縄窓・交差選択

作業を行っていくうちに図形が増えてくると、効率よく図形を選択する必要がでてきます。ここでは、範囲を指定して複数の図形をまとめて選択する「窓選択」と「交差選択」について解説します。この操作をマスターすれば、作業時間を大幅に短縮することができます。

練習用ファイル	Sec21.dwg

1 指定した範囲の図形のみを選択する：窓選択

1 選択したい図形の左上（または左下）の何もない場所をクリックします。

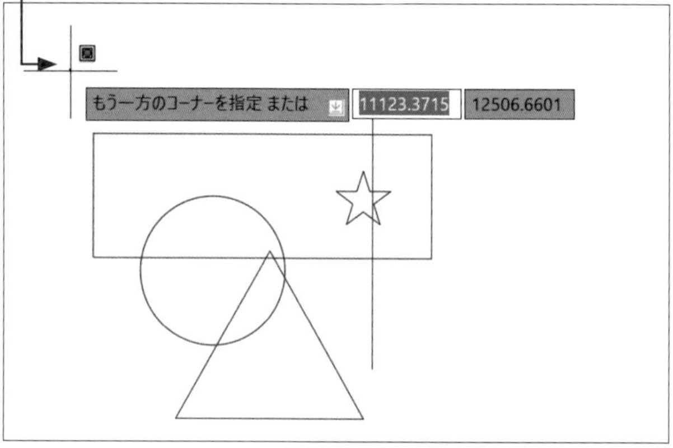

2 図形がすべて青い選択領域に完全に含まれるように、マウスカーソルを右下（または右上）に移動し、

3 クリックします。

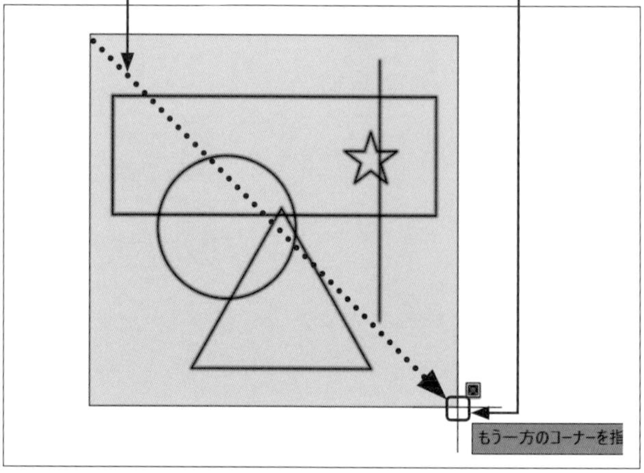

メモ 窓選択について

窓選択は、必ず選択したい図形の左側（上下は問わない）から右側の対角に領域を指定します。その際、青色の領域（選択範囲）に図形が完全に含まれるように選択します。

メモ 選択範囲をやり直したい場合

選択範囲を変えたい場合は、Esc キーを押して選択を解除し、手順**1**からやり直します。

メモ 選択操作のポイント

範囲を指定する際に、図形上をクリックしてしまうと「ピック選択」（P.78参照）扱いになってしまうので注意しましょう。

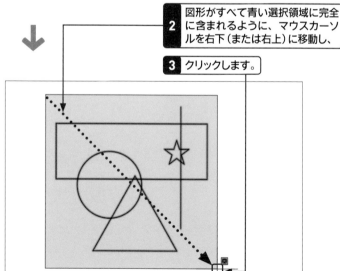

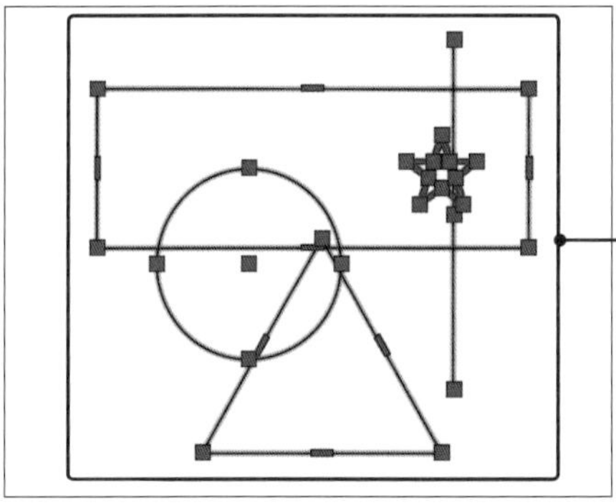

4 指定した範囲に含まれる図形が選択されます。

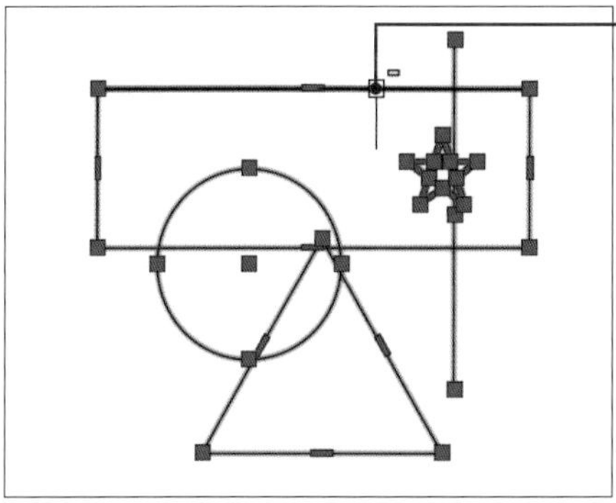

5 Shift キーを押しながら長方形をクリックして、

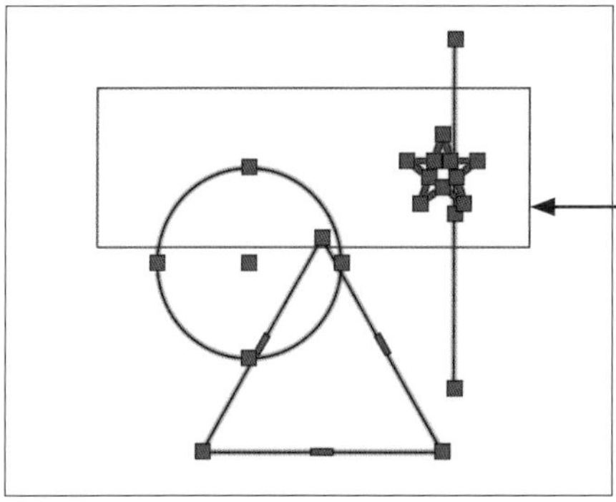

6 選択を解除します。

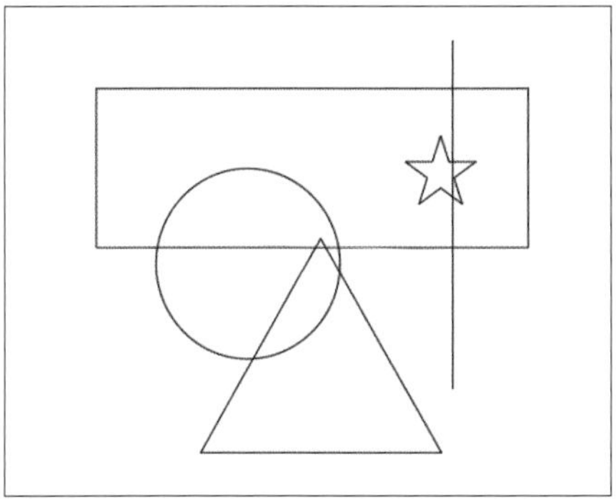

7 Esc キーを押して、すべての選択を解除します。

ヒント　コマンドと選択のタイミングについて

コマンド（移動やコピーなど）の実行は、編集対象となる図形を選択してからも可能です。ただし、コマンドを実行したあとで図形の選択を追加したり、解除したりすることはできません。

メモ　図形を追加選択するには

追加で図形を選択するには、ここで解説している窓選択を続けて行います。また、ピック選択、交差選択（次ページ参照）を続けて行うこともできます。

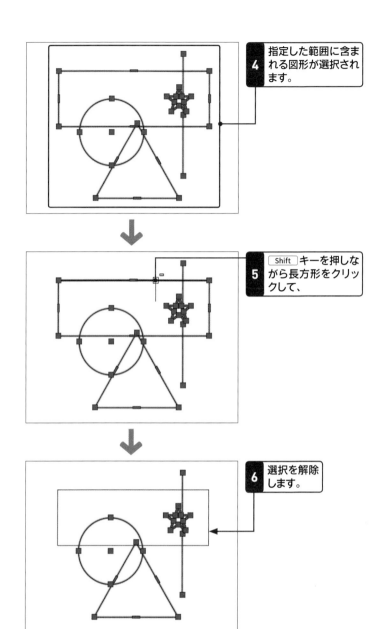

2 指定した範囲内の図形と一部でも触れている図形を選択する：交差選択

メモ　交差選択

選択領域の右側（上下は問わない）から左側の対角に領域を指定し、緑色の領域（選択範囲）に完全に含まれる図形、または選択領域に図形の一部でも触れているすべての図形を選択する方法を「交差選択」といいます。

1 選択したい図形が完全に含まれるか、または図形の一部が触れる領域の右上（または右下）の何もない場所をクリックします。

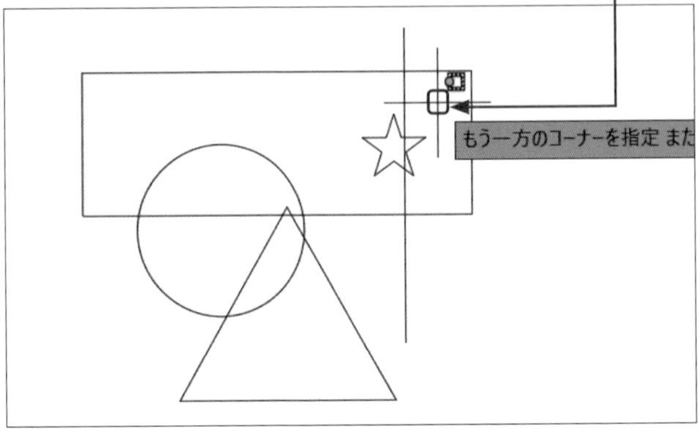

2 図形が緑色の選択領域に完全に含まれるか、または図形の一部に触れるように、マウスカーソルを左下（または左上）に移動し、

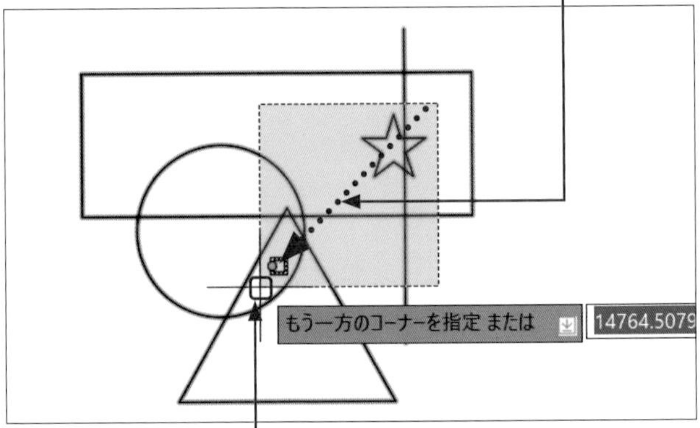

3 クリックします。

4 指定した範囲に完全に含まれる図形、および範囲の一部に触れている図形が選択されます。

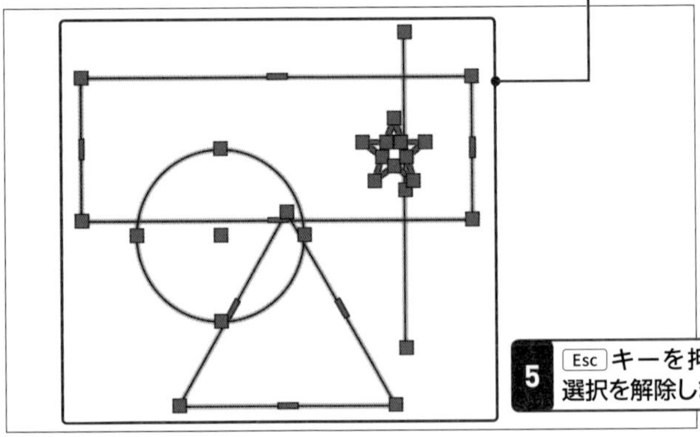

5 Esc キーを押して、選択を解除します。

ヒント　コマンド実行時の選択について

コマンド実行時にオブジェクトを選択する場合、マウスカーソルは四角形の「ピックボックス」と呼ばれる形状になります。この場合でも、「ピック選択」「窓選択」「交差選択」を行うことができます（一部コマンドを除く）。

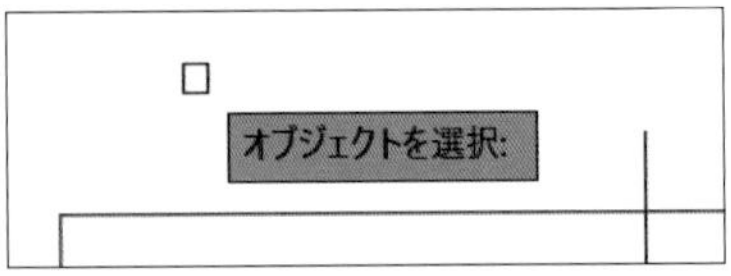

メモ　フリーハンドで範囲を指定する：投げ縄選択

AutoCAD 2015／AutoCAD LT 2015以降であれば、「投げ縄選択」を利用することができます。投げ縄選択は、ドラッグ（フリーハンド）で領域を指定することができる便利な機能です。

投げ縄窓選択

1 図形の周囲を右回りにドラッグすると「投げ縄窓選択（青い領域）」になります。

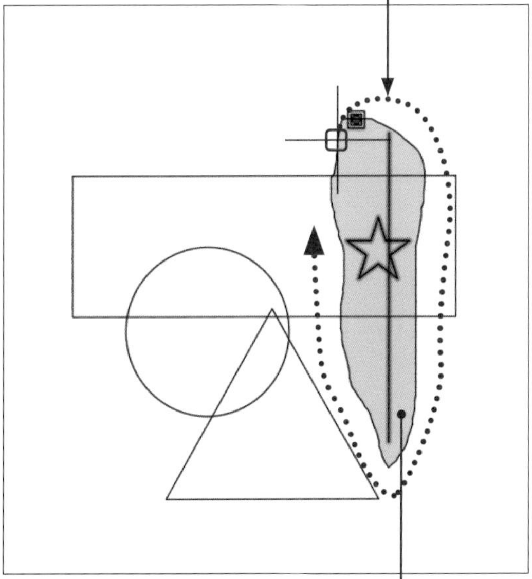

2 選択したい図形がすべて含まれたら、マウスのボタンから指を離します。

3 図形が選択されました。

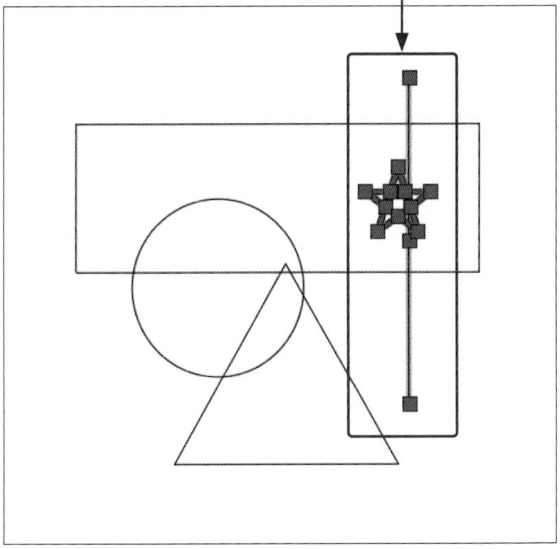

投げ縄交差選択

1 図形に対して交差する範囲を左回りにドラッグすると「投げ縄交差選択（緑の領域）」になります。

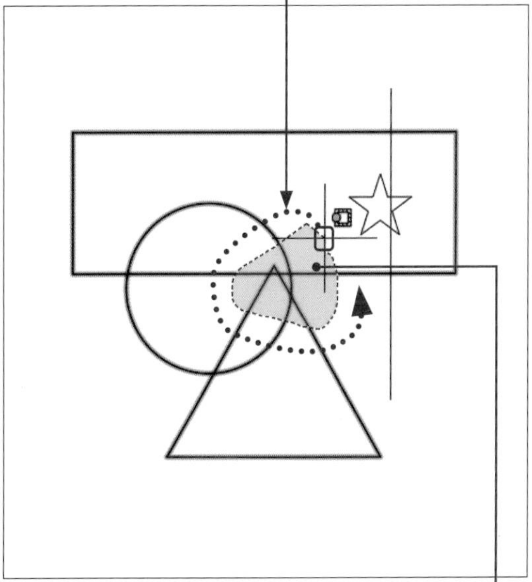

2 選択したい図形がすべて含まれるか一部に触れたら、マウスのボタンから指を離します。

3 図形が選択されました。

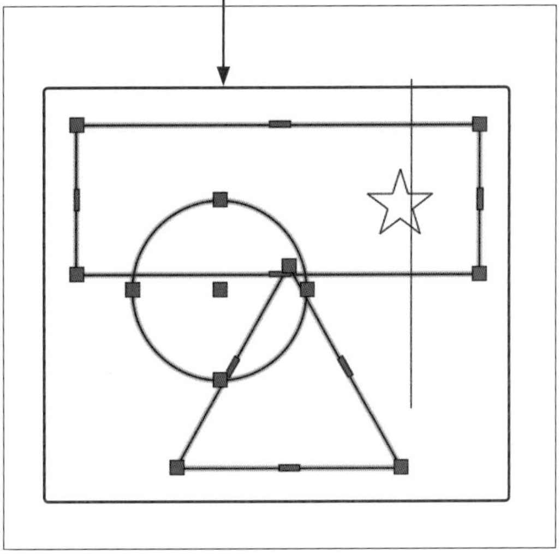

Section 22 選択した図形のプロパティを変更する

覚えておきたいキーワード
☑ プロパティパレット
☑ クイック選択
☑ プロパティコピー

ここでは、すでに作図された図形のプロパティを変更したり、プロパティを指定して図形を選択したりする方法について解説します。プロパティとは線種や線色などの図形情報のことです。プロパティの変更は図形の変更を意味します。プロパティの変更は、プロパティパレットから行います。

練習用ファイル	Sec22.dwg
リボン	[ホーム] タブ - [プロパティ] パネル
ショートカット	Ctrl + 1 (プロパティパレット) ／ (図形選択後) [ショートカットメニュー] - [オブジェクトプロパティ管理] [クイック選択]
コマンド	PROPERTIES (プロパティパレット) ／ QSELECT (クイック選択) ／ MATCHPROP (プロパティ コピー)
エイリアス	MO ／ PR (プロパティパレット) ／ MA (プロパティコピー)

1 選択した図形のプロパティを変更する

メモ プロパティについて

ここでは、円のプロパティを変更することで、円の大きさと線種の表示間隔、そして線色を変更します。また、プロパティから条件に合ったオブジェクトを選択する方法も解説します。

メモ <線の太さを表示／非表示>をオンにする

ここでの操作を行う場合は、ステータスバーの<線の太さを表示／非表示>をクリックしてに設定しておきます。ステータスバーに表示されていない場合は、P.47の「メモ」を参照してください。

円の大きさを変更する

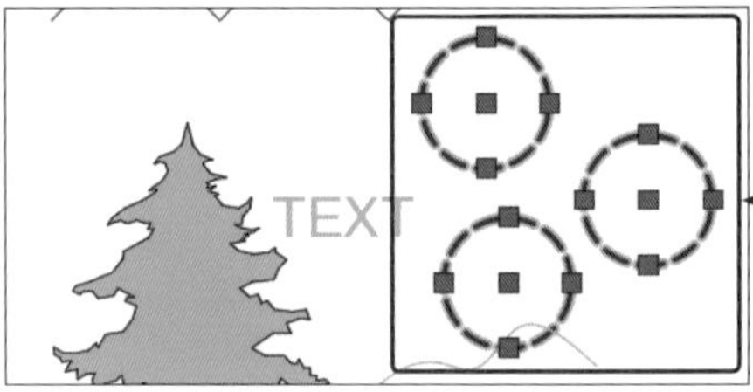

1 円をすべて(3つ)選択します。

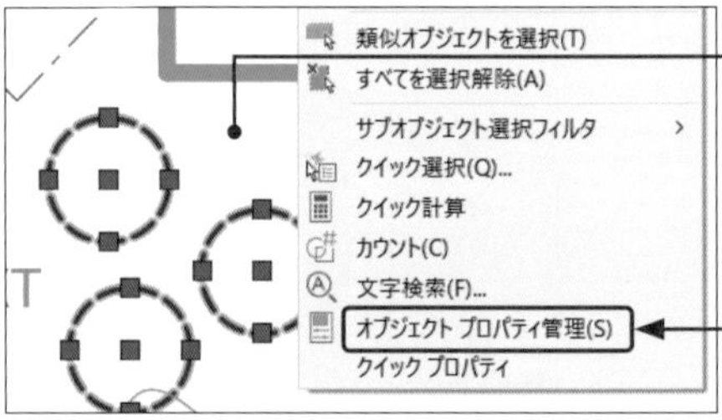

2 任意の場所で右クリックし、

3 表示されたメニューから<オブジェクトプロパティ管理>をクリックして選択します。

4 プロパティパレットが表示されるので、

5 <ジオメトリ>の<半径>の数字をクリックします。

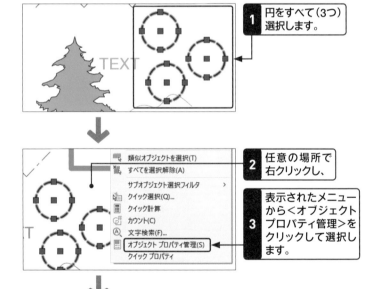

6 変更したい半径の長さ（ここでは「400」）を入力し、

7 Enter キーを押すと、

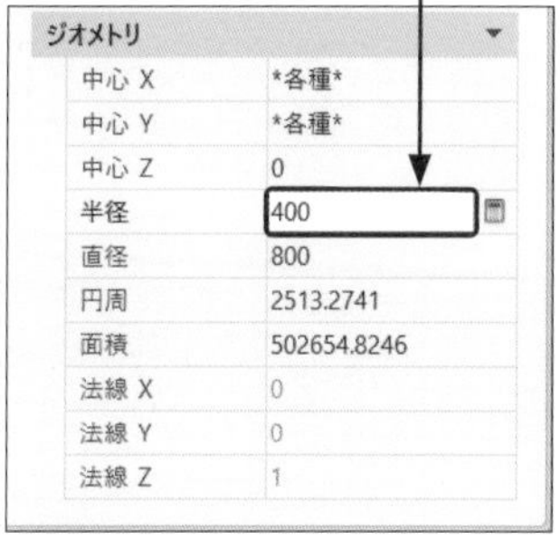

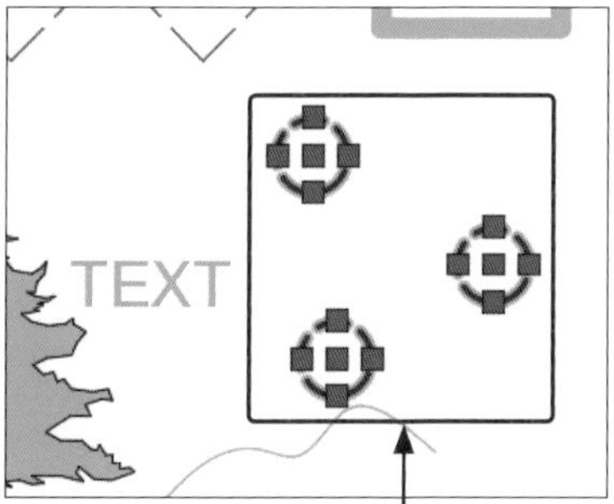

8 選択した円の半径が「400」に変更されます。

円の線種の表示間隔を変更する

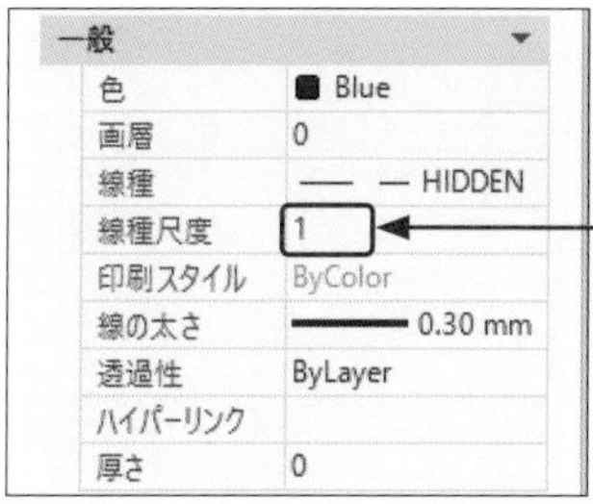

1 プロパティパレット→＜一般＞→＜線種尺度＞の数字をクリックして、

2 波線の間隔（ここでは「2」）を入力し、

3 Enter キーを押すと、

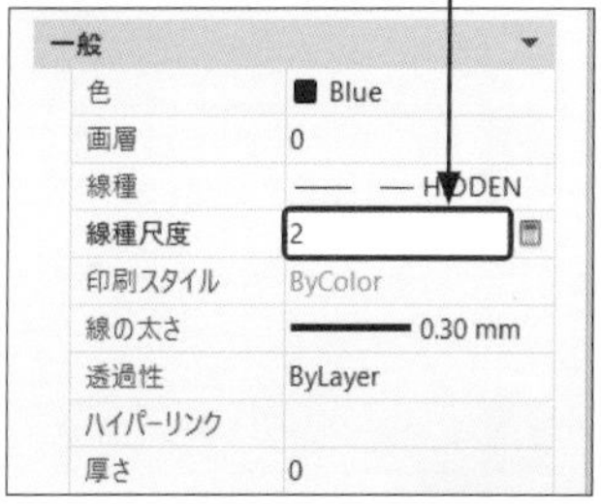

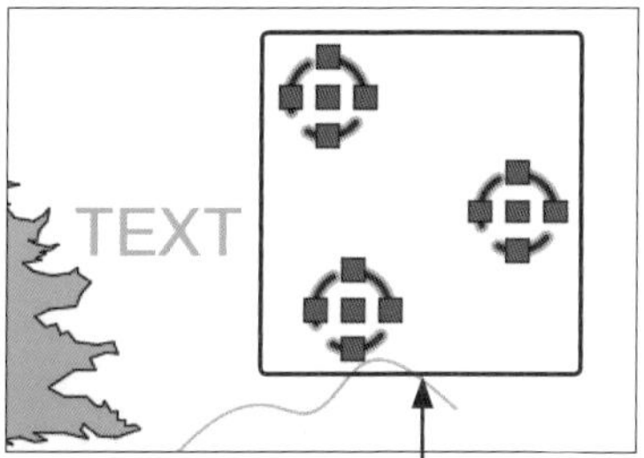

4 選択した円の破線の間隔が大きくなりました。

5 Esc キーを押して、選択を解除します。

メモ　プロパティパレットとは

プロパティパレットは、図形を構成するさまざまな要素を設定・変更できるダイアログボックスです。常に開いたままで作業でき、設定内容はダイレクトに反映されるため＜OK＞ボタンもありません。

メモ　線種尺度とは

線種尺度では線種の表示間隔を設定することができます。表示間隔は図面をわかりやすく表示するために利用します。線種尺度には、図面内のすべての図形の線種尺度を調整する「グローバル線種尺度」（P.49の下の「メモ」を参照）と、ここで解説している、選択した図形ごとに線種尺度を調整する「線種尺度」の2種類があります。最終的な線種尺度はこの2つの尺度を掛けた数字となり、たとえばグローバル線種尺度が「2」で、図形の線種尺度が「10」の場合、最終的な線種尺度は2×10＝「20」となります。

2 条件を指定して図形を選択する

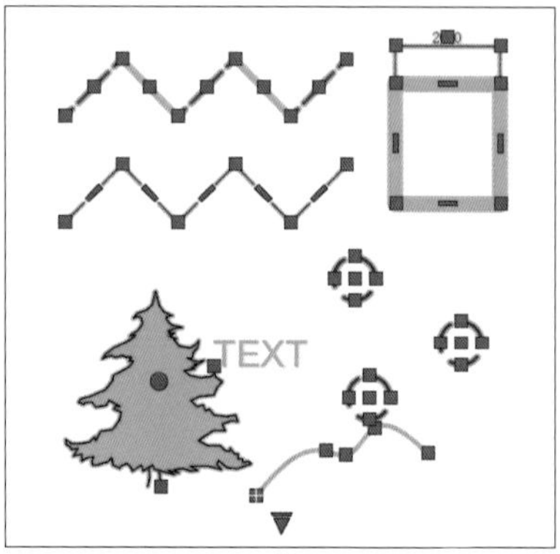

1 窓選択または交差選択などを利用して、図形をすべて選択します。

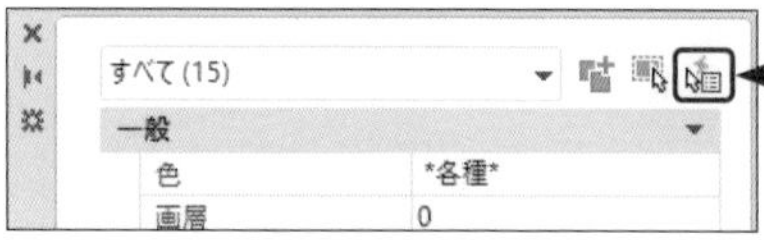

2 ＜プロパティ＞パレットの ＜クイック選択＞をクリックします。

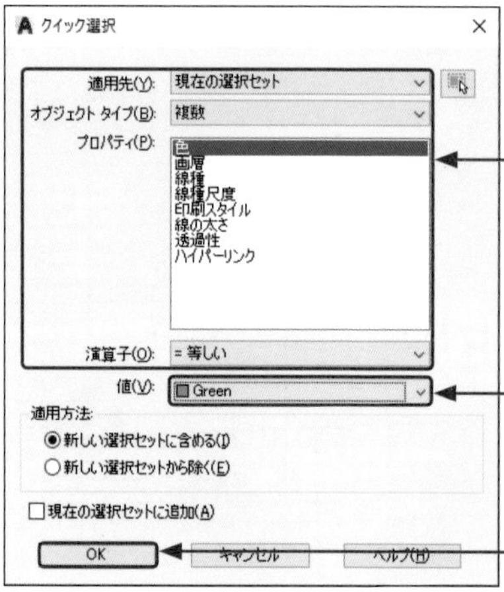

3 「適用先」が＜現在の選択セット＞、「オブジェクトタイプ」が＜複数＞、「プロパティ」が＜色＞、「演算子」が＜=等しい＞であることを確認します。

4 「値」の＜ByLayer＞をクリックして＜Green＞を選択し、

5 ＜OK＞をクリックします。

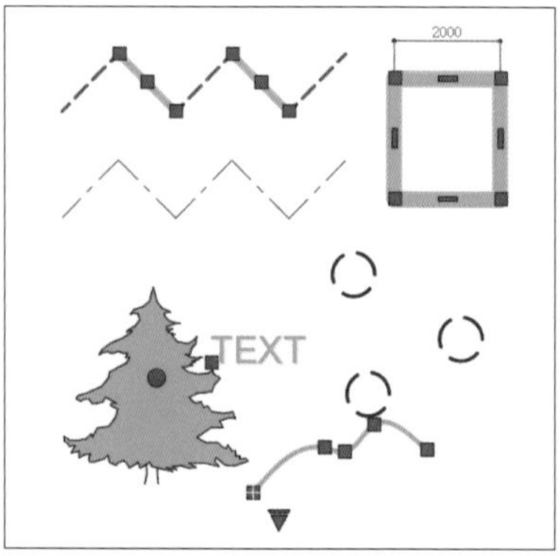

6 緑色（Green）の図形のみが選択され、それ以外の図形は選択が解除されます。

メモ クイック選択

クイック選択とは、条件に合ったオブジェクトを選択することができる機能です。たとえば、緑色で作成されたオブジェクトだけをかんたんに選択することができます。

メモ Bylayerについて

画面上で緑（Green）で表示されていても、作図時の線色が「Bylayer」に設定されている場合、図形の線色は「Green」ではなく「Bylayer」となります。
「Bylayer」についてはP.172 のSec.46を参照してください。

ステップアップ プロパティのコピーについて

選択した図形のプロパティ（線色・線種など）は、ほかの図形にコピーすることができます。＜ホーム＞タブ→＜プロパティ＞パネル→＜プロパティコピー＞をクリックして、コピー元となる図形をピック選択し、続いてコピー先の図形を選択します。コピーが実行されるので、Enter キーを押して終了します。

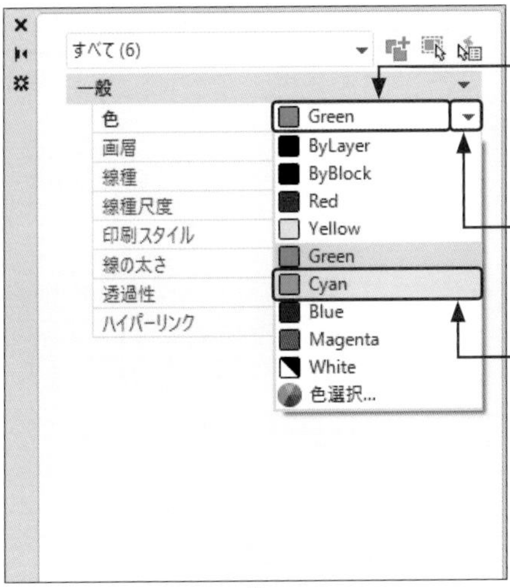

7 プロパティパレットの＜一般＞→＜色＞の色（ここでは＜Green＞）をクリックし、

8 表示された ▼ をクリックします。

9 表示されたメニューから＜Cyan＞をクリックして選択します。

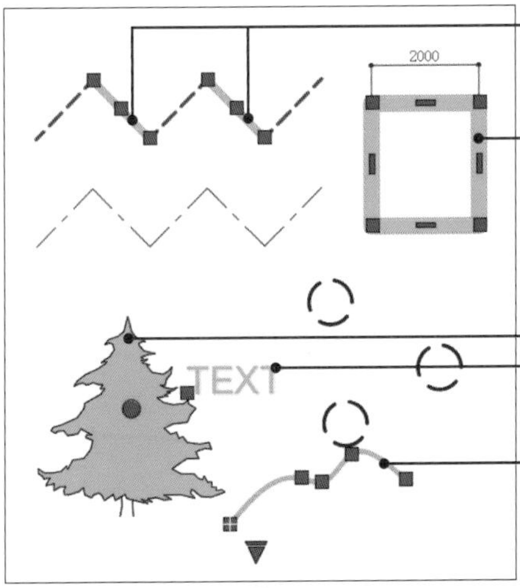

10 選択されていた図形が「Cyan（水色）」に変更されます。

11 Esc キーを押して、選択を解除します。

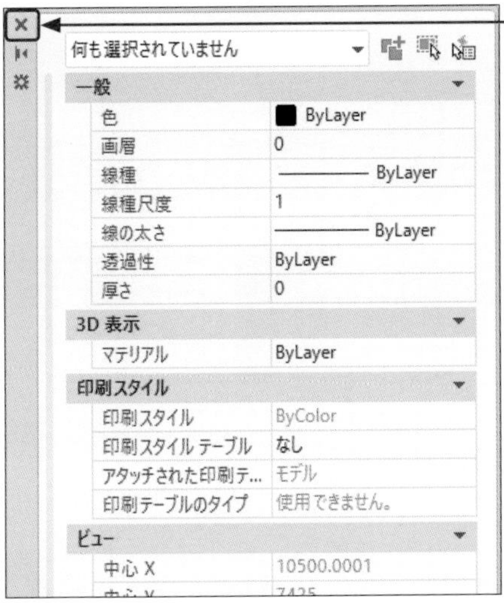

12 ＜閉じる＞をクリックしてプロパティパレットを閉じます。

メモ　プロパティパレットを自動的に閉じる

頻繁にプロパティパレットを使う場合は、閉じるのではなく、一時的に隠すこともできます。その際は、＜閉じる＞の下にある＜自動的に閉じる＞をクリックします。プロパティパレットはアンカーのみになるので、表示する際はマウスカーソルをそのアンカーにポイントします。

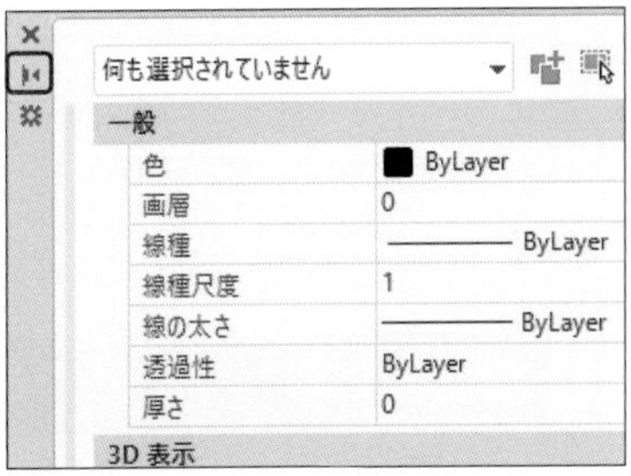

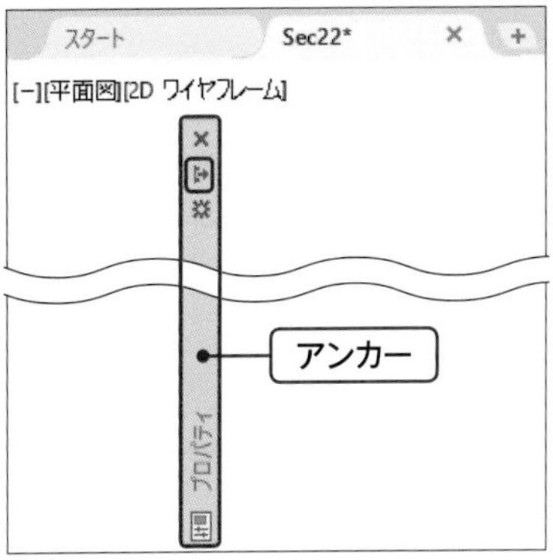

ヒント　プロパティパレットのドッキング

プロパティパレットのタイトルバーをドラッグして、画面の端に移動すると、パレットが画面に組み込まれます（ドッキング）。ドッキングを解除したい場合は、タイトルバーの上で右クリックして、表示されるメニューから＜ドッキングを許可＞をクリックして、チェックを外します。

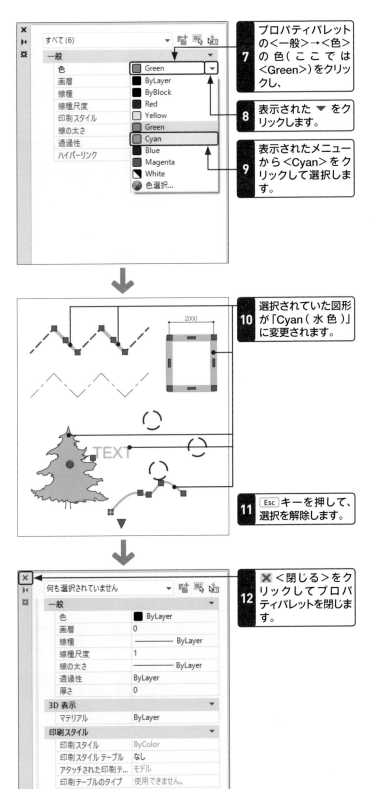

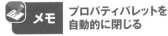

Section 23

図形を削除する

覚えておきたいキーワード
- ☑ 削除
- ☑ フェンス
- ☑ 元に戻す

ここでは、図形を選択し Delete キーでスピーディに削除する方法と、削除コマンドからオブジェクトを選択するタイミングで、選択オプション（フェンス選択）を利用して、効率的に図形を選択して削除する方法について解説します。また、削除した図形を元に戻す方法も解説します。

練習用ファイル	Sec23.dwg
リボン	[ホーム]タブ-[修正]パネル-[削除]
ショートカット	Delete ／（図形選択後）[ショートカットメニュー]-[削除]
コマンド	ERASE　　エイリアス　E

1 図形をキー操作で削除する

メモ　図形を追加選択・または一部解除する

すでに図形を選択したあとで、追加して図形を選択するには、そのままほかの図形を選択（ピック・窓・交差）します。また、選択を一部解除したい場合は Shift キーを押しながら、解除したい図形を選択（ピック・窓・交差）します。

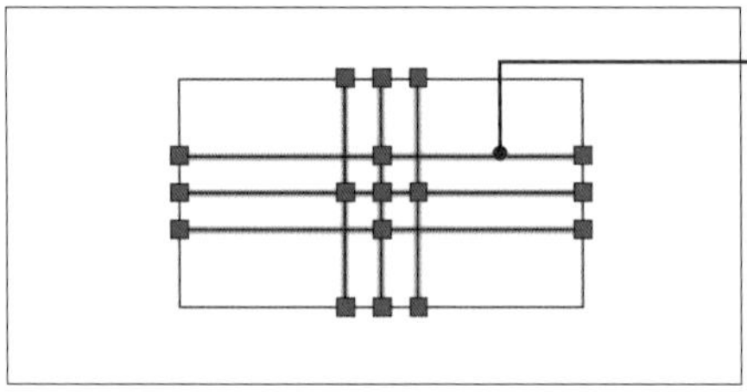

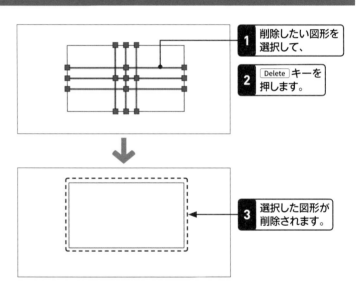

1 削除したい図形を選択して、

2 Delete キーを押します。

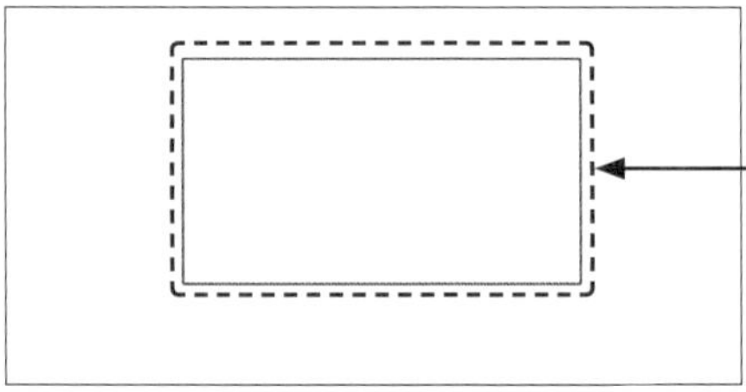

3 選択した図形が削除されます。

2 図形を削除コマンドで削除する

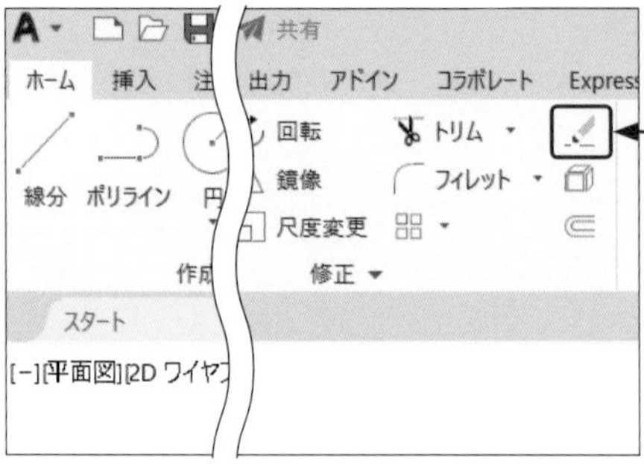

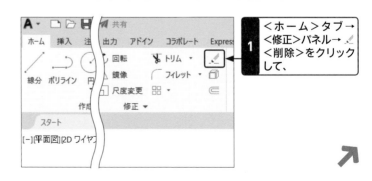

1 ＜ホーム＞タブ→＜修正＞パネル→＜削除＞をクリックして、

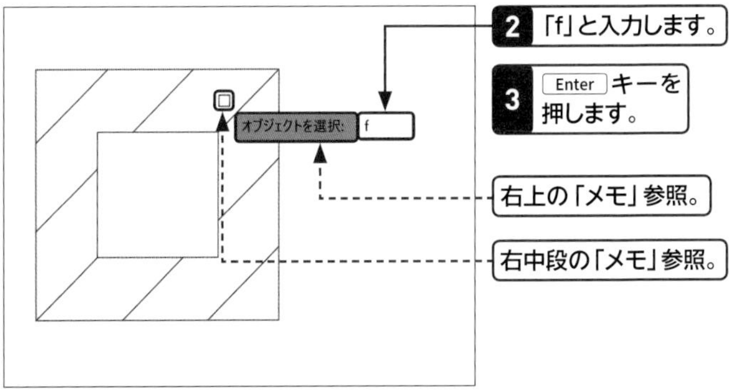
2 「f」と入力します。
3 Enter キーを押します。
オブジェクトを選択:
f
右上の「メモ」参照。
右中段の「メモ」参照。

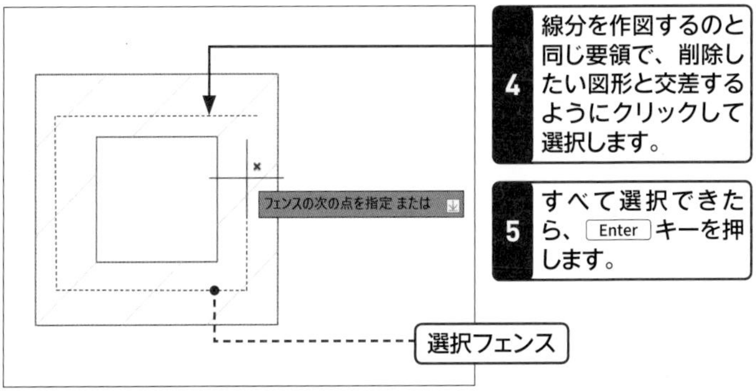
4 線分を作図するのと同じ要領で、削除したい図形と交差するようにクリックして選択します。
フェンスの次の点を指定 または
5 すべて選択できたら、Enter キーを押します。
選択フェンス

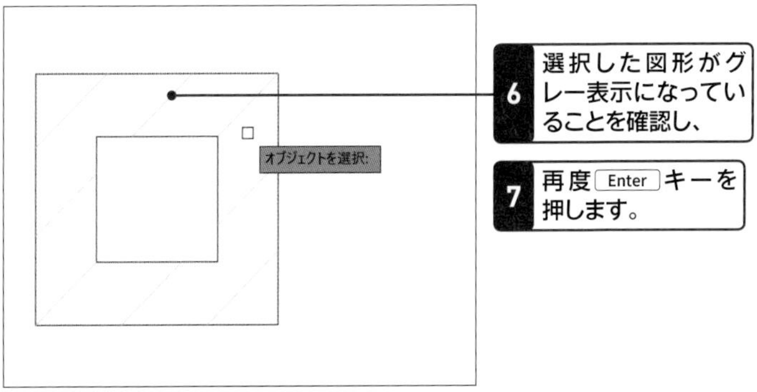
6 選択した図形がグレー表示になっていることを確認し、
オブジェクトを選択:
7 再度 Enter キーを押します。

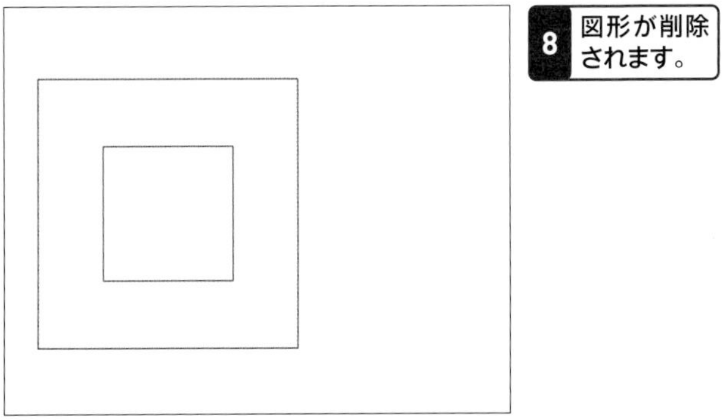
8 図形が削除されます。

メモ 選択オプションについて

手順1で削除コマンドを実行し、「オブジェクトを選択」のタイミングで特定のアルファベット（半角）を入力すると、選択オプションを実行することができます。今回解説した「フェンス（F）」では、選択フェンス（破線）と交差する図形を選択することができます。このほかにも「直前（P）」「ポリゴン窓（WP）」「ポリゴン交差（CP）」などの選択オプションがあります。

メモ 「ピックボックス」のサイズ調整について

手順1で表示されるマウスカーソルの四角形を「ピックボックス」と呼びます。大きさを調整したいときは、P.30を参照してください。

メモ 削除した図形を元に戻す場合は

削除した図形を元に戻したい場合は、クイックアクセスツールバーの ＜元に戻す＞をクリックします。また、その右横にある ▼ をクリックするとメニューが表示され、元に戻したいコマンドを選択できます。

注釈
表示
Erase
Intellipan
コマンドのグループ
1 コマンドを元に戻す
円弧
修正

Section 24

図形を分解／結合する

覚えておきたいキーワード
☑ 分解
☑ ポリライン編集
☑ 結合

CADでは線分や円弧を組み合わせてさまざまな図形を作図します。たとえば円弧と線分をまとめて「ポリライン」として連続線に変換することができます。ここでは、ポリラインを分解して線分に戻したり、また再びポリラインに結合したりする方法について解説します。

練習用ファイル	Sec24.dwg		
リボン	[ホーム]タブ-[修正]パネル-[分解]／[ホーム]タブ-[修正]パネル-[結合]		
コマンド	EXPLODE(分解)／JOIN(結合)	エイリアス	X(分解)／J(結合)

1 図形を分解する

メモ 図形を分解・結合するメリット

線を作図する際は「線分」または「ポリライン」を使用します。連続線として編集したい場合は、ポリラインで作図した方が便利ですが、ここでの解説のように、あとから中間部を削除したいような場合は、分解して線分として編集できます。また、線分コマンドで作図したものも、結合すればP.106のSec.29「図形を平行に複写する」で紹介するようなポリライン特有の編集を行うことができます。

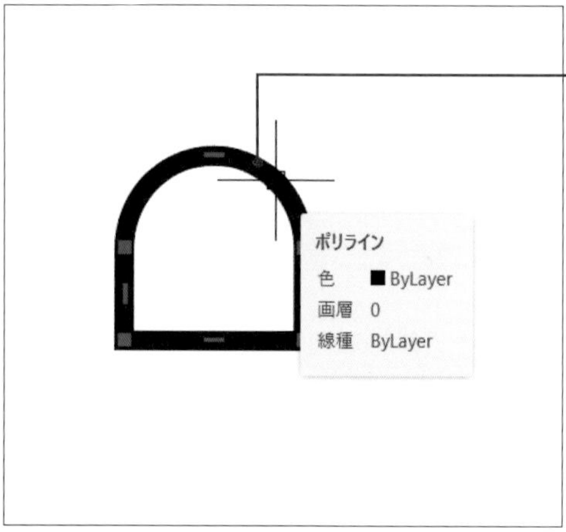

1 分解する図形（ここではポリライン）を選択します。

2 <ホーム>タブ→<修正>パネル→<分解>をクリックします。

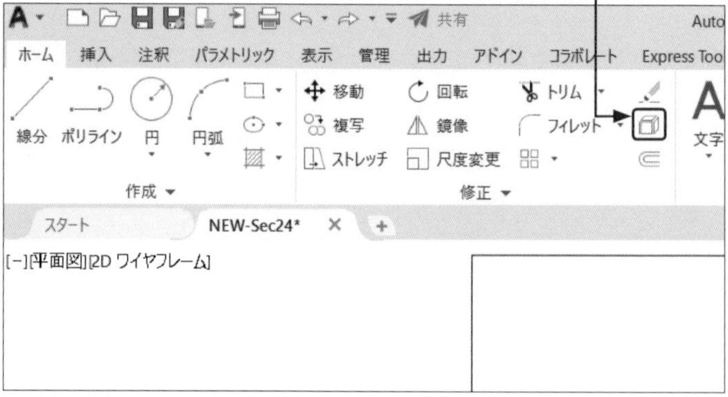

3 図形が分解され、選択も解除されます。

メモ コマンドと選択のタイミングについて

AutoCADでは、編集対象となる図形を選択してから、コマンドを実行することもできます。ただし、コマンドを実行したあとで図形の選択追加・解除はできないため注意が必要です。

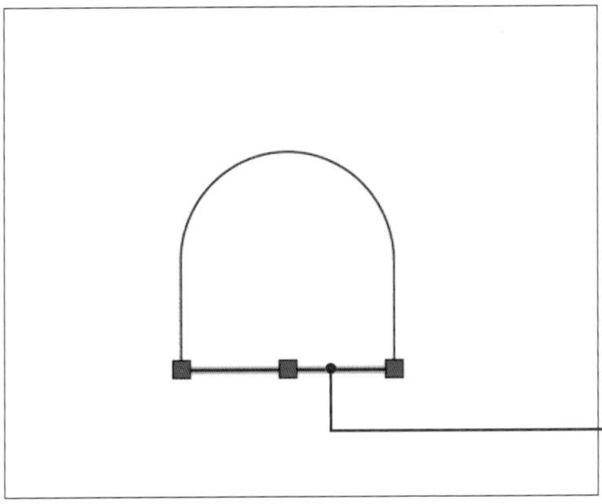

4 削除したい図形を選択し、

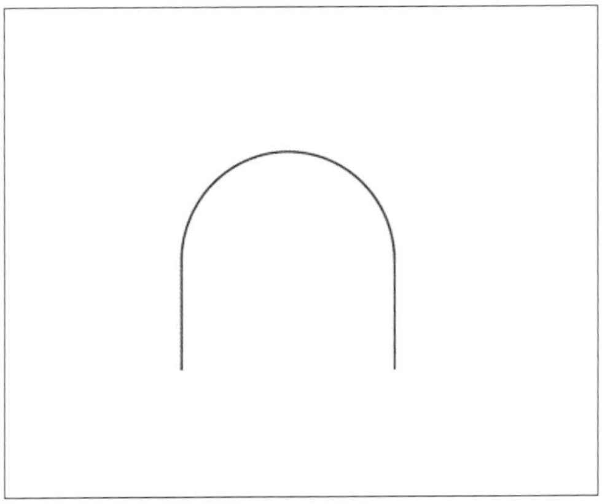

5 Delete キーを押して削除します。

メモ ポリラインの幅について

前ページの手順2でポリラインを線分に分解すると、線幅も解除されます。逆にポリラインに幅を持たせるには、ポリラインを選択し、右クリックして表示されるメニューから＜ポリライン＞→＜幅＞をクリックします。幅(ここでは「500」)を入力して Enter キーを押します。

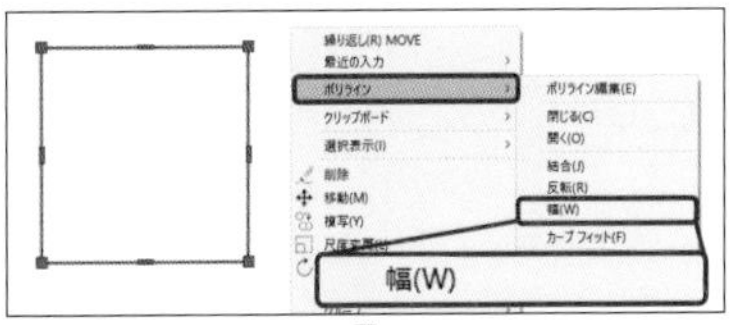

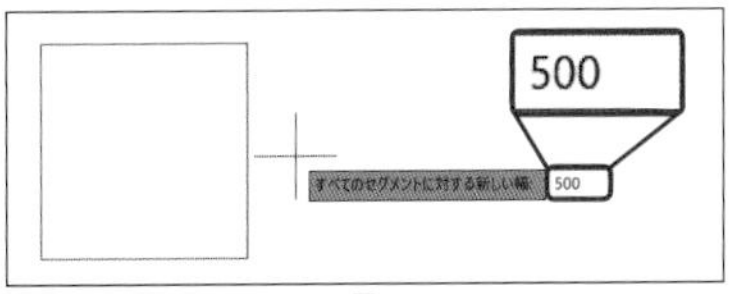

2 円弧と線分を結合してポリラインに変換する

ここでは、前の手順の続きで説明しています。

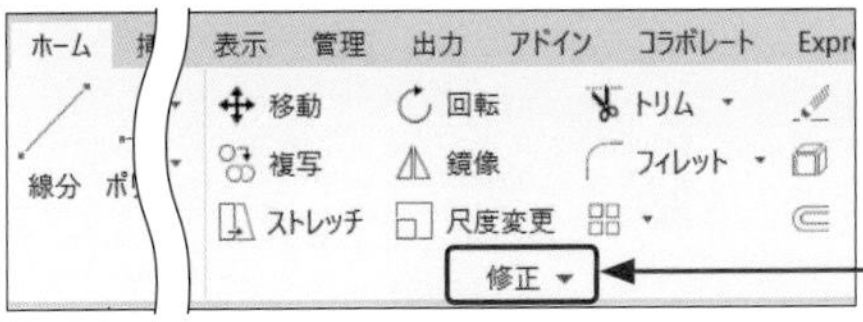

1 ＜ホーム＞タブ→＜修正＞パネル→＜修正▼＞をクリックして、

2 展開されたパネルから→←＜結合＞をクリックします。

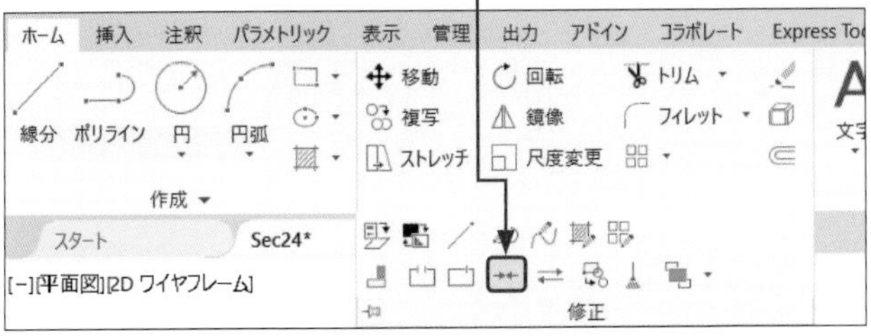

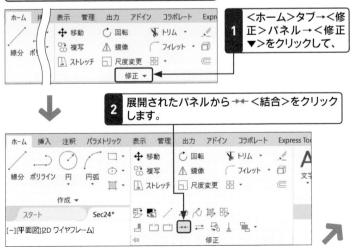

メモ 円弧と線の結合について

右図のように円弧と線を結合する場合、円弧の端点と線の端点は接している必要があります。

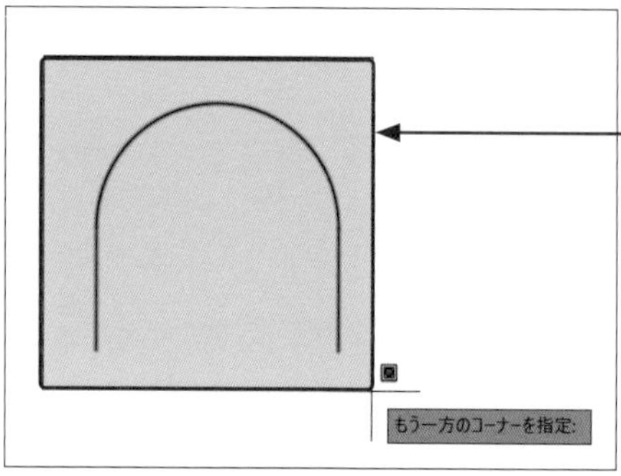

3 結合する図形を選択し、

4 Enter キーを押して選択確定します。

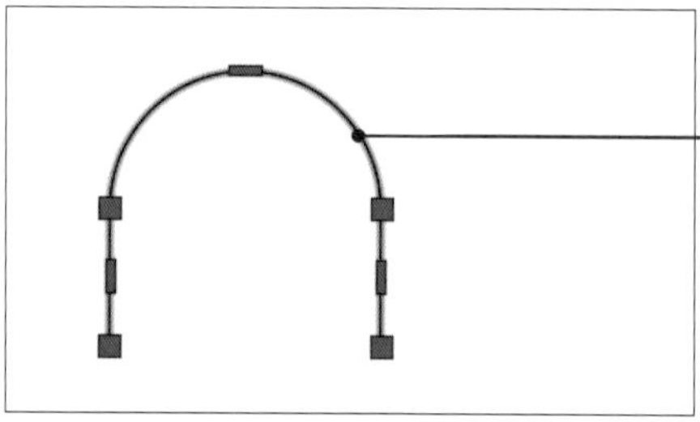

5 図形を選択し、線分と円弧が結合しポリラインに変換されたことを確認します。

6 Esc キーを押して選択を解除します。

3 複数の線分やポリラインを1本に結合する

キーワード 結合

複数の線分を1つの線分に統合する機能が「結合」コマンドです。結合コマンドを実行するには、以下のようなルールがあります。

- 同一直線状にあること（平行線や角度の異なる線を結合することはできません）
- 結合する線分は重なっていてもかまわない（もっとも端にある線分の端点を始点と終点とする1本の直線に統合されます）
- 同一直線上であれば、線分と線分の間が離れていてもかまわない

ここでは、前の手順の続きで説明しています。

1 Enter キーを押して、<結合>コマンドを繰り返します。

2 線分を範囲選択します。

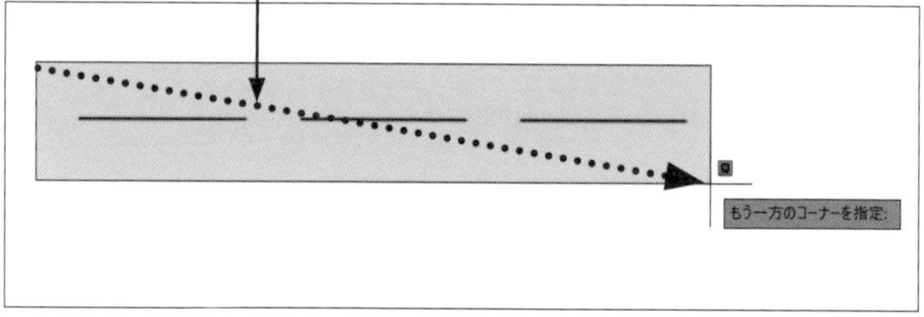

3 Enter キーを押して選択確定します。

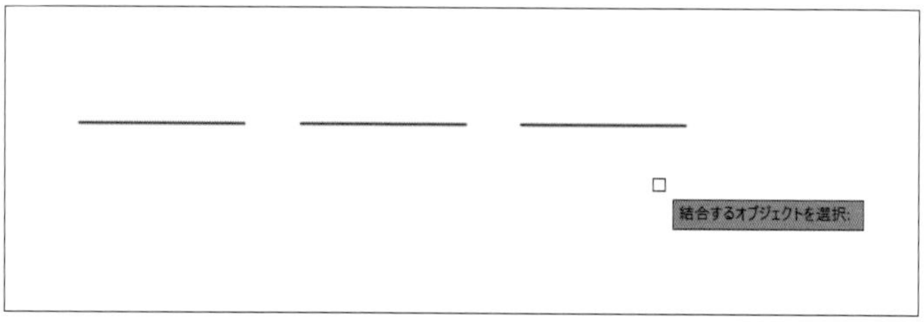

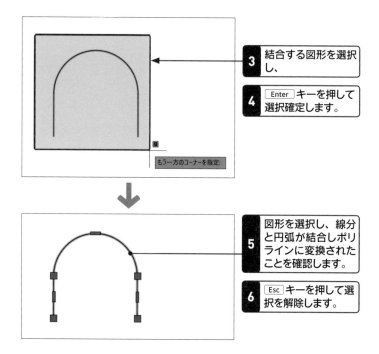

4 選択した線分が結合して、1本の線分に変換されます。

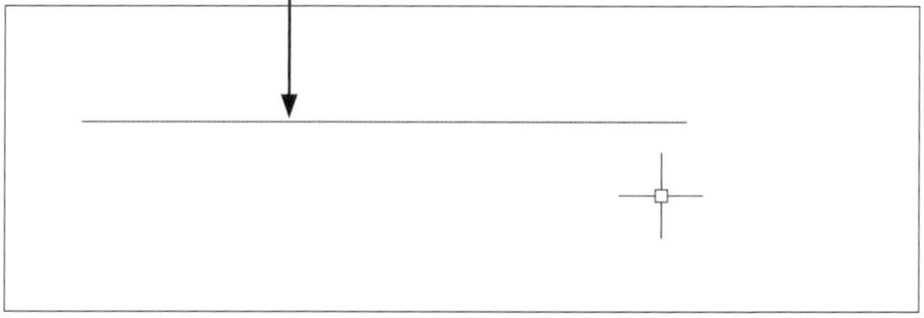

5 Enter キーを押して、<結合>コマンドを繰り返します。

6 ソースオブジェクト（ここでは左のポリライン）を選択します。

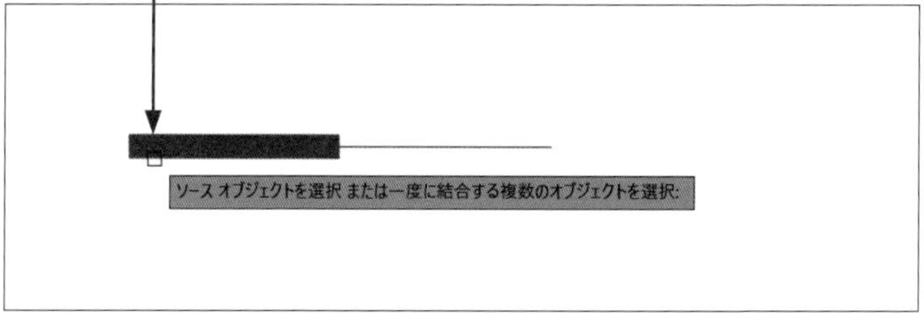

7 結合するオブジェクト（ここでは右の線分）を選択し、

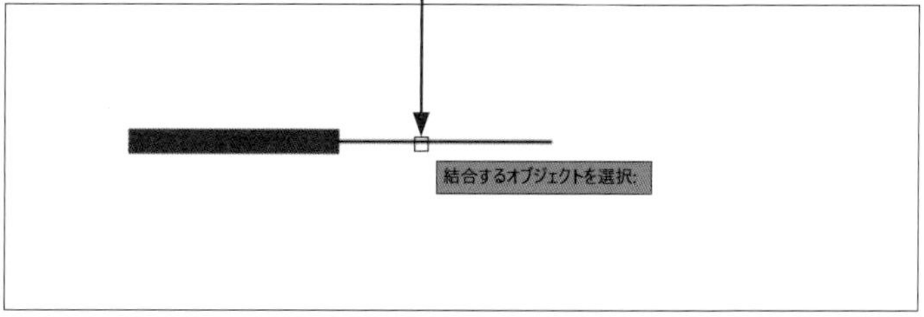

8 Enter キーを押して選択確定します。

9 ソースオブジェクトのプロパティを継承して、1本のポリラインに変換されます。

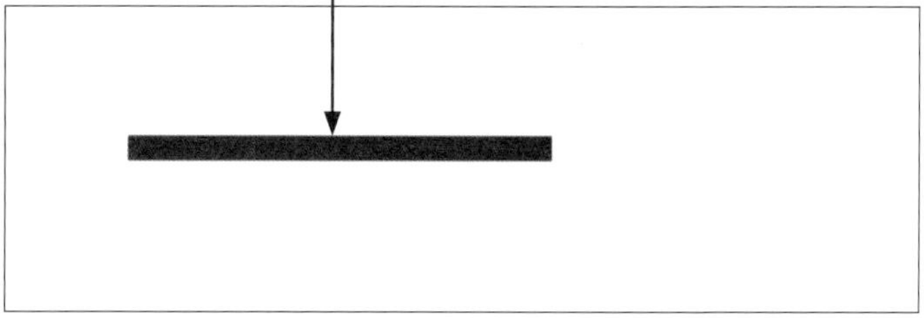

メモ　ポリラインと線分の結合について

結合する図形がすべて「線分」の場合、結合後の図形は「線分」となります（手順❹）。一方、「ポリライン」や「円弧」と「線分」を結合すると、結合後の図形は「ポリライン」となります。

メモ　結合時のプロパティについて

線種や線色の違う図形を結合する場合、最初に選択した図形（手順❻）のプロパティ（線種・線色）が優先されます。ただし、結合する図形にポリラインが含まれる場合、ソースオブジェクトで線分を選択しても結合した図形はポリラインのプロパティを継承します。

Section 25 図形を伸ばす／円の半径を変更する

覚えておきたいキーワード
グリップ
ダイナミックグリップメニュー
ストレッチ

図形を選択すると「グリップ」が表示されます。このグリップとダイナミック入力を併用すれば、わざわざコマンドを選択しなくても、さまざまな編集を行うことができます。ここでは、グリップを使用して線や長方形の長さを変更したり、半径を修正したりする方法について解説します。

練習用ファイル	Sec25.dwg

1 線を伸ばす／長方形の長さを変更する

編集しやすいように図形を拡大表示しておきます。

線を伸ばす

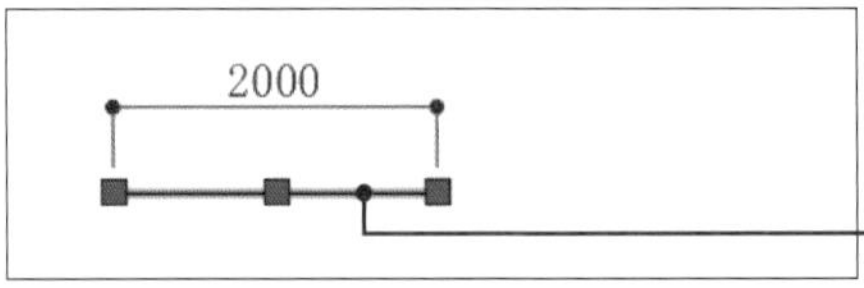

1 線をクリックして選択します。

2 右端点に表示されたグリップをクリックして、

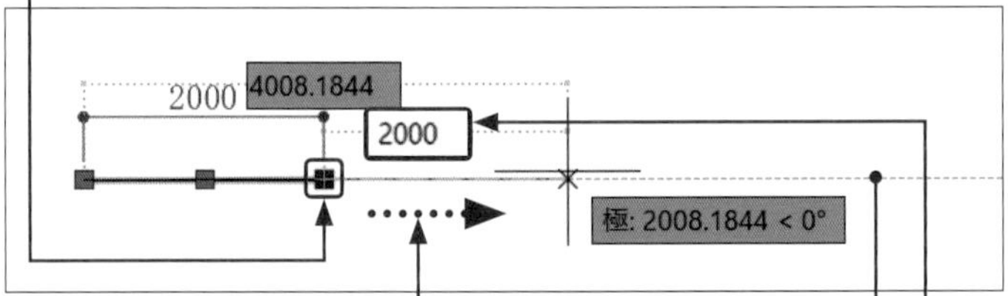

3 マウスカーソルを右に移動し、

4 0°のトラッキング線が表示される状態にします。

5 伸ばしたい分の長さ（ここでは「2000」）を入力し（左下の「メモ」参照）、

6 Enter キーを押して確定します。

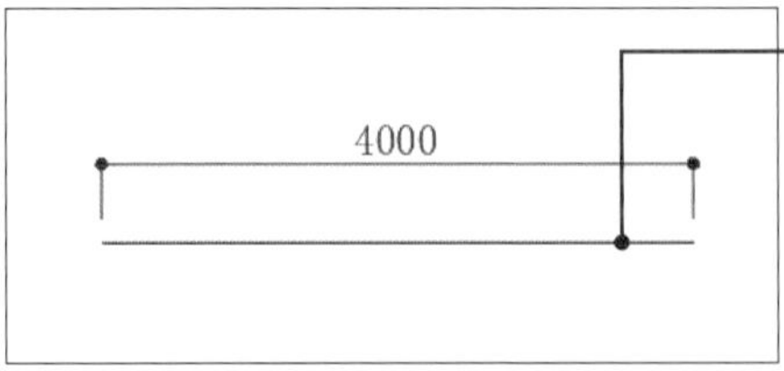

7 線分の長さが延長され、「4000」になります。

8 Esc キーを押して、選択を解除します。

メモ ダイナミックグリップメニューについて

グリップにマウスカーソルをポイントすると「浮動グリップ（ピンク）」となり、図形の寸法やダイナミックグリップメニューが表示されます。メニューの<ストレッチ>を選択しても図形を伸ばすことができます。

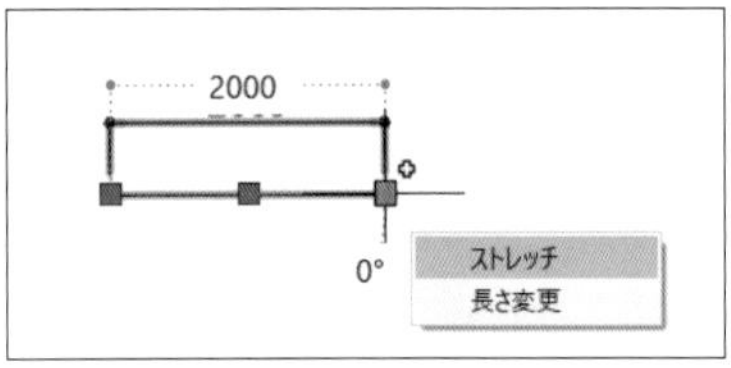

メモ 全体の長さを指定する場合

ここでは、手順5で増加分を指定しましたが、全体の長さを指定することもできます。手順5で Tab キーを押すと、入力項目が循環するので、全体の長さを入力します。なお、正確な角度でストレッチを行うために、<極トラッキング>は（オン）にしてから作業します。

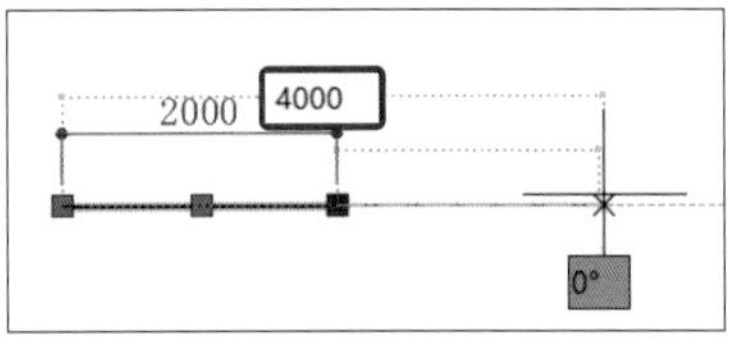

長方形の長さを変更する

1 長方形をクリックして選択し、

2 右辺の中点に表示されたグリップをクリックします。

3 マウスカーソルを右に移動して、

4 0°のトラッキング線が表示される状態にします。

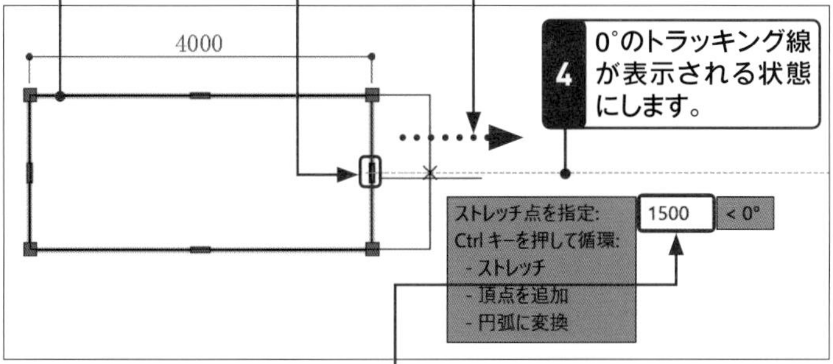

5 伸ばしたい長さ（ここでは「1500」）を入力して、

6 Enter キーを押して確定します。

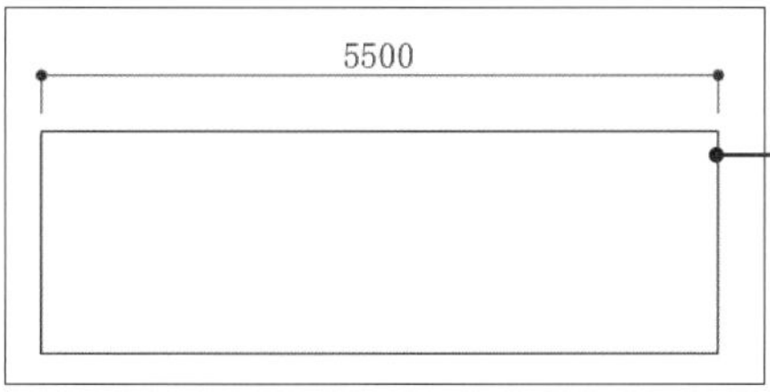

7 長方形の長さが、「5500」に変更されます。

8 Esc キーを押して、選択を解除します。

ステップアップ　グリップによる動きの違いについて

グリップはそれぞれ動きが異なります。線分の中点グリップを選択すると「移動」、長方形の角のグリップでは「ストレッチ」になります。

移動

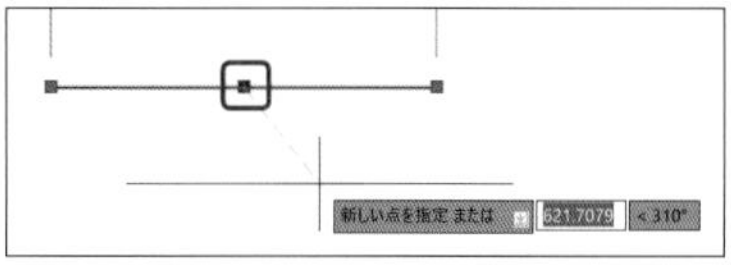

ストレッチ

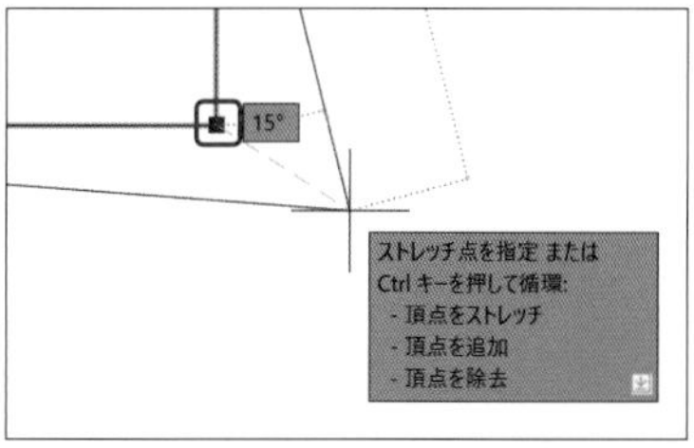

2 円の半径を変更する

1 円をクリックして選択し、

2 円周上に表示されたグリップをクリックします。

3 マウスカーソルを円の外側に移動し、

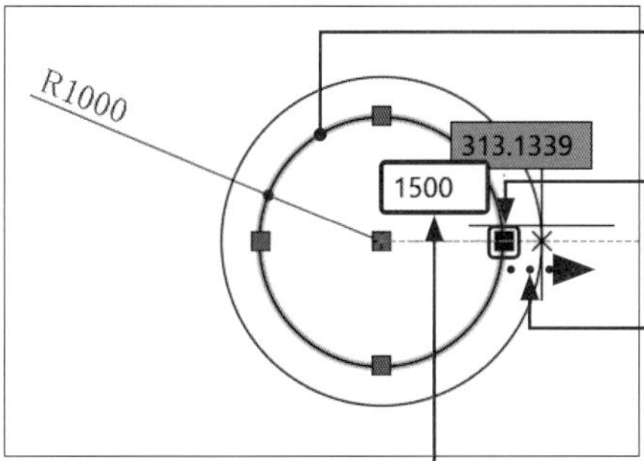

4 変更したい半径の長さ（ここでは、「1500」）を入力して、

5 Enter キーを押して確定します。

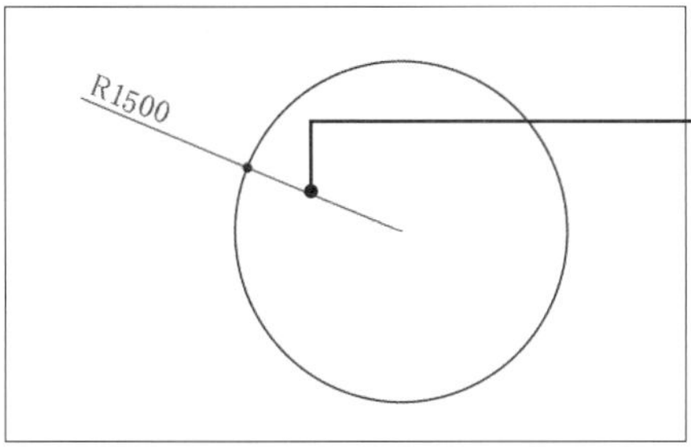

6 円の半径が「1500」に変更されます。

7 Esc キーを押して、選択を解除します。

ステップアップ　グリップによる動きの違いについて

グリップはそれぞれ動きが異なります。円の中心点グリップでは「移動」になります。

移動

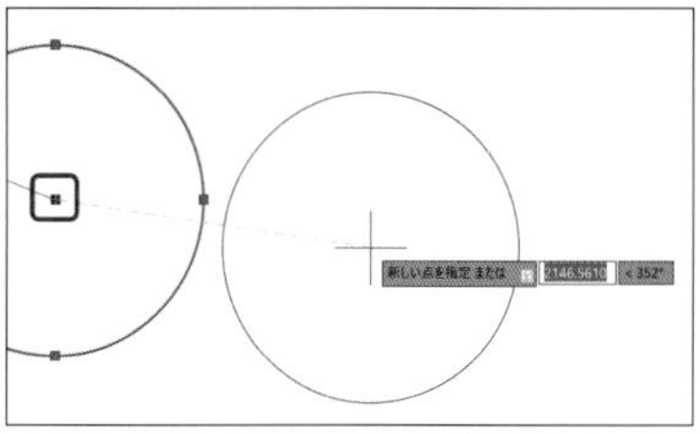

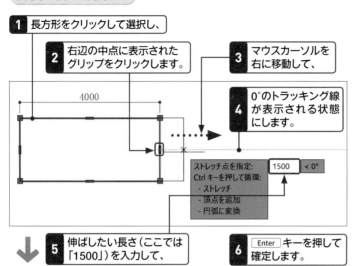

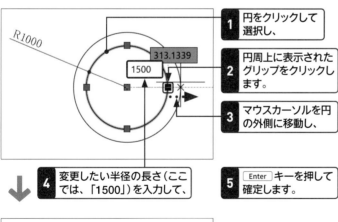

Section 26

線を切断／延長する

覚えておきたいキーワード

- ☑ トリム
- ☑ 延長
- ☑ フェンス選択

図形を切断・延長するコマンドは複数ありますが、ここでは交点を基準に線をカット（トリム）したり、指定した図形まで伸ばしたり（延長）する方法について解説します。トリム／延長コマンドは2021バージョンより仕様変更され、基準線の選択が不要となりました。

練習用ファイル	Sec26.dwg		
リボン	[ホーム] タブ - [修正] パネル - [トリム] ／ [ホーム] タブ - [修正] パネル - [延長]		
コマンド	TRIM（トリム）／EXTEND（延長）	エイリアス	TR（トリム）／EX（延長）

1 線を切断する

注意 2020以前のバージョンで作業する場合

トリム／延長コマンドは2021バージョンより仕様変更が行われました。2020以前のバージョンで、テキストと同じ作業を行う場合は、手順❷で切り取りエッジ（基準線）を選択せずに、Enter キーを押すと、＜すべて選択＞オプションが実行され、図面上にあるすべての図形が切り取りエッジ（基準線）として選択されます。

メモ フェンス選択で一括選択

手順❷でトリムするオブジェクトを選択する際に、フェンス選択（範囲選択）で指示すると、まとめて選択することができます。トリム（または延長）コマンド実行中は範囲選択はすべて「フェンス選択」扱いになります。

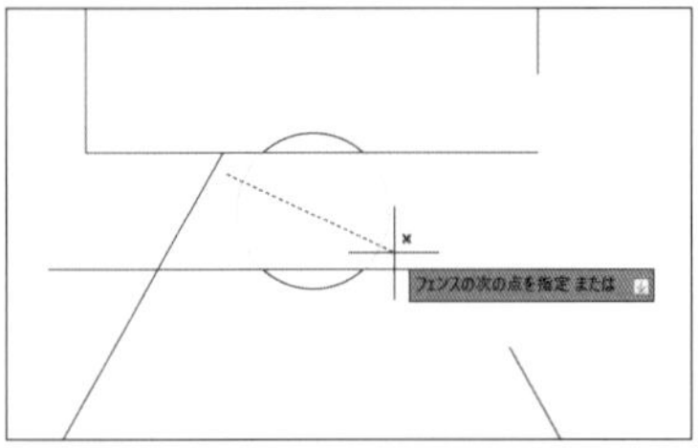

1 ＜ホーム＞タブ→＜修正＞ パネル→＜トリム＞をクリックします。

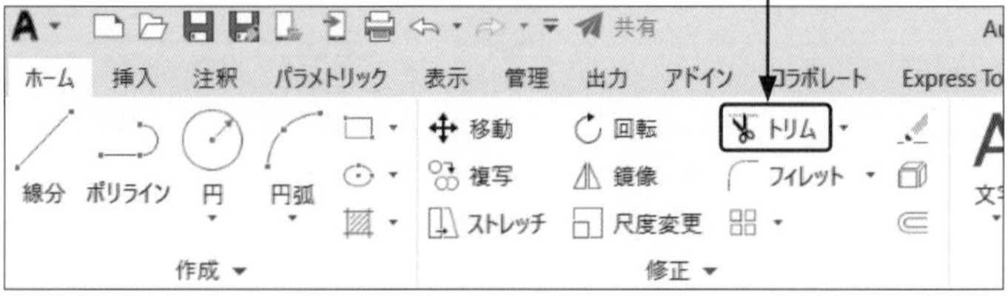

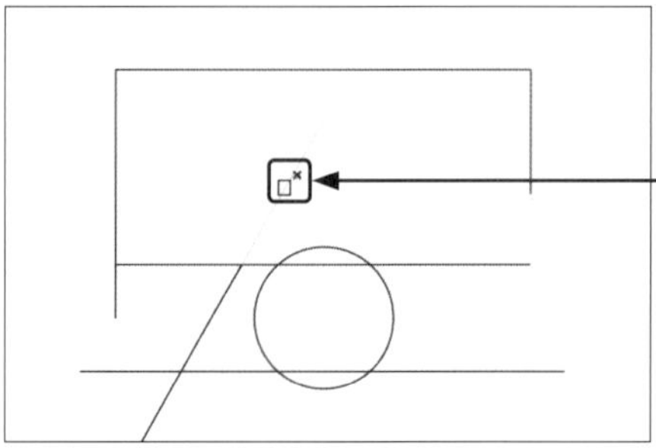

2 削除できる図形にマウスカーソルを重ねると、薄いグレー表示に変わります。

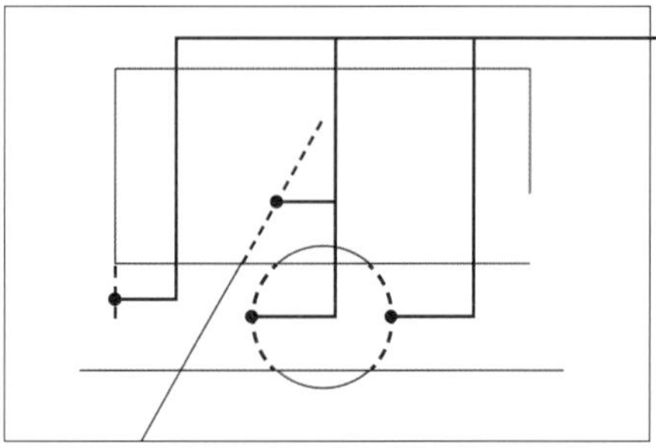

3 削除したい図形をクリックします（4か所）。

4 図形が削除されます。

5 Enter キーを押してコマンドを終了します。

2 線を伸ばす

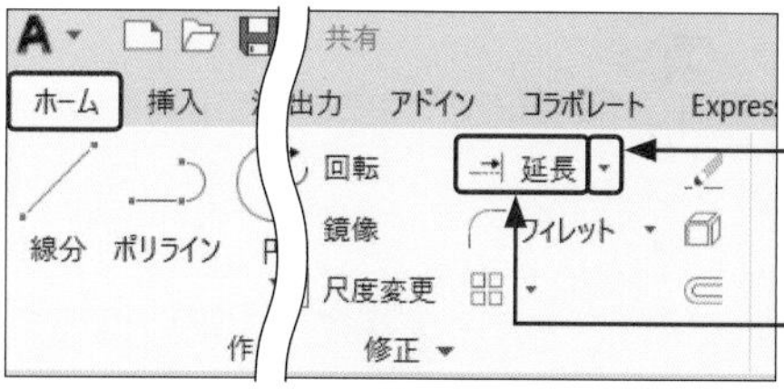

1 <ホーム>タブ→<修正>パネル→「トリム」の「▼」をクリックして展開し、

2 <延長>をクリックします。

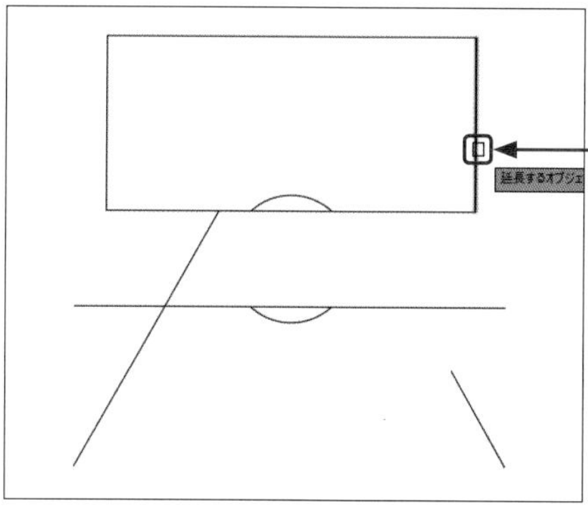

3 伸ばしたい図形上で、中点を基準に延長したい方を（必要回数分）クリックします（ここでは1回クリック）。

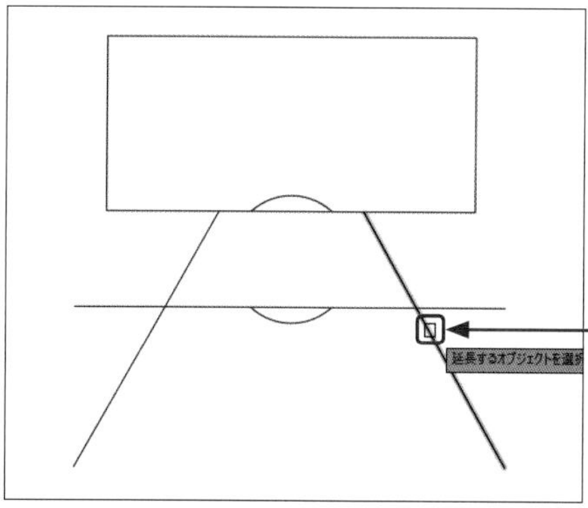

4 中点を基準に2回クリックして図形を伸ばします。

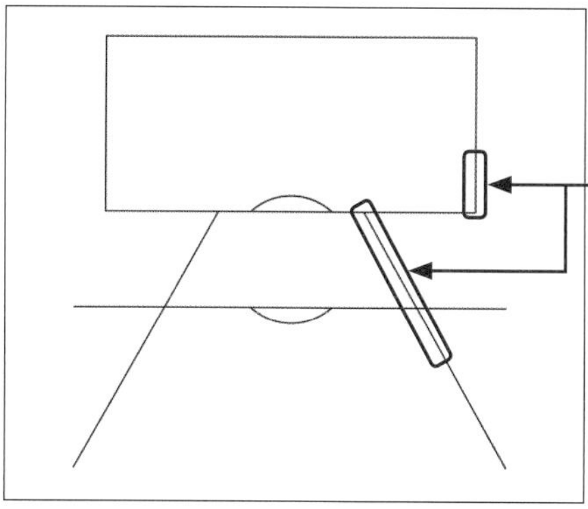

5 線が延長しました。

6 Enter キーを押してコマンドを終了します。

メモ 延長できる図形の条件

延長する図形は、いずれかの図形と延長後に交差する位置関係でなければなりません。

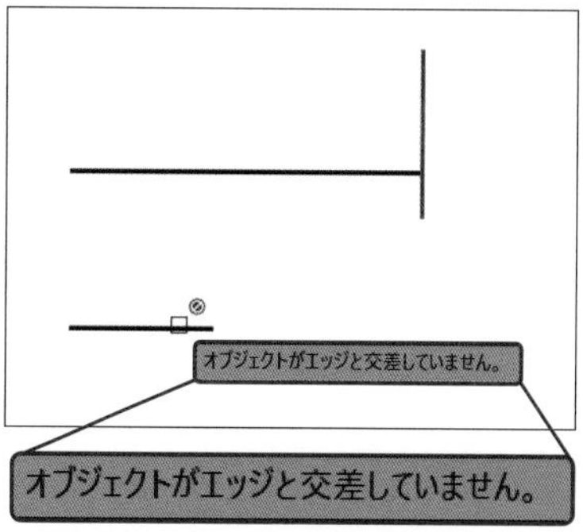

ステップアップ 延長とトリムを切り替える

延長する図形を選択する際、Shift キーを押しながらクリックすると一時的にトリムを行うことができます。これはトリムコマンド時も同様で、図形を選択する際に Shift キーを押しながらクリックすると一時的に延長を行うことができます。

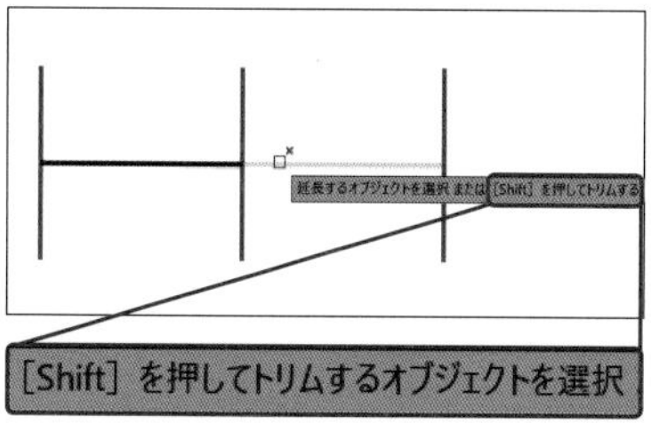

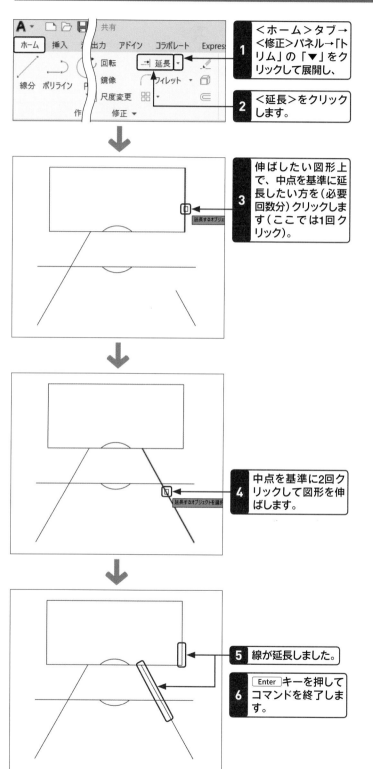

Section 27 図形を移動する

覚えておきたいキーワード
- 移動
- 基点
- 目的点

作成した図形をそのまま移動できるのは、手描きではできないCADの大きなメリットであり、「移動」コマンドはAutoCADの中でも使用頻度の高い機能の1つです。ここでは、点を指定して移動する方法と、方向と角度を指定して移動する方法について解説します。

練習用ファイル	Sec27.dwg		
リボン	[ホーム]タブ-[修正]パネル-[移動]		
ショートカット	(図形選択後)[ショートカットメニュー]-[削除]		
コマンド	MOVE	エイリアス	M

1 点を指定して図形を移動する

メモ 移動する図形について

ここでは、右側に配置されている四角形2つを<見本>のように左に配置する方法を解説しています。

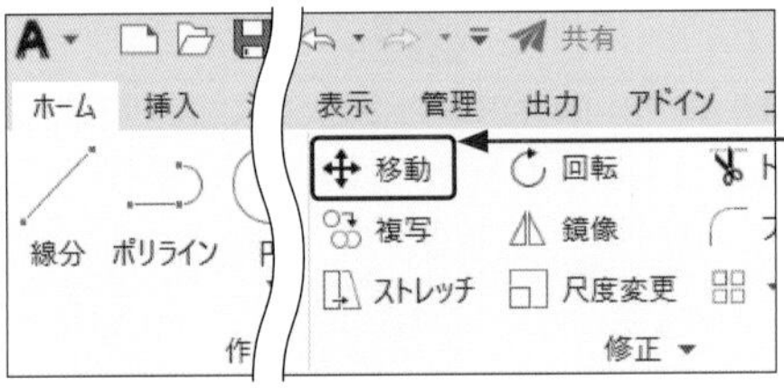

1 <ホーム>タブ→<修正>パネル→<移動>をクリックします。

2 移動する図形を選択して、

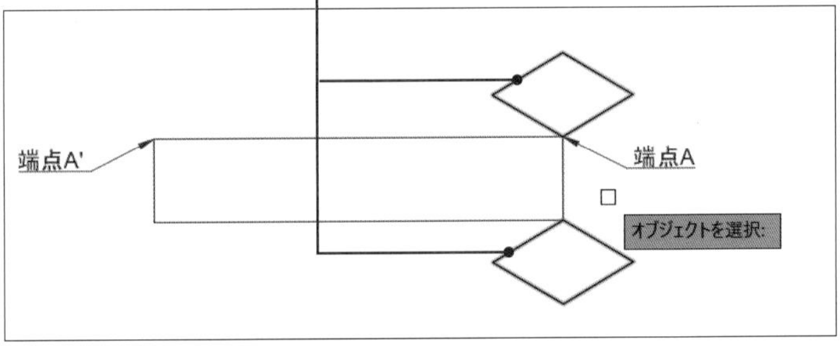

3 Enter キーを押して確定します。

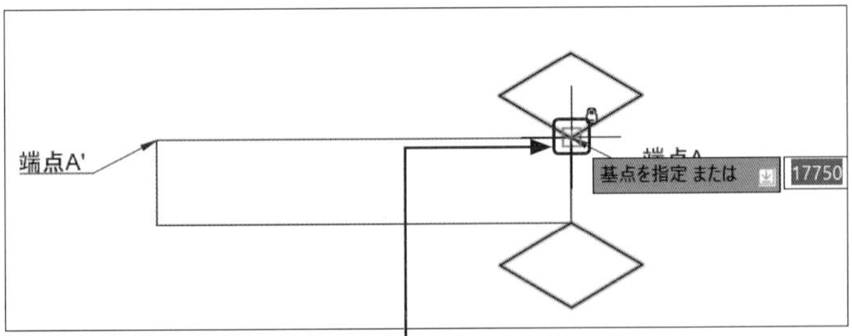

4 基点として端点Aをクリックします。

メモ 移動コマンドは1回限り

移動コマンドは目的点を指定すると自動的にコマンドが終了します。続けて使用する場合は、Enter キーを押して直前のコマンドを繰り返します。

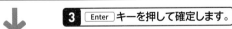

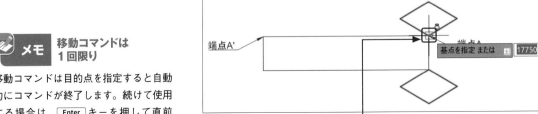

5 目的点（移動先）の端点A'をクリックします。

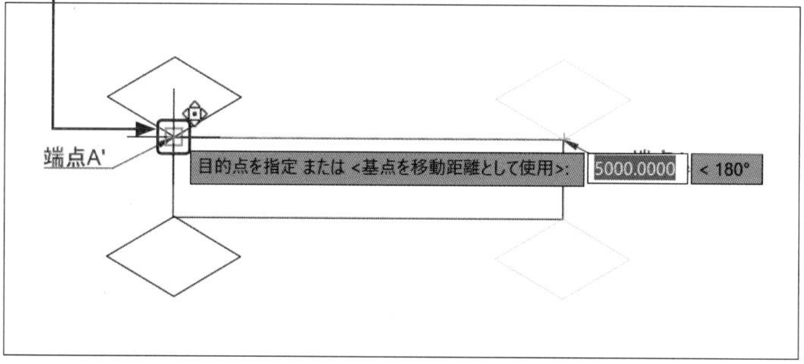

6 図形が指定された点に移動します。

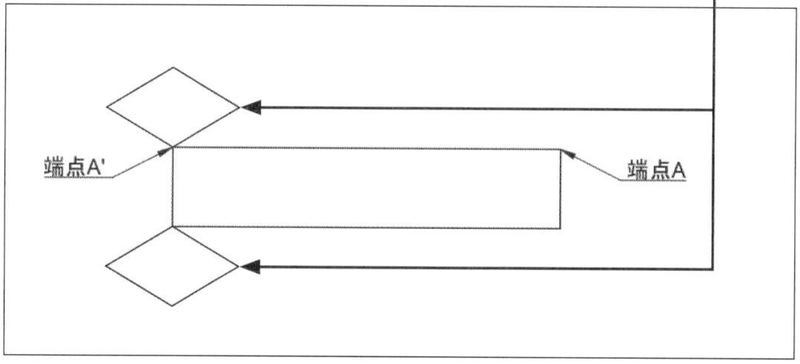

7 クイックアクセスツールバーの<元に戻す>をクリックして、編集前の状態に戻しておきます。

> **メモ　移動における基点の考え方について**
>
> 基点は必ずしも移動する図形上にある必要性はありません。重要なのは、方向（角度）と距離で、それさえ明確であれば、基本的に基点はどこでも設定できます。
>
> **中点を使用**
>
> 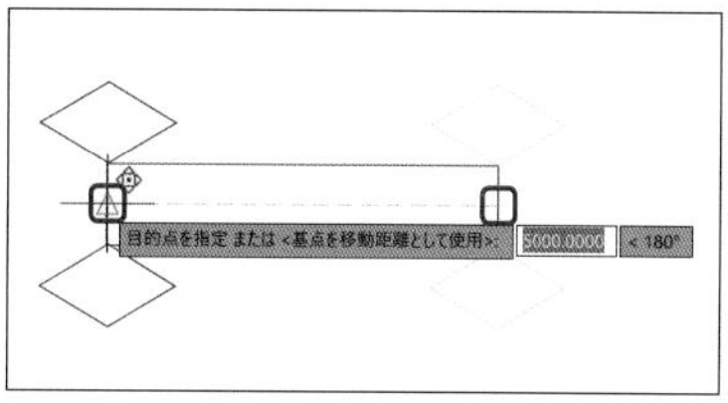
>
> **オブジェクトスナップトラッキングを使用**
>
> 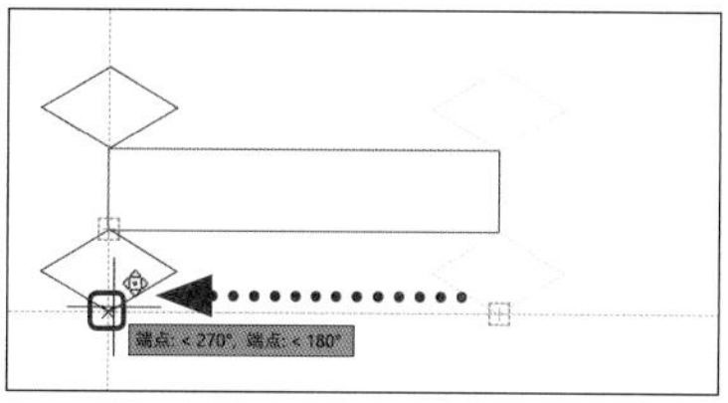

2 方向と距離を指定して移動する

1 <ホーム>タブ→<修正>パネル→<移動>をクリックします。

2 移動するブロック（複数の図形のかたまり）を選択し、

3 Enter キーを押して確定します。

4 基点として、画面上の任意の点をクリックします。

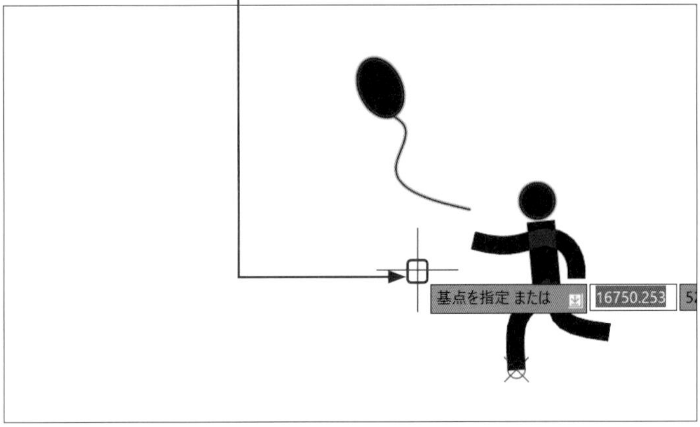

5 マウスカーソルを左に移動して、

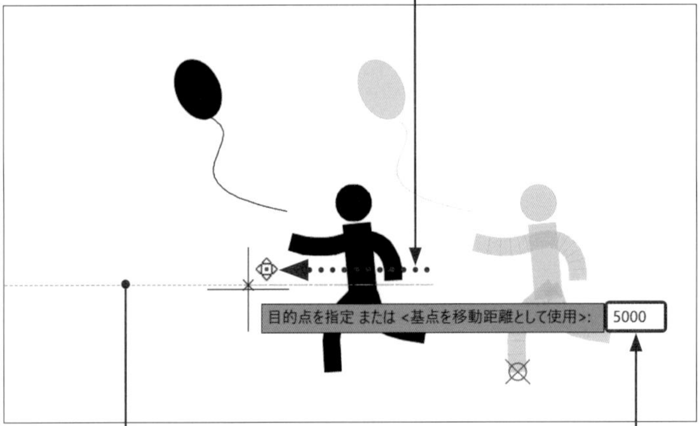

6 180°のトラッキング線が表示される状態にします。

7 移動させる距離（ここでは「5000」）を入力して、

8 Enter キーを押して確定します。

9 図形が指定された方向と距離で移動されます。

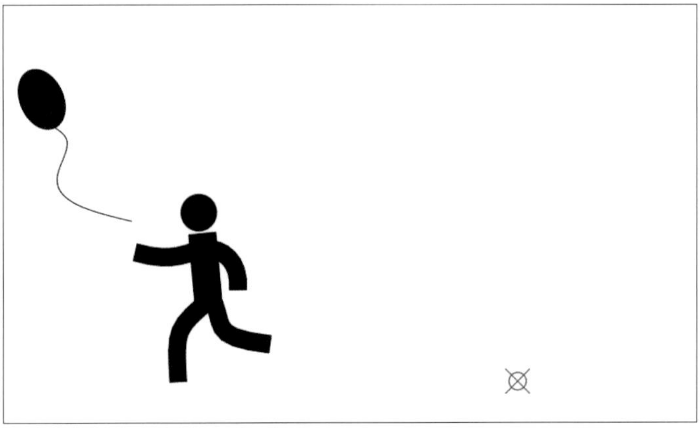

メモ 移動コマンドを使用せずに図形の位置を微調整する

移動コマンドを使用せずに、図形を移動したい場合は、図形を選択し、Ctrl キーを押しながらキーボードのカーソル（矢印）を押すと図形を移動することができます。

メモ 任意の基点について

今回のように、方向と距離を指定して移動する場合は、選択した図形と基点の位置関係が保たれるため、基点はどこに設定しても構いません。

メモ 極トラッキングはオンにする

正確な角度を設定するため、方向と距離を指定して移動する際は<極トラッキング>をオンにしておきましょう。

3 グリップを使って図形を移動する

1 図形を選択し、

2 基点となるグリップをクリックしたら、

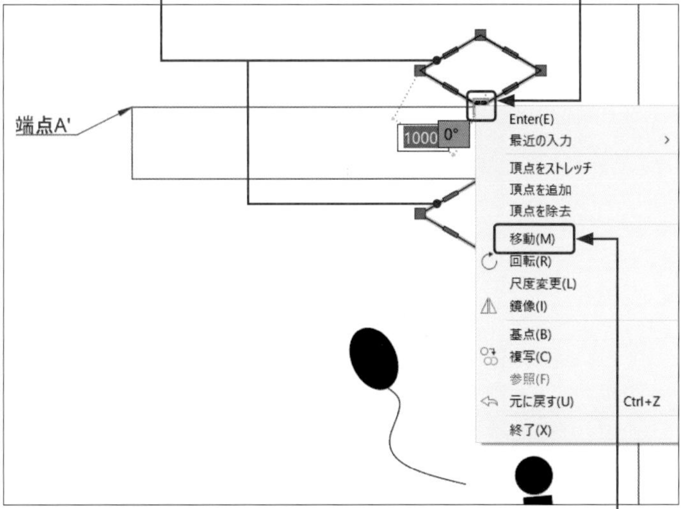

3 続けて右クリックし、

4 表示されるメニューで<移動>をクリックして選択します。

5 目的点をクリックします。

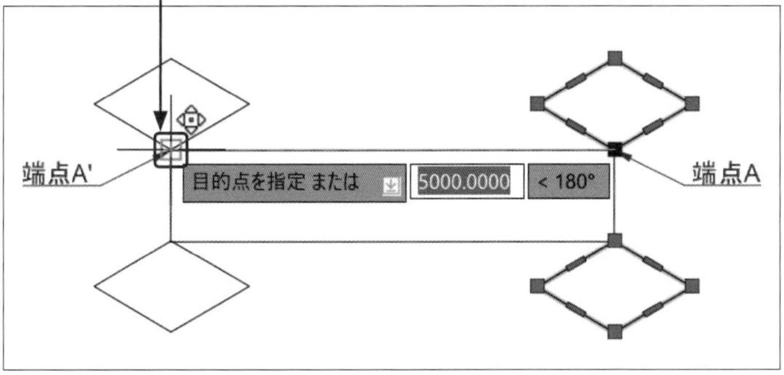

6 図形が目的点に移動します。

7 Esc キーを押して選択を解除します。

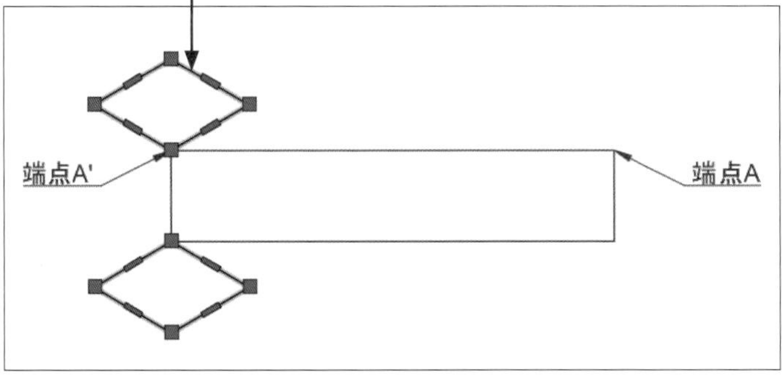

メモ グリップを使った移動

ここでは、移動コマンドを使用せずに、グリップ編集で移動する方法を解説しています。手順2のグリップ選択を行わず、右クリックして表示されるメニューから<移動>を選択しても、図形を移動させることができます。ただし、その場合は基点を設定する必要があります。

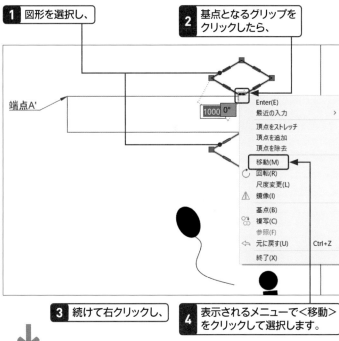

Section 28 図形を複写する

覚えておきたいキーワード
- 複写
- クリップボードコピー
- 相対座標

移動が「図形を切り取って、貼り付ける」機能であるのに対し、図形を残したまま貼り付けるのが「複写」コマンドです。したがって、基本的な操作は移動コマンドと同じです。ここでは、相対座標やクリップボードを使用した複写について解説します。

練習用ファイル	Sec28.dwg		
リボン	[ホーム] タブ - [修正] パネル - [移動]		
ショートカット	(図形選択後) [ショートカットメニュー] -「複写」または「クリップボード」-「コピー」		
コマンド	COPY	エイリアス	CO

1 点を指定して図形を複写する

メモ 図形の複写

ここでは、1つの四角形の左下角を基点として、複写を繰り返す方法を解説しています。

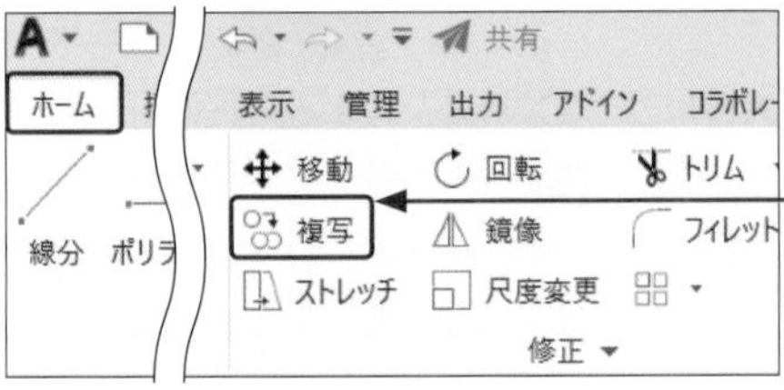

1 ＜ホーム＞タブ→＜修正＞パネル→＜複写＞をクリックします。

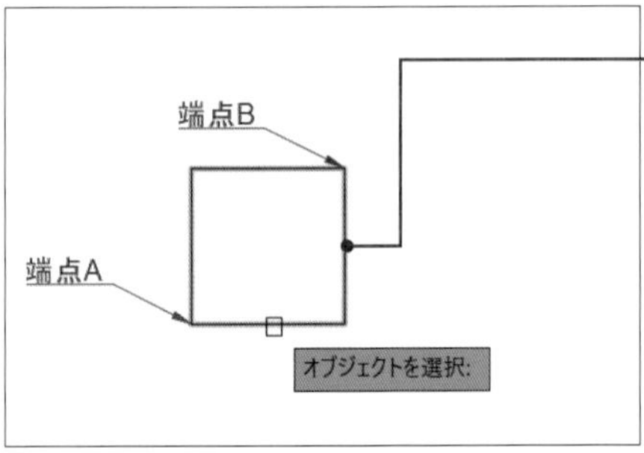

2 複写する図形を選択して、

3 Enter キーを押して確定します。

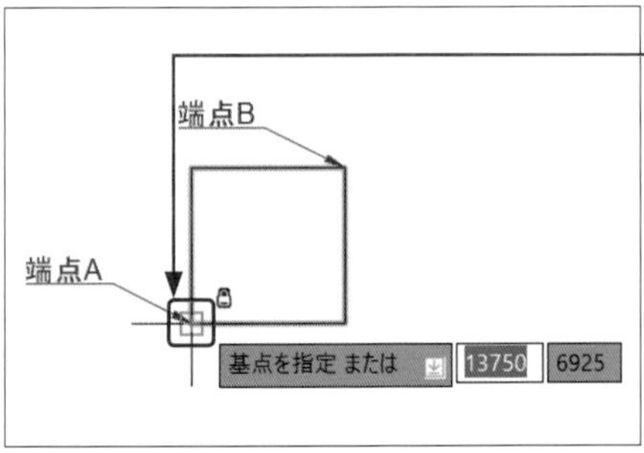

4 基点として、端点Aをクリックします。

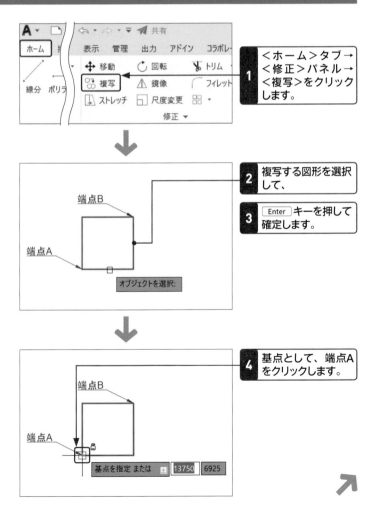

5 貼り付け先として、端点Bをクリックします。

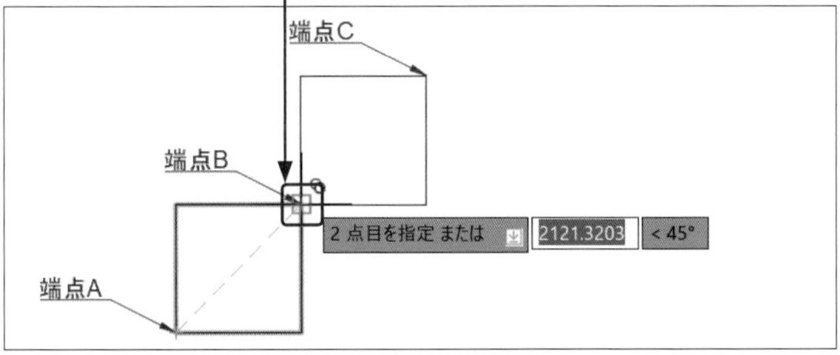

6 続けて、端点Cもクリックして貼り付けます。

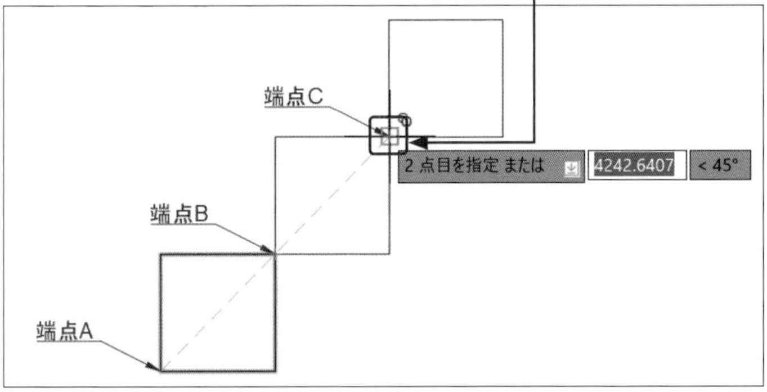

7 Enter キーを押して、コマンドを終了します。

メモ 基点の考え方について

移動や複写で基点を指定（手順**4**）する際は、移動先の目的点や貼り付け先の点の位置をまず考えます。ここでは、貼り付け先の点は選択している図形の左下の点となるので、そこが基点となります。基点が異なると、同じ位置に貼り付けても位置が異なってしまうので、十分に注意しましょう。

ステップアップ グリップを使った複写

複写コマンドを使用せずにグリップ編集で複写することもできます。

1 図形を選択し、

2 基点となるグリップをクリックしたら、

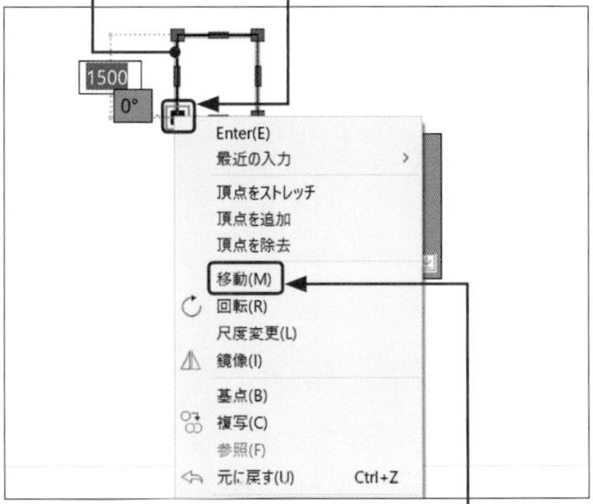

3 続けて右クリックし、

4 表示されるメニューから<移動>をクリックして選択します。

5 再び右クリックし、

6 表示されるメニューから<複写>をクリックして選択し、

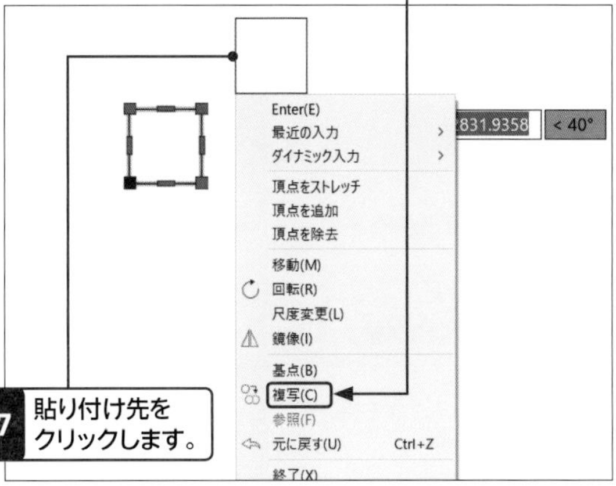

7 貼り付け先をクリックします。

8 図形が複写されます。

9 Esc キーを2回押して終了します。

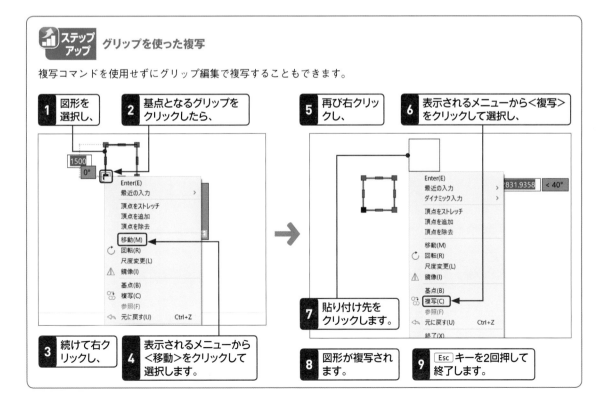

2 相対位置を指定して貼り付ける

メモ 極トラッキングを使った複写も可能

P.98のSec.27の移動で使用した極トラッキングを利用して、方向と距離を指定した複写も可能です。

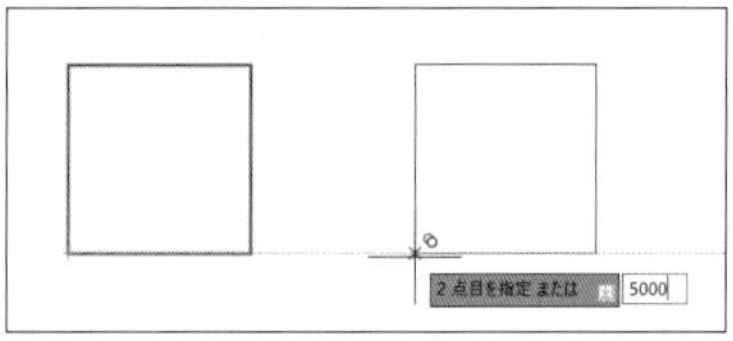

ここでは、前の手順の続きで説明しています。

1 Enter キーを押して直前のコマンド（複写）を繰り返します。

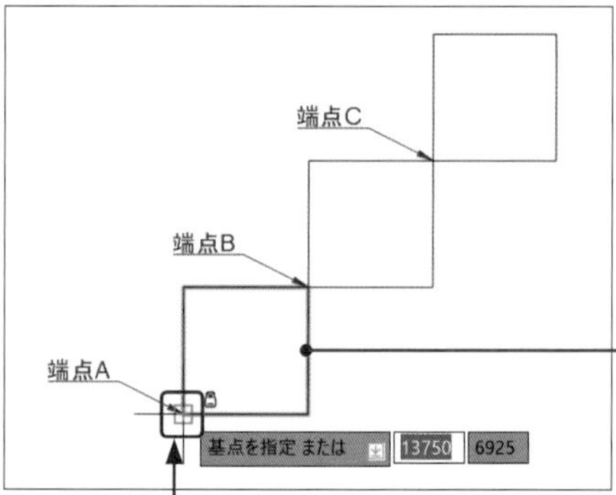

2 複写する図形を選択して、

3 Enter キーを押して確定します。

4 基点として端点Aをクリックします。

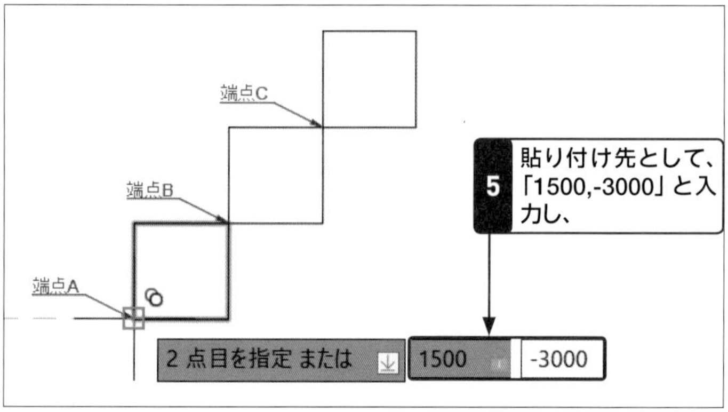

5 貼り付け先として、「1500,-3000」と入力し、

6 Enter キーを押して確定します。

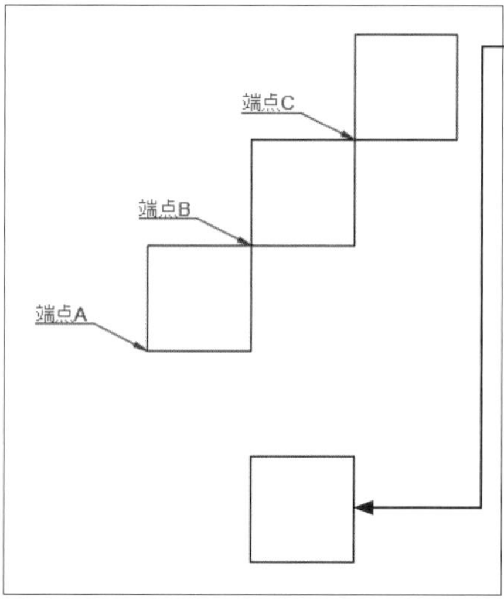

7 図形が複写されました。

8 再度 Enter キーを押して、コマンドを終了します。

メモ 相対座標での設定

手順**5**では、直近で指定した点（原点）を基準に水平方向をX軸、垂直方向をY軸とし、原点を（0,0）と見なして位置を指定しています。これを相対座標といいます。XとYの間に入る「カンマ」は必ず半角で入力します。全角で入力される「、（読点）」では指定できないので注意しましょう。

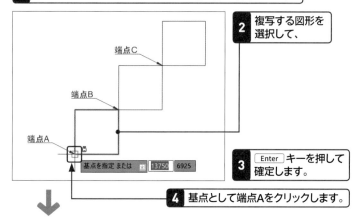

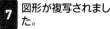

ステップアップ　別の図面に複写する

図形データは、別の図面に複写することもできます。たとえば、Sec28.dwgの正方形の図形を、新規図面（Drawing1.dwg）にコピーする方法は次のとおりです。

まず、図形を選択し、右クリックして表示されるメニューで＜クリップボード＞→＜コピー＞をクリックして複写します。貼り付けたい図面を開き、右クリックして表示されるメニューで＜クリップボード＞→＜貼り付け＞をクリックして、任意の場所をクリックすると複写されます。複写後、図形がうまく表示されない場合は、マウスホイールをダブルクリックすると図形全体が表示されます。

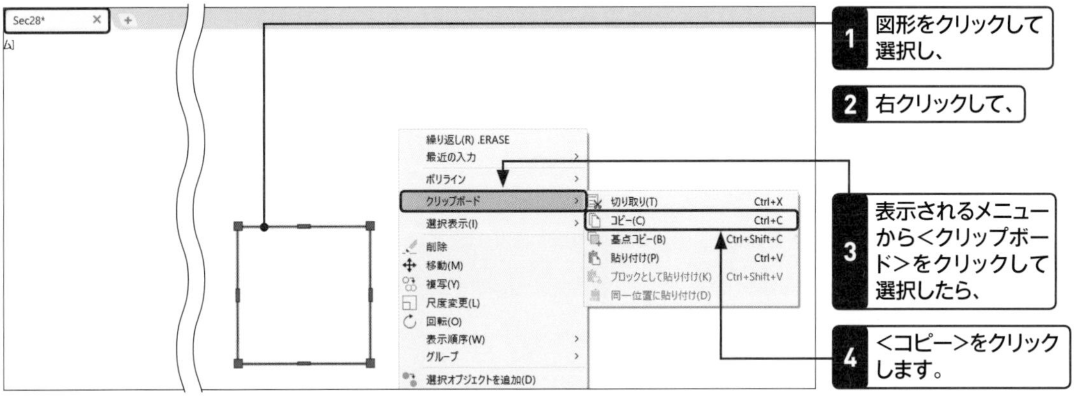

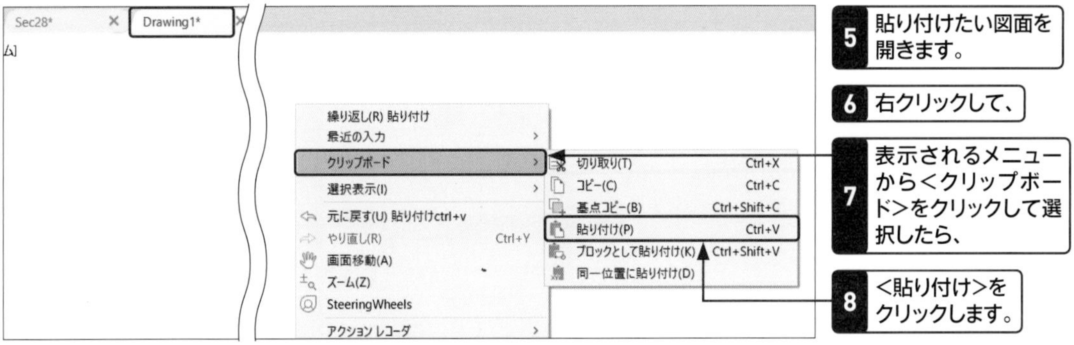

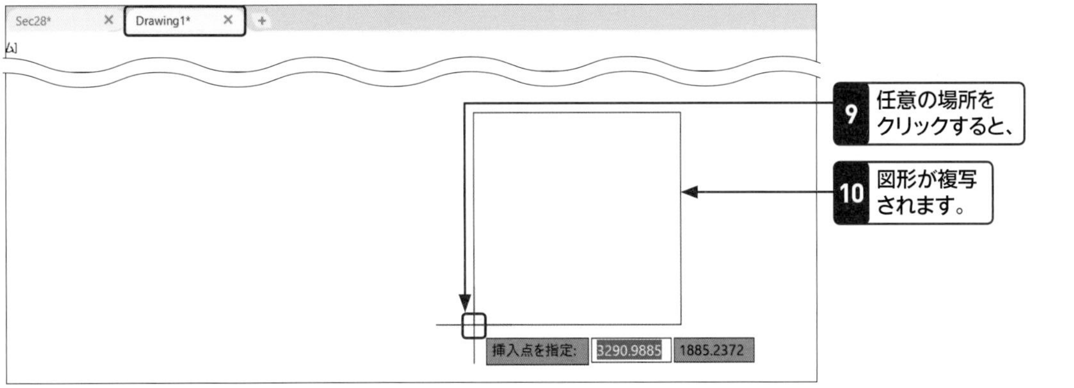

Section 29

図形を平行に複写する

覚えておきたいキーワード
- ☑ オフセット
- ☑ 通過点
- ☑ 画層オプション

ここでは、図形を平行に複写する「オフセット」について解説します。オフセットは、図形を指定した間隔でかんたんに複写したり、ポリラインや円での延長トリムや拡大／縮小などの処理を自動的に行ってくれたりする機能です。図形の種類によって複写結果が異なるのがポイントになります。

練習用ファイル	Sec29.dwg		
リボン	[ホーム] タブ - [修正] パネル - [オフセット]		
ショートカット	—		
コマンド	OFFSET	エイリアス	O

1 ポリラインを平行に複写する

メモ　図形によるオフセットの違いについて

オフセットは図形を平行の位置に複写するコマンドです。線分をオフセットすると平行複写され、円および円弧をオフセットすると半径が変更されます。そして、ポリラインをオフセットすると自動的にコーナーがトリムまたは延長されます。図形の種類によって複写結果に特徴があるので、覚えておきましょう。

線分

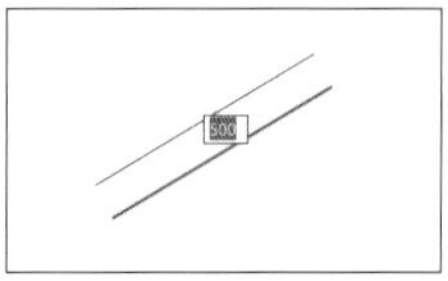

円

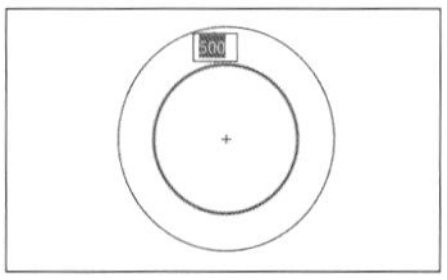

ポリライン

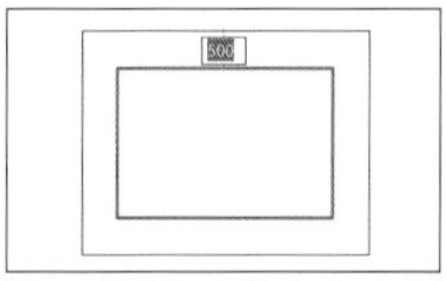

1 <ホーム>タブ→<修正>パネル→<オフセット>をクリックします。

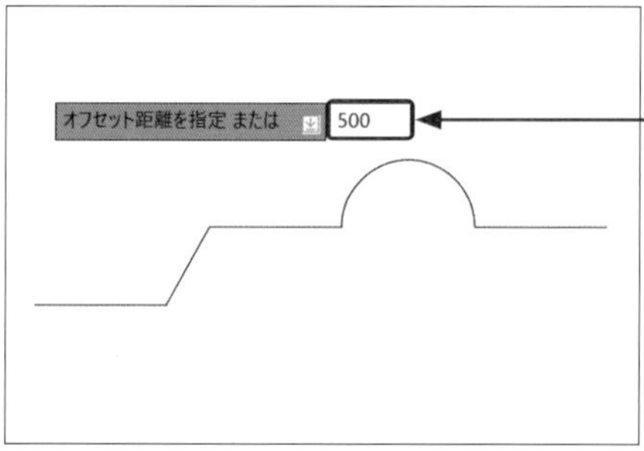

2 オフセット（平行）距離（ここでは、「500」）を入力し、

3 Enter キーを押して確定します。

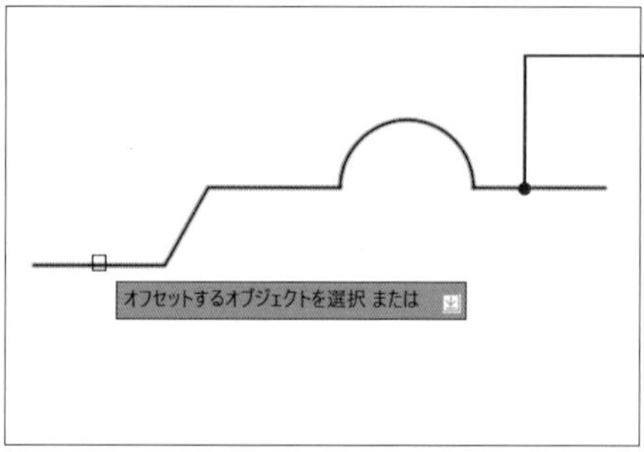

4 オフセットする図形をクリックします。

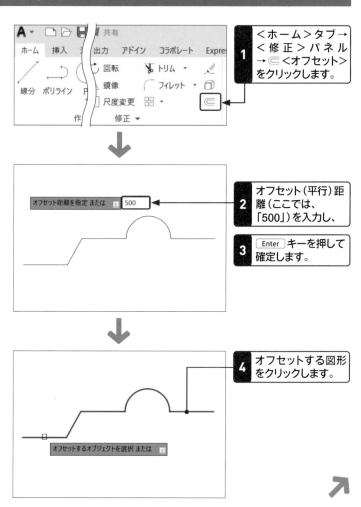

5 マウスカーソルを選択した図形の上側に移動すると、

6 プレビューが表示されるので確認し、

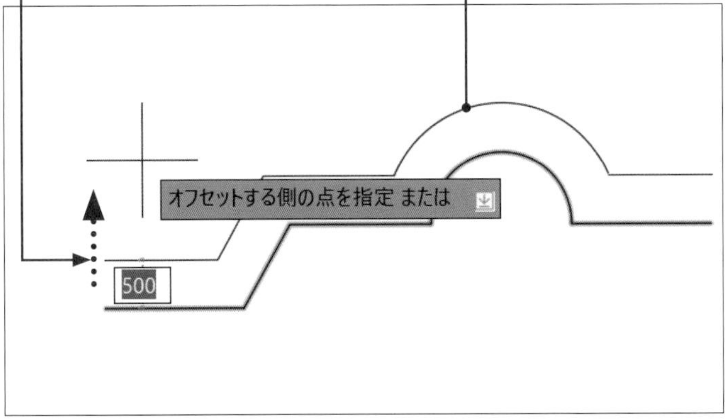

7 クリックして確定します。

8 続いて作成した図形をクリックして選択し、

9 マウスカーソルを上側に移動します。

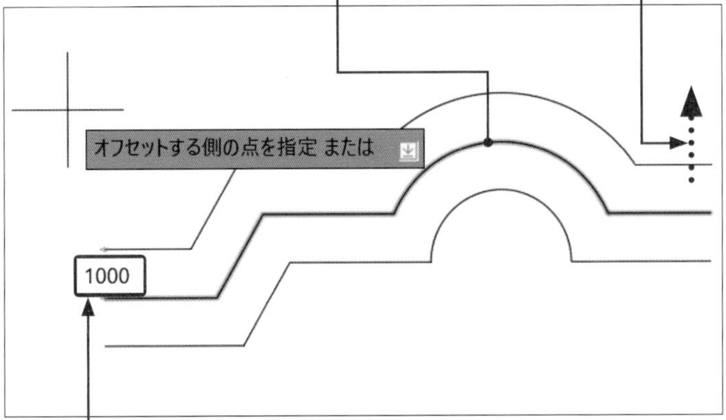

10 複写したい距離（ここでは、「1000」）と入力し、

11 Enter キーを押して確定します。

12 Enter キーを押してコマンドを終了します。

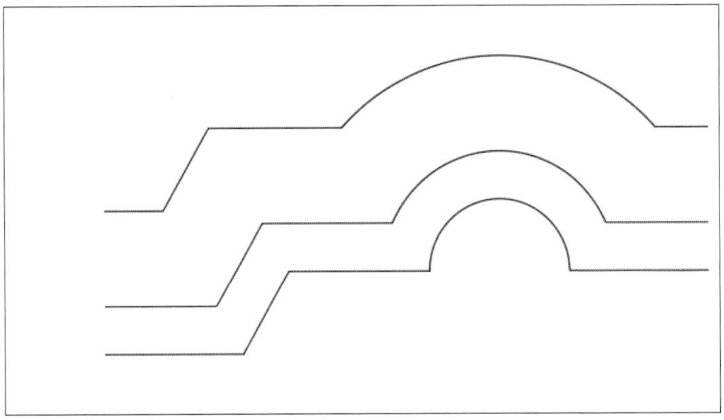

メモ 通過点オプションについて

前ページの手順**2**で、オフセット距離を入力せずにコマンドラインの＜通過点＞のオプションをクリックすると、オフセット後（オフセットする図形を指定後）の位置を、マウスカーソルをクリックすることで決めることができます。

メモ ダイナミック入力について

間隔が異なる図形を平行に複写したい場合、通常はオフセットコマンドをいったん終了してから、あらためてコマンドに入り直し、オフセット距離を指定する必要があります（前ページの手順**2**参照）。しかし、ダイナミック入力を使用することで、オフセット距離以外の数値を一時的に入力することができます。

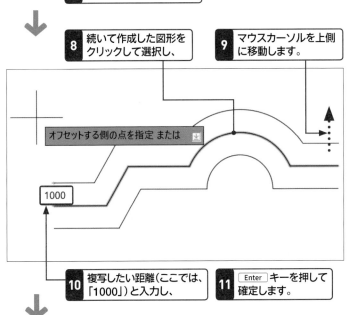

2 長方形をオフセットする

メモ 前回値の使用について

一部のコマンドでは数値を入力する際に、前回使用した数値が表示されることがあります。そのまま Enter キーを押すと、前回と同じ数値を使用できます。

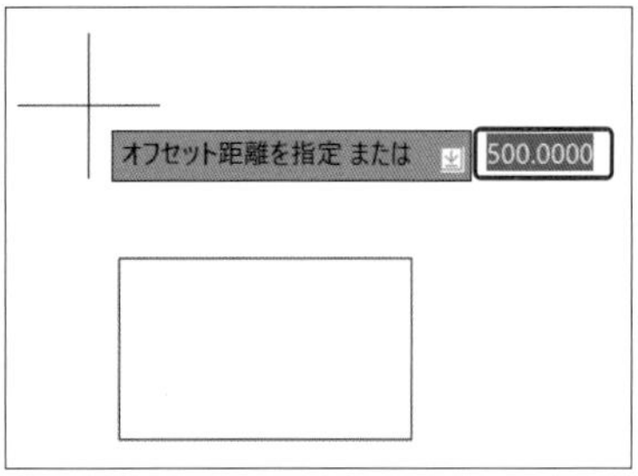

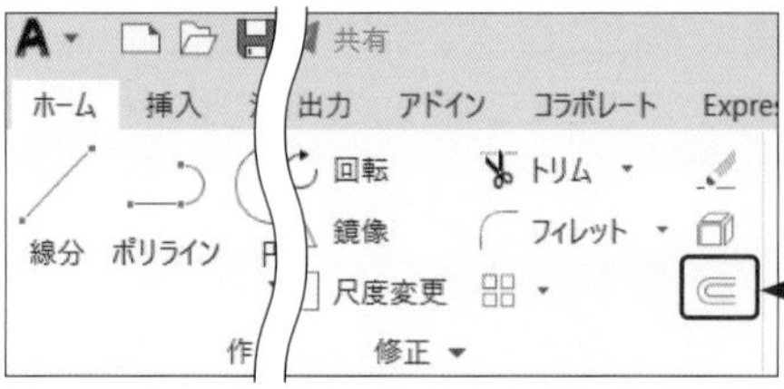

1 ＜ホーム＞タブ→＜修正＞パネル→<オフセット>をクリックします。

2 オフセット（平行）距離（ここでは、「500」）を入力し、

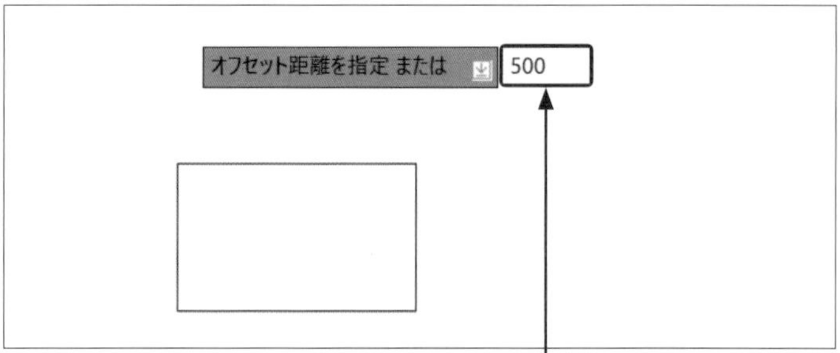

3 Enter キーを押して確定します。

4 オフセットする図形（ここでは、左側のポリラインの長方形）をクリックして選択します。

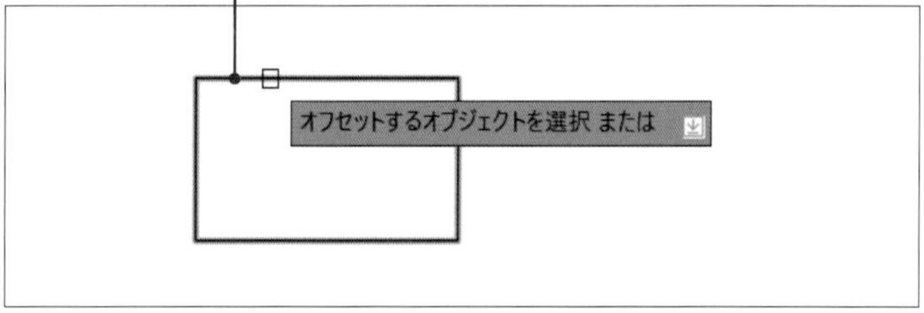

5 マウスカーソルを選択した長方形の外側に移動します。

6 プレビューが表示されるので確認し、

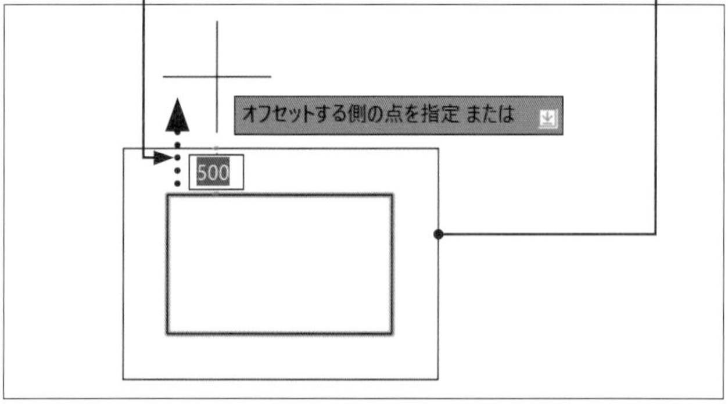

7 クリックして確定します。

メモ 線分をポリラインに変換したい場合

バラバラの線分を結合して、ポリラインとして編集したい場合はP.90のSec.24「図形を分解／結合する」を参照してください。

8 続いて、右側の線分で構成されている長方形の一辺（ここでは、上の線分）をクリックして選択します。

9 マウスカーソルを選択した線分の外側（上側）に移動します。

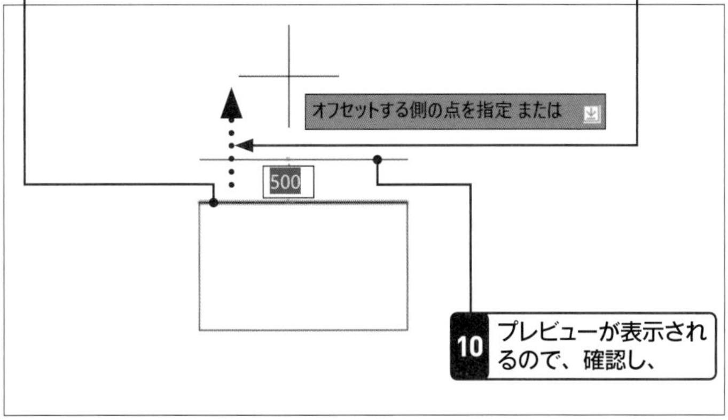

10 プレビューが表示されるので、確認し、

11 クリックして確定します。

12 同様に、ほかの三辺もすべて外側にオフセットし、

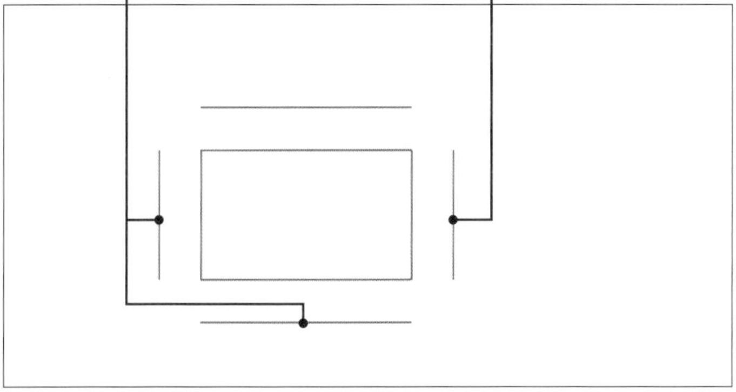

13 Enter キーを押してコマンドを終了します。

メモ ポリラインと線分の違いについて

ポリラインはオフセットするとコーナーが自動的に延長されます。しかし、線分の長さは変更されず、そのまま平行複写されます。

メモ 間違えた場合は

途中で間違えた場合は、コマンドラインより［元に戻す（U）］をクリックします。クイックアクセスツールバーの［元に戻す（UNDO）］を実行するとすべて元に戻されるので注意が必要です。

メモ オフセットされた図形のプロパティについて

オフセットで作成された図形は、オフセット元の図形と同じ色、線種、画層になります。現在の書き込み画層に作成したい場合は、距離を指定する際に、コマンドラインの＜画層（L）＞オプションで＜現在の画層＞に設定します。画層とプロパティの関係はP.172のSec.46で解説します。

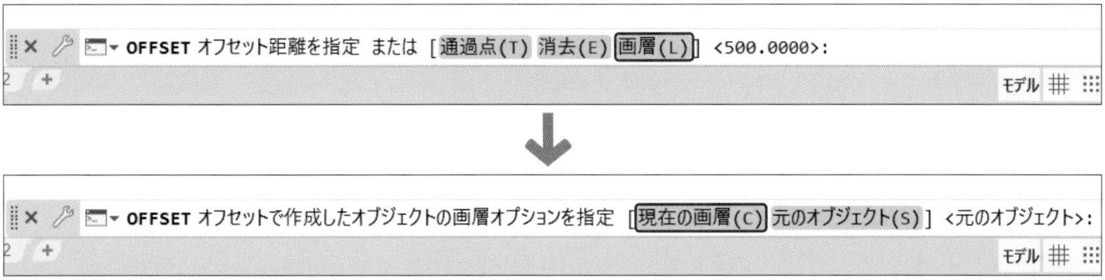

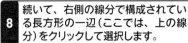

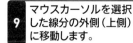

Section 30 図形を反転して移動／複写する（鏡像）

覚えておきたいキーワード
- ☑ 鏡像
- ☑ 反転複写
- ☑ 反転移動

ここでは、図形を反転（複写・移動）する「鏡像（ミラー）」について解説します。通常の移動や複写と違い、図形を鏡に映したように反転することができるので、とくに左右（上下）対称（シンメトリー）の図形を作図するときに大変便利なコマンドです。

練習用ファイル	Sec30.dwg		
リボン	［ホーム］タブ-［修正］パネル-［鏡像］		
コマンド	MIRROR	エイリアス	MI

1 図形を反転複写する

メモ 鏡像コマンドで作業時間を半分に

左右（上下）対称（シンメトリー）の図形であれば、半分作図してから鏡像コマンドで反転すれば、作業時間を大幅に短縮することができます。

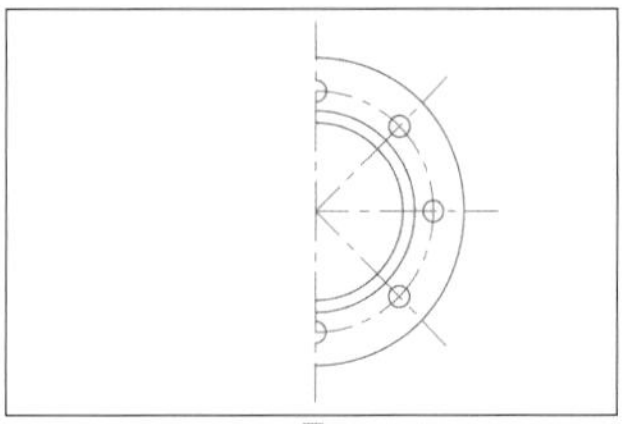

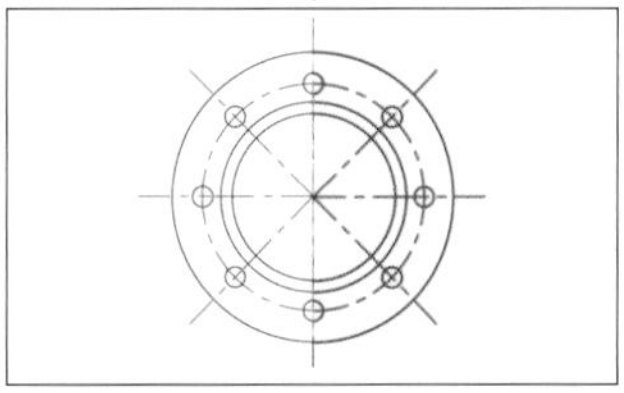

メモ 対称軸について

鏡像コマンドの対称軸は、右ページのように任意の2点を結んだ仮想の軸線によって行われます。そのため、実際に対称軸の図形がなくても反転することができます。また、軸の長さも反転結果には一切影響しません。

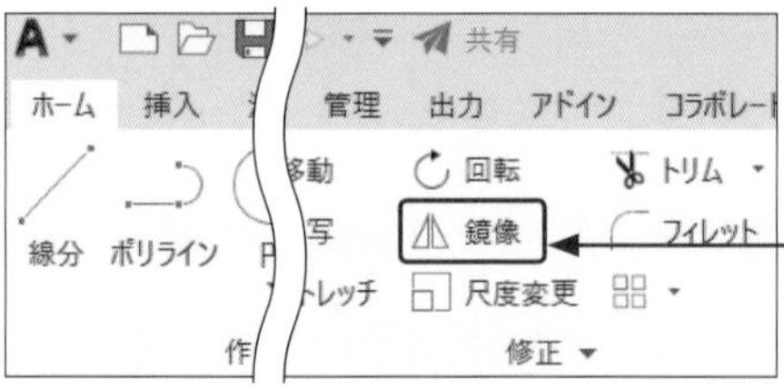

1 ＜ホーム＞タブ→＜修正＞パネル→＜鏡像＞をクリックします。

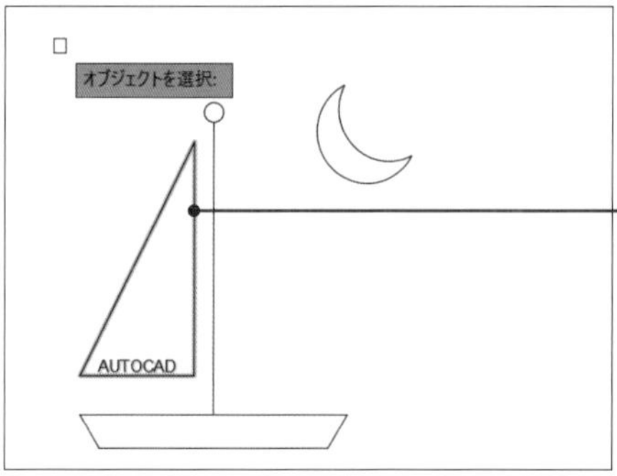

2 反転複写する図形（ここでは、三角形のポリラインと文字）を選択します。

3 Enter キーを押して確定します。

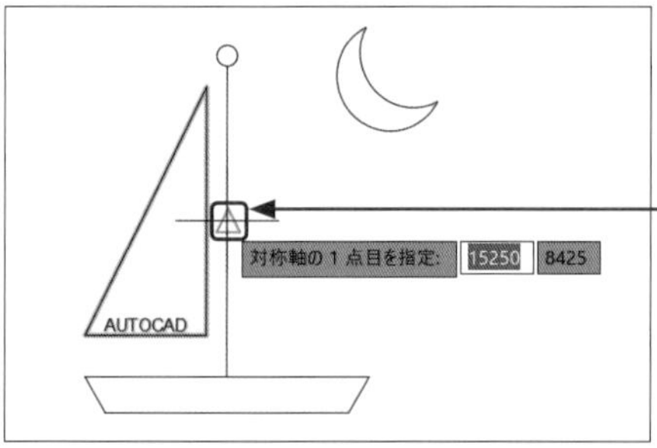

4 対称軸の1点目として、線分の中点をクリックします。

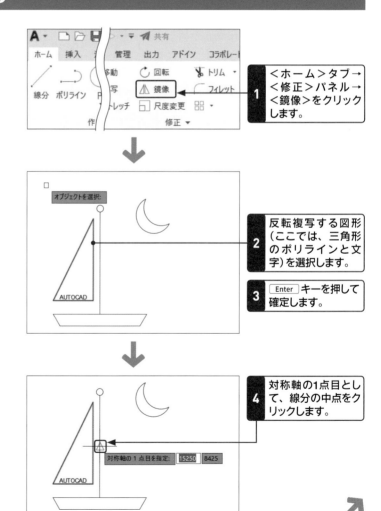

5 マウスカーソルを下（90°方向）に移動し、

6 対称軸の2点目として、線分の端点をクリックします。

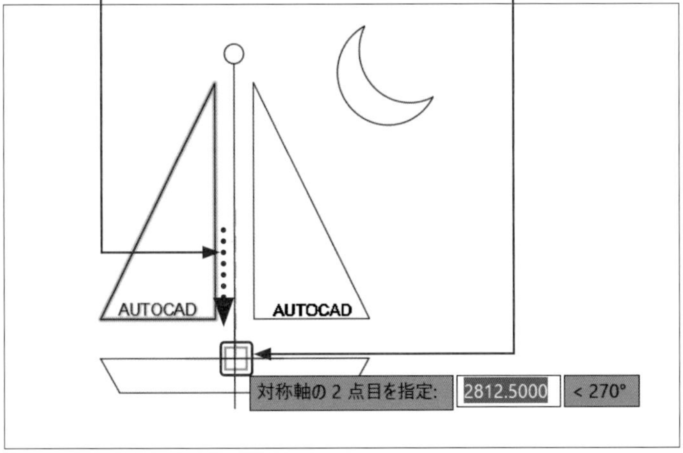

7 「元のオブジェクトを消去しますか?」と表示されるので、＜いいえ（N）＞をクリックします（または、Enter キーを押して既定値（いいえ）を実行します）。

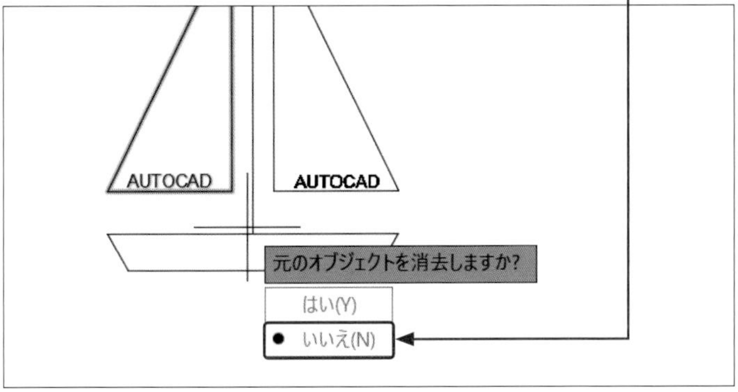

8 ポリラインと文字が反転複写されます（右の「ヒント」参照）。

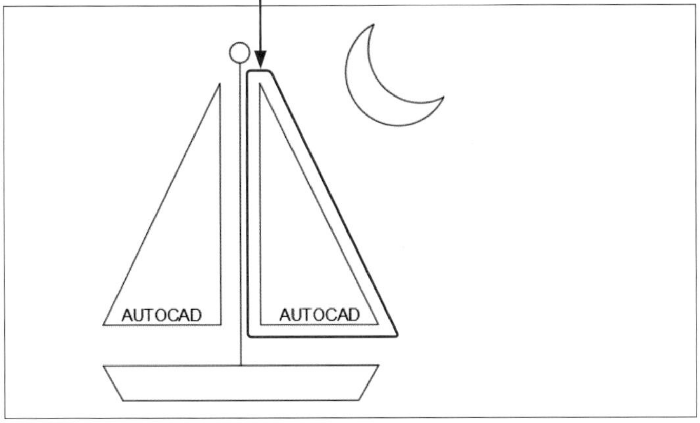

ヒント　文字の反転について

文字を鏡像コマンドで反転しても、文字の基点は反転されますが、鏡文字にはなっていません。文字も反転したい場合は、手順**1**の前に、「MIRRTEXT」と入力し、システム関数を「1」に設定して、Enter キーを押します。その後、作図を終えたらシステム関数を「0」に戻しておきます。

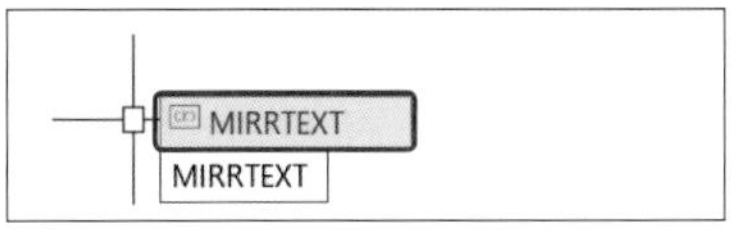

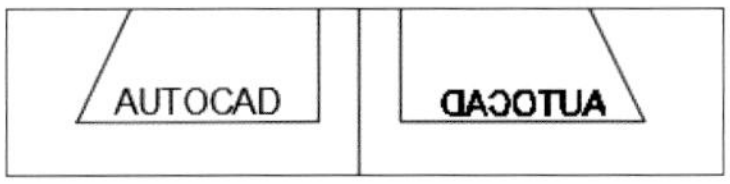

ステップアップ　反転移動について

「元のオブジェクトを消去しますか」に対して、＜はい（Y）＞を選択すると、元の図形が削除されて、図形を反転移動させることができます。

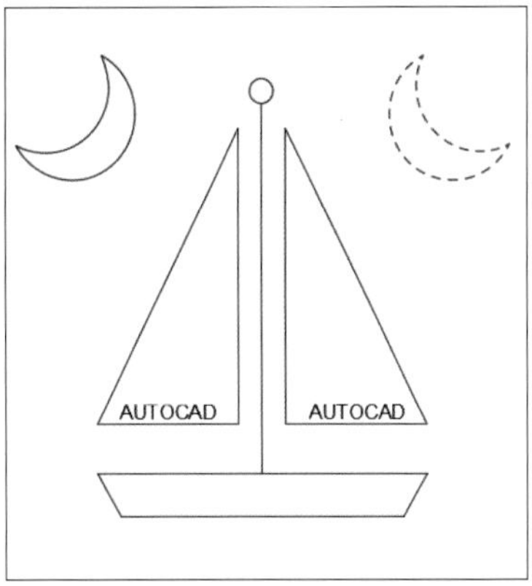

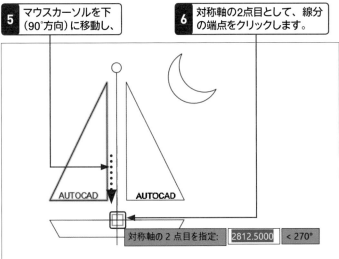

Section 31 図形を回転（移動／コピー）する

覚えておきたいキーワード
☑ 回転
☑ 参照
☑ 極トラッキング

ここでは、「回転」コマンドについて解説します。AutoCADの角度は反時計回りをプラスとして考えます。ここでは、極トラッキングを使用してマウスのクリック操作で角度を指定する方法、相対角度を入力する方法、図形上の角度を参照して回転する方法などについて学習します。

練習用ファイル	Sec31.dwg		
リボン	[ホーム] タブ - [修正] パネル - [鏡像]		
ショートカット	(図形選択後) [ショートカットメニュー] -「回転」		
コマンド	ROTATE	エイリアス	RO

1 短針を回転する

メモ 回転の基点について

図形は、設定した「基点」を中心に回転します。また、基点は図形と接していなくても問題ありません。

1 <ホーム>タブ→<修正>パネル→<回転>をクリックします。

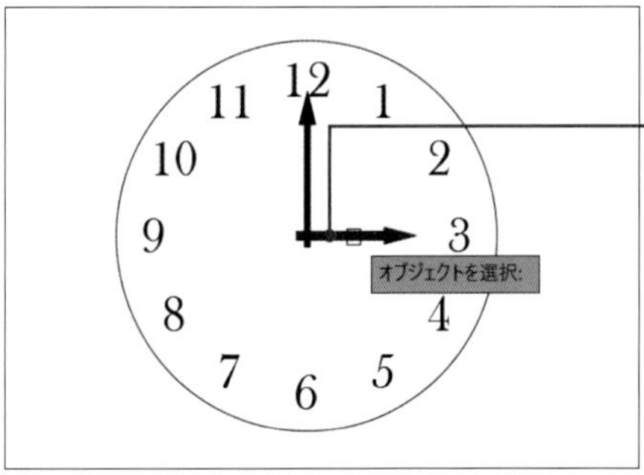

2 回転する図形（ここでは「短針」）を選択します。

3 Enter キーを押して確定します。

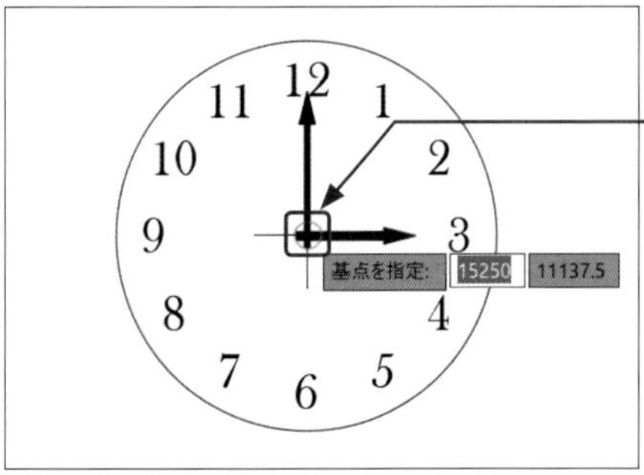

4 回転の基点として、円の中心（短針と長針の交点）をクリックします。

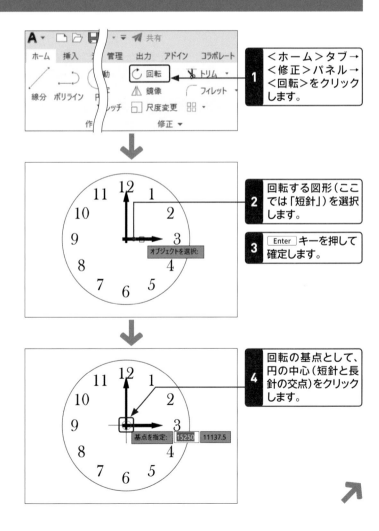

5 ステータスバーの<極トラッキング>を にし、

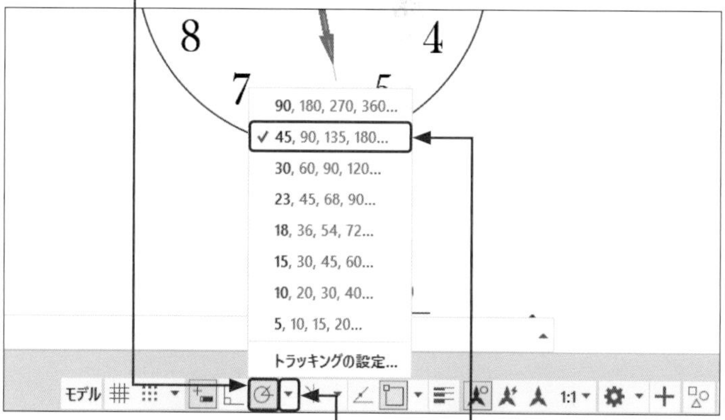

6 <極トラッキング>の右横の ▼ をクリックして、

7 表示されるメニューで<45,90,135,180… >にチェックを入れます。

8 45°の方向にマウスカーソルを移動し、

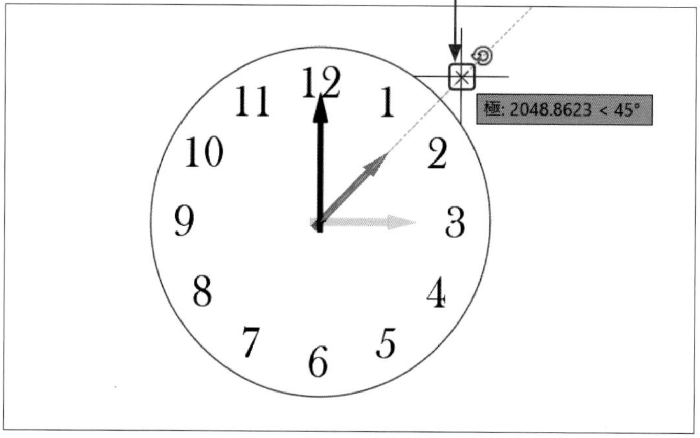

9 クリックして確定します。

10 短針が回転しました。

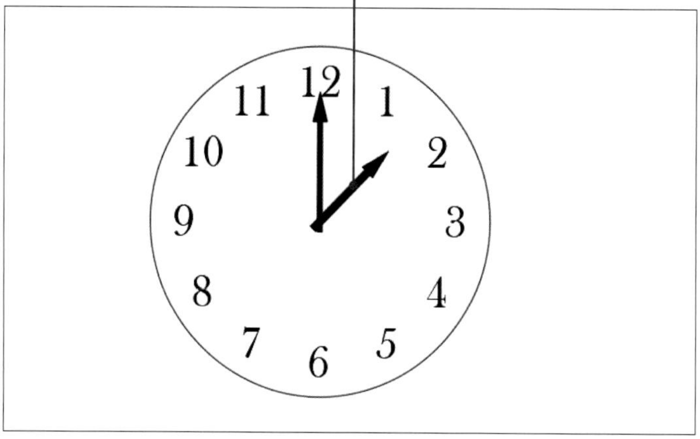

メモ 極トラッキングを設定する

手順**7**では45°回転させたいので、45°を含む<45,90,135,180…>にチェックを入れていますが、そのほかの<15,30,45,60…><23（22.5）,45,68,90…>のいずれかにチェックを入れてもOKです。

メモ 直接角度を指定する場合

極トラッキングを使用せずに、数値で角度を指定する場合は、半角で「45」と入力し、Enter キーを押して確定します。

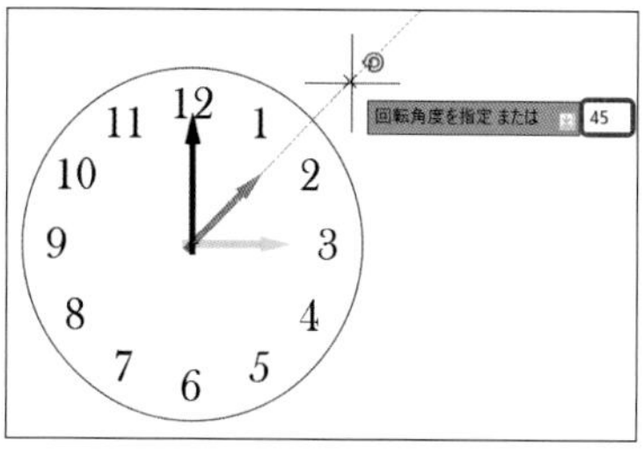

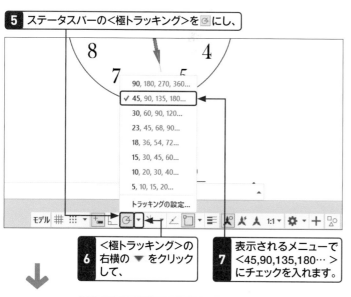

2 長針を回転する

メモ 角度の考え方について

回転角度を指定する際、反時計回りをプラス、時計回りをマイナスと考えます。元の図形の角度を0°と見なして、元の図形との相対角度を指定します。角度が不明な場合は、＜参照＞オプション（次ページ参照）を使用します。

メモ 極トラッキングを使用する場合

数値を入力せずに＜極トラッキング＞を使用する場合は、マウスカーソルを9時（180°）の方向に移動して、クリックします。

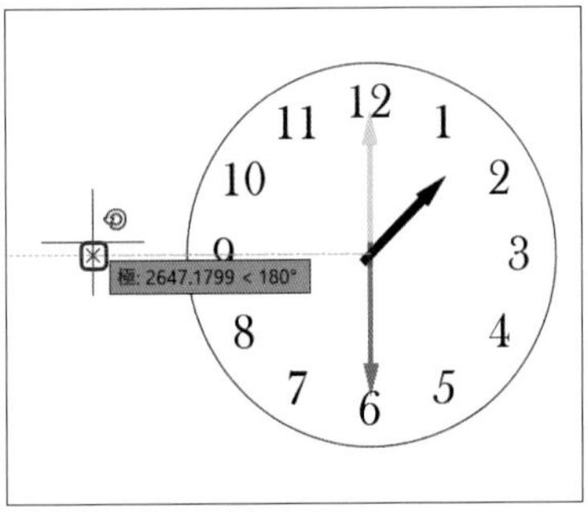

ここでは、前の手順の続きで説明しています。

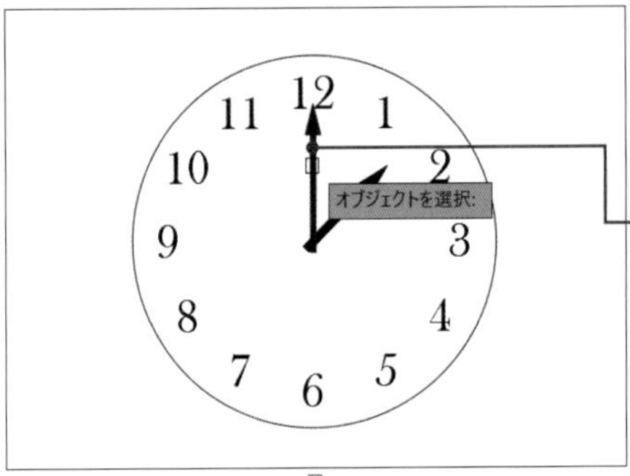

1 Enter キーを押して直前のコマンド（回転）を繰り返します。

2 回転する図形（長針）を選択します。

3 Enter キーを押して確定します。

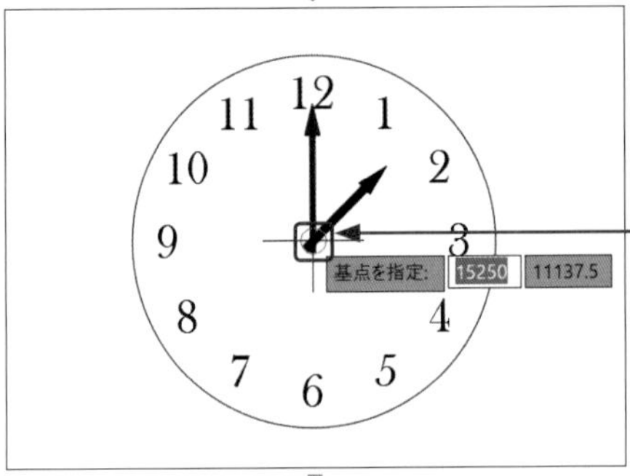

4 回転の基点として、円の中心（短針と長針の交点）をクリックします。

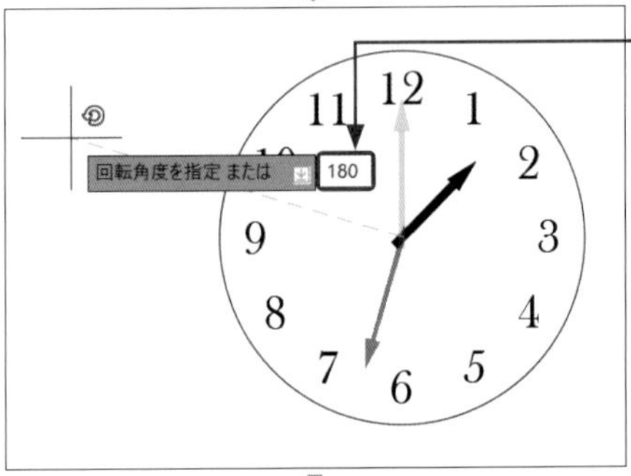

5 回転する角度（ここでは「180」）を入力し、

6 Enter キーを押して確定します。

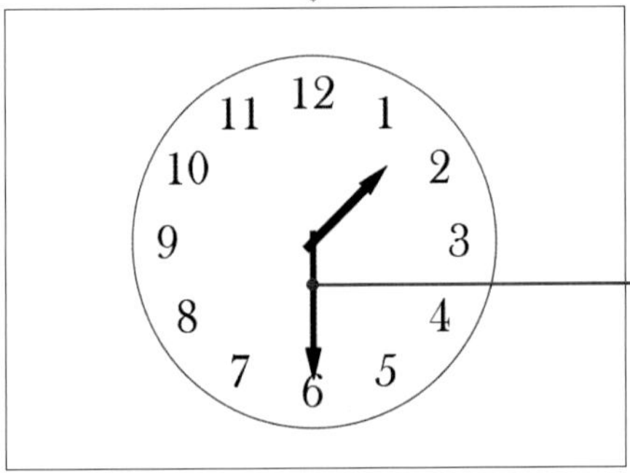

7 長針が回転しました。

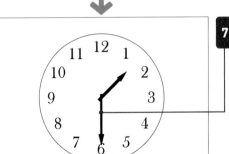

3 回転角度のわからない図形を回転する

ここでは、前の手順の続きで説明しています。

1 Enter キーを押して直前のコマンド（回転）を繰り返します。

2 回転する図形を選択します。

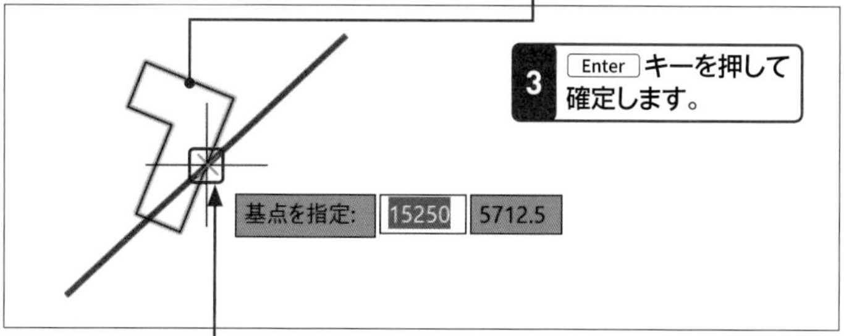

3 Enter キーを押して確定します。

4 回転の基点として、図形と線分の交点をクリックします。

5 コマンドラインの＜参照＞をクリックします。

6 1点目として、参照する角度の交点をクリックし、

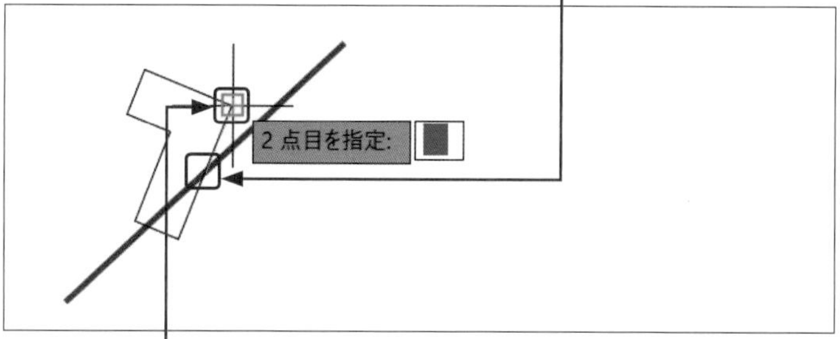

7 2点目として、図形の端点をクリックします。

8 新しい角度として、赤い線分の端点をクリックします。

9 指定した図形に沿って、回転します。

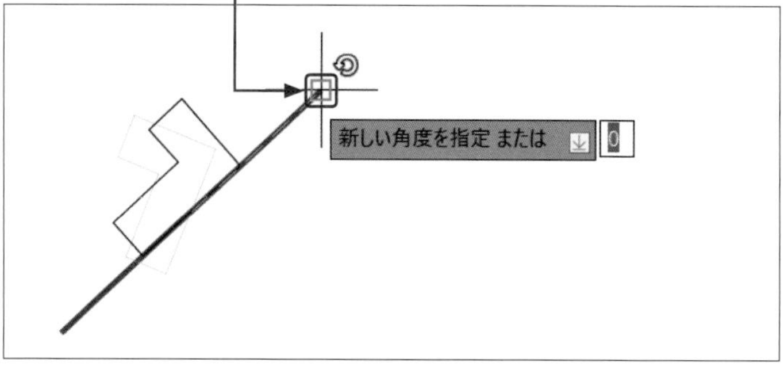

メモ 回転時の基点の考え方

回転時の基点を設定する場合、図形上で移動しない点を基準に設定します。基点が異なると、回転の結果も異なるため、注意が必要です。

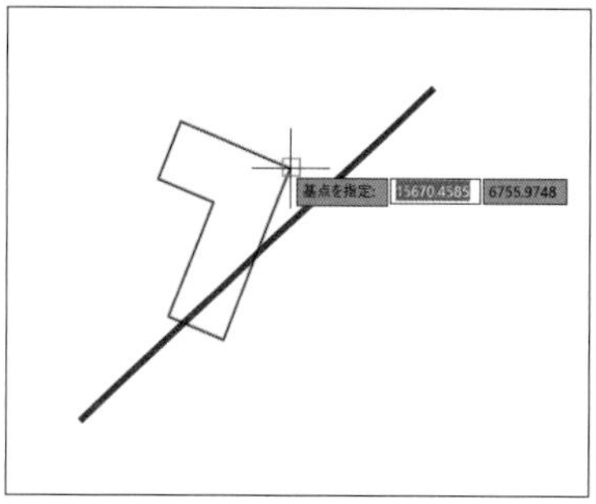

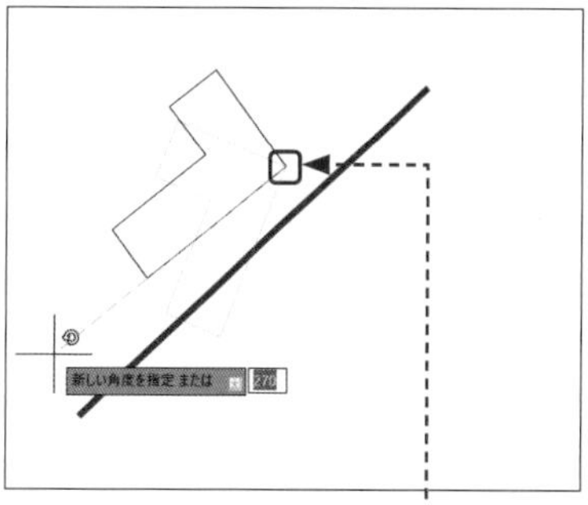

この基点は移動しない

メモ 回転複写する場合

＜回転＞コマンドを使用する際、元の図形も残したい場合は、角度を指定するときにコマンドラインの＜コピー＞を選択してから回転角度を指定します。

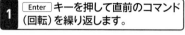

Section 32

図形をまとめて移動／伸縮する

覚えておきたいキーワード
- ストレッチ
- 移動
- 延長

Sec.25ではグリップを使用して図形を伸縮させる方法について学習しました。ここでは複数の図形をまとめて移動／伸縮できる「ストレッチ」コマンドについて学習します。「移動」と「延長」を合わせたような機能で、選択範囲を工夫することでさまざまな場面で活用することができます。

練習用ファイル	Sec32.jww		
リボン	[ホーム]タブ-[修正]パネル-[トリム]		
コマンド	STRETCH(ストレッチ)	エイリアス	S(ストレッチ)

1 図形を移動／伸縮する①

メモ ストレッチは交差選択

ストレッチでは範囲選択する場合、通常交差選択を利用します。窓選択でも選択はできますが、移動のみとなり、手順10のような図形の伸縮は行われません。

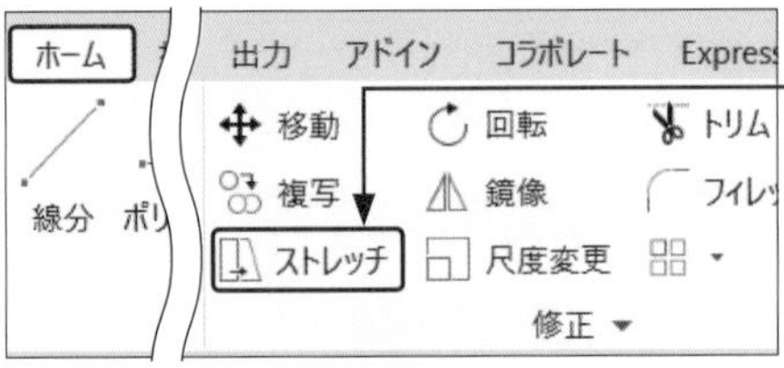

1 <ホーム>タブ→<修正> パネル→<ストレッチ>をクリックします。

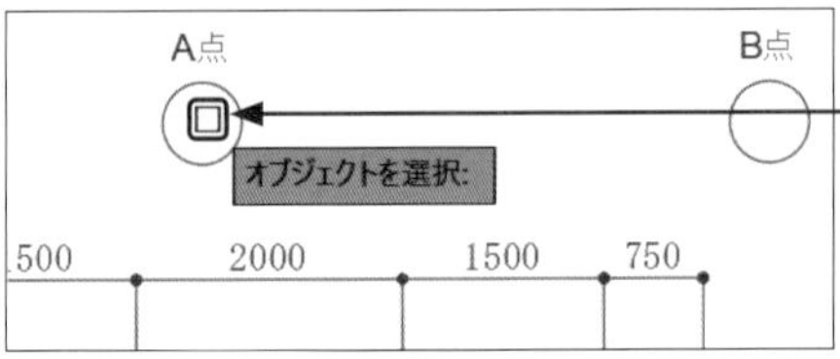

2 A点の円の内側をクリックします(円はクリック位置の目安なので、円周上をクリックして選択しないようにします)。

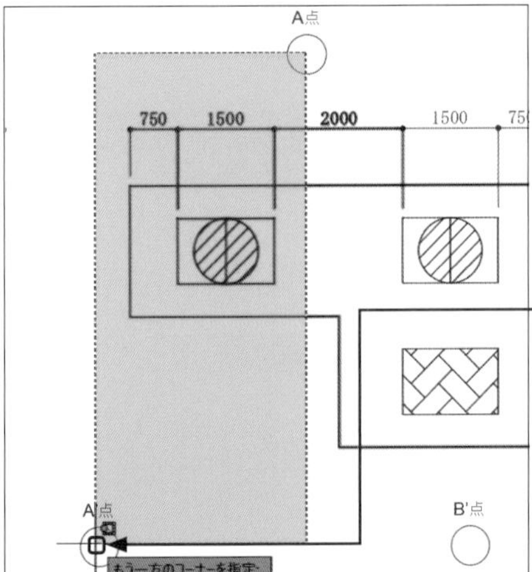

3 A' 点の円の内側をクリックして交差選択したら、

4 Enter キーを押して確定します。

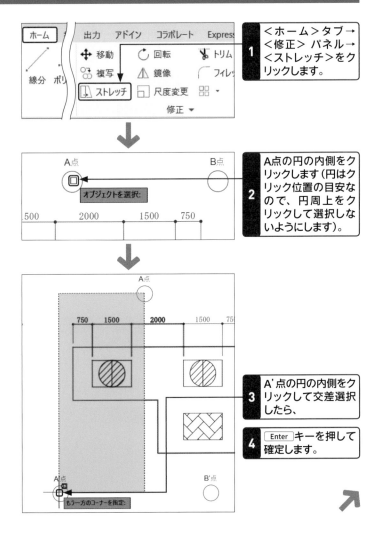

5 基点として、画面上の任意の点をクリックします。

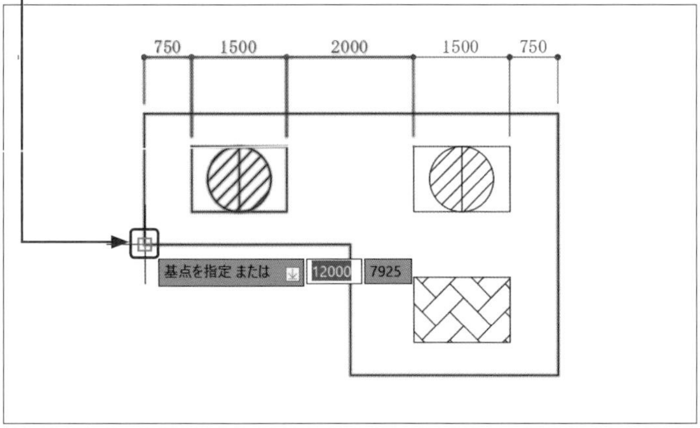

6 マウスカーソルを右に移動して、

7 0°のトラッキング線が表示される状態にします。

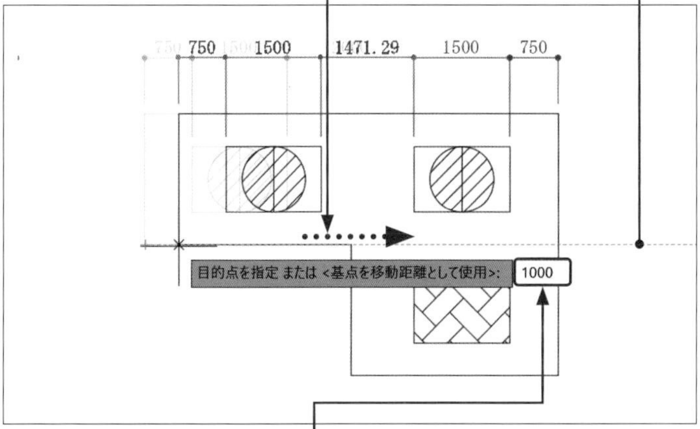

8 移動／伸縮させる距離（ここでは「1000」）を入力して、

9 Enter キーを押して確定します。

10 図形が指定された方向と距離で移動／伸縮されます。

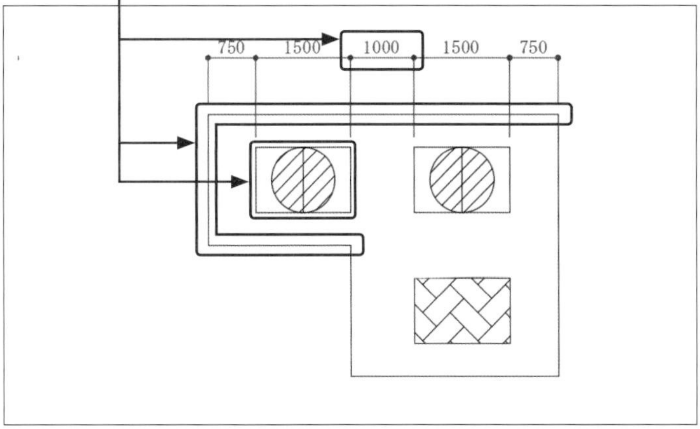

メモ マウスを利用したストレッチについて

今回は距離を指定してストレッチを行いましたが、マウスで任意の点をクリックすることでストレッチすることも可能です。

メモ トラッキング線の表示について

手順**7**でトラッキング線が表示されない場合は、ステータスバーの＜極トラッキング＞をオンにします。

注意 図形の移動と伸縮について

ストレッチで範囲を交差選択する場合、選択範囲に図形全体が含まれるもの（今回は円とハッチングと小さい長方形）は移動し、図形の一部（端点）が含まれる場合（今回は外形線）は伸縮します。

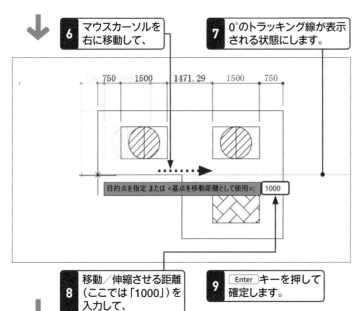

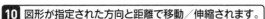

2 図形を移動／伸縮する②

メモ 基準の円と文字について

範囲指定の目安としている円と文字（A点、A'点、B点、B'点）はロックしている画層に作図されているため、ストレッチの選択には含まれません。

ここでは、前の手順の続きで説明しています。

1 Enter キーを押して直前のコマンド（ストレッチ）を繰り返します。

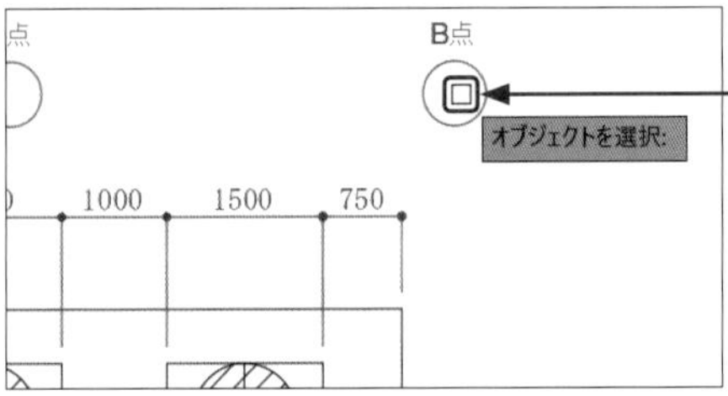

2 B点の円の内側をクリックします（円はクリック位置の目安なので、円周上をクリックして選択しないようにします）。

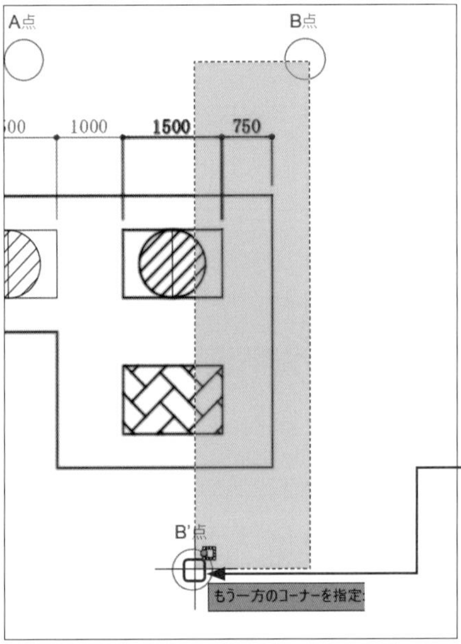

3 B'点の円の内側をクリックして、交差選択したら、

4 Enter キーを押して確定します。

5 基点として、画面上の任意の点をクリックします。

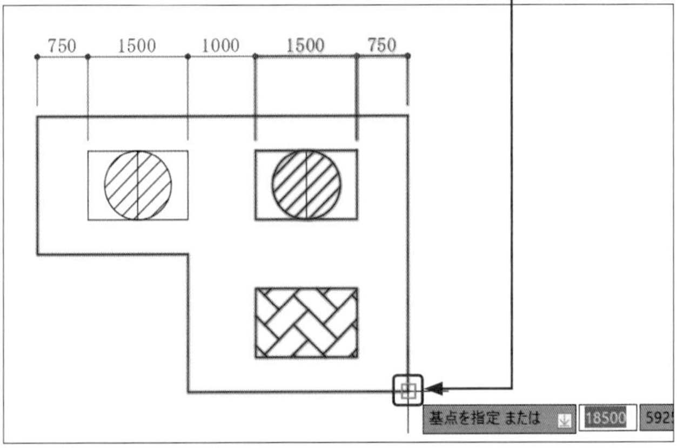

メモ 任意の基点について

今回のように、方向と距離を指定してストレッチする場合は、選択した図形と基点の位置関係が保たれるため、基点はどこに設定してもかまいません。

6 マウスカーソルを右に移動して、

7 0°のトラッキング線が表示される状態にします。

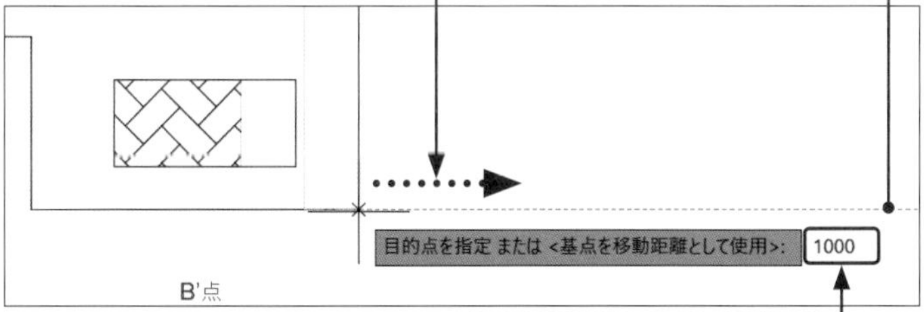

8 延長させる距離（ここでは「1000」）を入力して、

9 Enter キーを押して確定します。

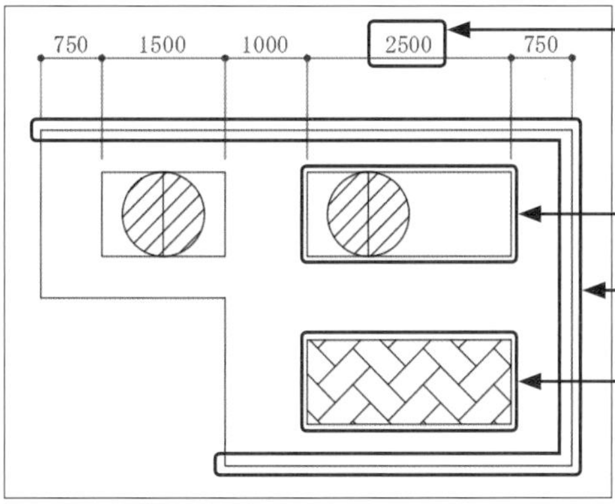

10 図形が指定された方向と距離で延長されます。

メモ ハッチングのストレッチについて

ハッチング単体をストレッチすることはできませんが、自動調整が「はい」のハッチングであれば、ハッチングの境界線をストレッチすることで追従させることが可能です。

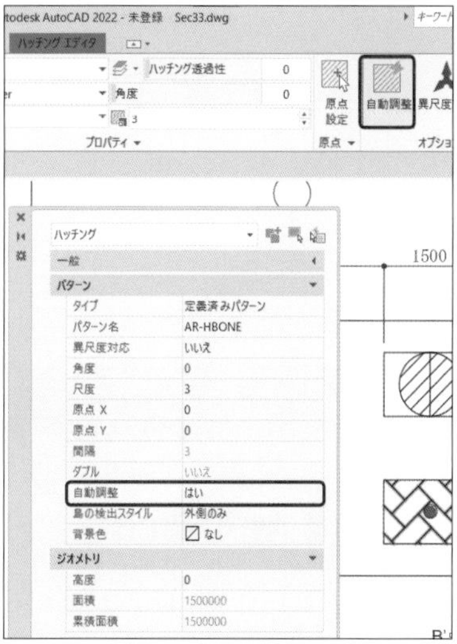

ステップアップ 円のストレッチについて

円は端点が存在しないため、ストレッチで選択しても伸縮はせず移動のみとなります。ただし、選択範囲が円の半分より少ない場合は選択から除外され（手順3参照）、逆に選択範囲が円の半分よりも多い（あるいは円全体）場合は選択に含まれて移動されます。

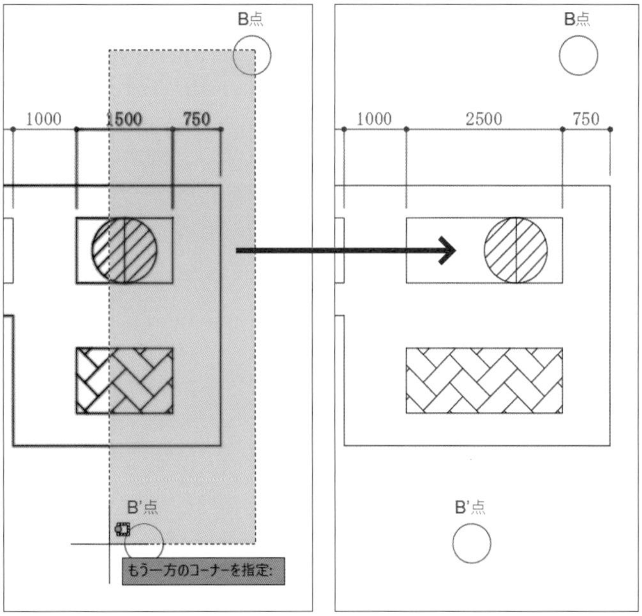

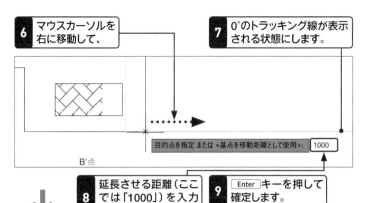

Section 33 角を曲面処理する

覚えておきたいキーワード
フィレット
コーナー処理
ポリライン結合

「Fillet（フィレット）」とは、曲面処理するすみ肉溶接を表すときなどに使用される言葉です。ここでは、交点を曲面にして、線を延長して接続する方法を解説します。AutoCADでは図形を延長トリムして、角を接合する「コーナー」コマンドもフィレットに含まれます。

練習用ファイル	Sec33.dwg		
リボン	[ホーム] タブ - [修正] パネル - [フィレット]		
ショートカット	—		
コマンド	FILLET	エイリアス	F

1 角を丸める

メモ 角を丸めるとは

ここでは＜練習＞ですでに作図しているのポリラインを、＜見本＞のように下部を曲面のかたちで結合する方法を解説しています。その後、上部を接続するコーナー処理を解説しています。

メモ 前回値の使用について

前回使用した数値が表示された場合は、そのまま Enter キーを押すと、前回と同じ数値を使用できます。

メモ 「複数」オプションについて

今回のように、2か所以上を連続してフィレットする場合は、手順5でく複数（M）＞オプションを使用すると連続して処理することができます。

1 ＜ホーム＞タブ→＜修正＞パネル→＜フィレット＞をクリックします。

2 コマンドラインの＜半径（R）＞をクリックします。

3 フィレット半径（ここでは、「1500」）を入力します。

4 Enter キーを押します。

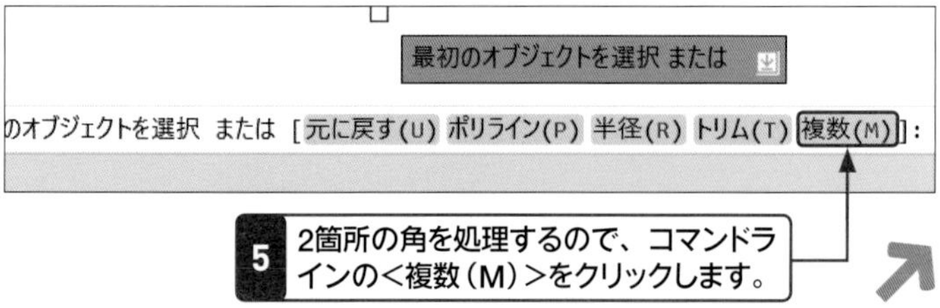

5 2箇所の角を処理するので、コマンドラインの＜複数（M）＞をクリックします。

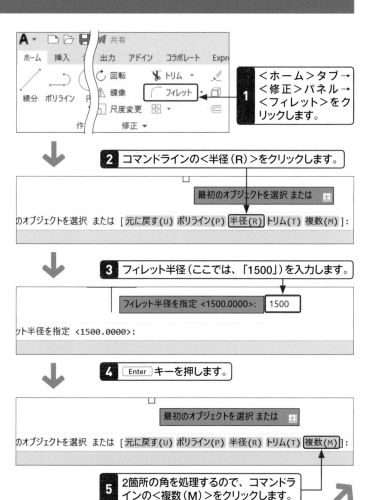

6 角（交点）のある1つ目の図形（ポリライン）をクリックします。

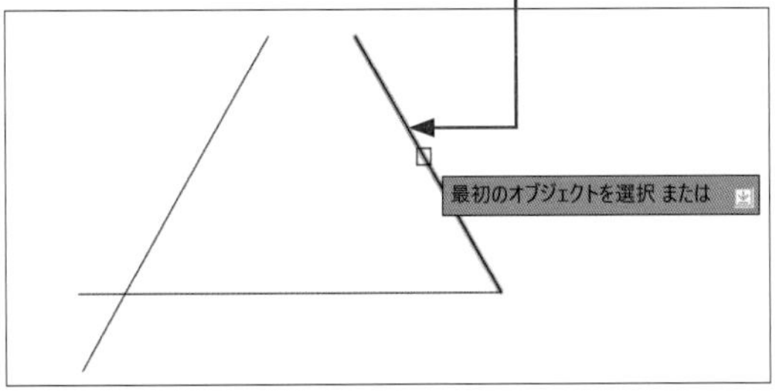

7 2つ目の図形をクリックすると、

8 右の角が円弧になりました。

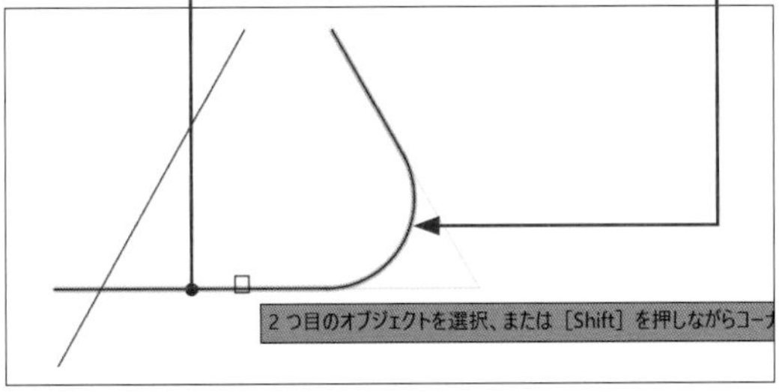

9 左側の角も手順6～7と同様に処理します。角（交点）にある1つ目の図形（ポリライン）をクリックし、

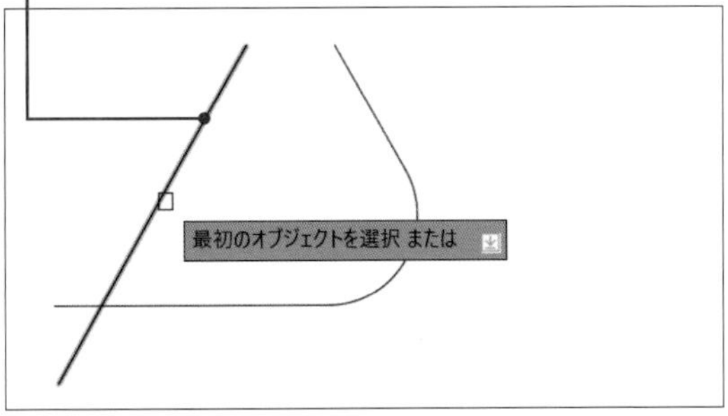

10 2つ目の図形をクリックします。

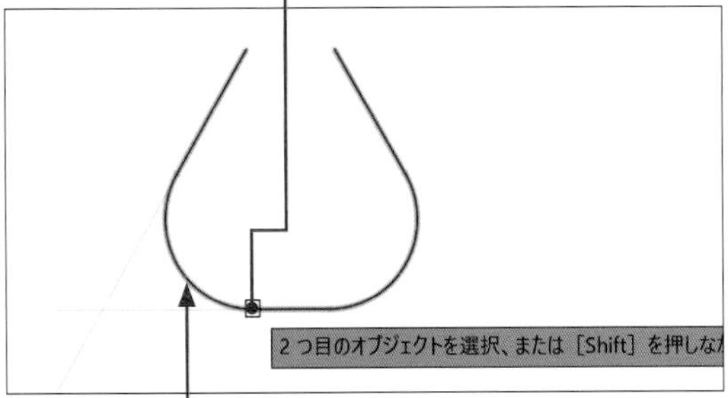

11 左の角が円弧になりました。

メモ トリムについて

フィレットで角を処理すると、自動的に円弧より先の図形がトリム（切り取り）されます。図形をトリムしないときは、コマンドラインの<トリム>オプションをクリックし、<非トリム>を選択します。

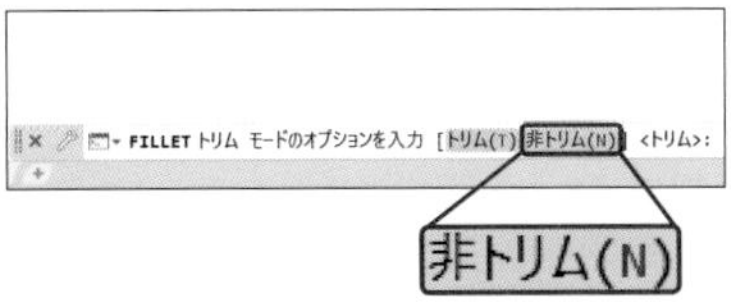

メモ 図形を選択する位置について

処理する角（交点）に対して、残す方の図形をクリックして選択します。

どちらか残すほうをクリックして選択する

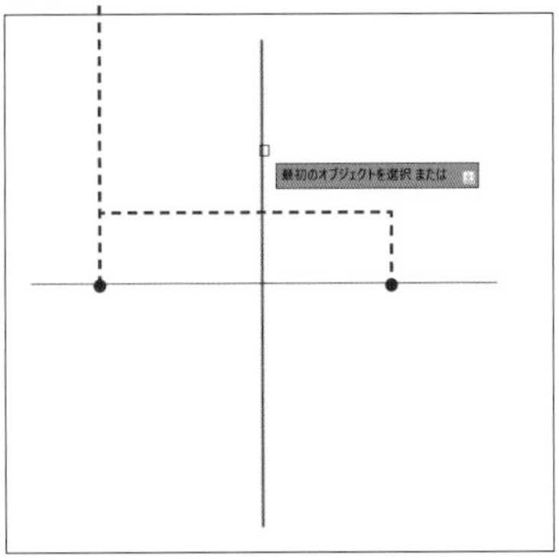

右の図形をクリックして選択した例

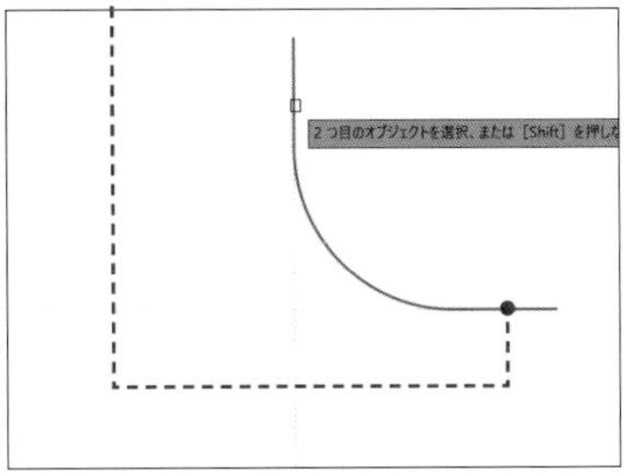

2 コーナー処理する

メモ　コーナー処理とは

円弧や隅切りをせずに、角を形成する2本の線を伸ばす（またはトリム）してつなぐことをコーナー処理と呼びます。フィレットや面取りでは、2つ目のオブジェクトを選択する際に Shift キーを押しながらクリックすることで、コーナー処理が適用されます。フィレットの場合は半径を「0」に設定してもコーナー処理が行えます。

メモ　平行な2本の線分を円弧で連結する

＜フィレット＞を実行し、平行な2本の線分を選択すると、2線間の距離を直径とする円弧が作成されます。この図形はポリラインでは作図できません。

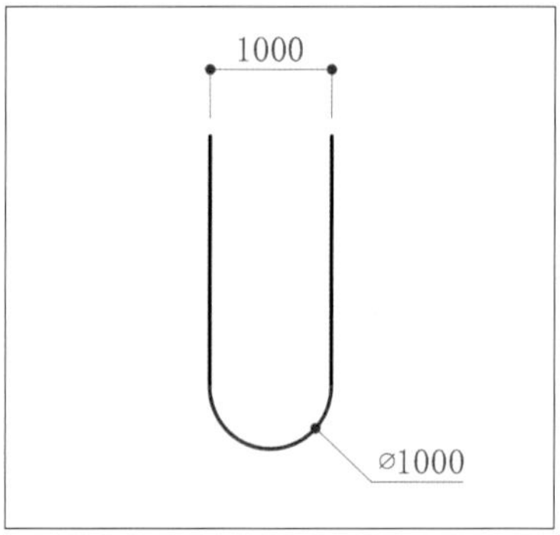

メモ　面取りについて

角を線分で処理するには「面取り」コマンドを使用します。頂点からの距離を指定する「距離」と、頂点からの距離と角度を指定する「角度」の2種類があります。詳細は、P.201で解説します。

ここでは、前の手順の続きで説明しています。

1 処理を行う角（交点）のある最初の図形（今回はポリライン）をクリックします。

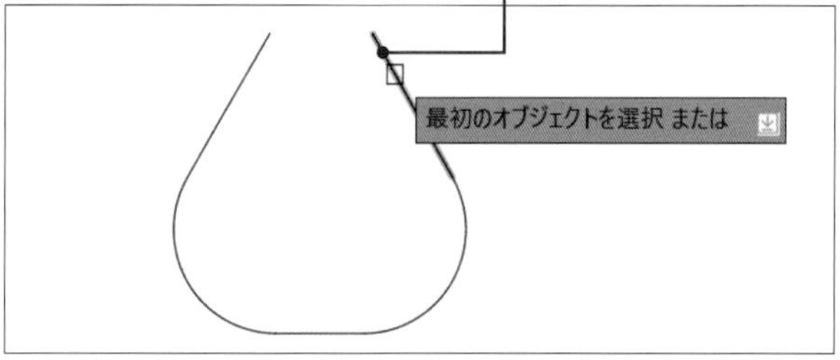

2 Shift キーを押しながら、2つの目の図形をクリックします。

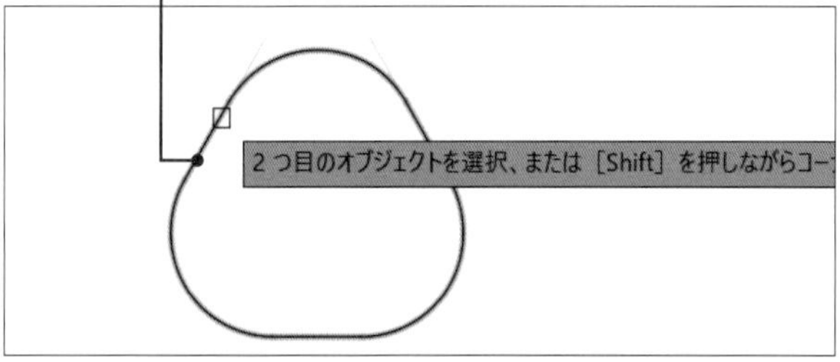

3 図形が2本のポリラインの延長線上の交点で結合されます。

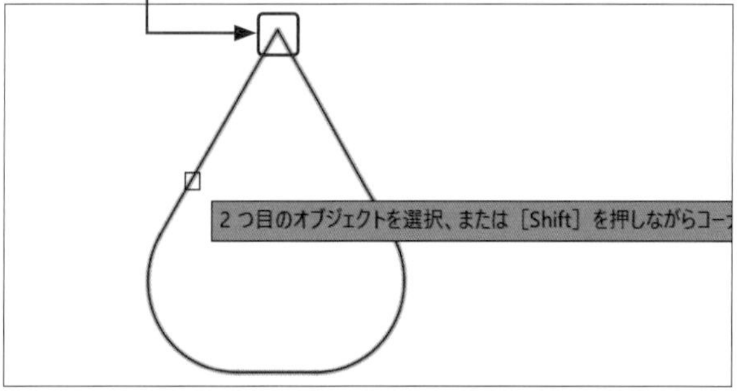

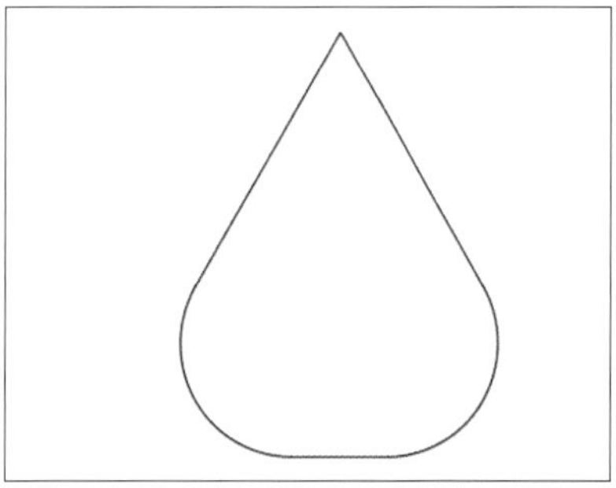

4 Enter キーを押してコマンドを終了します。

Chapter 04

第4章

文字や寸法を作成して印刷してみよう

Section 34 シンプルな文字を作成・編集する

覚えておきたいキーワード
☑ 1行文字
☑ 位置合わせオプション
☑ プロパティパレット

ここでは文字の作成と編集について解説します。AutoCADで文字を入力するには「1行文字（文字記入）」または「マルチテキスト」のいずれかのコマンドを使用します。ここでは、まずシンプルで気軽に作成できる「1行文字（文字記入）」についてマスターしましょう。

練習用ファイル	Sec34.dwg		
リボン	[ホーム]タブ-[注釈]パネル-[文字記入]／[注釈]タブ-[文字]パネル-[文字記入]		
コマンド	TEXT	エイリアス	DT

1 1行文字を作成する

メモ コマンドの選択について

「文字記入」のコマンドは、＜注釈＞タブ→＜文字＞パネル→＜マルチテキスト▼＞→＜文字記入＞からも選択できます。

1 <ホーム>タブ→<注釈>パネル→<文字▼>をクリックします。

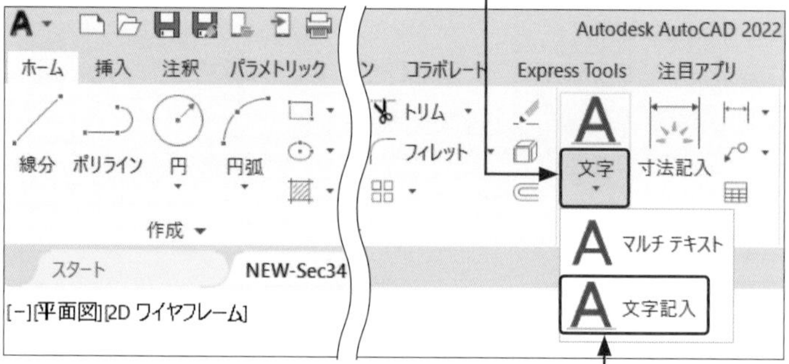

2 展開されたパネルから<文字記入>をクリックして選択します。

3 <見本>を参考に、文字の基点として端点Aをクリックして指定します。

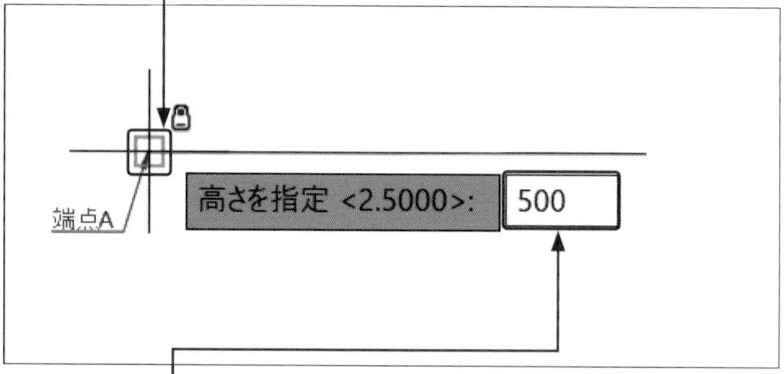

4 文字の高さを「500」と入力して、

5 Enter キーを押します。

メモ Enter キーで既定値を入力する

角度を指定する際に、数字を入力せずに Enter キーを押して、既定値＜0＞を適用することができます。

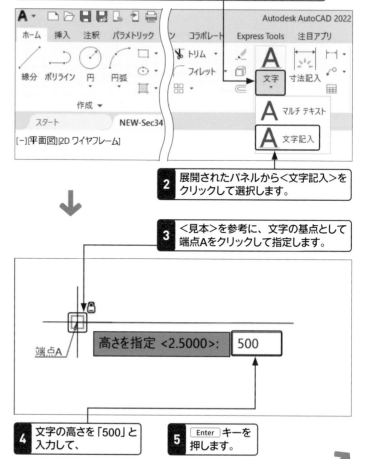

6 文字列の角度を「0」と入力して、

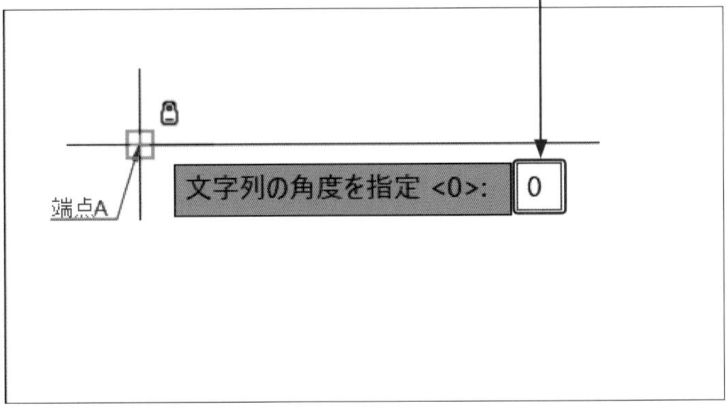

7 Enter キーを押します。

8 「autocad2022」と入力します。

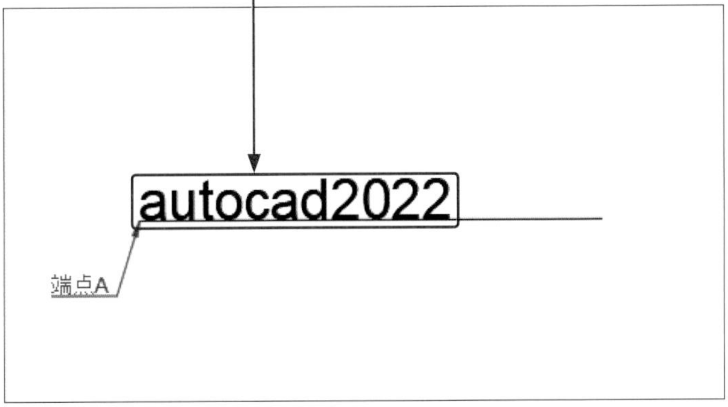

9 Enter キーを2回押してコマンドを終了します。

注意 文字の高さについて

AutoCAD初心者が、最初につまずくのが「文字の高さ」です。手描き図面は大きい対象物を、用紙に合わせて設定した縮尺に小さくして作図します。一方、AutoCADでは縮尺は設定しないで、そのままの大きさ（実寸）で作図して、印刷時に縮尺に合わせて表示をコントロールします。つまり、AutoCADでは図形の大きさに合わせて、文字を大きくして作図する必要があるのです。

たとえば、文字高さ500mmで作図した場合、印刷時に表示される実際の文字高は以下のような設定で決まります。

S=1/10での印刷時:

500mm × 1/10 = 50mm（文字高5cm）

S=1/50での印刷時:

500mm × 1/50 = 10mm（文字高1cm）

メモ フォントについて

1行文字のフォント（文字のデザイン）は「文字スタイル」によって設定します。文字スタイルについては、P.132のSec.36で解説します。

メモ 文字の基点について

文字は基点によって位置が決まります。既定値は左寄せで、変更したい場合は「位置合わせオプション」から選択します。位置合わせは文字作成時に指定する方法（［マルチテキスト］P.129手順**9**／［文字記入］P.206手順**5**～**6**参照）と、文字作成後にオブジェクトプロパティで変更する方法（P.126手順**9**参照）などがあります。

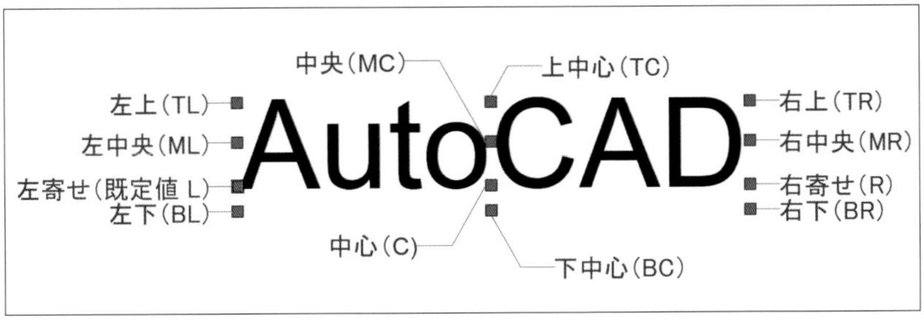

2 1行文字を編集する

メモ 特殊文字について

コントロールコード（制御文字）を使用すると特殊文字を入力することができます。たとえば、

- 「%%c」と入力すると「φ」を表示
  例：「%%c15.24」＝「φ15.24」
- 「%%d」と入力すると「°」を表示
  例：「25.68%%d」＝「25.68°」
- 「%%u」と入力すると下線を表示
  例：「%%u58.97」＝「58.97」

などのコントロールコードがあり、これを使用することで、通常の文字の内容に追加することができます。「マルチテキスト」を使用する場合、＜テキストエディタ＞コンテキストリボンタブ→＜書式設定＞パネルで設定することができます。マルチテキストについては、P.128のSec.35を参照してください。

1 編集する文字をクリックして選択します。

2 任意の場所で右クリックし、

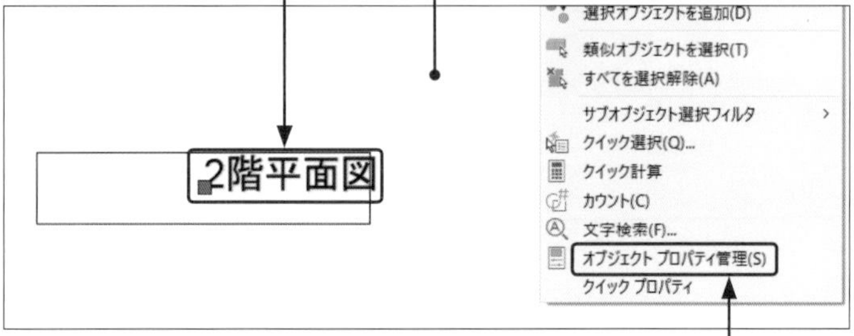

3 表示されるメニューで<オブジェクトプロパティ管理>をクリックして選択します。

4 プロパティパレットが表示されます。

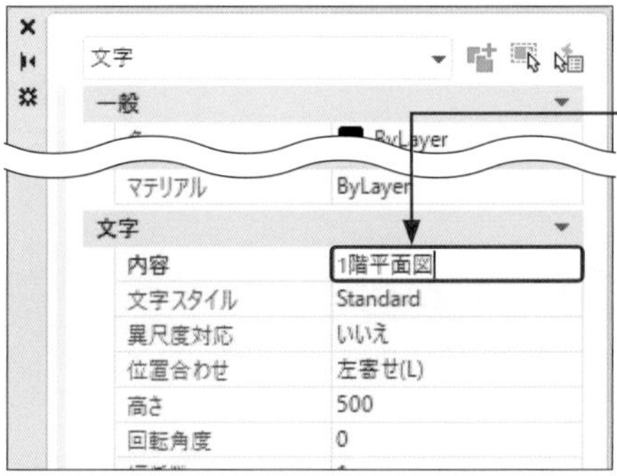

5 プロパティパレット→＜文字＞→＜内容＞の右側の文字をクリックして、

6 <1階平面図>に変更し、

7 Enter キーを押して確定します。

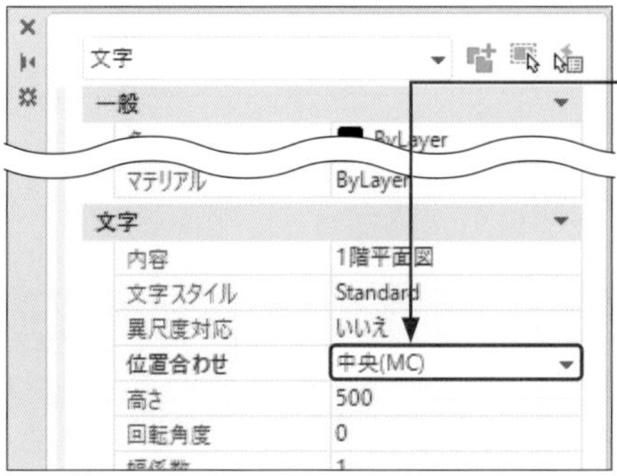

8 続けて、<位置合わせ>の右側のリストをクリックし、

9 ＜中央（MC）＞（P.125下の「メモ」参照）をクリックして選択します。

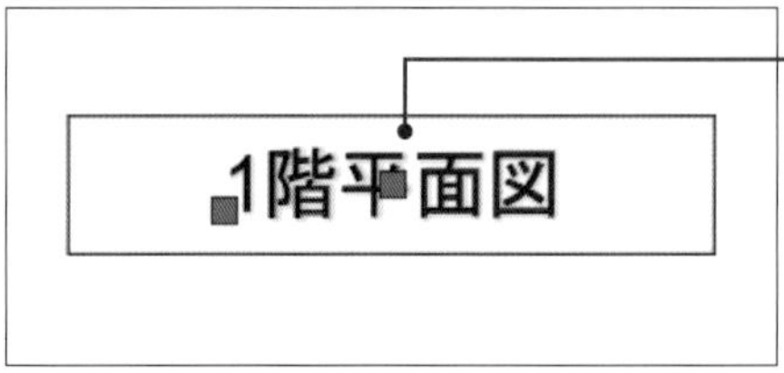

10 文字が中央に配置されます。

メモ 文字の基点の考え方

文字の基点（挿入基点）は位置合わせに関係なく、作成時の「文字列の始点を指定」のタイミングで指定した位置となります（P.124手順3参照）。したがって、あとから位置合わせを変更しても、基点の位置は変わらず、基点に合わせて文字が移動します。

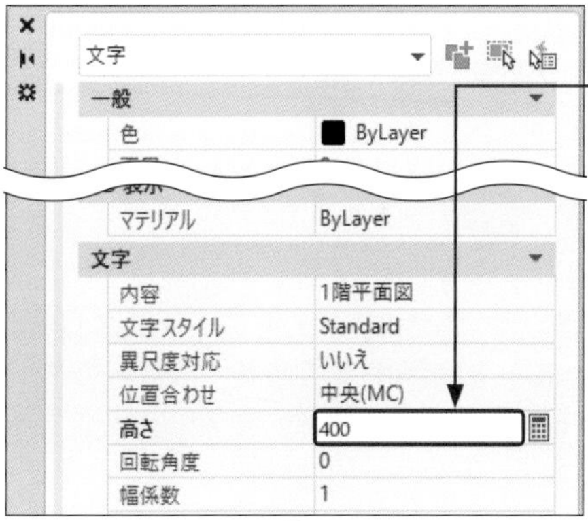

11 <高さ>の右側の数字をクリックして「400」に変更します。

12 Enter キーを押して確定します。

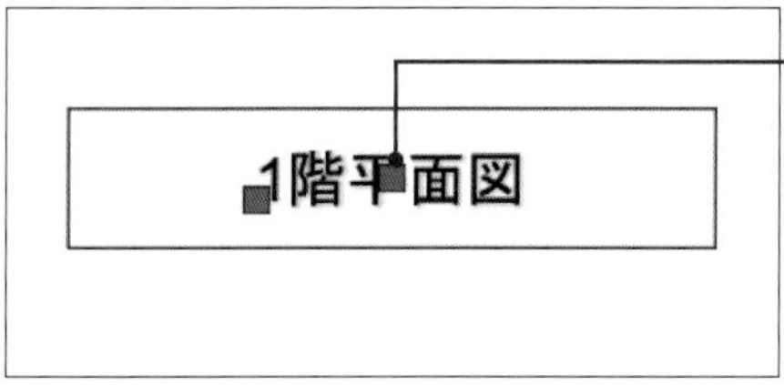

13 文字の高さが修正されます。

14 Esc キーを押して選択を解除します。

メモ パレットを閉じる

パレットを開いたまま作図することも可能ですが、邪魔になる場合は<閉じる>をクリックするか、<自動的に隠す>で一時的に閉じることも可能です。

メモ 文字内容を編集する

文字の内容の編集だけであれば、プロパティパレットを表示させなくても行うことができます。手順は以下のとおりです。

1 内容を編集したい文字をダブルクリックして選択します。

2 再度クリックしてカーソルを表示させたら、文字を編集します。

3 Enter キーを2回押して編集を終了します。

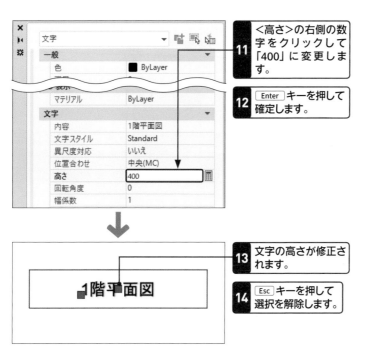

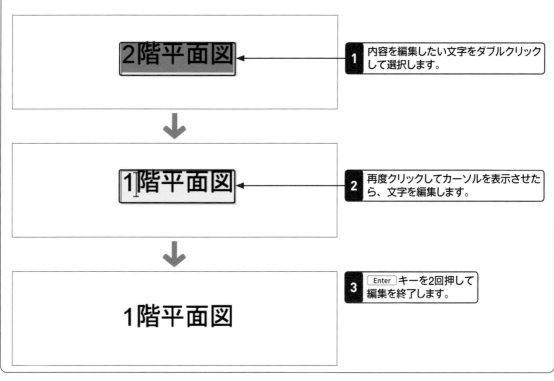

Section 35

書式を持った文字を作成・編集する

覚えておきたいキーワード
☑ マルチテキスト
☑ 境界ボックス
☑ テキストエディタ

ここでは「マルチテキスト」について解説します。マルチテキストは別名「段落文字」とも呼ばれています。マルチテキストを利用することで、複数行の長い文章の作成だけでなく、Wordのテキストボックスのように、文字の高さやフォントの種類をかんたんに変更できます。

練習用ファイル	Sec35.dwg		
リボン	[ホーム] タブ - [注釈] パネル - [マルチテキスト] ／ [注釈] タブ - [文字] パネル - [マルチテキスト]		
コマンド	MTEXT	エイリアス	MT

1 マルチテキストを作成する

メモ コマンドの選択について

「文字記入」のコマンドは、<注釈>タブ→<文字>パネル→<マルチテキスト▼>からも選択できます。

1 <ホーム>タブ→<注釈>パネル→<文字▼>をクリックします。

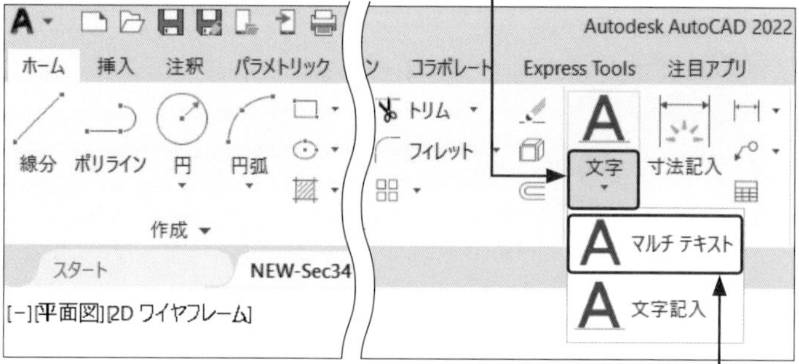

2 表示されたメニューから<マルチテキスト>をクリックして選択します。

3 マルチテキストを作成する領域（境界ボックス）の最初のコーナーとして、端点Aをクリックします。

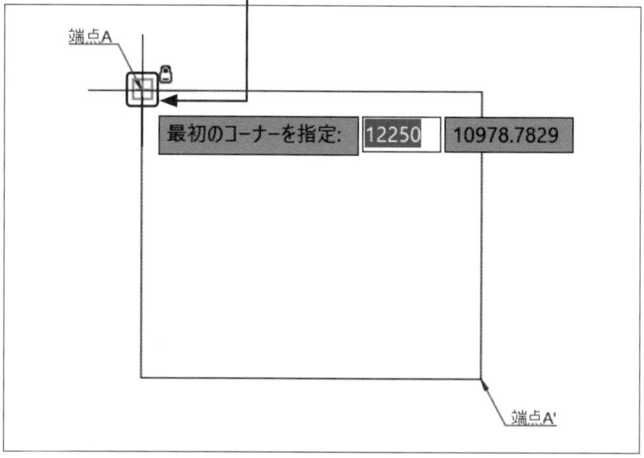

4 コマンドラインより＜高さ(H)＞をクリックして選択します。

5 文字の高さを「500」と入力して、

6 Enter キーを押します。

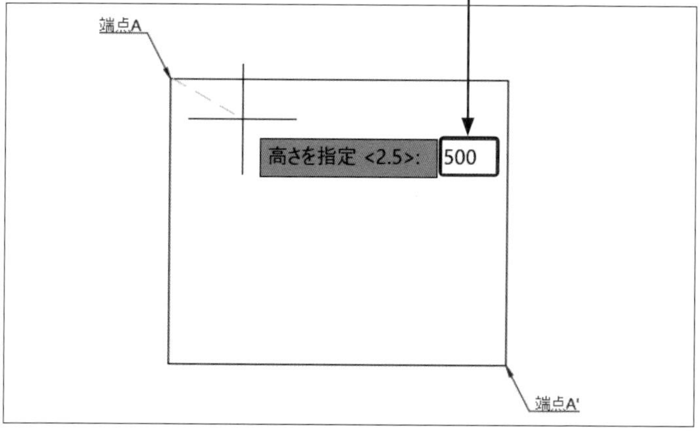

7 マルチテキストを作成する領域（境界ボックス）のもう一方のコーナーとして、端点A' をクリックします。

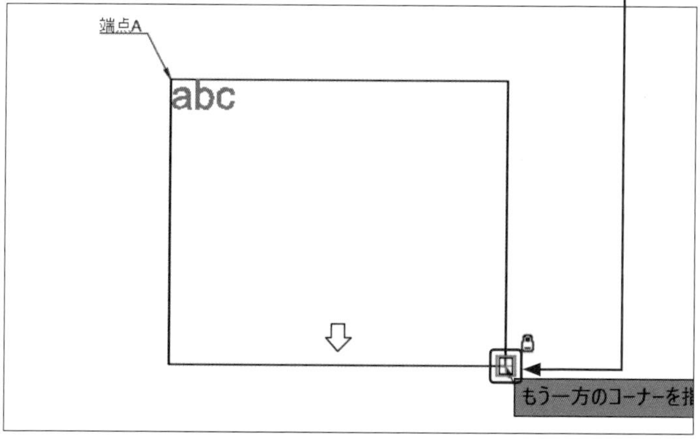

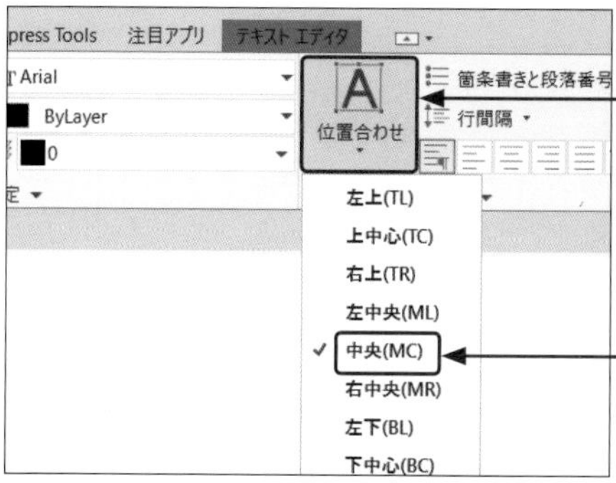

8 ＜テキストエディタ＞コンテキストタブ→＜段落＞パネル→＜位置合わせ＞をクリックして、

9 ＜中央(MC)＞をクリックして選択します。

メモ　マルチテキストの高さの設定について

マルチテキストの高さは「テキストエディタ」コンテキストタブからも設定できますが、前回値との差が大きい場合、一時的にカーソルが大きく表示されることがあります。これは、マルチテキストの高さの表示が画面に比例して表示されるためで、コマンドを確定すれば表示は正常化します。オプションで高さをあらかじめ設定することで、この現状を回避することができます。下図は境界ボックスを設定後に文字の高さを「2.5」から「500」に変更した場合の例です。

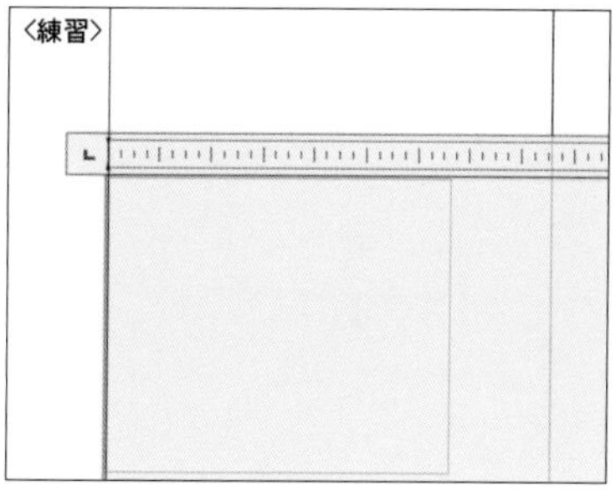

メモ　境界ボックスの調整について

境界ボックスは境界線をドラッグすることで大きさを調整することができます。

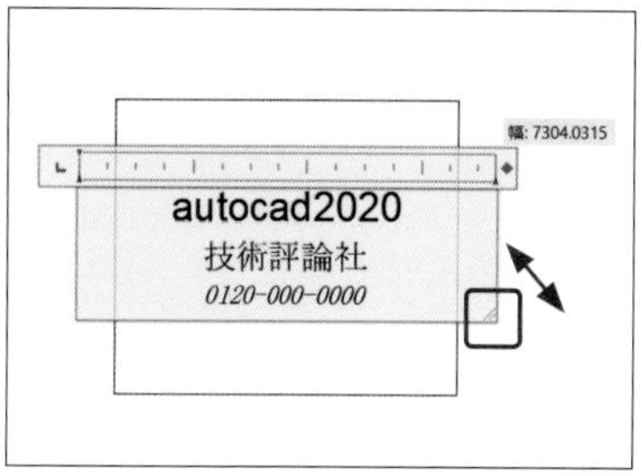

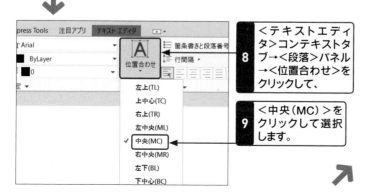

メモ 文字の高さの考え方について

文字の高さは印刷時の尺度によって決まります（P.125の「注意」参照）。

10 テキストボックスが図形の中央に配置されます。

11 「autocad2022」と入力します。

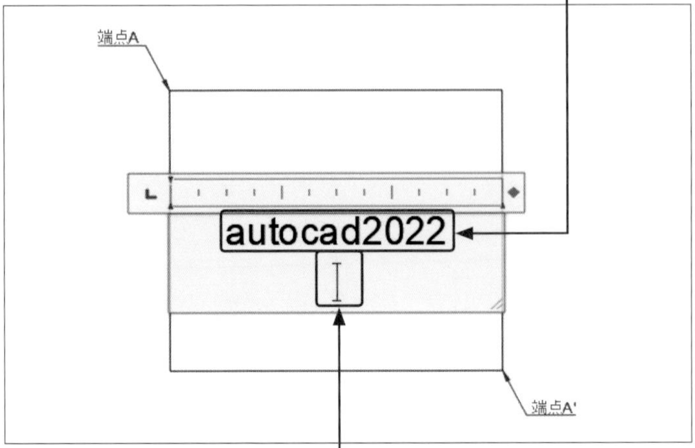

12 Enter キーを押して改行します。

13 <テキストエディタ>コンテキストタブ→<書式設定>パネル→<フォント>をクリックして、<MS P 明朝>をクリックして選択します。

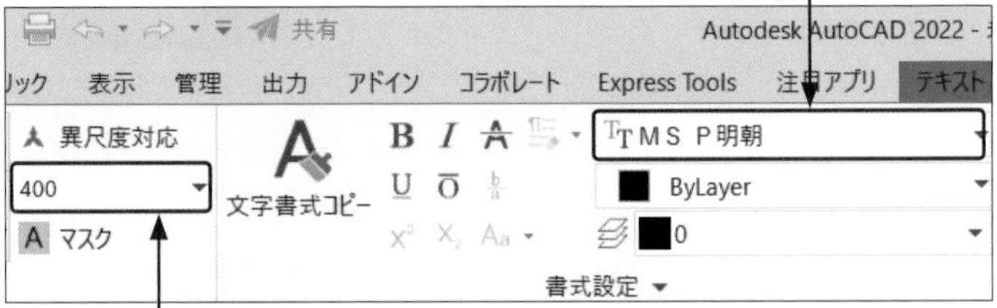

14 <テキストエディタ>コンテキストタブ→<文字スタイル>パネル→<文字の高さ>に「400」と入力し、Enter キーを押して数値を確定します。

15 「技術評論社」と入力します。

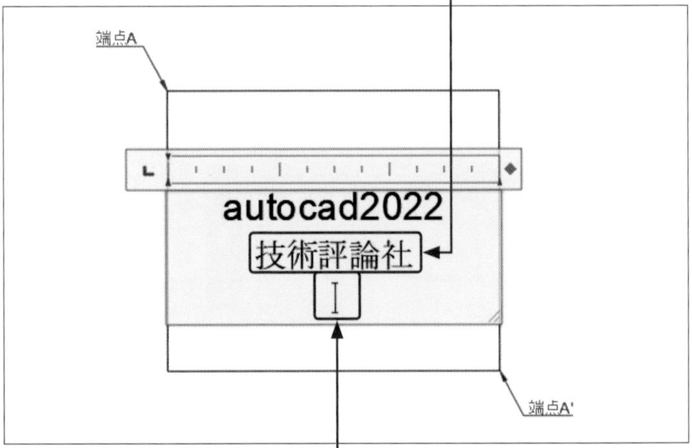

16 Enter キーを押して改行します。

メモ 数値の設定は「半角」で入力する

リボンやオプションで数値を入力する際は、基本的には半角（直接入力）で入力します。数値に波型の下線が表示される場合は全角で入力されている状態なので、Enter キーを2回押して確定します。

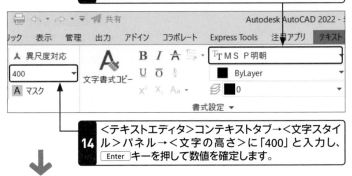

17 ＜テキストエディタ＞コンテキストタブ→＜書式設定＞パネル→ *I* ＜斜体＞をクリックして *I* にします。

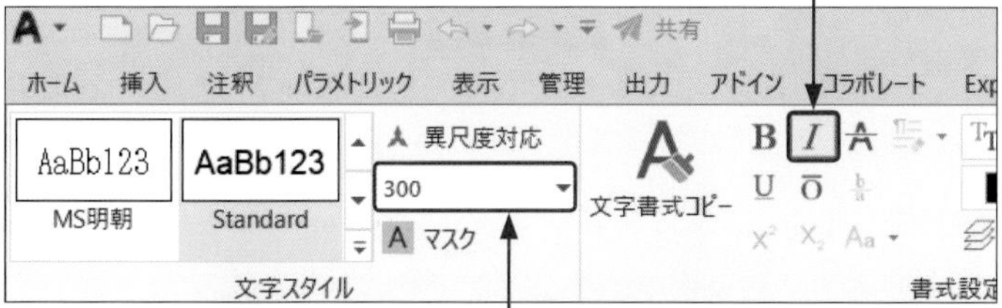

18 ＜テキストエディタ＞コンテキストタブ→＜文字スタイル＞パネル→＜文字の高さ＞に「300」と入力し、Enter キーを押して数値を確定します。

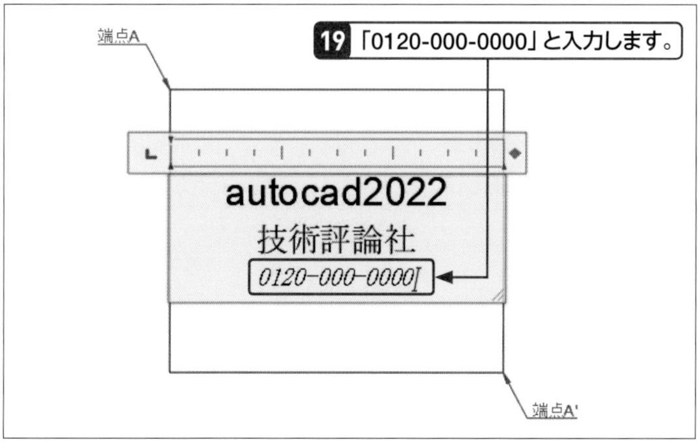

19 「0120-000-0000」と入力します。

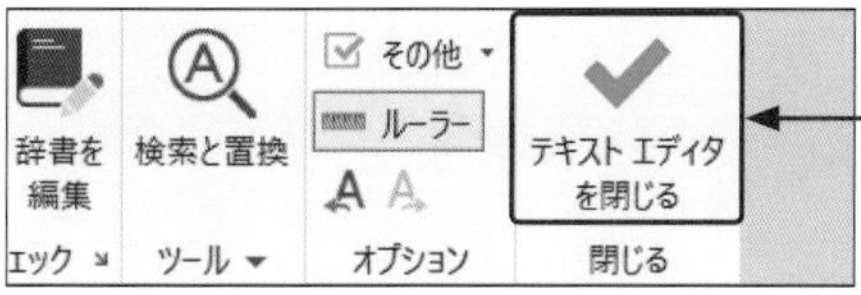

20 ＜テキストエディタ＞コンテキストタブ→＜閉じる＞パネル→＜テキストエディタを閉じる＞クリックします。

21 文字が確定します。

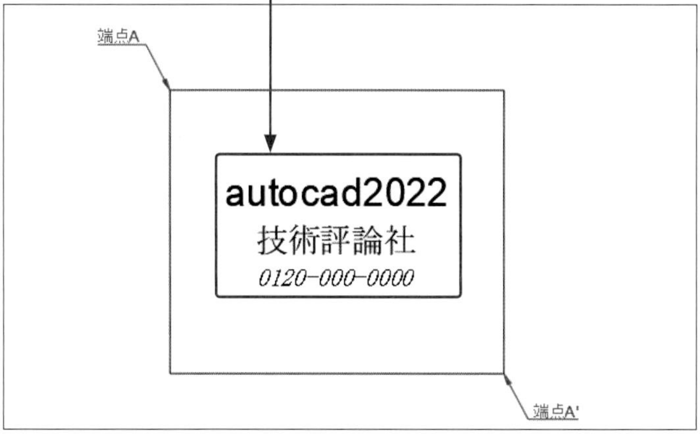

メモ テキストボックスの閉じ方

境界ボックス以外の場所をクリックしてもテキストボックスを閉じることができます。

メモ Esc キーを押した場合

マルチテキストの編集途中で Esc キーを押すと、変更の保存を確認するメッセージが表示されます。「はい」をクリックすると入力された文字が保存されます。

注意 マルチテキストの編集

作成後のマルチテキストを編集したい場合は、マルチテキストをダブルクリックすることで編集することができます。

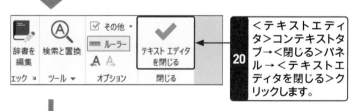

Section 36

文字スタイルを設定する

覚えておきたいキーワード
- 文字スタイル管理
- フォント
- 1 行文字

文字はすべて「文字スタイル」で管理されており、スタイルを変更することで同じスタイルを持つ文字を一括で管理することができます。ここで設定した文字スタイルは、寸法値や引き出し線の文字など、AutoCADで作成されるすべての文字に適用されます。

練習用ファイル	Sec36.dwg		
リボン	[ホーム] タブ - [注釈] パネル - [文字スタイル管理] ／ [注釈] タブ - [文字] パネル - [↘ (パネルダイアログボックスランチャー)]		
コマンド	STYLE	エイリアス	ST

1 文字スタイルを新規作成する

メモ コマンドの選択について

「文字スタイル管理」は、＜注釈＞タブ→＜文字＞パネル→ ↘ ＜文字スタイル管理＞（ダイアログボックスランチャー）からも起動できます。

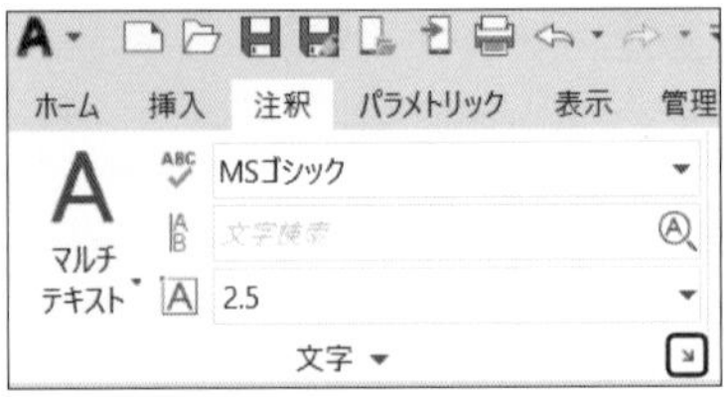

1 <ホーム>タブ→<注釈>パネル→<注釈▼>をクリックします。

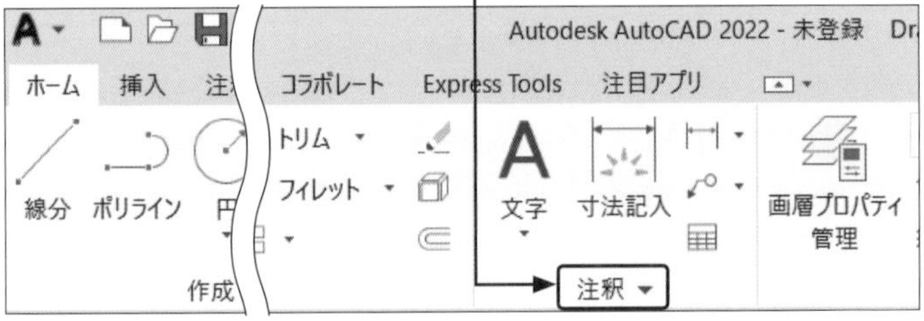

2 表示されたメニューから <文字スタイル管理>をクリックして選択します。

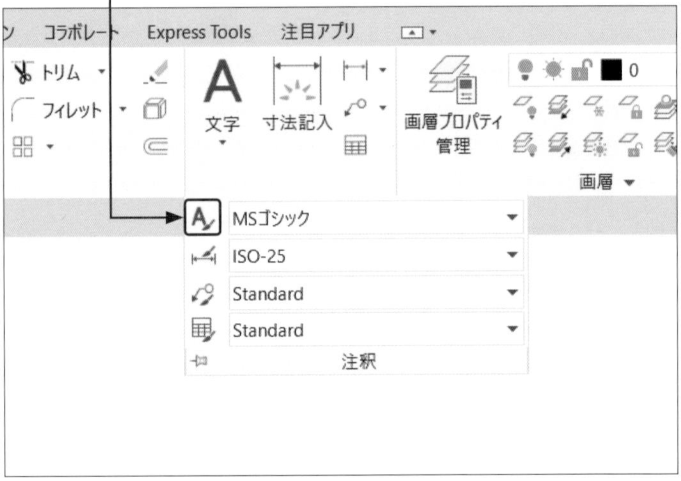

3 「文字スタイル管理」ダイアログボックスが表示されます。

4 <新規作成>をクリックします。

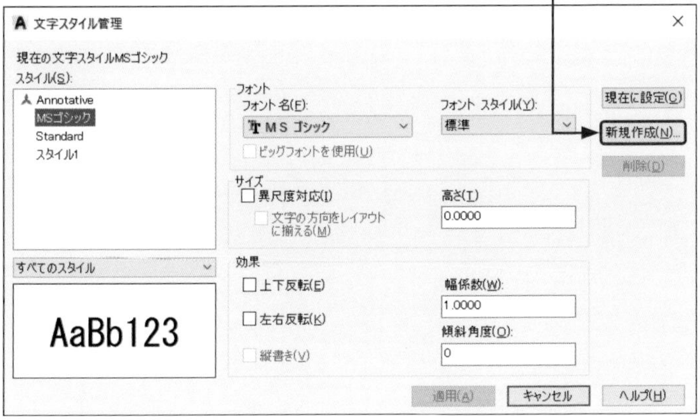

5 「新しい文字スタイル」ダイアログボックスが表示されます。

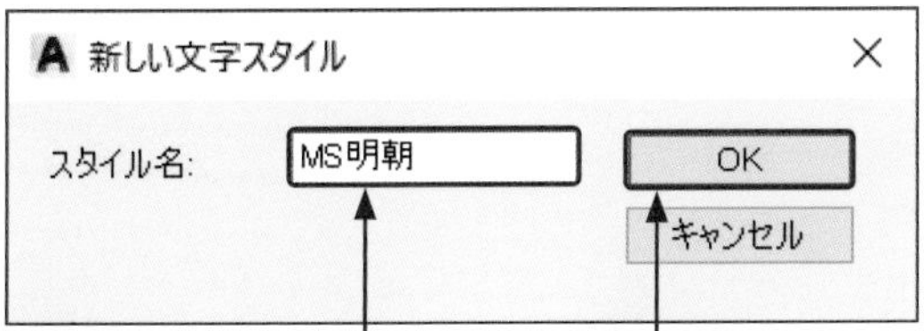

6 スタイル名に「MS明朝」と入力します。

7 <OK>をクリックします。

8 「フォント」の「フォント名」で<MS 明朝>をクリックして選択します。

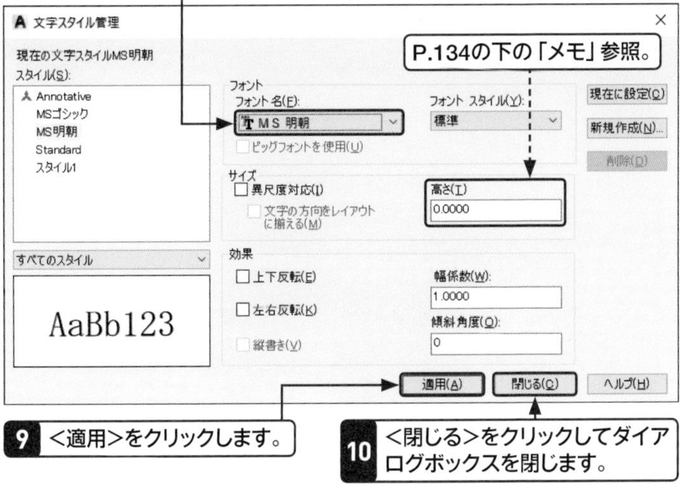

9 <適用>をクリックします。

10 <閉じる>をクリックしてダイアログボックスを閉じます。

メモ TrueTypeフォントとシェイプフォント

AutoCADで使用できるフォントには「TrueTypeフォント」と「シェイプフォント」があります。「TrueTypeフォント」は通常のWindowsなどで使用されている文字です。「シェイプフォント」はCAD専用の文字で、線分を組み合わせたような外観が特徴です。「シェイプフォント」は使用できる文字が限られているので、通常は「TrueTypeフォント」を使用します。

メモ 「@マーク」のついたフォントについて

フォント名の前に「@」マークのついたフォントは縦書き用のフォントです。

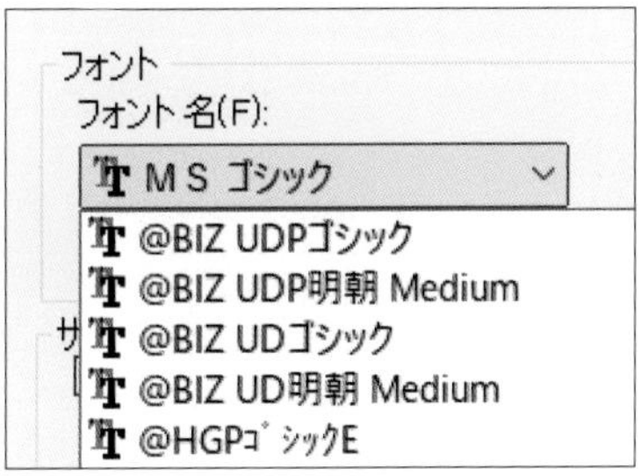

メモ マルチテキストの場合

マルチテキストを使用する場合にも、文字スタイルを適用することができます。

2 スタイルを使用して1行文字を作成する

メモ 現在の文字スタイルについて

P.133の手順4で＜新規作成＞ボタンを押して文字スタイルを新規作成すると、「現在の文字スタイル」は自動的に新規作成した＜文字スタイル「MS 明朝」＞に切り変わります。

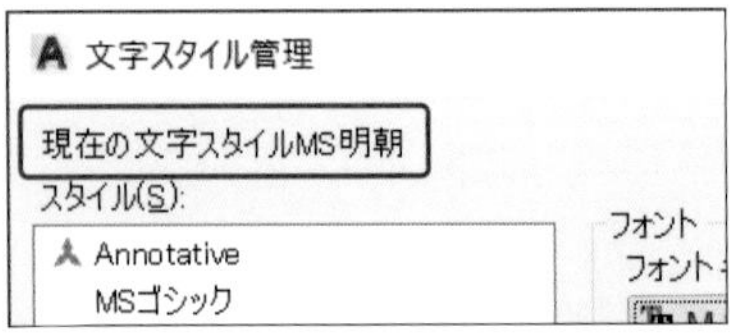

1 <ホーム>タブ→<注釈>パネル→<文字▼>をクリックし、

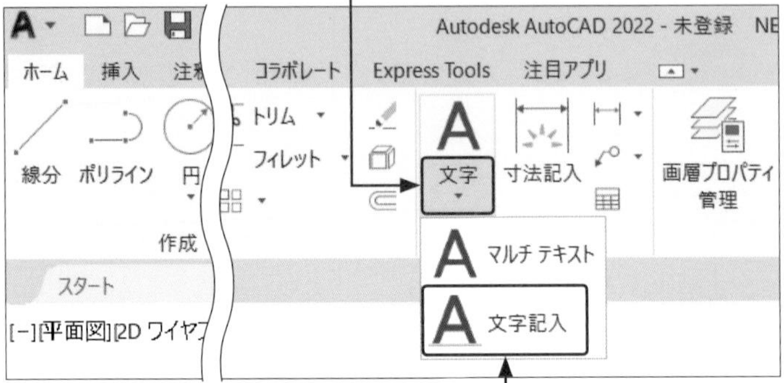

2 表示されたメニューから<文字記入>をクリックして選択します。

3 <見本>を参考に、文字の基点として端点Aをクリックして指定します。

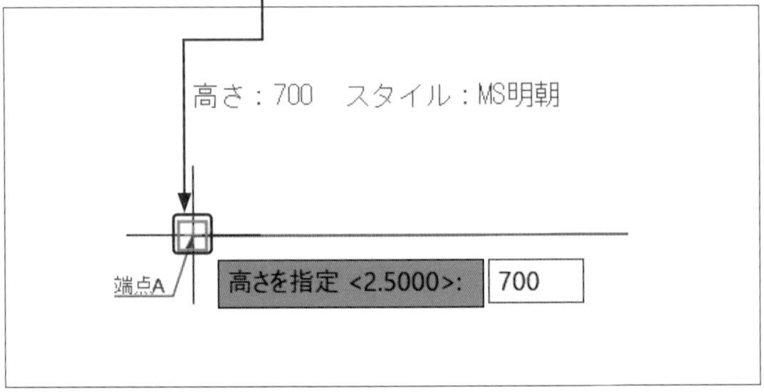

4 文字の高さを「700」と入力して、

5 Enter キーを押して確定します。

6 文字列の角度で「0」と入力して、

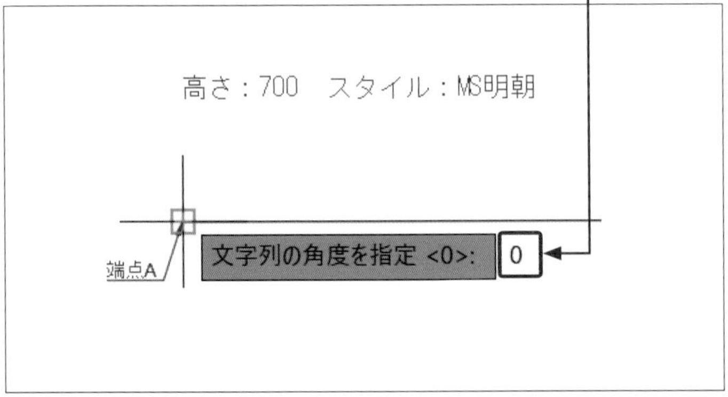

7 Enter キーを押します。

メモ 文字の高さの指定について

文字スタイル管理で、サイズの「高さ」で文字の高さを設定しておくと、自動的にスタイルの文字の高さが適用されます。文字を入力する際に高さを個別に指定したい場合は、文字スタイルの文字の高さを「0」に設定しておきます。

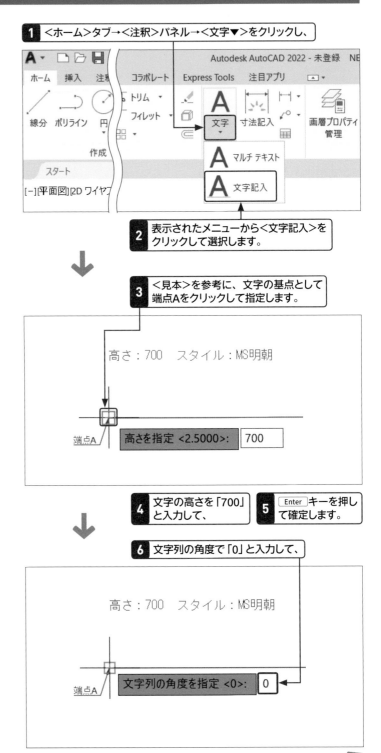

8 「autocad2022」と入力し、

9 Enter キーを2回押してコマンドを終了します。

10 「MS明朝」のスタイルを使った文字が作成されます。

3 注釈パネルから文字フォントを変更する

1 下段にある「autocad2022」の文字をクリックして選択します。

2 ＜ホーム＞タブ→＜注釈＞パネル→＜注釈▼＞をクリックします。

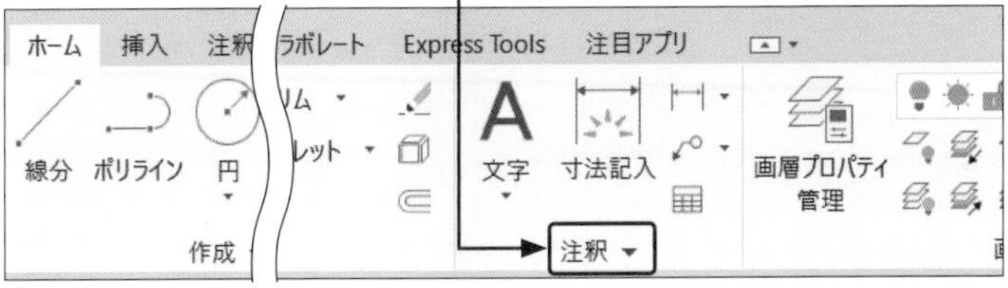

3 「文字スタイル」が「スタイル1」であることを確認し、

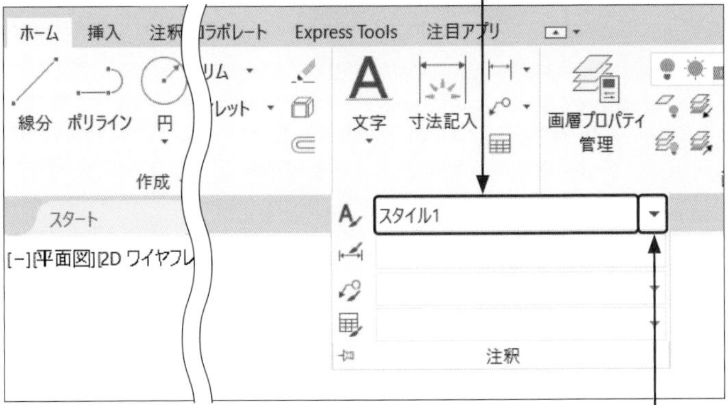

4 ▼をクリックします。

メモ　選択中の文字スタイルの表示について

文字を選択すると「文字スタイル」のリストには現在選択されている文字に適用されている「文字スタイル」が表示されます。何も選択されていない場合は「現在の文字スタイル（新規の文字を作成した際に適用される文字スタイル」が表示されます。

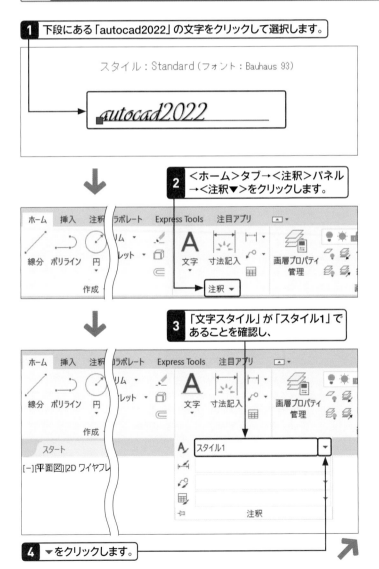

メモ　プロパティパレットから変更する場合

プロパティパレットから文字を変更することもできます。変更する場合は、変更したい文字をクリックして選択し、プロパティパレット→＜文字＞→＜文字スタイル＞の ▼ をクリックして、メニューから＜Standard＞を選択します。

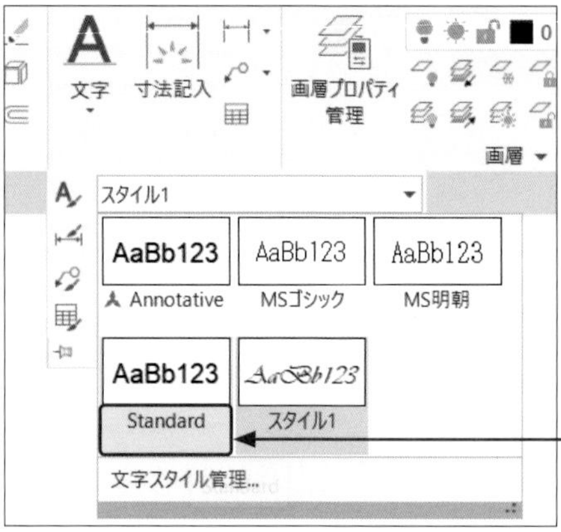

5 ＜Standard＞をクリックして選択します。

6 選択している文字のスタイルが「Standard」に変更されます。

7 Esc キーを押して選択を解除します。

4 文字スタイルのフォントを変更する

1 ＜ホーム＞タブ→＜注釈＞パネル→＜注釈▼＞をクリックします。

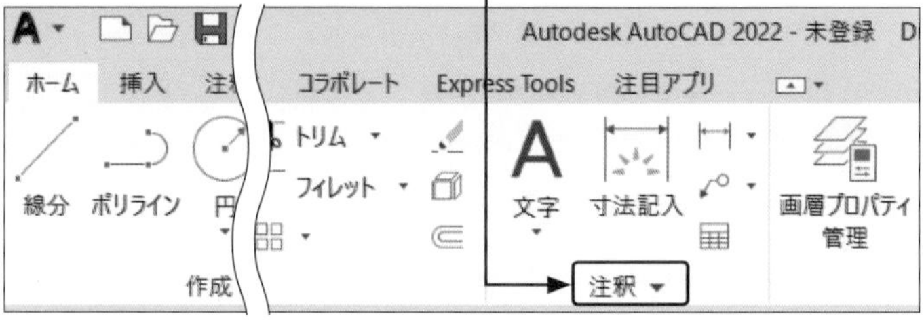

2 表示されるメニューから ＜文字スタイル管理＞をクリックして選択します。

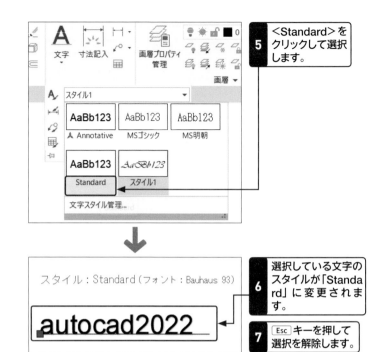

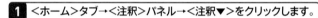

3 「文字スタイル管理」ダイアログボックスが表示されます。

4 「スタイル」で<Standard>をクリックして選択し、

5 「フォント」の「フォント名」で<Bauhaus 93>をクリックして選択します。

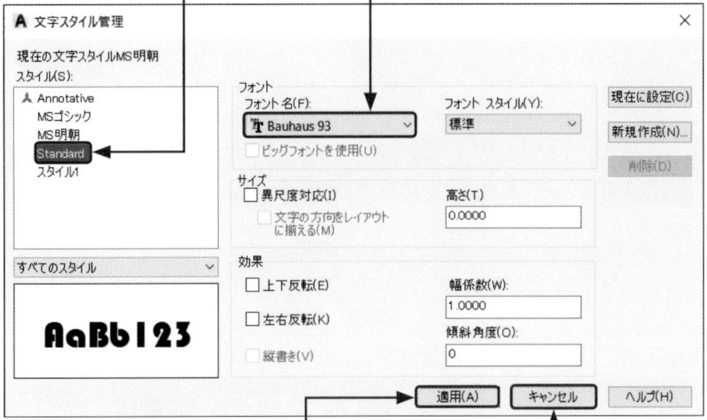

6 <適用>をクリックします。

7 <閉じる>をクリックしてダイアログボックスを閉じます。

8 文字スタイル「Standard」に設定した文字のフォントが、「Bauhaus 93」に更新されます。

メモ　フォントが更新されない場合

手順**8**で文字スタイルのフォントを変更しても、文字に反映されない場合はキーボードで「RE」と入力し（再作図）、Enter キーを押します。

メモ　文字の幅と傾斜角度について

文字の幅を調整したい場合は、変更したい文字をクリックして選択し、プロパティパレット→<文字>→<幅係数>で設定できます。また、傾斜角度を設定することで、任意の角度の斜体文字を作成できます。

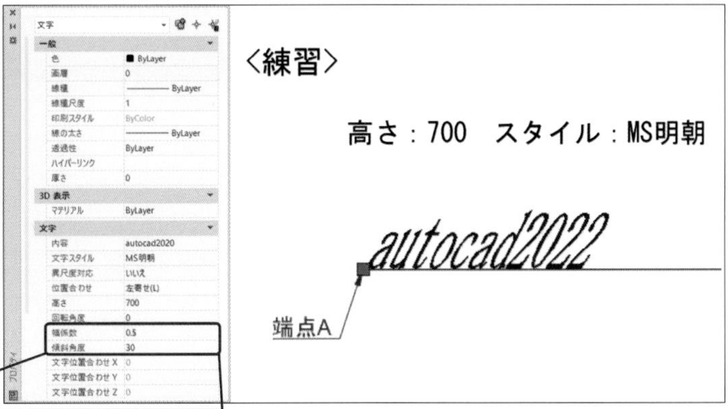

幅係数	0.5
傾斜角度	30

Section 37 自動的に図面名や面積を表示する

覚えておきたいキーワード
- ☑ フィールド
- ☑ 変換係数
- ☑ 再作図

AutoCADの図面を編集していると、灰色の網掛けのかかった文字を目にすることがあります。これはフィールドと呼ばれる特殊な文字で、図面（ファイル）名や図形の面積、印刷した日付などを自動的に表示してくれる機能です。文字の編集ができれば誰でもかんたんに作成することができます。

練習用ファイル	Sec37.dwg		
ショートカット	（文字が編集状態で）Ctrl＋F		
コマンド	FIELD	エイリアス	—

1 図面名を自動的に表示させる（マルチテキストの場合）

メモ 図面名をファイル名にする

ここでは、図面名が自動的にファイル名で表示される方法を解説しています。この設定を行っておけば、その都度、ファイル名を入力する手間が省けるので便利です。

キーワード フィールド

図面や図形のさまざまな情報を文字化する機能が「フィールド」です。通常の文字と異なり、自動で文字列が生成されるため、手動で編集する必要がありません。フィールドで作成された文字には自動的に灰色の網掛けが表示されますが、網掛けは印刷されません。

1 編集する文字（ここでは「図面名」）をダブルクリックします。

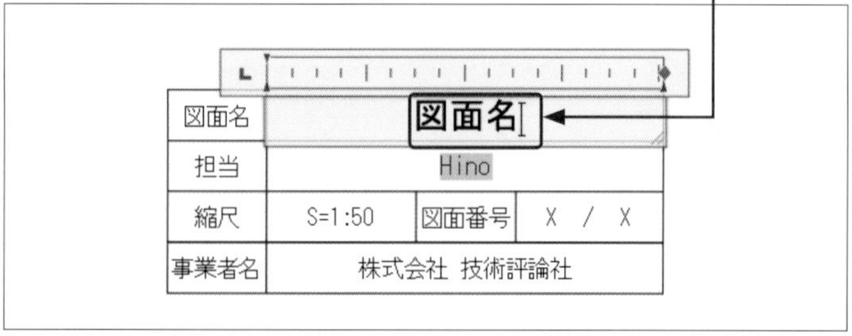

2 「図面名」をDeleteキーなどで削除します。

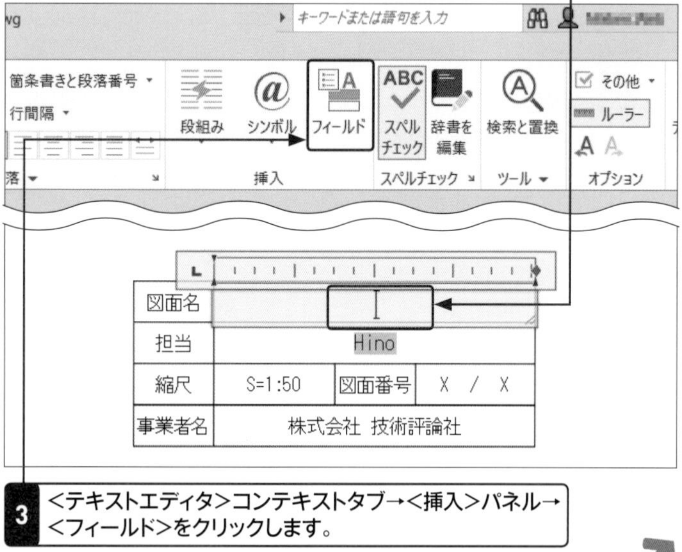

3 <テキストエディタ>コンテキストタブ→<挿入>パネル→<フィールド>をクリックします。

4 「フィールド」ダイアログボックスが表示されます。

5 「フィールド分類」で<ドキュメント>をクリックして選択し、

6 「フィールド名」で<ファイル名>をクリックして選択します。

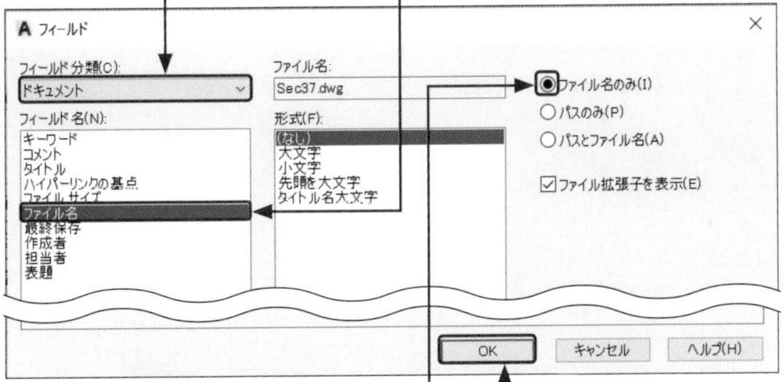

7 <ファイル名のみ>の○をクリックして◉にします。

8 <OK>をクリックします。

9 フィールド(現在開いているファイル名)が表示されるので、

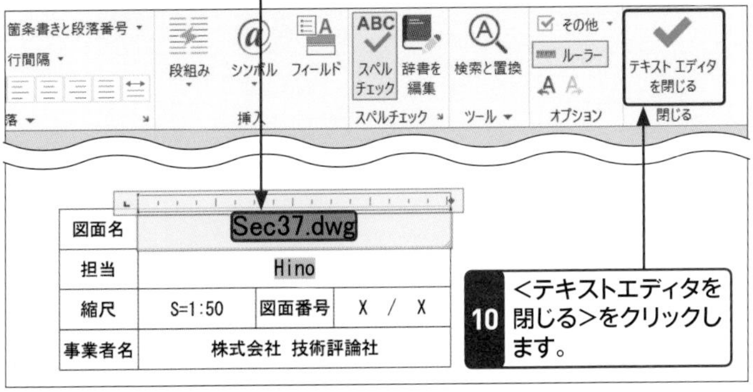

10 <テキストエディタを閉じる>をクリックします。

メモ　カスタマイズについて

ドキュメントの情報は、自分でカスタマイズして追加することもできます。フィールドを追加する場合は、<アプリケーションメニュー>→<図面ユーティリティ>→<図面のプロパティ>→「プロパティ」ダイアログボックス→<カスタム>タブから行います。

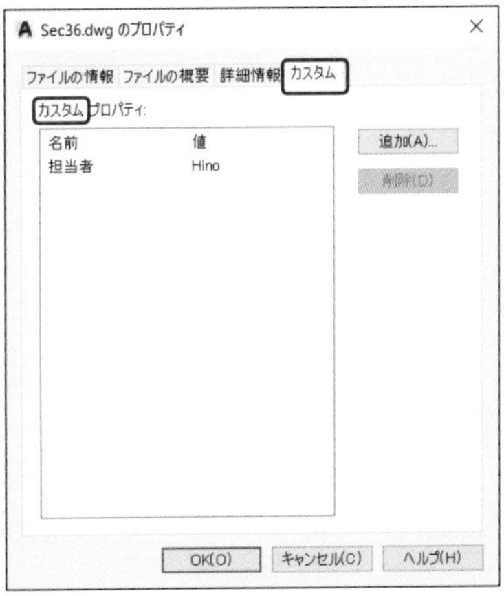

2 図形の面積を自動的に表示する(1行文字の場合)

1 編集する文字(ここでは「面積:」)をダブルクリックし、

2 編集状態で「:」のうしろをクリックします。

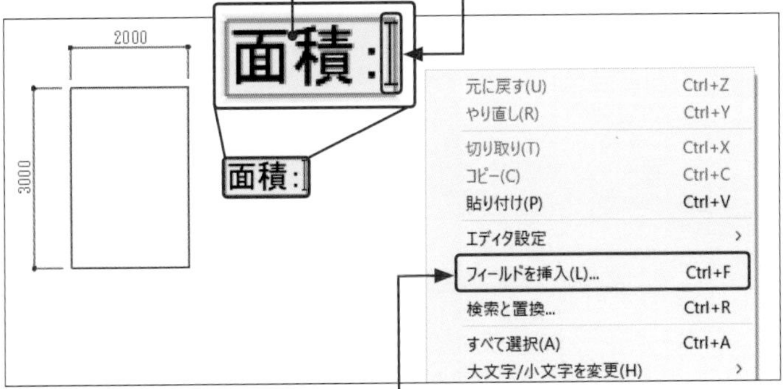

3 右クリックし、

4 表示されるメニューで<フィールドを挿入>をクリックして選択します。

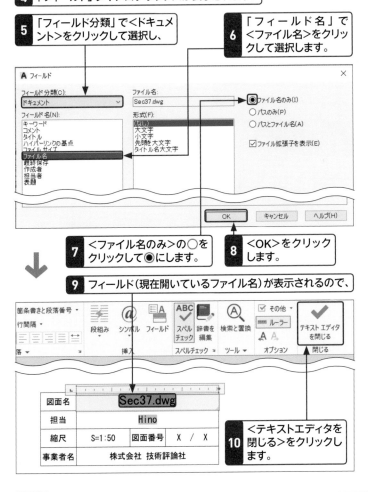

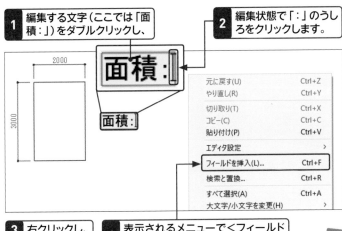

5 「フィールド」ダイアログボックスが表示されます。

6 「フィールド分類」で＜オブジェクト＞をクリックして選択し、

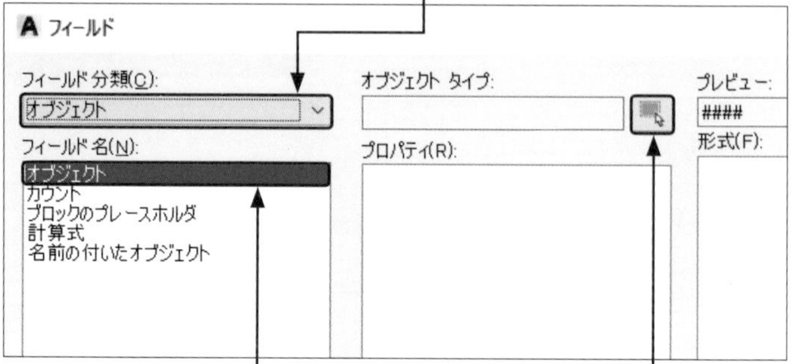

7 「フィールド名」で＜オブジェクト＞をクリックして選択します。

8 「オブジェクトタイプ」の＜オブジェクトを選択＞をクリックします。

9 長方形（ポリライン）をクリックして選択します。

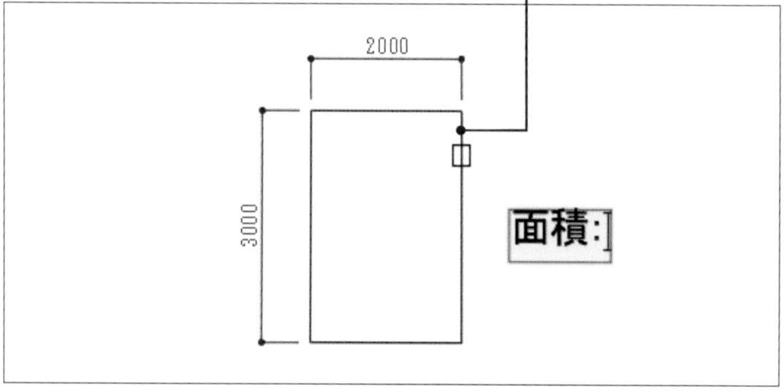

10 再び「フィールド」ダイアログボックスが表示されます。

11 「オブジェクトタイプ」が＜ポリライン＞であることを確認し、

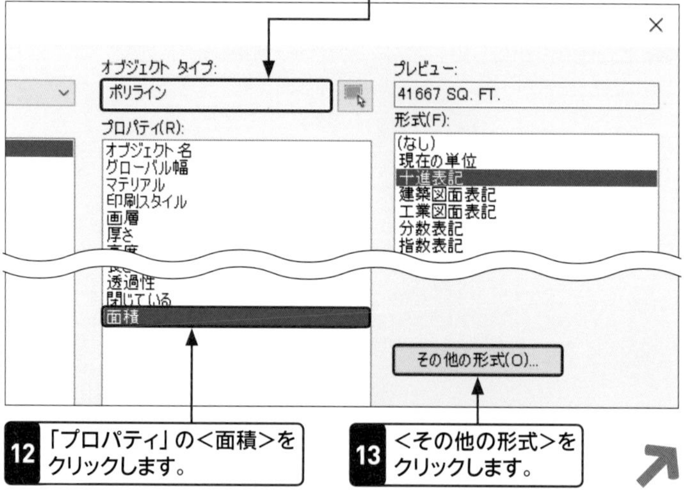

12 「プロパティ」の＜面積＞をクリックします。

13 ＜その他の形式＞をクリックします。

メモ オブジェクトの情報を表示する

フィールドを使用すると、図形の情報を文字化することができます。たとえば、今回のようにポリラインであれば、面積や周長などをかんたんに計測し、文字として表示することができます。また、これらの情報は図形を変更しても自動的に更新されます。

メモ 単位について

AutoCADでは図面単位で単位を設定することができ、さまざまな単位で作図することができます。各図面の単位を確認するには、＜アプリケーションメニュー＞→＜図面ユーティリティ＞→＜単位設定＞→「単位管理」ダイアログボックスの「挿入尺度」で確認できます。

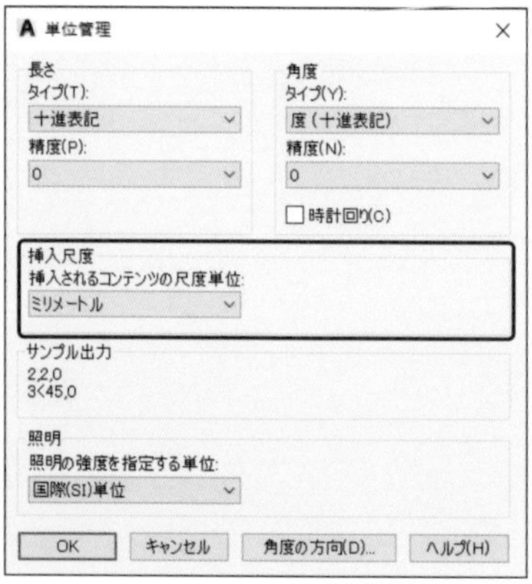

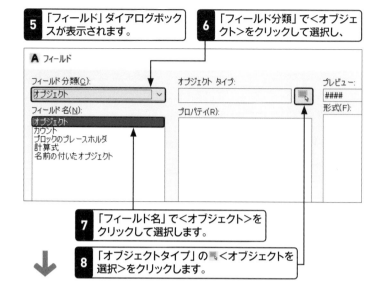

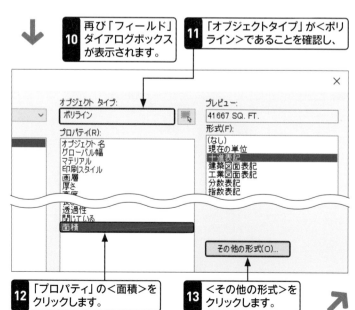

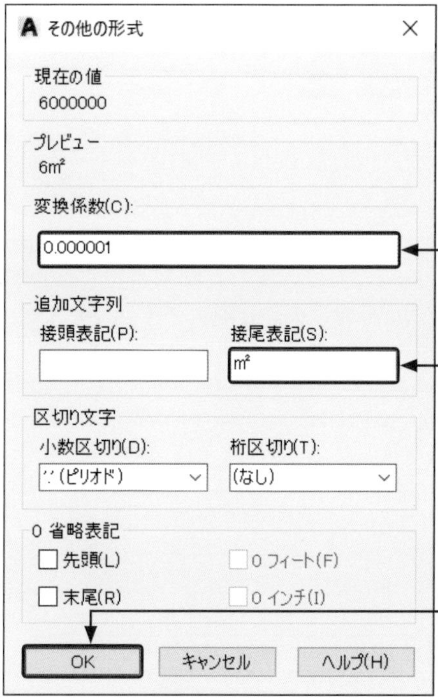

14 「その他の形式」ダイアログボックスが表示されます。

15 「変換係数」に「0.000001」と入力します。

16 「追加文字列」の「接尾表記」に「㎡」(平米)と入力します。

17 <OK>をクリックしてダイアログボックスを閉じます。

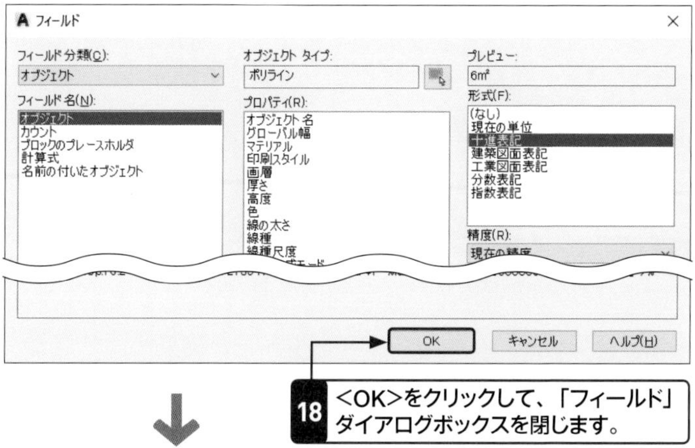

18 <OK>をクリックして、「フィールド」ダイアログボックスを閉じます。

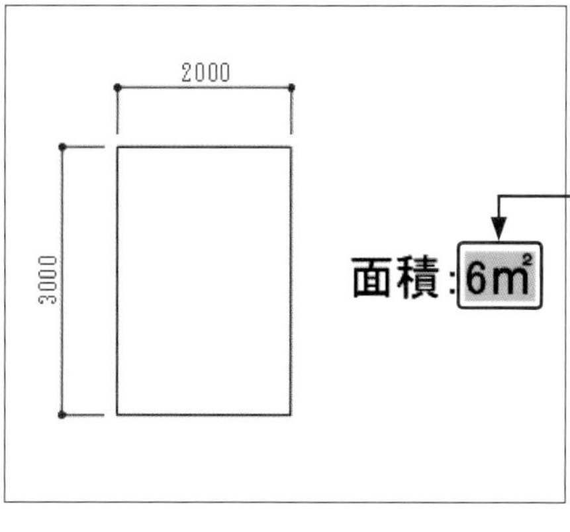

19 Enter キーを2回押して編集を終了します。

20 選択した長方形(ポリライン)の面積が表示されます。

メモ　変換係数について

AutoCADでは通常「mm」で作図します(P.45のメモ「計測単位について」を参照)。ここではミリメートルで作図された長方形の面積を、平方メートルで表示するために1m＝1000mmなので、0.001m×0.001m＝0.000001㎡を現状の面積に係数として掛けて変換させています。

メモ　再作図について

フィールドの値の更新は図面を保存したり、印刷したりするタイミングで更新されますが、手動で更新したい場合は「RE(再作図)」と入力し、Enter キーを押します。

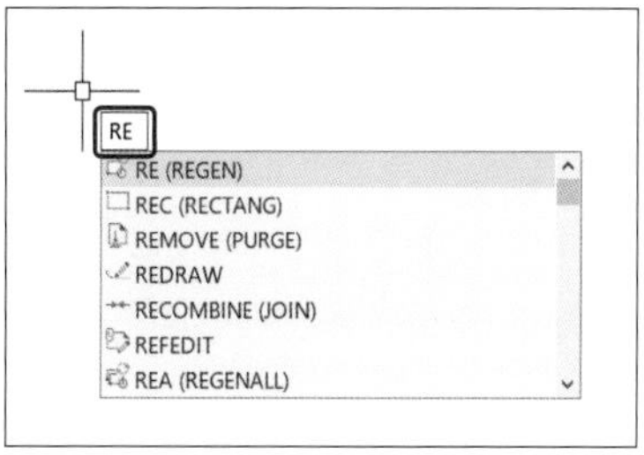

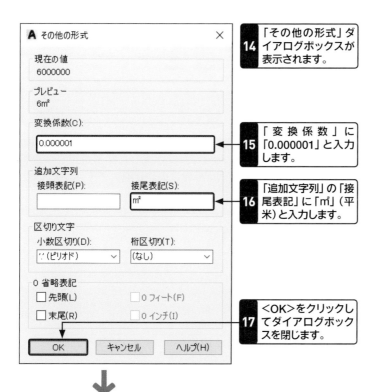

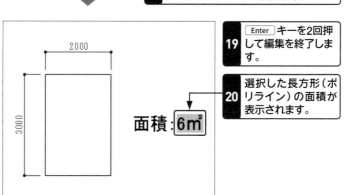

Section 38 さまざまな寸法を記入する

覚えておきたいキーワード
- ☑ 長さ／平行寸法
- ☑ 角度寸法
- ☑ 半径／直径寸法

モノづくりの現場はすべて数字で動きます。正確な数字を求めるために図面を作図するといっても過言ではありません。CADで作図した図形が正しい数字で描かれているか確認するためにも、寸法は非常に大切な要素です。ここでは、寸法の記入方法を解説します。

練習用ファイル	Sec38.dwg		
リボン	[ホーム] タブ - [注釈] パネル - [寸法記入]		
コマンド	DIM	エイリアス	―

1 長さ（高さ）寸法を記入する

メモ　コマンドの選択

＜寸法記入＞のコマンドは、＜注釈＞タブ→＜寸法記入＞パネルからも選択できます。

1 ＜ホーム＞タブ→＜注釈＞パネル→＜寸法記入＞をクリックします。

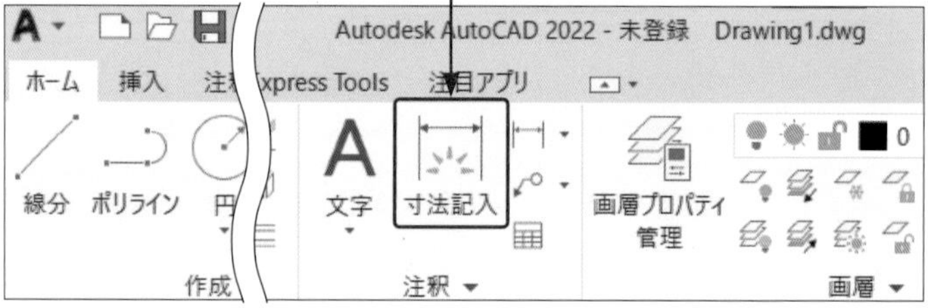

2 端点Aをクリックし、

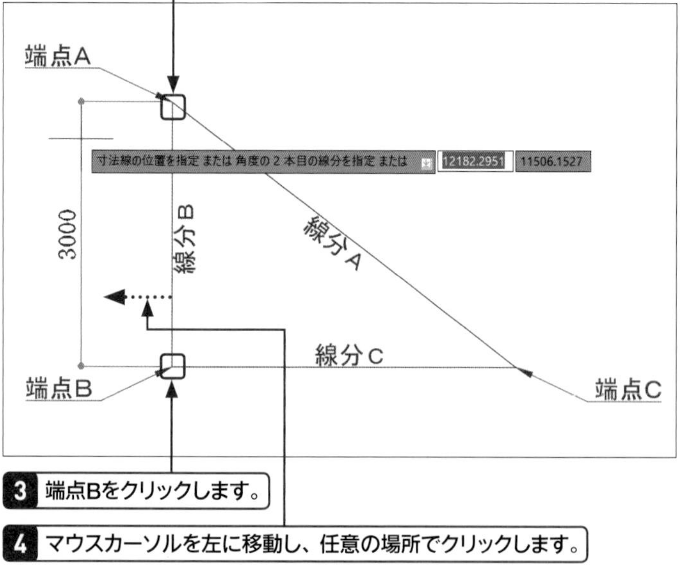

3 端点Bをクリックします。

4 マウスカーソルを左に移動し、任意の場所でクリックします。

メモ　寸法記入コマンド

寸法記入（DIM）コマンドを使用すると、連続して寸法を作図することができ、作図に最適な寸法を自動選択してくれます。

2 長さ（幅）寸法を記入する

1 端点Bをクリックし、

2 端点Cをクリックします。

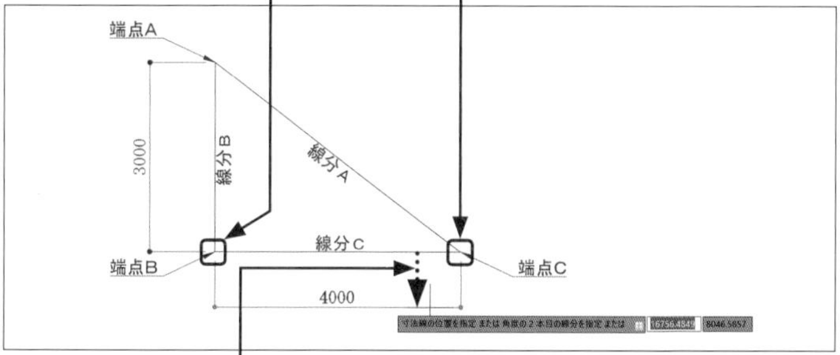

3 マウスカーソルを下に移動し、任意の場所でクリックします。

3 平行寸法を記入する

1 線分Aにマウスカーソルをポイントし、

2 寸法が表示されたら、

3 線分Aの線上をクリックして、寸法値を確定します。

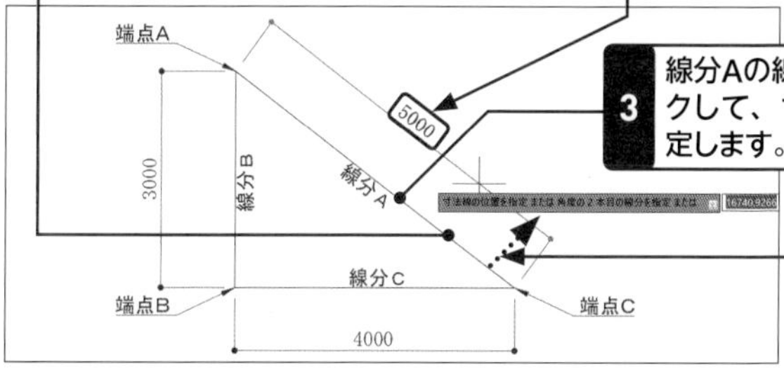

4 マウスカーソルを右上に移動し、寸法を配置したい任意の場所でクリックします。

メモ オブジェクトを選択して寸法を作成する

図形を選択することで、図形の始点と終点の間の寸法を作図することができます。オブジェクトスナップが起動して、選択しづらい場合は、オブジェクトスナップをオフにします。

ヒント マウスカーソルを動かす方向によって寸法を切替える

寸法記入（DIM）で寸法を作成する場合、マウスカーソルを移動した方向によって、長さ寸法か平行寸法に自動的に切り替わります。

線分 A を選択してマウスカーソルを上に移動

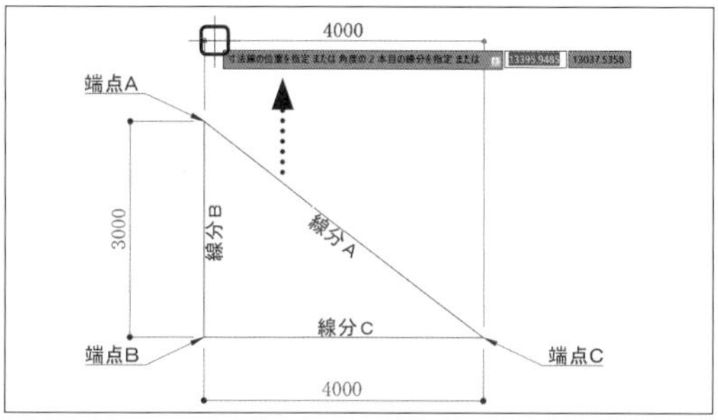

線分 A を選択してマウスカーソルを右に移動

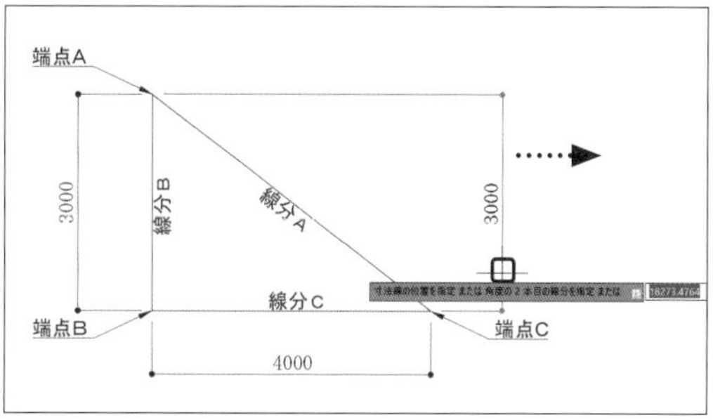

4 角度寸法を記入する

メモ 寸法記入について

P.143のように、水平（X方向）または垂直（Y方向）の2点間の距離を表す寸法を「長さ寸法」といいます。コマンドを選択して作図する場合は、＜ホーム＞タブ→＜注釈＞パネル→＜長さ寸法記入＞をクリックします。また、そのほかの寸法記入のコマンドも用意されています。利用する場合は、＜長さ寸法記入＞の右横の▼をクリックします。角度寸法の場合は、＜角度寸法記入＞をクリックします。

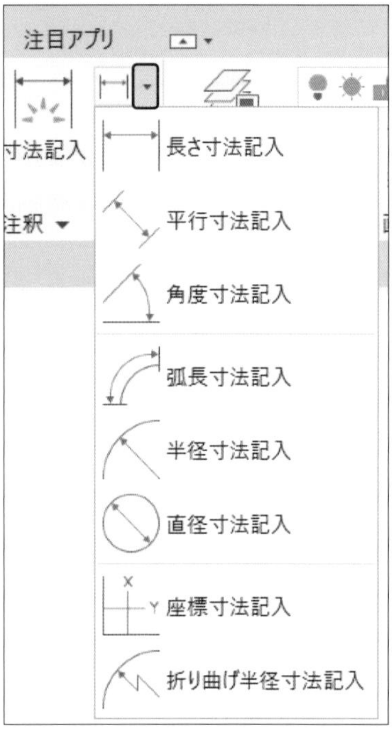

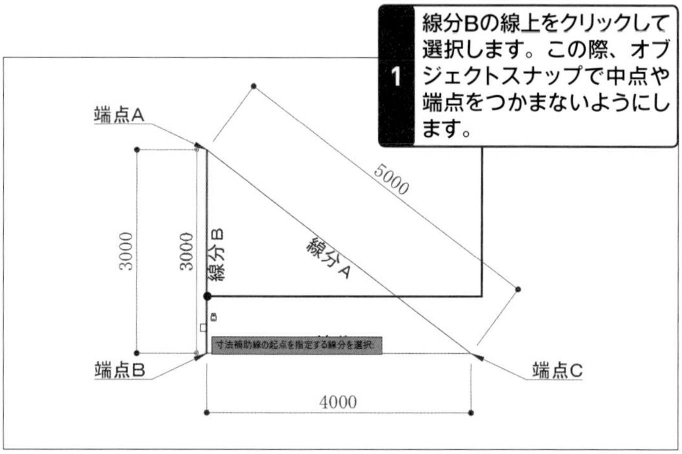

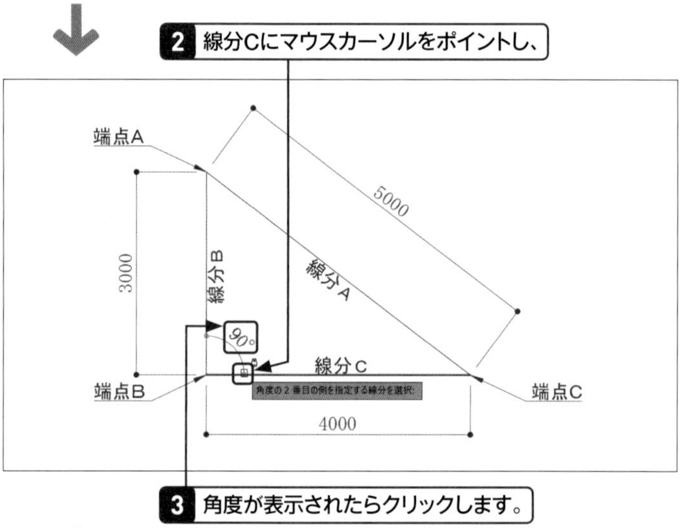

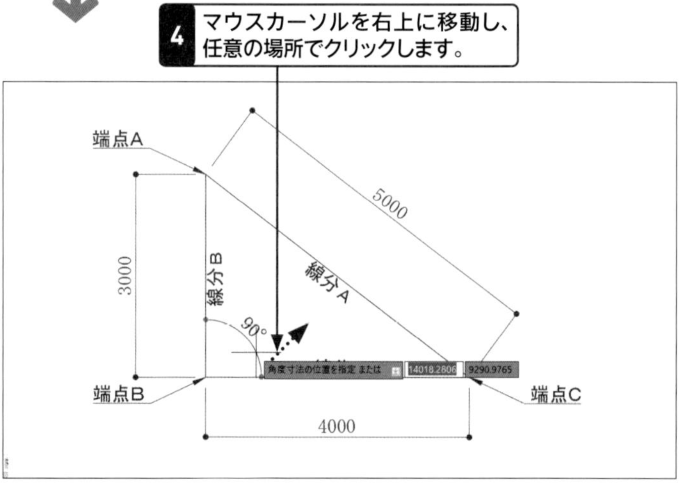

メモ　寸法の修正について

作図した寸法は、選択時に表示されるグリップをクリックすると、かんたんに修正することができます。

寸法値の移動など

1 グリップをクリックし、

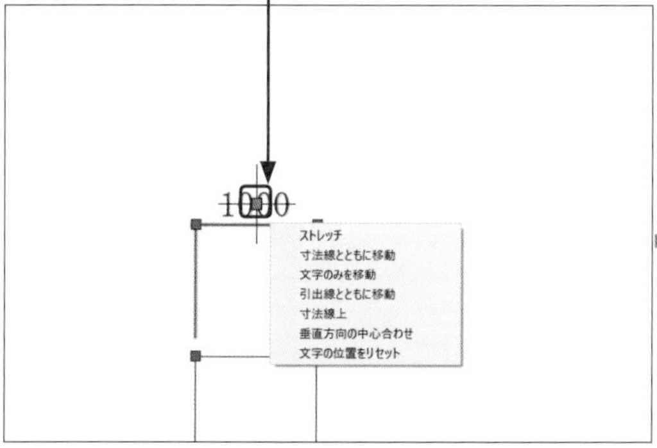

2 上下左右にマウスカーソルを動かす（ドラッグではない）ことで寸法値を移動できます。

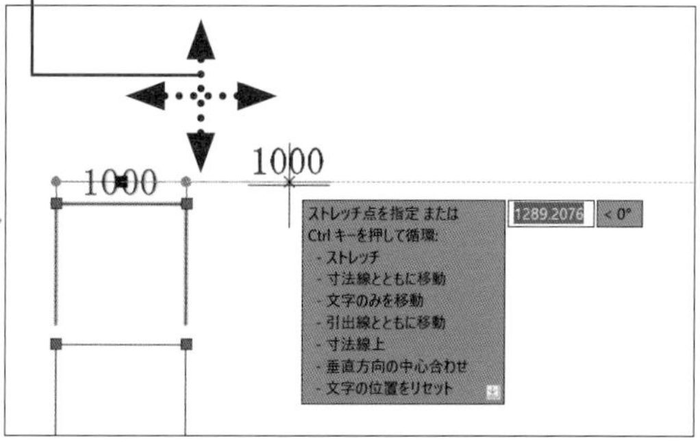

寸法線の位置の移動など

1 グリップをクリックし、

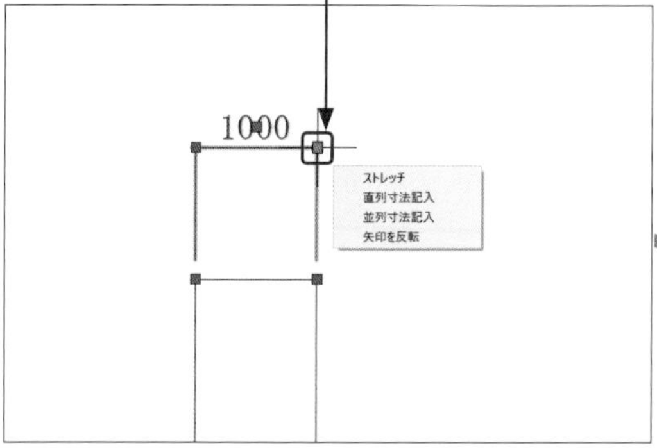

2 上下にマウスカーソルを動かす（ドラッグではない）ことで寸法値と寸法線を移動できます。

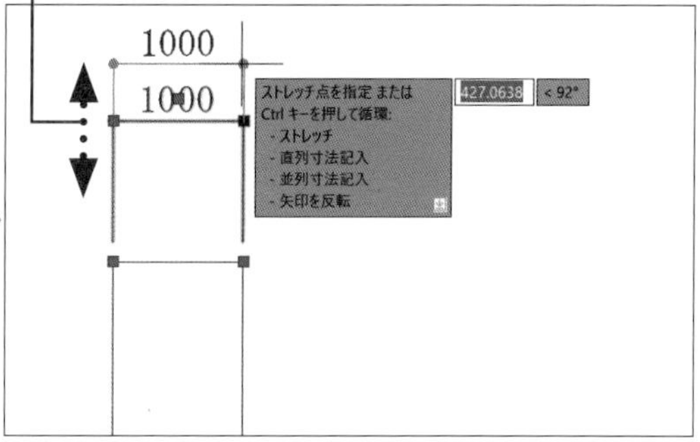

寸法の長さの変更

1 グリップをクリックし、

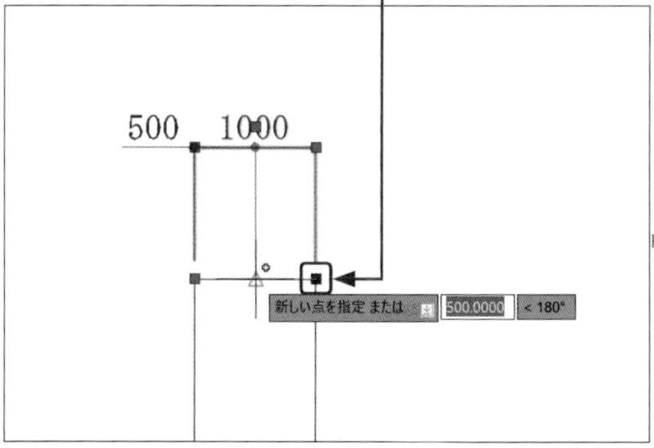

2 左右（上下も可）にマウスカーソルを動かす（ドラッグではない）ことで寸法の長さを変更できます。

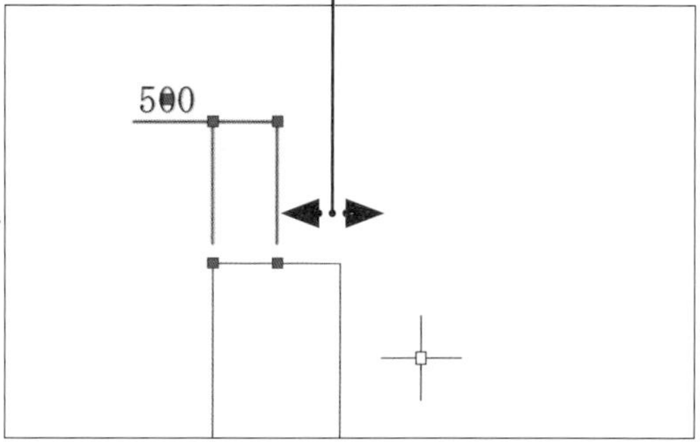

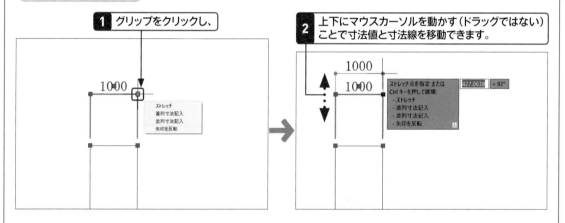

Section 39 寸法の外観を設定する

覚えておきたいキーワード
☑ 寸法スタイル
☑ 寸法サブスタイル
☑ 全体の尺度

文字と同じように寸法も「寸法スタイル」という設定をもとに一括管理されています。ここでは、寸法線の構成内容や寸法スタイルの設定項目について学習し、「寸法サブスタイル」と呼ばれるスタイルの設定方法についても解説します。細かな設定を寸法スタイルごとに行っておきましょう。

練習用ファイル	Sec39.dwg		
リボン	[ホーム]タブ-[注釈]パネル-[寸法スタイル管理]／[注釈]タブ-[寸法]パネル-[(パネルダイアログボックスランチャー)]		
コマンド	DIMSTYLE	エイリアス	DIMSTY

1 寸法スタイルを確認する

メモ 選択中の寸法スタイルの表示について

「寸法スタイル」のリストには、現在選択されている寸法に適用されている「寸法スタイル」が表示されます。何も選択されていない場合は「現在の寸法スタイル（新規の寸法を作成した際に適用される寸法スタイル）」が表示されます。

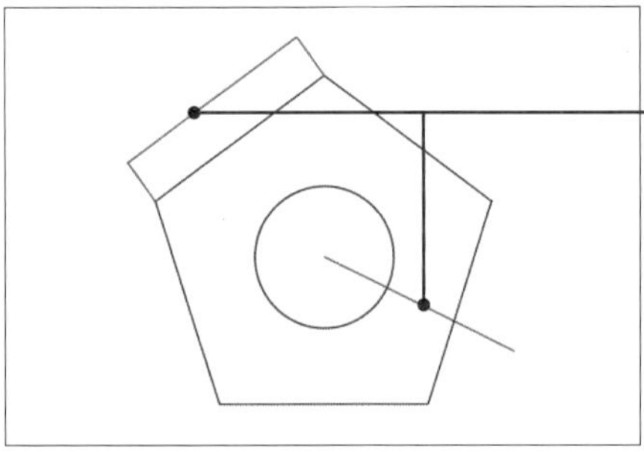

1 長さ寸法と半径寸法をクリックして選択します。

2 ＜ホーム＞タブ→＜注釈＞パネル→＜注釈▼＞をクリックします。

3 「寸法スタイル」が<ISO-25>に設定されていることを確認します。

メモ 異尺度対応注釈について

スタイル名の前に「異尺度対応のマーク」が付いたものがあります（例：「Annotative」）。これは異尺度対応オブジェクトを作成するための特殊なスタイルです。異尺度対応についてはP.164のSec.43を参照してください。

2 寸法を修正する

1 ＜ホーム＞タブ→＜注釈＞パネル→＜注釈▼＞→＜寸法スタイル管理＞をクリックします。

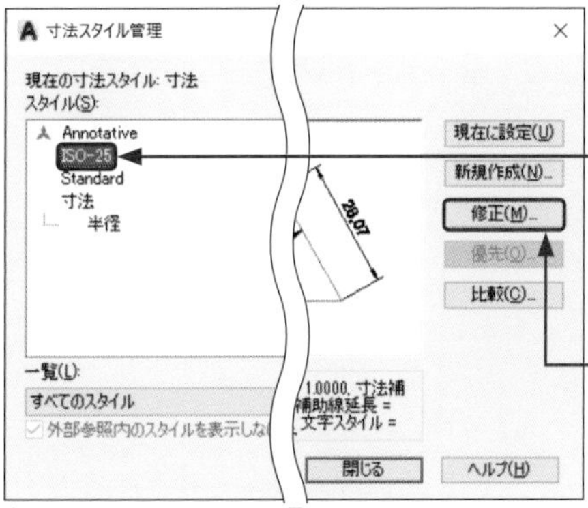

2 「寸法スタイル管理」ダイアログボックスが表示されます。

3 「スタイル」で＜ISO-25＞をクリックし、

4 ＜修正＞をクリックします。

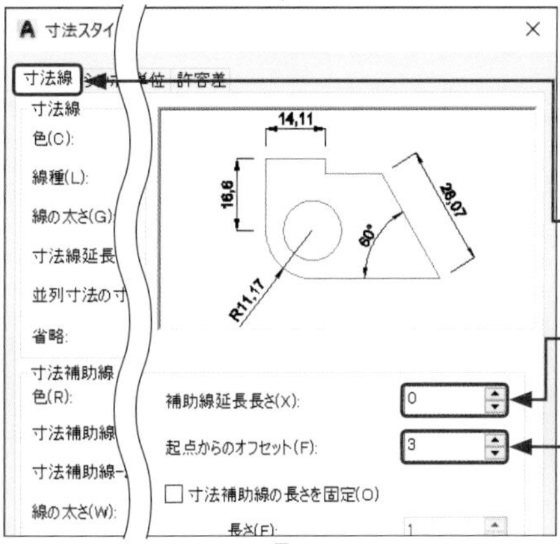

5 「寸法スタイルを修正：ISO-25」ダイアログボックスが表示されます。

6 ＜寸法線＞タブをクリックし、

7 「補助線延長長さ」の値を「0」に変更します。

8 「起点からのオフセット」の値を「3」に変更します。

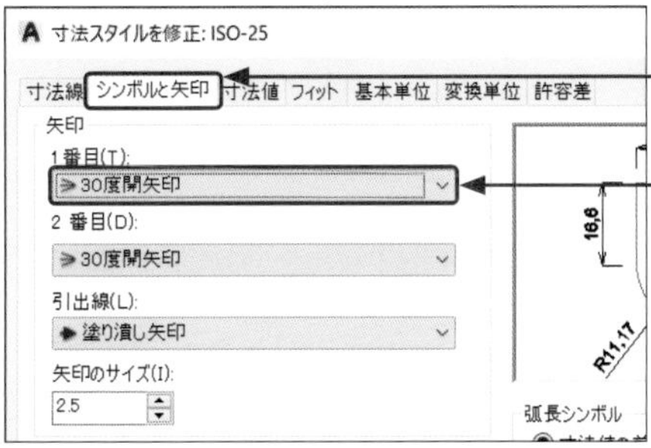

9 ＜シンボルと矢印＞タブをクリックします。

10 「矢印」の「1番目」をクリックして＜30度開矢印＞をクリックして選択します。

メモ 寸法スタイルの新規作成について

今回は既存の寸法スタイルを修正しますが、手順❹で＜新規作成＞をクリックし、新しいスタイル名を入力、適用先を「すべての寸法」にして＜続ける＞をクリックすると、新しい寸法スタイルを新規で作成することもできます。

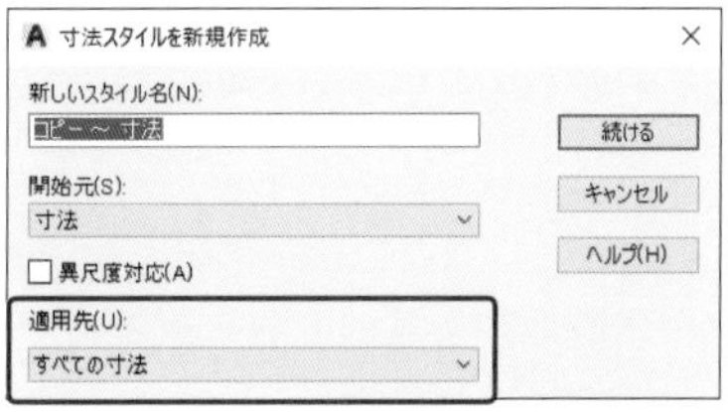

メモ 寸法の構成

寸法線は下図のような構成になっています。各パーツの大きさや色などは「寸法スタイル」から設定することができます。

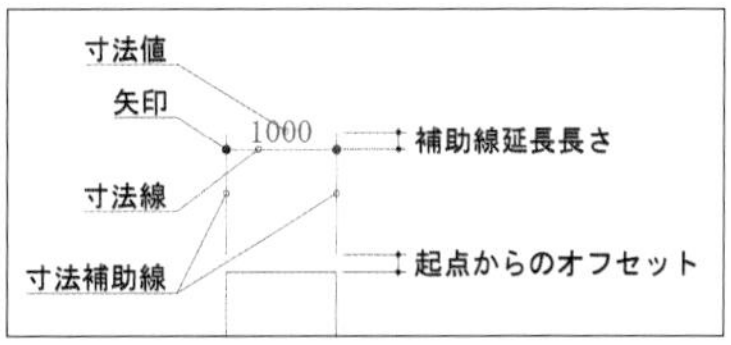

メモ 寸法の設定について

寸法スタイルで設定する数値は印刷時の尺度を考慮し、印刷時の大きさでそれぞれ設定します。詳細は、次ページ「メモ」の「寸法図形の尺度の考え方」を参照してください。

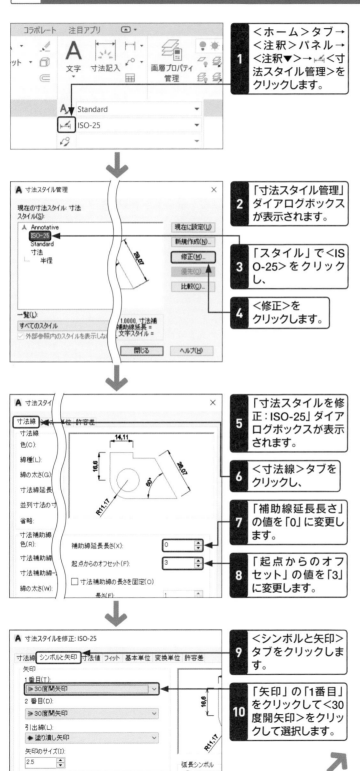

ヒント　寸法値の文字スタイルについて

手順12の文字スタイルでは、「文字スタイル管理」ダイアログボックス（P.132のSec.36参照）で作成された文字スタイルが表示されます。文字スタイルを新規作成または修正する場合は、スタイル名の右に表示されている … をクリックすることで、「文字スタイル管理」ダイアログボックスを表示することができます。

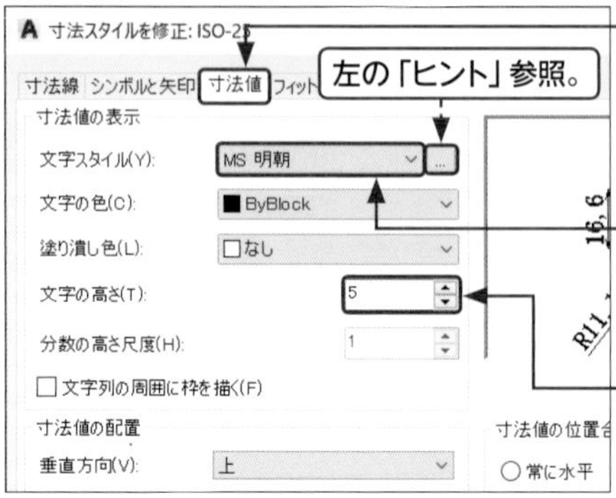

11 <寸法値>タブをクリックし、

12 「寸法値の表示」の「文字スタイル」の項目をクリックして<MS 明朝>にしたら、

13 「文字の高さ」の値を「5」に変更します。

14 <フィット>タブをクリックします。

15 「寸法図形の尺度」で<全体の尺度>の○をクリックして◉にします。

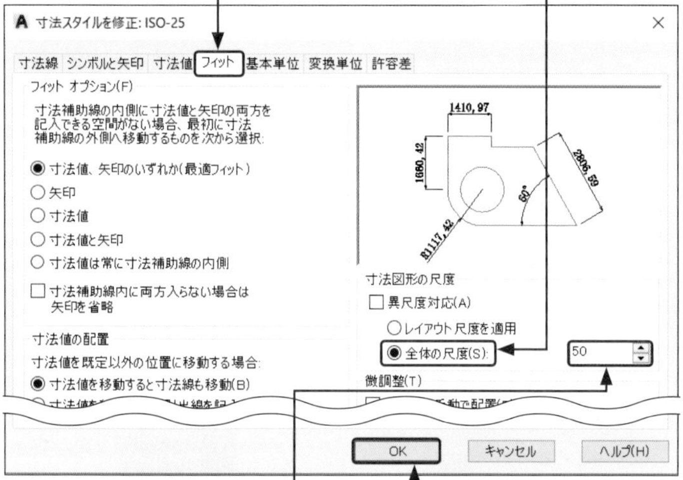

16 値を「50」に変更します。

17 <OK>をクリックしてダイアログボックスを閉じます。

メモ　寸法図形の尺度の考え方

手順16の「全体の尺度」には、印刷時の尺度の分母を入力します。たとえば、S=1/50で印刷する際に使用する寸法を作成する場合は、「全体の尺度」に「50」と入力します。すると、スタイルで設定された数値（文字の高さや矢印のサイズなど）はすべて50倍されます。スタイル修正前の寸法で寸法値が表示されていないのは、全体尺度が「1」のため、図形の大きさと比較して、文字の高さが極端に小さく表示されてしまっていることが原因です（P.17のSec.01の「AutoCADの特徴である実寸型CADとは」を参照）。

3 半径寸法をサブ寸法で修正する

キーワード　寸法サブスタイル

寸法スタイルは、すべての種類の寸法（長さ寸法・平行寸法・半径寸法など）に反映されます。寸法サブスタイル（サブ寸法）は同じスタイルの中で、特定の寸法のみを変更したい場合に使用します。たとえば、今回のように半径寸法のみ寸法値を「水平」に表示し、それ以外の寸法は「寸法線の傾きに合わせる」ような場合に使用します。

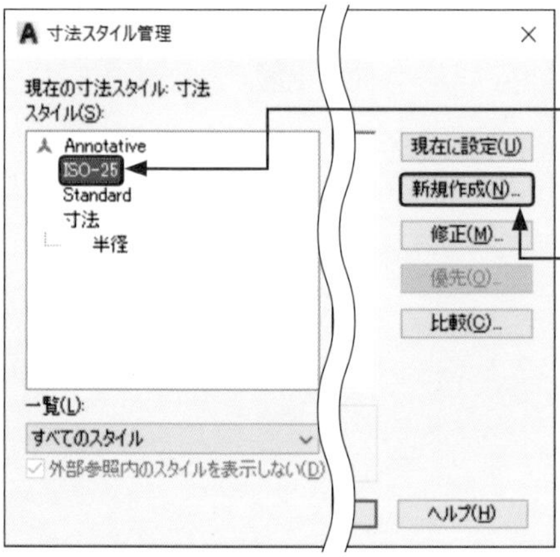

1 「寸法スタイル管理」ダイアログボックスの「スタイル」で<ISO-25>を選択し、

2 <新規作成>をクリックします。

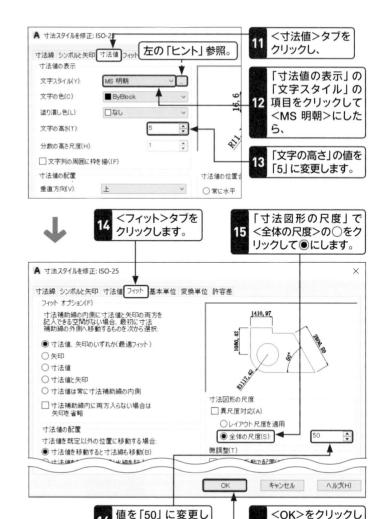

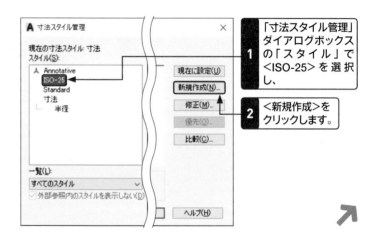

3 「寸法スタイルを新規作成」ダイアログボックスが表示されます。

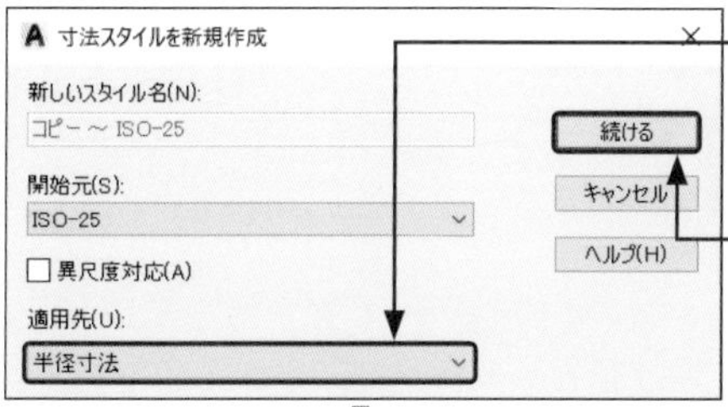

4 「適用先」で<半径寸法>をクリックして選択し、

5 <続ける>をクリックします。

6 「寸法スタイルを新規作成：ISO-25：半径」ダイアログボックスが表示されます。

7 <寸法値>タブをクリックし、

8 「寸法値の位置合わせ」で<常に水平>の○をクリックして◉にしたら、

9 <OK>をクリックしてダイアログボックスを閉じます。

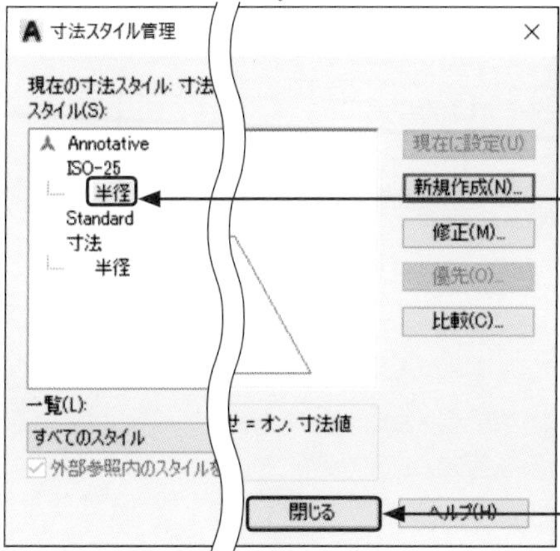

10 「寸法スタイル管理」ダイアログボックスの「スタイル」で「ISO-25」の下に「半径」が追加されていることを確認します。

11 <閉じる>をクリックしてダイアログボックスを閉じます。

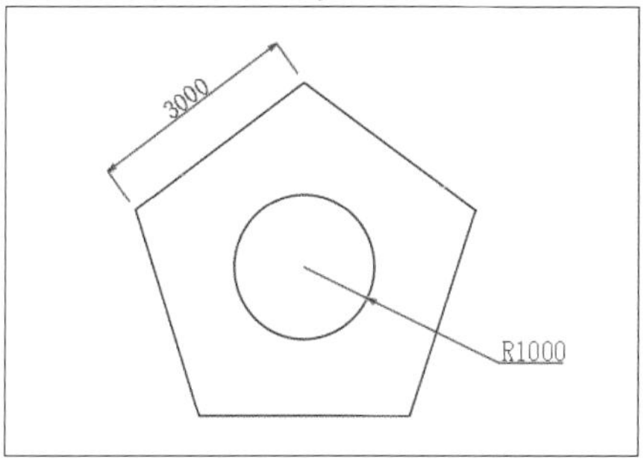

12 「ISO-25」寸法スタイルで作成された寸法の表示が更新されます。

メモ 寸法値の向きについて

AutoCADでは寸法値の向きを自動的に調整してくれます。設定を変更したいときは、「寸法スタイル」ダイアログボックスの<寸法値>タブにある「寸法値の配置」または「寸法値の位置合わせ」で変更できます。

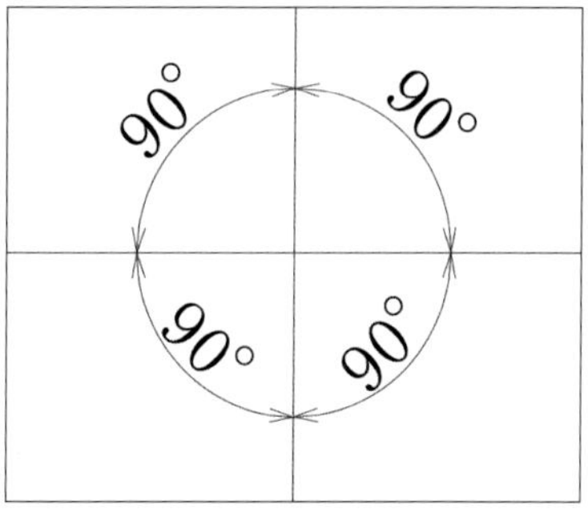

メモ 異尺度対応時の全体尺度について

前ページの手順**16**で「全体の尺度」を「50」に設定しましたが、異尺度対応を使用して作成する場合、「寸法図形の尺度」を<異尺度対応>にすることでステータスバーの「注釈尺度」が全体尺度となります。異尺度対応の詳細についてはSec.43で確認してください。

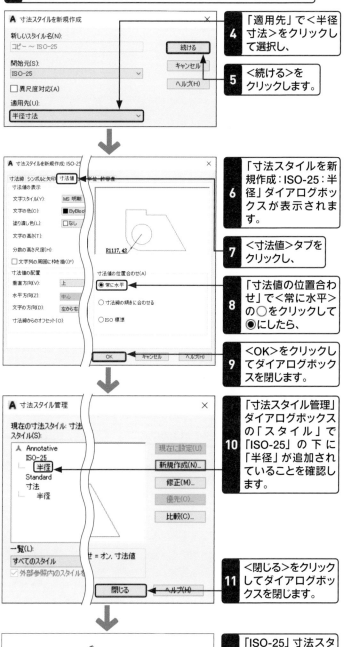

Section 40 PDFで出力する［モデル印刷］

覚えておきたいキーワード
☑ 印刷
☑ 印刷領域
☑ 印刷尺度

AutoCADで図面を印刷するには大きく「モデル印刷」と「レイアウト印刷」の2つの方法があります。ここでは、モデル空間から印刷する「モデル印刷」について解説します。この方法を使うと、単一の尺度でモデル空間から指定した範囲を印刷することができます。

練習用ファイル	Sec40.dwg		
リボン	［アプリケーションメニュー］-［印刷］／［クイックアクセスツールバー］-［印刷］		
ショートカット	Ctrl＋P		
コマンド	PLOT	エイリアス	―

1 モデル空間から印刷する

キーワード バッチ印刷

複数の図面を開いている状態で印刷コマンドを選択すると、「バッチ印刷（複数印刷）」ダイアログボックスが表示されます。表示された場合は、＜1シートの印刷を継続＞をクリックします。

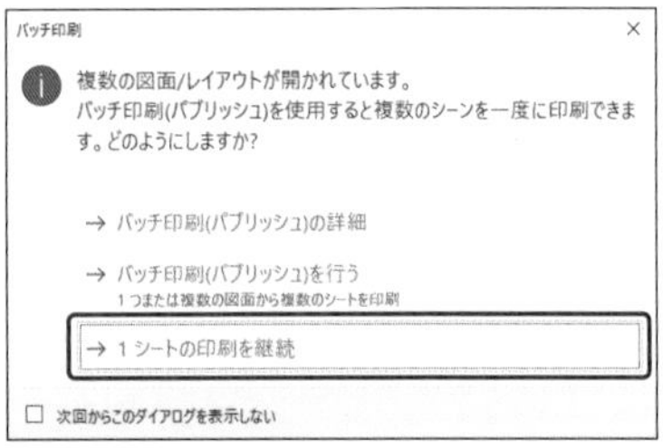

メモ 用紙サイズはプリンタを選択してから設定

「用紙サイズ」に表示される用紙サイズは、選択したプリンタで使用できるものが表示されます。まずは使用するプリンタ（またはプロッタ）を選択してから、用紙サイズを選択しましょう。

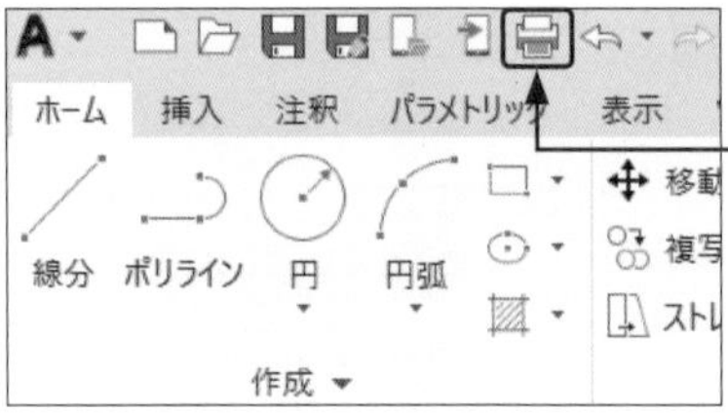

1 クイックアクセスツールバーの＜印刷＞をクリックします。

2 「印刷-モデル」ダイアログボックスが表示されます。

3 「プリンタ/プロッタ」の「名前」で＜DWG To PDF.pc3＞（PDF出力用ドライバ）をクリックして選択し、

4 「用紙サイズ」で＜ISO フルブリード A4（297.00x210.00ミリ）＞をクリックして選択したら、

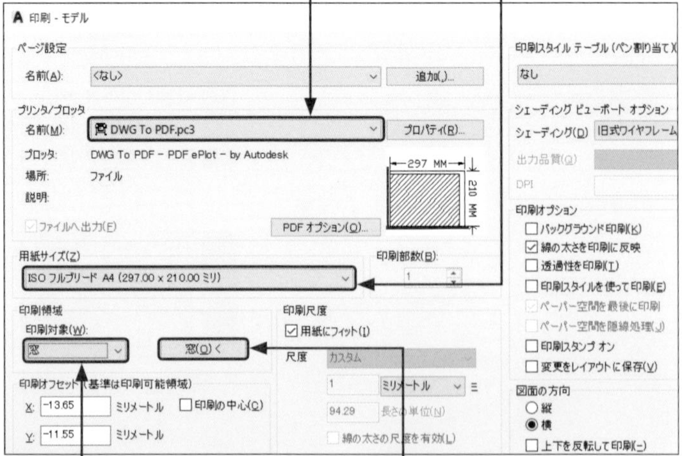

5 「印刷領域」の「印刷対象」で＜窓＞をクリックして選択します。

6 ＜窓（O）<＞をクリックします。

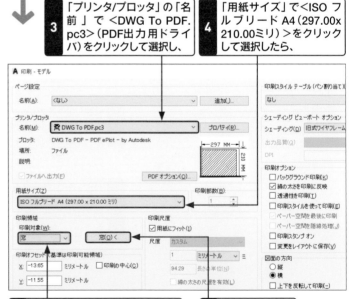

7 「最初のコーナーを指定」で図枠の左上の端点をクリックし、

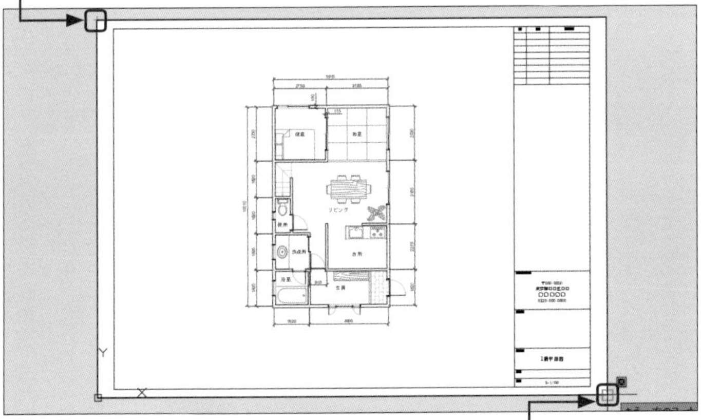

8 「もう一方のコーナーを指定」で図枠の右下の端点をクリックします。

9 「印刷オフセット」で<印刷の中心>の□をクリックして☑にし、

10 「印刷尺度」で<用紙にフィット>の☑をクリックして□にします。

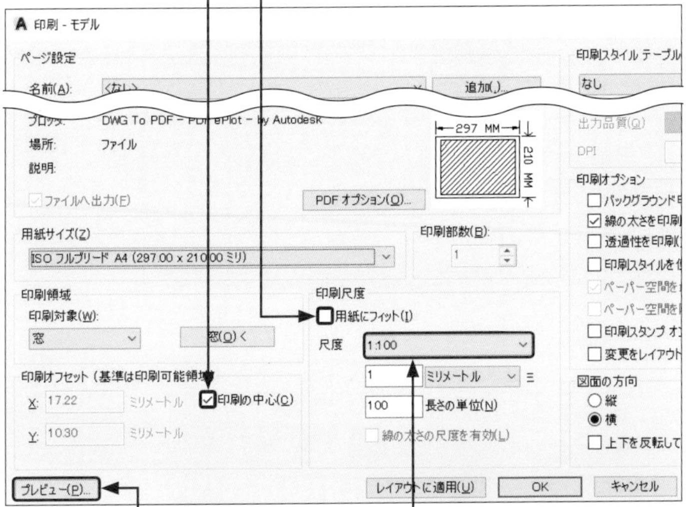

11 「尺度」の<1：100>をクリックして選択し、

12 <プレビュー>をクリックします。

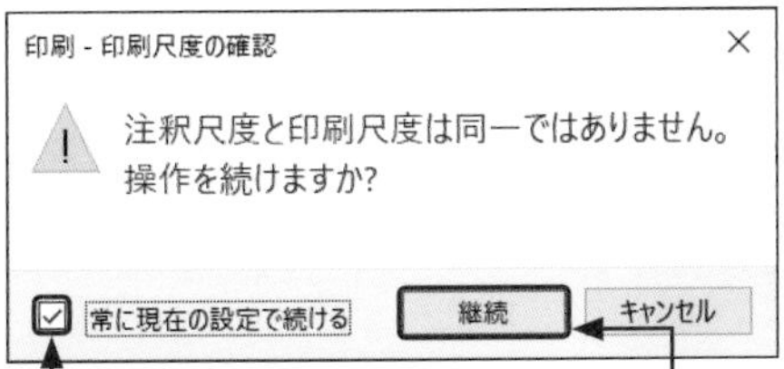

13 「印刷-印刷尺度の確認」ダイアログボックスが表示されます。

14 <常に現在の設定で続ける>の□をクリックして☑にします。

15 <継続>をクリックします。

ヒント 印刷領域について

モデル空間から印刷する場合、以下の4つから印刷領域を選択できます。①オブジェクト範囲：モデル空間上にあるすべての図形を含む範囲。②図面範囲：図面範囲コマンド（LIMITS）で設定した範囲。③窓：指定した矩形の範囲。④表示画面：現在表示されている画面の範囲。

メモ 印刷オフセットとは

印刷可能領域の左下または用紙の端を基準とし、余白部分を指定します。用紙の中央を基準に印刷したい場合は、今回のように「印刷の中心」にチェックを入れると、自動的に余白を調整してくれます。

メモ 印刷尺度について

モデル空間から印刷する場合、「印刷尺度」で尺度を設定します。手順**10**で<用紙にフィット>にチェックを入れると、現在選択している用紙サイズで最も大きく印刷した場合の尺度が自動的に設定されます。

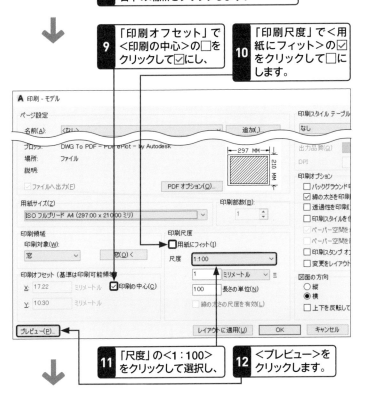

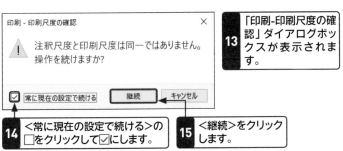

2 プレビューで確認する

メモ 印刷前には必ずプレビューで確認する

印刷ダイアログボックスで設定ができたら、印刷ミスを防ぐためにも、印刷前に必ずプレビューで確認するようにしましょう。

1 印刷プレビューが表示されます。

2 印刷範囲を確認します。

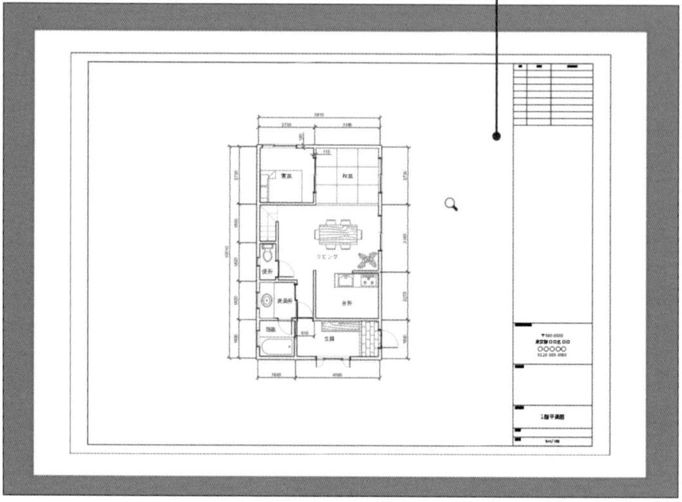

メモ プレビュー中の画面表示について

印刷プレビュー中は、自動的に「ZOOM」コマンドが実行されます。そのため、ホイールによる拡大／縮小、ホイールドラッグによる画面移動はできますが、ホイールダブルクリックによる全体表示はできません。

3 ホイールを回転させて図面を拡大し、線の太さと線色を確認します。

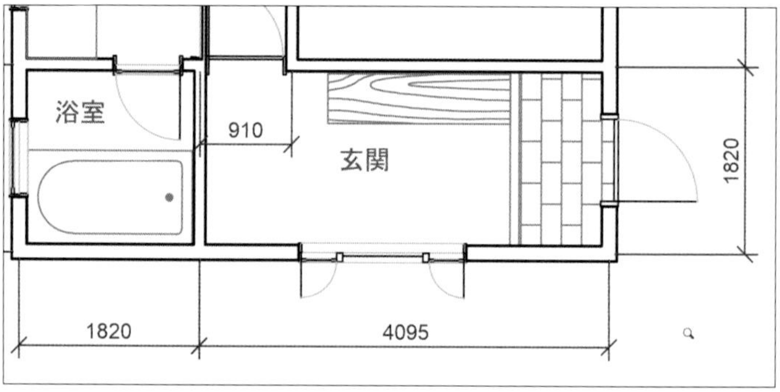

4 任意の場所で右クリックします。

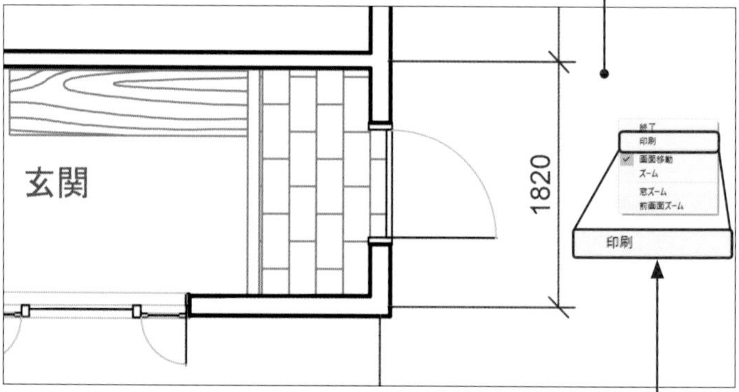

5 表示されるメニューから<印刷>をクリックして選択します。

メモ 印刷ダイアログボックスに戻るには

プレビューを終了して、印刷ダイアログボックスに戻るには、右クリック→<終了>を選択するか、ツールバーの⊗<プレビューウィンドウを閉じる>をクリックします。

3 ファイルとして保存する

1 「印刷ファイルを参照」が表示されます。

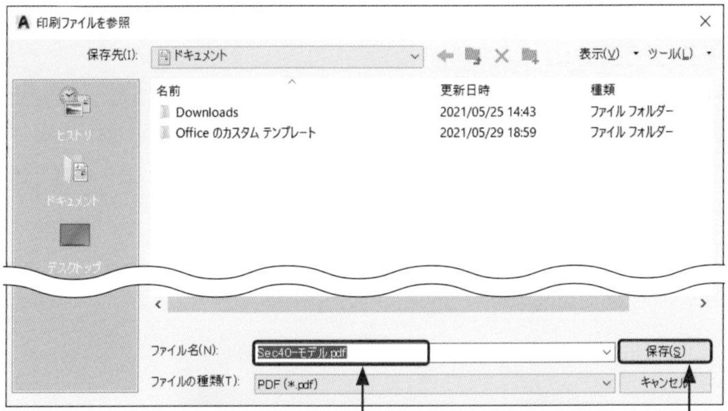

2 「ファイル名」に任意のファイル名（今回は自動的に作成された既定のファイル名を使用）を入力します。

3 ＜保存＞をクリックします。

4 PDF参照用のプログラムが起動し、出力した図面が表示されます。

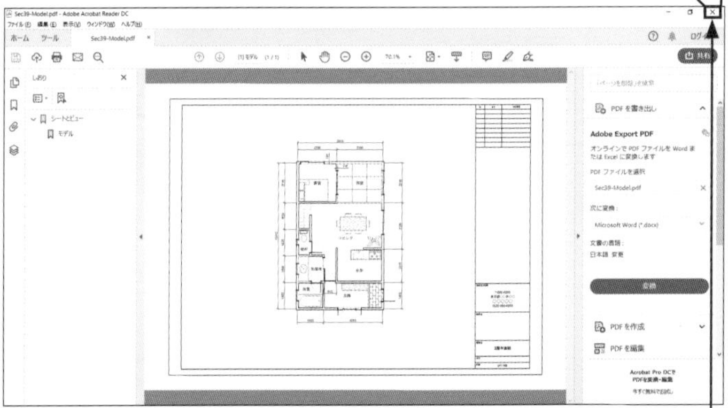

5 確認ができたら、×＜閉じる＞をクリックして、PDFプログラムを閉じます。

6 画面右下にメッセージが表示されるので、×＜閉じる＞をクリックして閉じます。

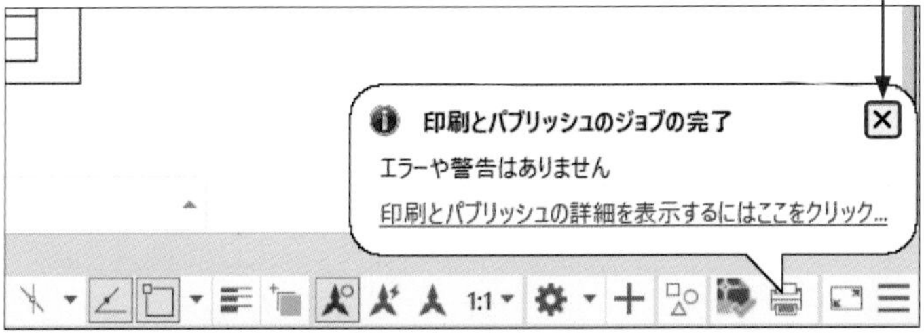

メモ PDFの保存先について

今回のようにPDFで出力すると、PDFデータの保存先を指定する必要があるので、任意のフォルダを指定して保存します。

メモ PDFのプログラムについて

PDFを表示するプログラム（アプリ）はパソコンの設定によって異なります。確認する場合はエクスプローラーなどでPDFファイルを右クリックして＜プロパティ＞より「プログラム」の項目で確認できます。

メモ メッセージ

特定のコマンドを実行したときに、画面右下に「メッセージ」が表示されることがあります。内容を確認し、問題がない場合は閉じます。

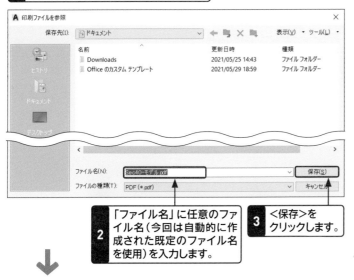

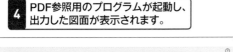

Section 41

印刷時の線の色と太さを指定する

覚えておきたいキーワード
- ☑ 印刷スタイルテーブル
- ☑ 色従属印刷スタイル
- ☑ インデックスカラー

図面における線の色や太さは、さまざまな情報や意味を持つ大変に重要な要素です。ここでは、印刷時の線の色や太さなどをコントロールする「印刷スタイルテーブル」について学習します。今回は、一般的に使用されている「色従属印刷スタイル」について解説します。

練習用ファイル	Sec41.dwg		
リボン	[アプリケーションメニュー] - [印刷] - [印刷スタイル管理]		
コマンド	STYLESMANAGER	エイリアス	—

1 印刷スタイルテーブルを設定する

キーワード 印刷スタイルテーブル

印刷時の線の色や太さをコントロールする機能を「印刷スタイルテーブル」といいます。AutoCADでは線の色でコントロールする「色従属印刷スタイルテーブル(.ctb)」と、図形や画層でコントロールする「名前のついた印刷スタイルテーブル(.stb)」があります。通常はほかのCADとの互換性も高い「色従属印刷スタイルテーブル(.ctb)」が使用されています。

メモ 今回印刷時の線の色と太さについて

ここでは、色の「cyan(色4)」「magenta(色6)」「white(色7)」「8(色8)」に関しては、線の太さは画層の設定(既定:0.25mm、または0.13mm)にしたがい、線色はすべてBlack(黒)で印刷されるように設定します。また、「red(色1)」に関しては、色はそのまま(赤)で線の太さは0.25mmで印刷されるように設定します。図形ごとの線色や線の太さの設定する方法に関してはP.46のSec.11を参照してください。また、画層毎に設定を行う「ByLayer」についてはP.172のSec.46で解説します。

1 クイックアクセスツールバーの<印刷>をクリックします。

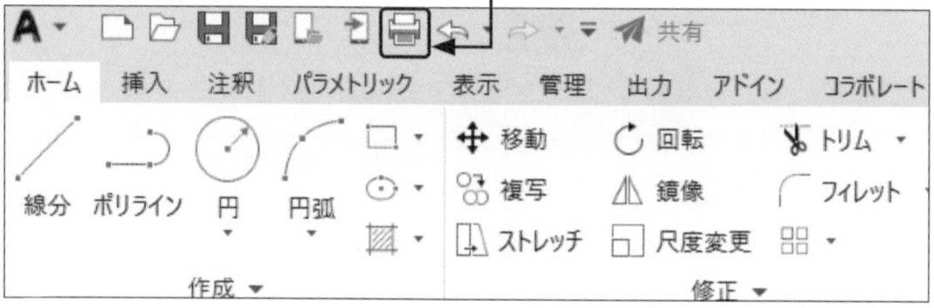

2 「印刷-モデル」ダイアログボックスが表示されます。

3 「印刷スタイルテーブル」の<なし>をクリックし、

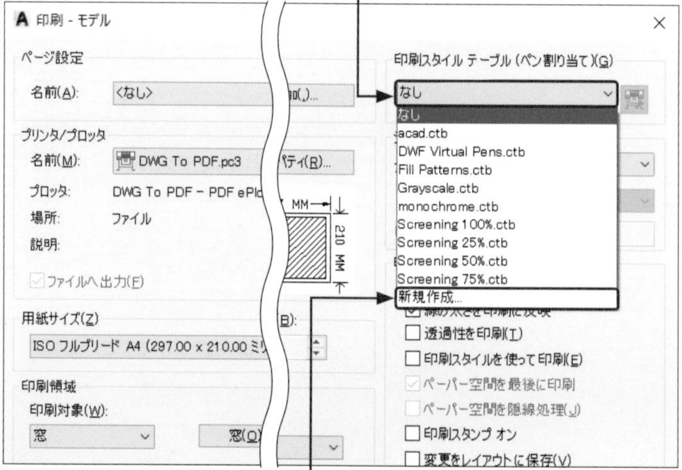

4 表示されるメニューから<新規作成>をクリックします。

5 「色従属印刷スタイルテーブルを追加」ダイアログボックスが表示されます。

6 <ゼロからスタート>の○をクリックして◉にし、

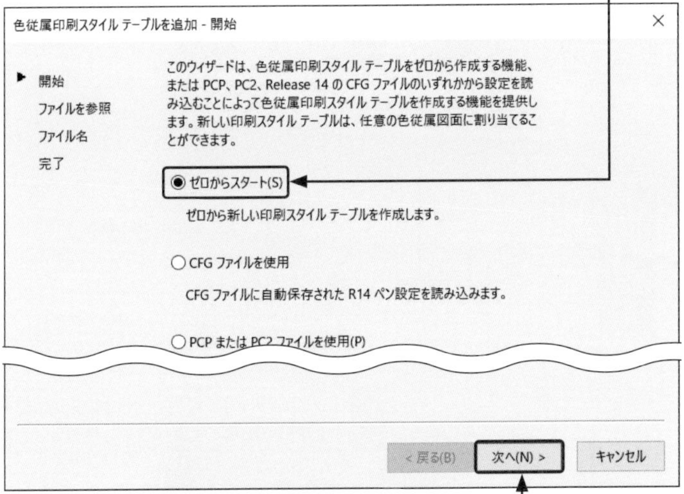

7 <次へ>をクリックします。

8 「ファイル名」に「建築図面印刷用」と入力し、

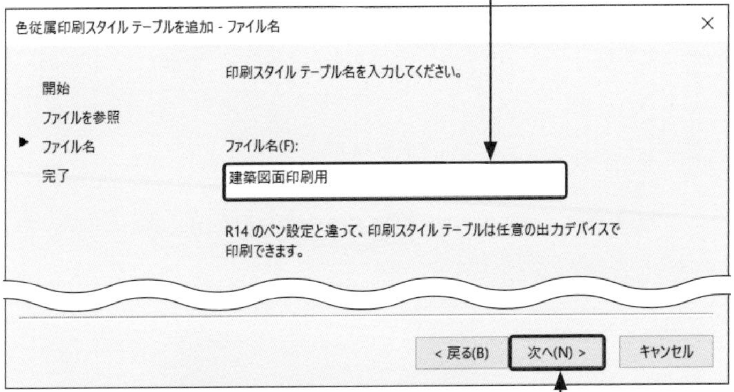

9 <次へ>をクリックします。

10 <印刷スタイルテーブルエディタ>をクリックします。

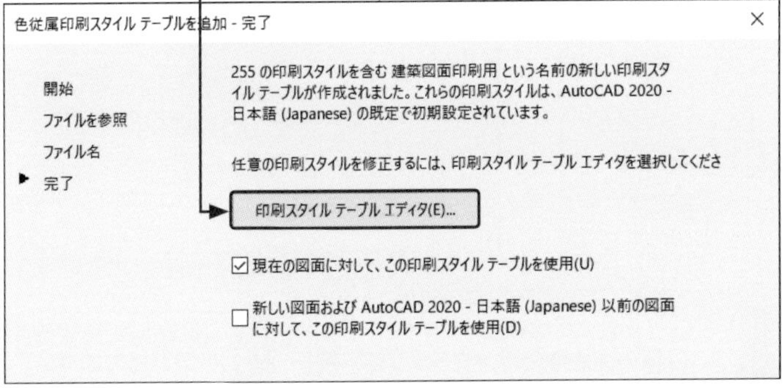

ヒント テンプレートと印刷テーブルについて

印刷スタイルテーブルは、選択したテンプレートによって異なります。また、同じ図面で「色従属印刷スタイルテーブル(.ctb)」と「名前のついた印刷スタイルテーブル(.stb)」を同時に使用することはできません。

「acad.dwt」で新規作成した図面

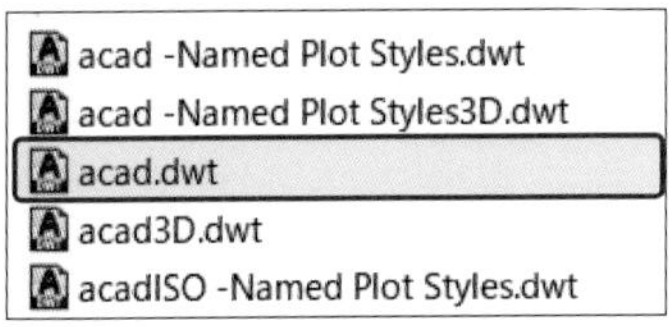

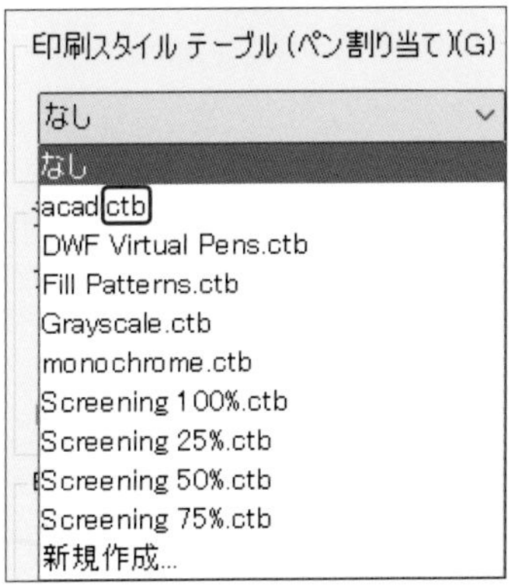

「acad-Named Plot Styles.dwt」で新規作成した図面

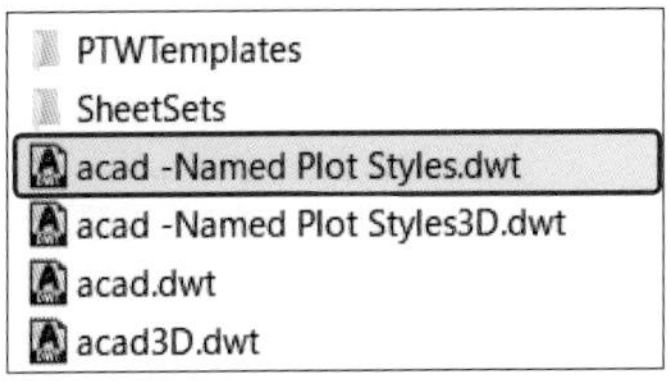

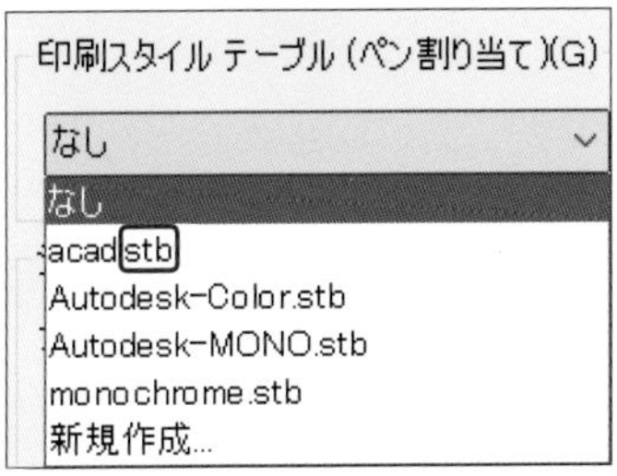

メモ　線の色について

AutoCADでは多数の色を使用して作図することができます。しかし、ほかのCADとの互換性を考慮する場合は、インデックスカラーにある9色（Red/Yellow/Green/Cyan/Blue/magenta/white/gray）で作図します。

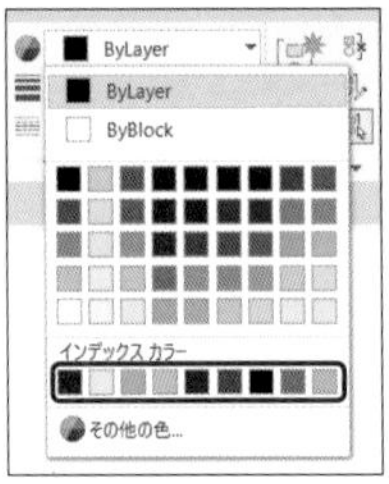

メモ　ほかのパソコンで印刷スタイルを使用する場合

印刷スタイルテーブルは現在使用しているパソコンに保存されます。したがって、同じパソコンであれば、違う図面でも同じ印刷スタイルテーブルを使用することができます。しかし、異なるパソコンで印刷する場合は、図面と一緒に印刷スタイルテーブルもコピーする必要があります。印刷スタイルをコピーまたは削除する場合は、＜アプリケーションメニュー＞→＜印刷＞→＜印刷スタイル管理＞をクリックして表示される「Plot Styles」フォルダ内でファイルを選択します。ほかのパソコンで作成した印刷スタイルを使用する場合も、こちらのフォルダ内に貼り付けます。

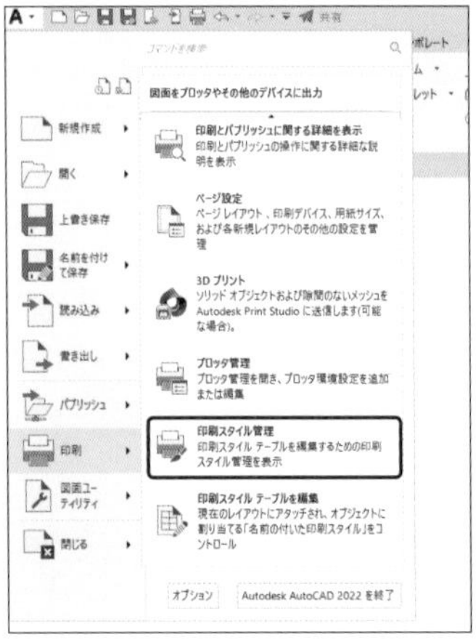

11 「印刷スタイルテーブルエディタ-建築図面印刷用.ctb」ダイアログボックスが表示されます。

12 ＜フォーム表示＞タブをクリックし、

13 Ctrlキーを押しながら、「印刷スタイル」の＜色4＞＜色6＞＜色7＞＜色8＞をクリックして、

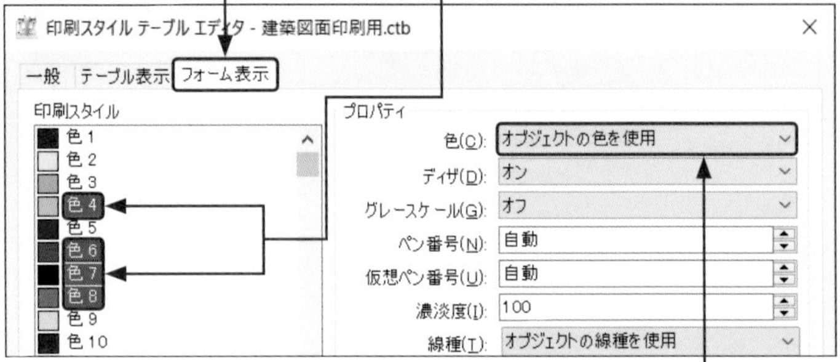

14 「プロパティ」の「色」で＜オブジェクトの色を使用＞をクリックします。

15 表示されるメニューから＜Black＞をクリックして選択します。

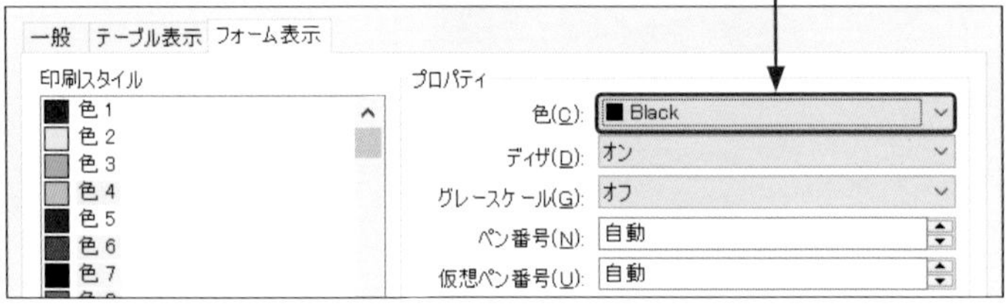

16 ＜色1＞をクリックし、

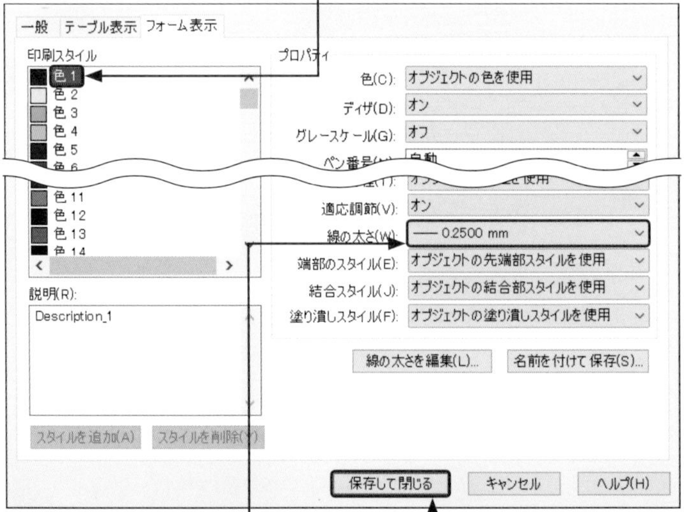

17 「プロパティ」の「線の太さ」の＜オブジェクトの線の太さを使用＞クリックし、表示されるメニューから＜0.2500mm＞をクリックして選択します。

18 ＜保存して閉じる＞をクリックします。

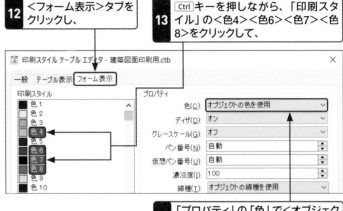

19 ＜現在の図面に対して、この印刷スタイルテーブルを使用＞にチェックが入っていることを確認し、

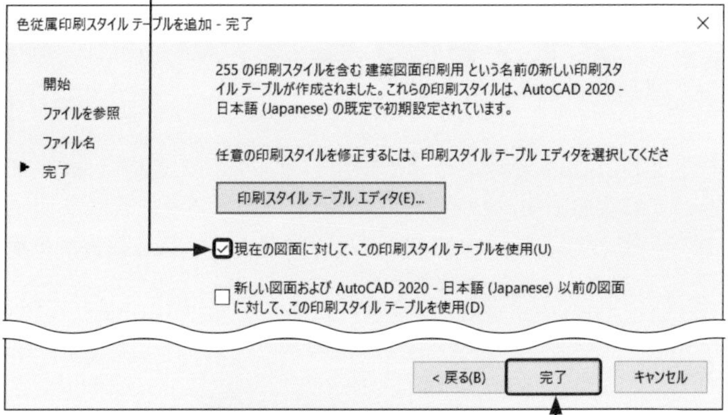

20 ＜完了＞をクリックします。

21 「印刷オプション」で＜印刷スタイルを使って印刷＞の□をクリックして☑にし、

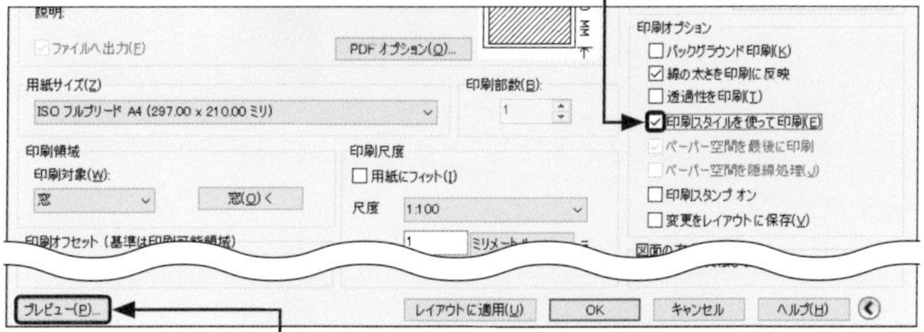

22 ＜プレビュー＞をクリックします。

23 印刷プレビューが表示されます。

24 ホイールで図面を拡大し線種と線色を確認し、

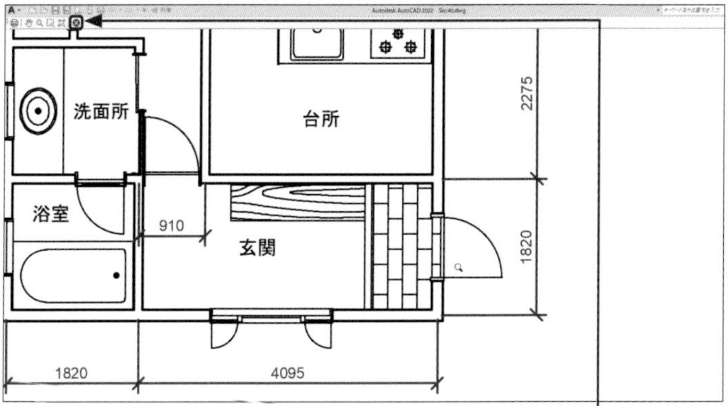

25 ⊗＜プレビューウィンドウを閉じる＞をクリックしてプレビューを閉じます。

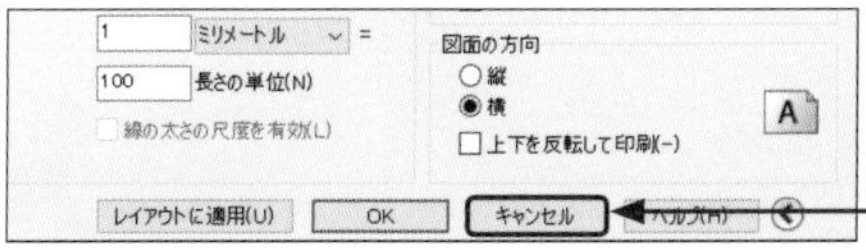

26 「印刷-モデル」ダイアログボックスで＜キャンセル＞をクリックして閉じます。

メモ 印刷尺度の確認

手順23で「印刷尺度の確認」が表示されたら＜継続＞をクリックします。

メモ 印刷スタイルを使用しないで印刷する場合

「印刷スタイルテーブル」を＜なし＞または＜印刷スタイルを使って印刷＞にチェックを入れないで印刷した場合は、図形に設定された線の太さか、画層に設定された線の太さで印刷されます。

メモ 印刷スタイルの登録について

設定した印刷スタイルは、パソコン単位で保存されます。そのため、手順26で＜キャンセル＞をクリックして終了しても、追加登録した印刷スタイル（建築図面印刷用.ctb）はパソコンに保存されます。

Section 42 レイアウト印刷をする

覚えておきたいキーワード
- レイアウト
- ページ設定管理
- ビューポート

P.152のSec.40では「モデル印刷」について解説しました。ここでは、「レイアウト印刷」について解説します。レイアウト印刷を利用すると、異なる用紙や尺度の設定を保存しておくことができ、モデル印刷のように都度設定する手間が省けて大変便利です。

練習用ファイル	Sec42.dwg		
リボン	[レイアウト]タブ-[レイアウト]パネル-[ページ設定]		
コマンド	LAYOUT(レイアウト)／PAGESETUP(ページ設定管理)	エイリアス	LO(レイアウト)

1 レイアウトを設定する

キーワード レイアウト

通常作図に使用する空間を「モデル空間」と呼ぶのに対して、印刷時の用紙レイアウトや尺度を整える空間を「レイアウト(ペーパー空間)」と呼びます。モデル空間から直接印刷することも可能ですが、レイアウトを使用すると、1つの用紙に複数の尺度で図形を配置したり、さまざまな用紙サイズを準備しておくことができます。

メモ ファイルタブからレイアウトに切り替える方法

図面のファイルタブの上にマウスカーソルをポイントし、表示されるレイアウトのイメージプレビューをクリックしても、レイアウト空間に切り替えることができます。

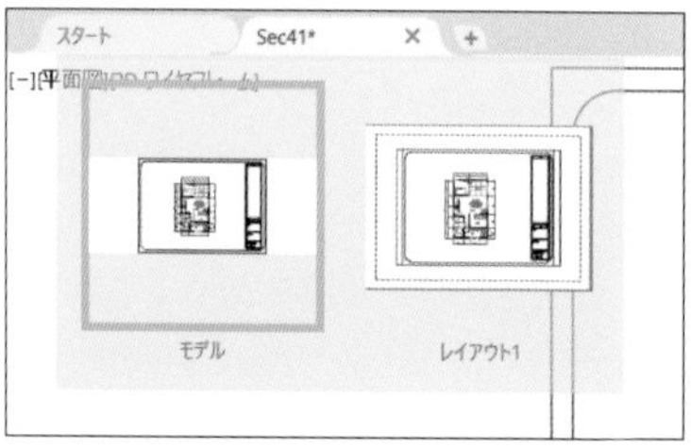

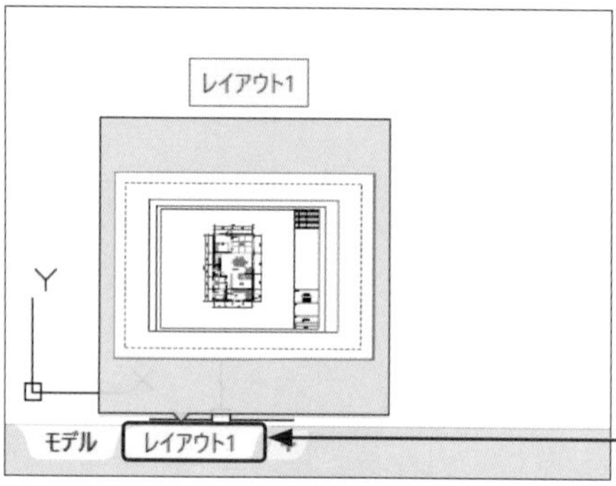

1 ＜レイアウト1＞タブをクリックします。

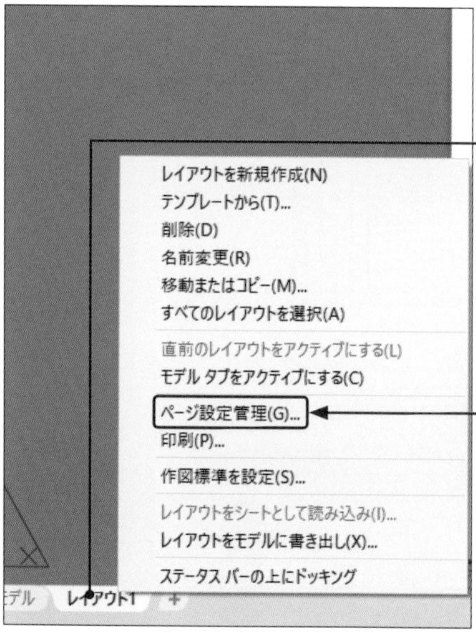

2 レイアウト(ペーパー空間)に切り替わります。

3 ＜レイアウト1＞のタブの上で右クリックし、

4 表示されるメニューから＜ページ設定管理＞をクリックして選択します。

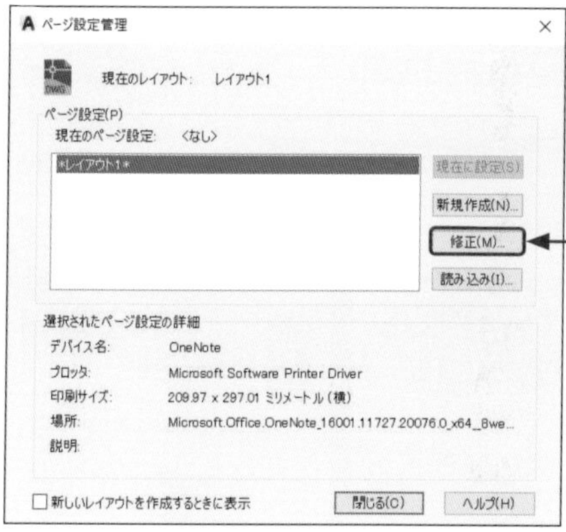

5 「ページ設定管理」ダイアログボックスが表示されます。

6 <修正>をクリックします。

7 「ページ設定-レイアウト1」ダイアログボックスが表示されます。

8 「プリンタ」の「名前」で<DWG To PDF.pc3>をクリックして選択し、

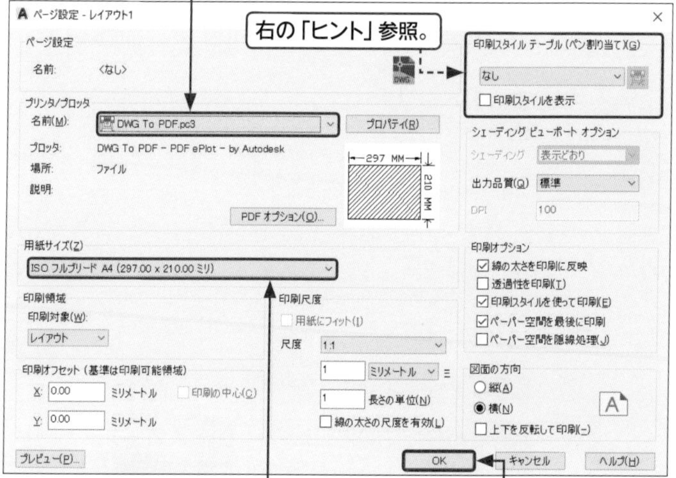

9 「用紙サイズ」で<ISO フルブリード A4(297.00x210.00ミリ)>をクリックして選択します。

10 <OK>をクリックしてダイアログボックスを閉じます。

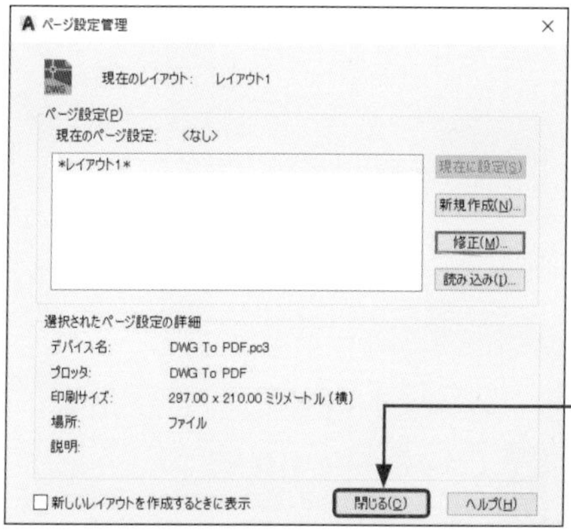

11 <閉じる>をクリックしてダイアログボックスを閉じます。

メモ 「ページ設定管理」の起動

「ページ設定管理」ダイアログボックスは、<レイアウト>タブ→<レイアウト>パネル→<ページ設定>からも起動できます。ただし、<レイアウト>タブはモデル空間では表示されず、レイアウト(ペーパー空間)に切り替えているときのみ表示されます。

メモ 新規レイアウトの追加とレイアウトのコピー

新しいレイアウトを追加したい場合は、<レイアウト>タブの一番右側にある＋をクリックします。また、前ページの手順**4**で<移動またはコピー>をクリックすると、レイアウトをコピーすることもできます。

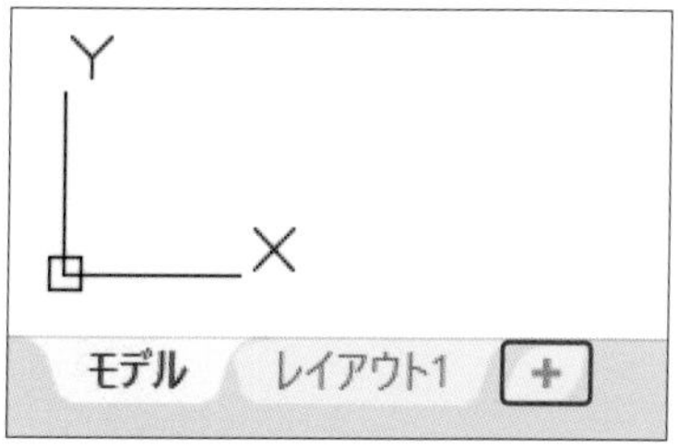

メモ 印刷領域・印刷オフセット・印刷尺度の設定について

通常レイアウトを使用して印刷する場合は、印刷対象は<レイアウト>、印刷オフセットは<X:0.00ミリメートル　Y:0.00ミリメートル>、印刷尺度は<尺度 1:1>に設定し、用紙と図形の大きさや位置は「ビューポート」を使って調整します。

ヒント 印刷スタイルについて

印刷スタイルを使用して印刷したい場合は、手順**10**で<OK>をクリックする前に、印刷スタイル(<印刷スタイルテーブル>)を選択します。

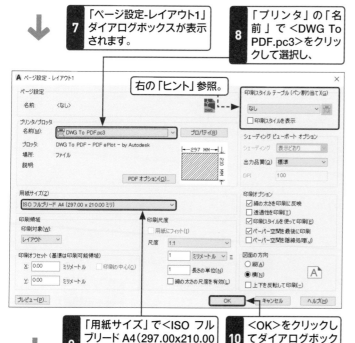

2 ビューポートを設定する

キーワード ビューポート

「ビューポート」とは、モデル空間に作図した図形を、指定した尺度で表示する領域を指します。

メモ 既存のビューポートについて

レイアウトを新規作成すると、自動的にビューポートが作成されます。ビューポートを削除しても、モデル空間の図形には一切影響しません。

キーワード フィット

ビューポートを矩形で指定する場合、対角の2点をクリックして指示します。しかし、レイアウトに表示されている用紙の角はオブジェクトスナップで選択することができません。そのため、印刷可能領域いっぱいにビューポートを作成する場合は「フィット」のオプションを使用します。

メモ ビューポート尺度の選択について

ビューポート尺度は、ビューポートの外形線をクリック選択しても設定できます。また、ビューポートの中心に表示されるグリップをクリックして尺度を選択することもできます。

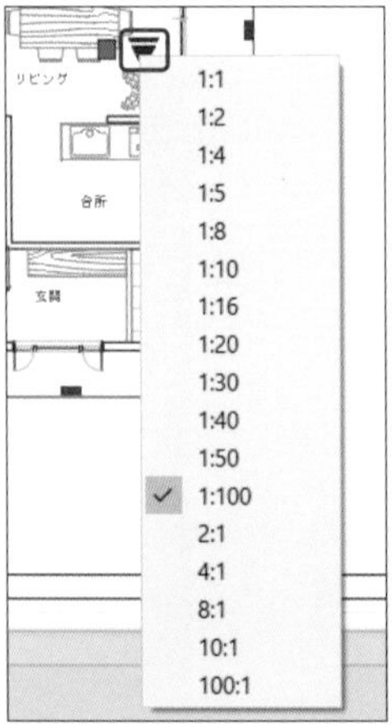

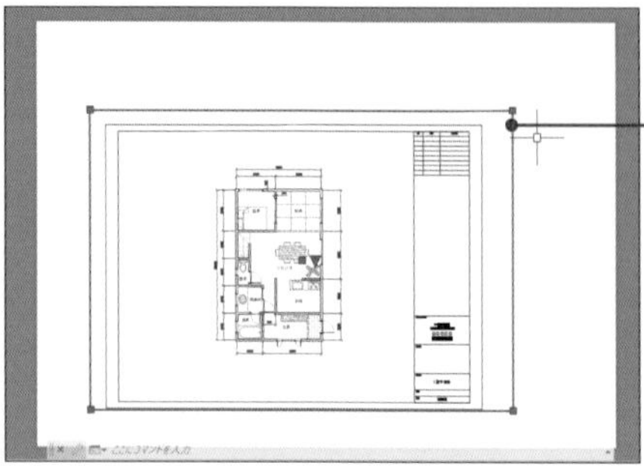

1 表示されている既存のビューポートの外形線をクリックして選択します。

2 Delete キーを押して削除します。

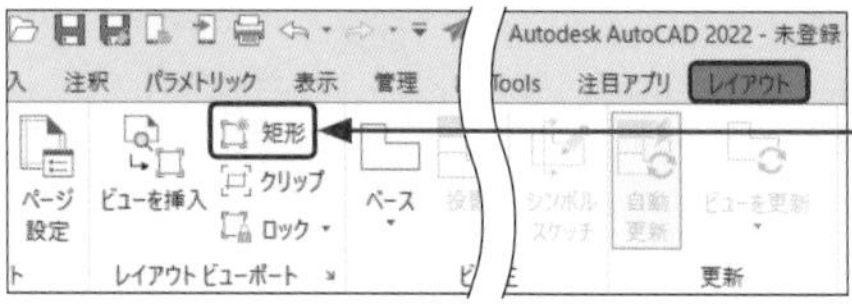

3 <レイアウト>タブ→<レイアウト ビューポート>パネル→<矩形>をクリックします。

4 コマンドラインから<フィット(F)>をクリックします。

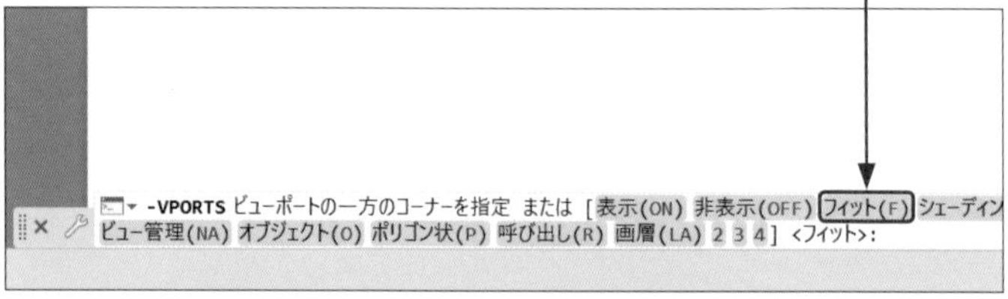

5 ビューポートが作成されます。

6 ビューポートの内側でダブルクリックしてビューポートをアクティブにし、

7 ステータスバーの<選択されたビューポートの尺度>をクリックして、

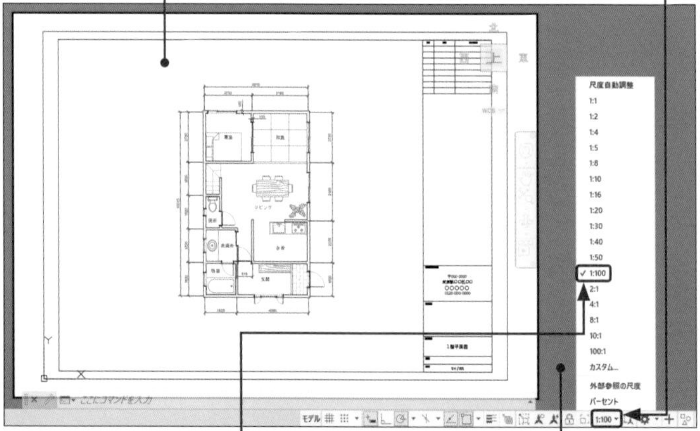

8 <1:100>をクリックして選択します。

9 ビューポートの外側をダブルクリックしてビューポートの選択を解除します。

3 PDFに出力する

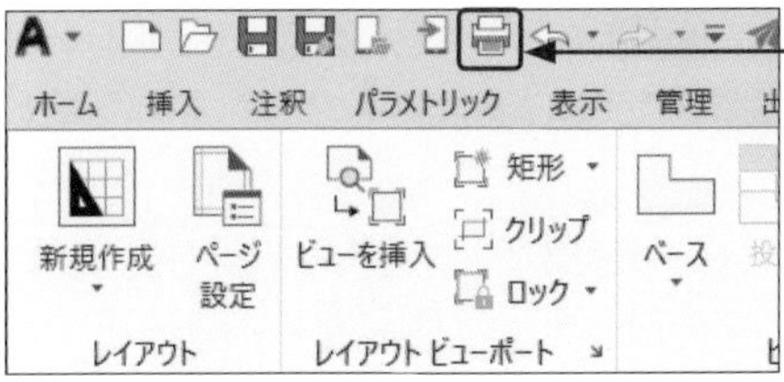

1 クイックアクセスツールバーの<印刷>をクリックします。

2 「印刷-レイアウト1」ダイアログボックスが表示されます。

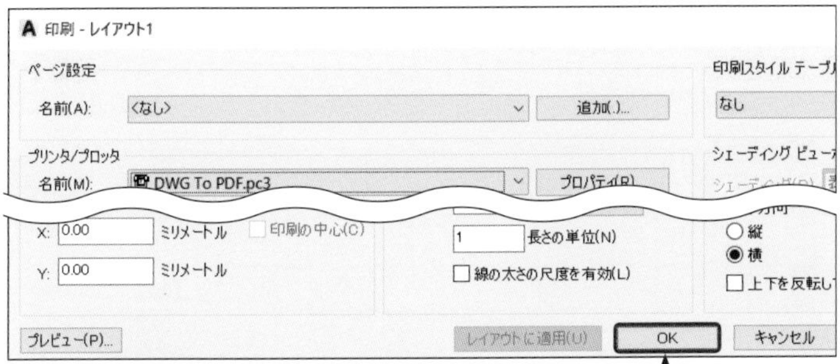

3 <OK>をクリックします。

4 「印刷ファイルを参照」ダイアログボックスが表示されます。

5 保存先(ここでは「ドキュメント」)を選択します。

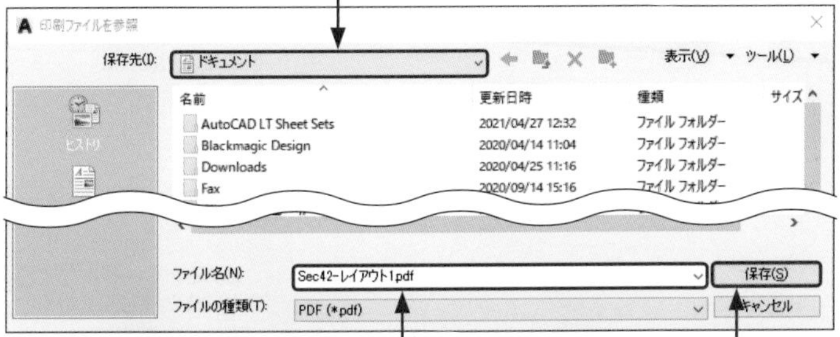

6 「ファイル名」にファイル名(ここでは自動的に作成された既定のファイル名)を入力します。

7 <保存>をクリックします。

8 PDFに出力されます。

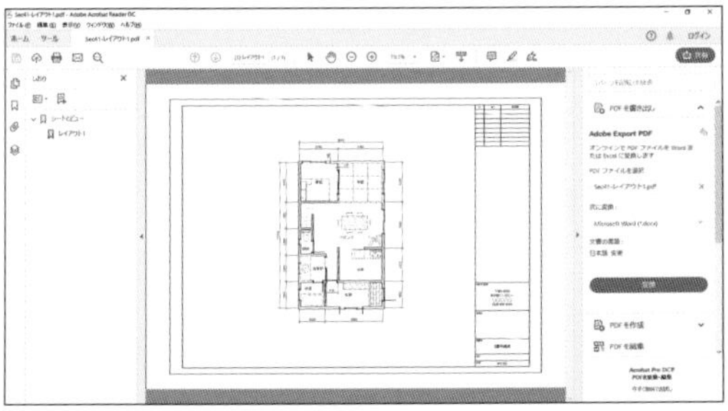

メモ PDFに出力するメリット

AutoCADの操作に慣れていない相手や、AutoCAD以外のCADを利用している企業と図面をやり取りをする場合、AutoCADのデータをそのまま渡しても印刷ができないトラブルが発生することがあります。編集利用が目的でない場合はPDFに出力して渡すことで、このような印刷時のトラブルを回避することができます。

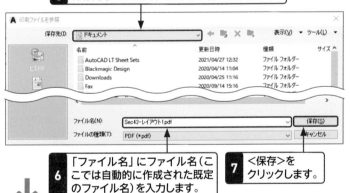

Section 43

文字や寸法の大きさを自動調整する

覚えておきたいキーワード
- 異尺度対応
- 注釈オブジェクトを表示
- ビューポート

ここでは、文字や寸法の大きさを、あらかじめ設定した尺度に合わせて自動的に調整してくれる「異尺度対応」について解説します。異尺度対応を使用すると印刷尺度に合わせた文字や寸法の大きさの計算が不要なだけでなく、尺度ごとに表示を切り替えることができます。

練習用ファイル	Sec43.dwg
リボン	[ステータスバー]-[注釈オブジェクトの表示]／[ステータスバー]-[注釈尺度]／[ホーム]タブ-[注釈]パネル-[長さ寸法記入]

1 異尺度対応の寸法線を作成する

キーワード 異尺度対応

文字や寸法を作成する場合は、印刷時の尺度に合わせて、作図時の大きさを調整する必要があります。異尺度対応は印刷時の文字や寸法の大きさと印刷尺度を設定するだけで、自動的に大きさを調節してくれる機能です。

メモ 異尺度対応スタイルについて

異尺度対応の寸法や文字を作成したい場合は、異尺度対応のスタイルを使用する方法とプロパティパレットで設定する方法があります。異尺度対応用のスタイルは、それぞれのスタイルにある<異尺度対応>にチェックを入れることで設定することができます。

寸法スタイルを修正

文字スタイル管理

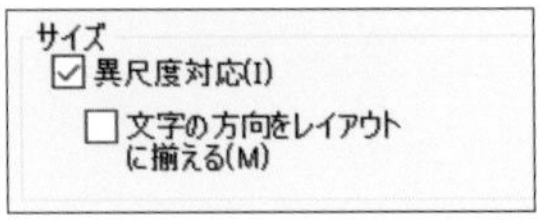

1 <ホーム>タブ→<注釈>パネル→<注釈▼>をクリックし、

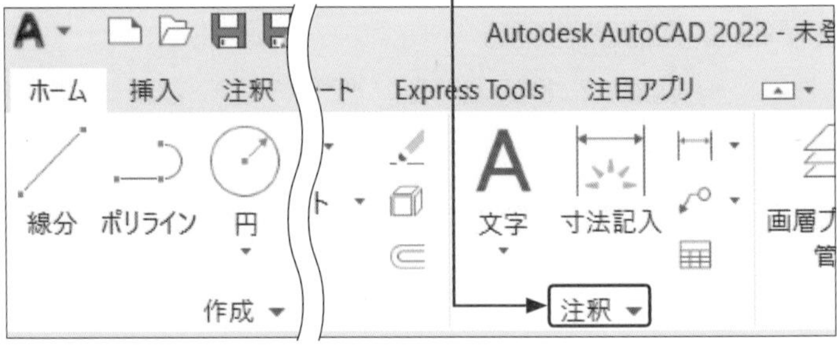

2 寸法スタイル名を確認し、スタイル名の前に「⅄（異尺度対応）」が表示されていることを確認します。

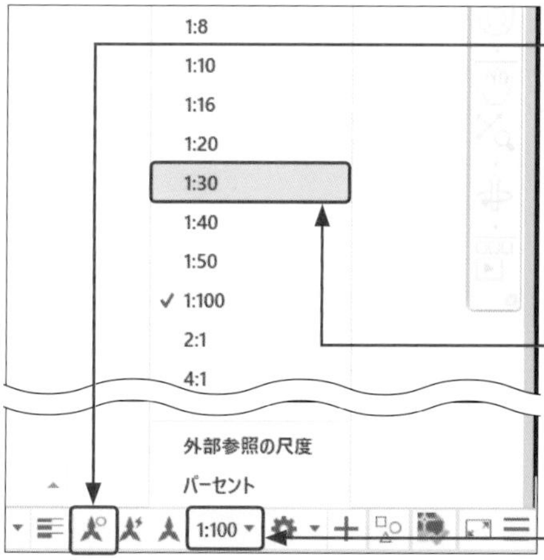

3 ステータスバーの<注釈オブジェクトを表示>をクリックして (オフ)にし、

4 ステータスバーの<1：100>をクリックします。

5 表示されるメニューから<1：30>をクリックして選択し、「現在のビューの注釈尺度」を変更します。

6 「1：100」用の寸法が非表示になります。

7 浴室を拡大表示します。

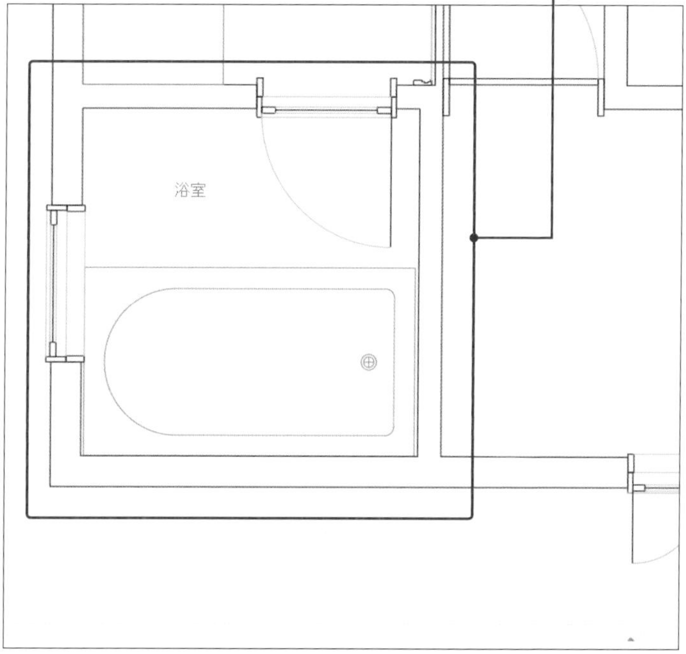

8 <ホーム>タブ→<注釈>パネル→<寸法記入>をクリックします。

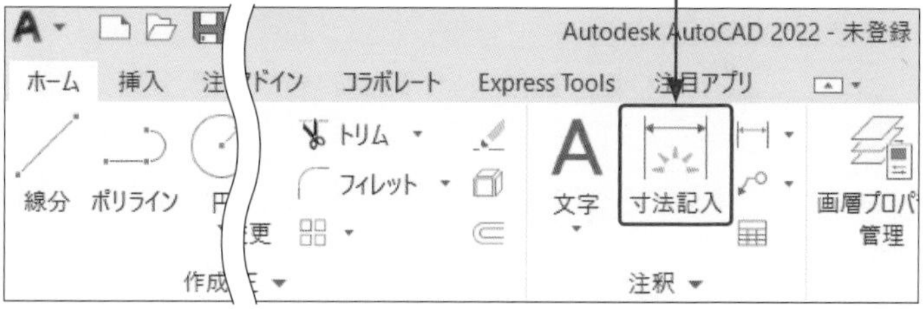

メモ 注釈オブジェクトの表示について

ステータスバーにある<注釈オブジェクトを表示>をオフにすると「現在の尺度のみ」になり、<現在のビューの注釈尺度>以外の尺度で作成された異尺度対応オブジェクトは非表示になります。オンにすると「常に」となり、すべての異尺度対応オブジェクトが表示されます。この設定は、モデル空間とレイアウトではそれぞれ独立して機能します。

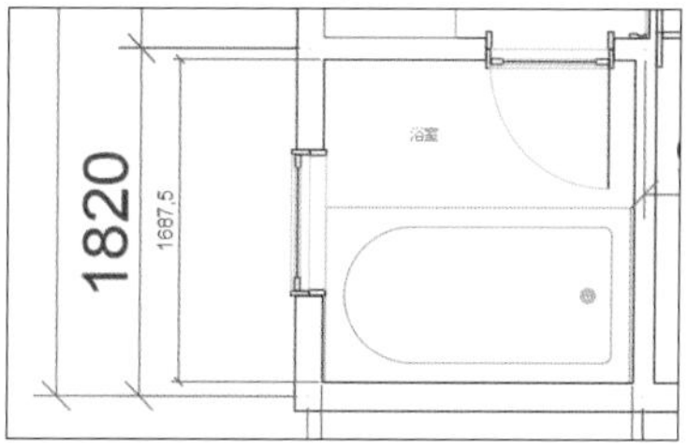

メモ 異尺度対応の確認方法

異尺度対応で作成した文字や寸法の場合、図形の上にマウスカーソルをポイントすると、マウスカーソルの右上に「異尺度対応のアイコン」が表示されます（次ページ以降で異尺度対応の寸法線を作成した場合）。対応している尺度を確認する場合は、図形を選択し、右クリックメニューで<オブジェクトプロパティ管理>をクリックして表示されるプロパティパレット→「その他」→「異尺度対応の尺度」で確認できます。

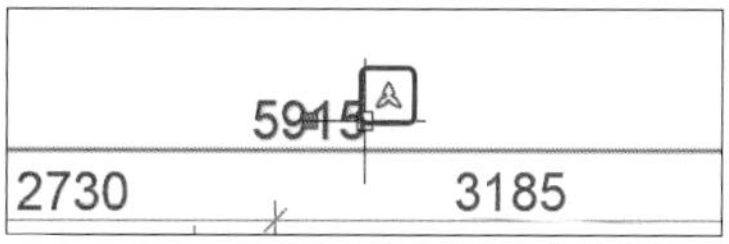

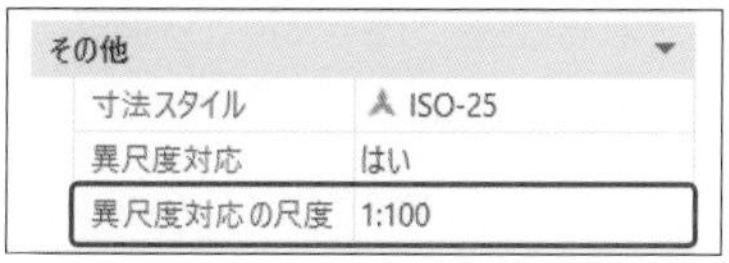

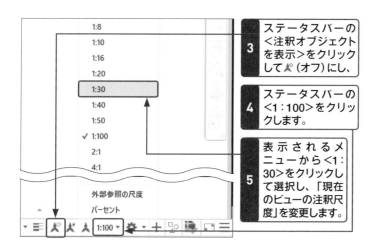

メモ 寸法記入（DIM）コマンドについて

2021以前のバージョンで「寸法記入（DIM）コマンド」を使用して、異尺度対応の寸法を作成する場合、作成時に寸法が表示されないエラーが発生することがあります。作成時に寸法が表示されない場合は、＜ホーム＞タブ→＜注釈＞パネル→＜長さ寸法記入＞を使用して作成してください。「長さ寸法記入コマンド」を使用します。

注意 注釈尺度の自動追加について

＜自動尺度＞をオンにして、注釈尺度を変更すると、図面内のすべての異尺度対応図形に尺度が追加されます。今回のように個別に尺度を設定して、異尺度対応の図形を作成する場合はオフにしておきます。

自動追加をオンにして注釈尺度を変更したときの異尺度対応寸法

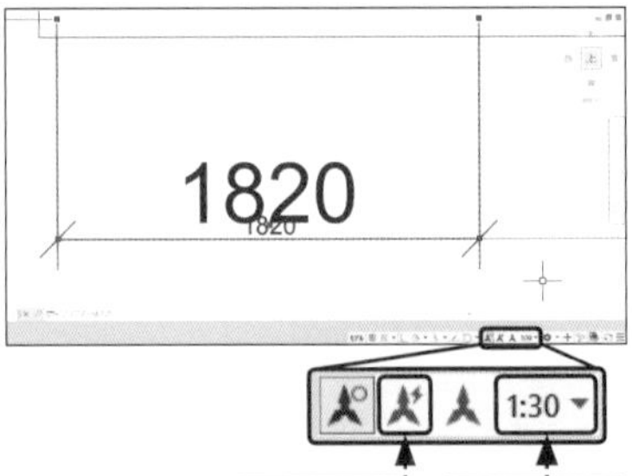

9 寸法線の1点目（浴室西側内壁の端点）をクリックし、

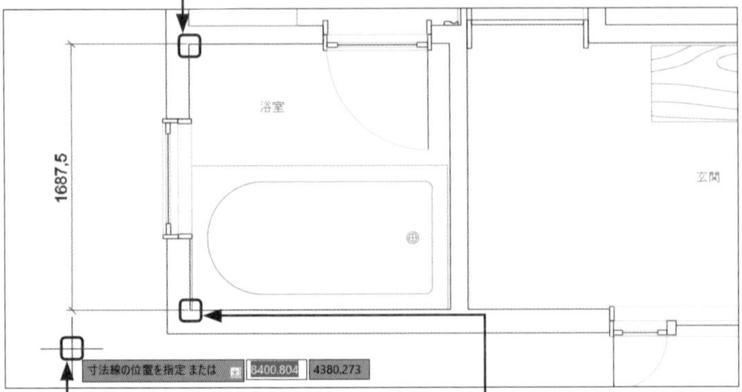

10 寸法線の2点目（浴室西側内壁の端点）をクリックして、

11 寸法線の位置を任意の場所でクリックします。

12 Enter キーを押して直前のコマンド（長さ寸法）を繰り返します。

13 寸法線の1点目（浴室南側内壁の端点）をクリックし、

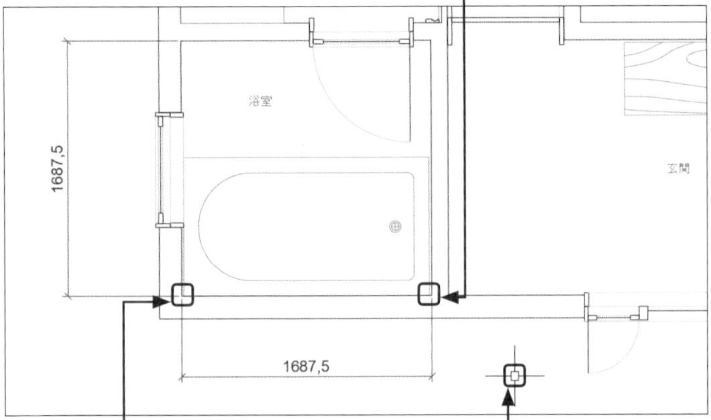

14 寸法線の2点目（浴室南側内壁の端点）をクリックして、

15 寸法線の位置を任意の場所でクリックします。

16 Enter キーを押してコマンドを終了します。

ヒント レイアウトでの表示について

レイアウト＜A3＞のタブをクリックすると、それぞれのビューポート尺度に対応した寸法のみが表示されているのが確認できます。異尺度対応を使うと、このようにレイアウトのビューポートの尺度ごとに表示を切り替えることができます。また、文字の高さを尺度に合わせて自動調整してくれるので、同じ図面に尺度の異なるビューポートを配置しても、文字を同じ高さで表現することができます。

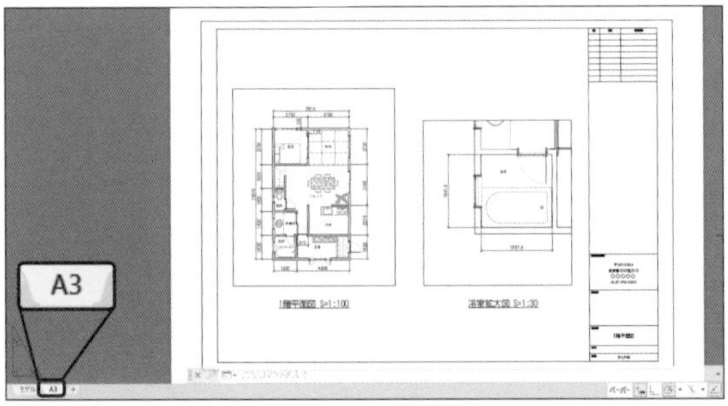

Chapter 05

第5章

ベアリングの図面を作図しよう

Section 44

製図の規格を知る

覚えておきたいキーワード
☑ 用紙サイズ
☑ 図枠
☑ 線種

基本的な製図のルールはJISやISOなどで規格として定められています。ここでは、JIS規格（日本産業規格）に基づいた製図ルール（用紙サイズ・図枠・文字の大きさ・線種）について解説します。製図の基本ルールを知ることで、よりスムーズかつ正確に製図を進めていくことができます。

練習用ファイル	機械図枠.dwg

1 実際の製図においてもっとも重要なこと

メモ JISとISOについて

かんたんにいえば、JISは国内基準の1つであり、ISOは国際基準の1つということになります。どちらも基準を作ることによって、無秩序になる状況を避け、市場に混乱を招かないようにするという意図があります。なお、https://www.jisc.go.jp/app/jis/general/GnrJISSearch.html のデーターベース検索ページでJIS規格番号を入力すると、詳細を確認することができます。

第5章～7章では、実際の図面を作図する練習を行います。第5章では機械図面（ベアリング）、第6章では土木図面（L型側溝）、第7章では建築図面（平面図）をそれぞれ作図します。
図面の製図手順は、業界だけでなく企業によっても異なりますが、何よりも重要なことは、製図手順の基礎を固めることです。そのためには、基本的な図面（図形）を使って、練習することが一番の近道といえます。
また、図面で最も重要なことは「正確な数字で描かれた図形である」ことです。なぜなら、図面は物を作るために作図され、制作者はその図形と数字をもとに作業を行うからです。製図練習では、コマンドを復習するだけでなく、正確な数字で、正確な図形を描くことも意識して練習してください。ここで解説するJISの製図規格は、主に日本国内で用いられている「JIS Z 8310およびJIS B 0001」に該当するものです。より詳しくJISについて学びたい方は、https://www.jisc.go.jp/jis-act/ にアクセスしてみてください。

2 製図用紙のサイズ

メモ 用紙サイズとプリンタについて

土木ではA1サイズ、建築ではA2サイズが主に使用されます。A3より大きいサイズは、通常のプリンタでは印刷できないので、プロッタを使って印刷します。また、取引先との契約に使用するような正式な図面でない、打合せなどで使用する図面では、Aサイズ以外のサイズ（Bサイズ）なども使用することがあります。

「JIS Z 8311」では「製図－製図用紙のサイズ及び図面の様式」の第1章3項「用紙のサイズの選び方・呼び方」の中で、「原図には、必要とする明りょうさ及び細かさを保つことができる最小の用紙を用いるのがよい」とあります。原則としてはA列用紙を基準に、作図する図形と尺度に合わせて選択します。

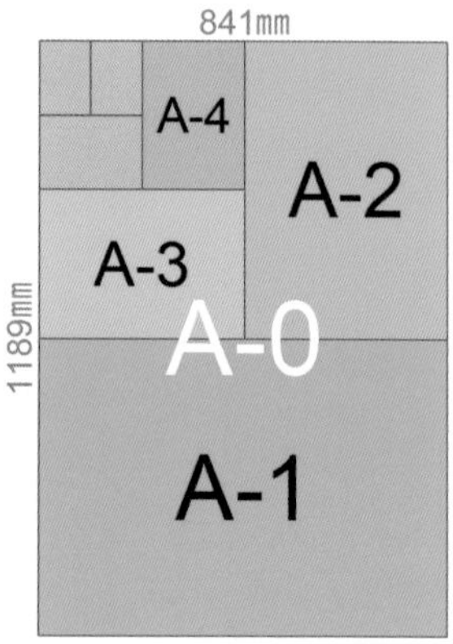

3 図枠（図面様式）について

図形の周囲には、用紙サイズに合わせた「図枠」を入力するのが一般的です。図枠は一般的に以下のような部品で構成されています（JIS規格番号 JIS Z 8311）。

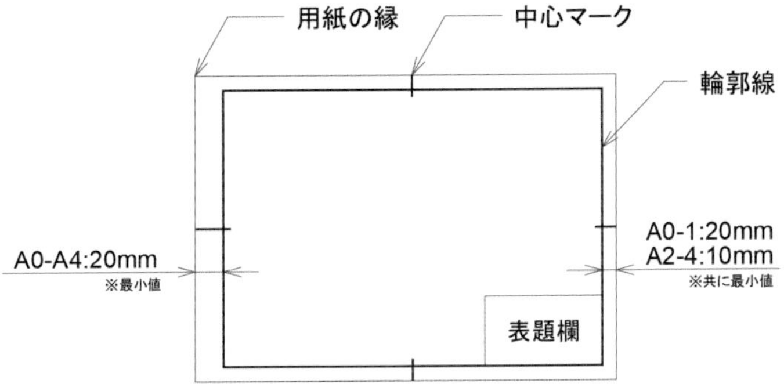

メモ　図枠について

図枠のルールは企業によって異なることがあるので、制作前には必ず確認するようにしてください。

4 文字の大きさや線の種類について

図面で使用する文字の大きさは、以下のように決められています。

JIS規格番号	掲載ページ	詳細
JIS B 0001	7.1.2「文字高さ」	2.5（仮名のみ）、3.5、5、7、および10mm

※ただし、とくに必要がある場合にはこの限りではない。

製図でよく利用される線の種類は、以下のようなものがあります。

JIS規格番号	掲載ページ	詳細
JIS Z 8312	3.1「線の基本形」表1	実線、破線、点線、一点鎖線、二点鎖線、ほか

線の太さは、細線、太線、極太線の3種類を用いて作図し、この比率が1：2：4になるようにします。図面の大きさに応じて次の寸法のいずれかを使用します。

JIS規格番号	掲載ページ	詳細
JIS Z 8312	4.1「線の太さ」	0.13mm、0.18mm、0.25mm、0.35mm、0.5mm、0.7mm、1.0mm、1.4mm、2mm　例：細線0.13mm、太線0.25mm、極太線0.5mm

メモ　文字の大きさと線の太さは用紙サイズに合わせる

印刷時の文字の大きさや線の太さは、印刷する用紙サイズに合わせて調整します。たとえば、小さい用紙の場合は小さい文字・細い線、大きい用紙の場合は大きい文字・太い線で印刷します。線の太さの表現は使用するプリンタやプロッタによっても異なるので、必ずテスト印刷をし、印刷状況を確認しながら設定します。なお、ここで紹介している文字の大きさや線種は、前ページの「メモ」に掲載しているURLからJIS検索ページアクセスし、「JIS規格番号」を入力することで詳細を知ることができます。

Section 45

線種をロード（読み込み）する

覚えておきたいキーワード
☑ 線種管理
☑ 一点鎖線
☑ CENTER2

AutoCADではたくさんの線種の中から作図用途に合わせて線種を選択し、図面単位でロードします。ロードとは読み込みを意味し、ロードすることで開いている図面でさまざまな線種を使用できるようになります。ここでは、中心線に使用する一点鎖線（CENTER2）をロードします。

練習用ファイル	機械図枠.dwg		
リボン	［ホーム］タブ-［プロパティ］パネル-［線種］		
コマンド	LINETYPE	エイリアス	LT

1 中心線（一点鎖線）をロードする

メモ 線種の用途について

機械図面で使用される線は、その用途に合わせて線種や線の太さを調節して表現します（JIS規格番号 JIS B 0001「機械製図」参照）。

1 機械図枠.dwgを開きます。

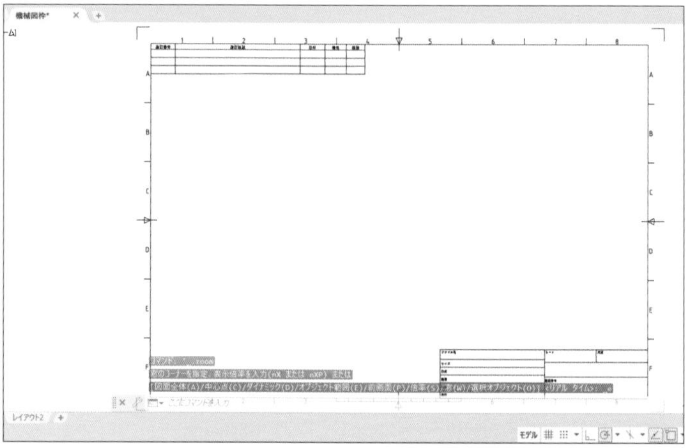

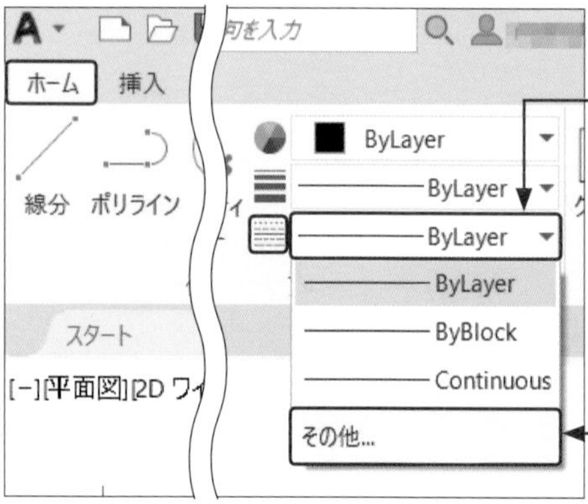

2 <ホーム>タブ→<プロパティ>パネル→<線種>で<ByLayer>をクリックし、

3 <その他>をクリックします。

メモ 実線について

実線に使用する「Continuous」はすべてのテンプレートに含まれているためロードする必要はありません。

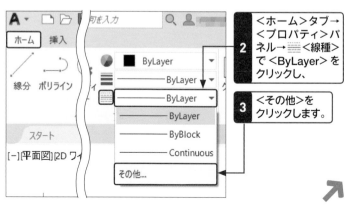

4 「線種管理」ダイアログボックスが表示されます。

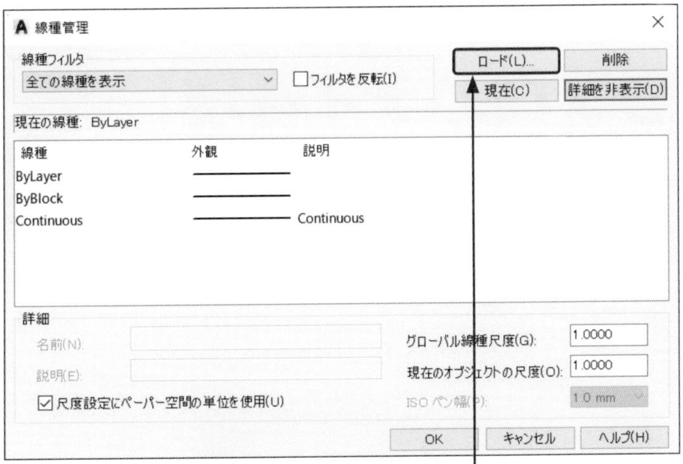

5 <ロード>をクリックします。

6 「線種のロードまたは再ロード」ダイアログボックスが表示されます。

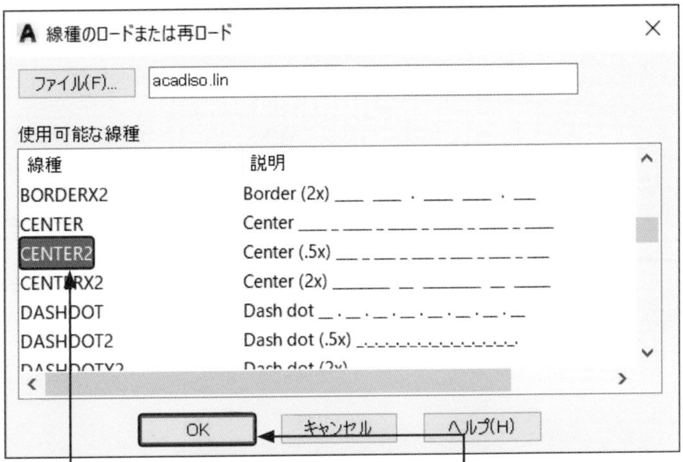

7 <CENTER2>をクリックして選択し、

8 <OK>をクリックします。

9 「線種管理」ダイアログボックスの<OK>をクリックします。

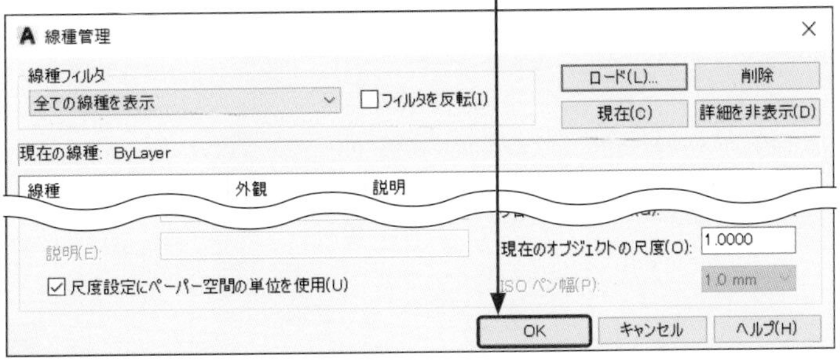

メモ　線種の違いについて

線種の中には同じ名前で末尾に「2」や「X2」の付いたものがあります。これは線種尺度の違いを表しています。

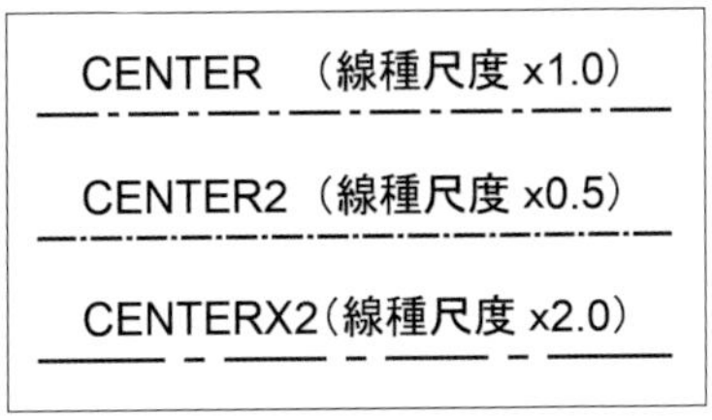

注意　図面の保存について

作成した図面は<名前を付けて保存>で任意のファイル名を付けて保存しておきましょう。<上書き保存>してしまうと、図枠のみのデータがなくなってしまうので注意しましょう。

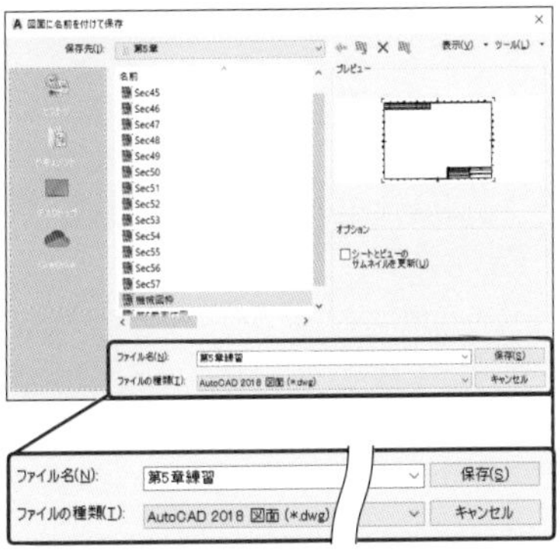

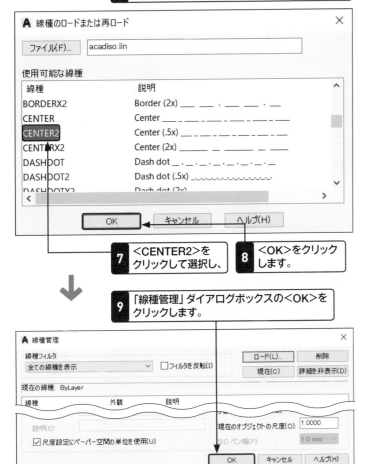

Section 46 画層を新規作成する［画層プロパティ管理］

覚えておきたいキーワード
- ☑ 画層
- ☑ 画層プロパティ管理
- ☑ ByLayer

ここでは、「画層（レイヤ）」がどんなものか、また画層を新規作成する方法について解説します。画層はCADを扱う上で大変に重要な概念であり機能です。とくにAutoCADでは図形のプロパティは画層単位で行う（ByLayer）ため、しっかり理解しておきましょう。

練習用ファイル	Sec46.dwg		
リボン	［ホーム］タブ -［画層］パネル -［画層プロパティ管理］		
コマンド	LAYER	エイリアス	LA

1 画層とは

「画層（レイヤ）」は、イメージとしては透明フィルムのようなものです（2DCADは厚み（Z座標）がないので、実際の画層に上下関係はありません）。画層ごとに「図枠」「躯体（骨組み／構造体）」「寸法」などに分けて作図することで、情報を整理して編集しやすくします。

すべての画層を表示する設定にすると、すべての画層が表示、印刷されます。たとえば、寸法の画層を非表示に設定すると、その画層上の寸法は表示、印刷されません。状況に応じて、表示や印刷方法を変えられるのも画層を活用するメリットの1つです。

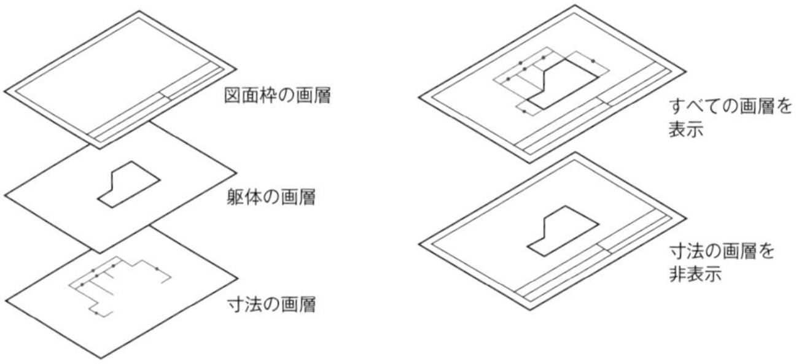

メモ　画層作成のルール

企業などでは画層作成のルールが厳格に定められており、国交省管轄の工事の一部に関しては「CAD製図基準」に基づいた画層の設定が必要になっています。

注意　ByLayerと画層の関係

線色や線種を設定する場合、画層の設定にプロパティを従属させる「ByLayer」を使用します。プロパティとは図形の色や線種／線色を指しますが、「ByLayer」で作図すれば、これらのプロパティを画層ごとに統一して管理できます。オブジェクトごとに色を設定（固有色）するには、P.46のSec.11を参照してください。

2 画層を新規作成する

ここでは、画層を新規作成し、画層に線種と線の太さを設定します。

1 <ホーム>タブ→<画層>パネル→<画層プロパティ管理>をクリックします。

メモ　画層プロパティ管理パレットについて

画層の新規作成や設定を行うには画層プロパティ管理パレットを使用します。画層プロパティ管理パレットについては、P.177を参照してください。

2 画層プロパティ管理パレットが表示されます。

3 ＜新規作成＞をクリックし、

4 新規作成された画層の「名前」に「01中心線」と入力して、

5 「色」の＜White＞をクリックします。

6 「色選択」ダイアログボックスが表示されます。

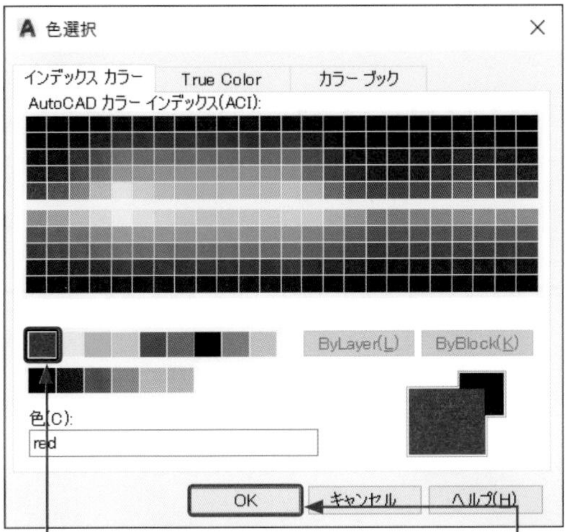

7 ＜red＞をクリックし、

8 ＜OK＞をクリックします。

9 「線種」の＜Continuous＞をクリックします。

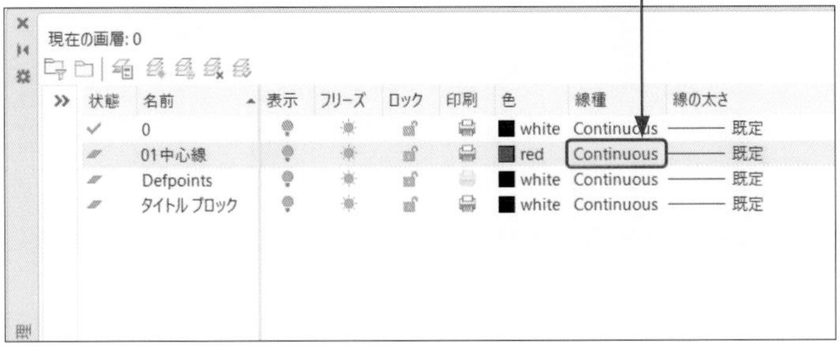

メモ　自動的に作成される画層について

作業を進めていくと自動的に作成される特別な画層が2つあります。これらの画層は削除や名前の変更ができません。

「0」画層：主にブロックを作成するときに使用する画層です。

「Defpoints」画層：寸法を作図すると作成される画層です。印刷されない画層です。

ヒント　画層の削除について

新規作成した画層の名前を確定したあとに、再度 Enter キーを押すと、＜画層の新規作成＞が再び実行されます。連続して画層を作成したい場合には便利です。不要な画層を作成してしまった場合は、画層をクリックして選択し、をクリックして削除します。ただし、すでに図形が描かれている画層や「0」画層など特別な画層は削除できません。

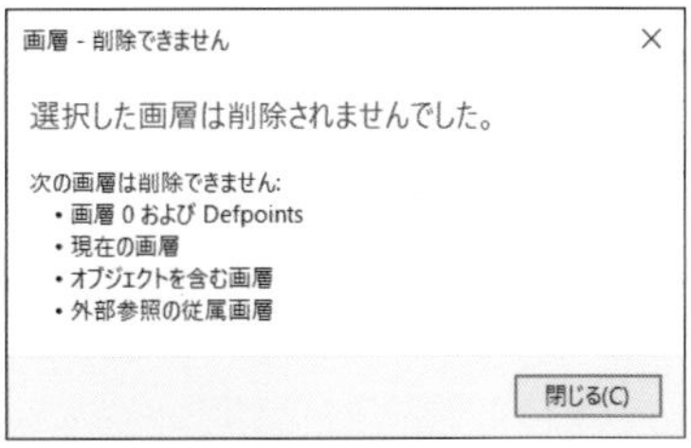

メモ　画層のクリック選択について

画層プロパティ管理パレットで画層名をクリックすると以下のような動きになります。

クリック：画層の選択

2回クリック：画層名の編集

ダブルクリック：現在の画層

メモ　線の太さについて

線の太さは、細線、太線、極太線の3種類を用いて作図します（P.168のSec.44参照）。ここでは、細線0.18mm、太線0.35mm、極太線0.7mmで設定します。

ヒント　線の太さの既定について

画層の線の太さの初期値は<既定>です。既定の太さは以下の手順で確認できます。

1 <ホーム>タブ→<プロパティ>パネル→<ByLayer>→<線の太さを設定>をクリックします。

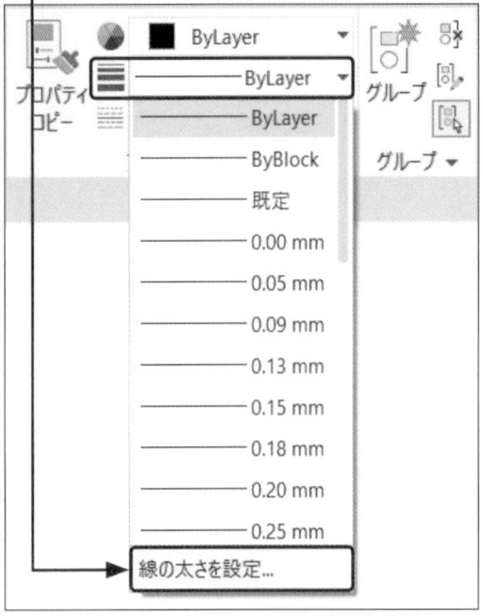

2 「線の太さを設定」ダイアログボックスが表示されます。

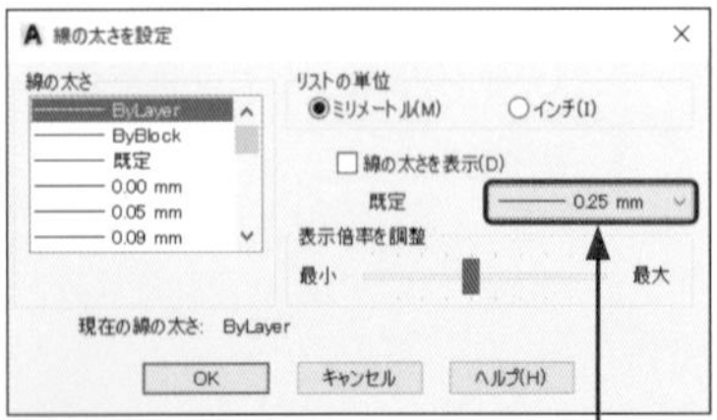

3 「既定」で線の太さを確認することができます。

10 「線種を選択」ダイアログボックスが表示されます。

11 「線種」の<CENTER2>をクリックして選択し、

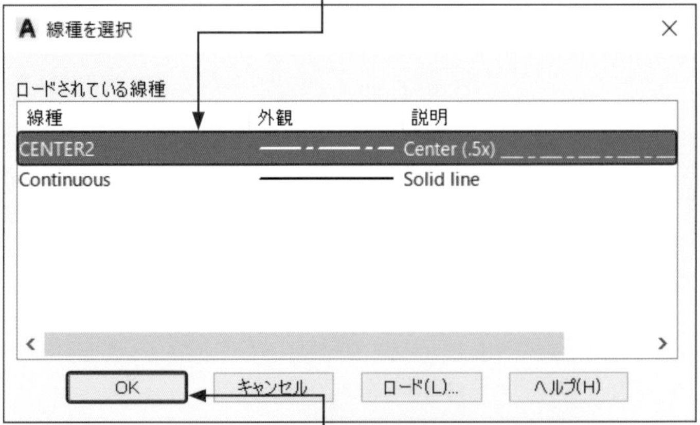

12 <OK>をクリックします。

13 「線の太さ」の<規定>をクリックします（左の「ヒント」参照）。

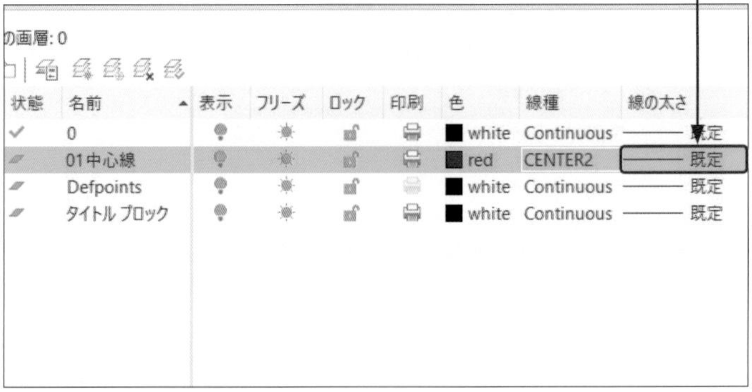

14 「線の太さ」ダイアログボックスが表示されます。

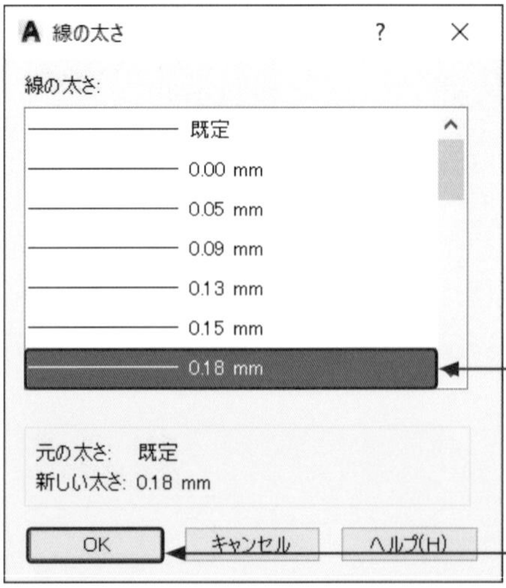

15 <0.18mm>をクリックして選択し、

16 <OK>をクリックします。

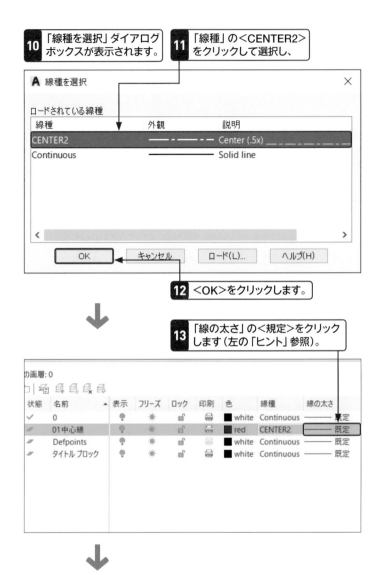

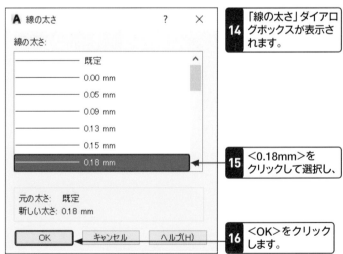

3 ほかの画層を作成する

1 「0」画層をクリックし、

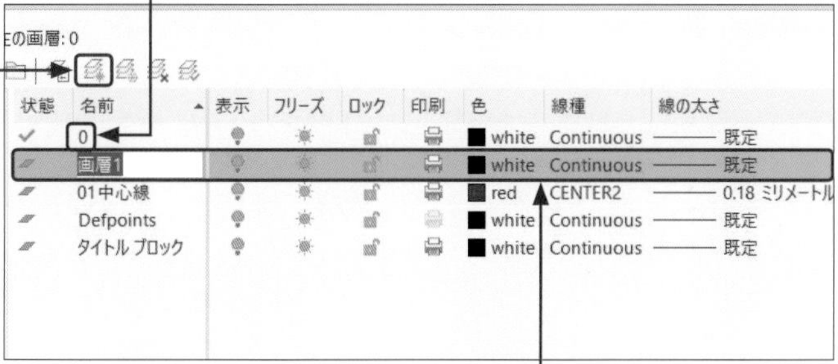

2 <新規作成>をクリックします。

3 新規画層が追加作成されます。

4 P.173からの手順4～16を繰り返して、以下の画層をそれぞれ設定します。

5 「02外形線」色：White／線 種：Continuous／線の太さ：0.35mm

6 「03ハッチング」色：Cyan／線種：Continuous／線の太さ：0.18mm

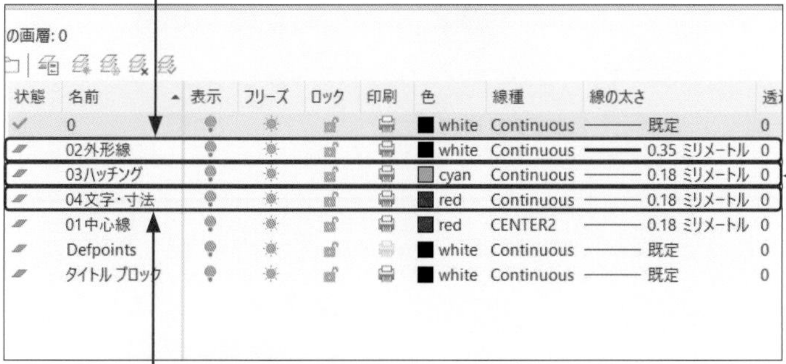

7 「04文字・寸法」色：red／線種：Continuous／線の太さ：0.18mm

8 <名前▲>を2回クリックして（ダブルクリックではなく）、昇順に並び替えます。

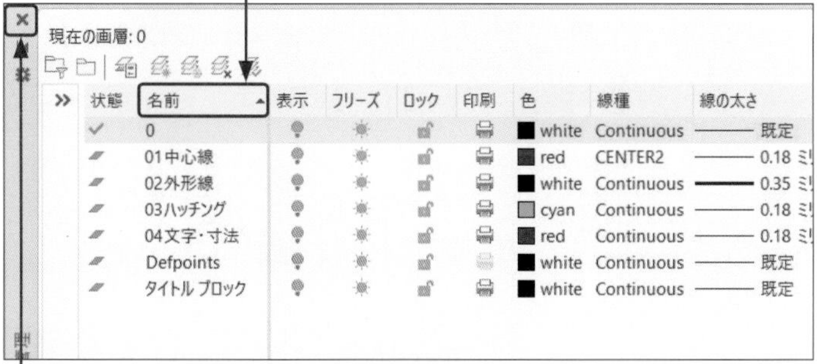

9 ✕をクリックして、パレットを閉じます。

メモ 新規画層作成時のテクニック

画層を新規作成する場合、選択している画層のコピーが作成されます。したがって、新規作成したい画層に近い設定の画層を選択してから<新規作成>をクリックすると作業時間を短縮することができます。

メモ 画層の表示順番について

画層パレットの表示順序は各項目をクリックすることによって並び替えることができます。表示順序を固定したい場合は、今回のように画層名の先頭に数字やアルファベットを入れて管理します。

メモ 右クリックメニューで画層を新規作成する

手順3で画層を新規作成していますが、画層名の上で右クリックして表示されるメニューから画層を新規作成することもできます。

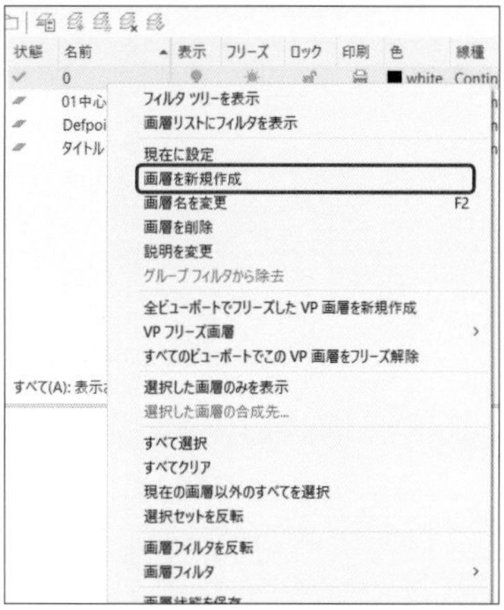

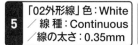

Section 47

現在の画層（書き込み画層）を設定する［画層リスト］

覚えておきたいキーワード
☑ 画層リスト
☑ 現在の画層
☑ 表示／フリーズ／ロック

ここではSec.46で設定した「01中心線」画層に作図する方法を解説します。また、図形を扱う上で重要となる「表示／非表示」「フリーズ解除／フリーズ」「ロック解除／ロック」についても解説します。画層プロパティ管理の各部名称もしっかりとマスターしてください。

練習用ファイル	Sec47.dwg

1 「01中心線」を現在の画層に設定する

メモ 画層リストから設定を行う

「01中心線」画層に作図するには、現在の画層を＜01中心線＞に設定します。そのため、ここでは画層リストからその設定を行っています。なお、リストで変更した内容は「画層プロパティ管理」パレットの「状態」にも反映されます。確認したい場合は、＜画層プロパティ管理＞をクリックしてください。

1 ＜ホーム＞タブ→＜画層＞パネル→「画層」リストで＜0＞をクリックします。

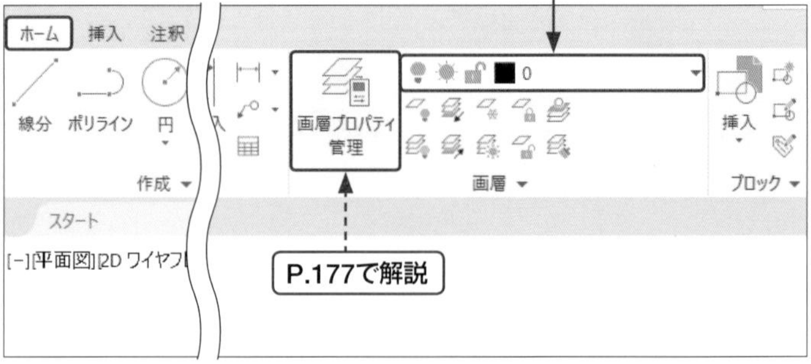

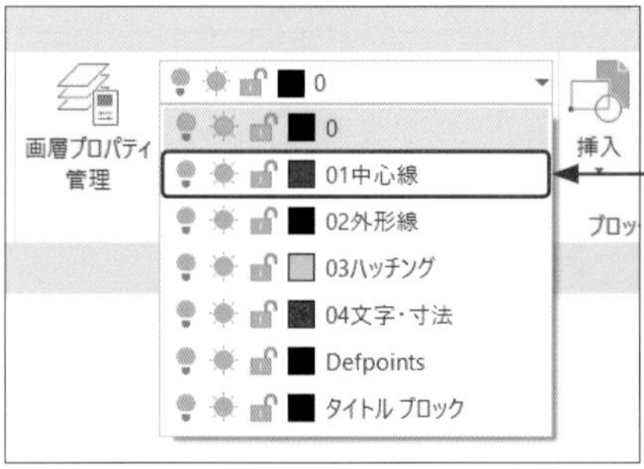

2 展開したリストから＜01中心線＞の画層名上をクリックします（左側のアイコンをクリックしないように注意します）。

3 現在の画層が「01中心線」に設定されます。

2 画層リストについて

画層リストでは、画層の「表示／非表示」「フリーズ解除／フリーズ」「ロック解除／ロック」「画層の色」「現在の画層」を設定することができます。なお、フリーズの設定を行うと、画層上の図形は表示・選択・印刷ができなくなり、ロックの設定を行うと、画層上の図形は編集ができなくなります。これらの設定は、アイコンのクリックでオン／オフします。また、非表示などの設定後に、オブジェクト範囲ズームや Ctrl ＋ A キーで選択すると、図形が選択対象となるので注意してください。

画層の表示／非表示

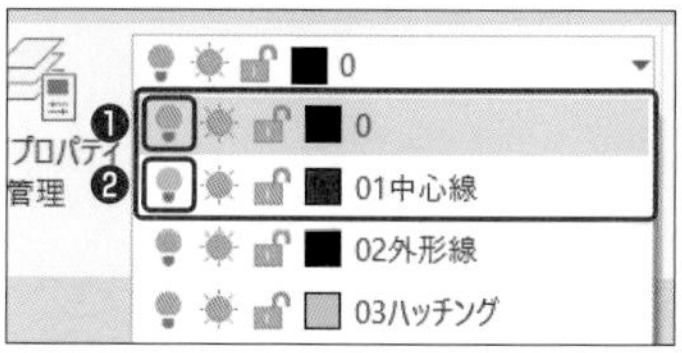

❶表示：画層上の図形が表示されます。
❷非表示：画層上の図形が表示・印刷されません。一部選択が可能な場合があります。現在の画層を非表示にすると確認メッセージが表示されます。

フリーズ解除／フリーズ

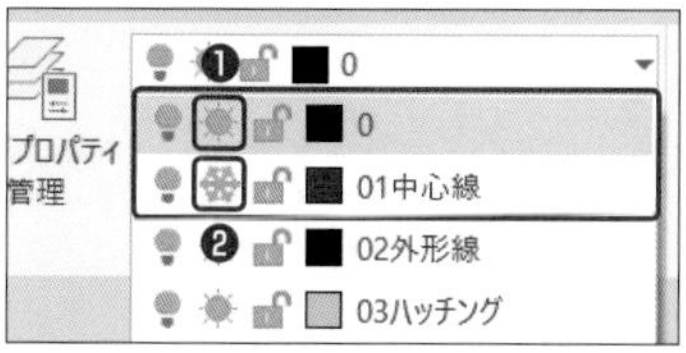

❶フリーズ解除：画層上の図形が表示されます。
❷フリーズ：画層上の図形が表示・印刷されません。また選択もできません。現在の画層をフリーズすることはできません。

ロック解除／ロック

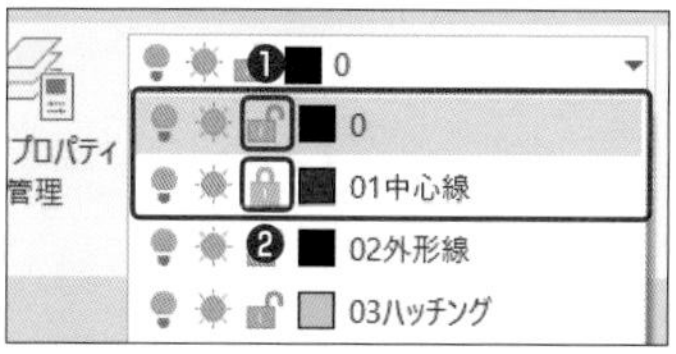

❶ロック解除：画層上の図形が編集できます。
❷ロック：図形の選択はできますが、編集ができない状態になります。

3 画層プロパティ管理パレットの各部名称

新規画層
画層を新規に作成します。

全ビューポートでフリーズしたVP 画層を新規作成
画層を作成し、その画層をすべての既存レイアウトビューポートでフリーズします。

画層を削除
選択した画層を削除します（P.173の「ヒント」参照）。

現在に設定
選択した画層を現在の画層に設定します。

色
画層上のByLayer図形の色を指定します。

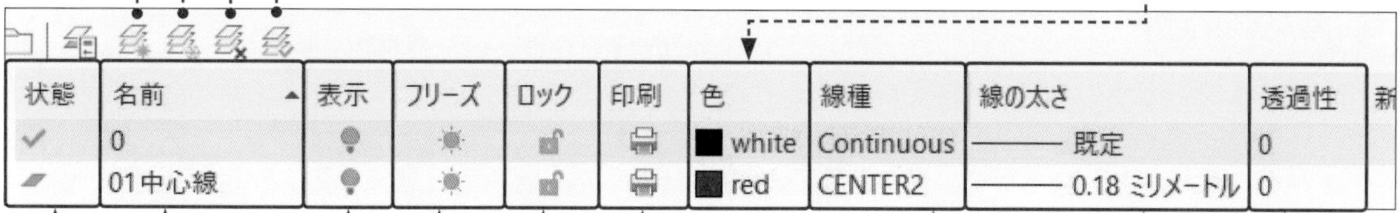

名前
画層の名前です。

表示
選択した画層を表示／非表示にします。

フリーズ
選択した画層をフリーズします。

ロック
選択した画層をロックします。

印刷
画層上の図形の印刷の有無を指定します。

線種
画層上のByLayer図形の線種を指定します。

透過性
画層上の図形の透過性を指定します。

線の太さ
画層上のByLayer図形の線の太さを指定します。

状態
✓は現在の画層、▱(塗り)は画層にオブジェクトが含まれ、▱は画層にオブジェクトが含まれていない状態を示します。

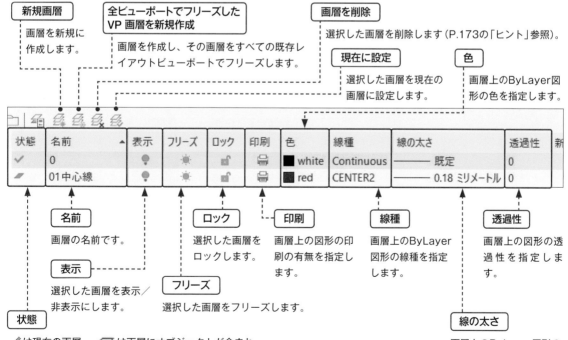

Section 48 平面図の中心線を作図する

覚えておきたいキーワード
☑ 線分
☑ オブジェクトスナップトラッキング
☑ ダイナミック入力

ここでは図枠の中心をオブジェクトスナップトラッキングで取得し、ダイナミック入力を使って中心線を作図します。オブジェクトスナップトラッキングを利用すると補助線を作図する手間が省けるので、作業時間を大幅に短縮できます。

練習用ファイル	Sec48.dwg		
リボン	[ホーム]タブ-[作成]パネル-[線分]／[ステータスバー]-[ダイナミック入力][極トラッキング][オブジェクトスナップトラッキング][オブジェクトスナップ]		
ショートカット	F12 (ダイナミック入力)／F10 (極トラッキング)／F11 (オブジェクトスナップトラッキング)／F3 (オブジェクトスナップ)		
コマンド	LINE(線分)／DYNMODE(ダイナミック入力)／AUTOSNAP(極トラッキング)／AUTOSNAP(オブジェクトスナップトラッキング)／OSMODE(オブジェクトスナップ)	エイリアス	L(線分)

1 作図補助機能を設定する

メモ 極トラッキングの角度設定について

今回の作図では0度および90度を使用するので、極トラッキングの角度設定は不要です(すべての極トラッキング角度に0度と90度は含まれているため)。しかし、角度設定が小さすぎると作業がしずらいので、操作に慣れるまでは＜90,180,270,360…＞などに設定しておくとよいでしょう。

1 ＜ダイナミック入力＞、＜極トラッキング＞、＜オブジェクトスナップトラッキング＞をクリックしてにします。

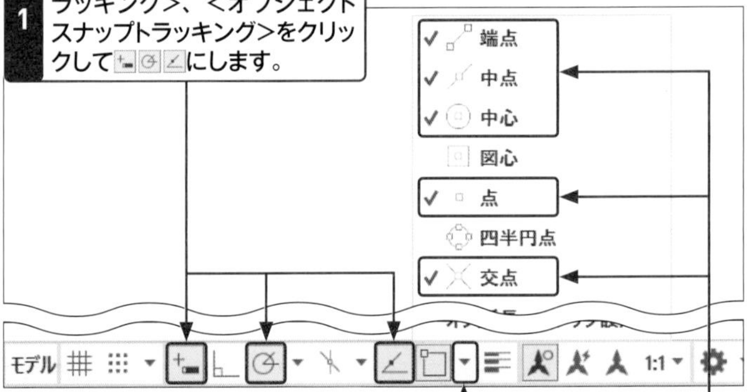

2 ＜オブジェクトスナップ＞の右横の ▼ をクリックして、

3 表示されるメニューの＜端点＞＜中点＞＜中心＞＜点＞＜交点＞をクリックしてオンにします。

2 中心線を作図する

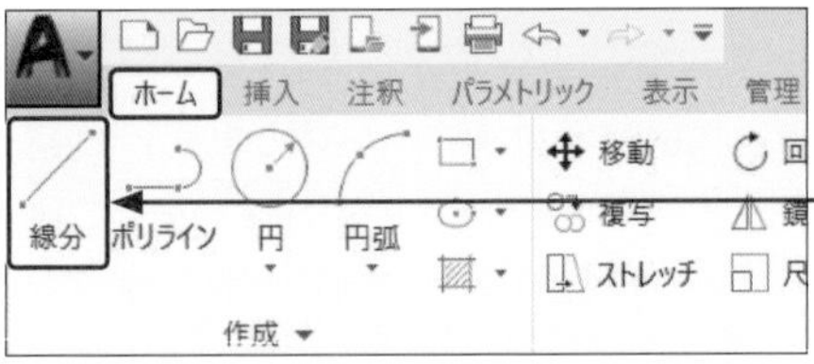

1 ＜ホーム＞タブ→＜作成＞パネル→＜線分＞をクリックします。

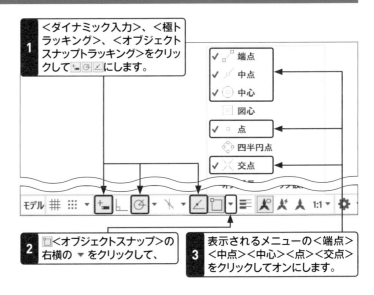

2 「1点目を指定」で図枠の左側CとDの間にある中心マークの端点にマウスカーソルを合わせ、右に移動します（クリックはしません）。

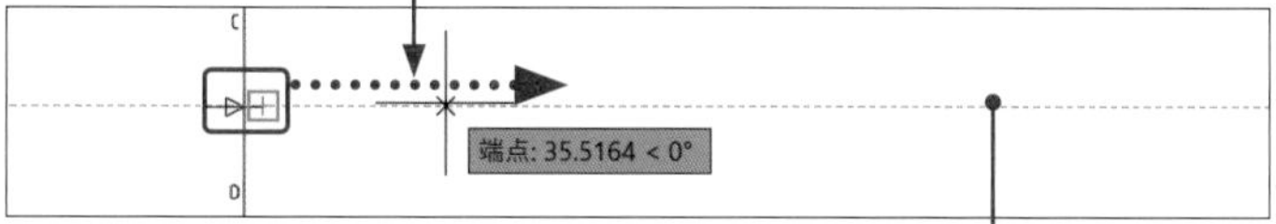

3 水平なトラッキング線が表示されることを確認します。

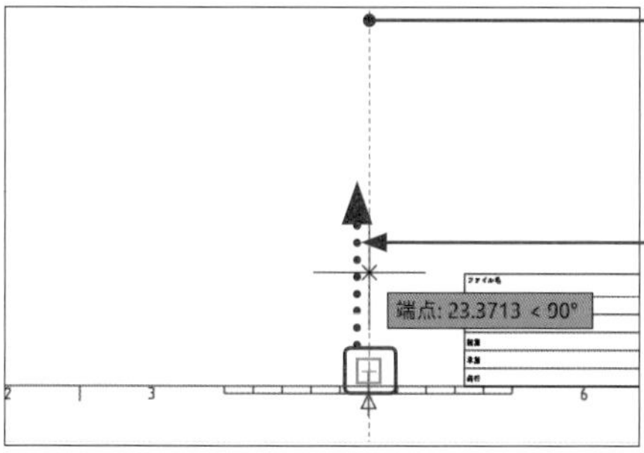

4 図枠の下側4と5の間にある中心マークの端点にマウスカーソルを合わせ、上に移動します（クリックはしません）。

5 垂直なトラッキング線が表示されることを確認します。

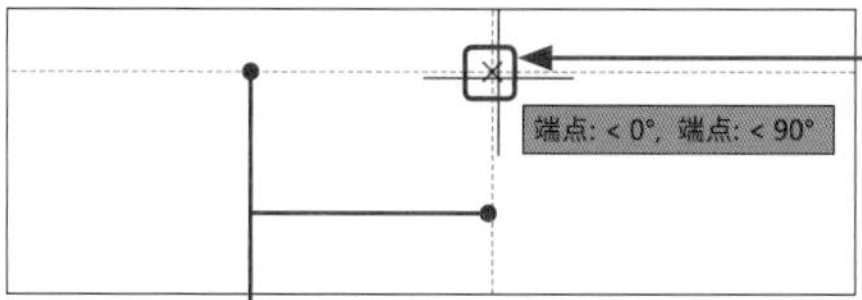

6 左側の中心マークから水平（0°）のトラッキング線が表示される位置までマウスカーソルを移動します。

7 2本のトラッキング線が表示されたらクリックします。

8 マウスカーソルを上（12時方向）に移動すると、

9 位置合わせパスと「90°」が表示されます。

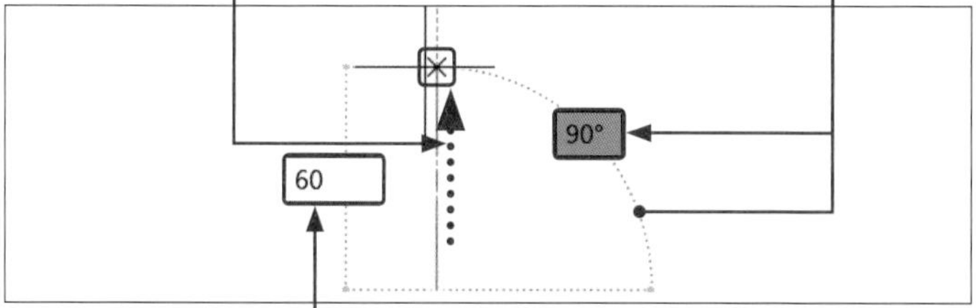

10 位置合わせパスと「90°」が表示されている状態で、線の長さ「60」と入力し Enter キーを押して確定します。

11 再度 Enter キーを押してコマンドを終了します。

12 中心線が作図されます。

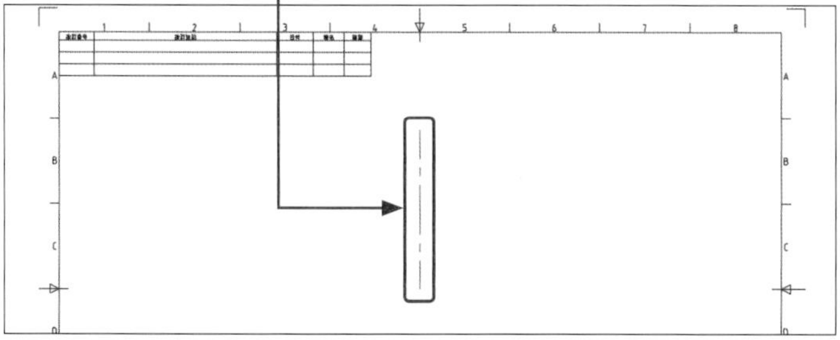

メモ ByLayerについて

通常AutoCADでは画層の設定にしたがってプロパティを割り当てる「ByLayer」を使用します（P.172のSec.46参照）。作図する際には、＜ホーム＞タブ→＜プロパティ＞パネルで、オブジェクトの色・線の太さ・線種が＜ByLayer＞に設定されていることを確認します。画層の設定を無視して、プロパティを設定する場合はByLayer以外を選択して使用します（P.46のSec.11参照）が、これは例外的な方法です。

メモ 間違えてしまったときは

オブジェクトスナップトラッキングで、位置合わせ点を間違えてクリックしてしまったときは、Esc キーを押してコマンドを中止し、「線分」コマンドを選択するところからやり直します。

メモ オブジェクトスナップトラッキングについて

オブジェクトスナップトラッキングを使用すると、補助線を描かなくても任意の点をかんたんに取得することができます（P.74のSec.19参照）。どうしても難しい場合は補助線を作図してもかまいません。

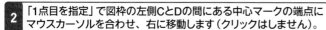

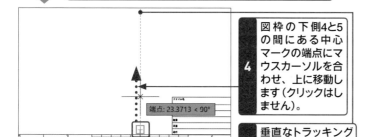

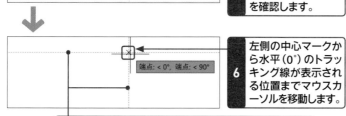

Section 49 円の外形線を作図する

覚えておきたいキーワード
- ☑ 画層リスト
- ☑ 現在の画層
- ☑ 円（中心、直径）

円を作図するにはさまざまな方法があります。ここでは、円の中心と直径を指定して外形線を作図する方法を解説します。円コマンドはコマンドまたはエイリアスから実行した場合、リボンと動きが異なります。また、円コマンドの繰り返しについても注意が必要です。

練習用ファイル	Sec49.dwg		
リボン	[ホーム] タブ - [画層] パネル - [画層リスト] ／ [ホーム] タブ - [作成] パネル - [円] コマンド - [中心、直径]		
コマンド	CIRCLE（中心、直径）	エイリアス	C（中心、直径）

1 直径を指定して外形線を描く

メモ 画層切り替え時の注意

画層リストで「現在の画層」を切り替える場合は、Esc キーを押して図形が一切選択されていない状態で切り替えます。

メモ リボンのアイコンについて

円コマンドのように、ドロップダウンリストからコマンドを選択した場合、最後に選択したコマンドが上部アイコンに表示され、次回以降はアイコンをクリックすると直前に使用したコマンドが選択できます。

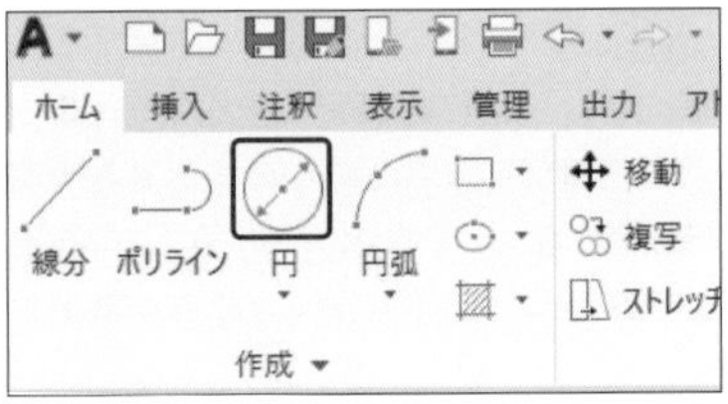

1 <ホーム>タブ→<画層>パネル→<01中心線>をクリックし、表示されるメニューから<02外形線>をクリックして選択します。

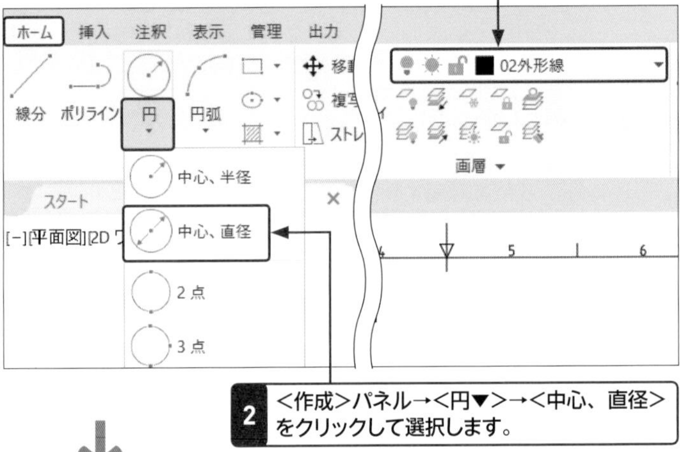

2 <作成>パネル→<円▼>→<中心、直径>をクリックして選択します。

3 中心線の下部端点をクリックします。

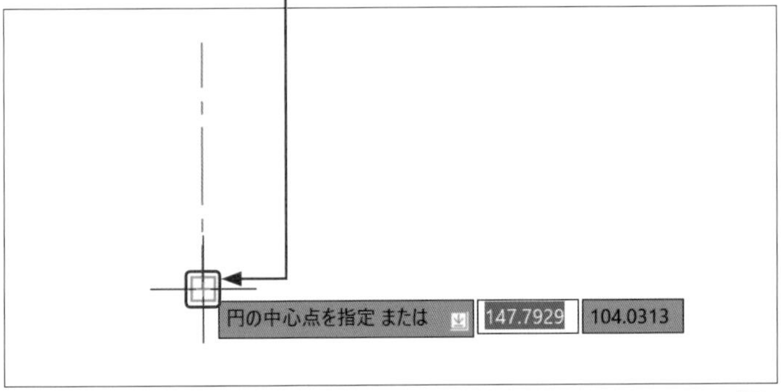

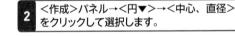

4 「56」と入力し、

5 Enter キーを押して確定します。

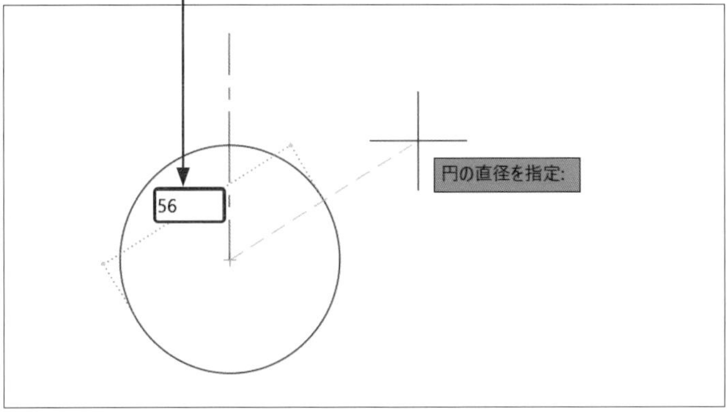

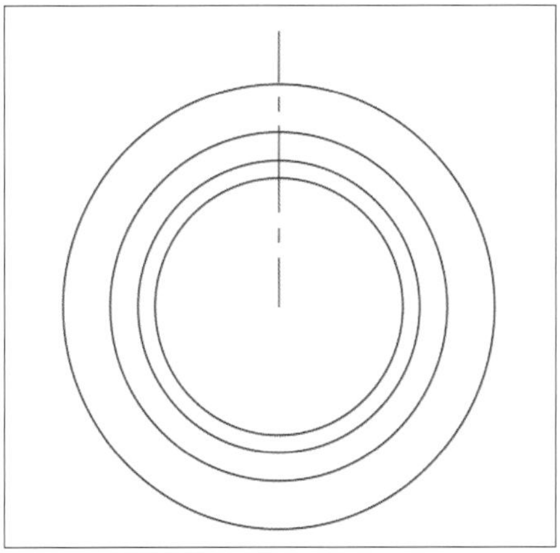

6 手順3〜6を繰り返して、直径が「63.6」「76」「97」の円を作図します。

注意 Enter キーで円コマンドを繰り返す場合

円コマンドの直後に Enter キーを押してコマンドの繰り返しを実行すると、今回のように直前に＜中心、直径＞を使用していても、すべて＜円(中心、半径)＞が選択されます。＜中心、半径＞以外の円コマンドを繰り返す場合は、リボンから選択するか、＜中心、半径＞のオプションで実行します。

メモ オプションで中心、直径の円を作図する

「circle」(または「c」)を入力し、直径を指定して作図する方法もあります。手順は以下のとおりです。

1 「circle(または「c」)」と入力し、Enter キーを押して確定します。

2 中心線の下部端点をクリックし、

3 ↓キーを押して、

4 オプションの＜直径(D)＞をクリックして選択します。

5 直径を入力して、Enter キーを押します。

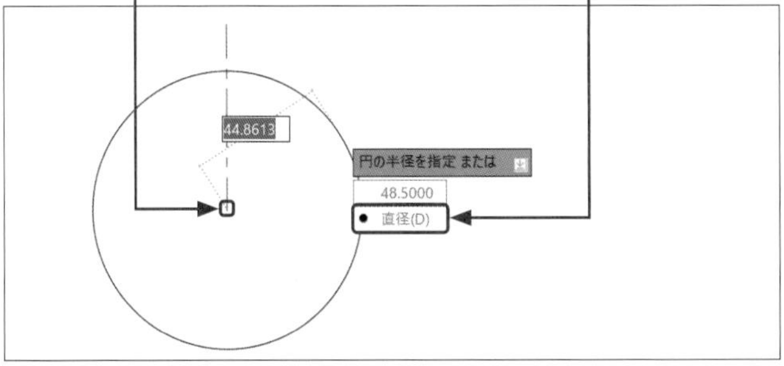

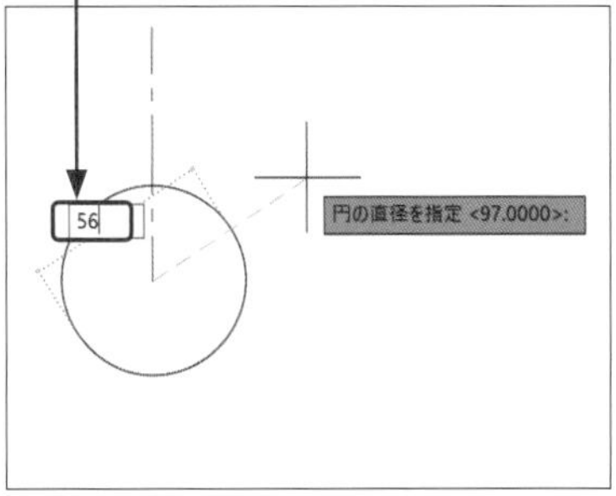

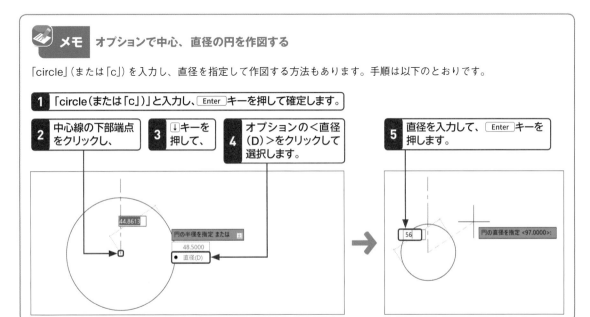

Section 50

キリ通しの穴の中心線と穴を作図する

覚えておきたいキーワード
☑ 画層の移動
☑ ByLayer
☑ 円（中心、半径）

ここでは、P.180のSec.49で「02外形線」画層に作図した直径76の円を、「01中心線」画層に移動します。プロパティを「Bylayer」で作図しておくこと、また移動後に必ず選択を解除しておくことがポイントになります。また、半径を指定してキリ通しの穴を作図します。

練習用ファイル	Sec50.dwg		
リボン	[ホーム]タブ-[画層]パネル-[画層リスト]／[ホーム]タブ-[作成]パネル-[円]コマンド-[中心、半径]		
コマンド	CIRCLE	エイリアス	C

1 図形を画層移動する

メモ　画層の移動について

図形を選択した状態で画層リストを切り替えると、選択している図形が切り替えた画層に移動します。

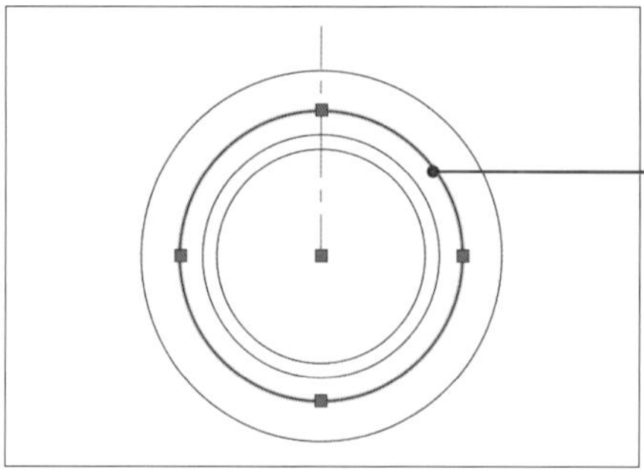

1 直径76の円をクリックして選択します。

メモ　現在の画層について

図形を選択していない状態で画層リストに表示されている画層が「現在の画層」になります。図形が選択されている状態だと、図形が作図されている画層が表示されるので注意が必要です。

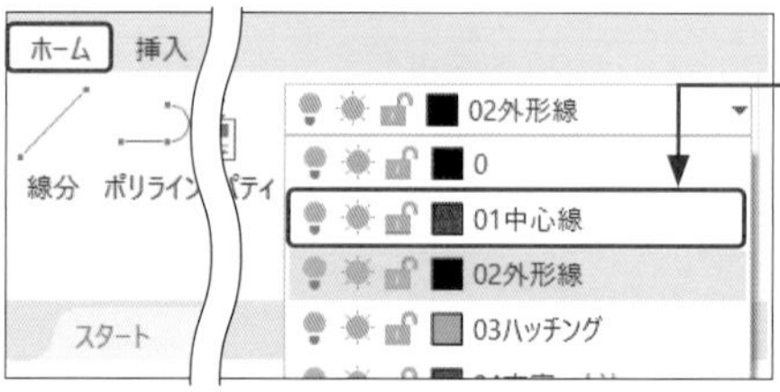

2 ＜ホーム＞タブ→＜画層＞パネル→＜01中心線＞をクリックします。

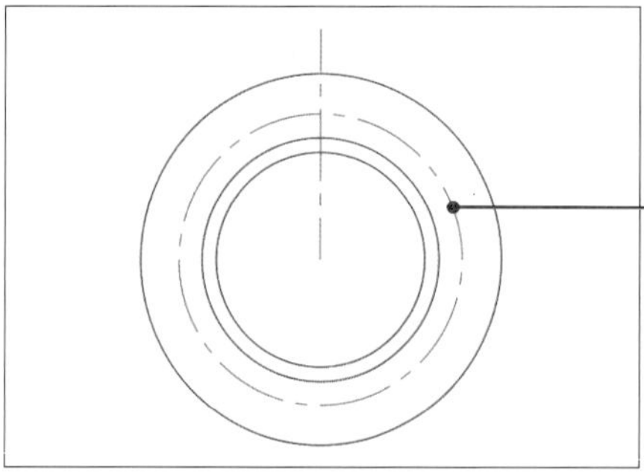

3 「01中心線」画層に円が移動します。

4 Escキーを押して選択を解除します。

メモ　Escキーで必ず解除を行う

画層の移動が終了したら、必ずEscキーを押して選択を解除しておきます。

2 キリ通しの穴を作図する

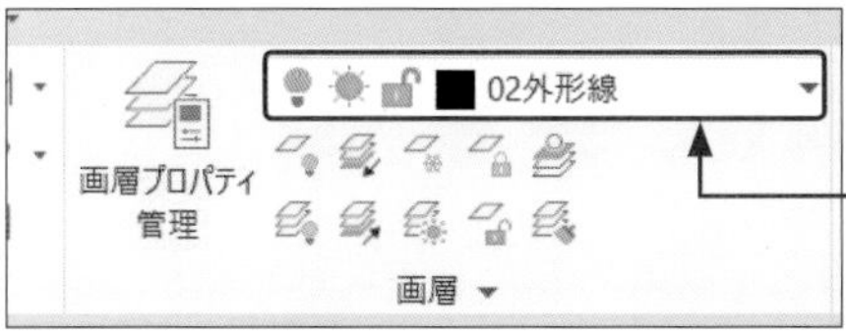

1 現在の画層が「02外形線」になっていることを確認します。

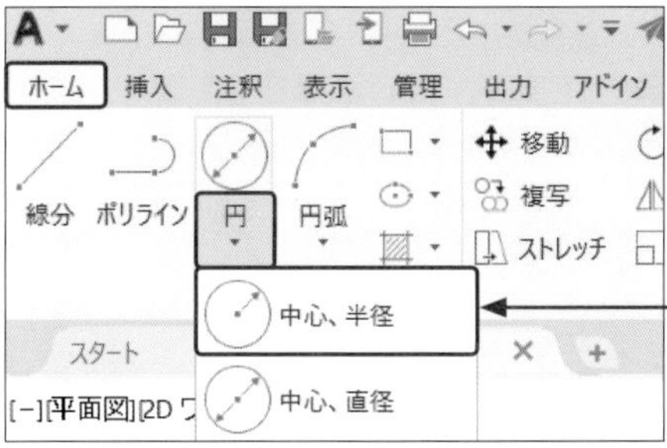

2 <ホーム>タブ→<作成>パネル→<円▼>→<中心、半径>をクリックします。

3 中心線の交点をクリックします。

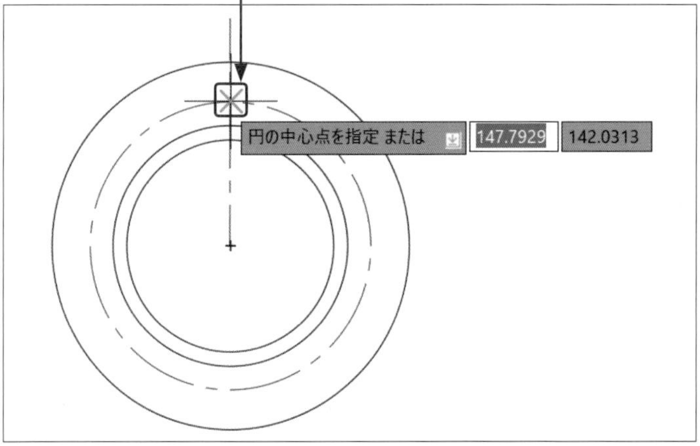

4 「円の半径を指定」で「3.4」と入力します。

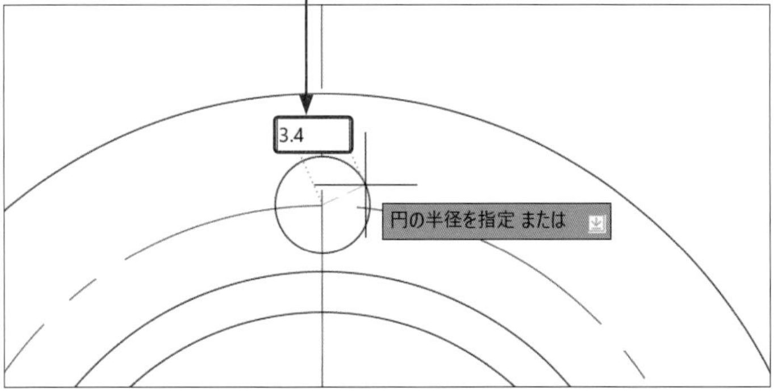

5 Enter キーを押して確定します。

メモ ByLayerについて

プロパティを「ByLayer」に設定して作図しておくと、画層を移動した場合でも、移動先の画層の設定（線色／線の太さ／線種）を自動的に読み込んで表示してくれます。

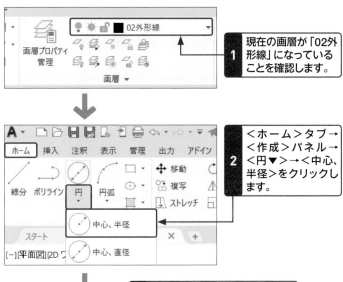

Section 51 右半分に中心線とキリ通しの穴を回転複写する

覚えておきたいキーワード
- 円形状配列複写
- 矩形状配列複写
- パス配列複写

ここでは、12時方向に作図した中心線とキリ通しの穴を回転させながら、一括コピーします。AutoCADではこの一括コピー機能を「配列複写」と呼び、今回解説する「円形状」のほかに、「矩形状配列複写」や「パス配列複写」などの方法があります。

練習用ファイル	Sec51.dwg		
リボン	[ホーム]タブ-[修正]パネル-[円形状配列複写]		
コマンド	ARRAYPOLAR(円形状配列複写)	エイリアス	—

1 右半分に中心線とキリ通しの穴を回転複写する

キーワード 配列複写

「配列複写」とは、指定した間隔や角度、個数で図形を一括コピーすることができる機能です。AutoCADでは行数と列数を指定する「矩形状配列複写」と、角度または個数を指定して円状にコピーする「円形状配列複写」、指定したパス曲線上にコピーする「パス配列複写」があります。

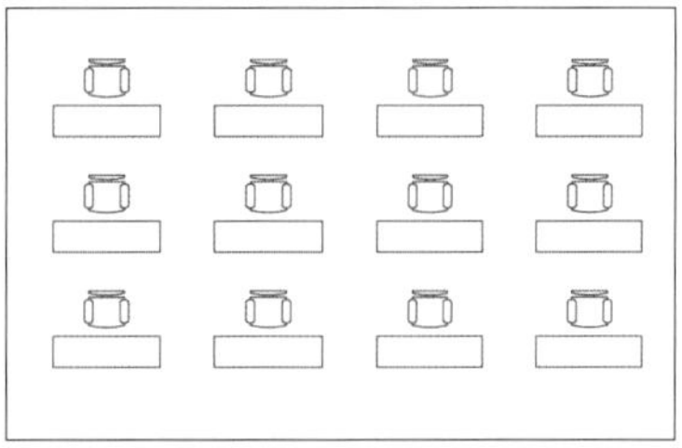

矩形状配列複写

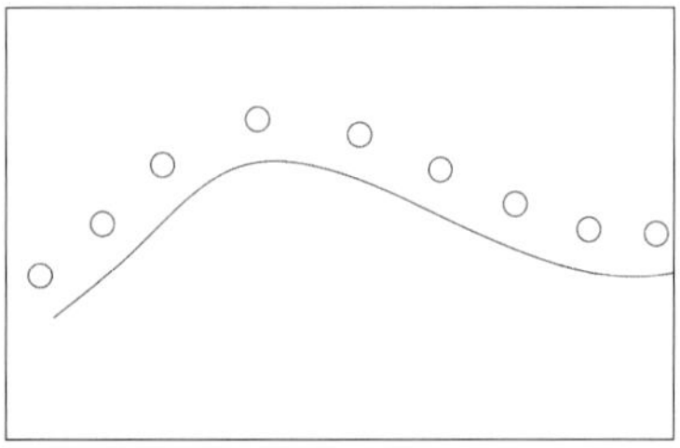

パス配列複写

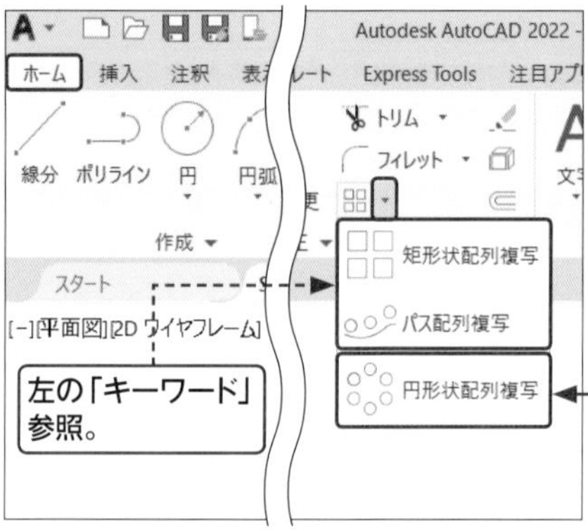

1 <ホーム>タブ→<修正>パネル→<矩形状配列複写>横の ▾ →<円形状配列複写>をクリックします。

左の「キーワード」参照。

2 垂直の中心線とキリ通しの穴をクリックして選択します。

3 Enter キーを押して確定します。

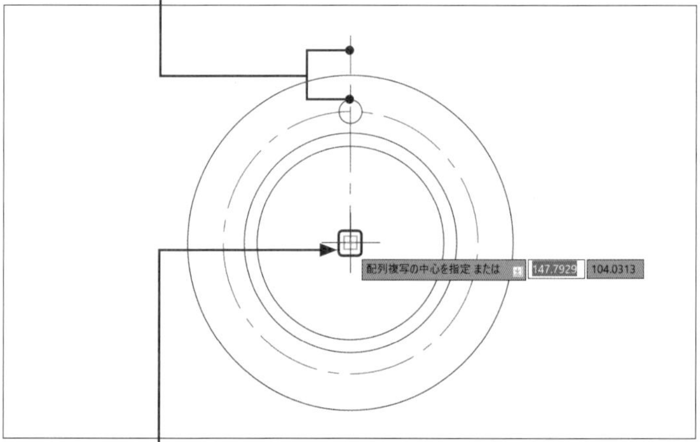

4 「配列複写の中心を指定」で、中心線の下端点(または外形線の中心点)をクリックします。

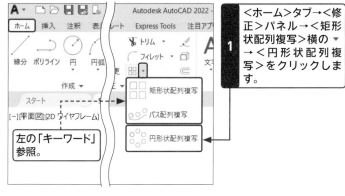

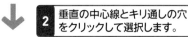

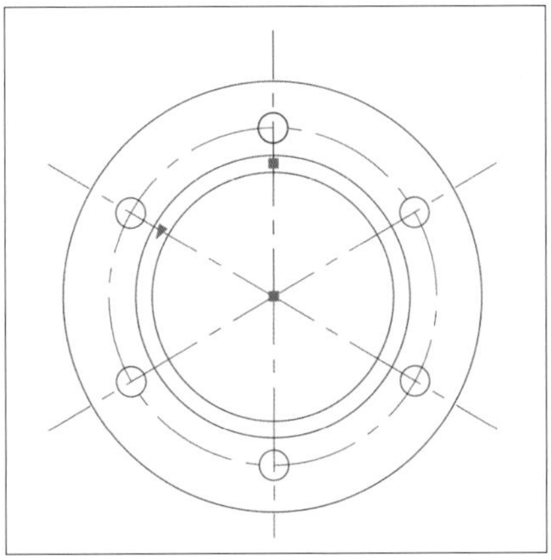

5 円形状配列複写のプレビューが表示されます。

6 <配列複写作成>タブが表示されるので、

7 <項目>パネル→<項目>を「5」に、

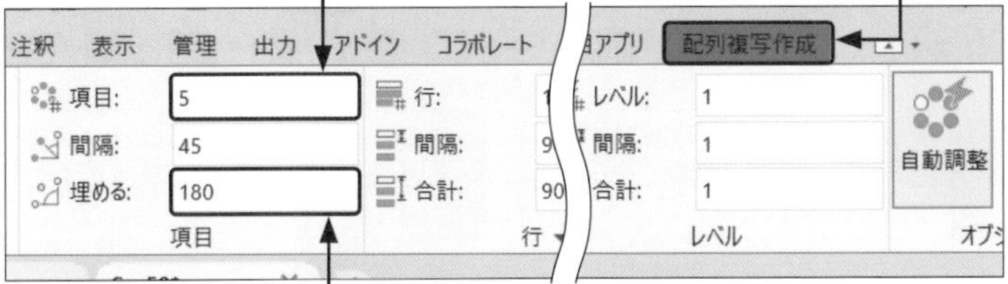

8 <埋める>を「180」に変更します。

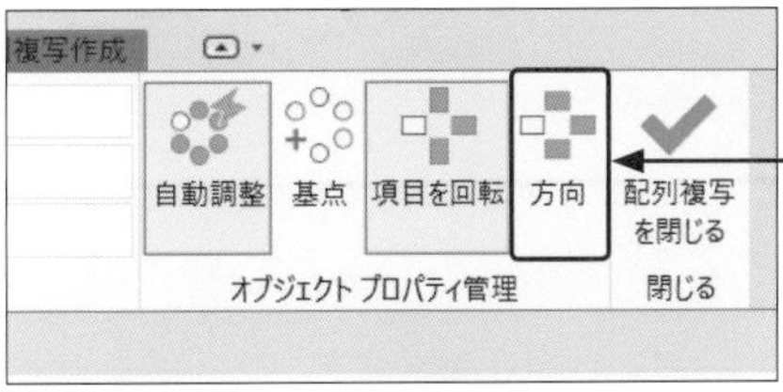

9 <オブジェクトプロパティ管理>パネル→<方向>をクリックしてオフにして、

10 マウスを作図ウィンドウに移動して、結果を確認します。

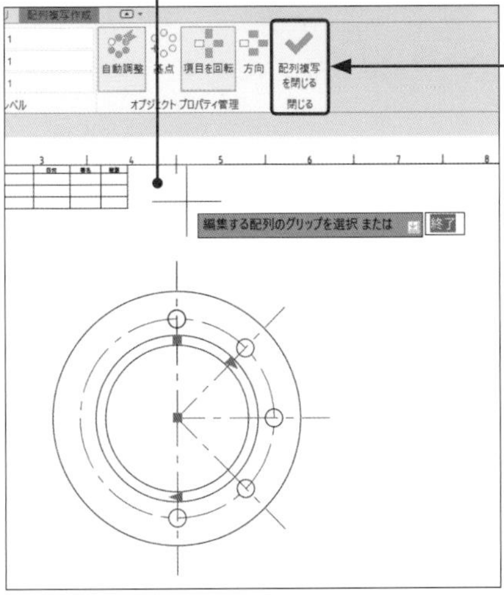

11 <配列複写を閉じる>をクリックします。

メモ　オブジェクトスナップについて

図形が複雑になると、同じ点でも複数のオブジェクトスナップの対象となることがあります。点を巡回選択したい場合は、AutoSnapマーカーが表示されている状態で Tab キーを押します。

メモ　配列複写の編集について

配列複写で作成した図形は、1つのグループとして認識されます。編集する場合は、配列複写した図形を選択し、<配列複写>タブから設定を編集することができます。

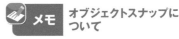

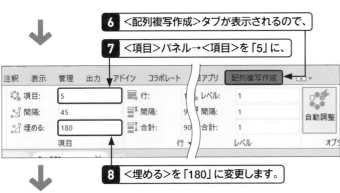

Section 52 中心線を基準に左半分を削除する

覚えておきたいキーワード
☑ トリム
☑ 切り取りエッジ
☑ 交差選択

ここで取り扱う部品は平面形状が対称なため、右半分のみ作図し、左半分はトリムコマンドを使って削除します。グループの分解と中心線の結合などのテクニックを応用すれば、ほかの図形でも応用できますが、トリムコマンドで使用できない図形もあるので、ここで理解しておきましょう。

練習用ファイル	Sec52.dwg		
リボン	[ホーム]タブ-[修正]パネル-[分解]／[ホーム]タブ-[修正]パネル-[トリム]		
コマンド	EXPLODE(分解)／TRIM	エイリアス	X(分解)／TR

1 左半分を削除する

キーワード 配列複写の分解

配列複写で作成された図形を分解すると、配列複写の情報が削除され、単独の図形として編集できるようになります。なお、ブロックや配列複写は個々の図形、ポリラインは線分、マルチテキストは文字、寸法は線分とマルチテキストほかにそれぞれ分解できますが、円や文字、円弧などはそれ以上分解することができません。また、一度分解した図形は、分解直後であれば「UNDO(元に戻す)」で戻すことができますが、それ以外は戻せないので分解の際は注意が必要です。

1 中心線とキリ通しの穴(円形状配列複写オブジェクト)をクリックして選択します。

2 <ホーム>タブ→<修正>パネル→ <分解>をクリックします。

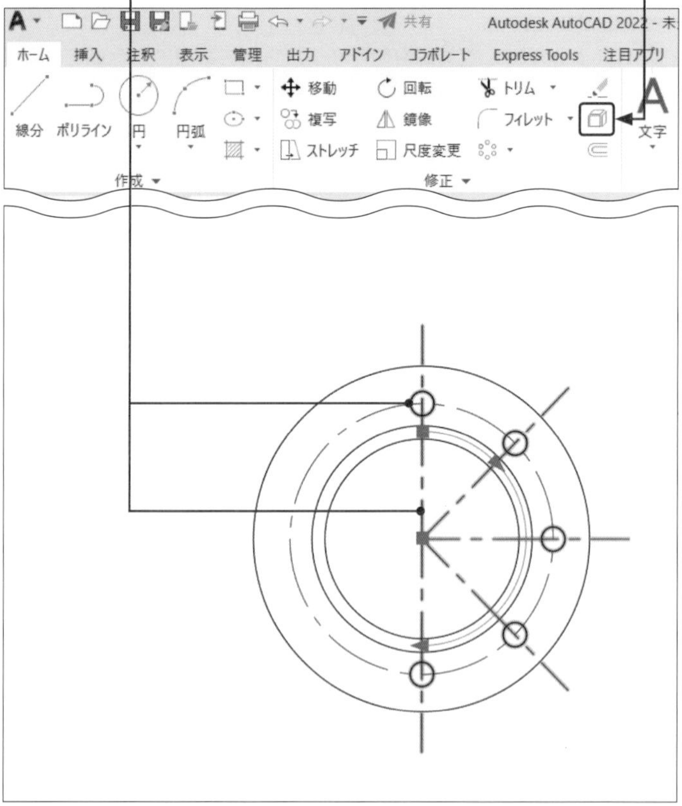

3 配列複写の情報が削除され、個々の図形として編集できるようになります。

4 <ホーム>タブ→<修正>パネル→<トリム>横の▼→<トリム>をクリックします。

5 中心線の左側の削除する図形をクリックして選択します。

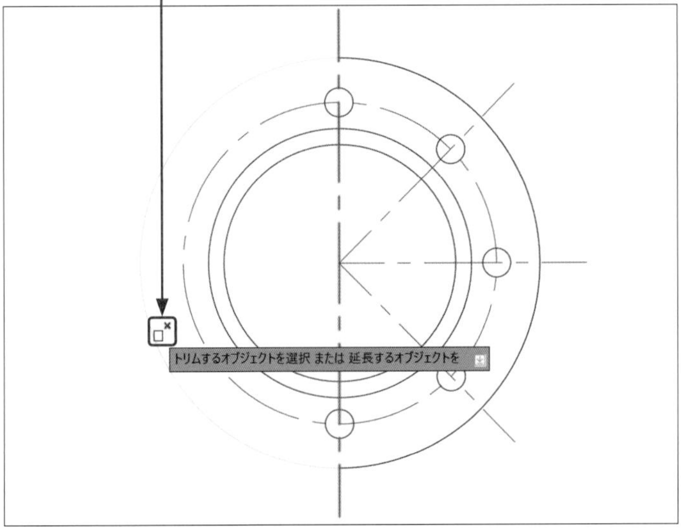

6 左側の図形をすべて削除できたら Enter キーを押してコマンドを終了します。

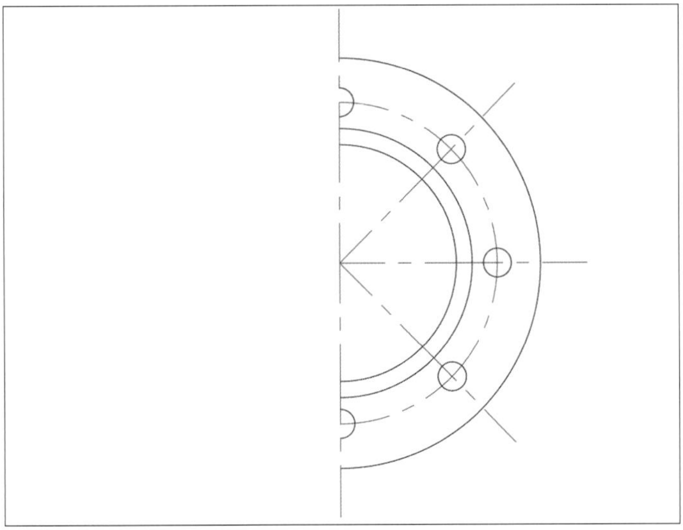

メモ　フェンス選択を使用して選択する場合

図形と交差する形で、任意の2点をクリックするとトリムする図形をフェンス選択することができます(2021バージョン以降)。

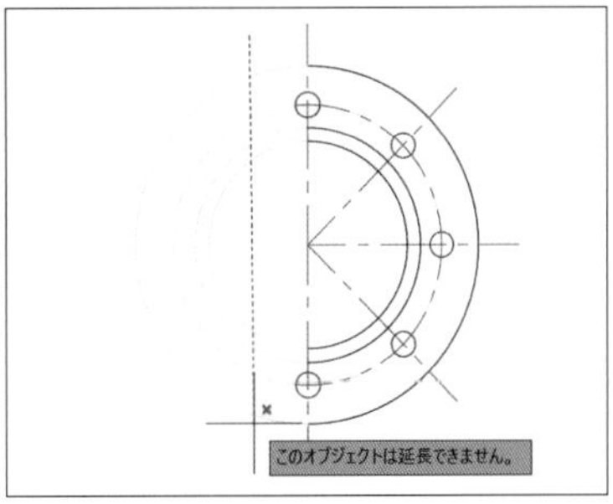

メモ　コマンドの途中で間違えた場合は

途中で間違えた場合は、コマンドラインの<元に戻す>をクリックして、操作を1つ戻します。クイックアクセスツールバーの<元に戻す>を実行すると、すべて元に戻されてしまうので注意が必要です。

メモ　トリムで使用できない図形について

配列複写に含まれている図形そのままの状態で個別に編集することはできません。そのため、今回は「分解」コマンドで配列複写を分解し、線分と円の状態に戻してトリム編集しています。

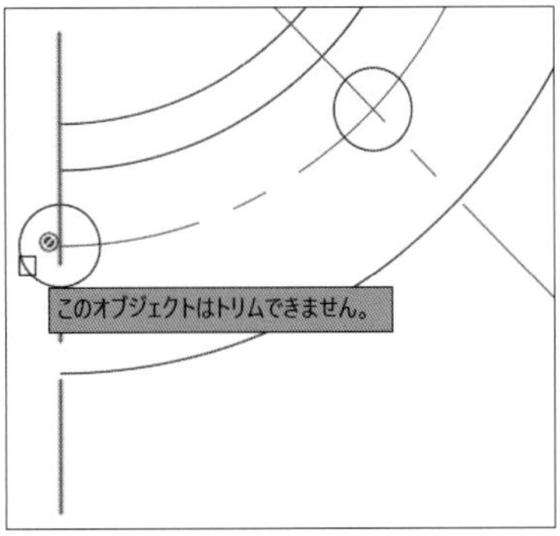

Section 53 中心線に対称図示記号を作図する

覚えておきたいキーワード
☑ 対象図示記号
☑ 線分／オフセット
☑ 鏡像

機械図面では対称図形の場合、片側の図形だけを作図すればよいというルールがありますが、これを適用するには「対称図示記号」が必要です。ここでは、中心線に対して、線分、オフセット、鏡像の各コマンドを使って「対称図示記号」を加えていきます。

練習用ファイル	Sec53.dwg		
リボン	[ホーム]タブ-[作成]パネル-[線分]／[ホーム]タブ-[修正]パネル-[オフセット]／[ホーム]タブ-[修正]パネル-[鏡像]		
コマンド	LINE(線分)／OFFSET(オフセット)／MIRROR(鏡像)	エイリアス	L(線分)／O(オフセット)／MI(鏡像)

1 対称図示記号を作図する

キーワード 対称図示記号

「対称図示記号」は、主に機械製図で用いられる記号で、図形が対称形状の場合、対称中心線の片側の図形だけを描き、その対称中心線の両端部に短い平行細線(対称図示記号)を付けます(JISB0001「機械製図」参照)。

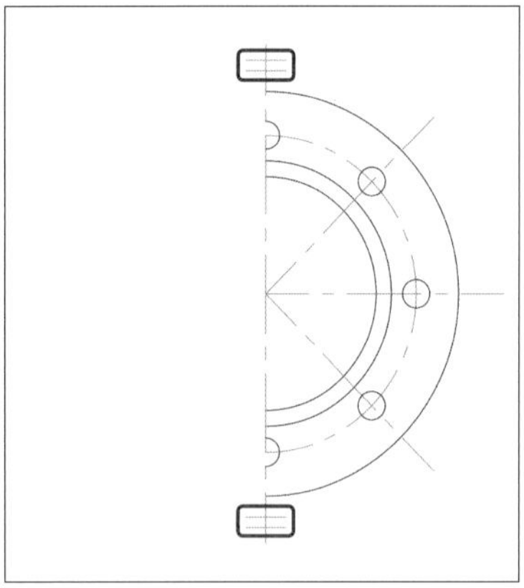

1 ステータスバーの<オブジェクトスナップトラッキング>をクリックしてにします。

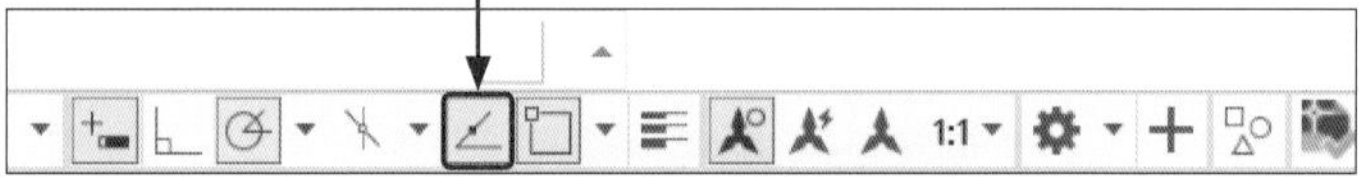

2 <ホーム>タブ→<画層>パネル→<02外形線>をクリックし、<01中心線>をクリックして選択します。

3 <作成>パネル→<線分>をクリックします。

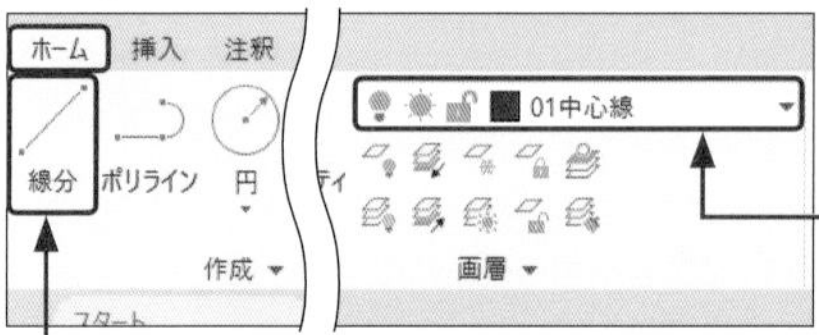

4 一番外側の外形線の円弧と中心線の交点にマウスカーソルを合わせ、上に移動します。

5 垂直なトラッキング線が表示されていることを確認します。

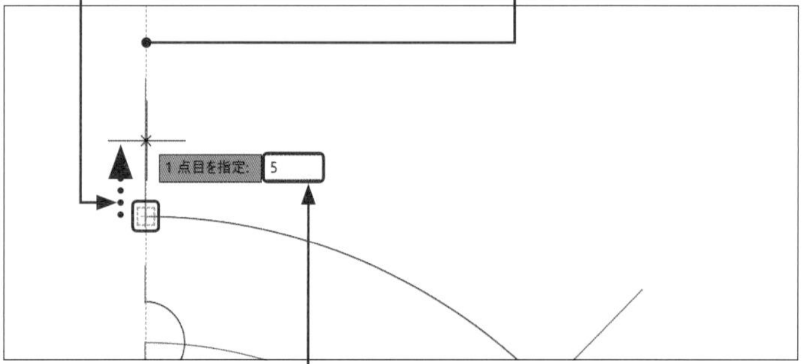

6 トラッキング線が表示されている状態で、1点目に「5」と入力し、Enter キーを押します。

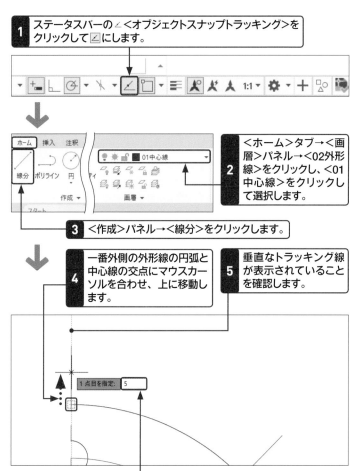

7 そのまま右方向にマウスカーソルを移動します。

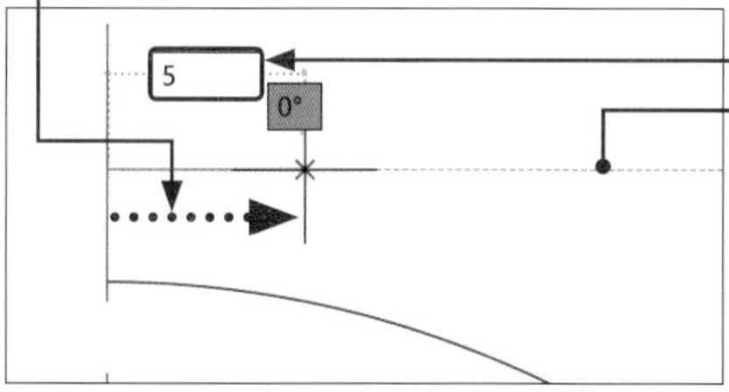

8 0度のトラッキング線が表示されていることを確認します。

9 「5」と入力し、Enter キーを押します。

10 もう一度 Enter キーを押してコマンドを終了します。

2 線を反対方向に伸ばす

1 作図した線分をクリックして選択します。

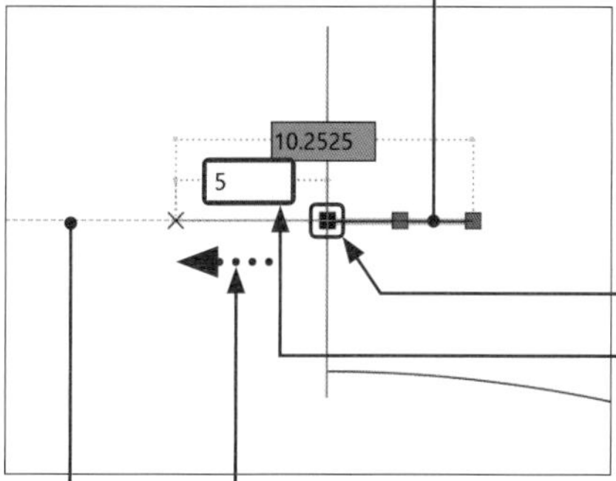

2 左端点のグリップをクリックして選択します。

3 そのまま左方向にマウスカーソルを移動し、

4 180度のトラッキング線が表示されていることを確認します。

5 「5」と入力し、Enter キーを押します。

3 2本目の線分をコピーする

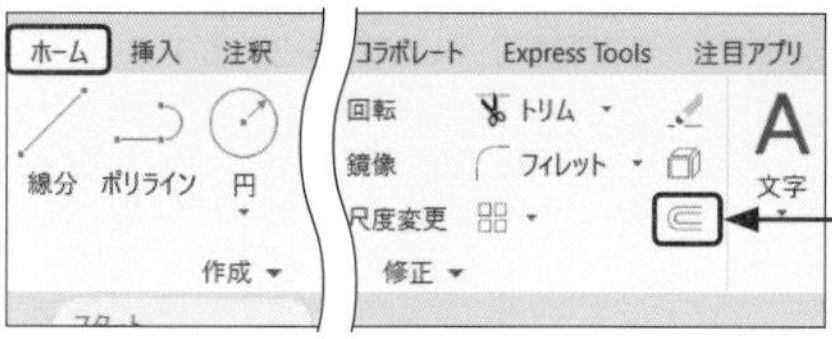

1 線分が選択されている状態で、＜ホーム＞タブ→＜修正＞パネル→＜オフセット＞をクリックします。

2 オフセット距離に「2.5」と入力し、Enter キーを押します。

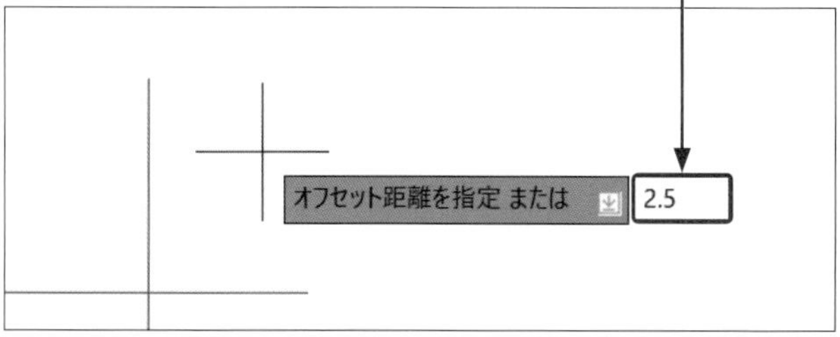

メモ 図形を選択した状態でのコマンド実行について

図形を選択した状態でコマンドを実行すると、コマンド内での図形の選択を省略することができます。ただし、コマンド実行後の図形の追加選択や選択除外ができないので、図形を選択し直す場合はいったんコマンドを終了します。

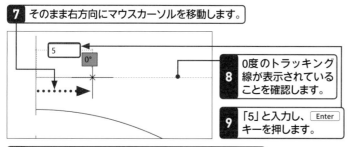

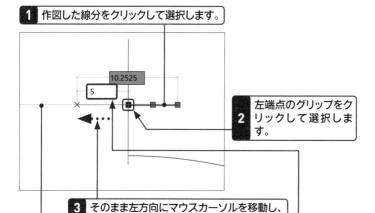

3 オフセットする側として、マウスカーソルを上に移動します。

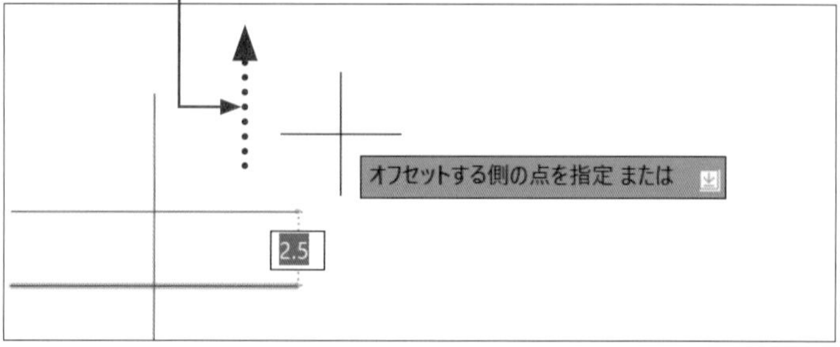

4 プレビューで確認し、任意の場所でクリックします。

5 Enter キーを押してコマンドを終了します。

4 反対側に鏡像コピーする

メモ　鏡像の対称軸について

今回、鏡像の対称軸の2点は既存図形上の点を利用しましたが、鏡像の対称軸は図形がなくても、角度が同じであればどこでも指定することができます。

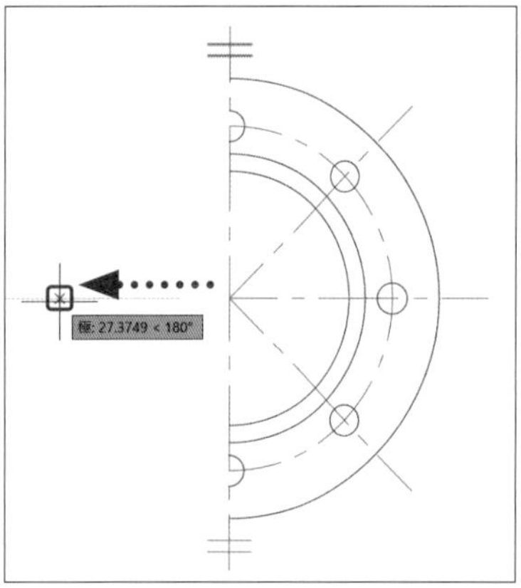

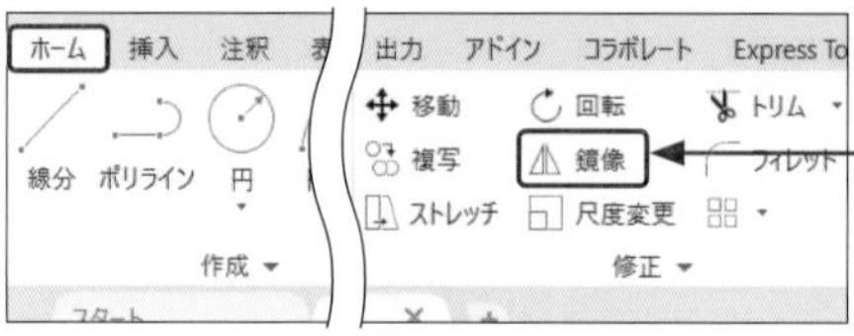

1 ＜ホーム＞タブ→＜修正＞パネル→＜鏡像＞をクリックします。

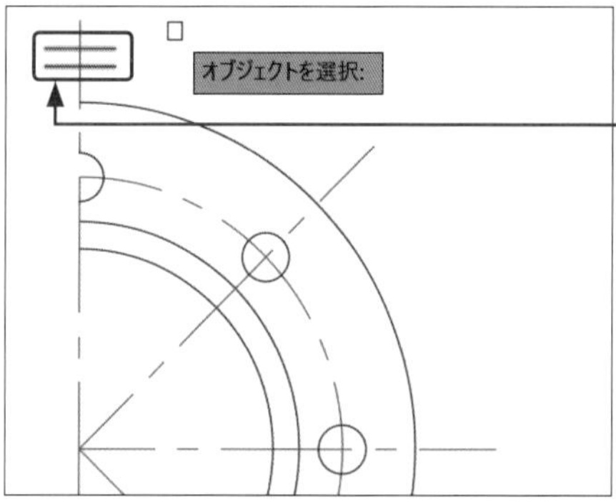

2 12時方向に作図した対称図示記号の2本の線分を選択します。

3 Enter キーを押して確定します。

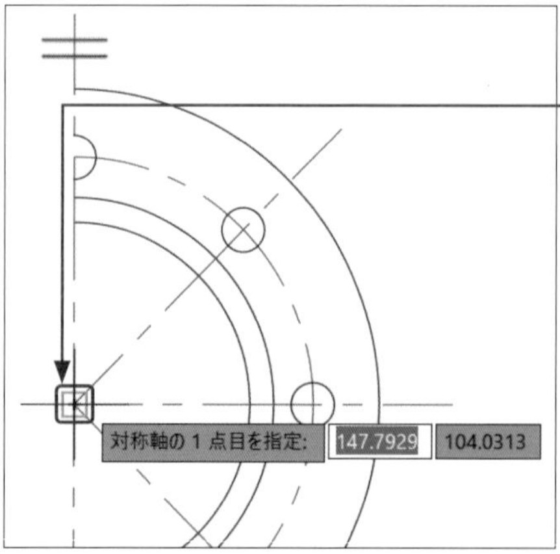

4 対称軸の1点目として、水平の中心線の左端点（または外形線円弧の中心点）をクリックします。

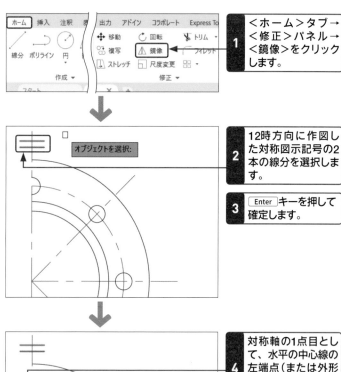

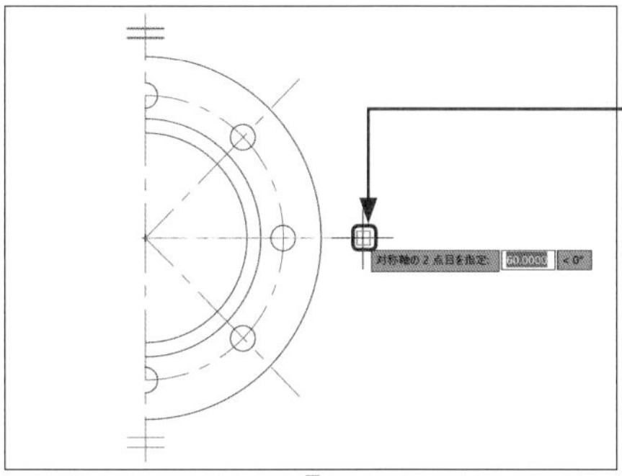

5 対称軸の2点目として、水平の中心線の右端点（3時方向の中心線の右端点）をクリックします。

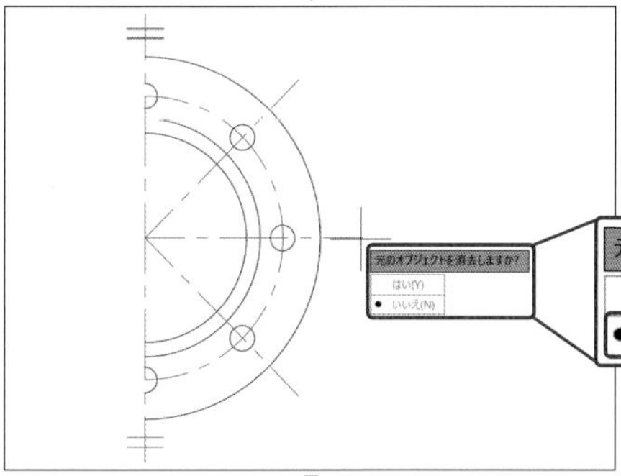

6 「元のオブジェクトを消去しますか?」に対して、<いいえ(N)>をクリックします。

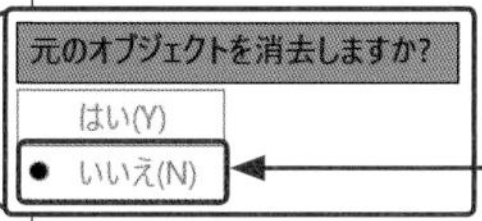

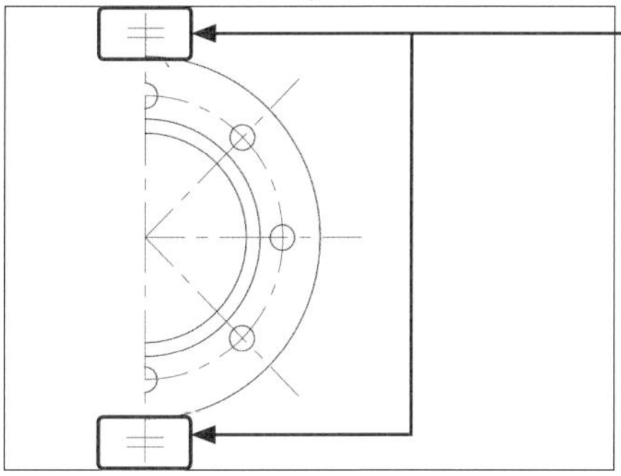

7 対称図示記号が作図されました。

ステップアップ 図形の省略

機械図面においては、「対称図示記号」以外にもさまざまな図形の省略方法があります。同じ形状のものが多数並ぶ場合に用いられる「繰り返し図形の省略」や、同一断面形の中間部分を切り取って端部を破断線で示す「中間部分の省略」などがJISによって定められています。

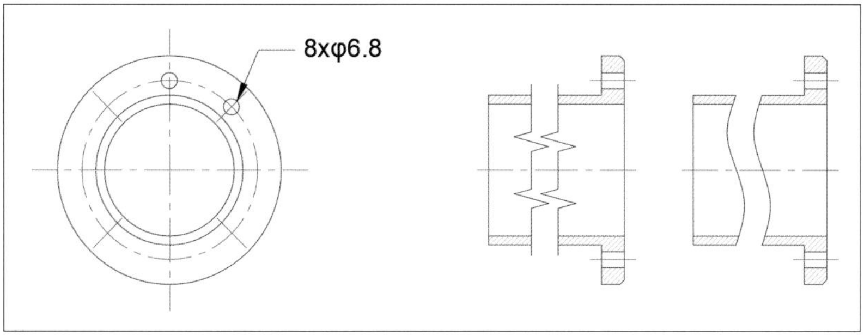

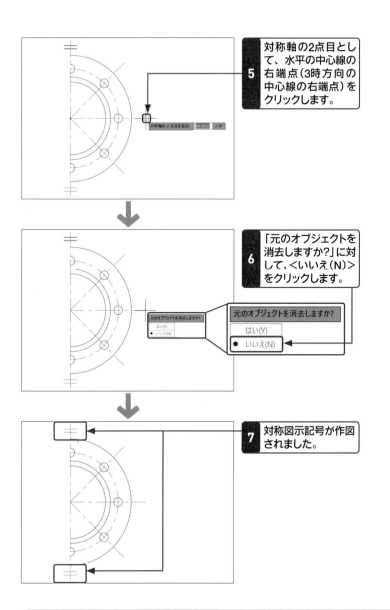

Section 54

断面外形線と中心線を作図する

覚えておきたいキーワード
☑ オブジェクトスナップ
☑ 極トラッキング
☑ オブジェクトスナップトラッキング

ここでは、オブジェクトスナップトラッキングを利用して、断面図の外形線を作図します。キリ通し穴の断面線と中心線も作図していきます。煩わしい補助線を作図しなくても、より感覚的に、しかも正確に作図することができるのでとても便利です。

練習用ファイル	Sec54.dwg		
リボン	[ホーム] タブ - [作成] パネル - [線分]		
コマンド	LINE (線分)	エイリアス	L (線分)

1 断面外形線を作図する

メモ オブジェクトスナップの設定

ここでの設定を行う前に、＜オブジェクトスナップ＞横の ▼ をクリックし、＜端点＞と＜交点＞にチェックが入っていることを確認します。点が取得しずらい場合は、中点などのスナップを解除します。

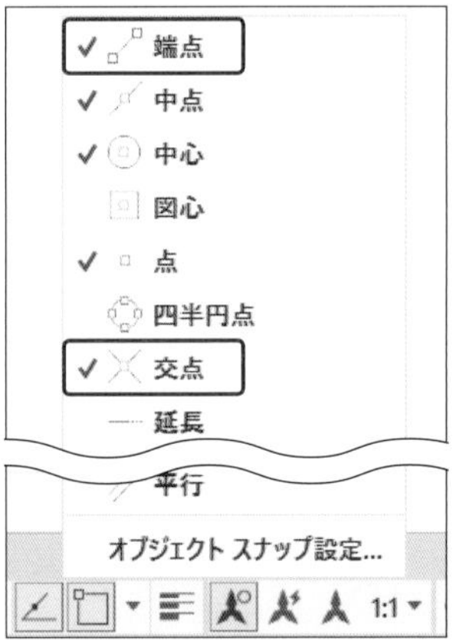

1 <ホーム>タブ→<画層>パネル→<01中心線>をクリックし、<02外形線>をクリックして選択します。

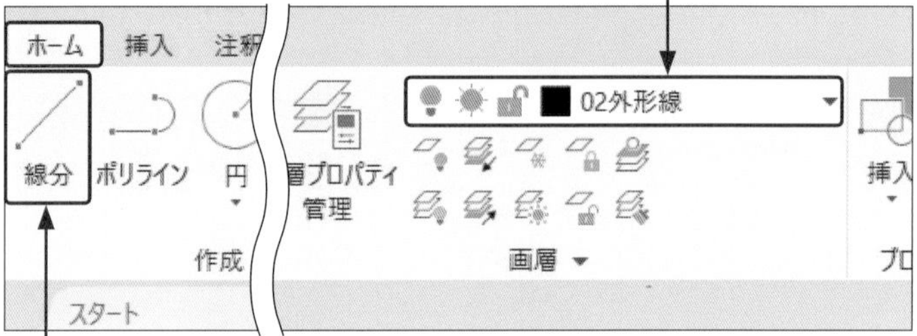

2 <作成>パネル→<線分>をクリックします。

3 平面図の一番外側の円弧と中心線の交点（12時方向）にマウスカーソルを合わせ、左に移動すると、

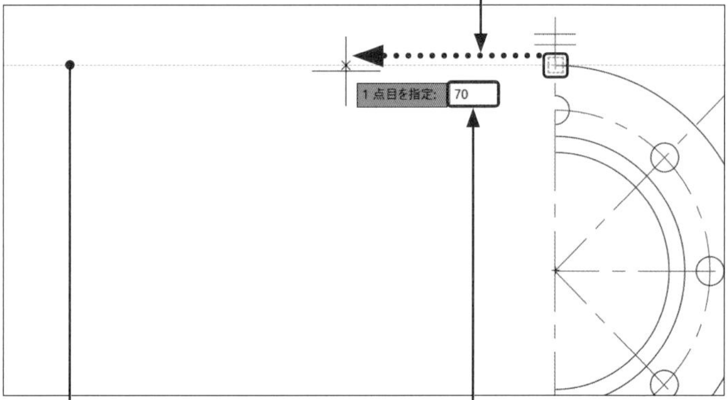

4 水平なトラッキング線が表示されるので、

5 「70」と入力し、

6 Enter キーを押して確定します。

7 平面図の内側から二番目の円弧と中心線の交点（12時方向）にマウスカーソルを合わせ、左に移動します。

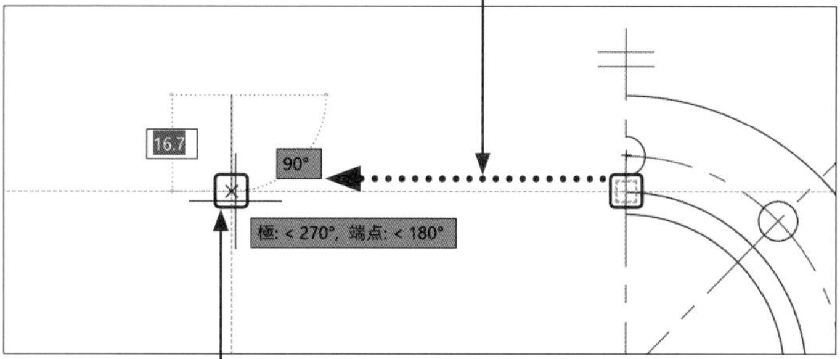

8 2本のトラッキング線が直角に交わる位置までマウスカーソルを移動しクリックします。

9 マウスカーソルを右に移動します。

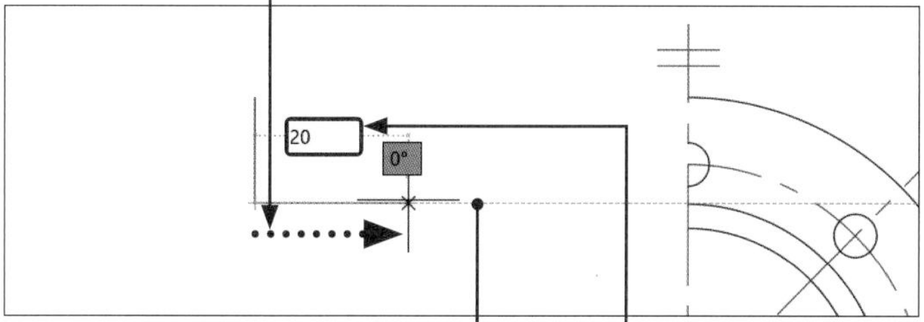

10 水平（0°）のトラッキング線が表示されていることを確認し、

11 「20」と入力して、

12 Enter キーを押します。

13 平面図の内側から二番目の円弧と中心線の交点（6時方向）にマウスカーソルを合わせ、左に移動します。

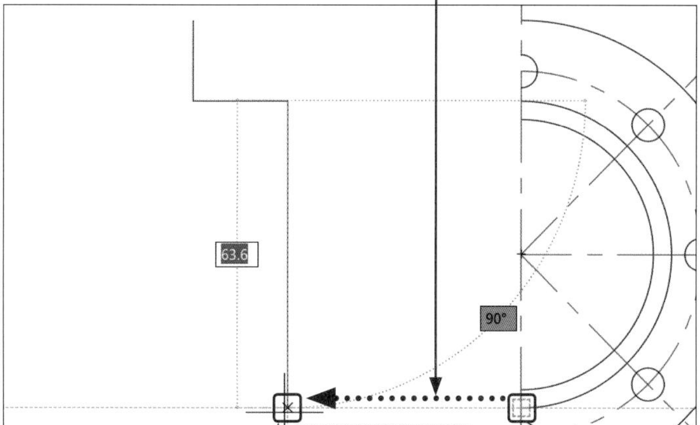

14 2本のトラッキング線が直角に交わる位置までマウスカーソルを移動しクリックします。

メモ 極トラッキングの設定

今回の作図では、水平（0°/180°）と垂直（90°/270°）のみ使用するので、どの角度設定でも作図できますが、角度の設定が細かいとトラッキングの操作が難しいので、操作に慣れるまでは＜90, 180,270,360…＞に設定しておきましょう。

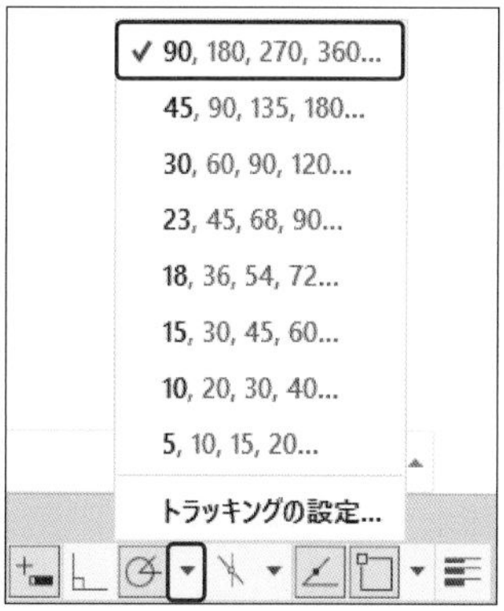

メモ 断面図と平面図の位置関係

ここでの断面図と平面図の位置関係は、下図のようになります。

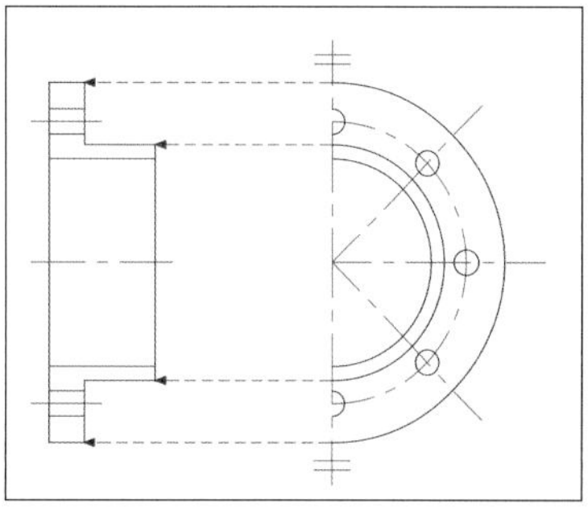

ヒント 別の作図方法

オブジェクトスナップトラッキングを使用した作図が難しい場合は、線分とオフセット、トリムの各コマンドを利用して作図する方法もあります。
まず、オフセットコマンドを利用して、平面図の中心線をオフセットし、そのオフセットした線分をクリックして選択したら、「02外形線」画層に移動します。そこで、平面図をもとにして任意の長さの水平線を線分コマンドで作図します。あとは、トリムコマンドで不要な線分を削除します。トリムで削除できない線分は Delete キーなどで削除します。

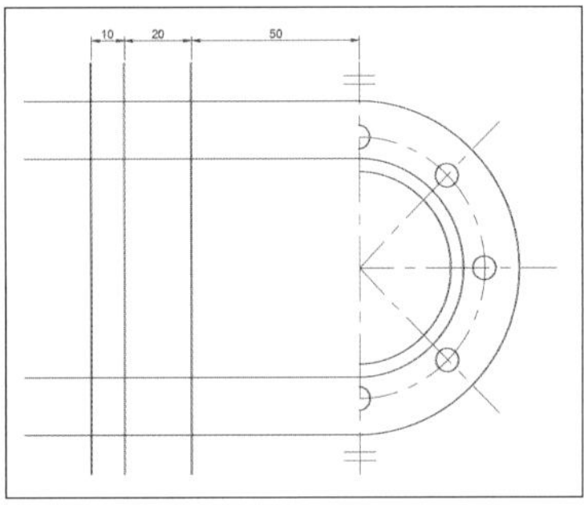

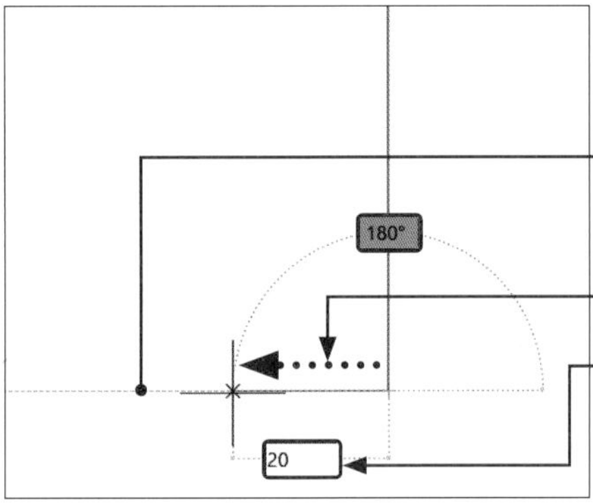

15 マウスカーソルを左に移動し、

16 水平（180°）のトラッキング線が表示されていることを確認します。

17 「20」と入力し、

18 Enter キーを押します。

19 平面図の一番外側の円弧と中心線の交点（6時方向）にマウスカーソルを合わせ、左に移動します。

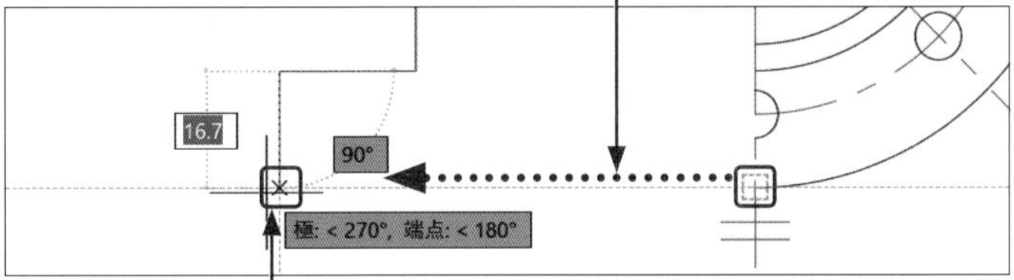

20 2本のトラッキング線が直角に交わる位置までマウスカーソルを移動しクリックします。

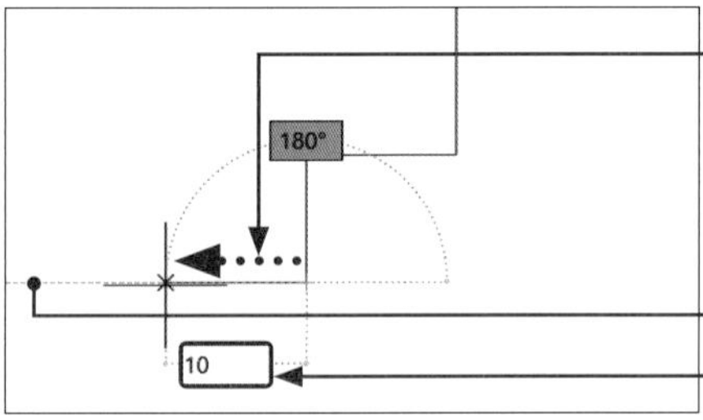

21 マウスカーソルを左に移動し、

22 水平（180°）のトラッキング線が表示されていることを確認します。

23 「10」と入力し、

24 Enter キーを押します。

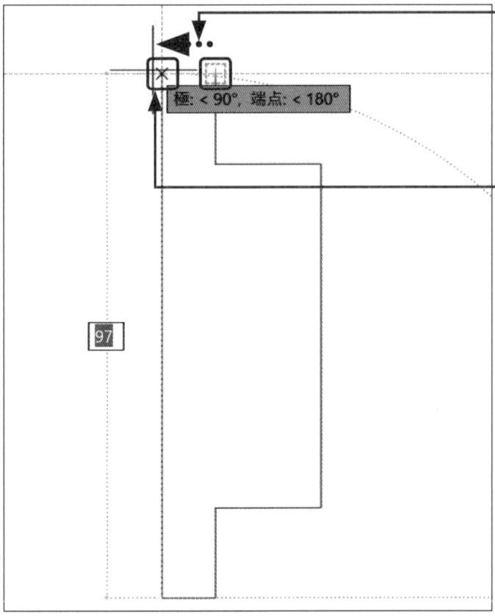

25 断面図の始点にマウスカーソルを合わせ、左に移動し、

26 2本のトラッキング線が直角に交わる位置でクリックします。

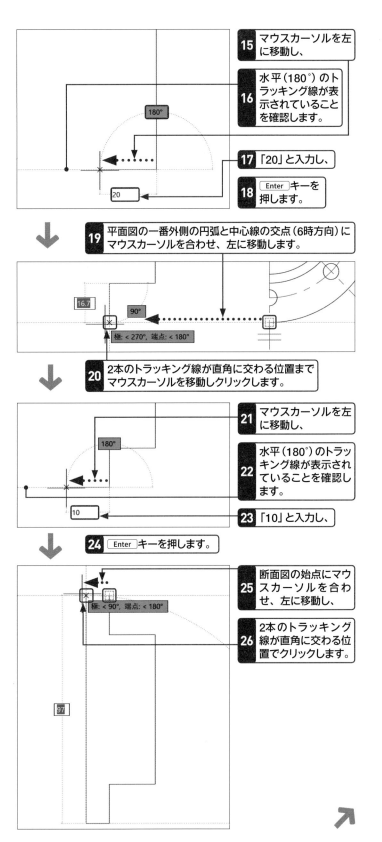

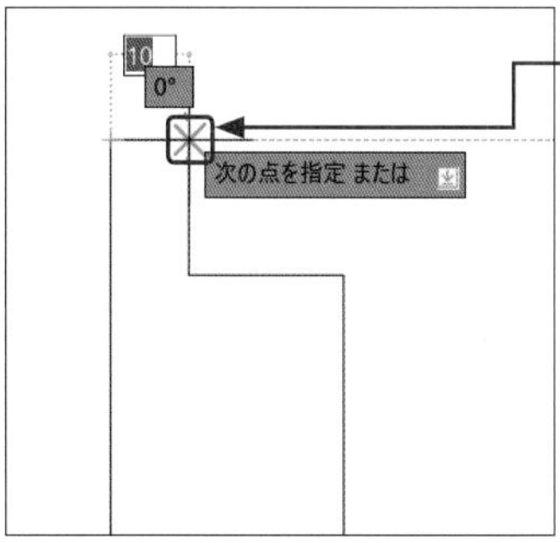

27 断面図の始点をクリックして図形を閉じます。

28 Enter キーを押して確定します。

2 キリ通し穴の断面線を作図する

1 Enter キーを押して線分コマンドを繰り返します。

2 12時方向にあるキリ通しの穴と中心線の交点にマウスカーソルを合わせ、左に移動します。

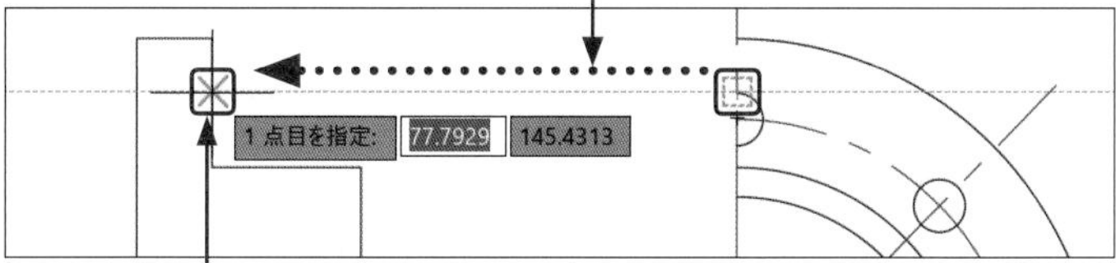

3 断面図との交点が表示されたら、クリックします。

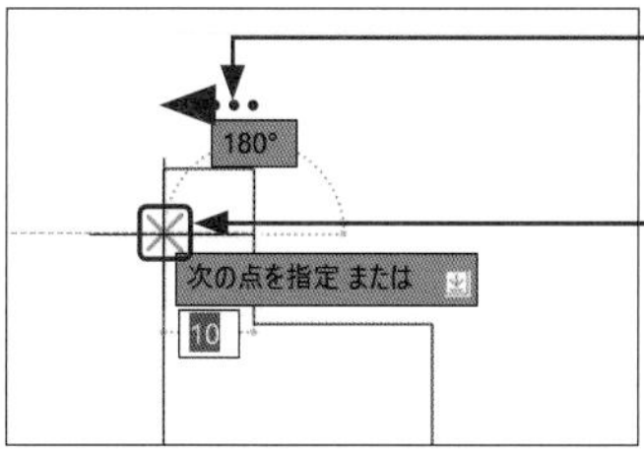

4 マウスカーソルを左に移動し、

5 交点が表示されたらクリックします。

6 Enter キーを押してコマンドを終了します。

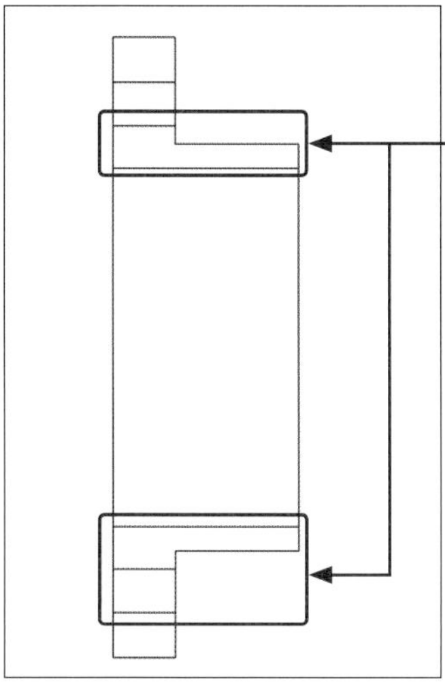

7 手順❶～❻を繰り返し、残り3本のキリ通し穴と直径66の断面線2本を作図します。

メモ 断面図と平面図の位置関係

ここでの断面図と平面図の位置関係は、下図のようになります。

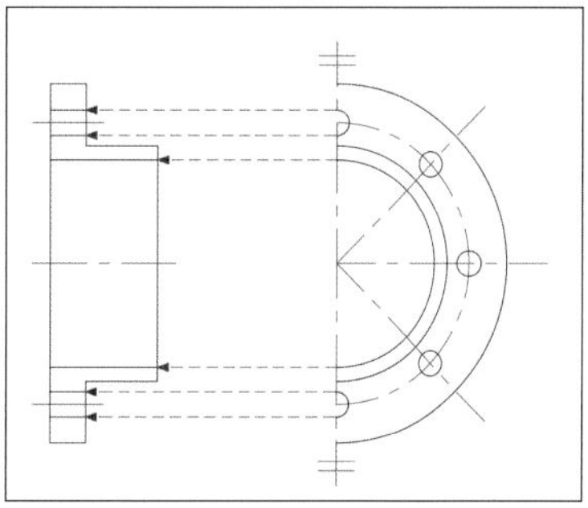

3 中心線を作図する

メモ 現在の画層を切り替えなかった場合

現在の画層を切り替えないで、「02外形線」画層に中心線を作図してしまった場合は、あとから作図した中心線をクリックして選択し、「01中心線」画層に移動しておきます。

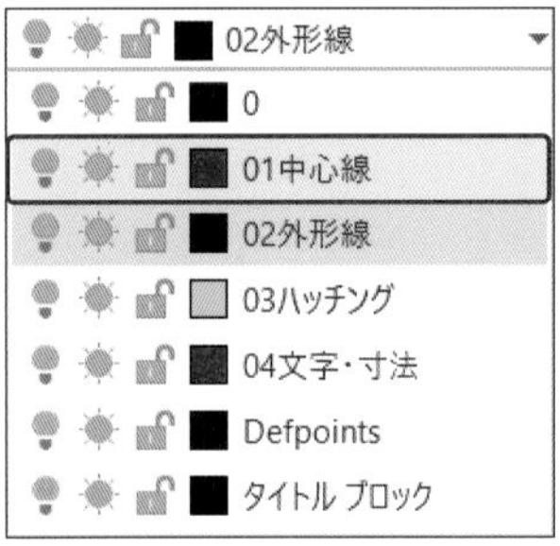

1 <ホーム>タブ→<画層>パネル→<02外形線>→<01中心線>をクリックして選択します。

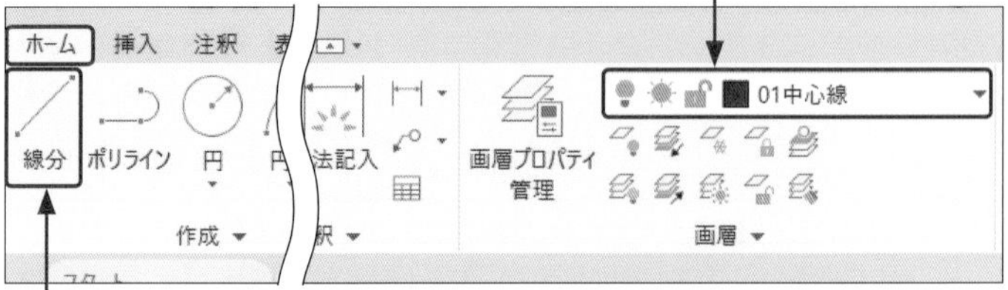

2 <作成>パネル→<線分>をクリックします。

3 「1点目を指定」で、平面図の水平の中心線の左端点にマウスカーソルを合わせ、左に移動して、

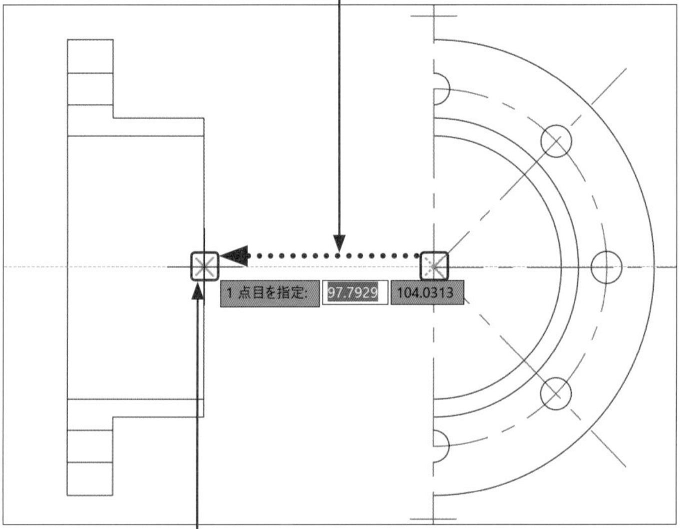

4 断面図の外形線との最初の交点（または外形線の中点）をクリックします。

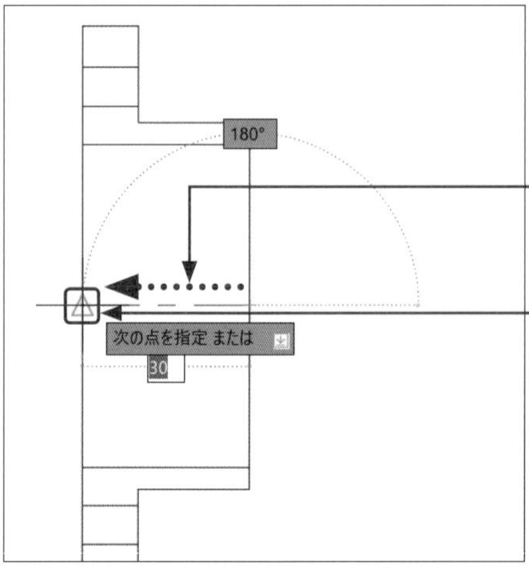

5 「次の点を指定」で、そのままマウスカーソルを左に移動し、

6 外形線左側との交点が表示されたらクリックします。

7 Enter キーを押してコマンドを終了します。

メモ 断面図と平面図の位置関係

ここでの断面図と平面図の位置関係は、下図のようになります。

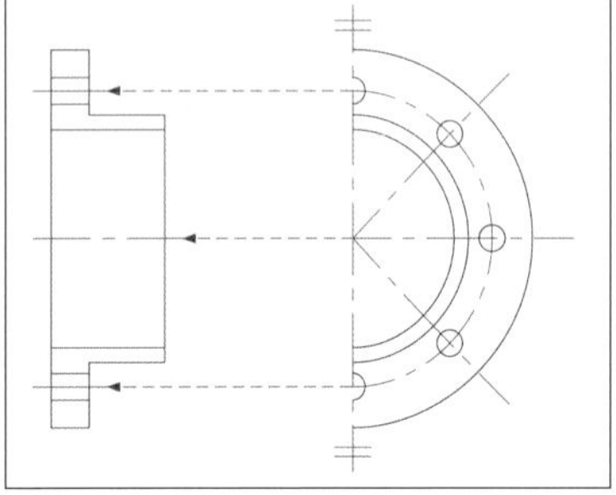

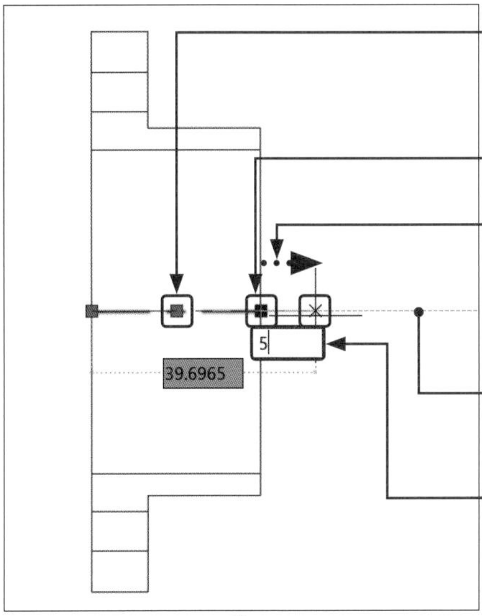

8 作図した中心線をクリックして選択します。

9 右端点のグリップをクリックして選択し、

10 そのまま右方向にマウスカーソルを移動して、

11 180度のトラッキング線が表示されていることを確認します。

12 「5」と入力し、

13 Enter キーを押します。

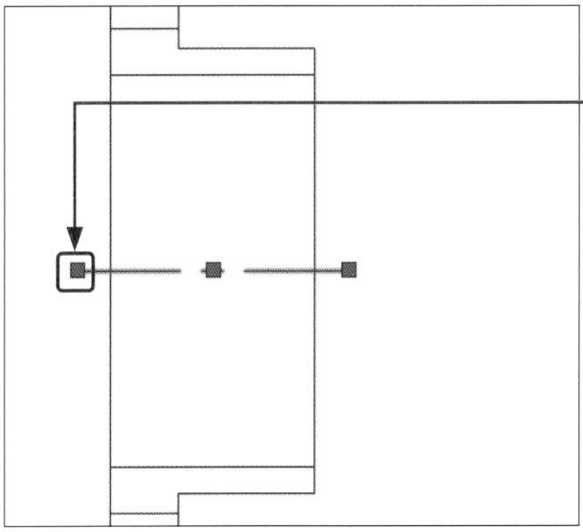

14 手順8～13を参考にして、左端点も「5」伸ばします。

15 Esc キーを押して選択を解除します。

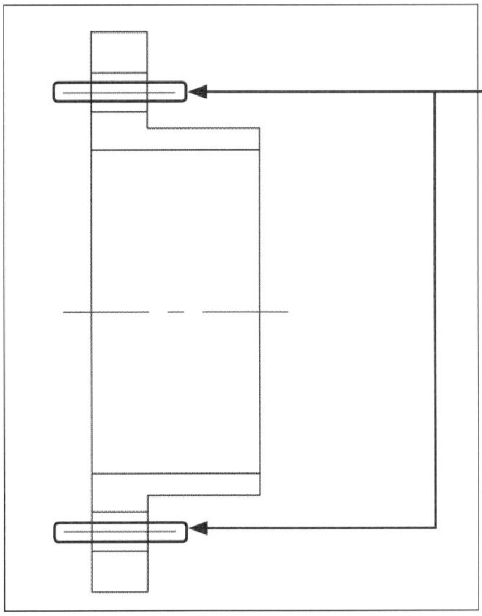

16 12時方向と6時方向にある中心線も同じ手順で作図します。

ステップアップ 作図のポイント

作図において決まった手順はありません。同じ図面でも、100人いれば100とおりの作図方法があります。たとえば、キリ通し穴の中心線の作図の場合も1本ずつ作図する方法や、1本描いてから鏡像コマンドで反転する方法、平面図に基点を設定して複写する方法など、さまざまな方法を使って描くことができます。

1本の線分を鏡像コマンドで反転する方法

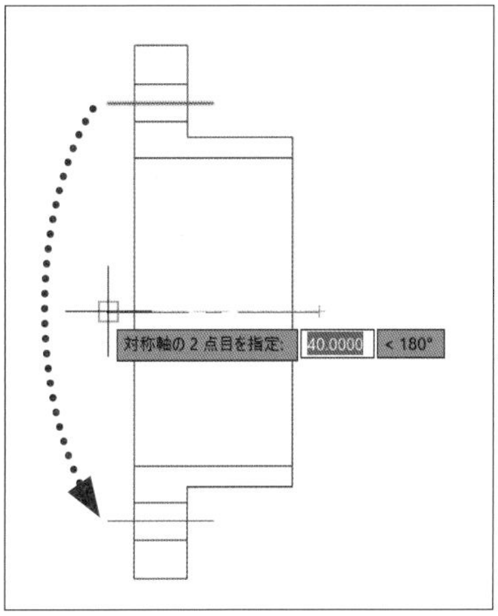

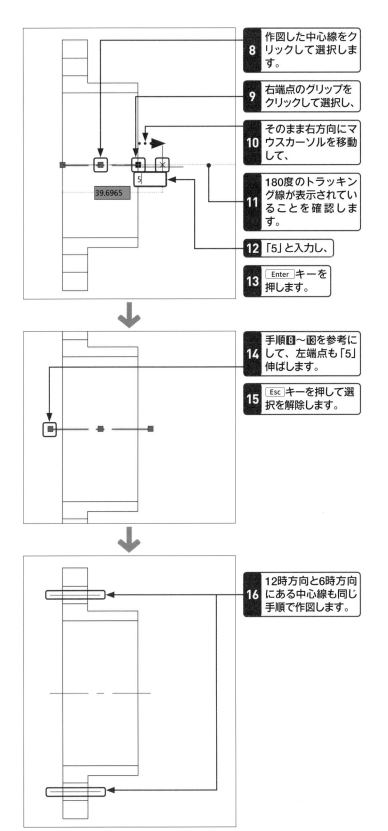

Section 55 面取りをする

覚えておきたいキーワード
☑ 面取り（距離）
☑ 面取り（角度）
☑ ブレンド曲線

ここでは、断面図の角を面取りします。断面図の角を円弧で丸めるフィレットコマンドについてはP.120のSec.33「角を曲面処理する」で解説しました。今回は交点からの距離を指定して直線で角を処理する面取り（距離）コマンドを利用して作図します。

練習用ファイル	Sec55.dwg		
リボン	[ホーム] タブ - [修正] パネル - [面取り]		
コマンド	CHAMFER	エイリアス	CHA

1 断面図の角を面取りする

キーワード 面取り

「面取り」とは、部材の角を削り、角面や丸面に加工する手法です。丸面に処理する場合は半径（R）で表し、角面で処理する場合は45°を基準として交点からの長さの前に「C」を付けて表現します（JIS規格番号　JIS B 0001「機械製図」参照）。

1 <ホーム>タブ→<修正>パネル→<フィレット>▼→<面取り>をクリックします。

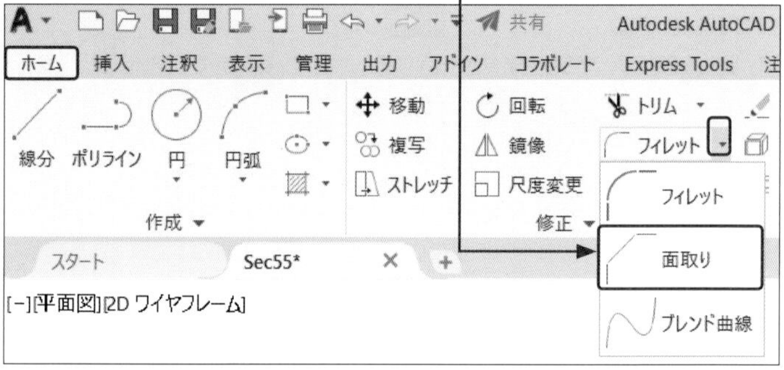

2 コマンドラインの<距離（D）>をクリックして選択します。

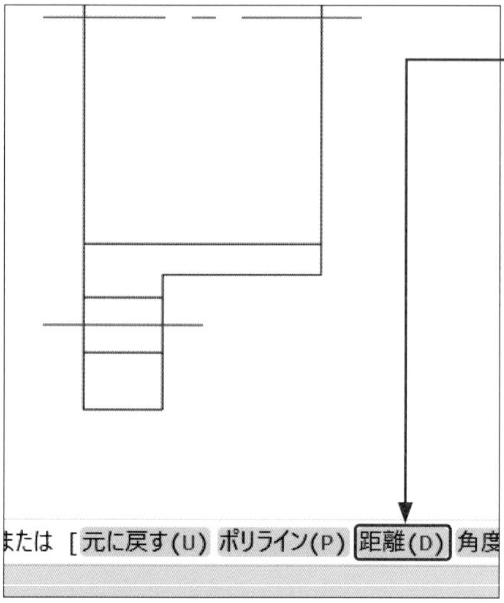

メモ 角を処理するコマンド

角を処理するコマンドは直線でつなぐ「面取り」のほかに、円弧でつなぐ「フィレット」（P.120のSec.33参照）、スプラインでつなぐ「ブレンド曲線」の2つがあります。

3 「1本目の面取り距離を指定」で「2」と入力し、

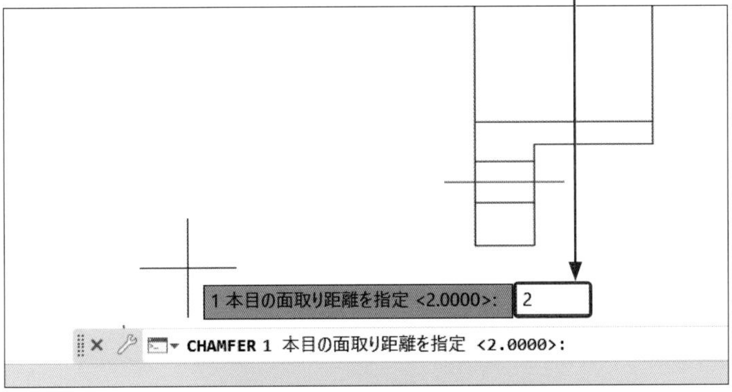

4 Enterキーを押して確定します。

5 「2本目の面取り距離を指定」で、1本目に入力した「2」が表示されていることを確認します。

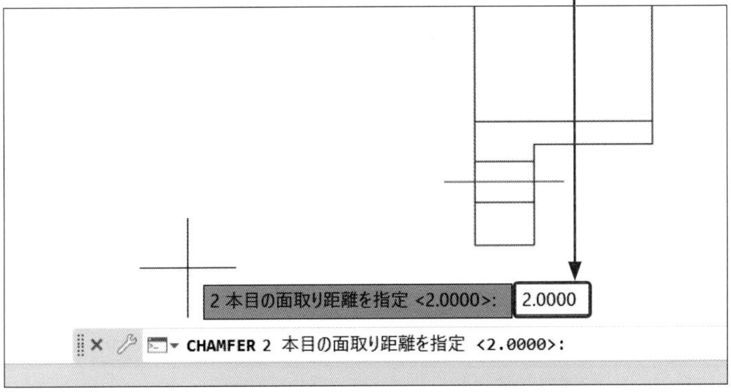

6 Enterキーを押して確定します。

7 コマンドラインの<複数(M)>をクリックして選択します。

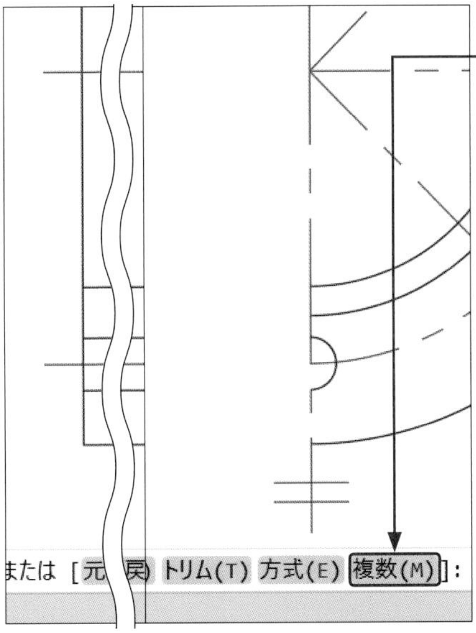

メモ 前回値（既定値）の使用について

一部コマンドでは、前回使用した値を自動的に適用する機能があります。オプションの＜＞内に表示された前回値を使用したい場合は、そのままEnterキーを押して適用します。

メモ 小数点以下の表示について

コマンドラインや作図領域に表示される数値は、「単位管理」ダイアログボックスで設定されています。たとえば、小数点以下の桁数を変更するには、アプリケーションメニュー→＜図面ユーティリティ＞→＜単位設定＞をクリックします。「単位管理」ダイアログボックスが表示されるので、「長さ」の「精度」で小数点以下の桁数を選択します。「角度」の「精度」や「尺度単位」もここで設定します。

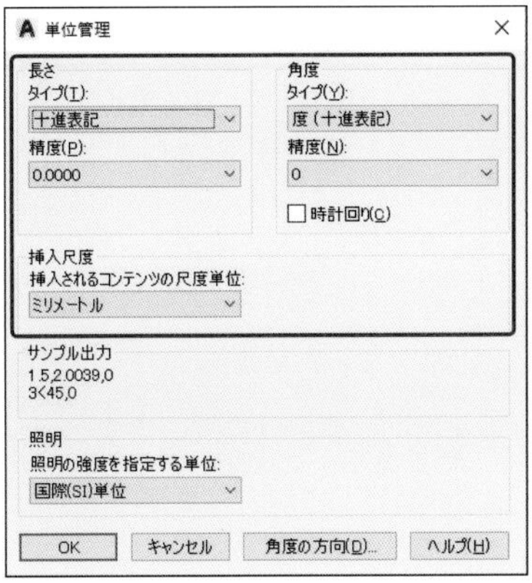

メモ 複数オプションを利用する

面取りを行う場合は、「複数」オプションを利用すると連続して作業を行うことができるので、作図の効率が上がります。

ヒント 面取りと画層について

面取りで選択した2本の図形が同じ画層に存在する場合、面取りで作図される線分は選択した図形と同じ画層に作成されます(例:1本目「A画層」／2本目「A画層」の場合→面取り「A画層」)。それ以外の場合、面取りで作図された線分は現在の画層に作成されます(例:1本目「A画層」／1本目「B画層」の場合→面取り「現在の画層」)。

8 「1本目の線を選択」で断面図の一番上の水平方向の断面線をクリックして選択します。

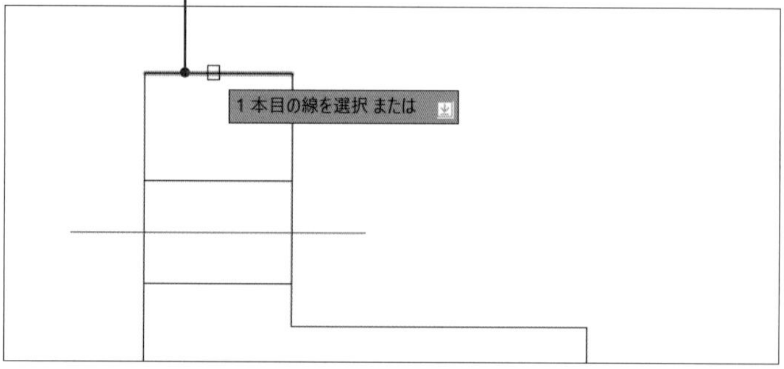

9 「2本目の線を選択」で左側の垂直方向の断面線をクリックして選択すると、

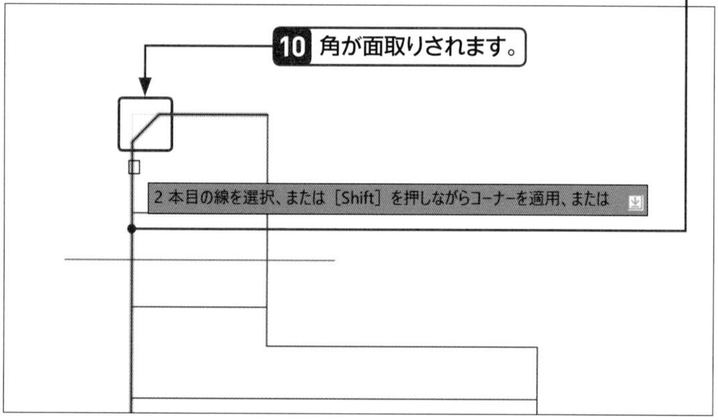

10 角が面取りされます。

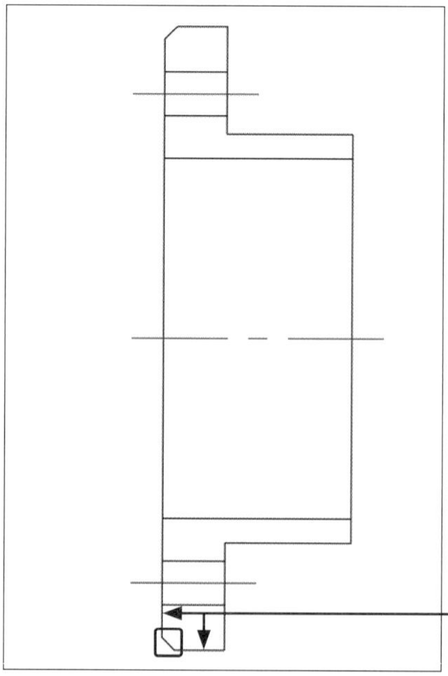

11 手順8、9を参考に続けて断面図下部の角も同じように面取りします。

12 Enter キーを押してコマンドを終了します。

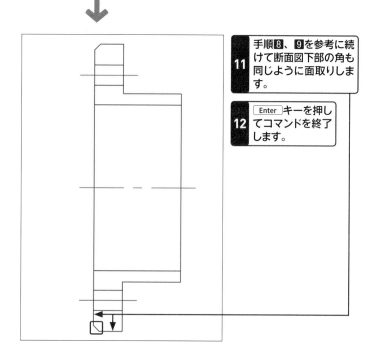

ステップアップ 水平／垂直の設定順で面取りの違いを知る

ここでは、1本目垂直→2本目水平で設定した場合と、1本目水平→2本目垂直で設定した場合の違いを確認します。コマンドラインの＜距離＞と＜角度＞の設定でも違いが生じるため、その違いを理解しておきましょう。なお、ブレンド曲線についても一例を挙げておきます。ブレンド曲線は、2本の図形（線分、円弧、楕円弧、らせん、ポリライン、スプライン）の間にスプラインを作成する機能です。スプラインとは円や円弧とは異なる計算式（NURBS）で描かれる滑らかな曲線で、破断線や等高線を描くときなどに利用されています。

コマンドラインの＜距離＞から設定した場合

＜ホーム＞タブ→＜修正＞パネル→＜フィレット▼＞→＜面取り＞をクリックして選択し、コマンドラインから＜距離＞をクリックして、そこから1本目の面取り距離を「500」と設定し、2本目の面取り距離を「1000」と設定した場合の例と、設定の順番を変えたものです。

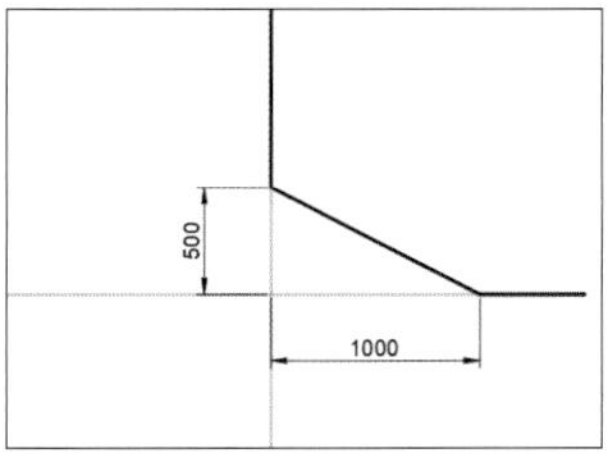

1本目垂直→2本目水平で選択した場合

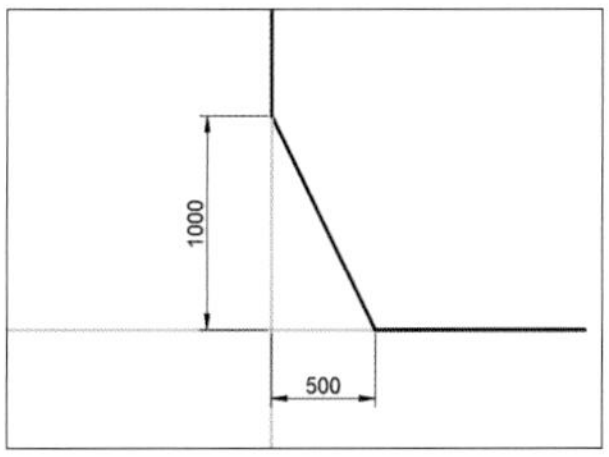

1本目水平→2本目垂直で選択した場合

コマンドラインの＜角度＞から設定した場合

＜ホーム＞タブ→＜修正＞パネル→＜フィレット▼＞→＜面取り＞をクリックして選択し、コマンドラインから＜角度＞をクリックして、そこから1本目の面取り距離を「1000」と設定し、2本目の面取り角度を「30」と設定した場合の例と、設定の順番を変えたものです。

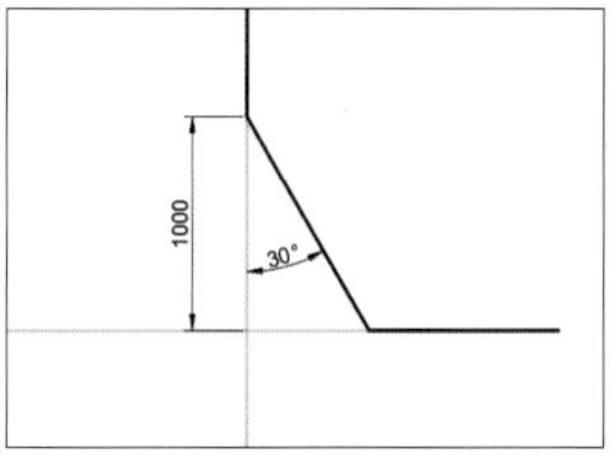

1本目垂直→2本目水平で選択した場合

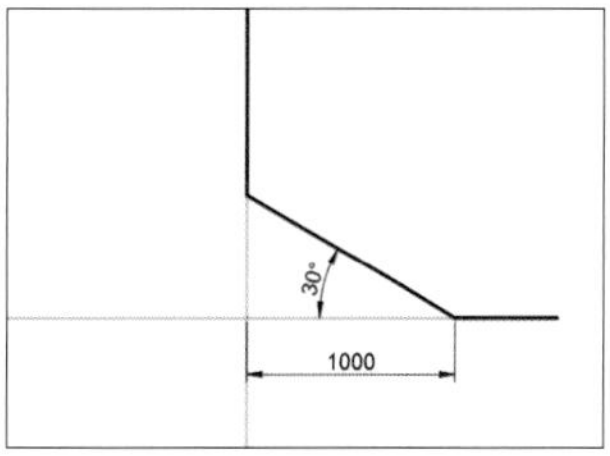

1本目水平→2本目垂直で選択した場合

ブレンド曲線から設定した場合

ブレンド曲線は、2つの図形の間に「スプライン」と呼ばれる滑らかな曲線を作成する機能です。ブレンド曲線で作図したスプラインとほかの図形をつなげて1つの図形にしたい場合は、結合コマンドを使用します。作図の方法は、＜ホーム＞タブ→＜修正＞パネル→＜フィレット▼＞→＜ブレンド曲線＞をクリックし、1つ目のオブジェクトを選択で図形をクリックして選択、2つ目のオブジェクトを選択で図形をクリックして選択します。これで、2つの図形の間にスプラインが作図されます。

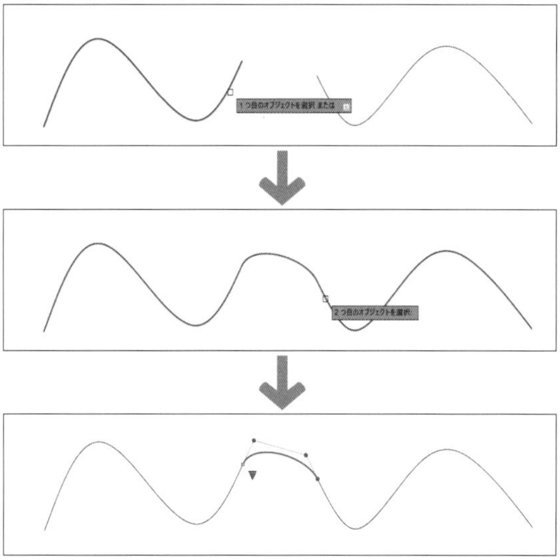

Section 56

切断面にハッチングを作図する

覚えておきたいキーワード
☑ ハッチング
☑ 塗り潰し
☑ グラデーション

断面図では、平行線のパターン模様で切断面を表します。そのことを「ハッチング」と呼びます。AutoCADでは、閉じた図形の内側に、絵の具を流し込むイメージでハッチングします。ハッチングにはさまざまなパターンがありますが、ここではハッチング（線の集合体）の方法を解説します。

練習用ファイル	Sec56.dwg		
リボン	［ホーム］タブ-［作成］パネル-［ハッチング］		
コマンド	HATCH	エイリアス	H

1 切断面にハッチングする

キーワード ハッチング

「JISZ8114製図-製図用語」では、「ハッチング」とは切り口などを明示する目的で、その面上に施す平行線の群のことであると明示しています。

メモ ハッチングパターンについて

<ハッチング作成>タブ→<パターン>パネル→▼<（その他）>をクリックするとさまざまなパターンが展開されます。また、ハッチングコマンドでは、ハッチング以外にも「塗り潰し（SOLID）」「グラデーション」「ユーザー定義」があり、<ハッチング作成>タブ→<プロパティ>パネル→<ハッチングのタイプ>で切り替えることができます。

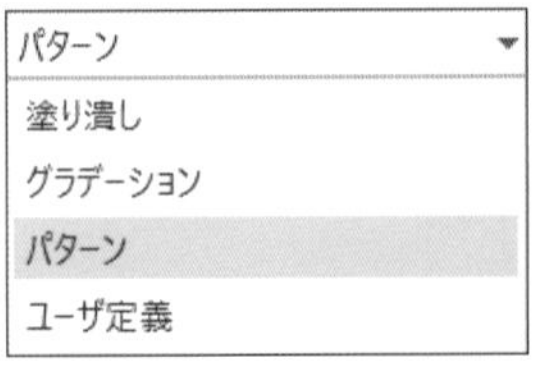

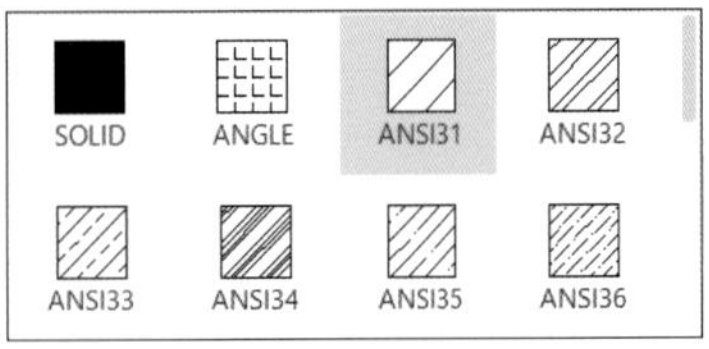

1 <ホーム>タブ→<画層>パネル→<01中心線>をクリックし、表示されるメニューから<03ハッチング>をクリックして選択します。

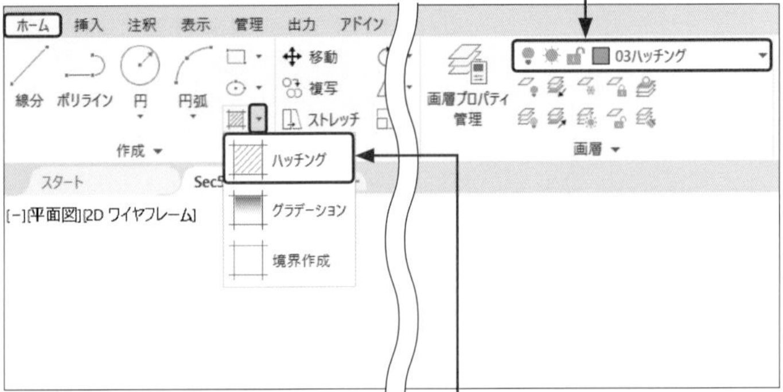

2 <作成>パネル→<ハッチング>横の▼→<ハッチング>をクリックします。

3 <ハッチング作成>タブをクリックし、

4 <パターン>パネル→<ANSI31>をクリックして選択します。

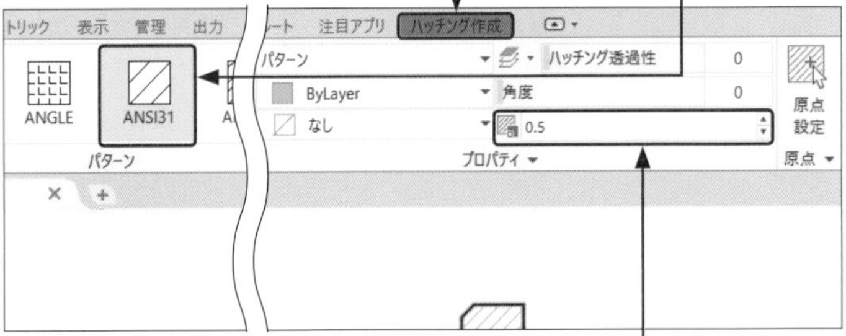

5 <プロパティ>パネル→<ハッチング パターンの尺度>に「0.5」と入力して変更します。

6 ハッチングしたい領域の内側をクリックします。

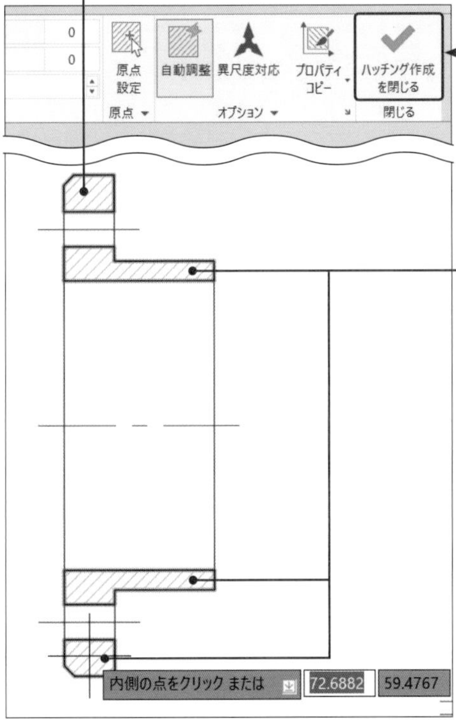

7 手順**6**を繰り返して、ハッチングしたいすべての領域の内側をクリックしたら、

8 <ハッチング作成を閉じる>をクリックして、<ハッチング作成>タブを閉じます。

9 切断面がハッチングされます。

メモ ハッチングの編集について

作成したハッチングを編集したい場合は、ハッチングをクリックして選択し、<ハッチング エディタ>タブで修正します。ただし、複数の領域を同時にハッチングした場合は、グループ化されているので、個別には編集できません。その際は、分離してから個別に編集します。ハッチングをクリックして選択し、<ハッチング エディタ>タブ→<オプション▼>→<ハッチングを分離>をクリックすれば分離できます。最初から個別でハッチングしたい場合は、<ハッチング作成>タブ→<オプション▼>→<独立したハッチングを作成>をクリックしてからハッチングします。

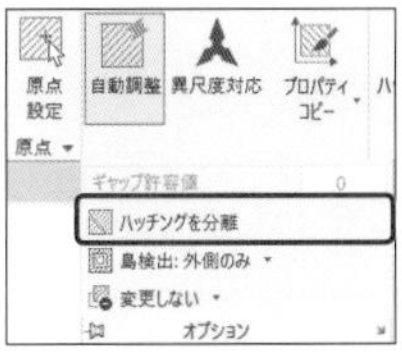

ステップアップ ハッチングの境界

図形の内側にハッチングしたい場合は、大きく次の2つの方法があります。

点をクリックで境界指定した場合

1 <ハッチング作成>タブ→<境界>パネル→<点をクリック>をクリックして選択します。

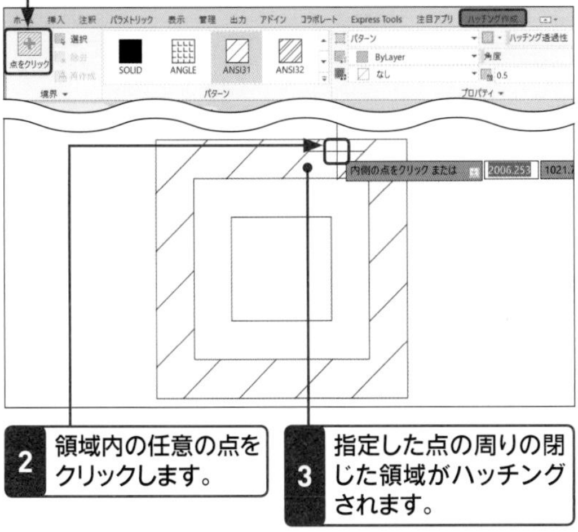

2 領域内の任意の点をクリックします。

3 指定した点の周りの閉じた領域がハッチングされます。

選択で境界指定した場合

1 <ハッチング作成>タブ→<境界>パネル→<選択>をクリックして選択します。

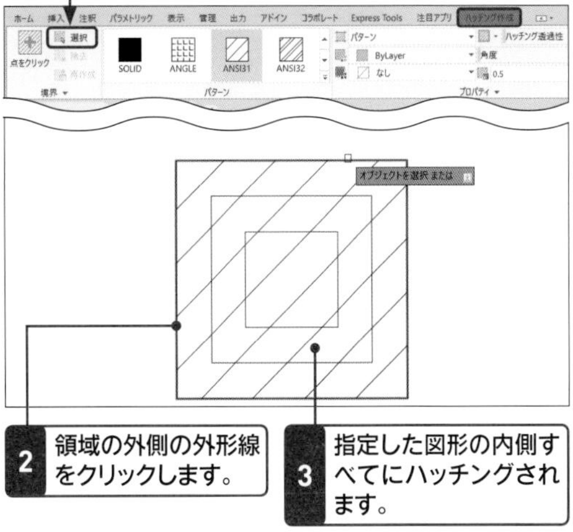

2 領域の外側の外形線をクリックします。

3 指定した図形の内側すべてにハッチングされます。

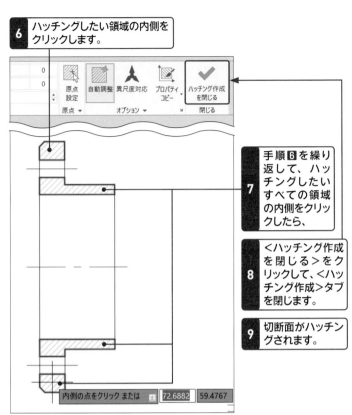

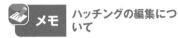

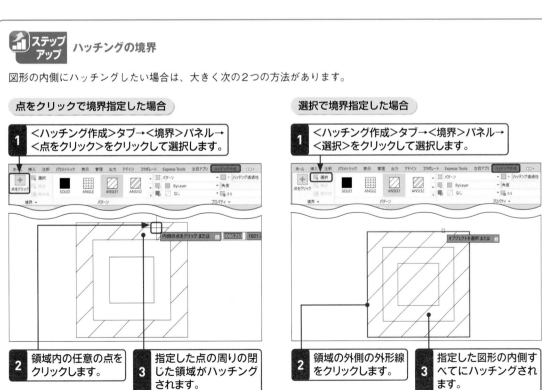

Section 57

仕上記号を作図する

覚えておきたいキーワード
- ☑ 極トラッキング
- ☑ 文字記入（位置合わせ）
- ☑ オブジェクトスナップトラッキング

表面粗さの示す記号を、「極トラッキング」と「文字の位置合わせ」を利用して作成します。ここでは旧JISの表記で作成しますが、新JIS記号も同じ手順で作図可能です。作成した記号は次のセクション（Sec.58）でブロックとして登録することで、繰り返し利用できるようにします。

練習用ファイル	Sec57.dwg		
リボン	[ホーム] タブ-[作成] パネル-[線分]／[ホーム] タブ-[注釈] パネル-[文字記入]		
コマンド	LINE（線分）／TEXT（文字記入）	エイリアス	L（線分）／DT（文字記入）

1 仕上記号を作図する

メモ　表面粗さ記号について

今回の記号は、JIS B 0031「製品の幾何特性仕様（GPS）－表面性状の図示方法」を参考に、旧JIS表記で作成しています。正式なサイズや表記については各自でご確認ください。

1 <ホーム>タブ→<画層>パネル→<03ハッチング>をクリックし、表示されるメニューから<04文字・寸法>をクリックして選択します。

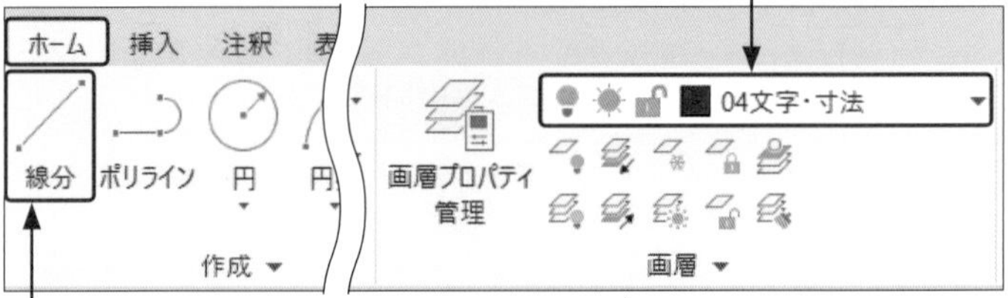

2 <作成> パネル→<線分>をクリックします。

3 ステータスバーの<極トラッキング>の右クリックし、

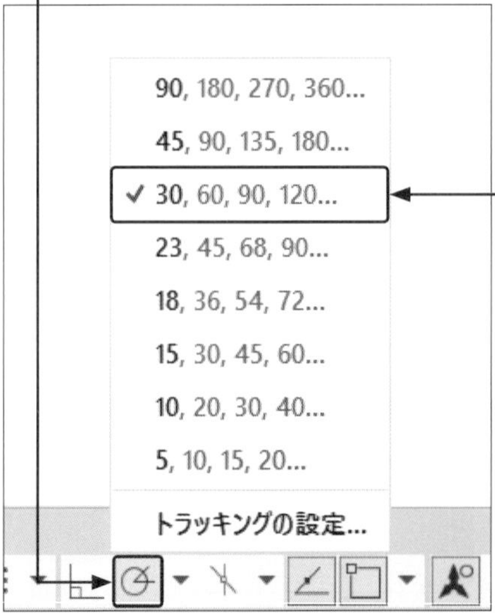

4 表示されるメニューから<30,60,90,120…>をクリックして選択します。

5 「1点目を指定」で任意の位置（断面図上部付近）をクリックします。

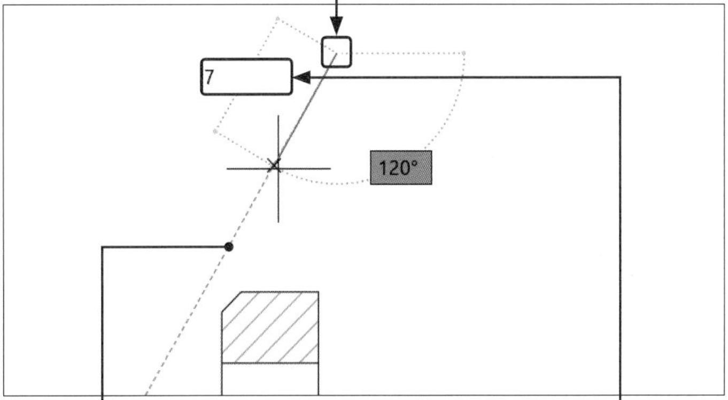

6 「次の点を指定」でマウスカーソルを左下に移動し、120°のトラッキング線が表示されていることを確認します。

7 位置合わせパスと「120°」が表示されている状態で、「7」を入力し、

8 Enter キーを押して確定します。

9 マウスカーソルを左上に移動し、

10 120°のトラキング線が表示されている状態で、

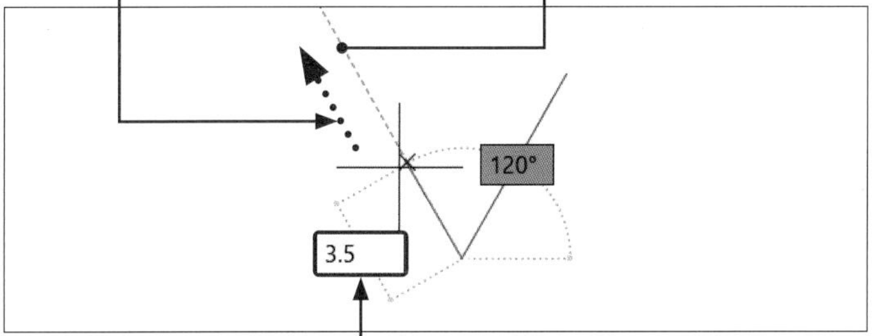

11 「3.5」を入力し、

12 Enter キーを押して確定します。

13 マウスカーソルを右に移動し、

14 中点（または0°トラキング線との交点）が表示されたらクリックします。

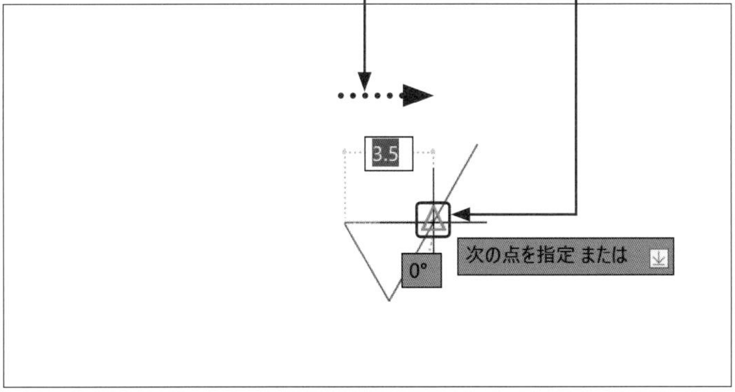

15 Enter キーを押して、コマンドを終了します。

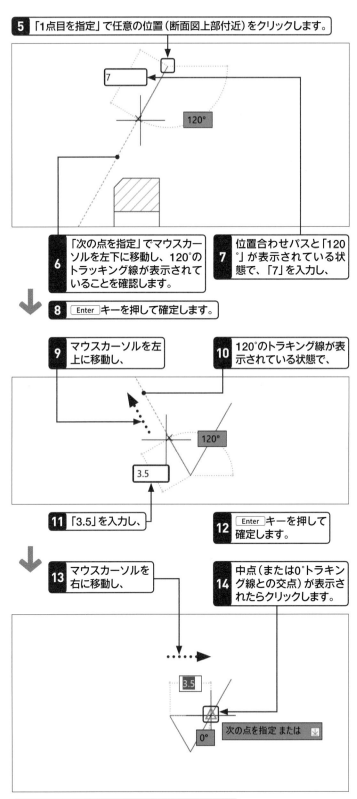

2 数値を入力する

メモ フォントの種類について

文字スタイル「ISO Proportional」はシェイプフォントが適用されています。「シェイプフォント」は線分を組み合わせたような外観が特徴で、寸法や記号で用いられることがあります。

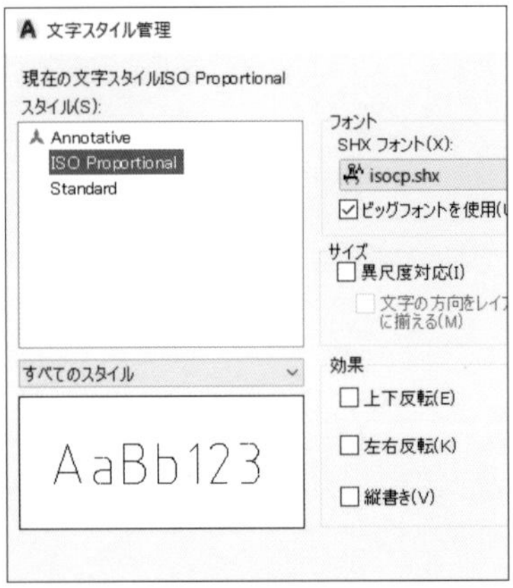

1 ＜ホーム＞タブ→＜注釈＞パネル→＜注釈▼＞をクリックし、

2 文字スタイルの＜Standard＞をクリックして、

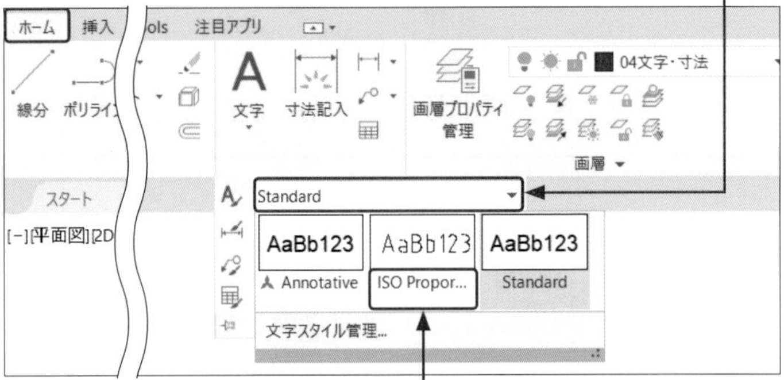

3 ＜ISO Proportional＞をクリックして選択します。

4 ＜注釈＞パネル→＜文字▼＞→＜文字記入＞をクリックします。

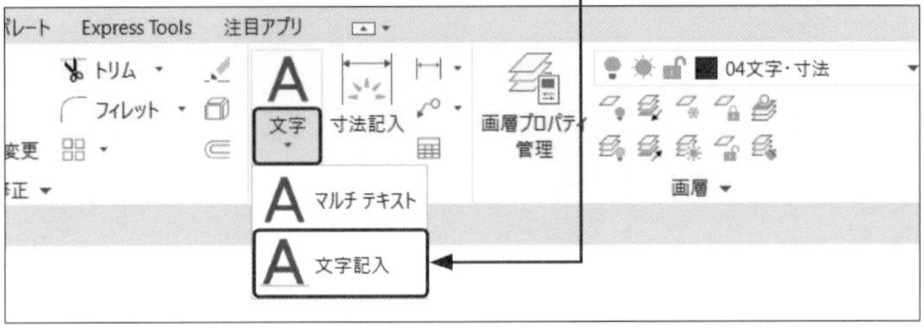

5 コマンドラインの＜位置合わせオプション(J)＞をクリックして選択します。

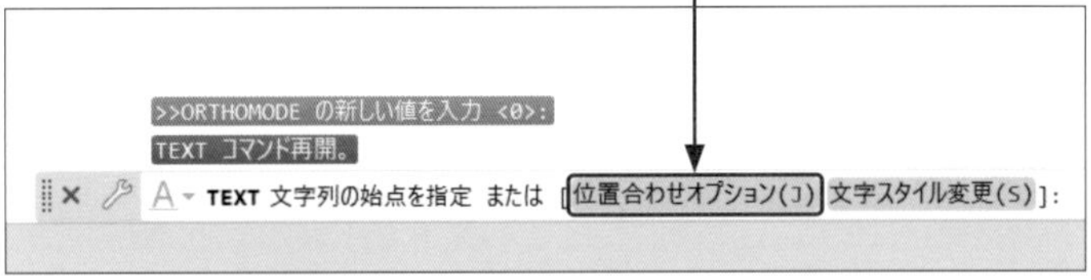

6 コマンドラインの＜右下(BR)＞をクリックして選択します。

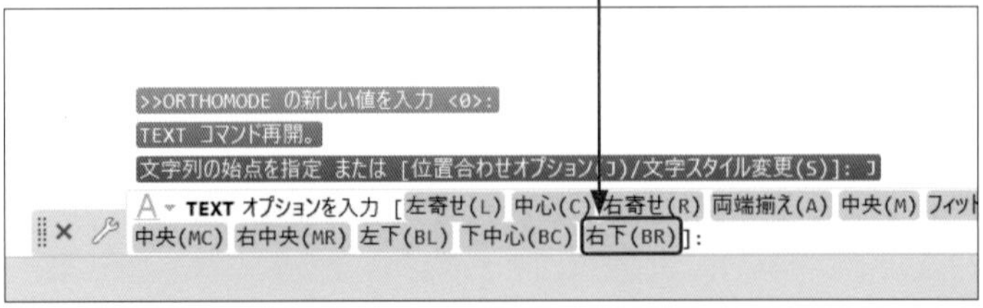

メモ 文字の位置合わせについて

文字の基点(挿入基点)は位置合わせに関係なく、作成時の「文字列の始点を指定」のタイミングで指定した位置となります。したがって、あとから位置合わせを変更しても、基点の位置は変わらず、基点に合わせて文字が移動します。

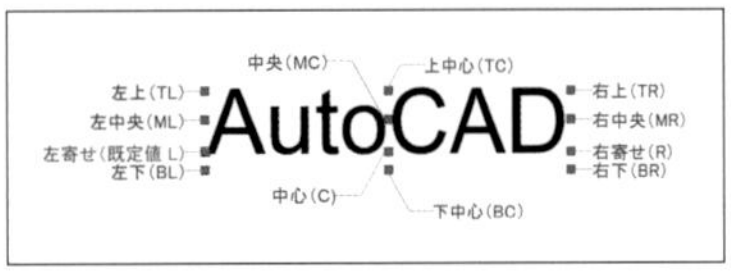

7 「文字列の右下点を指定」で三角形の右上角にマウスカーソルを合わせ、

8 上に移動します。

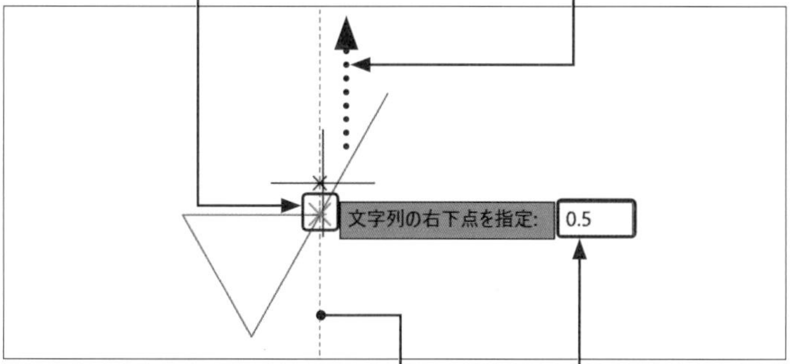

9 垂直（90°）のトラッキング線が表示されていることを確認し、

10 「0.5」と入力して、

11 Enter キーを押します。

12 「高さを指定」で「2.5」と入力し、

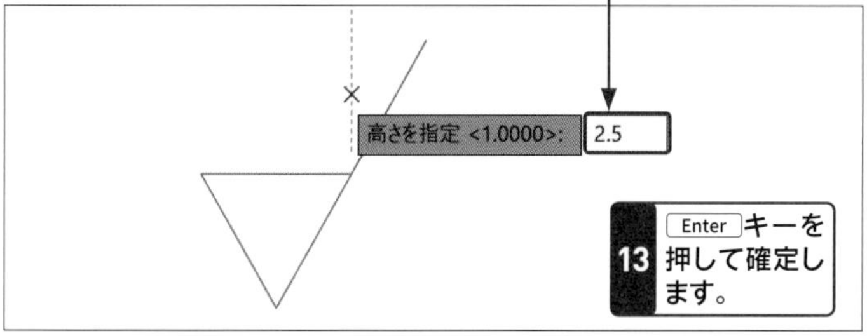

13 Enter キーを押して確定します。

14 「文字列の角度を指定」で「0」と入力されていることを確認し、

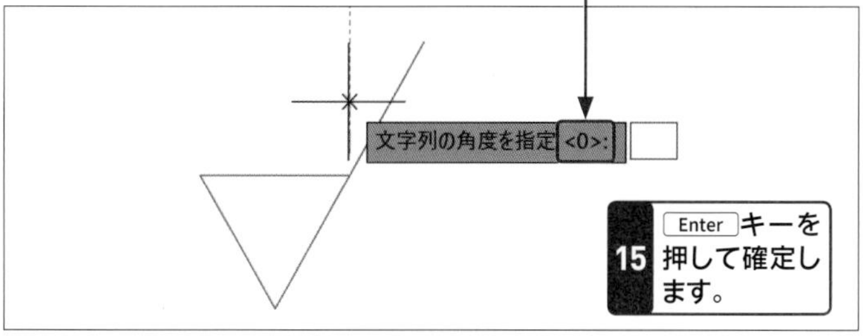

15 Enter キーを押して確定します。

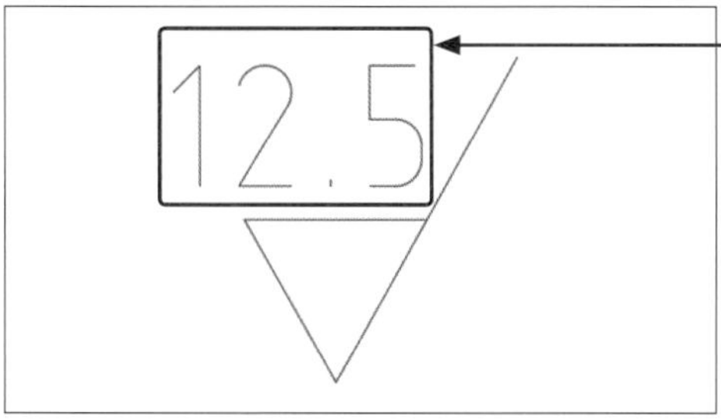

16 「12.5」と入力し、

17 Enter キー を2回押してコマンドを終了します。

メモ 文字の移動について

オブジェクトスナップトラッキングによる基点の指示が難しい場合は、三角形の右上角に文字を作成後に、グリップ移動などを利用して上に0.5移動します。

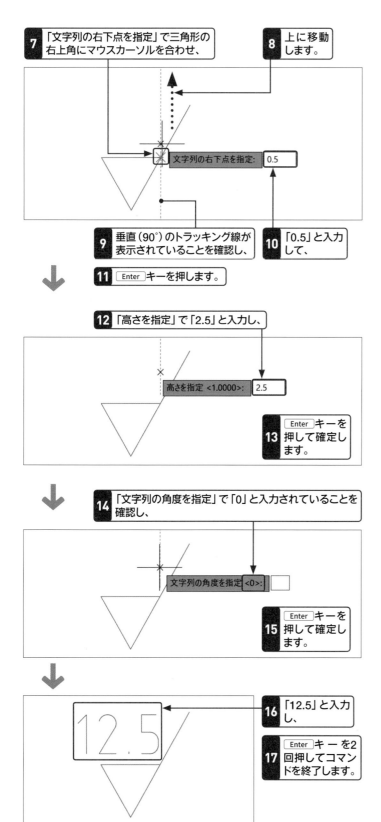

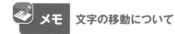

Section 58

記号をブロック定義する

覚えておきたいキーワード
- ☑ ブロック定義（作成）
- ☑ ブロック挿入
- ☑ 分解

作成した記号をブロックとして図面（ブロック定義）に登録する方法を学習します。ブロック定義すると複数の図形をまとめて管理することができ、1回登録すると繰り返し利用でき、ほかの図面でも使い回すことができます。また、ブロックは分解して編集することもできます。

練習用ファイル	Sec58.dwg		
リボン	[ホーム]タブ-[ブロック]パネル-[作成]／[ホーム]タブ-[ブロック]パネル-[挿入]／[ホーム]タブ-[修正]パネル-[分解]		
コマンド	BLOCK（ブロック定義）／INSERT（ブロック挿入）／EXPLODE（分解）	エイリアス	B（ブロック定義）／I（ブロック挿入）／X（分解）

1 図形を複写する

メモ ブロック定義と編集について

ここでは図形をブロックとして定義する方法と、ブロックを分解し編集する方法について解説します。今回は便宜上、分解後に編集しましたがブロックのまま編集する方法もあります（P.278参照）。

1 <ホーム>タブ→<修正>パネル→<複写>をクリックします。

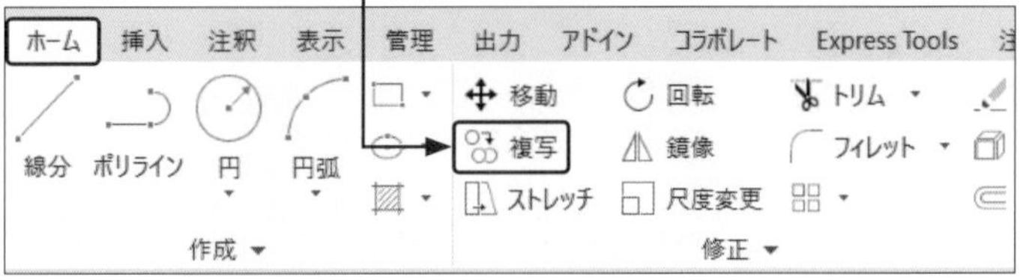

2 記号部分をすべてクリックして選択し、

3 Enter キーを押して確定します。

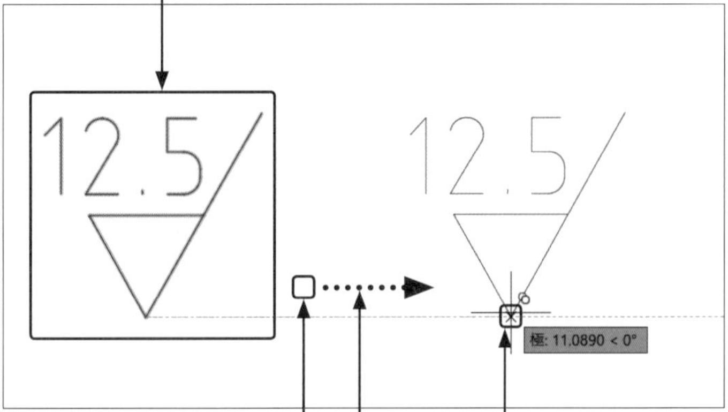

4 基点として、任意の位置をクリックします。

5 マウスを右に移動し、

6 貼り付け先として、任意の位置をクリックします。

7 Enter キーを押して、コマンドを終了します。

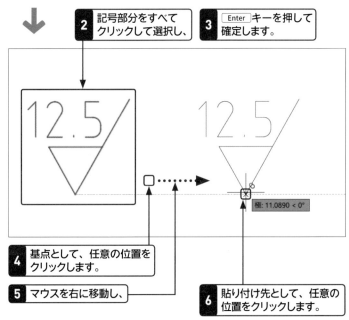

2 文字を編集する

1 貼り付けた記号の文字(12.5)をダブルクリックし、

2 文字が編集状態になったら「3.2」と入力します。

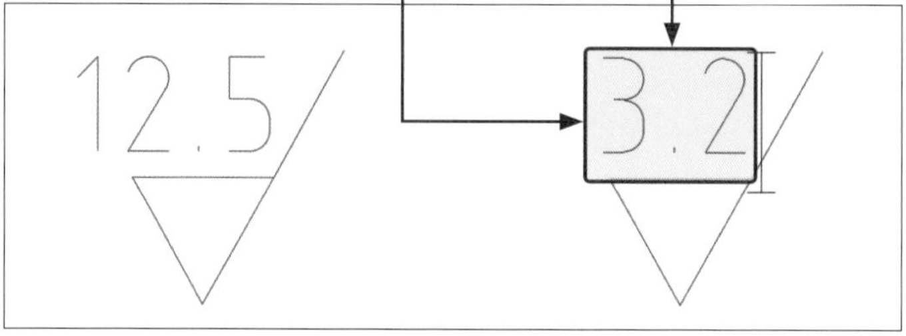

3 Enter キーを2回押してコマンドを終了します。

3 ブロックを作成する

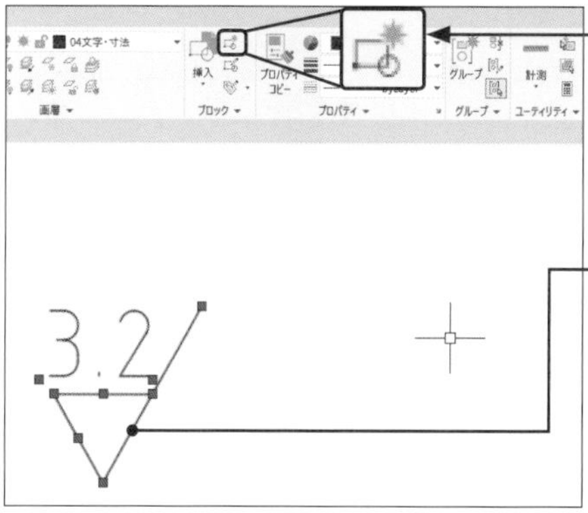

1 ブロックにする図形を選択します。

2 <ホーム>タブ→<ブロック>パネル→<作成>をクリックします。

3 「ブロック定義」ダイアログボックスが表示されます。

4 名前に「仕上記号3.2」と入力します。

5 <挿入基点を指定>をクリックして、

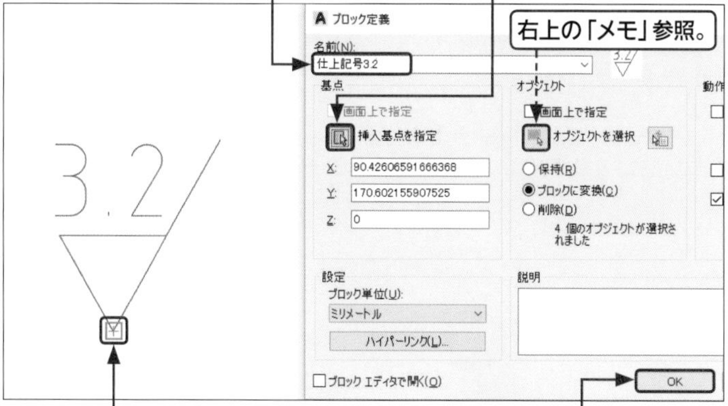

右上の「メモ」参照。

6 モデル空間で、ブロックの基点となる位置をクリックします。

7 <OK>をクリックします。

メモ ブロック定義のオブジェクト選択について

ここでは先に図形を選択してからBLOCKコマンドを実行しましたが、コマンド実行後にオブジェクト選択する場合(または再選択する場合)は、「ブロック定義」ダイアログボックスで<オブジェクト選択>をクリックし、モデル空間で図形を選択して、Enter キーを押して確定します。

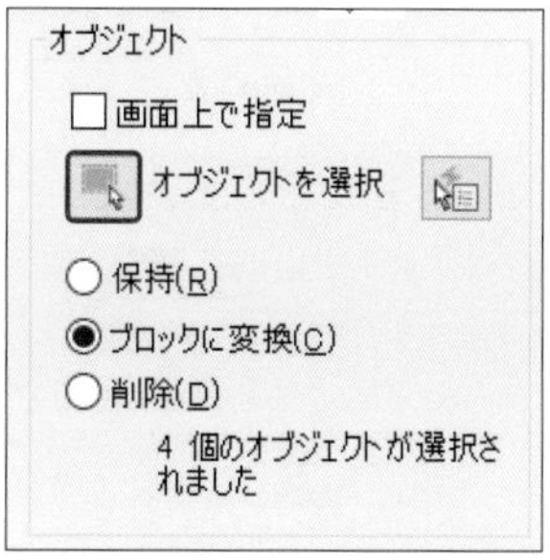

メモ ブロックの挿入基点について

ブロック挿入時の挿入基点は「ブロック定義」ダイアログボックス→<基点>で指示した位置になります。

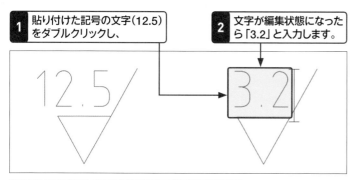

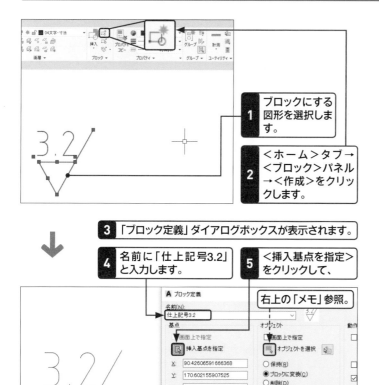

4 ブロックを挿入する

メモ 回転角度について

手順4で文字を時計回りに90°回転させるために「-90」と入力しました。これはAutocadの角度の既定が、東を0°とした反時計回りで設定されているためです。

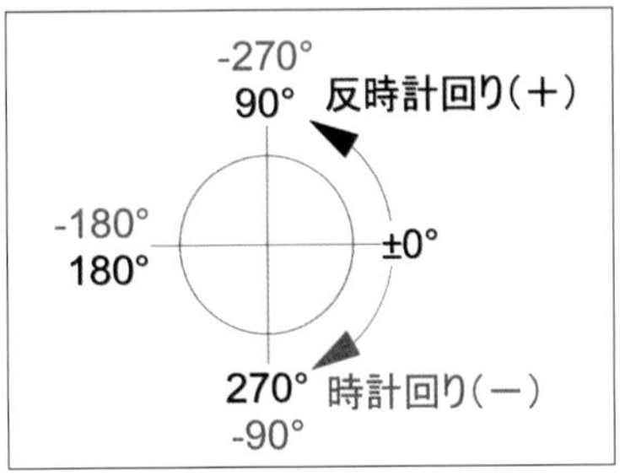

メモ 線上の任意の点を指定するには

オブジェクトスナップトラッキングで線上の点を指示するのが難しい場合は、手順6「挿入位置を指定」で Shift キーを押しながら右クリック→表示されるメニューより<近接点>をクリックして選択します。

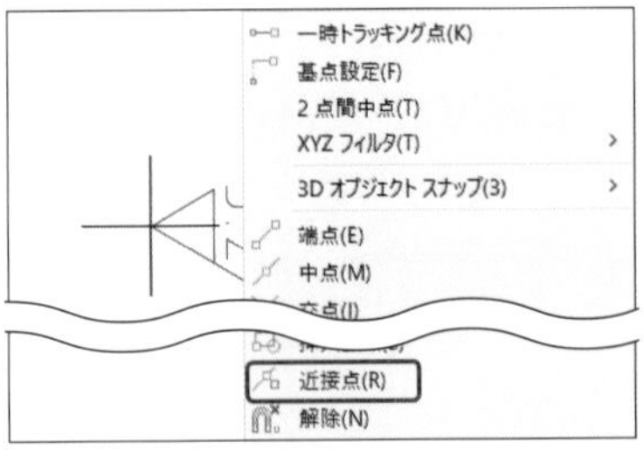

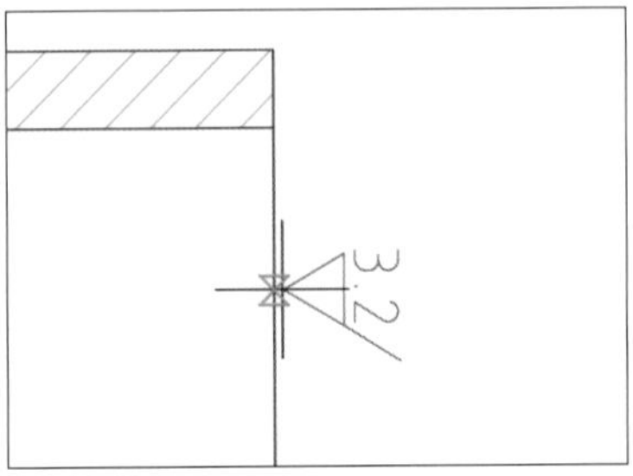

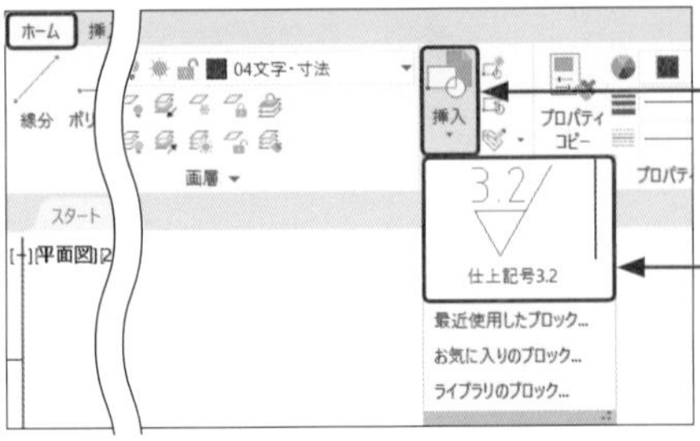

1 <ホーム>タブ→<ブロック> パネル→<挿入>をクリックします。

2 <仕上記号3.2>をクリックします。

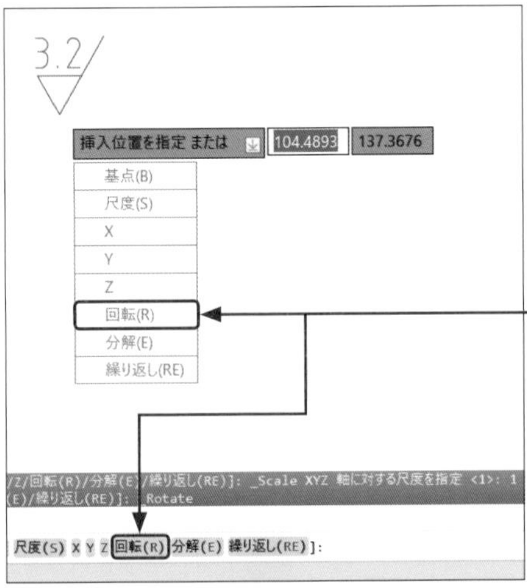

3 「挿入位置を指定」でコマンドラインの<回転(R)>をクリックして選択します(または、↓キーを押してリストより選択します)。

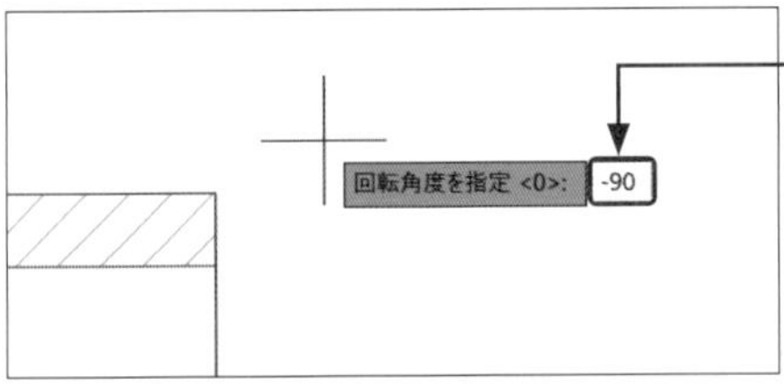

4 「回転角度を指定」で「-90」と入力し、

5 Enter キーを押します。

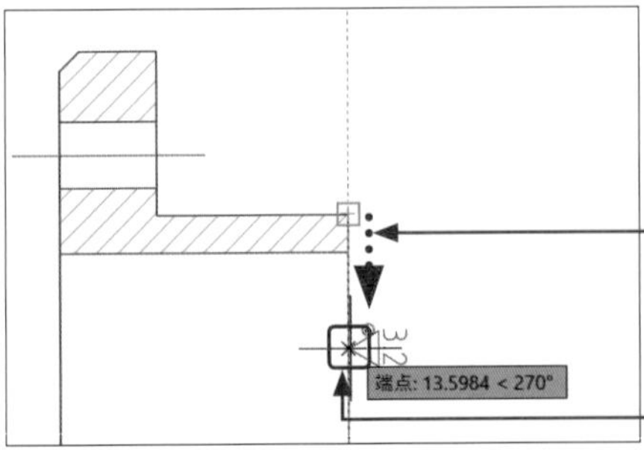

6 「挿入位置を指定」で断面図の端点にマウスカーソルを合わせ、下に移動します。

7 線上の任意の位置をクリックします。

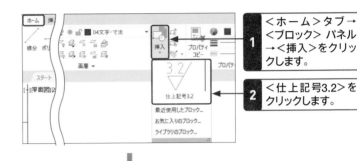

5 ブロックを分解して編集する

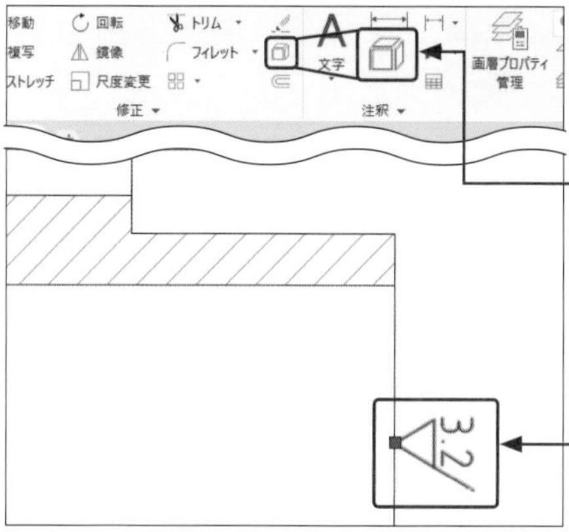

1 ブロックをクリックして選択します。

2 <ホーム>タブ→<修正>パネル→<分解>をクリックします。

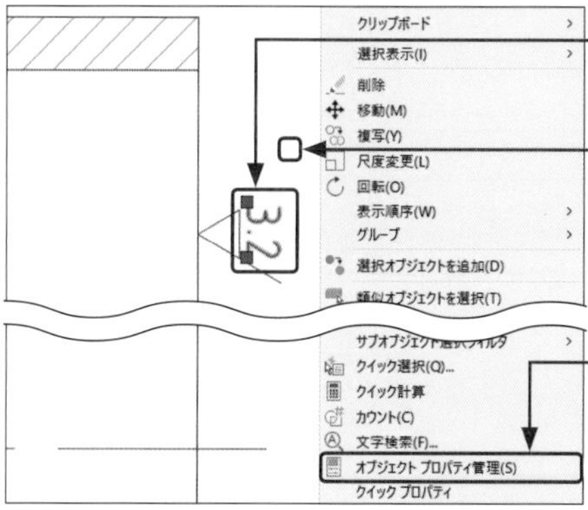

3 文字(3.2)をクリックして選択し、

4 任意の位置で右クリックします。

5 表示されるメニューから<オブジェクトプロパティ管理>をクリックして選択します。

6 プロパティパレットが表示されます。

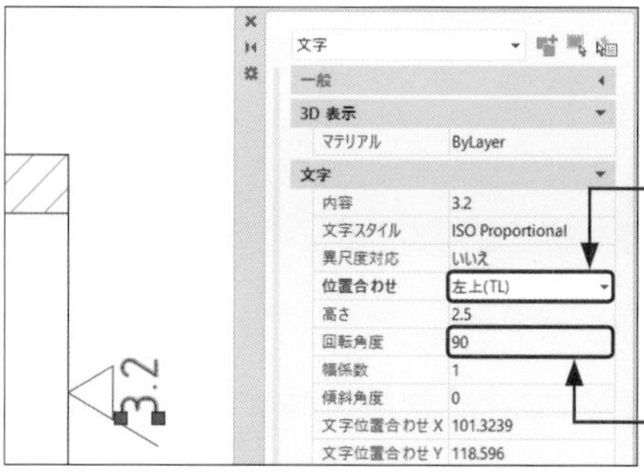

7 <文字>の「位置合わせ」の<右下>をクリックし、<左上>に変更します。

8 <文字>の「回転角度」の数字をクリックし、「90」と入力します。

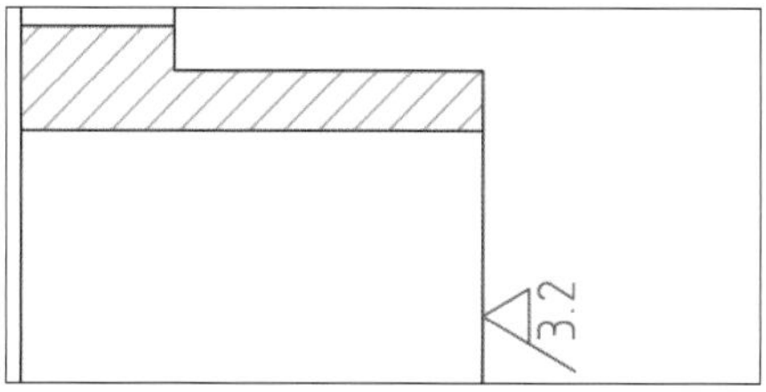

9 Esc キーを押して選択を解除します。

ステップアップ 仕上記号の表記について

断面図上部の仕上記号では、一部を示す「()括弧記号」を円弧3点で作成しています。

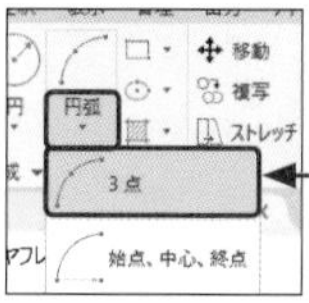

1 <ホーム>タブ→<作成>パネル→<円弧▼>→<3点>をクリックします。

2 「円弧の始点を指定」で括弧記号の始点となる位置をクリックします。

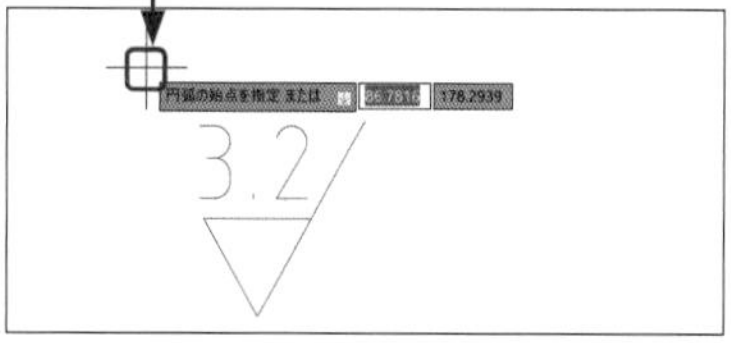

3 「円弧の2点目を指定」で括弧記号の中点となる位置をクリックします。

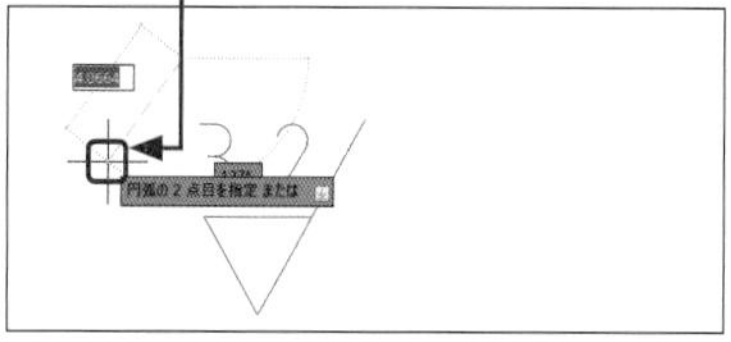

4 「円弧の終点を指定」で括弧記号の終点となる位置をクリックします。

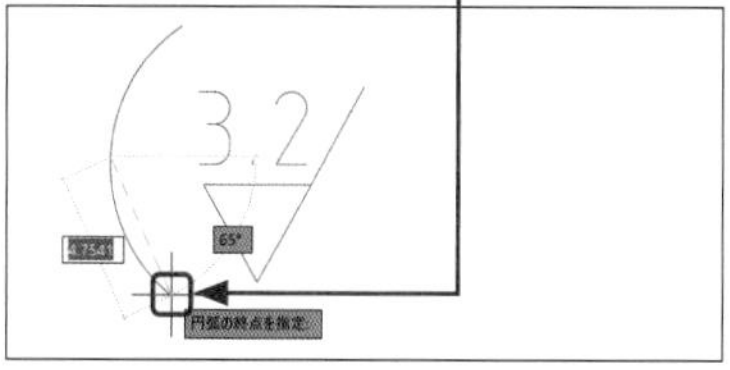

5 鏡像コマンドで反転複写します。

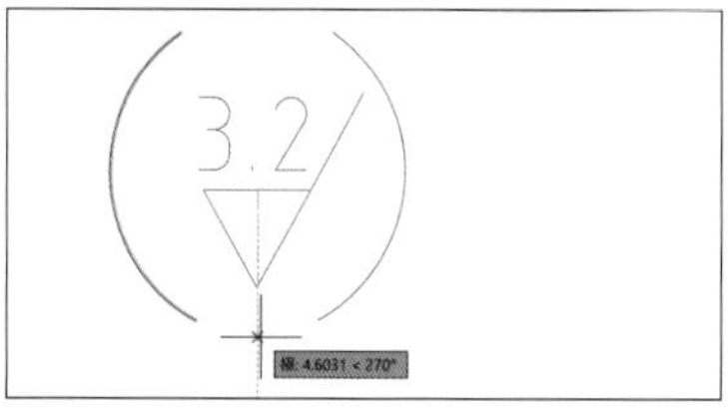

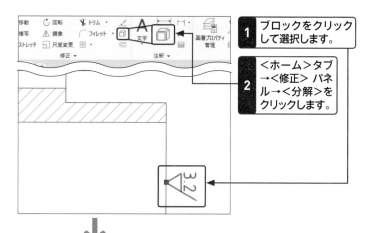

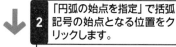

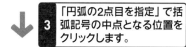

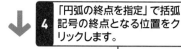

Section 59 寸法スタイルを設定して寸法を作図する

覚えておきたいキーワード

- 寸法記入
- 寸法スタイル管理
- 寸法線間隔

ここでは、長さ寸法に直径記号が自動的に表示される設定方法について解説します。寸法の外観を一括で管理しているスタイル（P.148のSec.39参照）を調整することで、用途に合わせたさまざまな寸法を作図することができます。また、作図した寸法の間隔を調整する方法も解説します。

練習用ファイル	Sec59.dwg		
リボン	[ホーム] タブ - [注釈] パネル - [寸法記入] ／ [ホーム] タブ - [注釈] パネル - [寸法スタイル管理] ／ [注釈] タブ - [寸法記入] パネル - [寸法線間隔]		
コマンド	DIM（寸法記入）／DIMSTYLE（寸法スタイル管理）／DIMSPACE（寸法線間隔）	エイリアス	D（寸法スタイル管理）

1 断面図に高さ寸法を作図する

メモ 寸法コマンドについて

ここでは「寸法記入」コマンドを使用しましたが、「長さ寸法記入」コマンドを使用する場合は、＜ホーム＞タブ→＜注釈＞パネル→＜長さ寸法記入＞をクリックします。

1 ＜ホーム＞タブ→＜注釈＞パネル→＜寸法記入＞をクリックします。

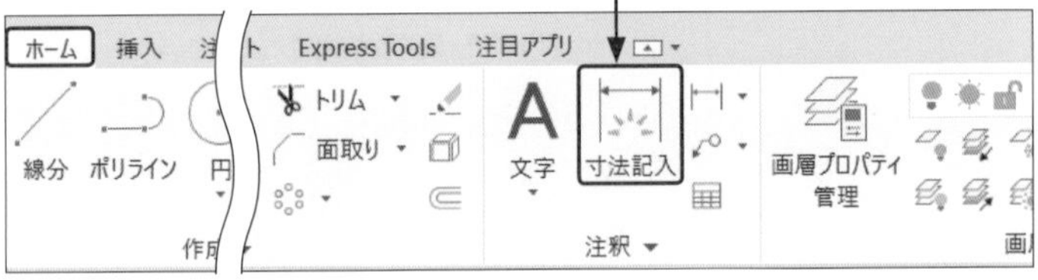

2 「1本目の寸法補助線の起点を指定」で断面図右下の端点（起点とする端点）をクリックします。

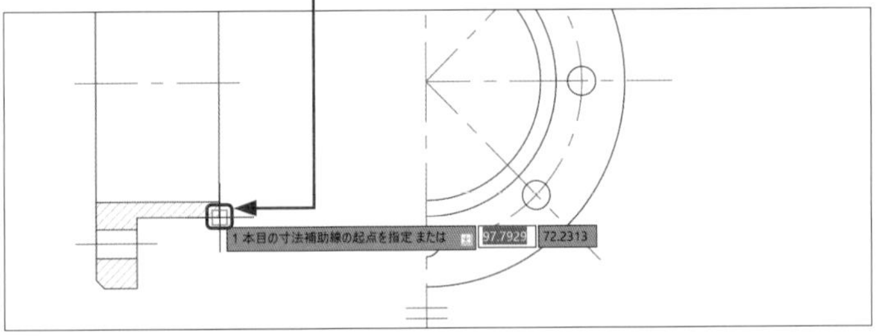

3 「2本目の寸法補助線の起点を指定」でもう一方の端点をクリックします。

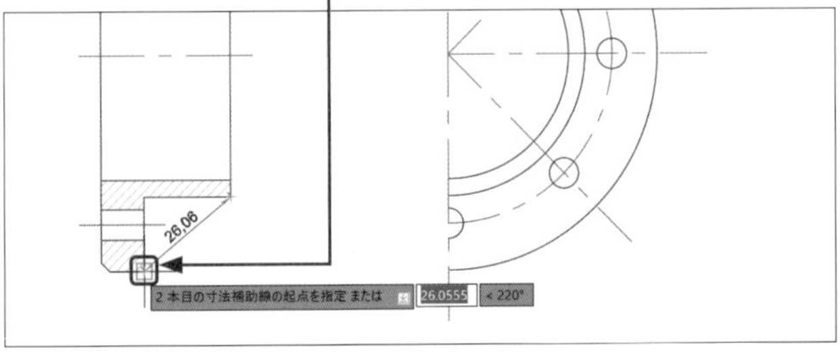

4 「寸法線の位置を指定」でマウスカーソルを下に移動します。

5 水平（長さ）寸法（ここでは「20」）が表示されていることを確認し、

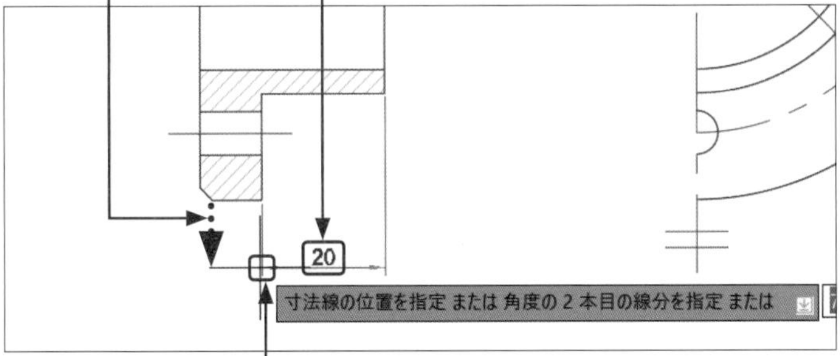

6 任意の場所でクリックします。

7 続けて、「1本目の寸法補助線の起点を指定」で起点とする端点をクリックし、

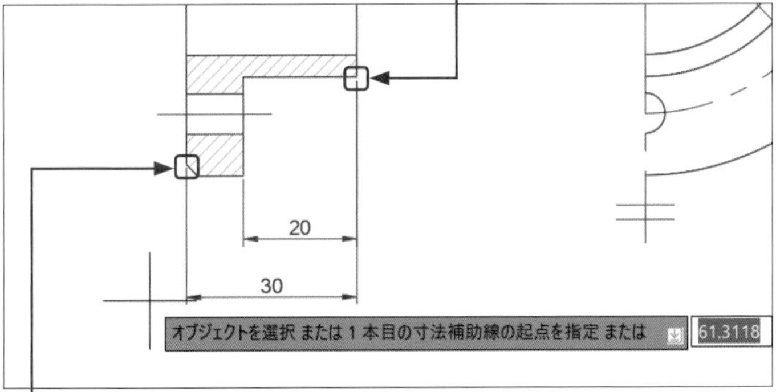

8 「2本目の寸法補助線の起点を指定」でもう一方の端点をクリックし、

9 マウスカーソルを下に移動して、任意の場所でクリックします。

10 Enter キーを押してコマンドを終了します。

メモ 並列寸法を使用する場合

並列寸法を使用する場合は、手順**7**のあとに↓キーを押して、オプションから＜並列寸法記入＞をクリックして選択します。並列寸法の1本目の補助線で「20」の右側の寸法補助線をクリックして作図します。

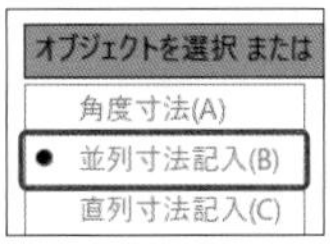

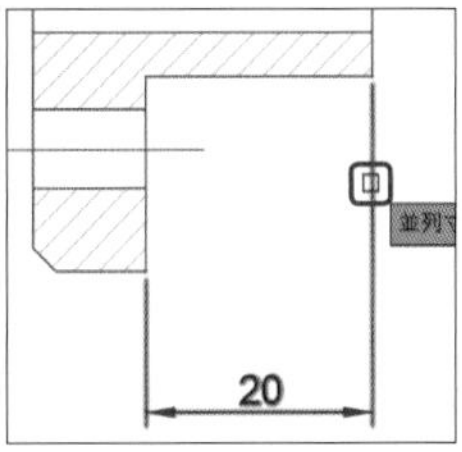

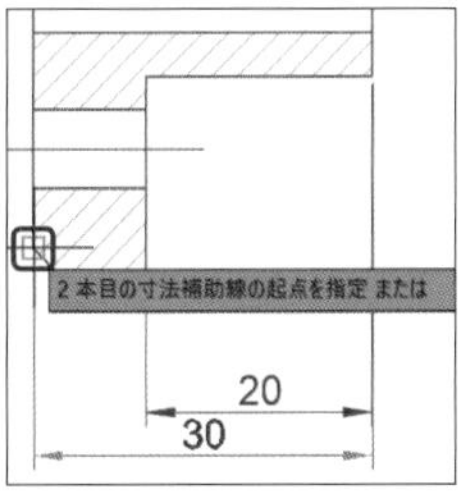

2 断面図用直径寸法スタイルの設定

1 ＜ホーム＞タブ→＜注釈＞パネル→＜注釈▼＞→＜寸法スタイル管理＞をクリックします。

メモ 寸法スタイルについて

ここでは、断面図の高さ寸法は、予め設定された「ISO-25」寸法スタイルを使用して作図しています。違うスタイルで作図したい場合は、スタイルを変更します。

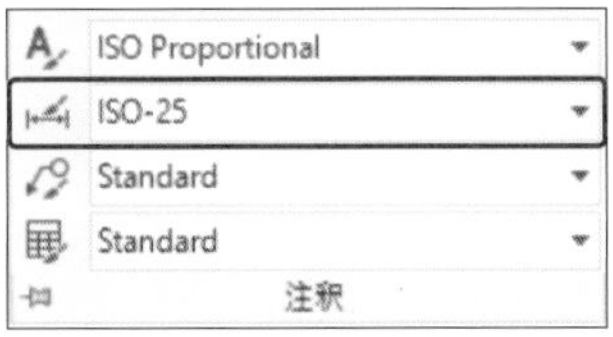

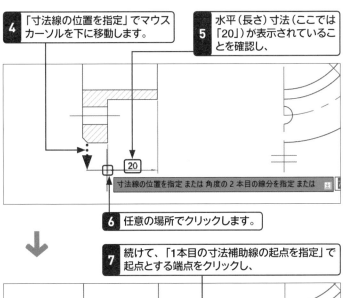

ステップアップ 基本単位について

寸法スタイルダイアログボックスの「基本単位」タブ内にある設定を調整すると、通常ミリメートルで表示される寸法値に「0.001」を掛けてメートルに変換したり（計測尺度）、末尾に「m」記号を入力したり（接尾表記）することができます。

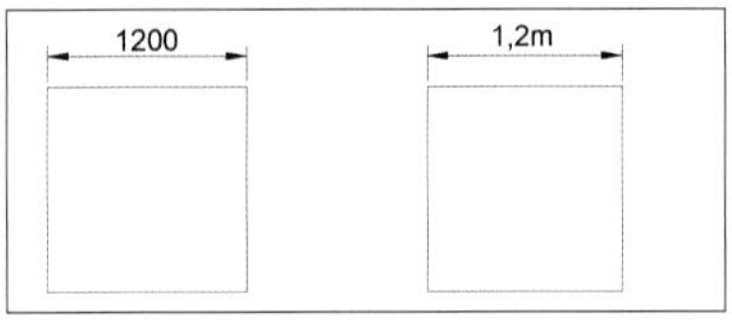

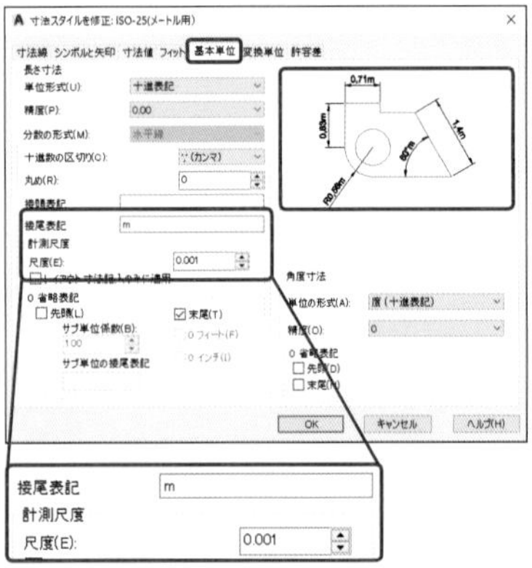

2 「寸法スタイル管理」ダイアログボックスが表示されます。

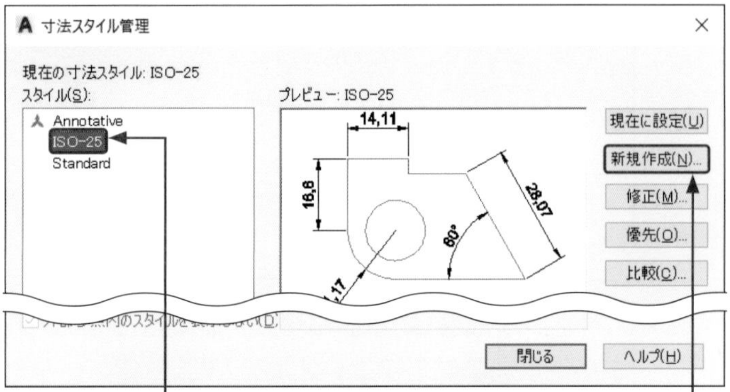

3 スタイルで「ISO-25」が選択されていることを確認して、

4 <新規作成>をクリックします。

5 「寸法スタイルを新規作成」ダイアログボックスが表示されます。

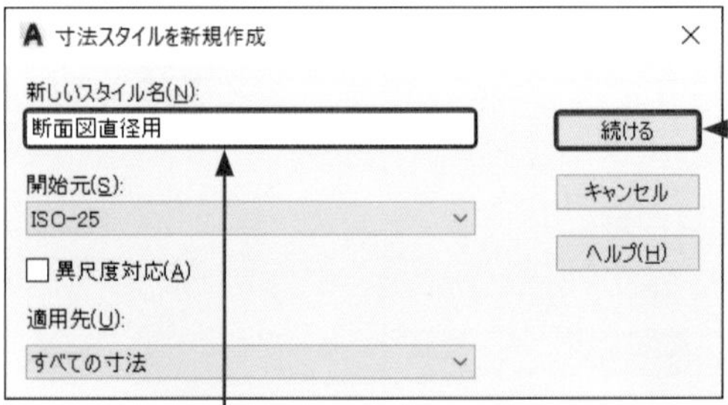

6 「新しいスタイル名」に「断面図直径用」と入力して、

7 <続ける>をクリックします。

8 「寸法スタイルを新規作成：断面図直径用」ダイアログボックスが表示されます。

9 <基本単位>タブをクリックし、

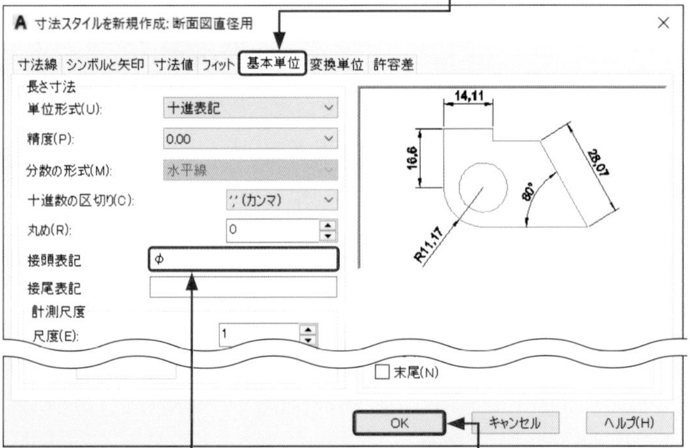

10 「接頭表記」で「φ（ファイ）」と入力して、

11 <OK>をクリックします。

12 「寸法スタイル管理」ダイアログボックスが表示されます。

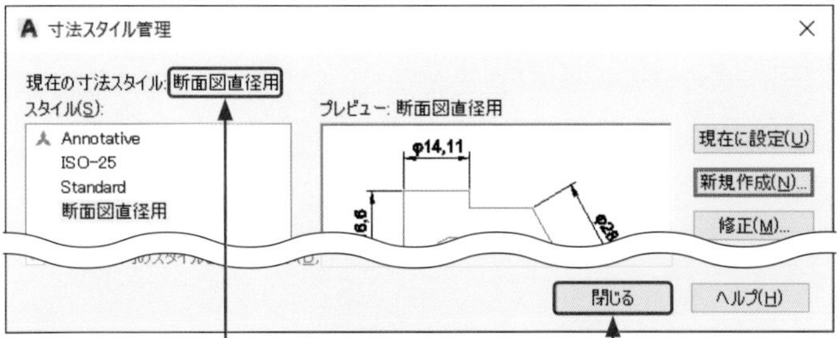

13 現在の寸法スタイルに「断面図直径用」と表示されていることを確認して、

14 <閉じる>をクリックします。

3 断面図に直径（長さ）寸法を作図する

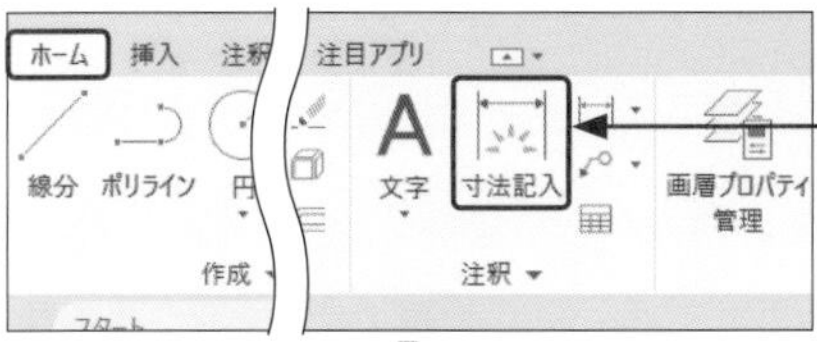

1 <ホーム>タブ→<注釈>パネル→<寸法記入>をクリックします。

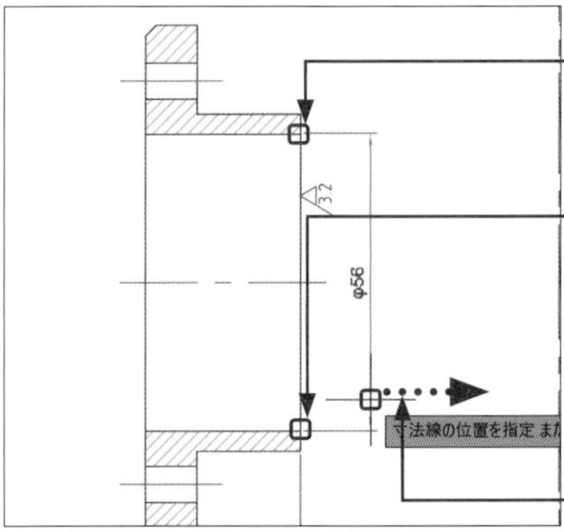

2 「1本目の寸法補助線の起点を指定」で断面図の起点とする端点をクリックします。

3 「2本目の寸法補助線の起点を指定」でもう一方の端点をクリックします。

4 「寸法線の位置を指定」でマウスカーソルを右に移動し、任意の場所でクリックします。

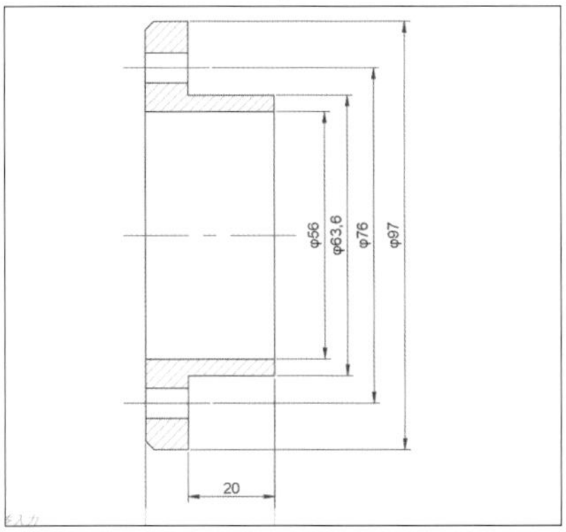

5 手順2～4を繰り返し、他の直径（長さ）寸法も任意の場所に作図します。

6 Enter キーを押してコマンドを終了します。

注意 直径寸法の作図について

通常、AutoCADで直径寸法を作図する場合は「直径寸法記入」を使用します。しかし、これは円または円弧にしか使用できません。そのため、今回は長さ寸法に接頭文字を追加して、断面図の直径寸法に見立てて作図する方法を用いています。

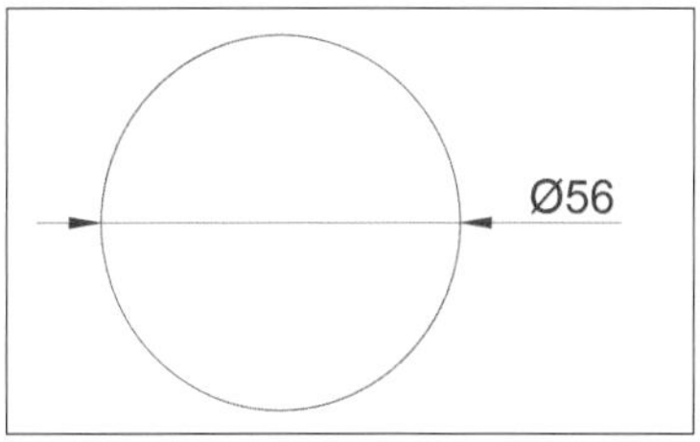

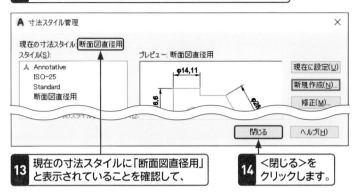

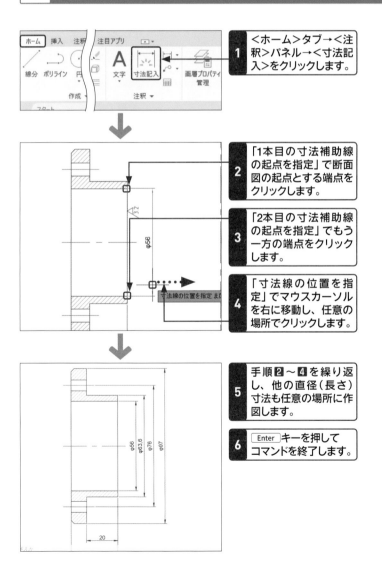

4 寸法の間隔を均一にする

メモ 寸法線間隔の値について

手順5で「自動」を選択すると、寸法線の間隔は寸法スタイルで設定されている寸法値の文字高さの2倍に設定されます。（例：寸法値の文字高さ2.5mmのとき、寸法線の間隔は5mm）。

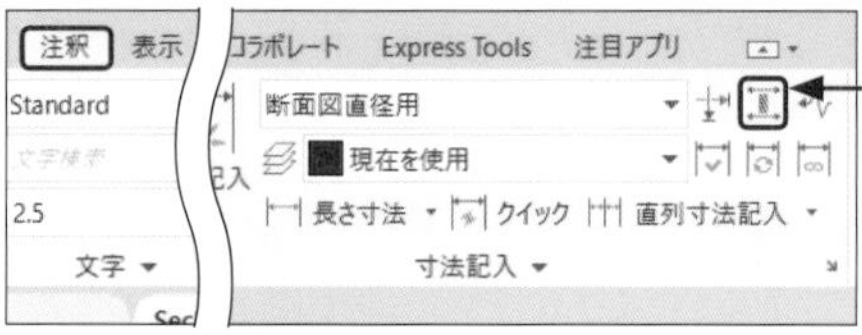

1 ＜注釈＞タブ→＜寸法記入＞パネル→＜寸法線間隔＞をクリックします。

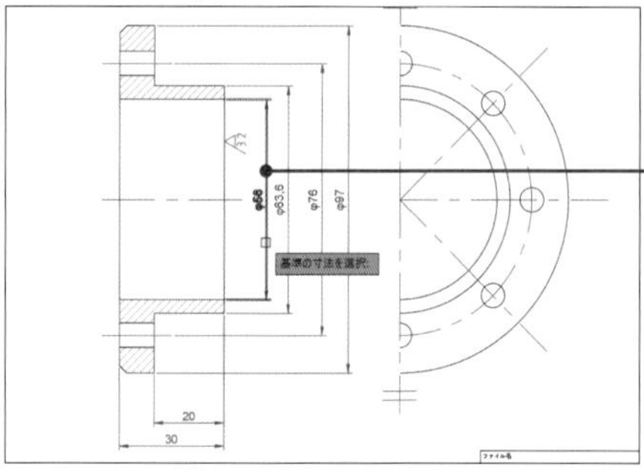

2 「基準の寸法を選択」で動かさない基準の寸法をクリックして選択します。

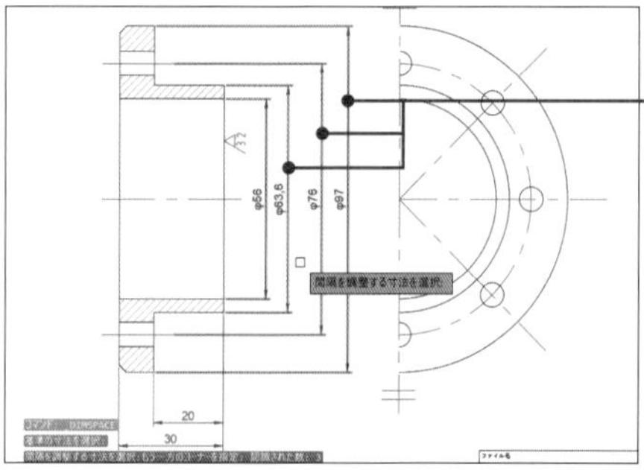

3 「間隔を調整する寸法を選択」で間隔を調整する寸法（基準で選択した寸法は除く）をすべてクリックして選択したら、

4 Enter キーを押します。

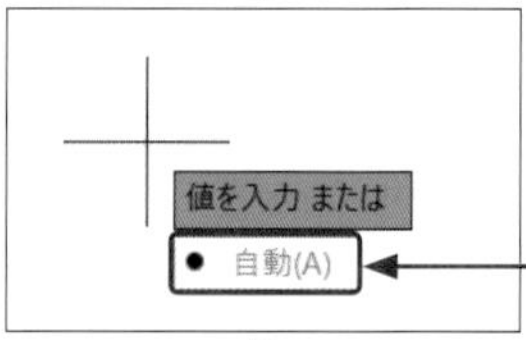

5 「値を入力」で Enter キーを押し、＜自動＞を適用します（左の「メモ」参照）。

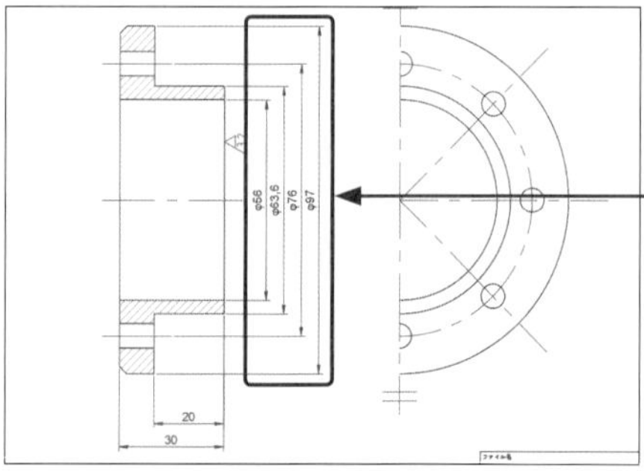

6 間隔が均一に調整されます。

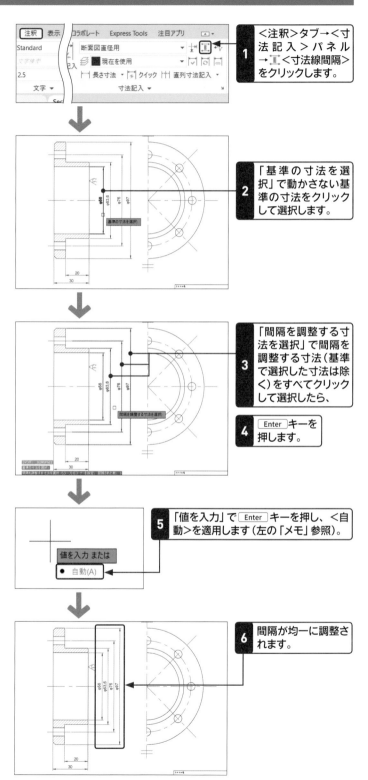

Chapter 06

第6章

L型側溝の図面を作図しよう

Section 60

CAD製図基準について

覚えておきたいキーワード
- ☑ CAD製図基準
- ☑ 電子納品
- ☑ 公共事業

第6章では土木の製図練習を行います。国土交通省の管轄する土木工事で使用するCAD図面については、現在「CAD製図基準」というルールに基づく作図が行われています。土木の製図を行うには必須の知識といえるので、まず「CAD製図基準」についてマスターしましょう。

1 「CAD製図基準」について

国土交通省においては、公共事業に関する図面、写真などの成果品を、以降の業務プロセスなどにおいて有効活用することなどを目的に、平成16年度からすべての直轄事業において、成果品を電子データにより提出する電子納品を開始しました。図面に関しては、平成8年度より総合技術開発プロジェクトが設置され、建設事業で扱う図面・文書を電子的に標準化し、図面・文書情報を事業段階や機関をまたがって有効に活用するための方法が検討されてきました。「CAD製図基準」は、こうした背景を基に策定されたものです。現在では、主に土木工事を中心に運用されています(H29.3 国土交通省より公開された「CAD製図基準(CAD製図基準・同解説)」より抜粋　http://www.cals-ed.go.jp/cri_point/)。

2 画層名について

CAD製図基準に準ずる図面を作成する場合、以下の原則に従い画層名を設定します(同じく「CAD製図基準」P.8より抜粋)。なお、画層名の「責任主体」とは、各フェーズでの全体的責任を持つ組織(発注者の場合は管轄部署など)とします。測量(S)、設計(D)、施工(C)、維持管理(M)の各フェーズに対し、全体的責任権限を持つ組織(発注者)を指し、記載の必要が生じます。

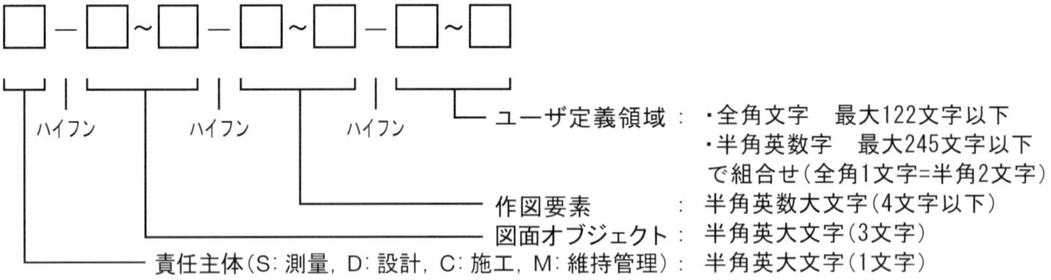

※文字数合計で半角256文字以下

3 色について

「CADデータ作成に用いる色は、原則として黒、赤、緑、青、黄、マジェンタ、シアン、白、牡丹、茶、橙、薄緑、明青、青紫、明灰、暗灰の16色とする。」と「CAD製図基準」で規定されています（1-5-9 色）。

4 線について

❶線種は、実線、破線、一点鎖線、二点鎖線の線種グループがあり、JISに定義されている15種類の線種を使用することを原則とします（「CAD製図基準」1-5-10 線）。

線種グループ	主な用法
実線	可視部分を示す線、寸法及び寸法補助線、引出線、破断線、輪郭線、中心線
破線	見えない部分の形を示す線
一点鎖線	中心線、切断線、基準線、境界線、参考線
二点鎖線	想像線、基準線、境界線、参考線などで一点鎖線と区別する必要があるとき

実線	
破線	
一点鎖線	
二点鎖線	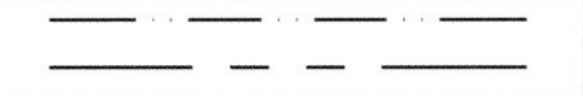

❷線の太さは、線の太さは、図面の大きさや種類により、0.13、0.18、0.25、0.35、0.5、0.7、1、1.4、2mmの中から選択します。細線、太線、極太線の3種類を設定し、比率は、細線:太線:極太線=1:2:4を原則とします。ただし、寸法線や引出線の線種は実線/線の太さは0.13mm、輪郭線の線の種類は実線／線の太さは1.4mmをそれぞれ原則とします。

線グループ	細線	太線	極太線
0.25㎜	0.13㎜	0.25㎜	0.5㎜

5 文字について

❶文字の高さは、1.8、2.5、3.5、5、7、10、14、20mmから選択することを原則とします（「CAD製図基準」1-5-11 文字）。

❷検査や施工図などで、A1で紙出力する際には、表題欄やタイトルに使用する文字は、3.5、5、7mmを原則とします。また、図面内に使用するタイトルなどは14、20mmとするなど、A3など縮小版で紙出力した場合でも読みやすいサイズを使用するよう留意します（「CAD製図基準・同解説」1-5-11 文字）。

Section 61 基礎材／L型側溝を作図する

覚えておきたいキーワード
☑ 新規作成
☑ テンプレート
☑ ポリライン

ここでは、「L型側溝」の詳細図を作図します。「CAD製図基準」に基づいた画層や文字スタイル、寸法スタイルなどが設定されている図面を用意しているので、そちらを利用します。画層名の意味などについてはSec.60「CAD製図基準について」でご確認ください。

練習用ファイル	土木図枠.dwg		
リボン	[ホーム]タブ-[作成]パネル-[ポリライン]		
コマンド	PLINE(ポリライン)	エイリアス	PL(ポリライン)

1 テンプレートを開く

メモ　作図補助設定について

ここでの操作では、ステータスバーの<極トラッキング><オブジェクトスナップトラッキング><オブジェクトスナップ>をオンにしておきます。

1 土木図枠.dwgを開きます。

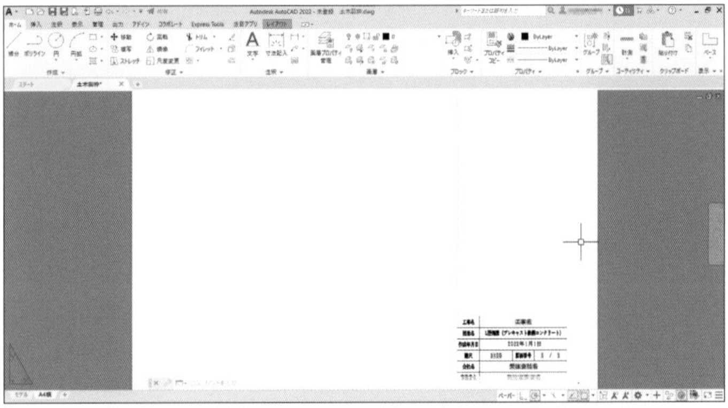

2 <モデル>タブをクリックして、モデル空間に切り替えます。

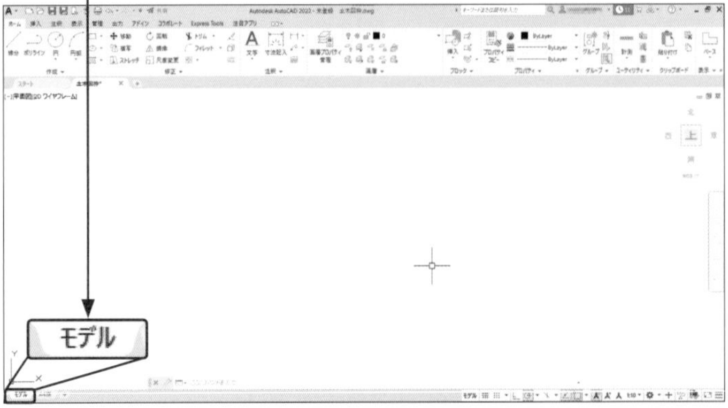

注意　図面の保存について

作成した図面は<名前を付けて保存>で任意のファイル名を付けて保存しておきましょう。<上書き保存>してしまうと、図枠のみのデータが無くなってしまうので注意しましょう。

2 基礎材を作図する

1 <ホーム>タブ→<画層>パネル→<0>をクリックし、表示されるメニューから<D-STR>をクリックして選択します。

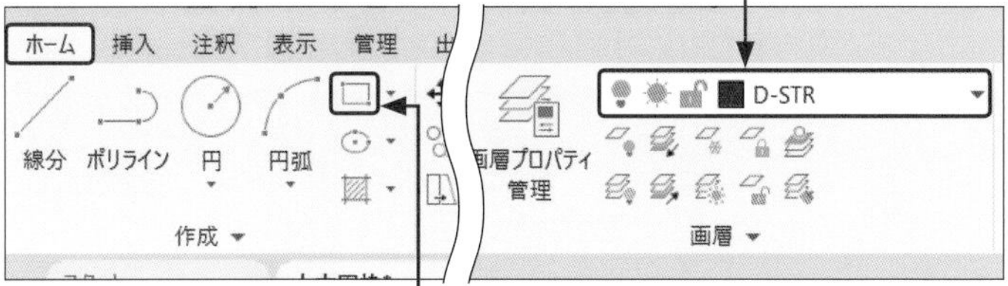

2 <作成>パネル→□<長方形>をクリックします。

3 「一方のコーナーを指定」で作図画面上の任意の位置をクリックします。

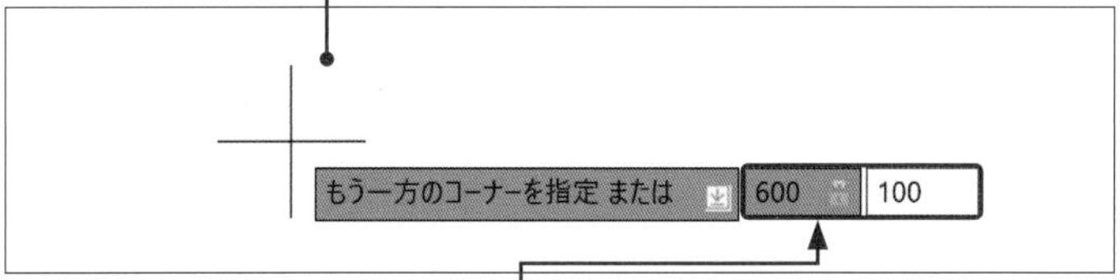

4 「もう一方のコーナーを指定」で、「600,100」と入力します。

5 Enter キーを押して確定します。

メモ 画層について

今回は「CAD製図基準」に基づき、設計フェーズを想定し<道路編-道路設計>「小型構造図（LS）」用の画層設定で作図します。なお、「D-STR」の「D」とは「設計フェーズ」を、「STR」は構造物を表し、「小型構造図」では「構造物外形線」を示します。

メモ ダイナミック入力を利用した長方形の作図について

ダイナミック入力を利用して長方形を作図する際に「もう一方のコーナーを指定」でX座標のあとにカンマ「,」を入力すると、マウスカーソルが移動しますが、これは一時的な表示エラーです。Enter キーを押すと、きちんと相対座標（1点目にクリックした点を原点とした座標）に作図されます。

3 L型側溝を作図する

1 ホイールボタンをダブルクリックして図形全体を表示し、表示画面を調整してを縮小表示します。

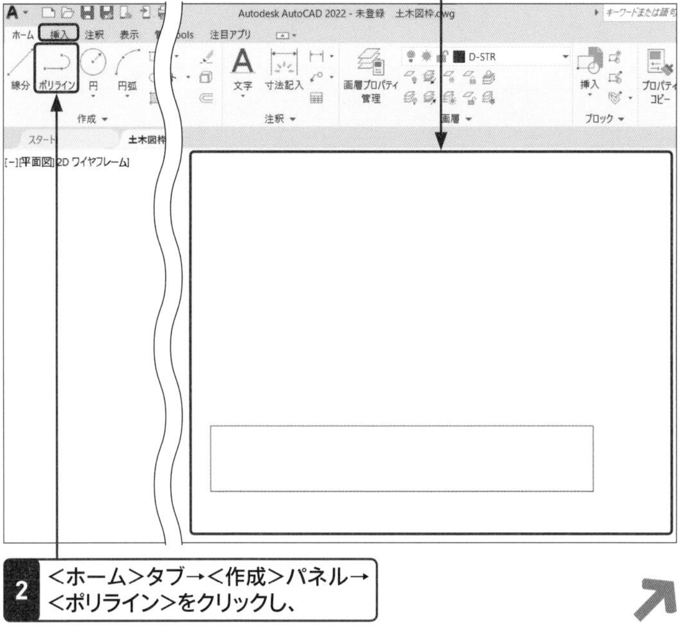

2 <ホーム>タブ→<作成>パネル→<ポリライン>をクリックし、

メモ 画面表示について

AutoCADで図形を描く場合、モデル空間に実寸で作図します。そのため、画面の表示倍率によっては、図形が極端に拡大または縮小された状態で表示されることがあります。作図したはずの図形が表示されない場合は、オブジェクト範囲ズーム（マウスホイールボタンをダブルクリック）などして画面表示を調整します。

メモ　勾配の考え方について

勾配を表す方法の1つに「%」を用いる方法もあります。これは、水平方向に対する高さを示すもので、たとえば手順8の場合、水平方向の移動距離が「100mm」に対して勾配が「5%」なので高さは「100mm×0.05＝5mm」となります。また、手順10では、水平方向の移動距離が「350mm」に対して勾配が「10%」なので、高さは「350mm×0.1＝35mm」となります。

3 「始点を指定」で基礎材の右上の端点をクリックします。

4 マウスカーソルを上（12時方向）に移動し、

5 90°のトラッキング線が表示されていることを確認します。

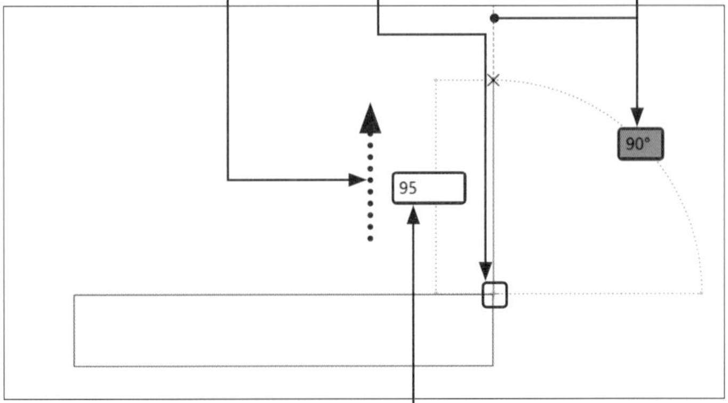

6 「95」と入力し、

7 Enter キーを押します。

8 「-100,-5」と入力し、

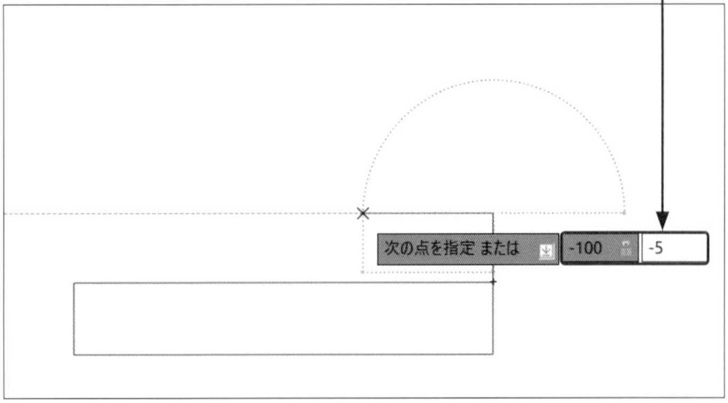

9 Enter キーを押します。

10 「-350,-35」と入力し、

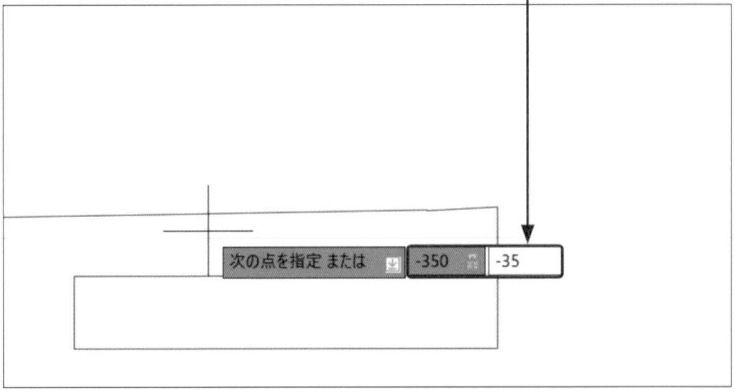

11 Enter キーを押します。

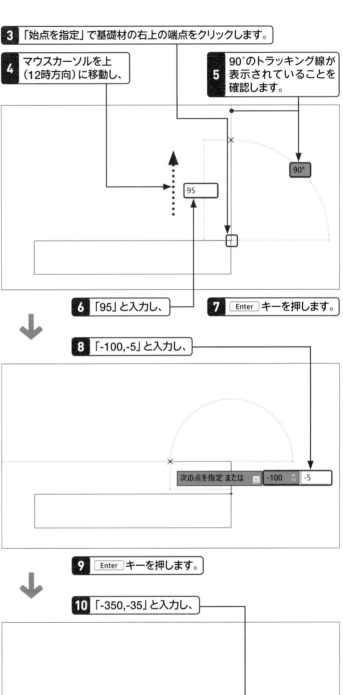

12 マウスカーソルを上（12時方向）に移動します。

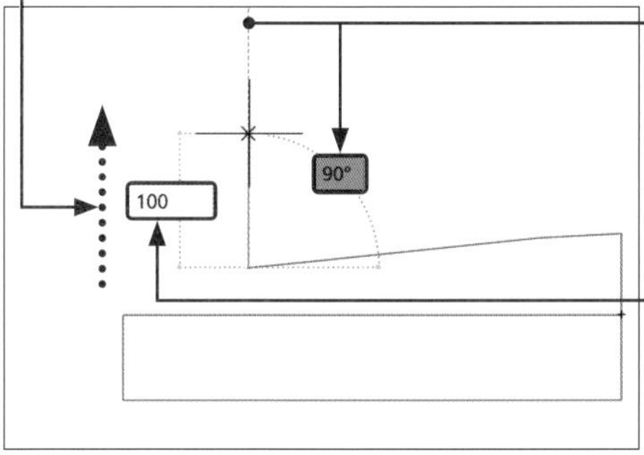

13 90°のトラッキング線が表示されていることを確認します。

14 「100」と入力し、

15 Enter キーを押します。

16 マウスカーソルを左（9時方向）に移動します。

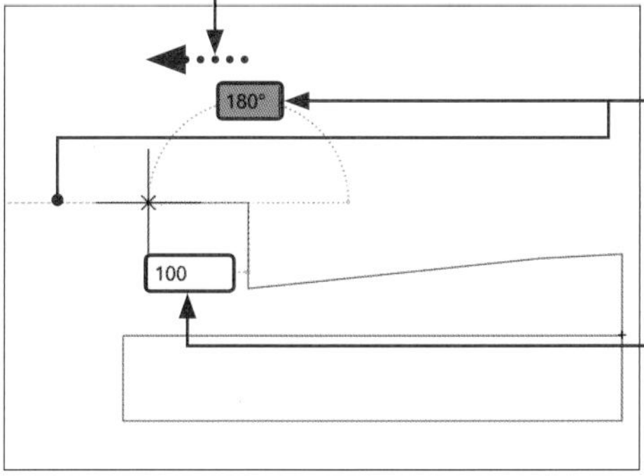

17 180°のトラッキング線が表示されていることを確認します。

18 「100」と入力し、

19 Enter キーを押します。

20 マウスカーソルを下（6時方向）に移動します。

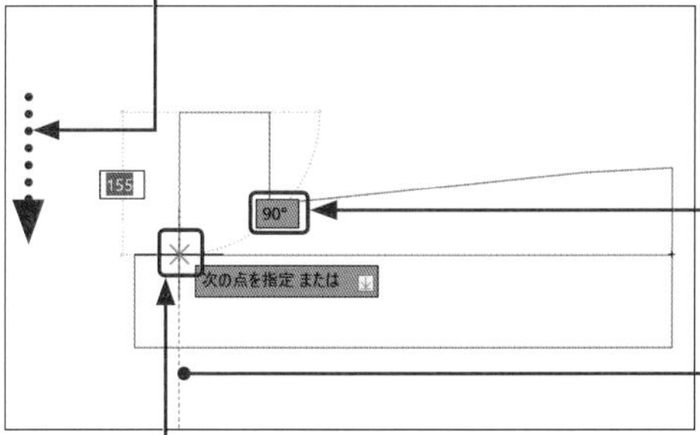

21 90°のトラッキング線が表示されていることを確認します。

22 トラッキング線と基礎材の交点でクリックします。

23 最初の点をクリックします。

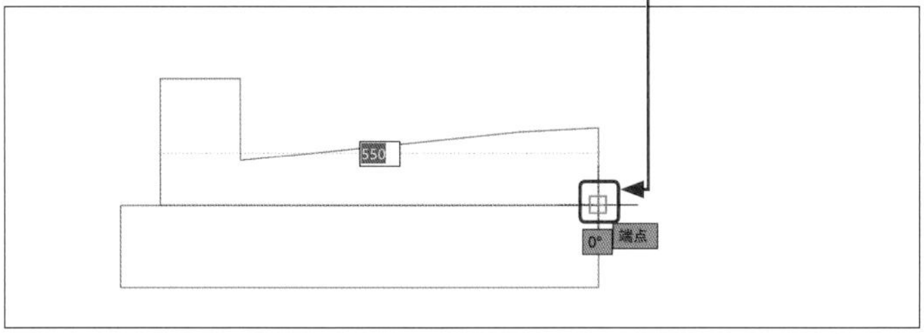

24 Enter キーを押してコマンドを終了します。

メモ 「閉じる」オプション

コマンドラインで<閉じる>をクリックしても最初の点（始点）に戻り、図形を閉じることができます。

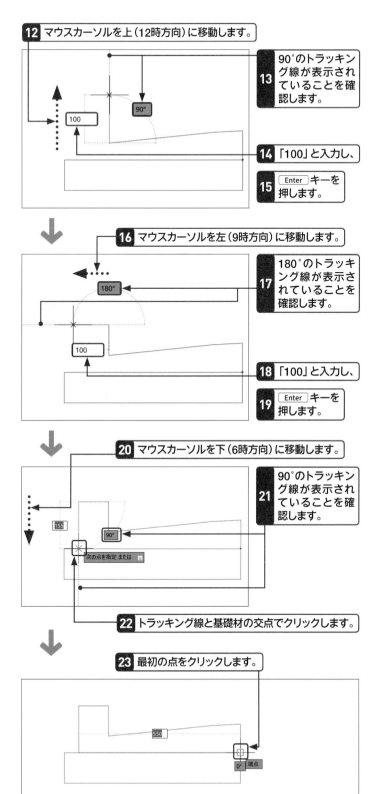

Section 62 基礎材とL型側溝にハッチングを施す

覚えておきたいキーワード
- ハッチング
- ハッチング自動調整
- ハッチング境界

ここでは、基礎材とL型側溝の外形線の内側にそれぞれの材料を表す記号を、ハッチングを使って作図します。ハッチングの尺度はハッチングパターンによって異なるため、図形の大きさや図面の印刷尺度に合わせて、その都度調整してください。

練習用ファイル	Sec62.dwg		
リボン	[ホーム] タブ - [作成] パネル - [ハッチング]		
コマンド	HATCH	エイリアス	H

1 基礎材にハッチングを施す

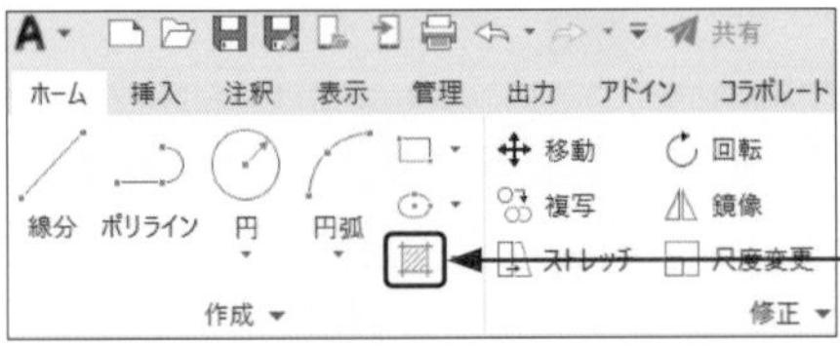

1 <ホーム>タブ→<作成>パネル→<ハッチング>をクリックします。

2 <ハッチング作成>タブ→<パターン>パネル→<GRAVEL>をクリックして選択し、

3 <プロパティ>パネル→<ハッチングパターンの尺度>を「5」に変更します。

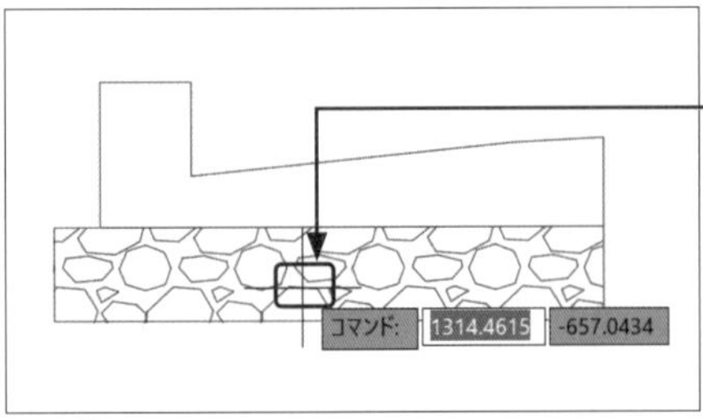

4 下の基礎材の内側にマウスカーソルを移動し、クリックします。

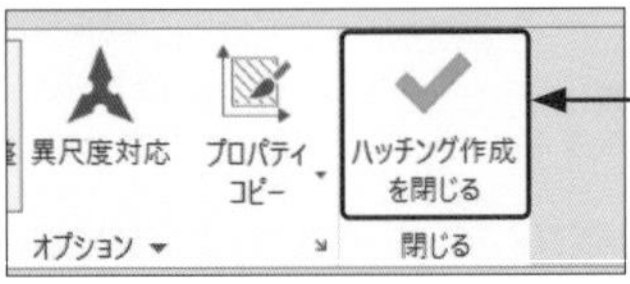

5 <閉じる>パネル→<ハッチング作成を閉じる>をクリックします。

ヒント ハッチング自動調整について

ハッチング作成時に<ハッチング作成>タブ→<オプション>パネル→<自動調整>をオンにして作図すると(これは既定値として設定されています)、ハッチングをした図形(境界線)が変形しても、その図形に追従してハッチングも更新されます。ここでもあとから「L型側溝」の角を処理するため、この自動調整はオンにして作図します。

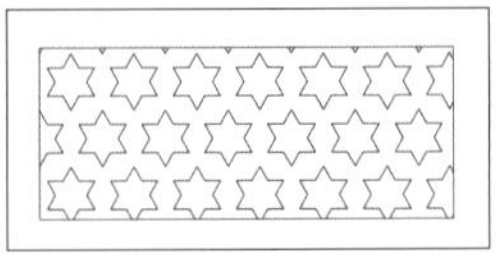

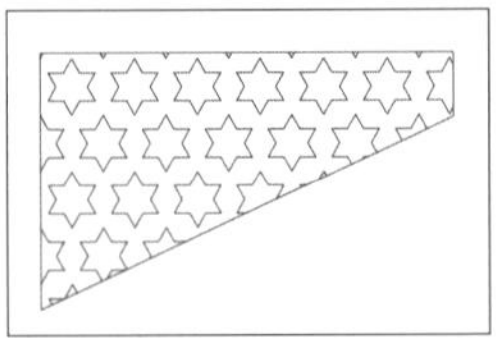

自動調整:オン

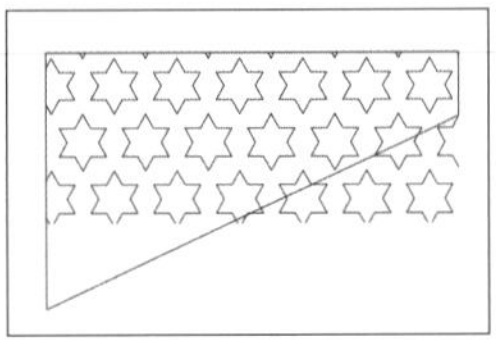

自動調整:オフ

2 L型側溝にハッチングを施す

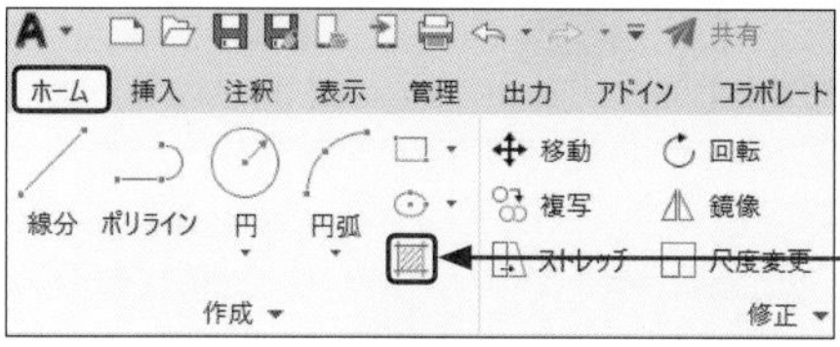

1 <ホーム>タブ→<作成>パネル→<ハッチング>をクリックします。

2 <ハッチング作成>タブ→<パターン>パネル→<JIS_LC_8A>をクリックして選択し、

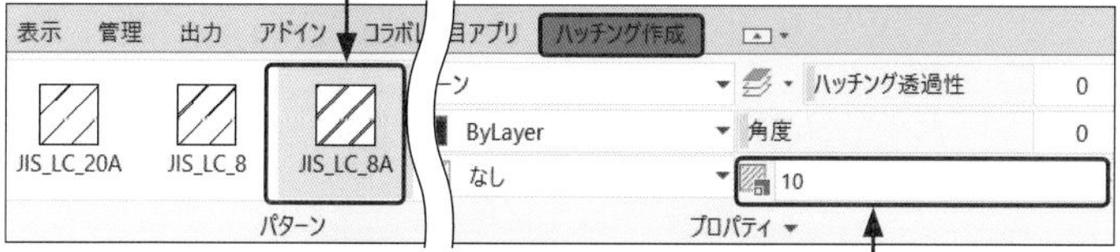

3 <プロパティ>パネル→<ハッチングパターンの尺度>を「10」に変更します。

4 上のL型側溝の内側にマウスカーソルを移動し、クリックします。

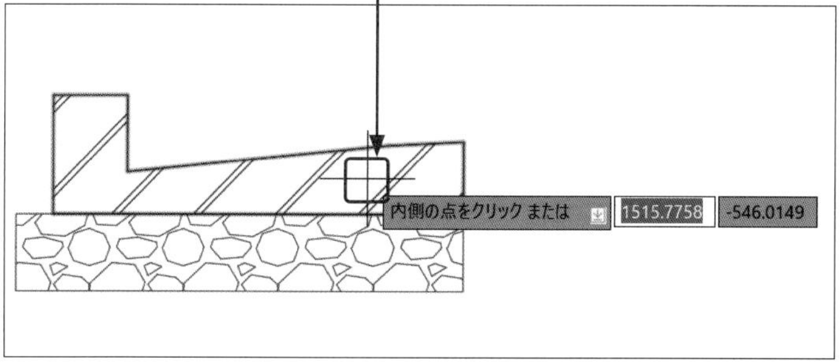

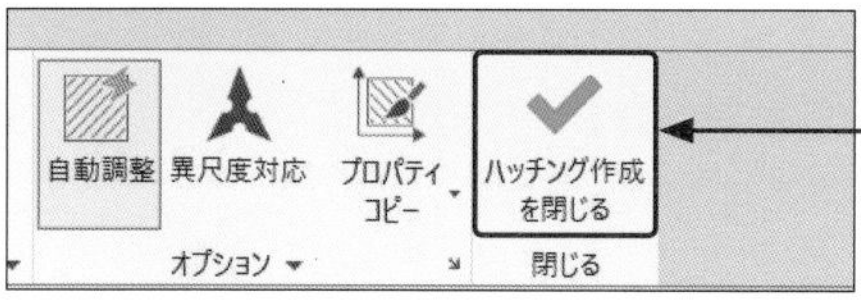

5 <閉じる>パネル→<ハッチング作成を閉じる>をクリックします。

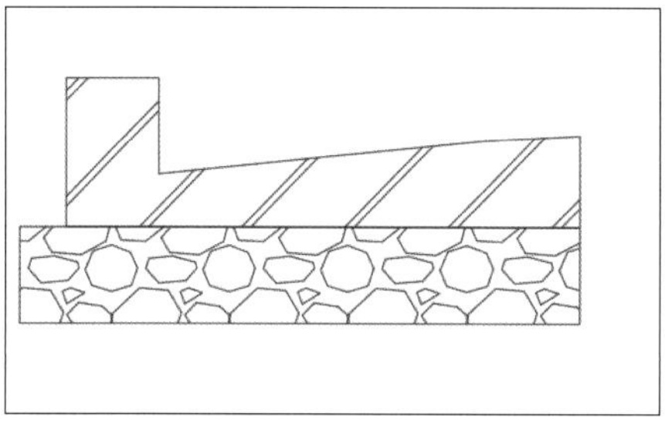

6 基礎材に砕石、L型側溝にコンクリートを表すハッチングが施されます。

メモ 直前のコマンドを繰り返す

Enter キーを押して、直前のハッチングコマンドを繰り返し実行することもできます。

メモ ハッチングの編集

作成したハッチングを編集したい場合は、ハッチングをクリックして選択し、<ハッチングエディタ>コンテキストリボンタブより修正します。

Section 63

地盤面を作図する

覚えておきたいキーワード
☑ 線分
☑ ブロック
☑ ブロックパレット

ここでは、現状地盤線を線分で作図し、地盤記号をブロックとして挿入する方法について解説します。図面で頻繁に利用する記号類は、別図面にブロックとして作図しておくと、作図の手間が省くことができ、ほかの作業者と共有することでデータの統一性も保てます。

練習用ファイル	Sec63.dwg		
リボン	[ホーム]タブ-[作成]パネル-[線分]／[挿入]タブ-[ブロック]パネル-[挿入]		
コマンド	LINE(線分)／INSERT(ブロック挿入)	エイリアス	L(線分)／I(ブロック挿入)

1 地盤線を作図する

メモ　D-BGDについて

「D」とは「設計フェーズ」を、「BGD」は背景を表し「小型構造図」では「現況地物」を示します。

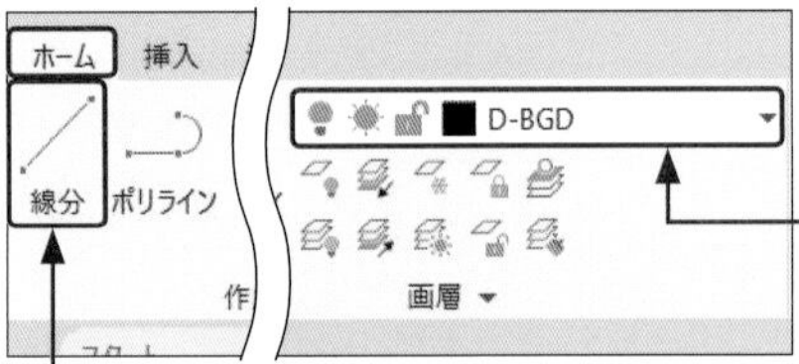

1 <ホーム>タブ→<画層>パネル→<D-STR>をクリックし、表示されるメニューから<D-BGD>をクリックして選択します。

2 <作成>パネル→<線分>をクリックします。

3 「1点目を指定」でL型側溝の左上の端点をクリックします。

4 マウスカーソルを左(9時方向)に移動します。

5 180°のトラッキング線が表示されていることを確認します。

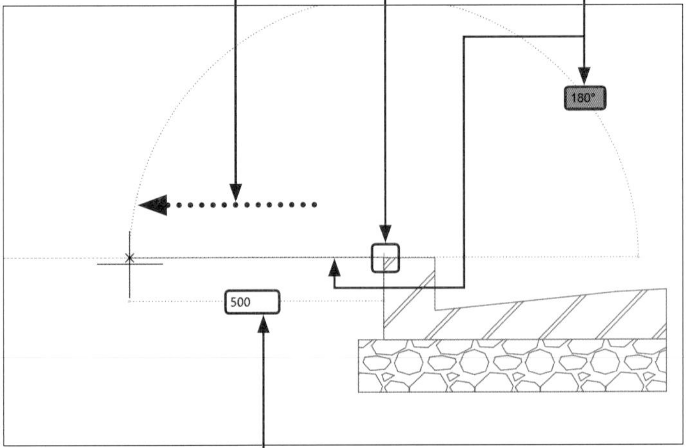

6 「500」と入力し、

7 Enter キーを押します。

8 再度 Enter キーを押してコマンドを終了します。

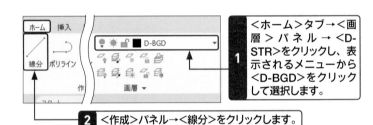

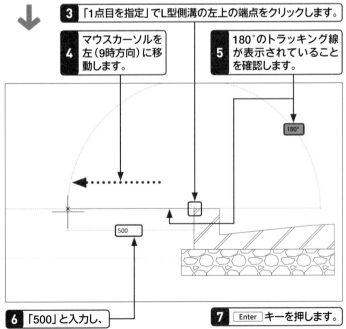

9 <ホーム>タブ→<作成>パネル→<線分>をクリックします。

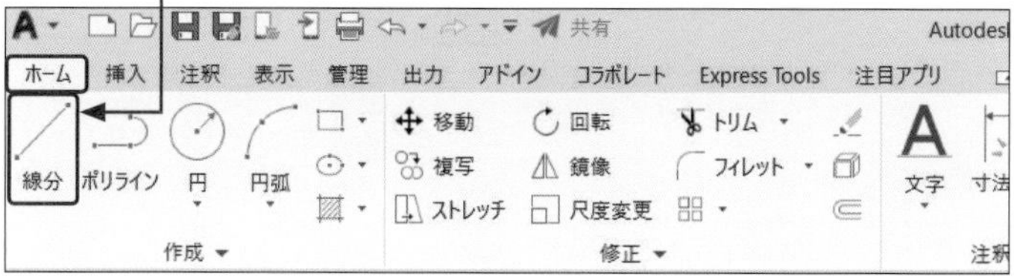

10 「1点目を指定」でL型側溝の右上の端点をクリックします。

11 マウスカーソルを右（3時方向）に移動します。

12 0°のトラッキング線が表示されていることを確認します。

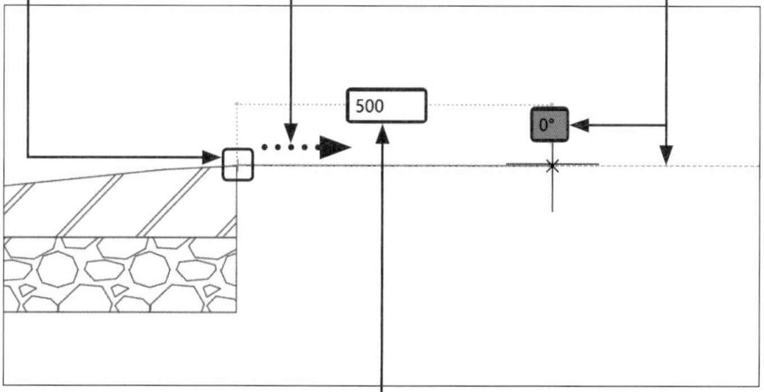

13 「500」と入力し、

14 Enter キーを押します。

15 再度 Enter キーを押してコマンドを終了します。

メモ　直前のコマンドを繰り返す

直前の線分コマンドを繰り返し実行する場合は、手順**9**でコマンドを選択せずに Enter キーを押します。

2 地盤記号ブロックを挿入する

1 <ホーム>タブ→<ブロック>パネル→<挿入▼>→<ライブラリのブロック>をクリックします。

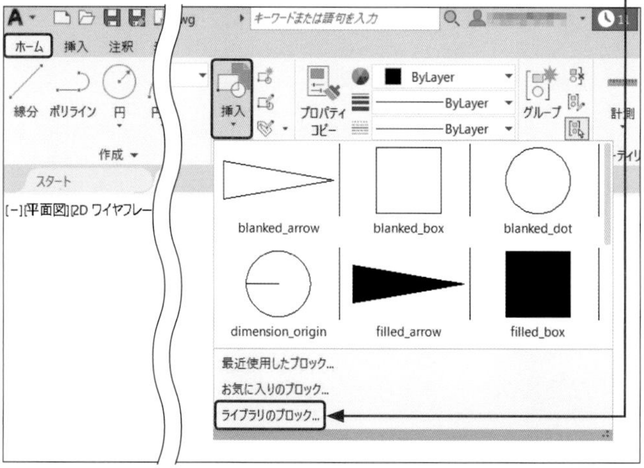

注意　ブロックパネルについて

「ブロックパネル」は、2020から登場した機能です。2019以前のバージョンでほかの図面からブロックを挿入したい場合は「DesignCenter」の機能を利用します（P.229参照）。なお、AutoCADをインストール後、初めてブロックパレットを起動する場合、手順**1**で<ライブラリのブロック>を選択すると、ブロックパレットが表示されずに、手順**5**の「図面ファイルを選択」ダイアログボックスが表示されます。これは、初回起動時のみで次回以降はブロックパレットが表示されます。

メモ 土木部品.dwgの場所

土木部品.dwgは第6章フォルダ内にあります。

メモ .blocksMetadataフォルダについて

ブロックパネルのライブラリで、他の図面でブロックを読み込むと、読み込んだ図面が保存されているフォルダに「.blocksMetadata」フォルダが自動生成されます。

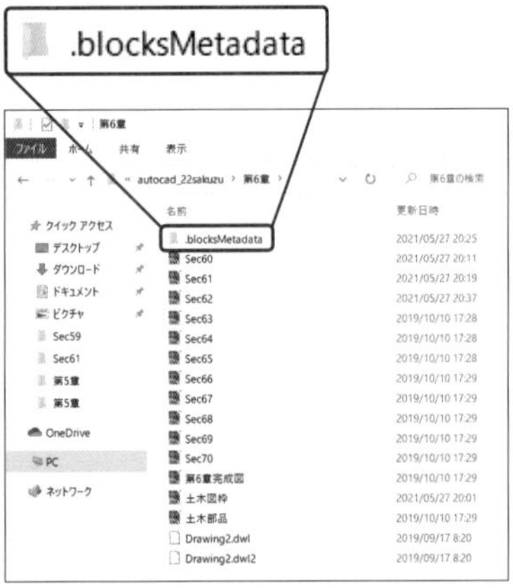

メモ 地盤記号の作図方法

地盤を表す表示記号はさまざまなものがあり、あくまでも一例として解説しています。詳細については各機関の定めるものにしたがって作図してください。

2 「ブロック ライブラリのフォルダまたはファイルを選択」ダイアログボックスが表示されます。

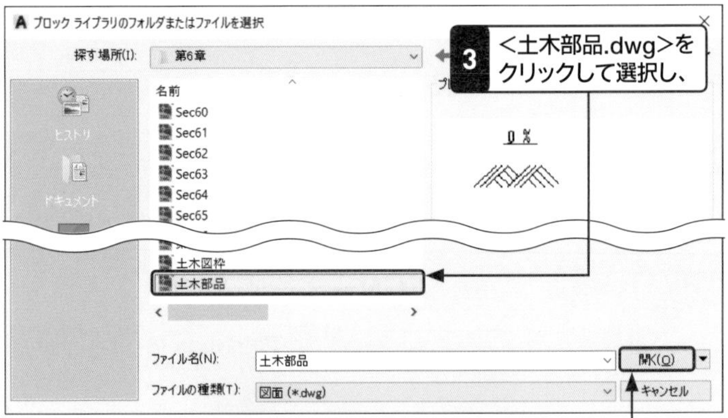

3 <土木部品.dwg>をクリックして選択し、

4 <開く>をクリックします。

5 「挿入オプション」の「挿入位置」が☑になっていることを確認します。

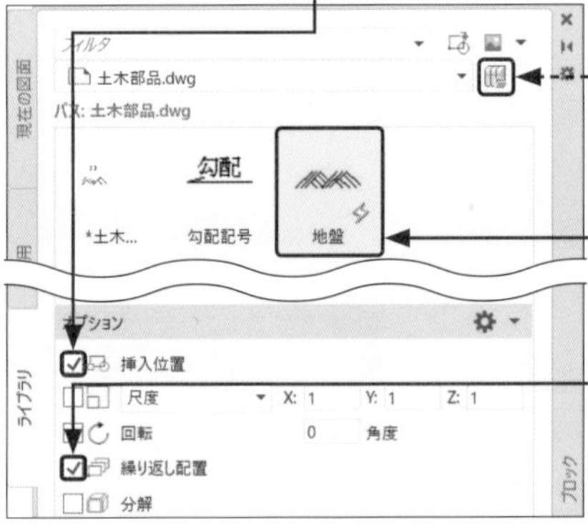

別の図面を選んでしまった場合は、こちらのアイコンをクリックして、手順**2**から選択し直します。

6 「繰り返し配置」の□をクリックして☑にします。

7 「地盤」ブロックをクリックして選択します。

8 左右の地盤線の中点でそれぞれクリックして、ブロックを挿入します。

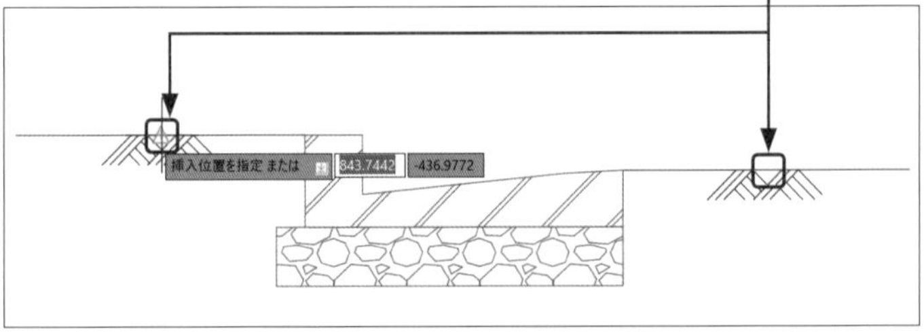

9 Esc キーを押して、挿入を解除します。

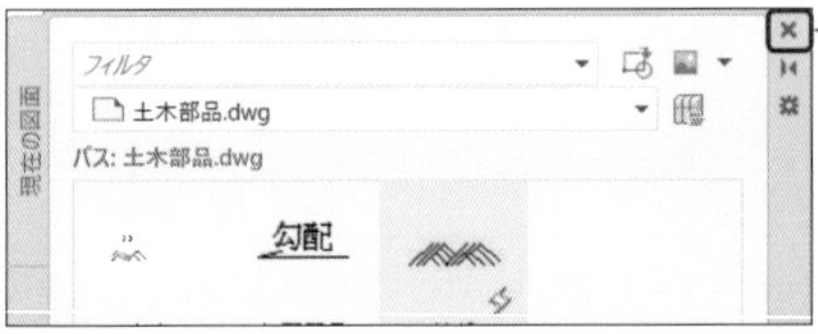

10 ブロックパレットの✕<閉じる>をクリックしてをパレットを閉じます。

3 DesignCenterを利用してブロック挿入する

ブロックパレットですでに地盤記号を挿入している場合は、ここでの操作（P.229～230）は不要です。

1 クイックアクセスツールバーの<開く>をクリックします。

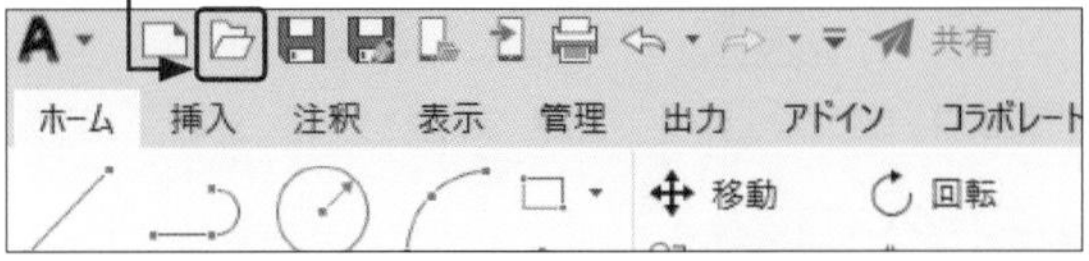

2 「ファイルを選択」ダイアログボックスが表示されます。

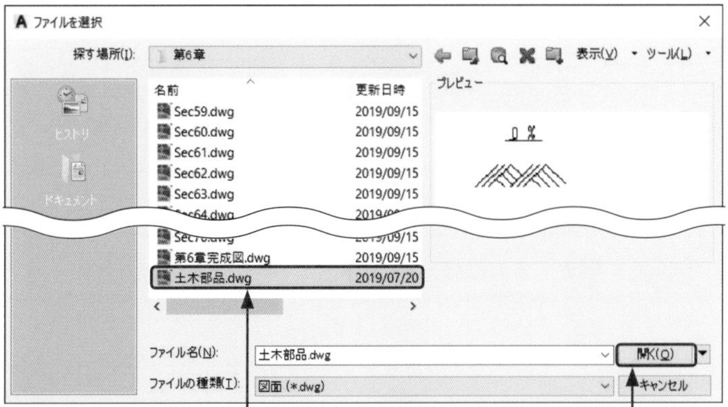

3 <土木部品.dwg>をクリックして選択し、

4 <開く>をクリックします。

5 「土木部品.dwg」が開きます。

6 ファイルタブの<Sec63.dwg（または作図中の図面）>をクリックして図面を切り替えます。

7 <表示>タブ→<パレット>パネル→<Design Center>をクリックします。

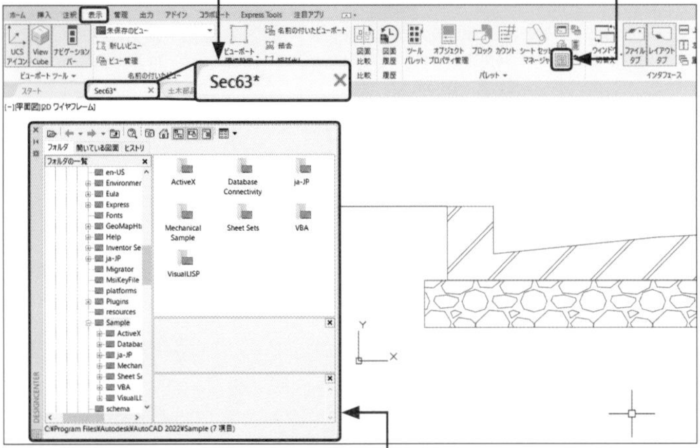

8 DesignCenterパレットが表示されます。

メモ DesignCenterについて

DesignCenterを利用すると、ほかの図面で作成したコンテンツを、現在編集中の図面に、右クリックまたはドラッグ&ドロップで、かんたんに挿入することができます。ブロックだけでなく、寸法スタイル、画層、レイアウト、線種、表スタイル、文字スタイルなど、さまざまなコンテンツを転用することができます。

メモ DesignCenterパレットの表示について

AutoCAD LTを利用している場合は、DesignCenterパレットの表示が異なります。

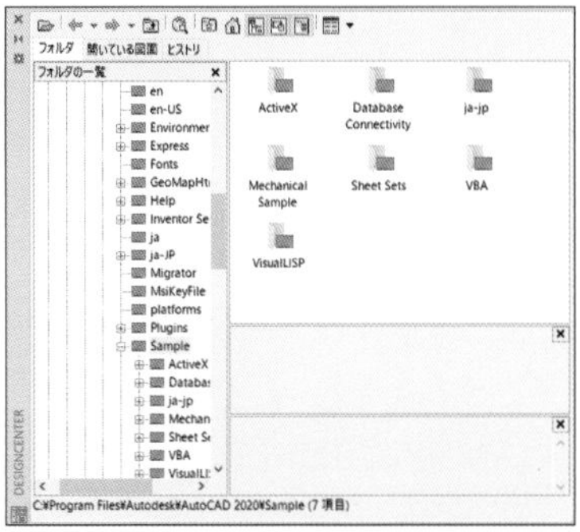

メモ 挿入基点について

「挿入基点」とは、<ブロックを挿入>で指定したブロックの、挿入時の点を指します。挿入後、ブロックを選択すると、その点はグリップで表示されます。オブジェクトスナップを使って選択する場合は、<挿入基点>をオンにします。

9 <開いている図面>タブをクリックし、

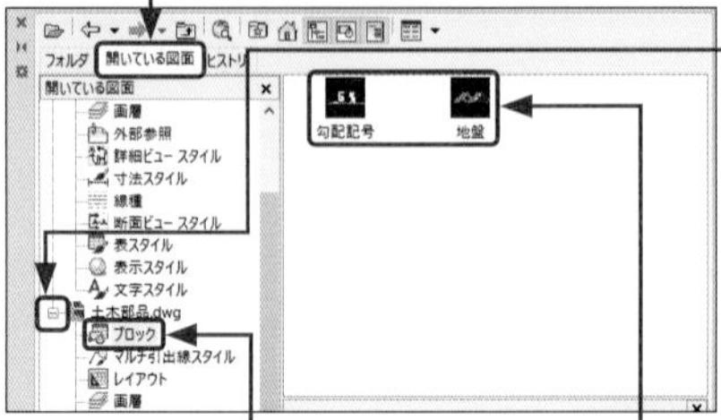

10 左の領域(ツリー表示)で「土木部品.dwg」の左側の<+>ボタンをクリックして展開します。

11 <ブロック>をクリックします。

12 右の領域(コンテンツ)に「土木部品.dwg」に登録されたブロックが表示されます。

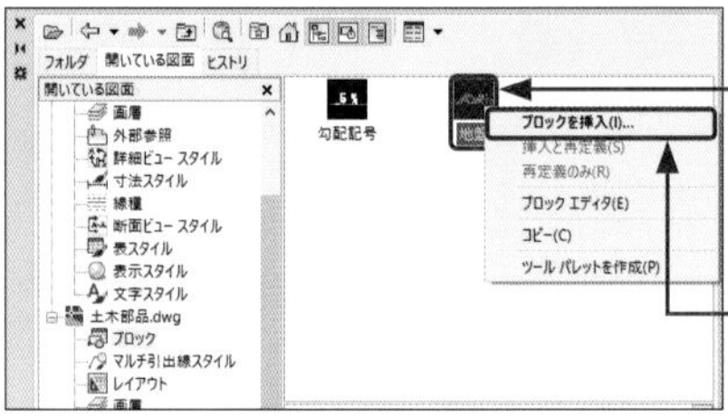

13 <地盤>ブロックのサムネイルの上で右クリックし、

14 表示されるメニューから<ブロックを挿入>をクリックして選択します。

15 「ブロック挿入」ダイアログボックスが表示されます。

16 <挿入位置>→<画面上で指定>にチェックが入っていることを確認します。

17 <OK>をクリックします。

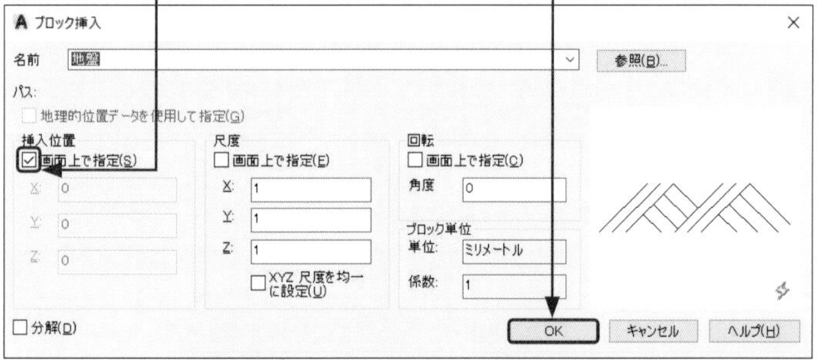

18 地盤線の中点をクリックしてブロックを挿入します。

19 手順13から17を繰り返して、反対側の中点にもブロックを挿入します。

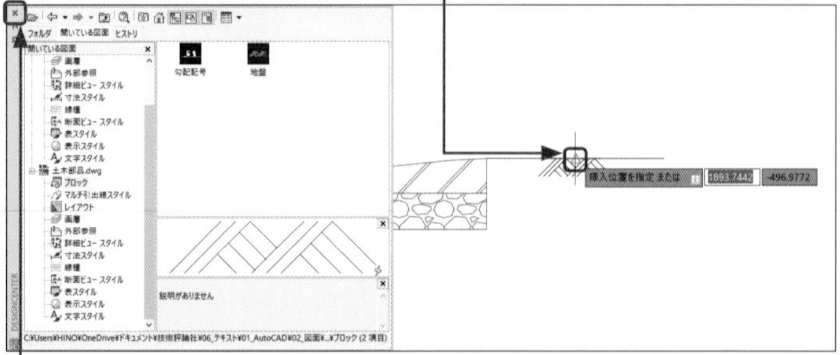

20 「Design Center」パレットの×<閉じる>をクリックしてパレットを閉じます。

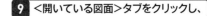

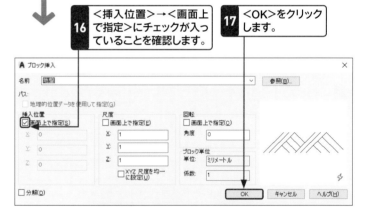

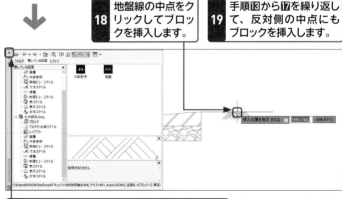

メモ　AutoCADを使いこなすうえで知っておくべきルール

絶対座標と相対座標

P.65の「メモ」の「デカルト座標系とは」でも解説したように、AutoCADでは通常、コマンド内で直前に指定した点を原点(0,0)とみなす「相対座標」を主に使用して作図します。それに対して、UCSで規定された点を原点とみなして座標を算出する方法を「絶対座標」といいます。原則として、絶対座標は座標の前に「#(シャープ記号)」を入力し、相対座標は「@(アットマーク)」を入力します。

たとえば、右図のように絶対座標(2,2)を1点目とする長方形を作図する場合を例に挙げると以下のようになります。

【2点目を絶対座標(#3,3)と入力した場合】

USCアイコンが表示されている原点からX方向に「+3」、Y方向に「+3」の位置になり、一辺の長さが「1」の正方形が描かれます。

【2点目を相対座標(@3,3)と入力した場合】

1点目に指定した(2,2)からX方向に「+3」、Y方向に「+3」の位置になり、一辺の長さが「3」の正方形が描かれます。

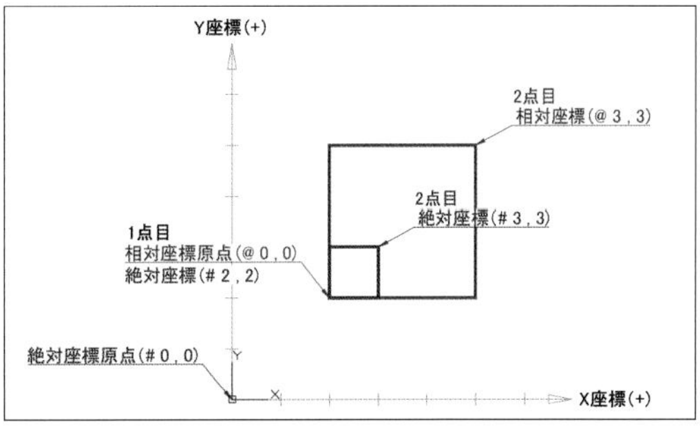

絶対座標

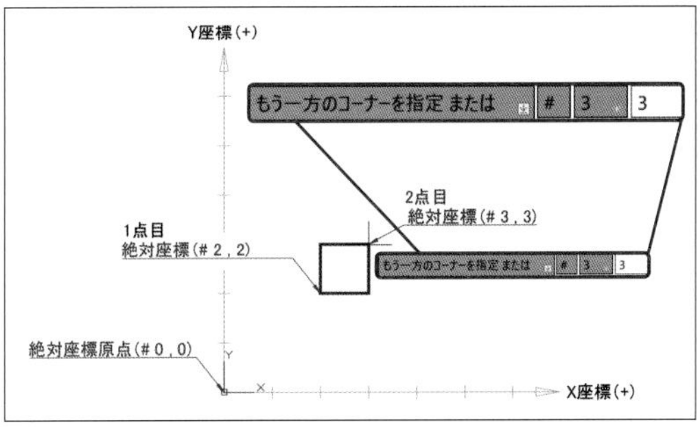

相対座標

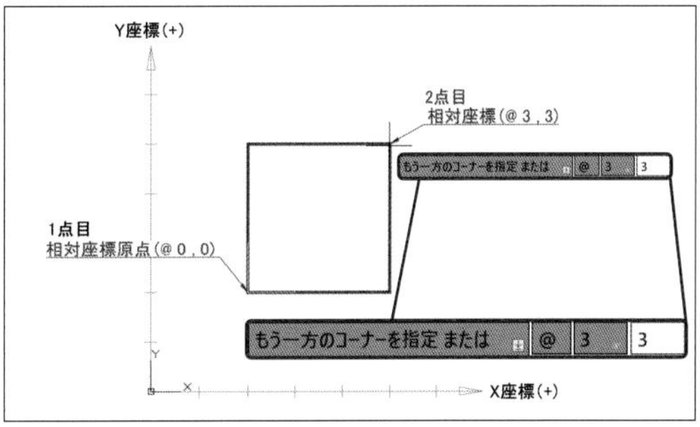

ダイナミック入力との併用

ダイナミック入力がオンの状態で座標を入力(1点目を除く)すると「相対座標」と認識されます(「@」は不要)。ダイナミック入力がオンの状態で、絶対座標を入力したい場合は座標の前に「#(シャープ記号)」を入力します。逆に、ダイナミック入力がオフの状態で座標を入力すると「絶対座標」と認識されます(「#」は不要)。ダイナミック入力がオフの状態で、相対座標を入力したい場合は、座標の前に「@(アットマーク)を入力します。

ダイナミック入力オフ

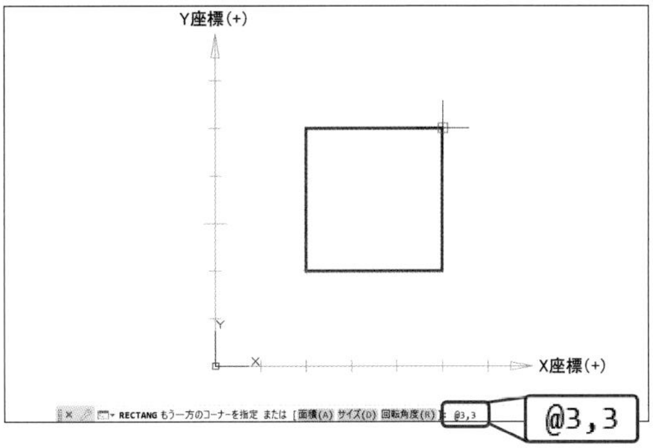

ダイナミック入力中の1点目(始点)の座標について

ダイナミック入力がオンの場合、通常は入力した座標は「相対座標」として認識されます。ただし、1点目を指定する際に座標を入力した場合のみ「絶対座標」として作図されます。これは、相対座標が直前の点を原点とみなすからで、1点目(または始点)を指示する場合は「#」記号の有無に関係なく絶対座標で作図されます。

Section 64

文字を入力する

覚えておきたいキーワード
☑ マルチテキスト
☑ 背景マスク
☑ 画層新規作成

ここでは、マルチテキストを使用して注釈を作成します。具体的にはマルチテキストの「背景マスク」を利用して、背景を白抜きした文字をハッチングの上に作図します。また、作成時に「位置合わせ」で文字の基点を調整することで、図形と文字のバランスを整えた作図を行います。

練習用ファイル	Sec64.dwg		
リボン	[ホーム]タブ-[注釈]パネル-[マルチテキスト]／[注釈]タブ-[文字]パネル-[マルチテキスト]／[ホーム]タブ-[画層]パネル-[画層プロパティ管理]		
ショートカット	Alt＋N（画層）新規作成　※画層プロパティ管理パレット起動時		
コマンド	MTEXT（マルチテキスト）／LAYER（画層プロパティ管理）	エイリアス	MT（マルチテキスト）／LA（画層プロパティ管理）

1 背景を白抜きした文字（基礎材）を作図する

メモ D-STR-TXTについて

「D」とは「設計フェーズ」を、「STR」は主構造物、「TXT」は文字列を表し「小型構造図」では「構造物外形線の文字列」を示します。

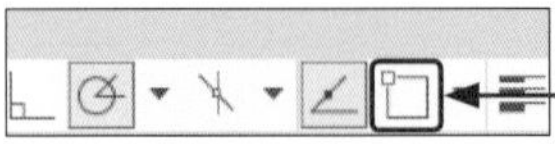

1 ステータスバーの<オブジェクトスナップ>をクリックしてにします。

2 <ホーム>タブ→<画層>パネル→<D-BGD>をクリックし、表示されるメニューから<D-STR-TXT>をクリックして選択します。

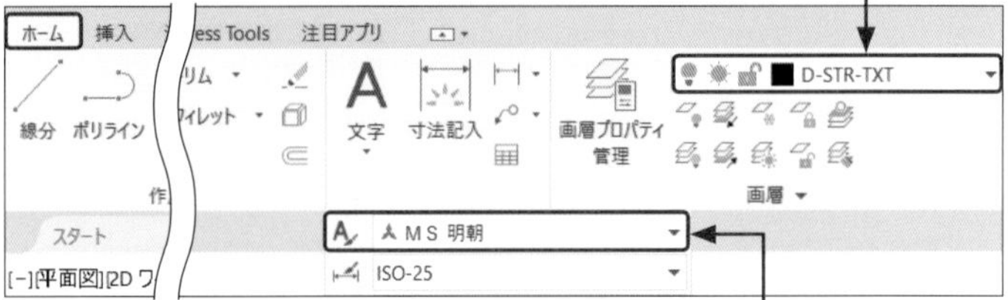

3 <注釈>パネル→<注釈▼>をクリックして、現在の文字スタイルが<（異尺度対応）MS明朝>であることを確認します。

4 ステータスバーの<注釈オブジェクトを表示>が「オン」、<注釈尺度の自動追加>が「オフ」であることを確認し、

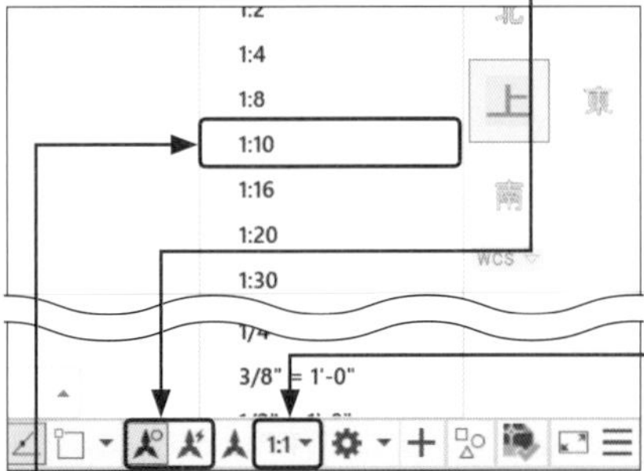

5 ステータスバーの<1:1>をクリックします。

6 表示されるメニューから<1:10>をクリックして選択し、「現在のビューの注釈尺度」を変更します。

メモ 異尺度対応について

異尺度対応の詳細については、P.164のSec.43「文字や寸法の大きさを自動調整する」で確認してください。

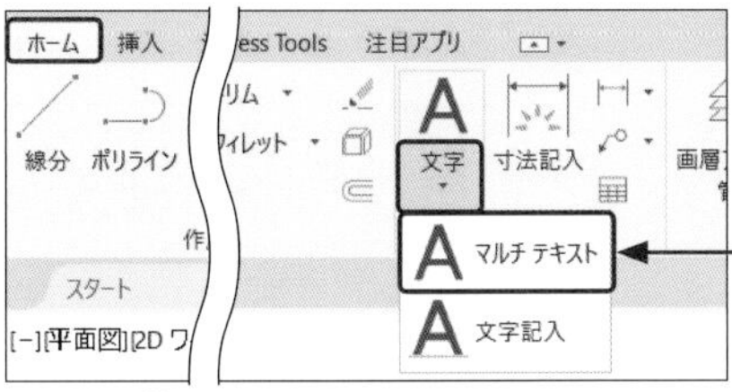

7 ＜注釈＞パネル→＜文字▼＞→＜マルチテキスト＞をクリックします。

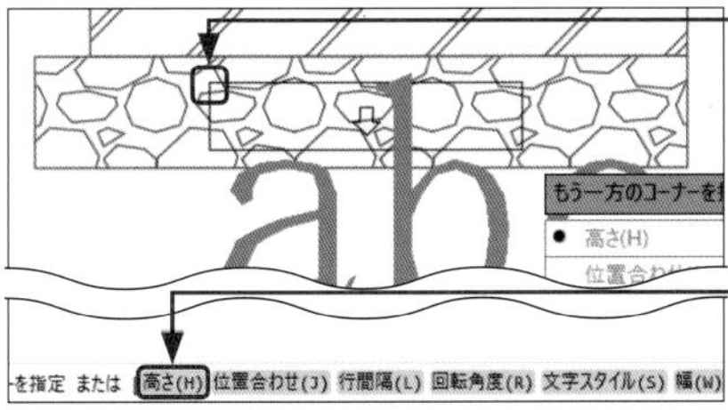

8 「最初のコーナーを指定」で基礎材の内側の任意の点をクリックします。

9 コマンドラインより＜高さ(H)＞をクリックして選択します。

10 「用紙上の文字の高さを指定」で「2.5」と入力します。

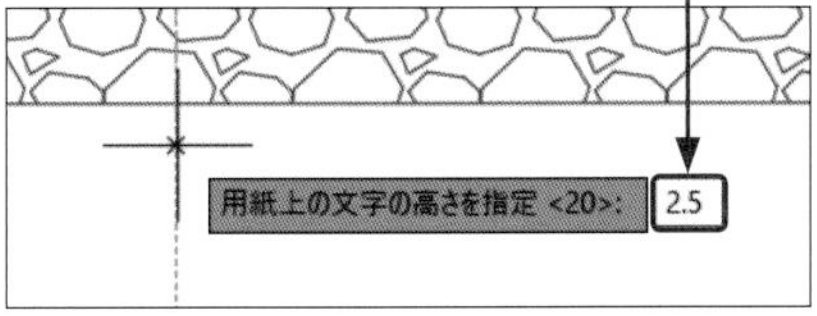

11 Enter キーを押して確定します。

12 「もう一方のコーナーを指定」で任意の位置をクリックします。

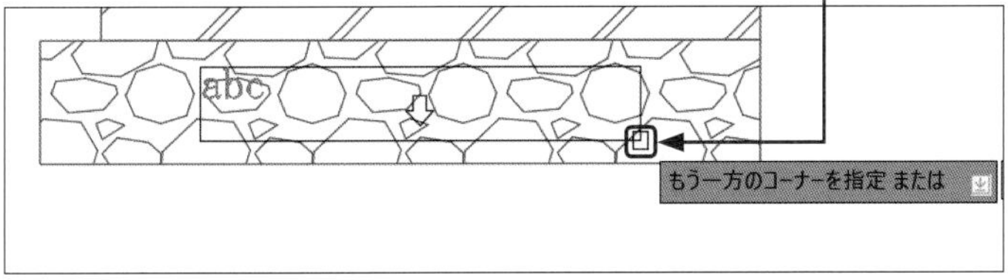

13 ＜テキストエディタ＞タブ→＜段落＞パネル→＜位置合わせ＞をクリックし、

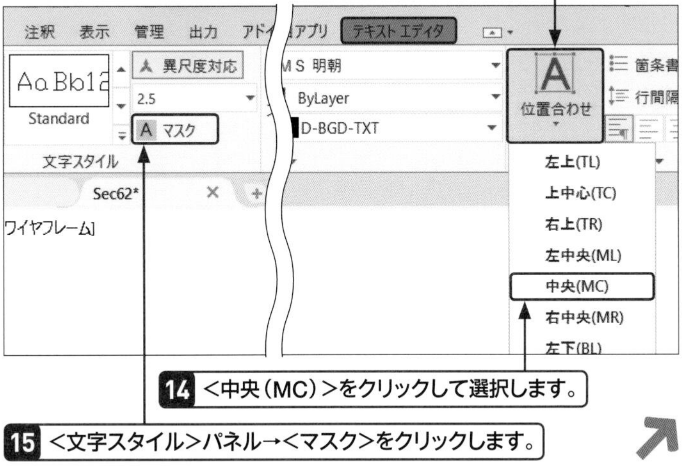

14 ＜中央(MC)＞をクリックして選択します。

15 ＜文字スタイル＞パネル→＜マスク＞をクリックします。

メモ　背景マスクについて

マルチテキストで文字を作成すると「背景マスク」が使用できます。これは、マルチテキストで指定した範囲を、指定した背景色で塗り潰す機能です。「図面の背景色を使用」を有効にすると、印刷時はすべて「白」の塗り潰し(白抜き)として印刷されます。

ヒント　マルチテキストの領域を調整するには

マルチテキストの領域が狭く2行で表示されたり、逆に広すぎたりして調整が必要な場合は、作図した文字をダブルクリックして、文字上部のルーラー右に表示される「ダイヤ記号」をドラックすることで調整できます。

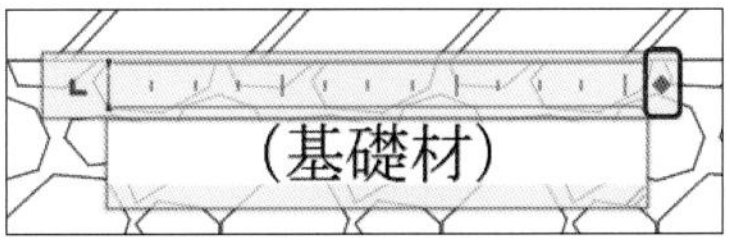

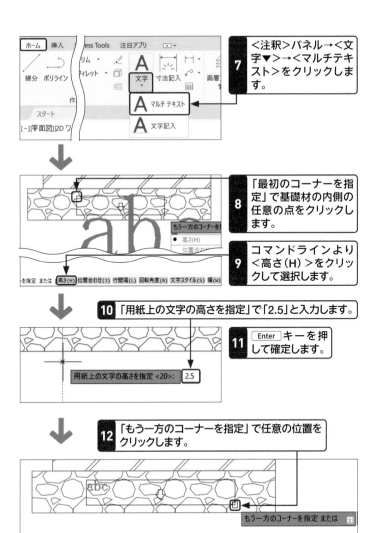

ヒント 文字記入で作図する場合

文字記入で作図する場合は、文字作成→ハッチングの順番で作図すると、自動的に文字の領域を認識してハッチングが作成されるため、白抜きのような外観で作図することができます。

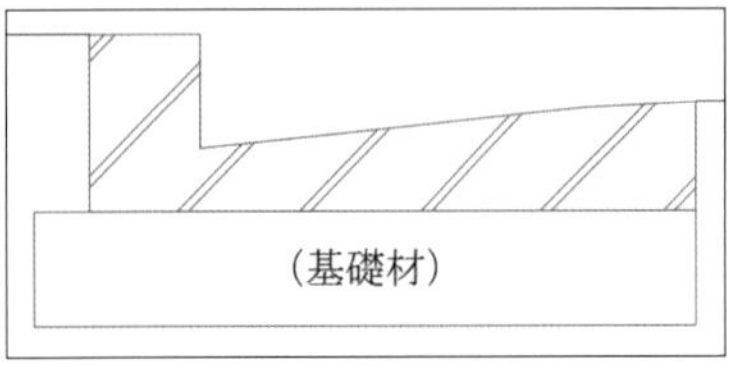

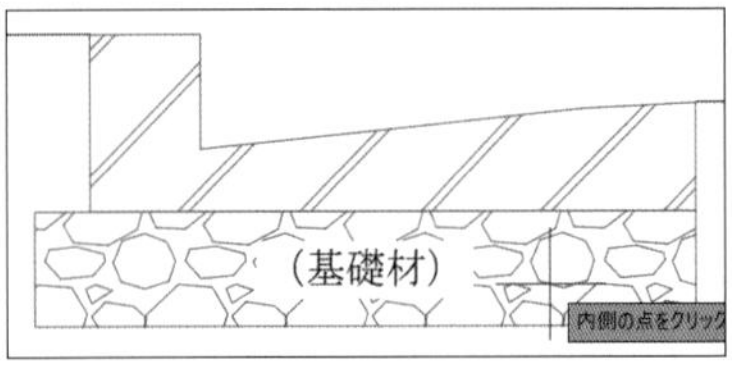

16 「背景マスク」ダイアログボックスが表示されます。

17 <背景マスクを使用>の□をクリックして☑にします。

18 境界のオフセット係数に「1」と入力します。

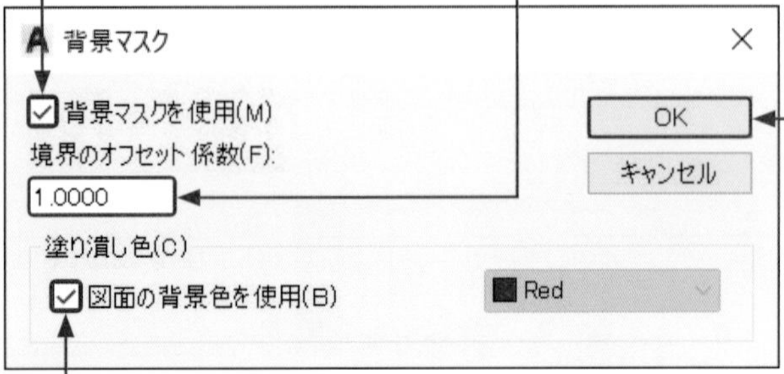

19 「塗り潰し色」の<図面の背景色を使用>の□をクリックして☑にします。

20 <OK>をクリックします。

21 「(基礎材)」と入力します。

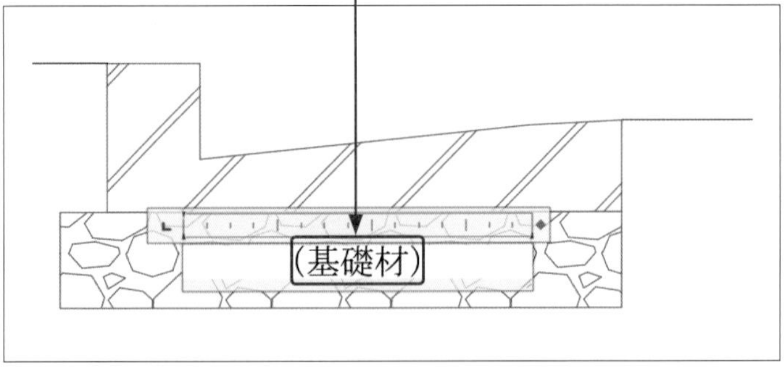

22 <テキストエディタ>コンテキストタブ→<閉じる>パネル→<テキストエディタを閉じる>クリックします。

2 注釈文字を作図する

メモ 文字の高さについて

マルチテキストの文字の高さは、前回作成時の文字高が自動的に適用されます。今回は「(基礎材)」作成時に「2.5mm」と設定したので(P.233手順⑩参照)、同じ大きさで作成する場合は、とくに高さを指定する必要はありません。

1 <ホーム>タブ→<画層>パネル→<D-STR-TXT>をクリックし、表示されるメニューから<D-BGD-TXT>をクリックして選択します。

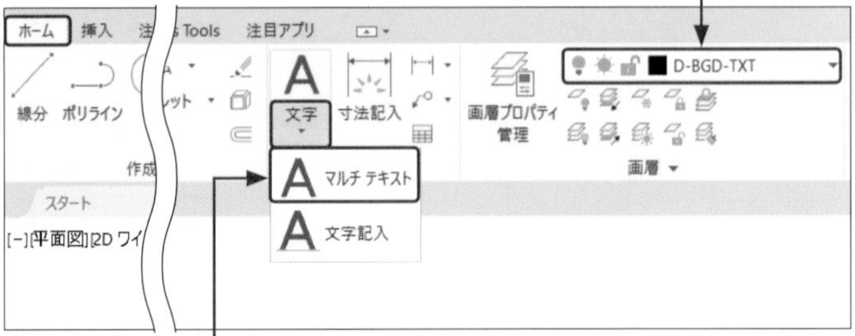

2 <ホーム>タブ→<注釈>パネル→<文字▼>をクリックし、<マルチテキスト>をクリックします。

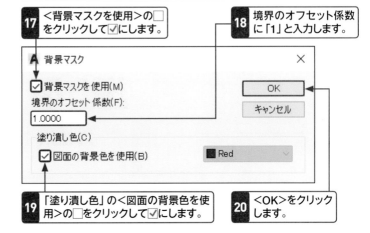

3 「最初のコーナーを指定」で右側の地盤線上の任意の点をクリックします。

4 「もう一方のコーナーを指定」で任意の位置をクリックします。

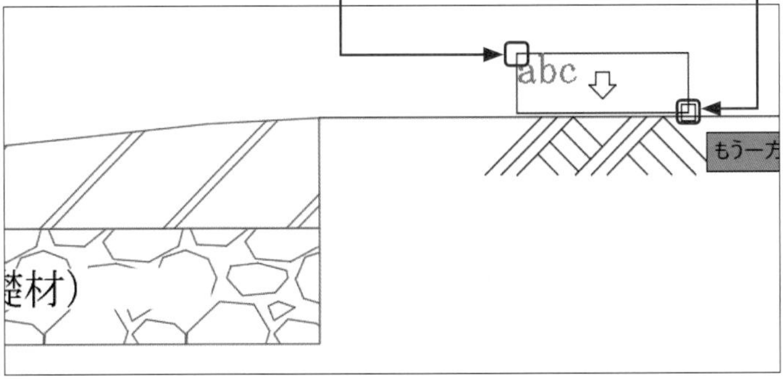

5 <テキストエディタ>タブ→<段落>パネル→<位置合わせ>をクリックし、

6 <下中心（BC）>をクリックして選択します。

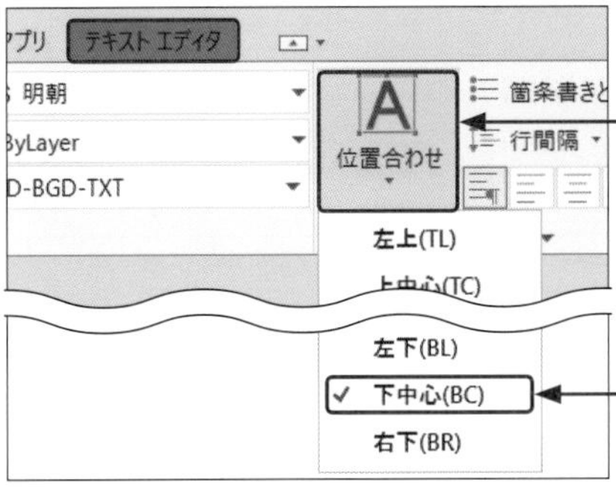

7 「（車道）」と入力します。

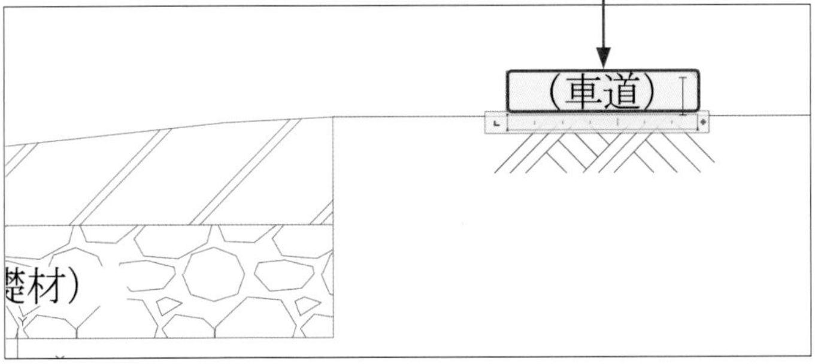

8 <テキストエディタ>コンテキストタブ→<閉じる>パネル→<テキストエディタを閉じる>クリックします。

9 注釈文字が作図されました。

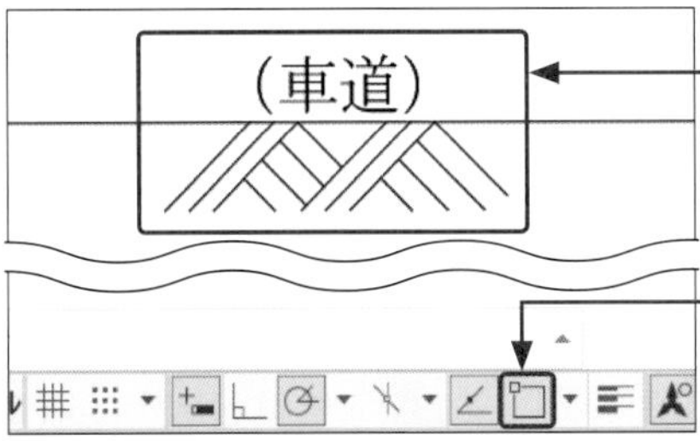

10 ステータスバーの<オブジェクトスナップ>をクリックしてに戻しておきます。

メモ　マルチテキストの位置合わせ

マルチテキスト作成時に同じ大きさの領域を指定しても、「位置合わせ」を作成時に指定した場合と、文字を入力確定後に編集で変更した場合では、表示が異なるので注意が必要です。

作成時：下中央

作成時：左上
編集後：下中央

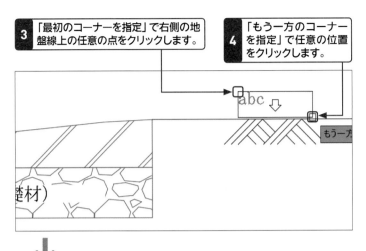

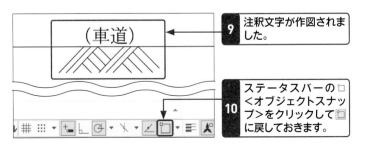

Section 65

勾配記号を入力する

覚えておきたいキーワード
属性ブロック
平行オブジェクトスナップ
優先（一時）オブジェクトスナップ

ここではL型側溝の勾配記号を「属性ブロック」を使って作図します。「属性ブロック」とは、通常のブロックに文字情報が編集できる「属性」が加えられたものを指します。また、この作図の際に、指定した図形と平行位置を取得できる「平行オブジェクトスナップ」も使用します。

練習用ファイル	Sec65.dwg		
リボン	[挿入]タブ-[ブロック]パネル-[挿入]／[ホーム]タブ-[修正]パネル-[回転]		
ショートカット	(図形選択後)[ショートカットメニュー]-[回転]		
コマンド	INSERT(ブロック挿入)／ROTATE(回転)	エイリアス	I(ブロック挿入)／RO(回転)

1 勾配記号を入力する

ヒント 勾配記号ブロックについて

P.226のSec.63で地盤記号ブロックを挿入する際に「土木部品.dwg」を選択しました。今回使用した「勾配記号」の属性ブロックも同じ図面に作成されているため、すでにブロックの読み込みが完了している状態で作業できます。

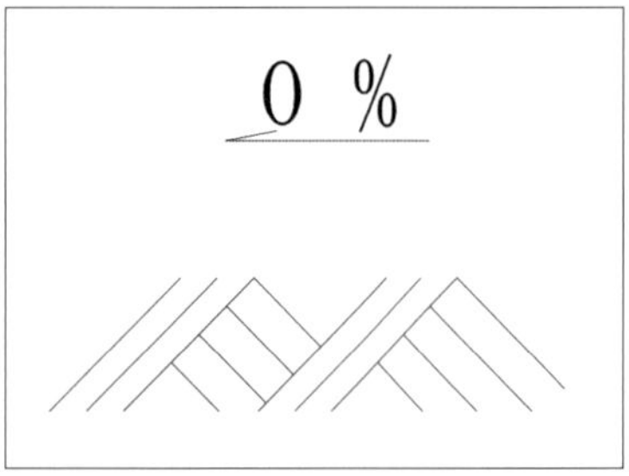

注意 ブロックパネルについて

2019以前のバージョンでほかの図面からブロックを挿入したい場合は、「DesignCenter」の機能を利用します(P.229参照)。

1 <ホーム>タブ→<画層>パネル→<D-BGD-TXT>をクリックし、表示されるメニューから<D-STR-TXT>をクリックして選択します。

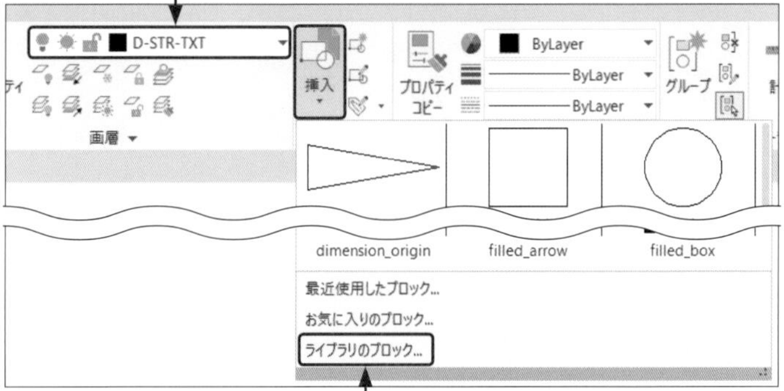

2 <ブロック>パネル→<挿入>→<ライブラリのブロック>をクリックします。

3 ブロックパレットが表示されます。

4 <ライブラリ>タブをクリックします。

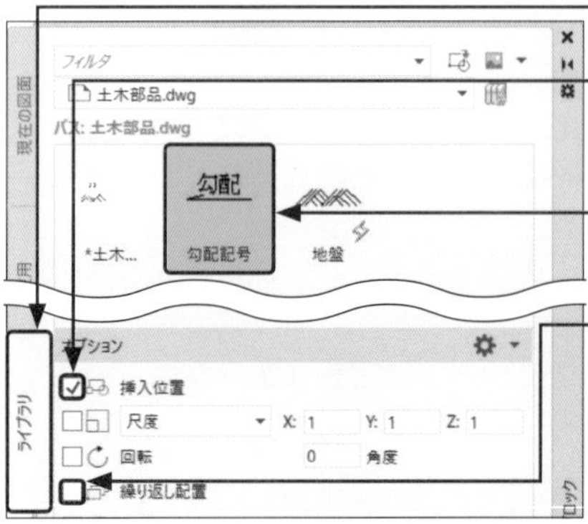

5 「挿入オプション」の「挿入位置」が☑になっていることを確認します。

6 「繰り返し配置」の☑をクリックして☐にします。

7 「勾配記号」ブロックをクリックして選択します。

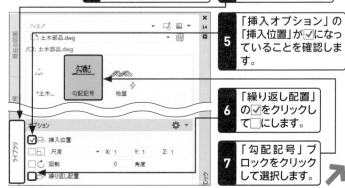

8 ステータスバーの<極トラッキング><オブジェクトスナップトラッキング><オブジェクトスナップ>がオンになっていることを確認します。

9 「挿入位置を指定」でL型側溝の右側上部の斜線の中点にマウスカーソルを合わせます。

10 マウスカーソルを上(12時方向)に移動し、

11 90°のトラッキング線が表示されていることを確認して、

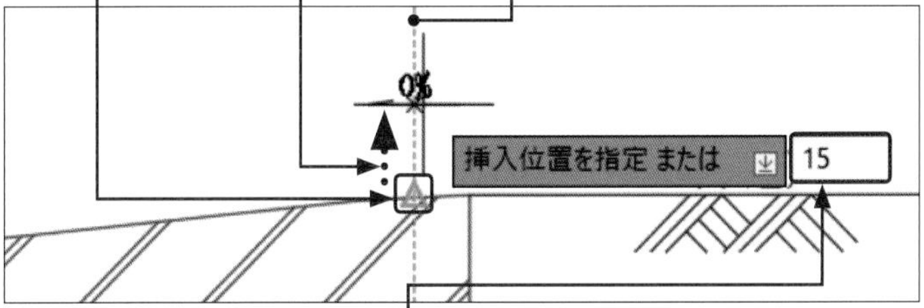

12 「15」と入力します。

13 Enter キーを押します。

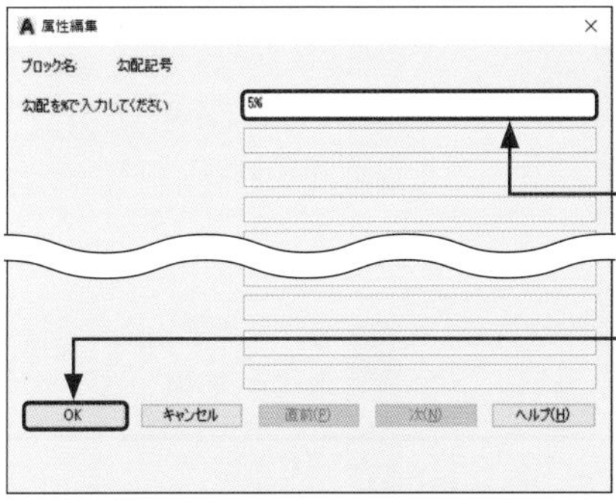

14 「属性編集」ダイアログボックスが表示されます。

15 勾配に「5%」と入力し、

16 <OK>をクリックします。

メモ 属性ブロックとは

「属性」とはブロックに添付する情報ラベルを指します。たとえば、図面名や注釈、価格などさまざまな文字情報を分類別に持たせることができます。<属性定義>で作成した文字を含めてブロック定義することで作成できます。

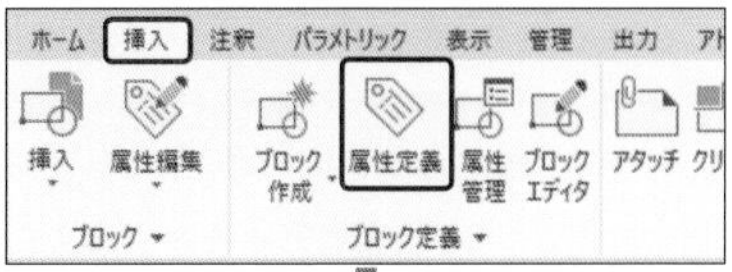

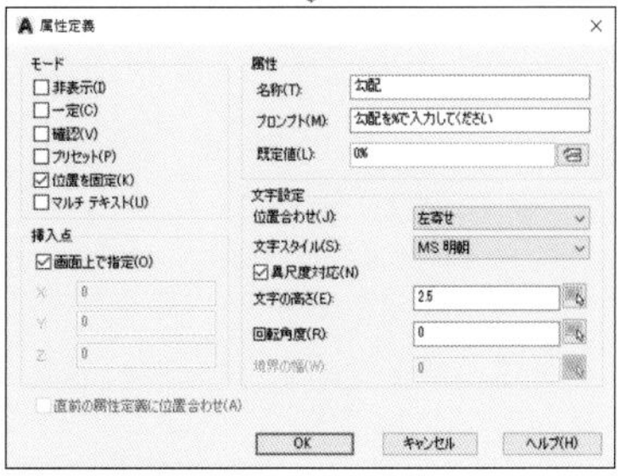

メモ 入力する文字

手順15の文字は半角で入力しますが、全角でも問題ありません。

2 勾配に合わせて記号を回転させる

1 <ホーム>タブ→<修正>パネル→<回転>をクリックします。

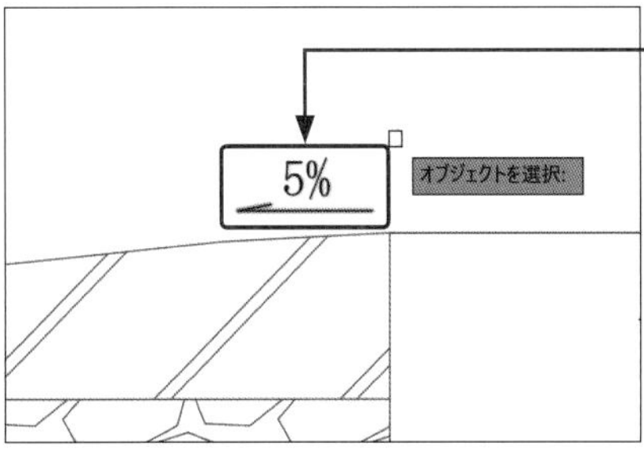

2 「オブジェクトを選択」で「5%」の勾配記号ブロックをクリックし、

3 Enter キーを押して確定します。

メモ 平行のトラッキングが表示されない

次ページの手順9で、平行のトラッキングがうまく表示できないときは、ステータスバーの<オブジェクトスナップトラッキング>をオフにしてください。

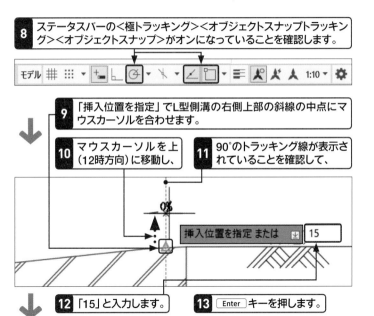

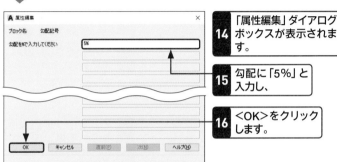

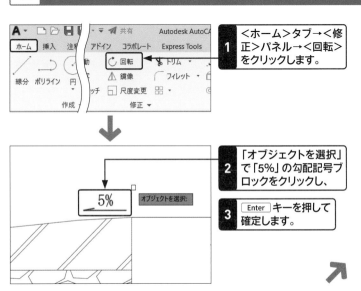

メモ　優先（一時）オブジェクトスナップ

ステータスバーの＜オブジェクトスナップ＞は、点を指定する際に常に起動するため「定常オブジェクトスナップ」と呼ばれます。それに対して、「定常オブジェクトスナップ」の設定をいったん無効にして、1回だけ指定したオブジェクトスナップのみ（今回であれば「平行」のみ）を有効にする機能を「優先（一時）オブジェクトスナップ」と呼びます。今回のように「定常オブジェクトスナップ」で「平行」にチェックが付いていない状態でも、「優先（一時）オブジェクトスナップ」を使うことで一時的に使用することができます。

注意　ブロックの再定義

2021以前のバージョンでは「10%」の勾配ブロック作成時に「ブロック再定義」ダイアログボックスが表示されることがあります。これはほかの図面から再び「勾配記号」ブロックを挿入すると、ブロックの再定義（置き換え）が行われるためです。「ブロック再定義」ダイアログボックスが表示されたら＜"勾配記号"の再定義を行わない＞をクリックします。

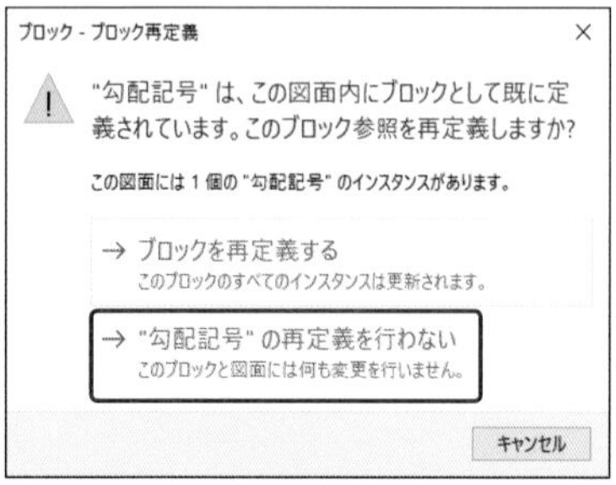

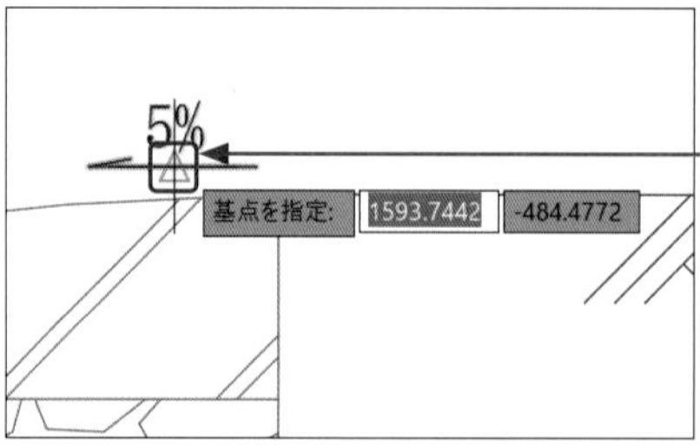

4 「基点を指定」で矢印の中点をクリックします。

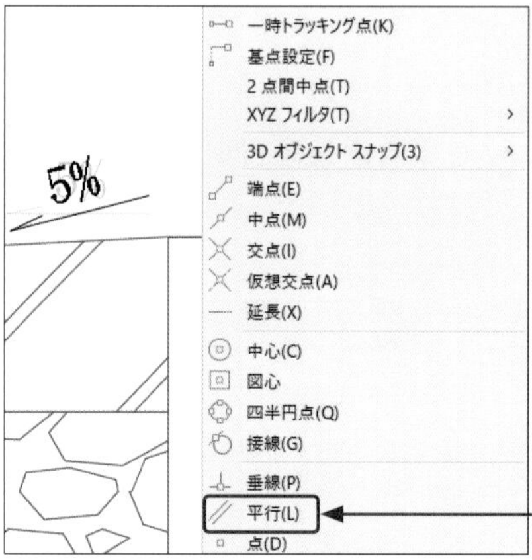

5 「回転角度を指定」で Shift キーを押しながら右クリックし、

6 優先（一時）オブジェクトスナップのメニューが表示されます（左の「メモ」参照）。

7 ＜平行＞をクリックして選択します。

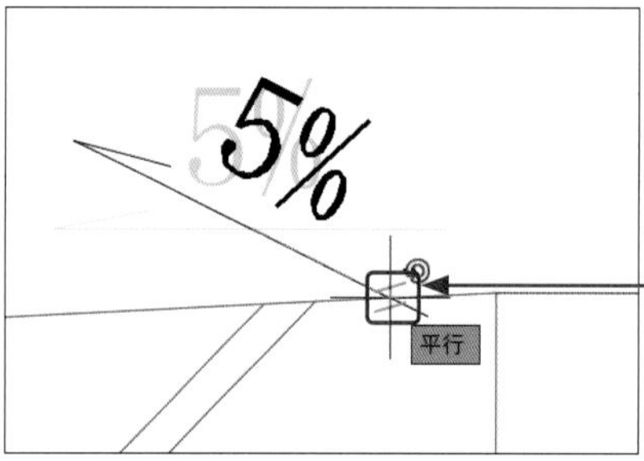

8 マウスカーソルをL型側溝の外形線上に合わせ、平行の記号を表示させます。

9 マウスカーソルを上に移動して、

10 外形線と平行のトラッキング線を表示させます。

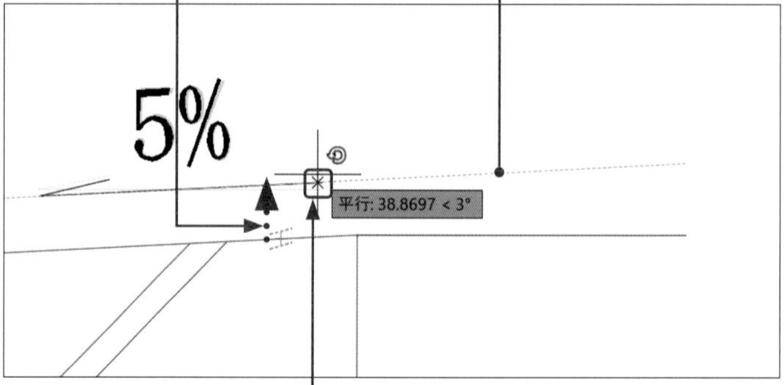

11 その状態で任意の位置をクリックします。

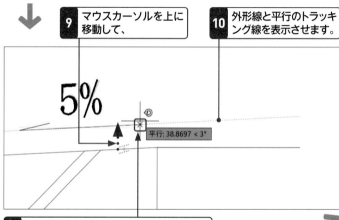

12 ブロックパレット→<現在の図面>タブ→<勾配記号>をクリックして選択します。

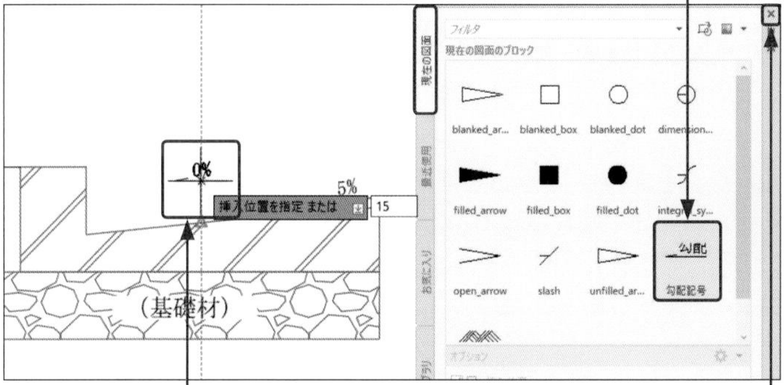

13 P.237の手順9からP.238の手順11を参考に「10%」勾配記号を作成します。

14 ブロックパレットの ✕ <閉じる>をクリックしてをパレットを閉じます。

15 勾配記号が完成します。

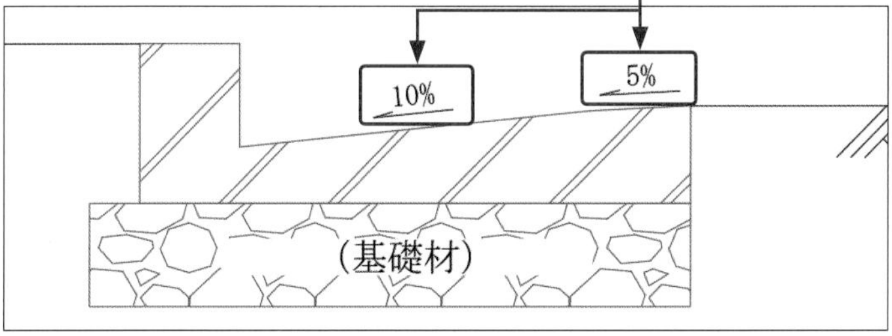

メモ　ブロックの挿入

ブロックを一度でも図面に挿入すると、図面上にブロックが表示されていなくても、ブロックの情報は図面に登録されます。図面に登録されているブロックは<ホーム>タブ→<ブロック>パネル→<挿入>で表示されるサムネイルをクリックして、図面に挿入することができます。

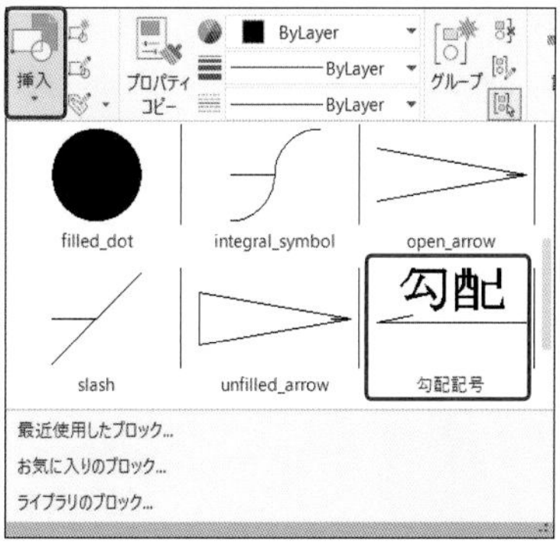

ステップアップ　平行オブジェクトスナップを使用しない場合

平行オブジェクトスナップを使用しないで、勾配記号を作成する方法もあります。

1 勾配ブロックをL型側溝の斜線の中点に挿入し、

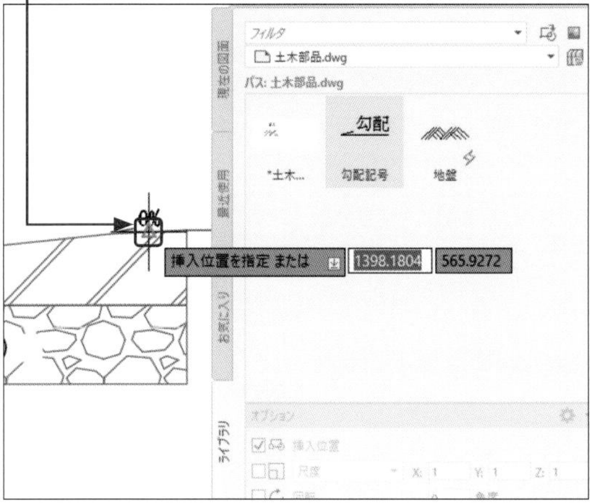

2 回転コマンドを実行して、基点を矢印の中点にします。

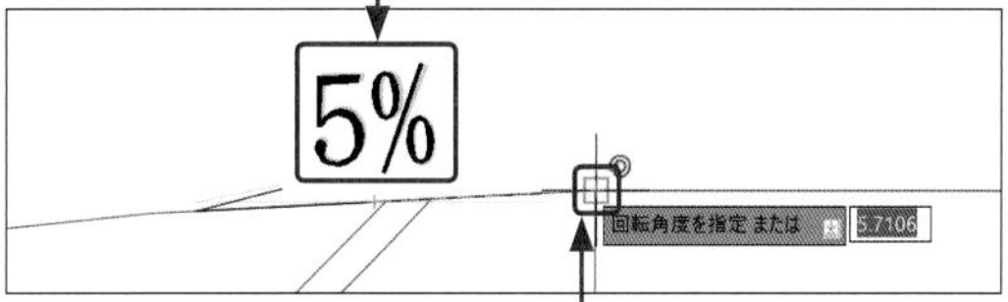

3 「回転角度を指定」でL型側溝の右端点をクリックして回転します。

4 移動コマンドで90°方向に「15」移動させます。

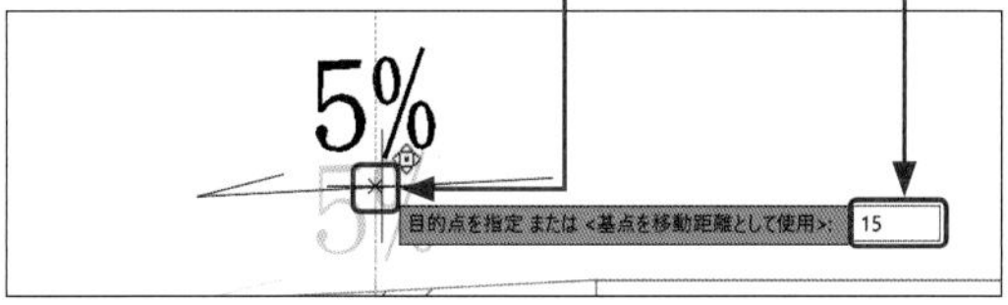

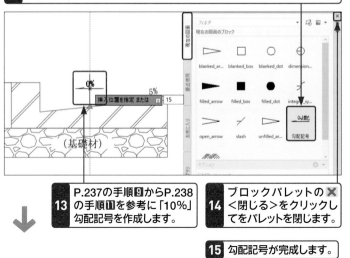

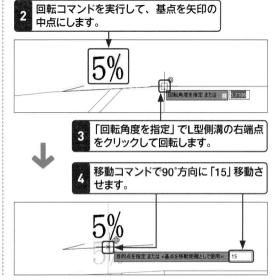

Section 66

寸法を記入する

覚えておきたいキーワード
- ☑ 寸法記入
- ☑ 直列寸法
- ☑ 並列寸法

P.142のSec.38「さまざまな寸法を記入する」で、基本的な寸法の作図方法を解説しましたが、ここでは、作図した図形に寸法を記入する方法を解説します。「直列寸法」および「並列寸法」を使って、より効率的かつスピーディーに寸法を作図する方法をマスターしましょう。

練習用ファイル	Sec66.dwg		
リボン	［ホーム］タブ-［注釈］パネル-［寸法記入］／［ホーム］タブ-［注釈］パネル-［長さ寸法］［直列寸法記入］［並列寸法記入］		
コマンド	DIM（寸法記入）／DIMLINEAR（長さ寸法記入）／DIMCONTINUE（直列寸法記入）／DIMBASELINE（並列寸法記入）	エイリアス	DIMLIN（長さ寸法記入）

1 長さ寸法を記入する

メモ 寸法スタイルの尺度について

今回使用する「SXF-開矢印寸法スタイル」は、異尺度対応に設定されています。P.232で「現在のビューの注釈尺度」を＜1：10＞に設定しているので、これから作図される寸法は＜1:10＞用となります。

メモ D-STR-DIMについて

「D」は「設計フェーズ」を、「STR」は主構造物、「DIM」は寸法を表し、「小型構造図」では「構造物外形線の寸法」を示します。

メモ 図形がうまく選択できないときは

手順5では、オブジェクトスナップのマーカーが表示されない位置でクリックします。オブジェクトスナップが表示されて、図形をうまく選択できないときは、一時的にオブジェクトスナップをオフにします。ステータスバーの＜オブジェクトスナップ＞をクリックするか、F3キーを押してオン／オフを切り替えます。

1 ＜ホーム＞タブ→＜画層＞パネル→＜D-STR-TXT＞をクリックし、表示されるメニューから＜D-STR-DIM＞をクリックして選択します。

2 ＜注釈＞パネル→＜注釈▼＞→＜寸法スタイル管理＞→＜▼＞をクリックし、

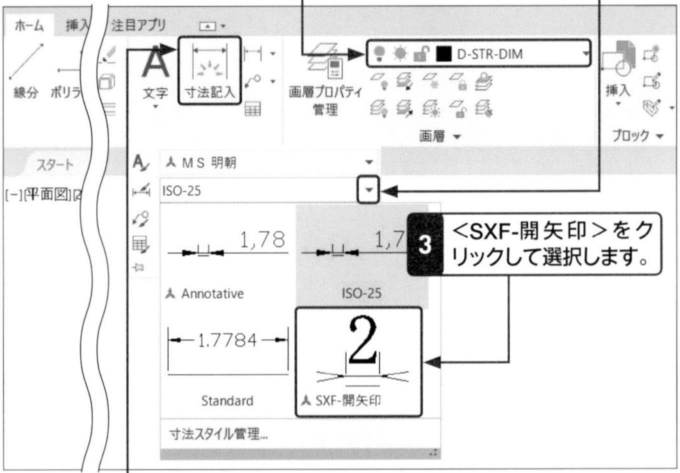

3 ＜SXF-開矢印＞をクリックして選択します。

4 ＜注釈＞パネル→＜寸法記入＞をクリックします。

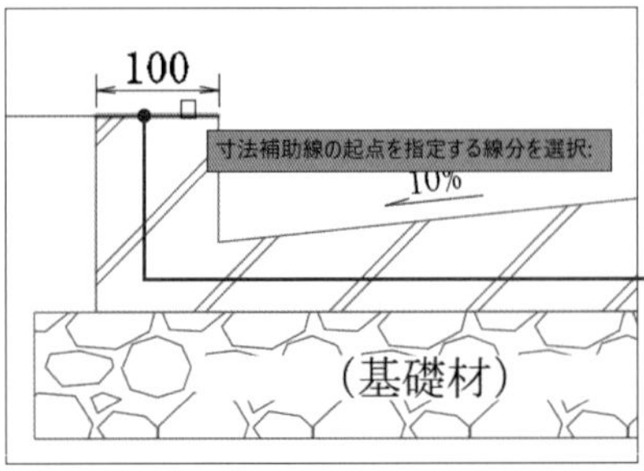

5 「オブジェクトを選択…」でL型側溝の上部の線（中点以外）をクリックします。

6 「寸法線の位置を指定…」でマウスカーソルを上に移動し、任意の位置をクリックします。

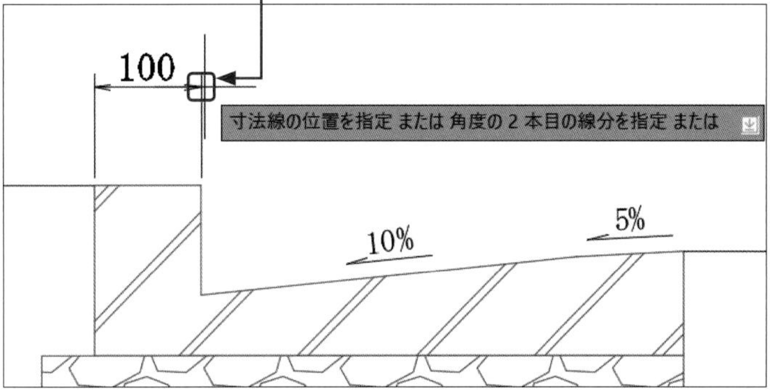

7 寸法線が作図されます。

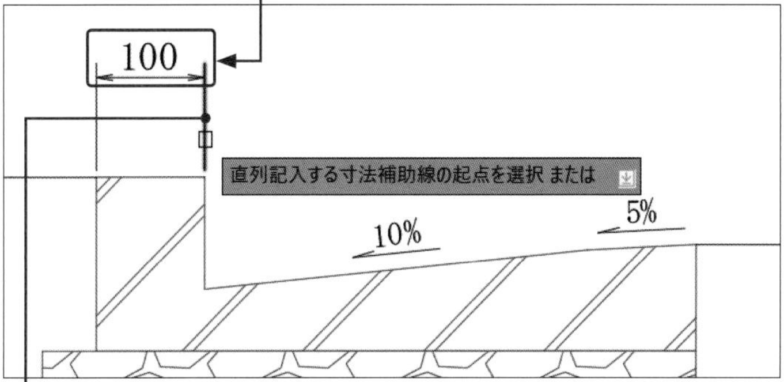

8 右側の寸法補助線をクリックします（オブジェクトスナップのマーカーが表示されない位置でクリックします）。

2 直列寸法を記入する

1 「2本目の寸法補助線の起点を指定…」で10%勾配の右側の端点をクリックします。

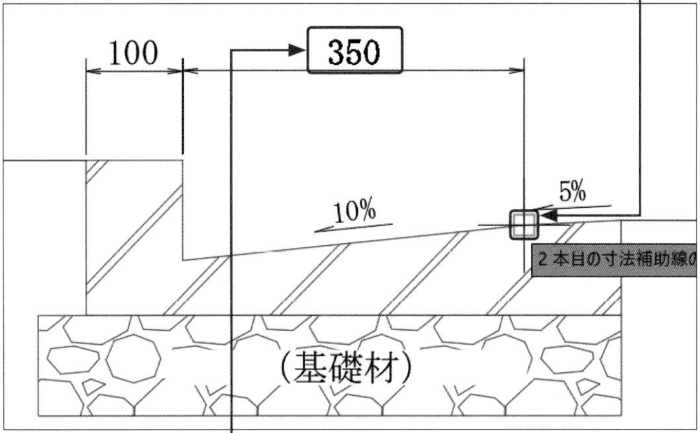

2 「350」の直列寸法が作図されます。

キーワード **直列寸法**

「直列寸法」は、作成した寸法を基準にして、直列に寸法を自動的に作成するコマンドです。このコマンドを実行すると、自動的に同一直線上（角度寸法の場合は同一円周上）に配置されます。

3 「2本目の寸法補助線の起点を指定…」で5%勾配の右側の端点をクリックします。

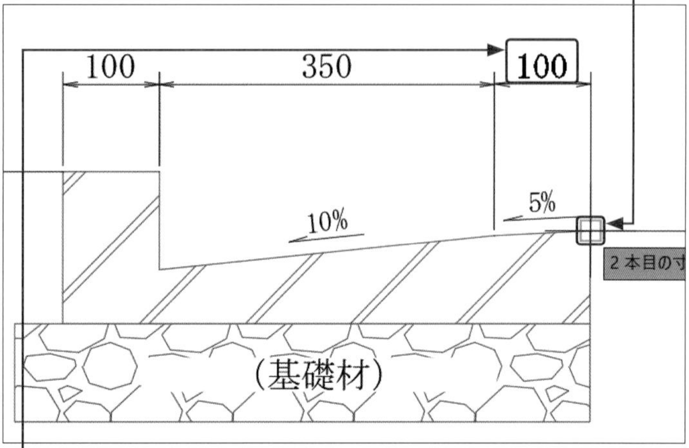

4 「100」の直列寸法が作図されます。

5 Enter キーを2回押して直列寸法モードを解除します。

3 並列寸法を記入する

キーワード 並列寸法記入

「並列寸法記入」は、作成した寸法を基準にして、並列に寸法を並べて記入するコマンドです。このコマンドを実行すると自動的に並列寸法が作成されます。

メモ 並列寸法の間隔について

並列寸法の間隔は、「寸法スタイル」ダイアログボックス→<寸法線>タブ→<寸法線>→<並列寸法の寸法線間隔>で設定できます。作図間隔は次のような計算式になります。
並列寸法の寸法線間隔「5mm」×全体の尺度「10」＝作図間隔「50mm」

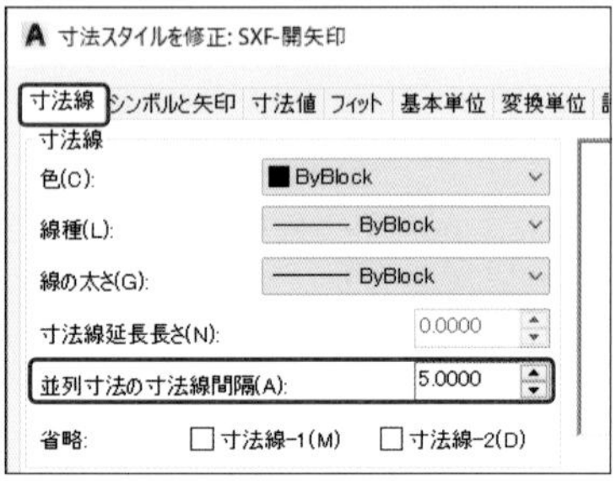

1 「オブジェクトを選択…」でコマンドラインの<並列寸法記入(B)>をクリックして選択します。

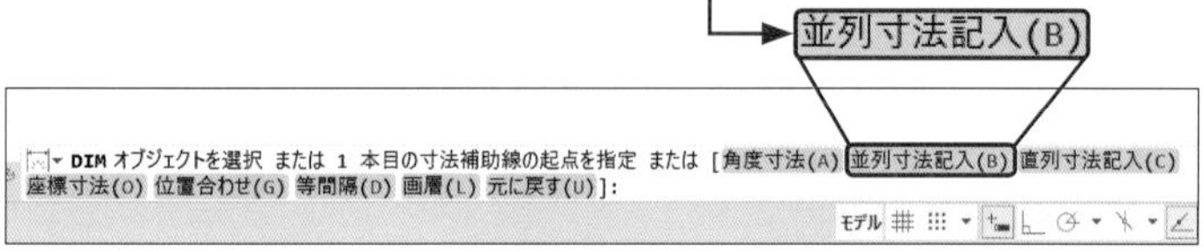

2 「並列寸法の1本目の寸法補助線の起点を指定」で「100」の左側寸法補助線ををクリックします。

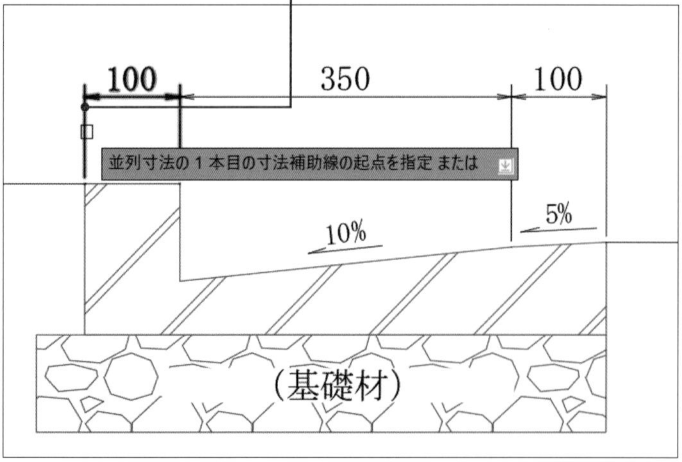

3 「2本目の寸法補助線の起点を指定」でL型側溝の右上部端点（または点）をクリックします。

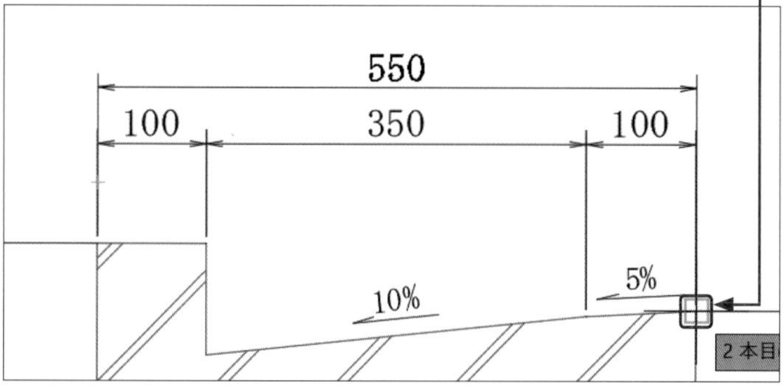

4 Enter キーを2回押して並列寸法モードを解除します。

4 高さ方向の寸法を作図する

1 「オブジェクトを選択…」でL型側溝の左上部端点（または点）をクリックし、

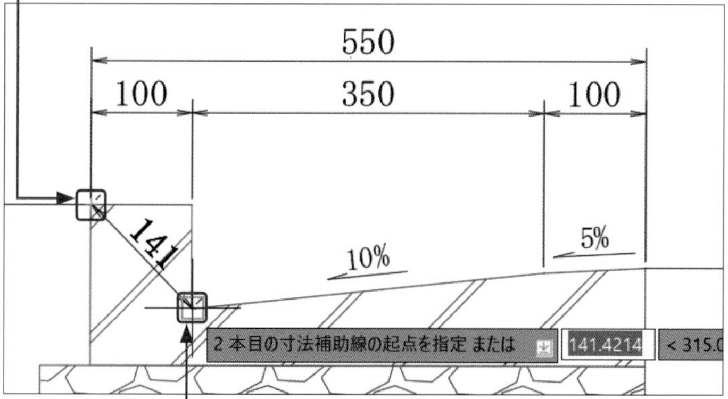

2 「2点目の寸法補助線の起点を指定…」で10%勾配の左端点をクリックします。

3 「寸法線の位置を指定…」でマウスカーソルを左に移動し、

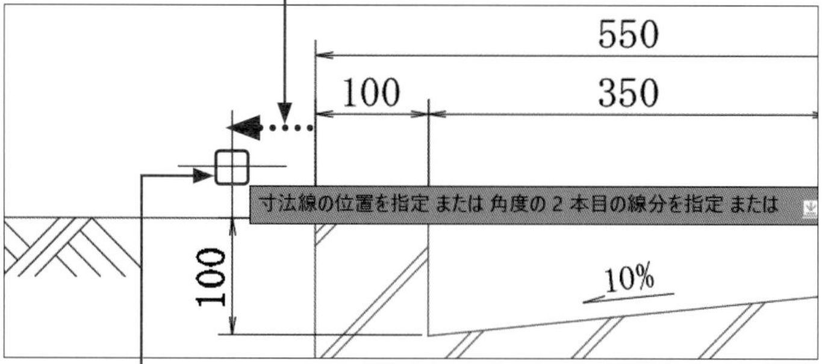

4 長さ（高さ）寸法が表示される任意の位置でクリックします。

メモ 寸法の作図について

P.249の手順6で、L型側溝の角をフィレットで円弧に編集します。円弧になると高さ寸法の点（2本目の寸法補助線の起点）が取れなくなってしまうので、ここでは先に寸法を作図し、あとから図形を仕上げる方法で作図しています。

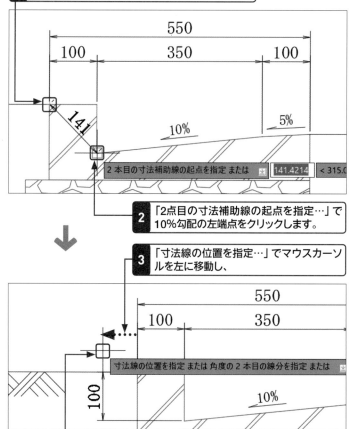

メモ オプションの表示

オプションは、↓キーを押すことで表示することができます。

ヒント 直列寸法記入と並列寸法記入の切り替えについて

寸法記入（DIM）コマンドを使用して並列寸法を作成したあとに、直列寸法を作図する場合は、再度コマンドラインから＜直列寸法記入＞を選択します。寸法記入（DIM）コマンドではなく、＜注釈＞タブ→＜寸法記入＞パネル→＜寸法記入▼＞→＜直列寸法記入＞＜並列寸法記入＞から作成する方法もあります。

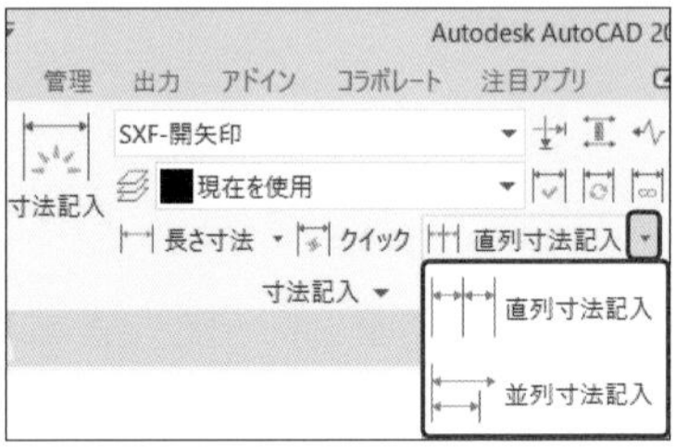

5 「オブジェクトを選択…」でオプションより＜直列寸法記入（C）＞をクリックして選択します。

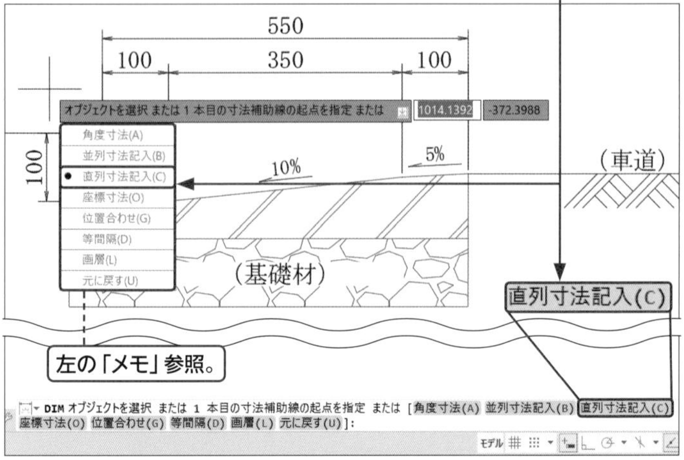

6 「直列記入する1本目の寸法補助線の起点を指定…」で「100」の下側の寸法補助線をクリックして選択します。

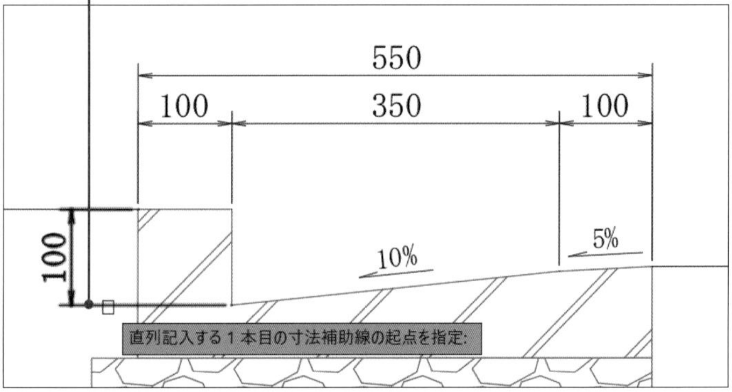

7 「2本目の寸法補助線の起点を指定…」で基礎材の左上端点をクリックします。

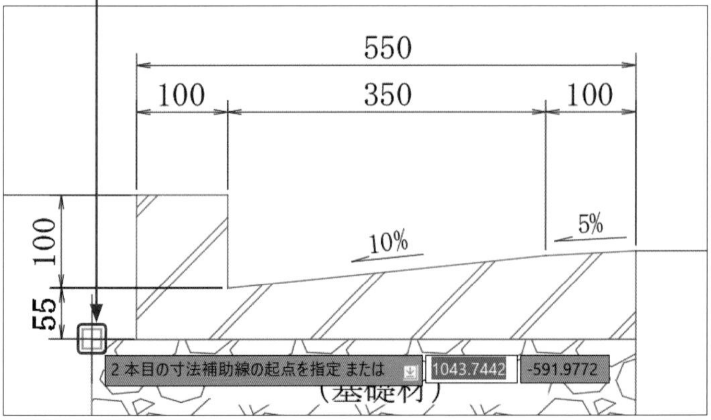

8 Enter キーを2回押して直列寸法モードを解除します。

9 ほかの寸法も同じように作図します。

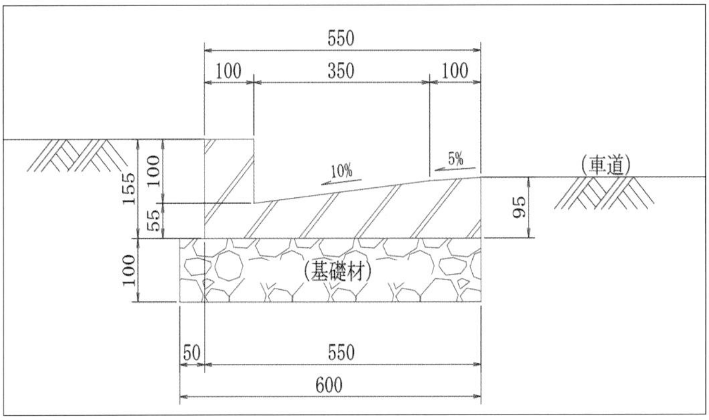

10 Enter キー（または Esc キー）を押してコマンドを終了します。

ステップアップ 寸法補助線の長さを調整する

寸法補助線の長さは、次の方法で調整することができます。

1 「100」と「55」の寸法を選択します。

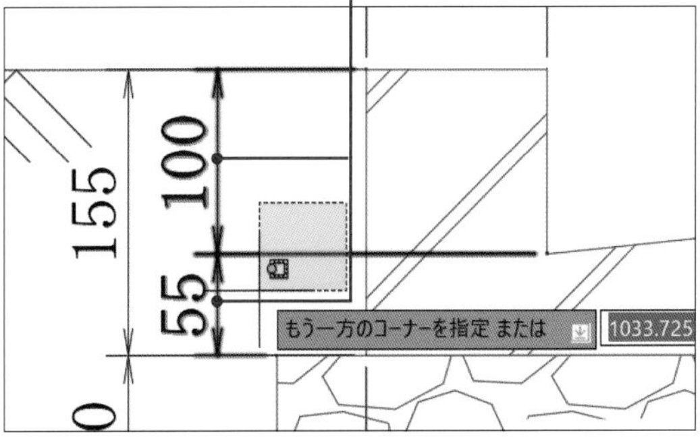

2 10%勾配の左端点部分の寸法補助線のグリップをクリックして選択します。

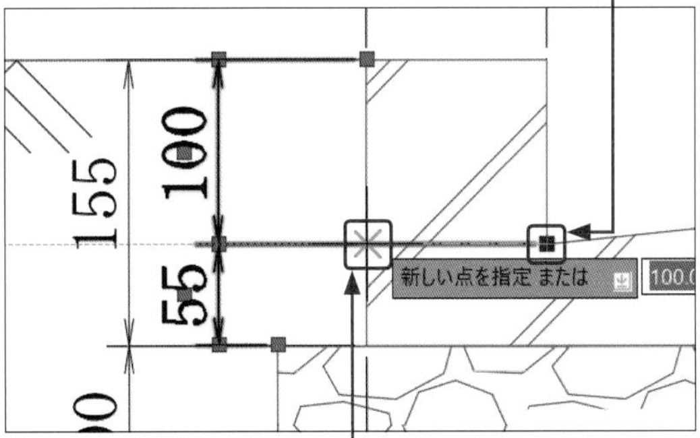

3 マウスカーソルを左に移動し、寸法補助線とL型側溝の左外形線の交点でクリックします。

4 図形とかぶらない位置に寸法線の長さが調整されます。

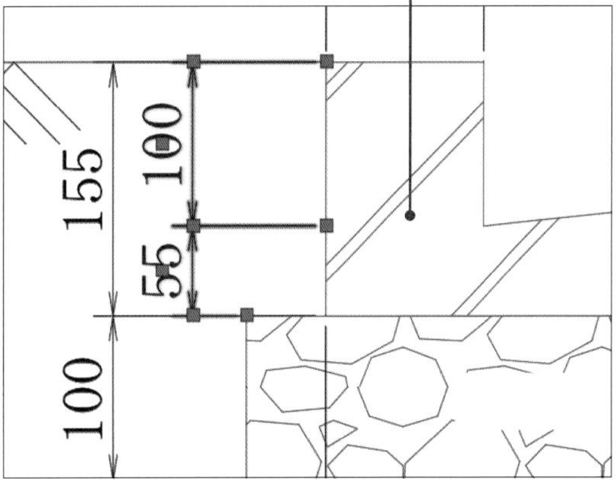

5 Esc キーを押して選択を解除します。

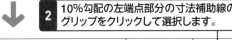

Section 67

注釈を記入する [マルチ引出線]

覚えておきたいキーワード
- マルチ引出線
- マルチ引出線スタイル
- 近接点オブジェクトスナップ

ここでは、材料の注釈を「マルチ引出線」を使って作図する方法を解説します。「マルチ引出線」は矢印、参照線、引出線、マルチテキストなどで構成されており、記号や材料の注釈を表示する場合に使用します。矢印の種類やマルチテキストの大きさについては「マルチ引出線スタイル」で設定できます。

練習用ファイル	Sec67.dwg		
リボン	[ホーム]タブ-[注釈]パネル-[マルチ引出線]／[注釈]タブ-[引出線]パネル-[マルチ引出線]／[ホーム]タブ-[注釈]パネル-[マルチ引出線スタイル管理]／[注釈]タブ-[引出線]パネル-[↘(パネルダイアログボックスランチャー)]		
コマンド	MLEADER(マルチ引出線)／MLEADERSTYLE(マルチ引出線スタイル管理)	エイリアス	MLD(マルチ引出線)

1 注釈(マルチ引出線)を記入する

メモ マルチ引出線

引出線は図面上に注釈などを記載する際に使用します。AutoCADの「マルチ引出線」は、矢印、参照線、引出線、マルチテキスト(またはブロック)で構成されます。

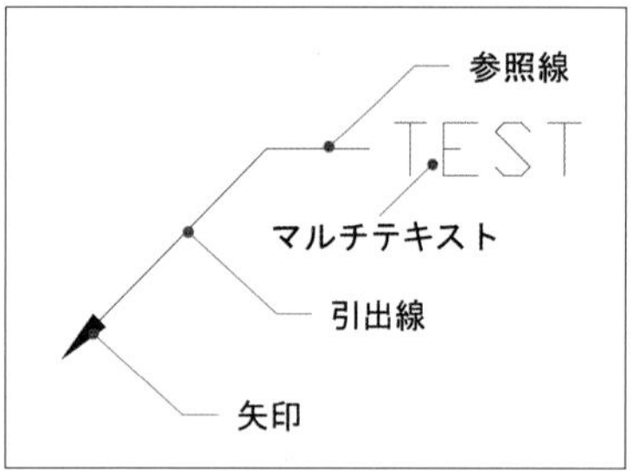

1 <ホーム>タブ→<画層>パネル→<D-STR-DIM>をクリックし、表示されるメニューから<D-STR-HTXT>をクリックして選択します。

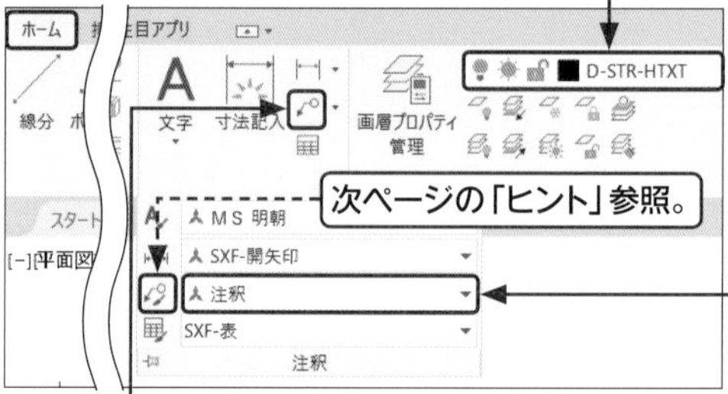

次ページの「ヒント」参照。

2 <注釈>パネル→<注釈▼>をクリックして、現在のマルチ引き出し線スタイルが<(異尺度対応)注釈>であることを確認します。

3 <注釈>パネル→<引出線>をクリックします。

4 「引出線の矢印の位置を指定」でL型側溝内部の任意の位置をクリックします。

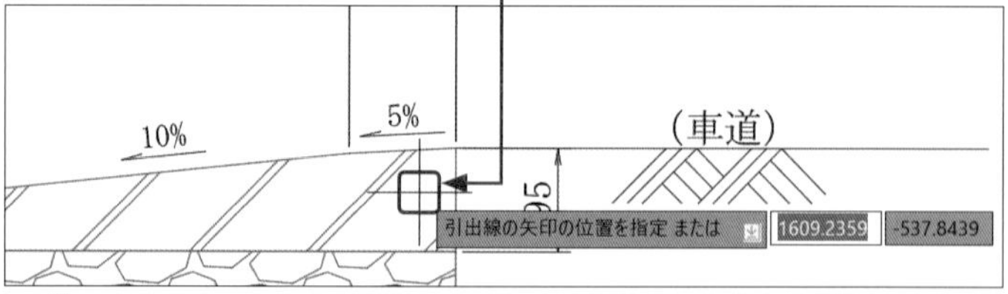

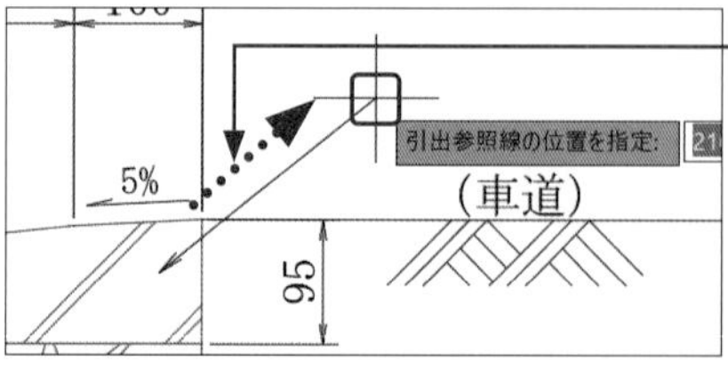

5 「引出参照線の位置を指定」でマウスカーソルを右上に移動し、

6 車道上の任意の位置でクリックします。

メモ D-STR-HTXTについて

「D」とは「設計フェーズ」を、「STR」は主構造物を、「HTXT」は旗上げを表し、「小型構造図」では「構造物外形線の旗上げ」を示します。

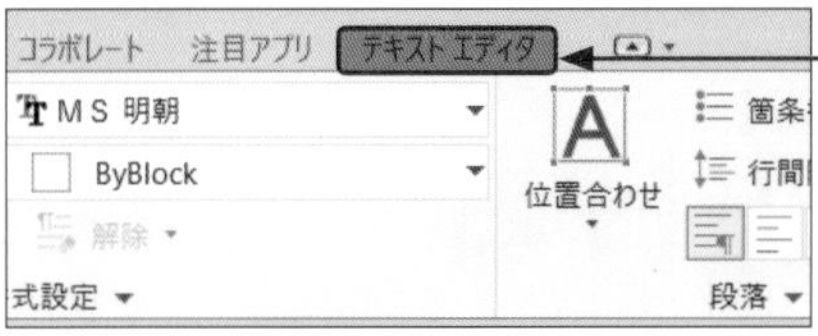

7 <テキストエディタ>コンテキストタブが起動し、

8 文字入力のマウスカーソルが表示されたら、「JIS A 5372」と入力します。

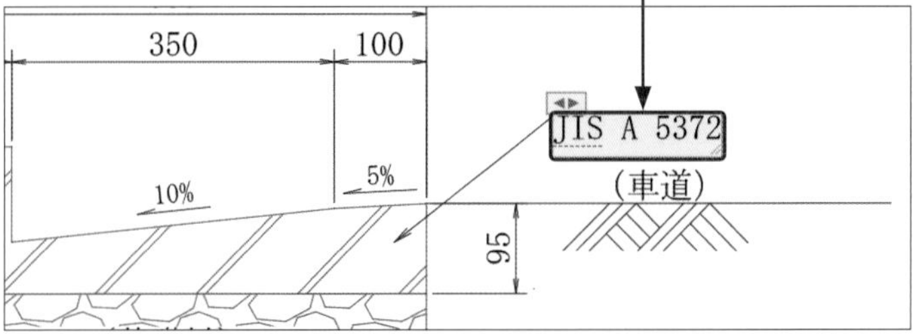

9 <テキストエディタ>コンテキストタブ→<閉じる>パネル→<テキストエディタを閉じる>クリックします。

10 Enter キーを押してコマンドを繰り返します。

11 同じ手順で「敷モルタル（1：3）」を入力します。

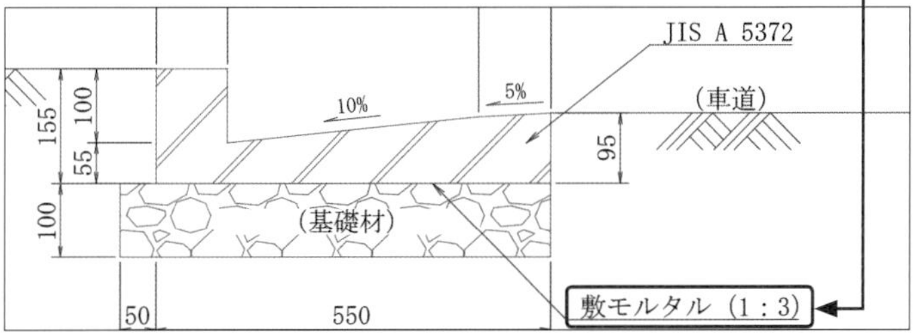

メモ 線上の点を指定するには

線上の点を指定するには、オブジェクトスナップの<近接点>を有効にします。

近接点

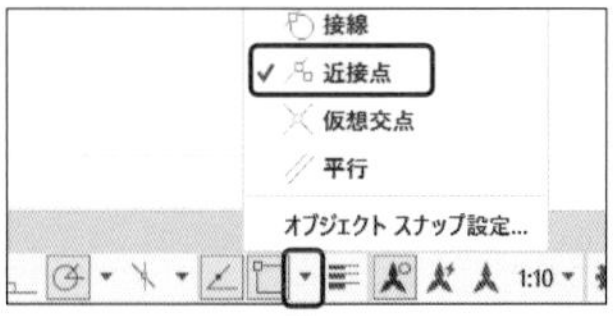

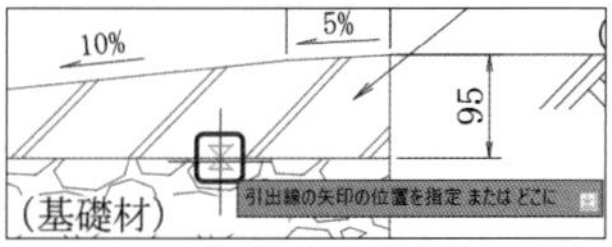

メモ マルチ引き出し線スタイルの尺度について

P.232で「現在のビューの注釈尺度」を<1：10>に設定しているので、これから作図される寸法は<1:10>用となります。

ヒント マルチ引出線のスタイルを設定する

マルチ引出線スタイルを設定するには、まず、<ホーム>タブ→<注釈>パネル→<注釈▼>をクリックし、表示されるメニューから、<マルチ引出線スタイル管理>をクリックします。「マルチ引出線スタイル管理」ダイアログボックスが表示されるので、<修正>をクリックします。表示される「マルチ引出線スタイルを修正」ダイアログボックスで、各スタイルを設定することができます。

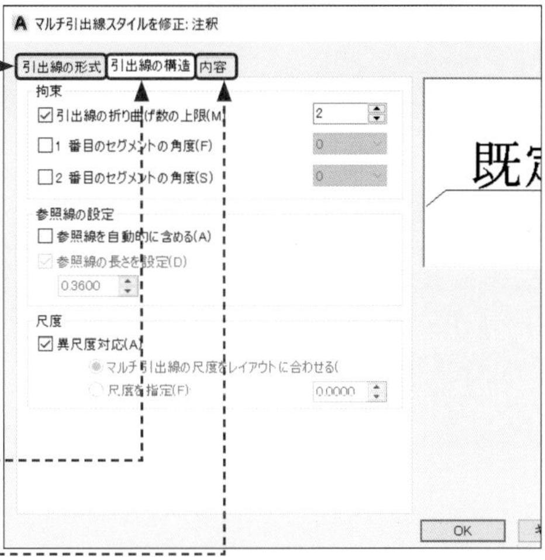

<引出線の形式>タブでは、引出線のプロパティや矢印などが設定できます。

<引出線の構造>タブでは、参照線設定や尺度の指定ができます。

<内容>タブでは、マルチテキストとブロックの切替えや引出線の接続などが設定できます。

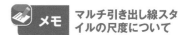

Section 68

L型側溝を仕上げる

覚えておきたいキーワード
☑ 自動調整
☑ 寸法自動調整解除
☑ フィレット

ここでは、L型側溝の角をフィレットを使って丸めます。練習用ファイルではすでに寸法線が作図されている状態なので、寸法線およびマルチ引出線の自動調整をオフにしてから、L型側溝を修正します。そうすることで、寸法の体裁が崩れることを回避することができます。

練習用ファイル	Sec68.dwg		
リボン	[ホーム] タブ - [修正] パネル - [フィレット]		
コマンド	DIMDISASSOCIATE(寸法自動調整解除)/FILLET(フィレット)	エイリアス	DDA(寸法自動調整解除)/F(フィレット)

1 長さ寸法の自動調整を解除する

メモ 自動調整寸法について

図形が変更されると、それに付随した寸法線の寸法値やマルチ引出線の位置が自動的に調整されます。これを「自動調整」といいます。通常、自動調整は既定値では<はい>に設定されています。

注意 自動調整解除をしない場合

自動調整を解除せずに、図形を修正すると寸法の体裁が崩れることがあります。その場合は再度、寸法を作成します。

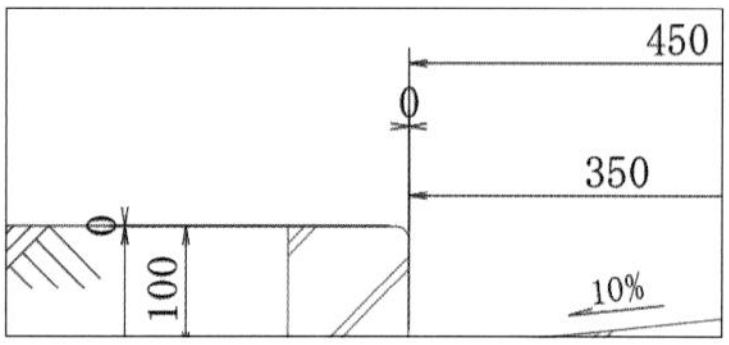

1 「DDA」と入力します。

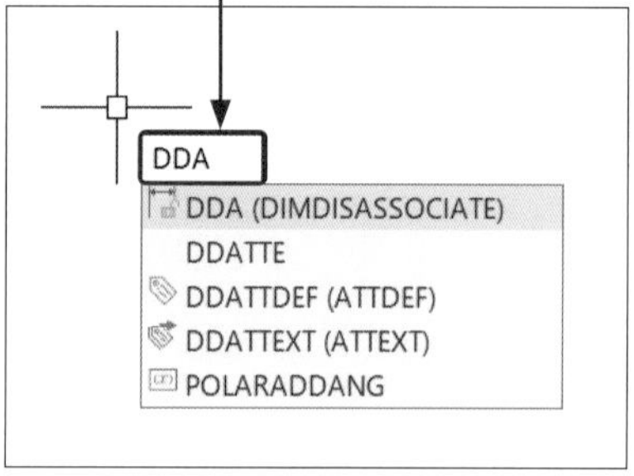

2 Enter キーを押して確定します。

3 「オブジェクトを選択」で交差選択などを利用して、寸法線とマルチ引出線を選択します。

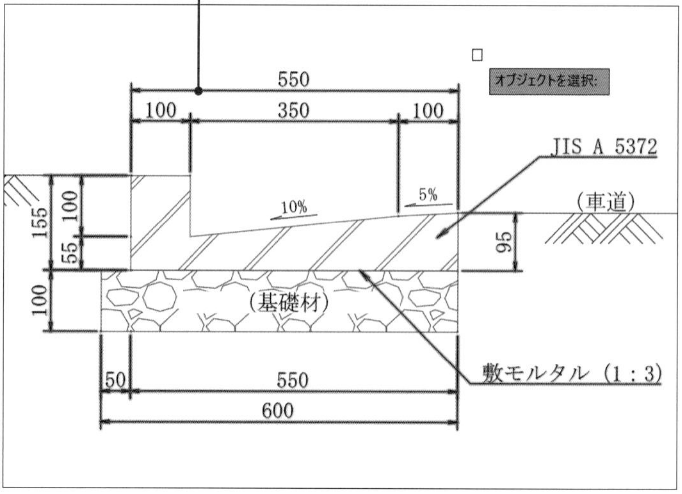

4 Enter キーを押して確定します。

5 自動調整が解除されます。

2 L型側溝の角を丸める

1 <ホーム>タブ→<修正>パネル→<フィレット>をクリックします。

2 コマンドラインの<複数(M)>をクリックし、

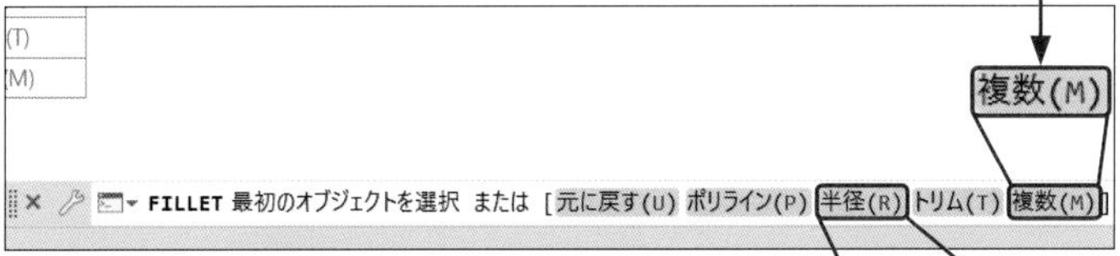

3 <半径(R)>をクリックします。

4 「フィレット半径を指定」で「10」と入力し、

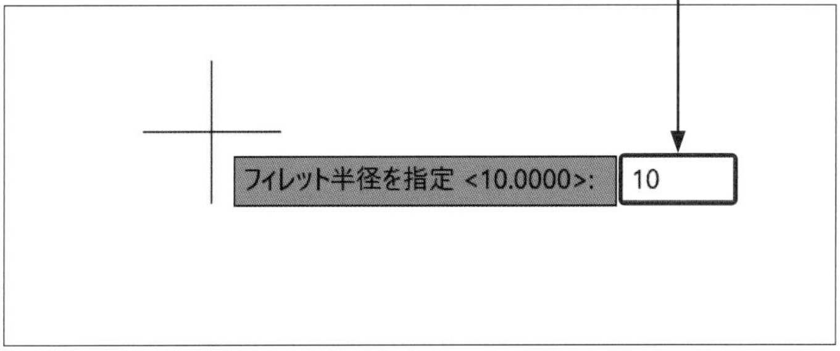

5 Enter キーを押します。

6 クリックして、L型側溝の角2か所をそれぞれフィレットで丸めます。

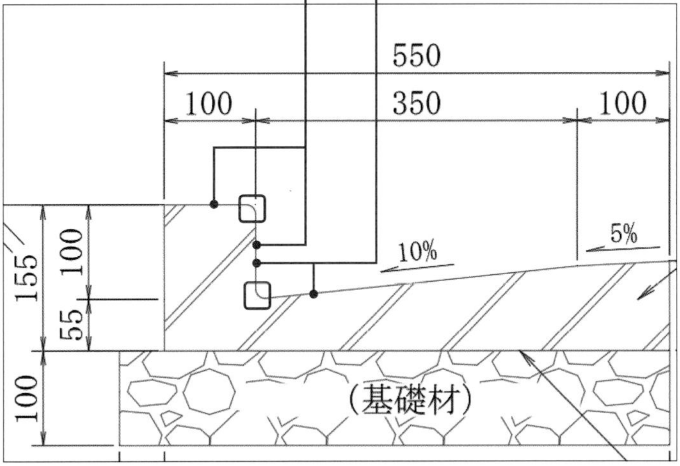

7 Enter キーを押してコマンドを終了します。

メモ 「複数」オプションについて

今回のように、2か所以上を連続してフィレットする場合は、「複数」オプションを使用すると連続して処理することができます。

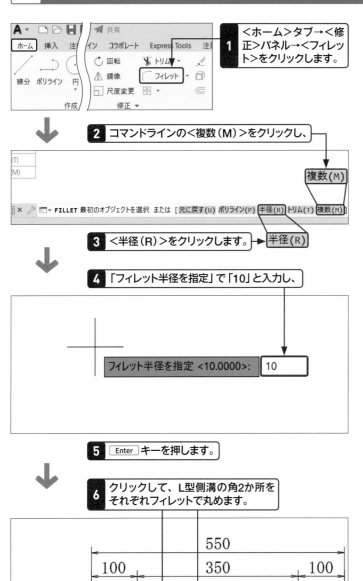

Section 69

レイアウトで尺度を整える

覚えておきたいキーワード
☑ レイアウト
☑ ビューポート
☑ ビューポートのロック

ここでは、あらかじめ用意されたレイアウトを使用して、モデル空間に作図した図形を尺度を調整して配置します。レイアウト印刷については、P.160のSec.42「レイアウト印刷をする」で解説しているので、そちらも併せて確認してください。

練習用ファイル	Sec69.dwg
リボン	[レイアウト]タブ-[レイアウトビューポート]パネル-[ロック]

1 ビューポートの尺度を設定する

キーワード レイアウト(ペーパー空間)

印刷時の用紙レイアウトや尺度を整える空間を「レイアウト(ペーパー空間)」といいます(P.160の「キーワード」参照)。

1 <A4横>タブをクリックします。

2 レイアウト(ペーパー空間)に切り替わります。

3 ビューポートの内側にマウスカーソルを移動し、ダブルクリックします。

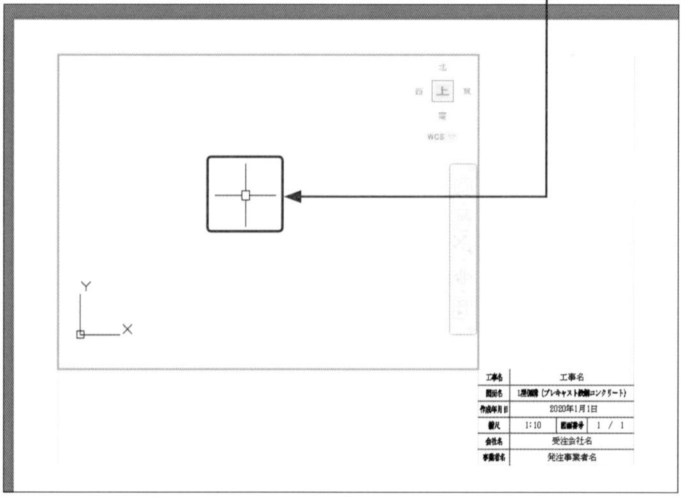

4 ビューポートがアクティブになります。

メモ ビューポートがアクティブとは

ビューポートがアクティブになると、ビューポートの外形線が太線表示となり、ビューポート内部にUSCアイコンが表示されます。モデル空間上で作業しているのと同じ状態となり、ビューポート内部で追加・削除した図形は、そのままモデル空間に反映されます。なお、手順**3**でビューポートをアクティブ(内部の尺度などを編集する場合)にする場合、ステータスバーの<ペーパー(レイアウト)>をクリックして<モデル>で切り替えることもできます。

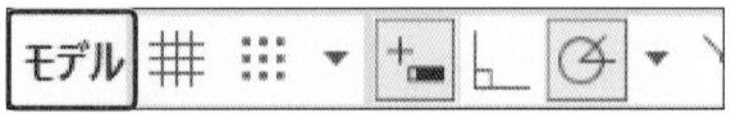

5 ビューポートの内側で、ホイールをダブルクリックします。

6 図形全体が表示されます。

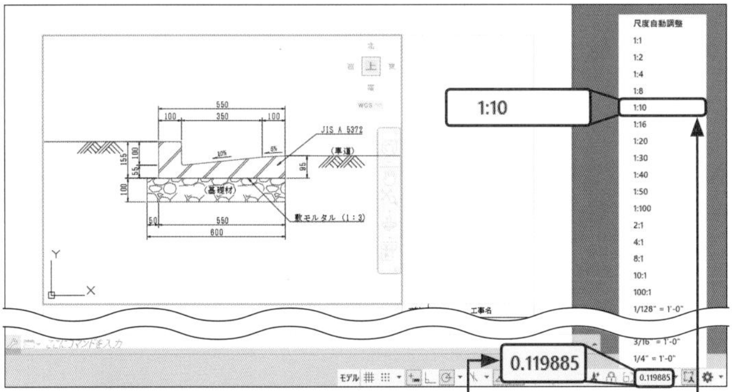

7 ステータスバー→＜0.119813（選択されたビューポートの尺度）＞をクリックし（調整前の数字はAutoCADのバージョンやマウス操作によっては異なる場合がありますが、操作には影響しません）、

8 ＜1：10＞をクリックして選択します。

9 ビューポート内の図形が「1：10」で表示されます。

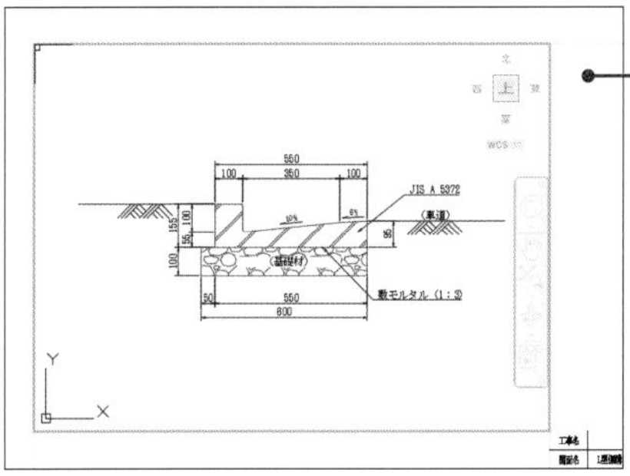

10 ビューポートの外側の任意の位置をダブルクリックします。

11 ビューポートのアクティブが解除されて、レイアウト編集状態に戻ります。

メモ ビューポート内の図形の表示について

ビューポートに表示されている図形は、モデル空間に描かれた位置により表示が異なります。作図した位置によっては、ビューポートに何も表示されない場合もありますが、手順**5**で表示を調整するので問題ありません。

メモ ビューポートの尺度をロックする

ビューポートがアクティブな状態で画面表示倍率を変更すると（マウスのホイールを前後させるなど）表示が更新されて、設定した表示尺度が無効になります。ビューポート内の表示尺度を固定する場合は、尺度を設定後に＜ビューポートのロック＞をクリックして、ロックしておきます。

メモ ステータスバーを使用した切り替え方法

ビューポートアクティブを解除にする場合、ステータスバーの＜モデル＞をクリックして＜ペーパー（レイアウト）＞で切り替えることもできます。

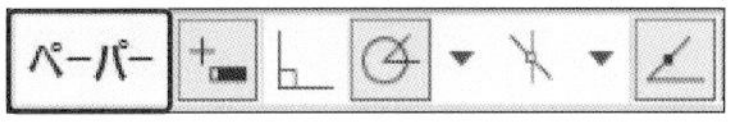

メモ 尺度変更グリップ

AutoCAD 2020から「尺度変更グリップ」を使ってもビューポート尺度が変更できるようになりました。変更する場合は、ビューポートの外形線をクリックして選択し、ビューポート中央に表示される三角形の＜尺度変更グリップ＞をクリックします。表示されるメニューから尺度をクリックして選択します。

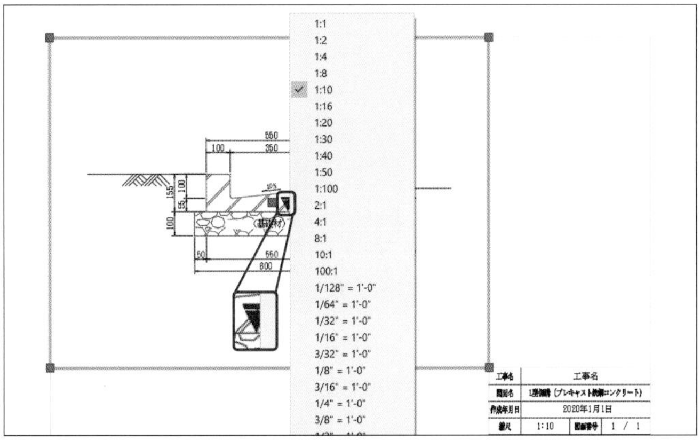

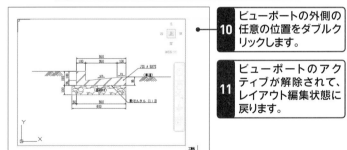

Section 70

表スタイルを確認する

覚えておきたいキーワード
☑ 表スタイル管理
☑ セルスタイル
☑ タイトル・見出し・データ

Sec.70からSec.72では、AutoCADの「表」の機能を利用して数量表を作成します。表を作成する際は、ほかの注釈オブジェクト(文字や寸法)と同じようにスタイルを設定するところから始めます。ここでは、「表スタイル」の設定について確認します。

練習用ファイル	Sec70.dwg		
リボン	[ホーム]タブ-[注釈]パネル-[表スタイル管理]／[注釈]タブ-[表]パネル-[↘(パネルダイアログボックスランチャー)]		
コマンド	TABLESTYLE	エイリアス	TS

1 表スタイルを確認する

メモ　コマンドの選択について

「表スタイル管理」は、＜注釈＞タブ→＜表＞パネル→▦＜パネルダイアログボックスランチャー＞をクリックすることでも起動できます。

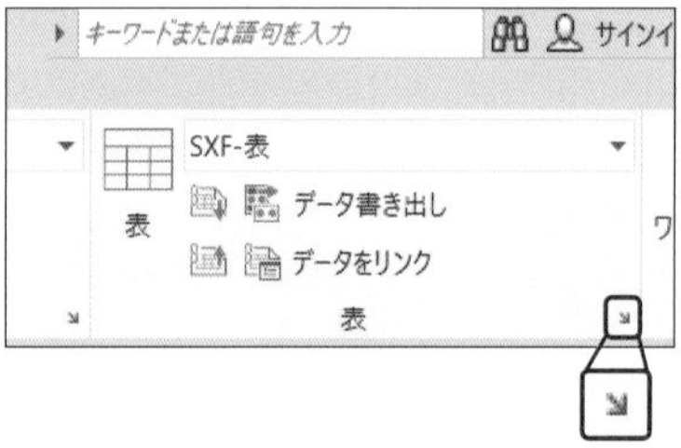

1 <ホーム>タブ→<注釈>パネル→<注釈▼>をクリックし、表示されるメニューから、▦<表スタイル管理>をクリックします。

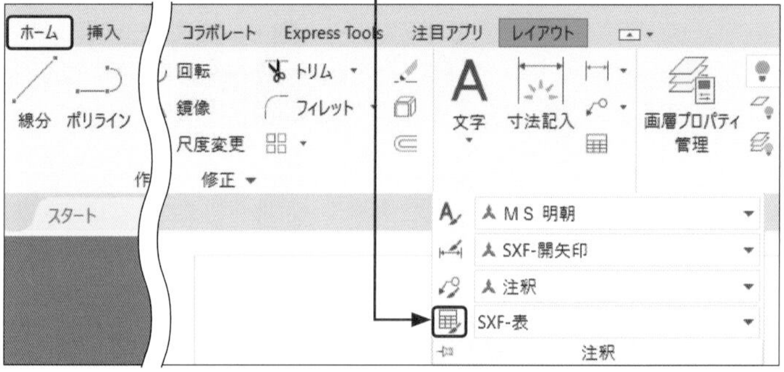

2 「表スタイル管理」ダイアログボックスが表示されます。

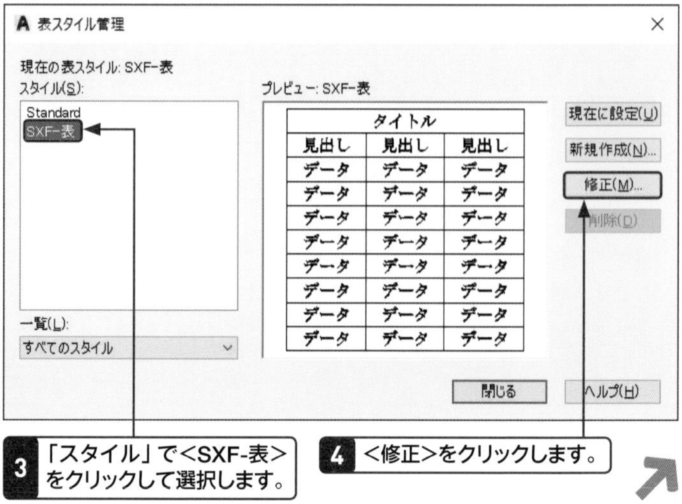

3 「スタイル」で<SXF-表>をクリックして選択します。

4 <修正>をクリックします。

メモ　「SXF-表スタイル」について

今回はCAD製図基準に準拠した「SXF-表スタイル」を使用して数量表を作成します。

5 「表スタイルを編集:SXF-表」ダイアログボックスが表示されます。

6 「セルスタイル」が<データ>であることを確認します。

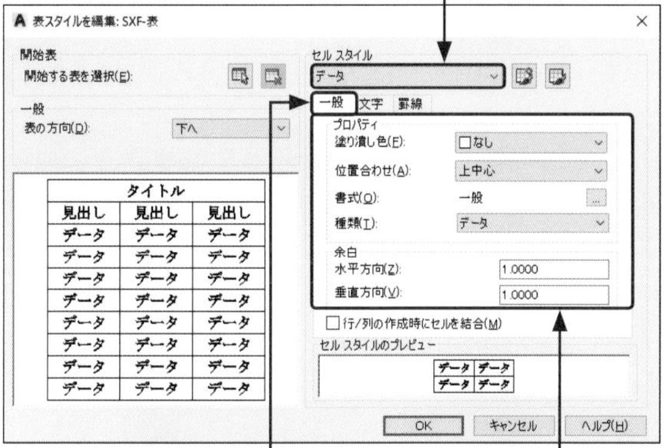

7 <一般>タブをクリックします。

8 「データ」セルの一般プロパティを確認します。

9 セルスタイルの<文字>タブをクリックします。

10 「データ」セルの文字プロパティを確認します。

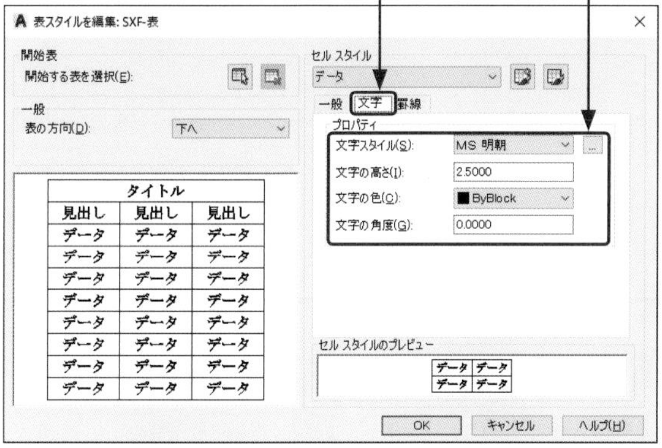

11 セルスタイルの<罫線>タブをクリックします。

12 「データ」セルの罫線プロパティを確認します。

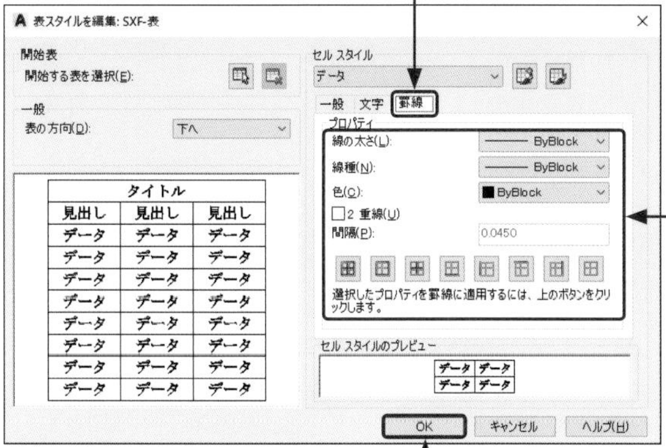

13 <OK>をクリックします。

14 「表スタイル管理」ダイアログボックスで<閉じる>をクリックします。

キーワード

タイトル・見出し・データ

表は「タイトル」「見出し」「データ」で構成されています。それぞれの設定は「表スタイルを編集」ダイアログボックスのセルスタイルを切り替えることで行うことができます。

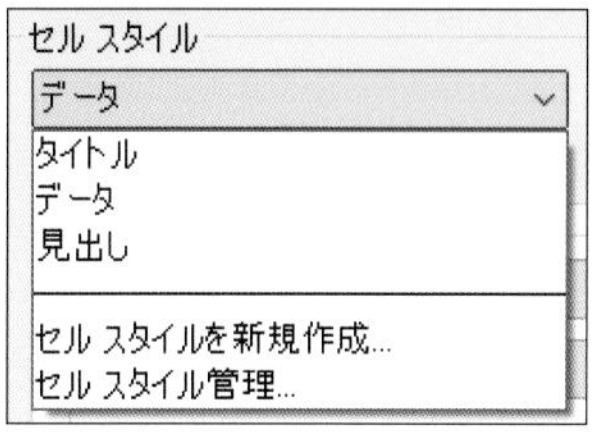

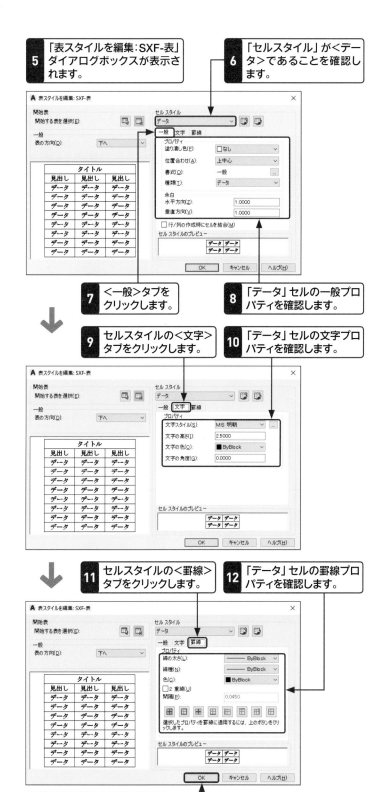

Section 71

表を作成する

覚えておきたいキーワード
☑ 表
☑ セル
☑ 行・列

ここでは、Sec.70で確認した「SXF-表」スタイルを使用して数量表を作成します。列と行の数や高さを指定して、文字を入力します。表には尺度調整の機能がありません。したがって通常、表は作図するレイアウト上に実寸で配置します。

練習用ファイル	Sec71.dwg		
リボン	[ホーム]タブ-[注釈]パネル-[表]／[注釈]タブ-[表]パネル-[表]		
コマンド	TABLE(表)／TABLEDIT(表セル文字編集)	エイリアス	―

1 表を作成する

キーワード 列・行・セル

表の縦方向を「列」、横方向を「行」、区切られたマス目を「セル」といいます。セルの位置は列番号と行番号で表します。たとえば、B列の2行目のセルは「B2」になります。

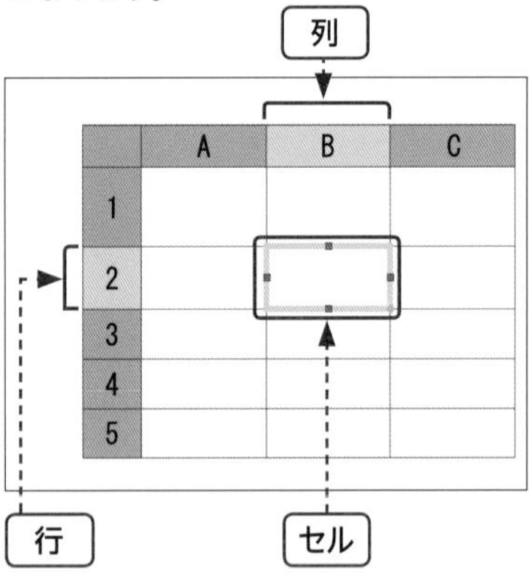

1 <ホーム>タブ→<画層>パネル→<D-STR-HTXT>をクリックし、表示されるメニューから、<D-STR-TXT>をクリックして選択します。

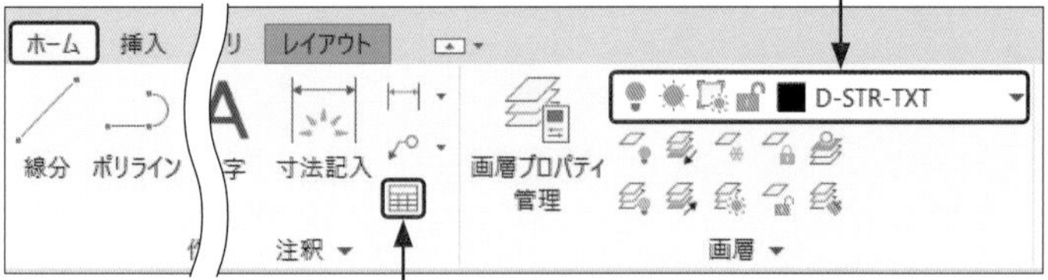

2 <注釈>パネル→<表>をクリックします。

3 「表を挿入」ダイアログボックスが表示されます。

4 「挿入オプション」で<空の表から開始>が◉(オン)であることを確認し、

5 「挿入時の動作」で<挿入点を指定>が◉(オン)であることを確認します。

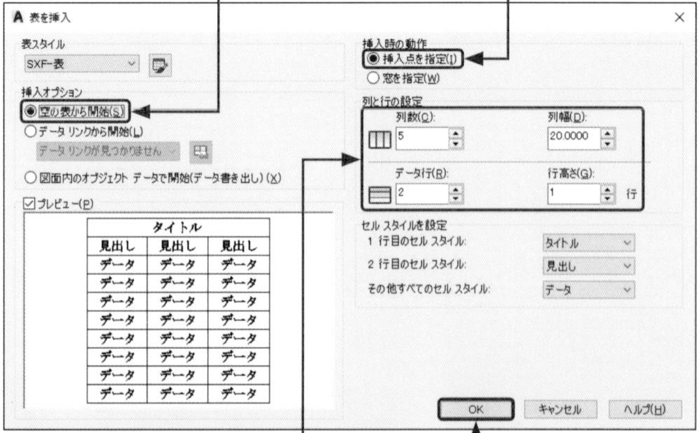

6 列と行の設定で、列数を「5」、列幅を「20」、データ行を「2」、行の高さを「1」とそれぞれ入力します。

7 <OK>をクリックします。

メモ 表スタイルについて

今回はP.252のSec.70で確認した「SXF-表」スタイルを使用して作成します。

8 「挿入点を指定」でビューポート下部の任意の位置をクリックします。

9 A1のセルがアクティブになり、文字入力のマウスカーソルが表示されます。

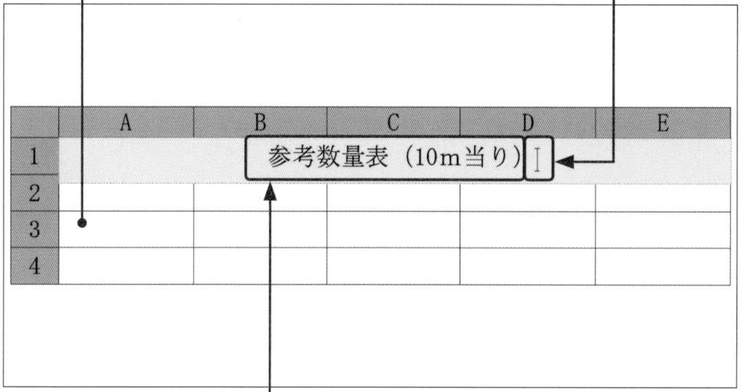

10 「参考数量表（10m当り）」と入力します（「m」は半角でも全角でも問題ありません）。

11 Tab キーを押します。

12 A2のセルにマウスカーソルが移動します。

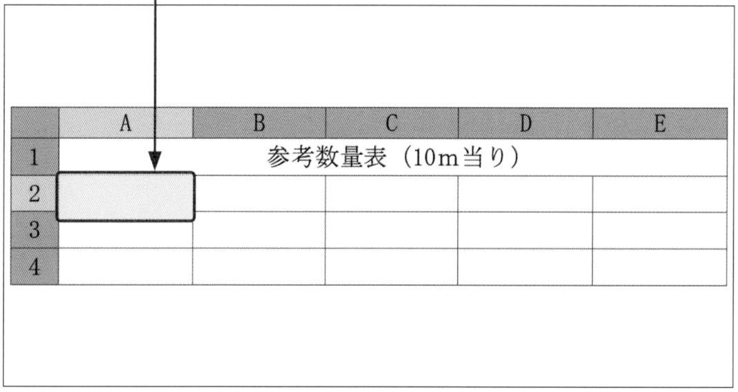

13 そのほかのセルにも文字を入力します。

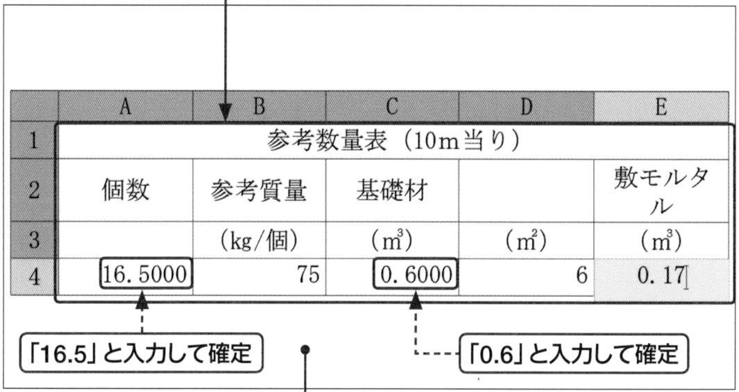

14 すべての文字入力が完了したら、表以外の場所をクリックします。

メモ アクティブセルについて

編集ができる状態のセルを「アクティブセル」といいます。編集する際は、セルの内部をクリックします。<表セル>コンテキストリボンタブが表示されてセル・行・列のプロパティが編集できます。

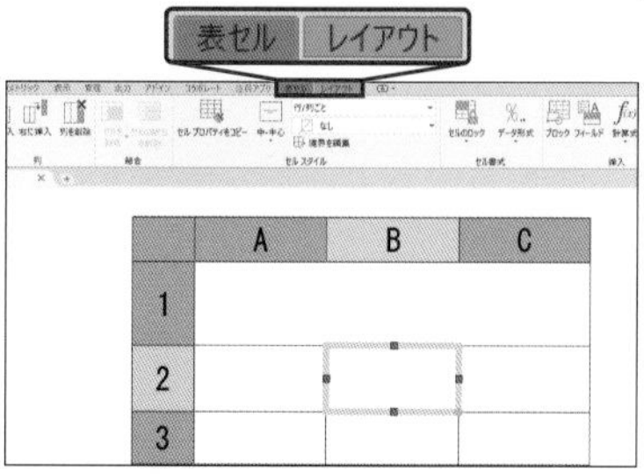

また、文字を入力編集する場合はセル内部をダブルクリックします。<テキストエディタ>コンテキストリボンタブが表示されてセル内の文字を入力編集できます。

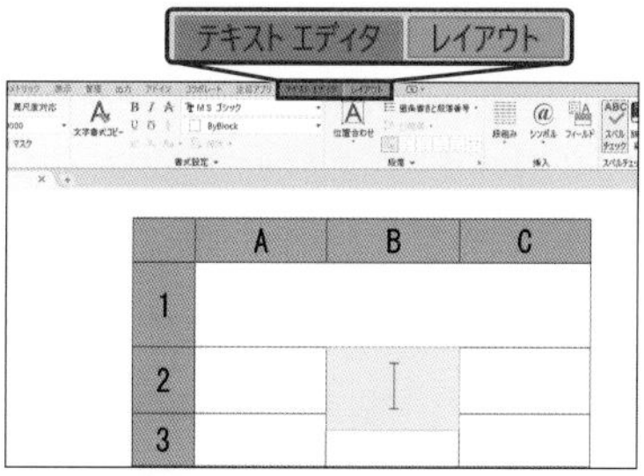

メモ アクティブセルの切替えについて

アクティブセルを切り替える場合は、対象となるセルをマウスでクリック（文字編集の場合はダブルクリック）して選択するか、セルをアクティブ選択したあとに Tab キーを押すことで次のセル（既定では右または下行のセル）に切り替えることができます。そのほか、↑↓→← キーも使用できます。

メモ 「m³」と「m²」の入力について

「m³」は「りゅうべい」または「りっぽうめーとる」と入力し変換します。「m²」は「へいべい」または「へいほうめーとる」と入力して変換します。

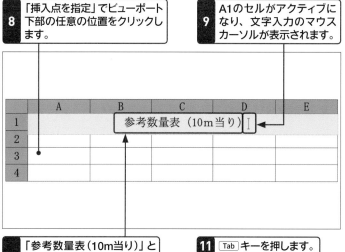

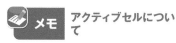

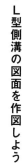

Section 72

表を編集する

覚えておきたいキーワード
☑ セルの結合
☑ 罫線
☑ 表示形式

Sec.71で作成した表を編集して体裁を整えます。AutoCADで作成した表はExcelと同じように、セルを結合したり、罫線を非表示にしたり、セル内の文字の位置を調整したりすることができます。ただし、操作の方法はExcelと異なるのでよく確認しましょう。

練習用ファイル	Sec72.dwg
リボン	[表セル]コンテキストリボンタブ-[結合]パネル-[セルを結合]／[表セル]コンテキストリボンタブ-[セルスタイル]パネル-[境界を編集]／[表セル]コンテキストリボンタブ-[セル書式]パネル-[データ形式]

1 セルを結合する

メモ 複数セル選択について

複数のセルを選択する場合は、選択したいセルの内部をドラッグしながら範囲選択します。ドラッグの向きは上下左右どこからでも選択できます。

1 A2(個数)セルの上にマウスカーソルを移動します。

2 A2セルの上からA3(空)セルの上までドラッグして範囲選択します。

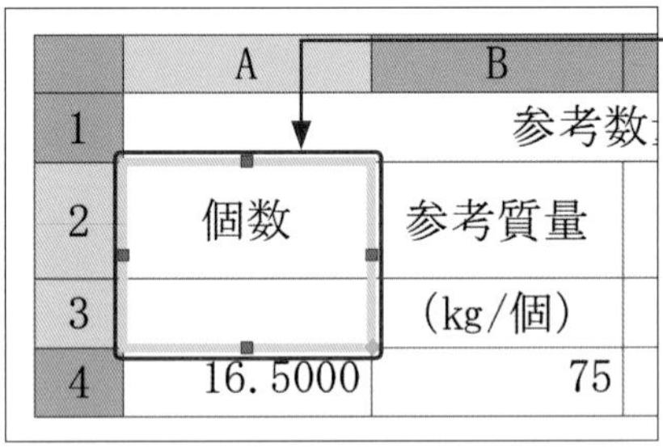

3 A2とA3のセルが選択されていることを確認します。

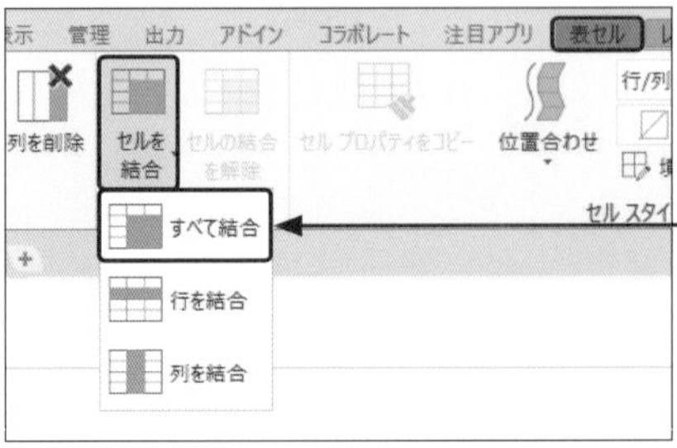

4 <表セル>コンテキストリボン→<結合>パネル→<セルを結合>→<すべて結合>をクリックして選択します。

5 A2とA3のセルが結合されます。

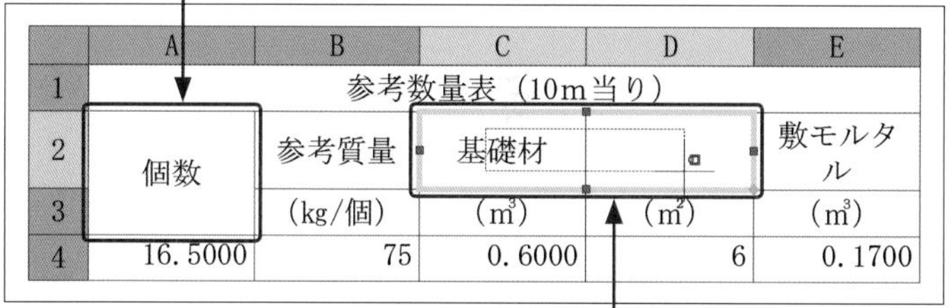

6 同じように、C2とD2のセルをドラッグして範囲選択し、<すべて結合>をクリックして選択します。

2 列の幅を変更する

1 E2セル内部をクリックして選択し、

2 選択したセルの上で右クリックして、

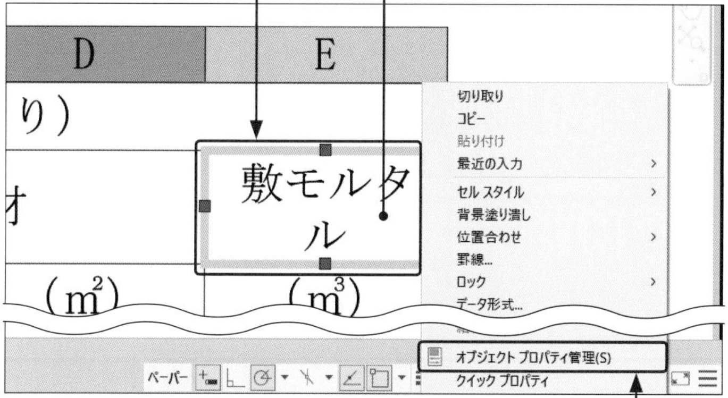

3 表示されるメニューから<オブジェクトプロパティ管理>をクリックします。

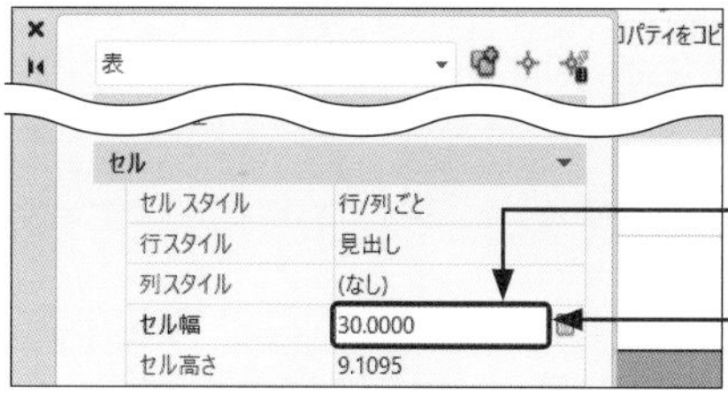

4 プロパティパレットが表示されます。

5 <セル幅>の右側の数字をクリックし、

6 「30」と入力して、

7 Enter キーを押して確定します。

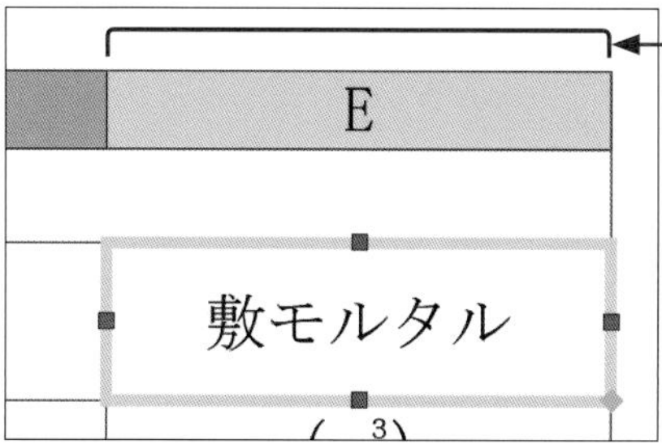

8 E列の幅が「30」に更新されます。

9 プロパティパレットの ✖ <閉じる>をクリックします。

メモ 小数点以下の表示について

プロパティパレットの小数点以下の表示は、<アプリケーションメニュー>→<図面ユーティリティ>→<単位設定>によってコントロールされています。今回のように、小数点以下が0の場合は、整数のみ入力すると、自動的に小数点以下の0が設定に応じて表示されます。

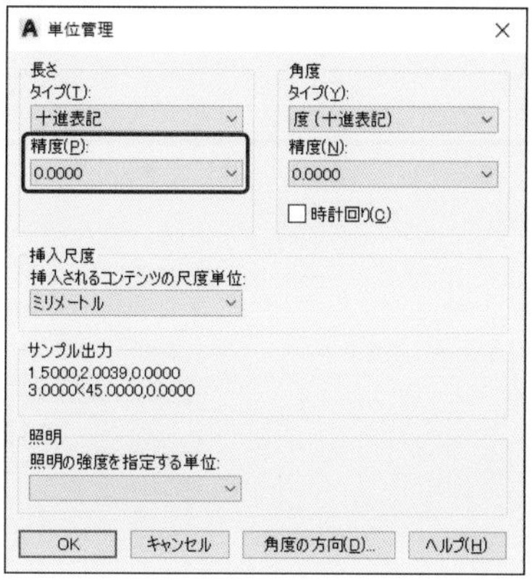

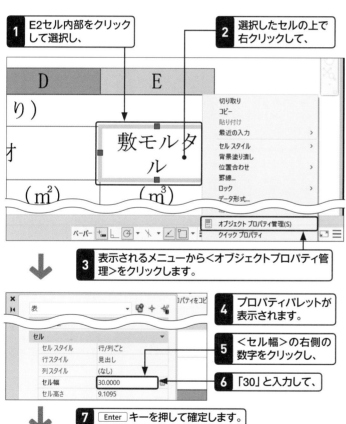

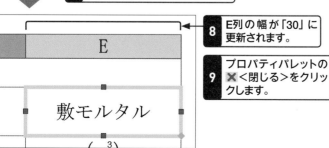

3 罫線を非表示にする

メモ　罫線の処理について

ここでは、選択したB2とB3のセルの罫線をいったん非表示（罫線なし）にし、その後外枠のみ罫線を追加することで、B2とB3の間の罫線のみを非表示（罫線なし）にしています。

1 B2とB3のセルをドラッグ選択します。

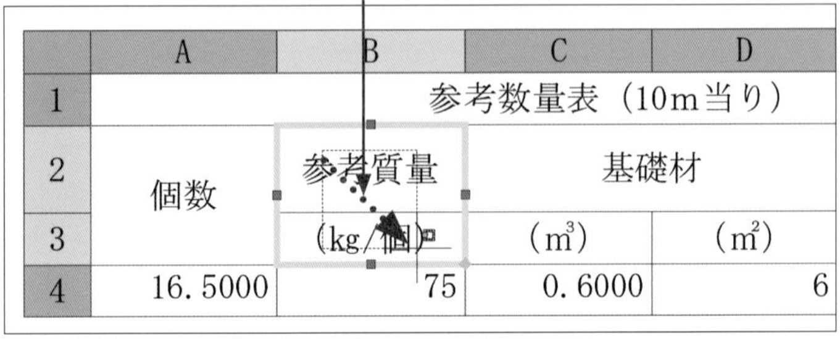

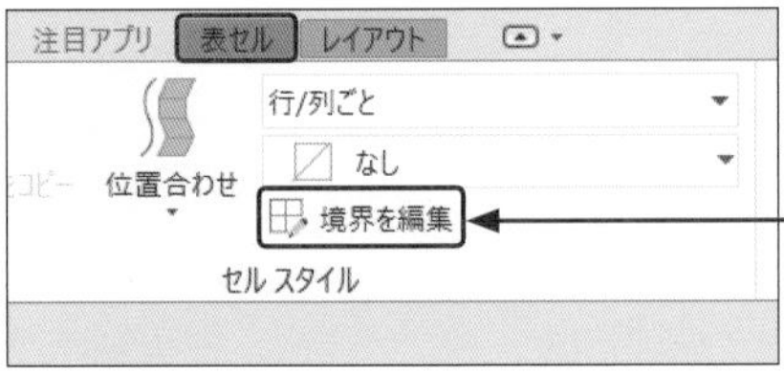

2 ＜表セル＞コンテキストリボン→＜セルスタイル＞パネル→＜境界を編集＞をクリックします。

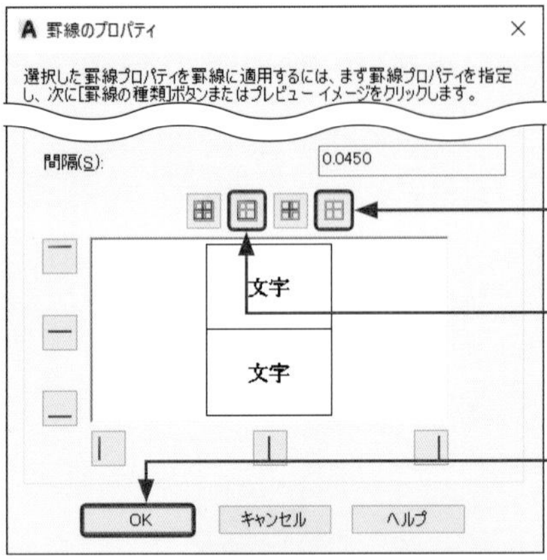

3 「罫線のプロパティ」ダイアログボックスが表示されます。

4 ＜罫線なし＞をクリックし、

5 ＜外枠＞をクリックして選択します。

6 ＜OK＞をクリックします。

7 B2とB3の間の罫線が罫線なし（灰色の実線）に変更されました。

8 同じように、E2とE2のセルをドラッグして範囲選択し、境界を編集します。

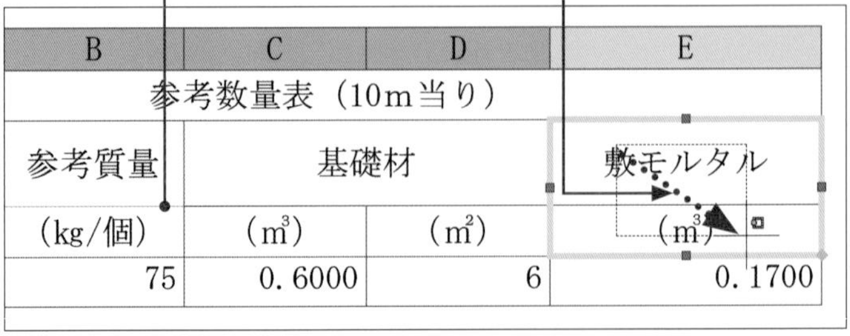

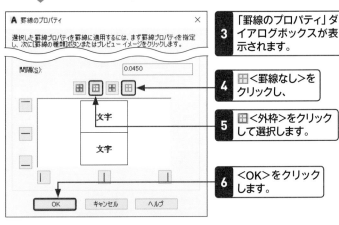

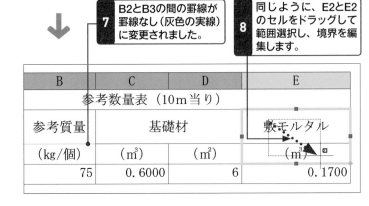

4 数字の表示形式を調整する

1 A4からE4までのセルをドラッグして範囲選択します。

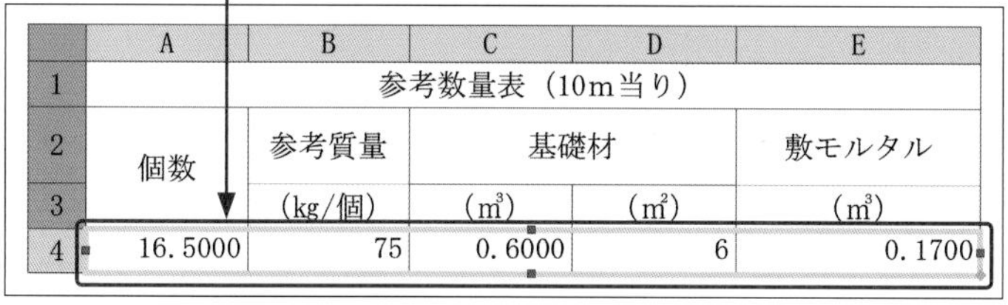

2 <表セル>コンテキストリボン→<セル書式>パネル→<データ形式>をクリックし、

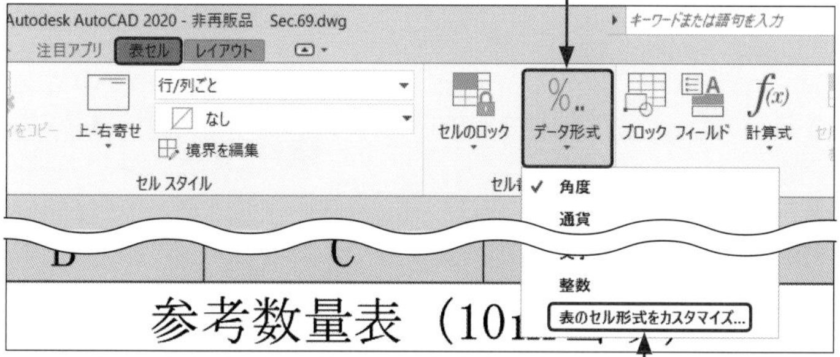

3 表示されるメニューから<表のセル形式をカスタマイズ>をクリックします。

4 「表のセルの書式」ダイアログボックスが表示されます。

5 「データタイプ」より<十進法>をクリックして選択し、

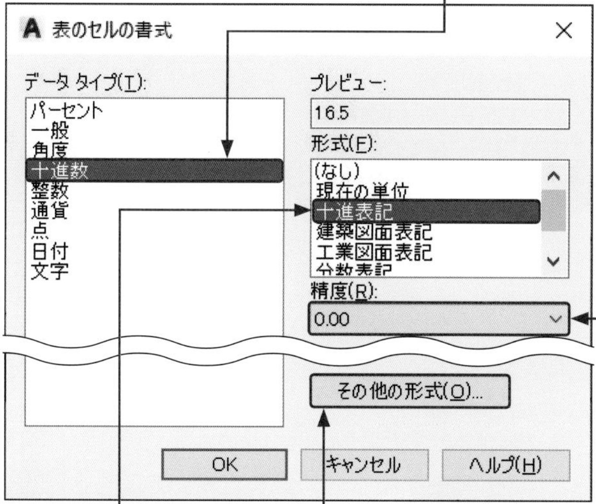

6 「形式」より<十進表記>をクリックして選択します。

7 「精度」から<0.00>をクリックして選択し、

8 <その他の形式>をクリックします。

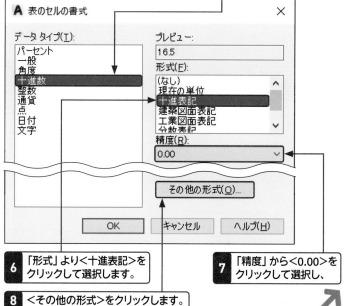

9 「その他の形式」ダイアログボックスが表示されます。

10 「0省略表記」で<末尾>の□をクリックして☑にします。

11 <OK>をクリックします。

12 「表のセルの書式」ダイアログボックスで<OK>をクリックします。

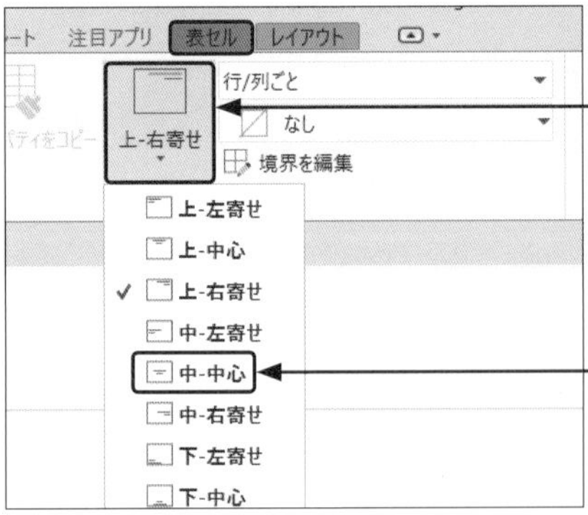

13 <表セル>タブ→<セルスタイル>パネル→<上-右寄せ>をクリックし、

14 表示されるメニューから<中-中心>をクリックして選択します。

15 Esc キーを押してセルの選択を解除します。

参考数量表（10m当り）

個数	参考質量	基礎材		敷モルタル
	(kg/個)	(m^3)	(m^2)	(m^3)
16.5	75	0.6	6	0.17

16 図が完成しました。

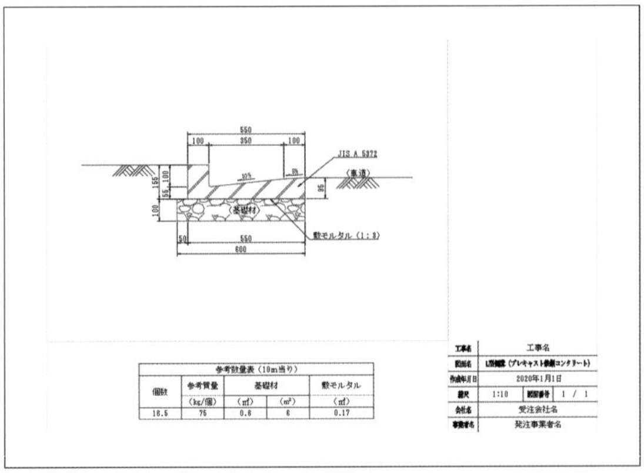

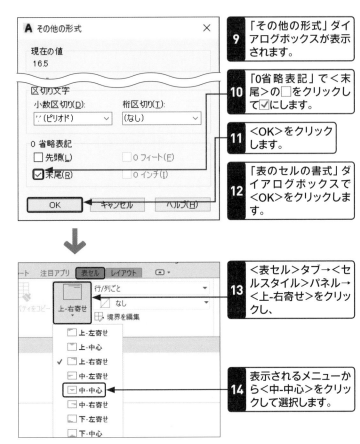

Chapter 07

第7章

間取り図を作図しよう

Section 73
グリッドとスナップを設定する

覚えておきたいキーワード
- テンプレート
- グリッド
- スナップ

グリッドとは方眼紙のマス目のような機能で、作図領域に表示されますが、印刷はされません。「スナップ」は作図時にグリッドを基準に点を取得する機能です。「オブジェクトスナップ」が図形の点を取得するのに対して、「スナップ」はグリッドスナップのみ取得します。

練習用ファイル	建築図枠.dwg
ショートカット	Ctrl＋G または F7 （グリッド）／ Ctrl＋B または F9 （スナップ）
コマンド	GRID（グリッド）／SNAP（スナップ）

1 グリッドとスナップを設定する

キーワード グリッドとスナップ

「グリッド」とは、作図領域のX方向およびY方向に表示される線です。グリッド線は印刷されません。「スナップ」とは、コマンド実行中に点を指定する際に、グリッドを基準に指定された数値でスナップ（点を取得）してくれる機能です。図形の選択時やコマンドが実行されていない場合は、スナップがオンの状態でもスナップ点は取得できません。なお、グリッドとスナップの機能は独立しており、グリッドがオフの状態でもスナップ点を取得することができます。

注意 図面の保存について

作成した図面は<名前を付けて保存>で任意のファイル名を付けて保存しておきましょう。<上書き保存>してしまうと、図枠のみのデータがなくなってしまうので注意しましょう。

1 建築図枠.dwgを開きます。

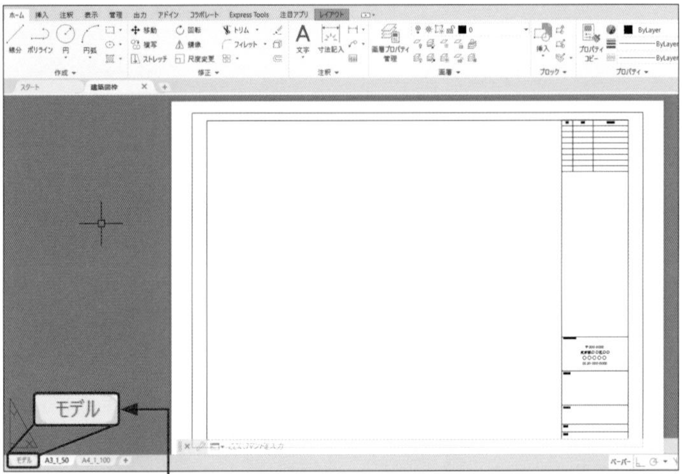

2 <モデル>タブをクリックして、モデル空間に切り替えます。

3 ステータスバーの<作図グリッドを表示>をクリックしてにし、

4 作図領域にグリッド線を表示します。

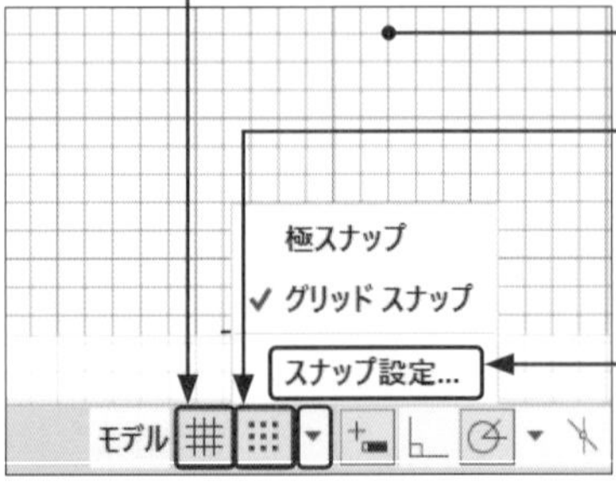

5 ステータスバーの<スナップモード>をクリックしてにし、

6 ステータスバーの<スナップモード>→ ▼ →<スナップ設定>をクリックします。

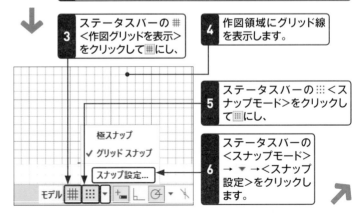

7 「作図補助設定」ダイアログボックスが表示されます。

8 <スナップとグリッド>タブが選択表示されていることを確認し、

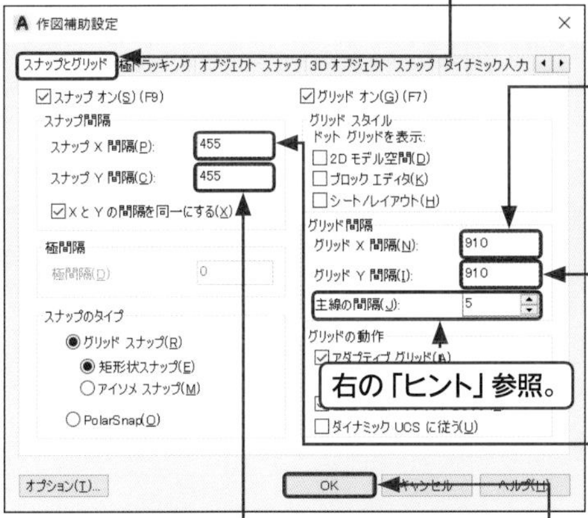

9 グリッド間隔の「グリッドX間隔」に「910」と入力します。

10 「グリッドY間隔」の数値をクリックすると、自動的に「910」が入力されます。

右の「ヒント」参照。

11 スナップ間隔の「スナップX間隔」に「455」と入力します。

12 「スナップY間隔」の数値をクリックすると、自動的に「455」が入力されます。

13 <OK>をクリックします。

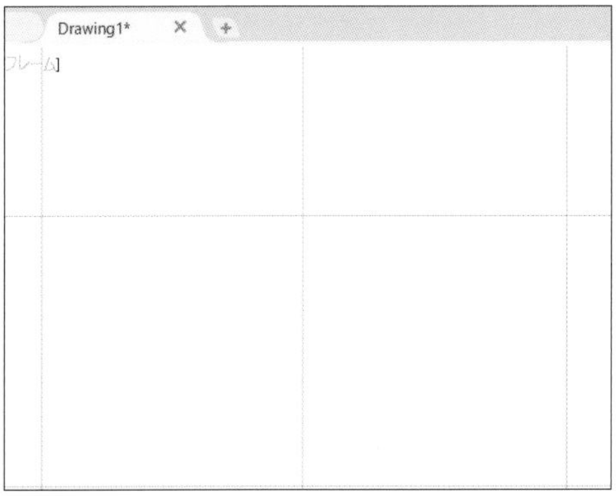

14 作図画面のグリッド表示が「910x910」に更新されました。

ヒント 主グリッド線と副グリッド線

グリッド線には「主グリッド線」と「副グリッド線」があります。「主線の間隔」で設定された間隔で、主グリッド線が設定されます。

メモ 尺モジュールについて

ここでは、グリッドの間隔を「910」に設定しました。これは日本の住宅設計で一般的に使用されている間隔で「尺モジュール」とも呼ばれています。

メモ グリッド間隔とスナップ間隔について

グリッド間隔は画面上に表示されるグリッド罫線の間隔を指定するものです。スナップ間隔はグリッドの交点を基準に、作図編集の際にスナップ（点を取得）する間隔を指定します。手順**9**から**14**でグリッド間隔XおよびYを「910」、スナップ間隔XおよびYを「455」にそれぞれ設定しました。スナップ間隔を「455」と設定したことで、グリッドの交点だけでなく中点（910÷2＝455）も取得できるようにしています。

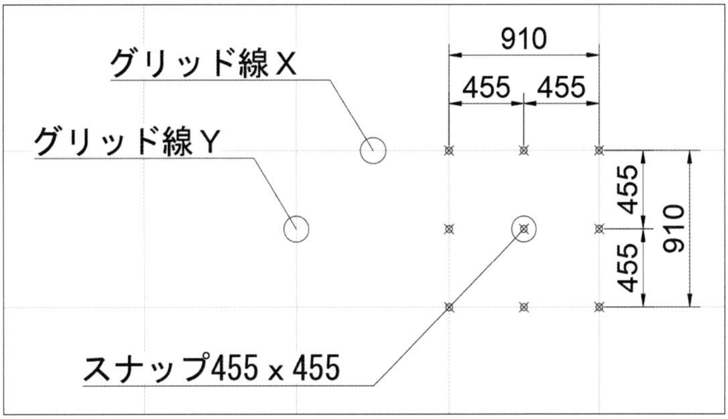

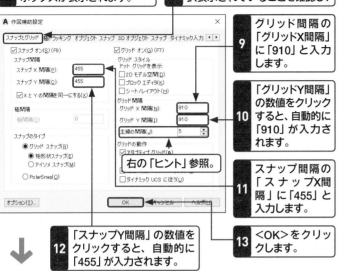

Section 74

壁芯を作図する

覚えておきたいキーワード
- ☑ 絶対座標
- ☑ グリッドスナップ
- ☑ 長さ変更

ここでは、グリッドスナップの機能を利用した尺モジュールで、間取り図のベースとなる壁芯を作図します。ポリラインで作図すれば、このあと作図する壁の結合処理が格段に楽になるので、線分コマンドを使わずに必ずポリラインで作図しましょう。

練習用ファイル	Sec74.dwg		
リボン	[ホーム] タブ - [作成] パネル - [長方形] [ポリライン] ／ [ホーム] タブ - [修正] パネル - [長さ変更]		
ショートカット	F10 (極トラッキング) ／ F3 (オブジェクトスナップ) ／ F11 (オブジェクトスナップトラッキング)		
コマンド	RECTANG (長方形) ／ PLINE (ポリライン) ／ LENGTHEN (長さ変更)	エイリアス	REC (長方形) ／ PL (ポリライン) ／ LEN (長さ変更)

1 作図補助機能を設定する

メモ ここでの設定について

「スナップ」と「オブジェクトスナップ」を併用すると、機能が競合してうまく操作ができない場合があります。今回は確実にスナップ点を取得するため、オブジェクトスナップだけでなく、極トラッキングやオブジェクトスナップトラッキングもオフにしています。

1 ステータスバーの<極トラッキング><オブジェクトスナップトラッキング><オブジェクトスナップ>のそれぞれのアイコンをクリックしてにします。

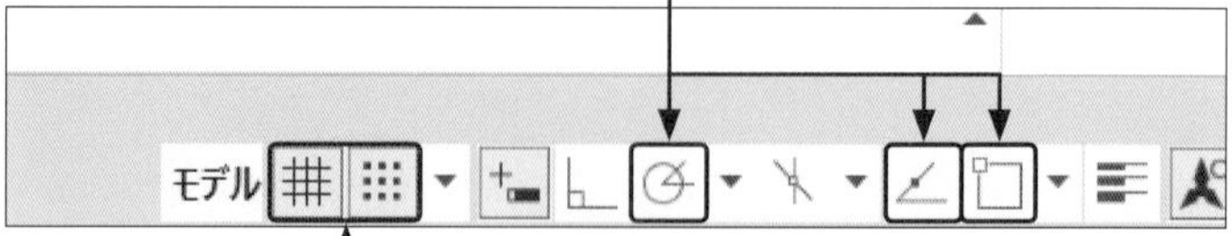

2 <グリッド><スナップ>がオンであることを確認します。

2 外壁の壁芯を作図する

メモ 絶対座標について

UCSアイコン (画面左下) を原点 (0,0) として、座標を指定する方法を「絶対座標」といいます。グリッド線はこの絶対座標の原点を基点として表示されます。次ページの手順3のように、1点目を指定 (長方形の始点コーナー) する際にダイナミック入力を使って座標値で入力すると、自動的に絶対座標として作図されます (詳細についてはP.231の「絶対座標と相対座標」を参照)。

1 <ホーム>タブ→<画層>パネル→<0>をクリックし、表示されるメニューから<01_壁芯>をクリックして選択します。

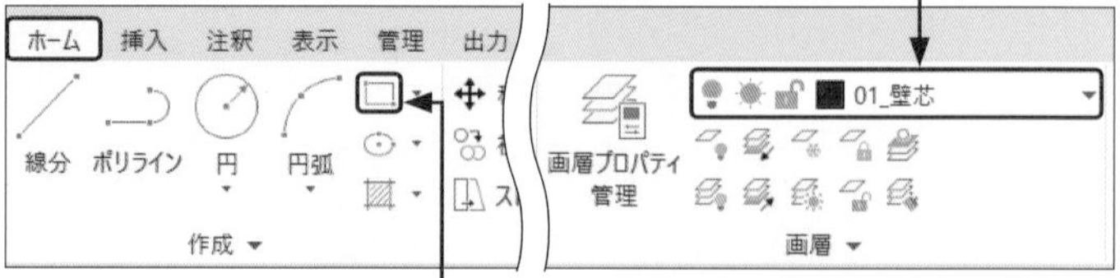

2 <作成>パネル→<長方形>をクリックします。

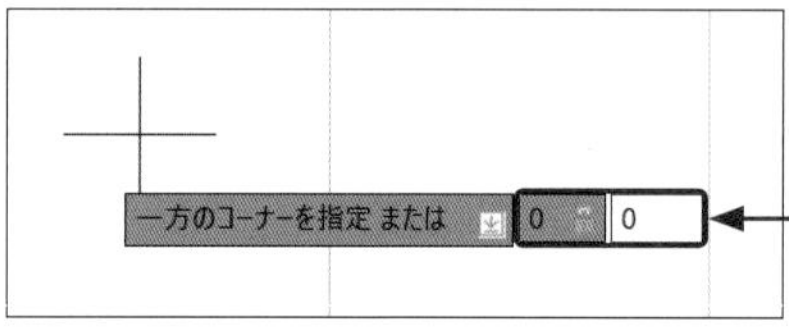

3 「一方のコーナーを指定」で「0,0」と入力し Enter キーを押します。

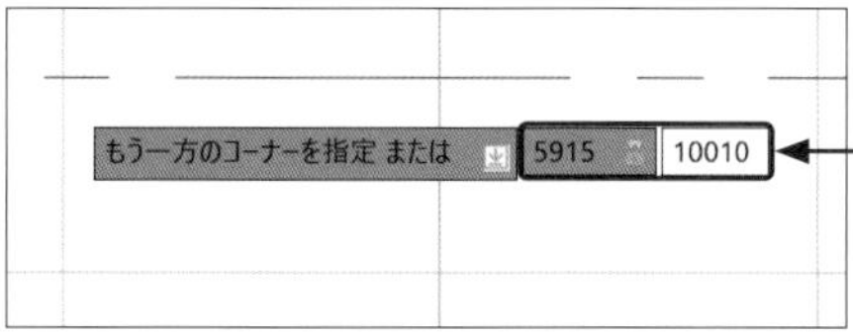

4 「もう一方のコーナーを指定」で「5915,10010」と入力し Enter キーを押します。

3 間仕切り壁の壁芯を作図する

1 ホイールをダブルクリックして図形全体を表示し、画面表示を調整します。

2 <ホーム>タブ→<作成>パネル→<ポリライン>をクリックします。

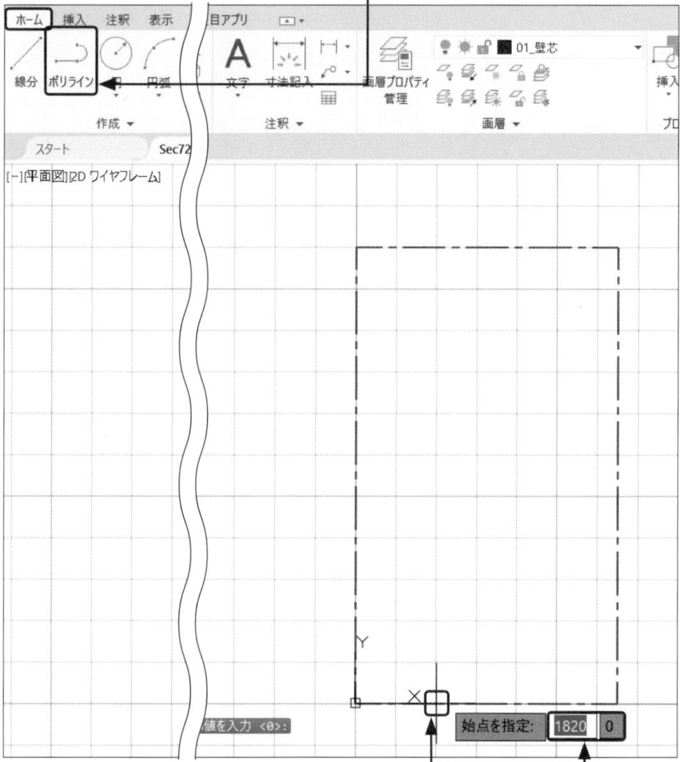

3 「始点を指定」で外壁南側の壁芯上にマウスカーソルを移動し、「1820,0」と表示された位置でクリックします。

4 「次の点を指定」でマウスカーソルを上方向（90°）に移動します。

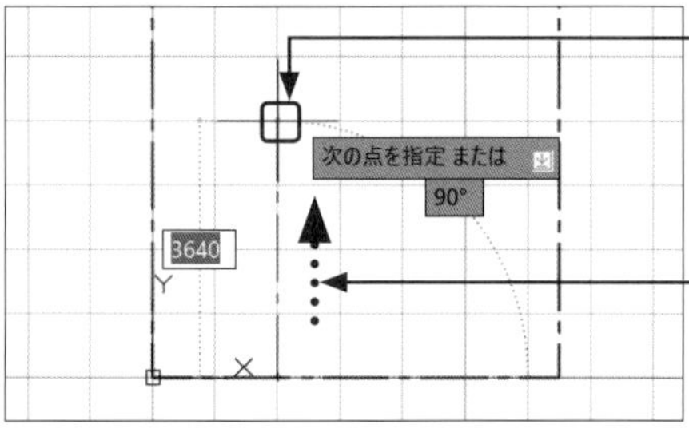

5 ダイナミック入力の寸法長さに「3640」と表示された位置でクリックします。

注意 **壁芯は必ずポリラインを使用!**

間仕切り壁の壁芯を作図する際は、必ずポリラインコマンドで作図してください。線分コマンドで壁芯を作図すると、このあとのP.276のSec.77「壁の結合部を処理する」で差異が発生します。

メモ **線種尺度について**

「現在のビューの注釈尺度」が<1：50>に設定されいるので、モデル空間内の線種尺度は<50>の状態で表示されます。

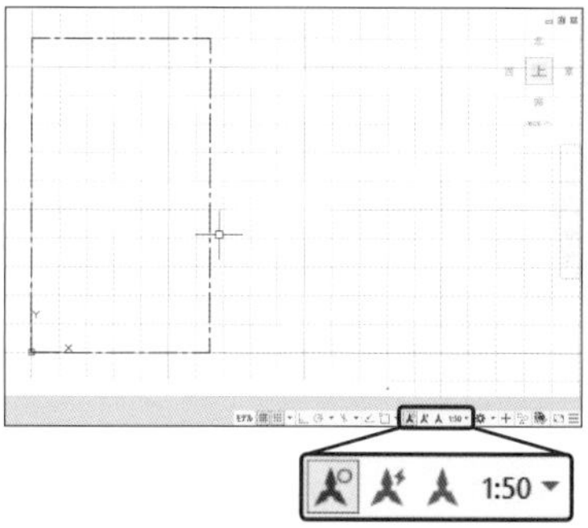

メモ **ポリラインの太さについて**

紙面のポリラインは、見やすさを考慮して、実際の画面表示より太く表示しています。

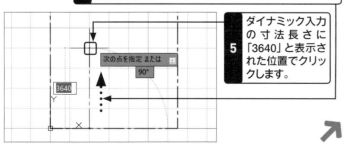

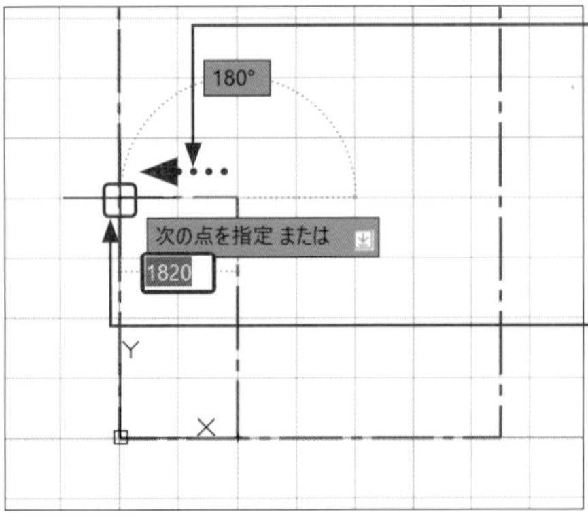

6 「次の点を指定」でマウスカーソルを左（180°方向）に移動します。

7 「1820」と表示された位置でクリックします。

8 Enter キーを押してコマンドを終了します。

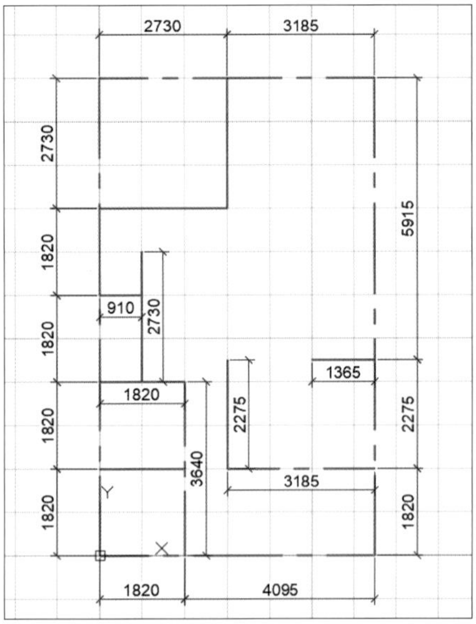

9 Enter キーを押して直前のコマンド（ポリライン）を繰り返します。

10 同じようにほかの壁芯もポリラインで作図します（寸法は不要です）。

4 袖壁の長さを変更する

キーワード 長さ変更コマンド

「長さ変更」コマンドを使用すると、指定した数値に合わせて図形を伸縮するだけでなく、全体の長さを変更することもできます。グリップストレッチでは長さの変更が難しい、円弧や角度の付いた線分などを編集するときに便利です。

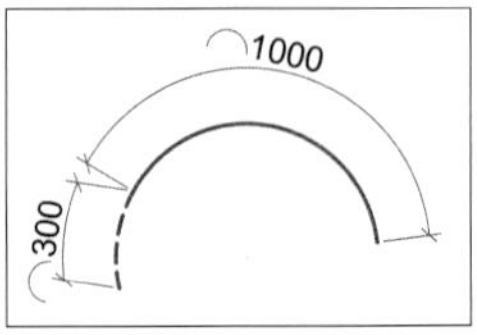

1 <ホーム>タブ→<修正>パネル→<修正▼>→<長さ変更>をクリックします。

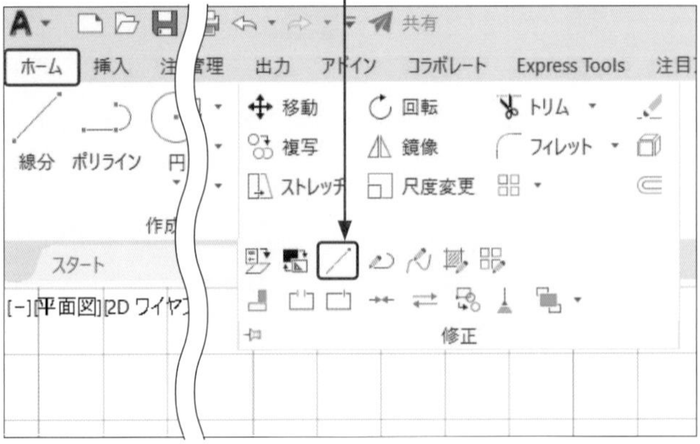

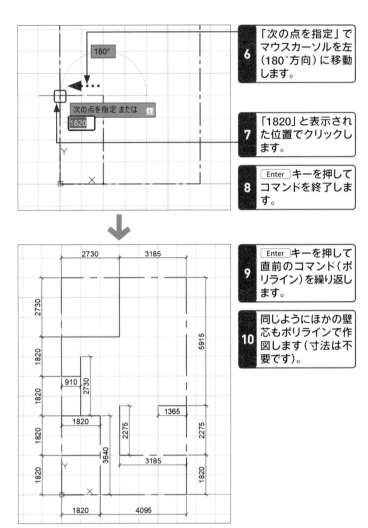

2 コマンドラインから＜増減(DE)＞をクリックし、

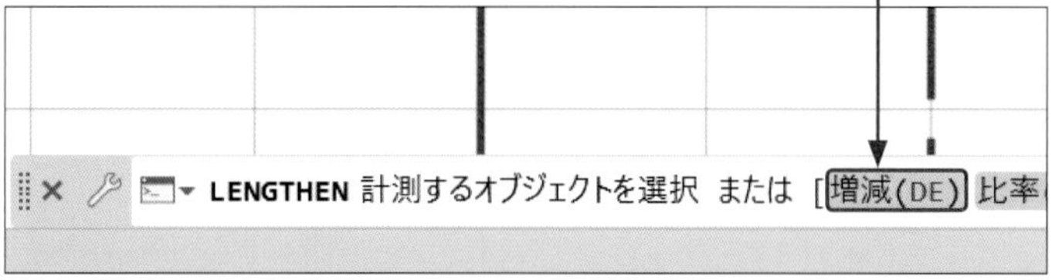

3 「増減の長さを入力」で「75」と入力し、Enter キーを押します。

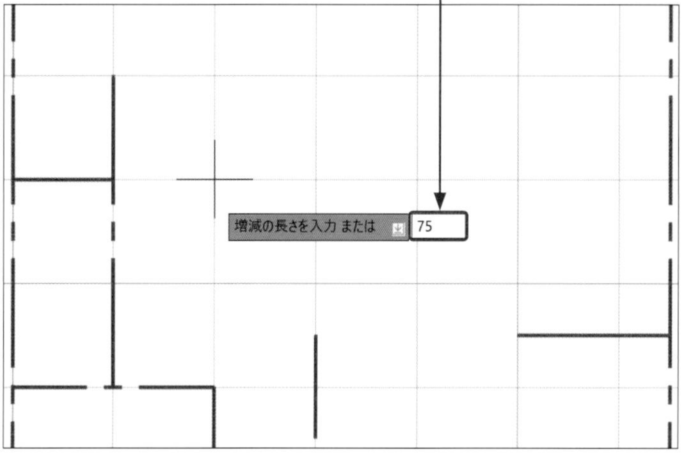

4 「変更するオブジェクトを選択」で、図形の伸縮方向に近い端点付近にマウスカーソルをポイントし、クリックします。

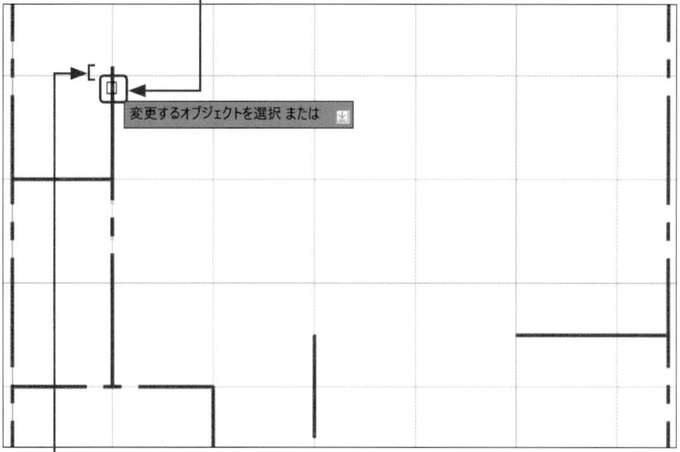

5 長さが「75」増加します。

6 Enter キーを押してコマンドを終了します。

メモ グリップストレッチの使用方法

グリップストレッチを利用する場合は、ポリラインを選択し、伸ばしたい方向にあるグリップをクリックします。Tab キーを2回押して循環し、増加数値編集に切り替わったら、数値を入力 Enter キーを押して確定します。

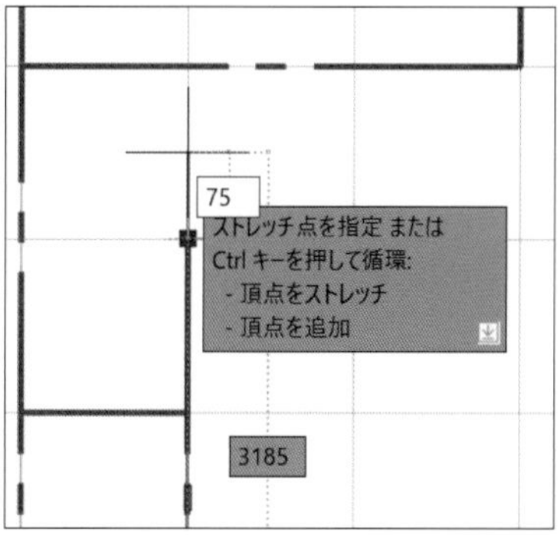

Section 75
寸法を作成する

覚えておきたいキーワード
☑ クイック寸法記入
☑ 寸法線
☑ 並列寸法

ここでは、「クイック寸法記入」を使って寸法を作成します。建築図面では寸法線は最後に作図されることも多いですが、間取りのベースとなる壁芯の寸法は、壁芯の作図直後に作図するようにします。ミスを早期に発見し、大掛かりな修正の手間を回避することができます。

練習用ファイル	Sec75.dwg		
リボン	[注釈] タブ - [寸法記入] パネル - [クイック] [並列寸法]		
コマンド	QDIM(クイック寸法記入)/DIMBASELINE(並列寸法記入)	エイリアス	DIMBASE(並列寸法)

1 長さ寸法を作図する

キーワード クイック寸法記入

「クイック寸法記入」とは、図形が持つ座標値から寸法を自動一括作成する機能です。また、オプションから直列寸法を並列寸法に変換したり、既存の寸法形式を変換したりすることもできます。

メモ 寸法スタイルについて

今回使用する「ISO-25-建築用」は異尺度対応で設定されています。「現在のビューの注釈尺度」が<1:50>に設定されいるので、これから作図する寸法は<1:50>用となります。

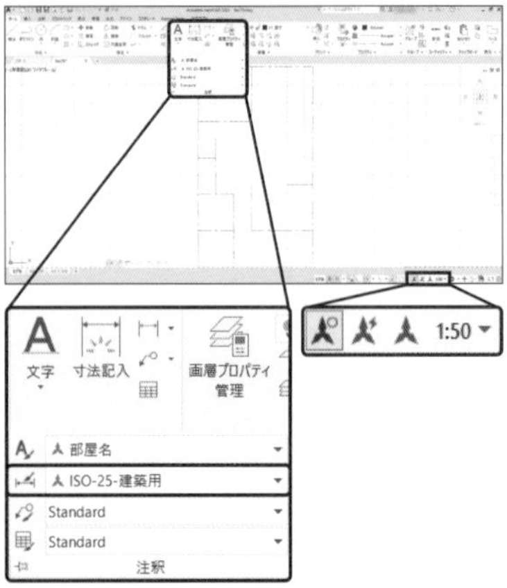

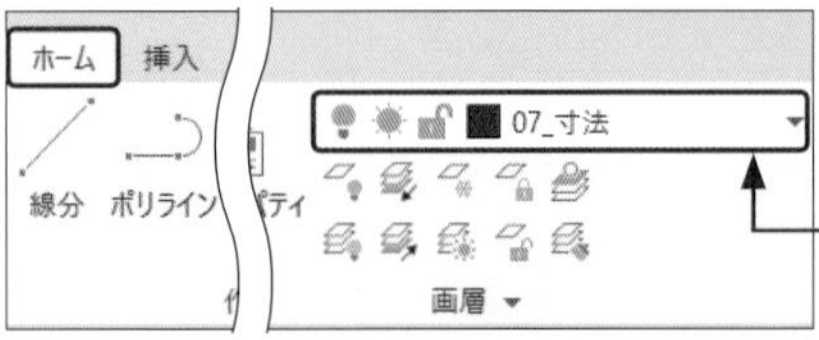

1 <ホーム>タブ→<画層>パネル→<01_壁芯>をクリックし、表示されるメニューから<07_寸法>をクリックして選択します。

2 <注釈>タブをクリックしてリボンを切替え、

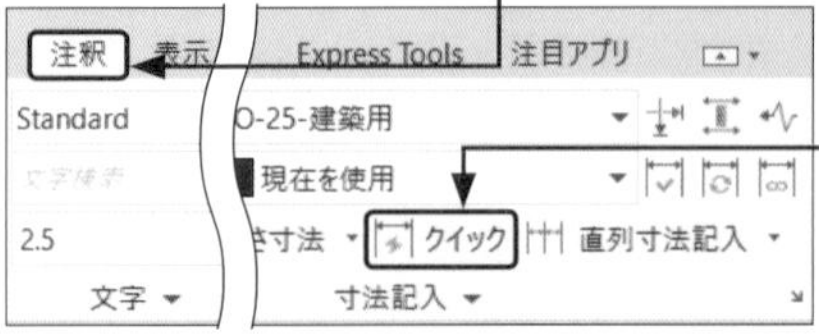

3 <寸法記入>パネル→<クイック>をクリックします。

4 「寸法を記入するジオメトリを選択」で外壁の長方形と、東側の壁線と交わっている2本の水平ポリラインをクリックします。

5 Enter キーを押して確定します。

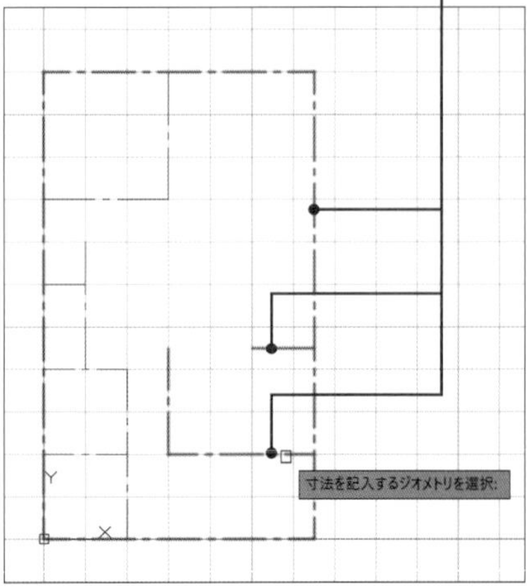

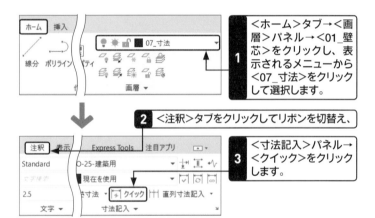

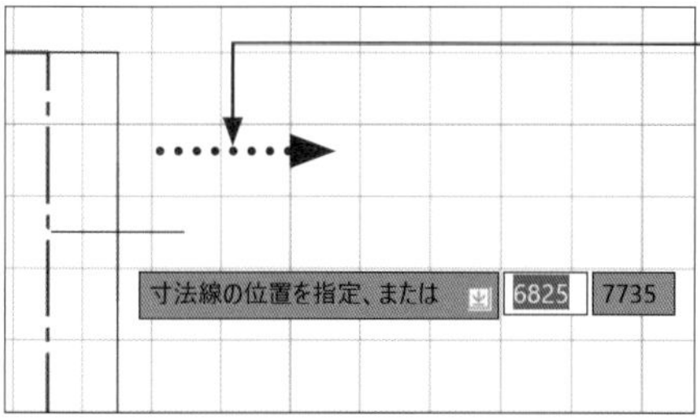

6 「寸法線の位置を指定」でマウスカーソルを右に移動し、

7 任意の位置でクリックします。

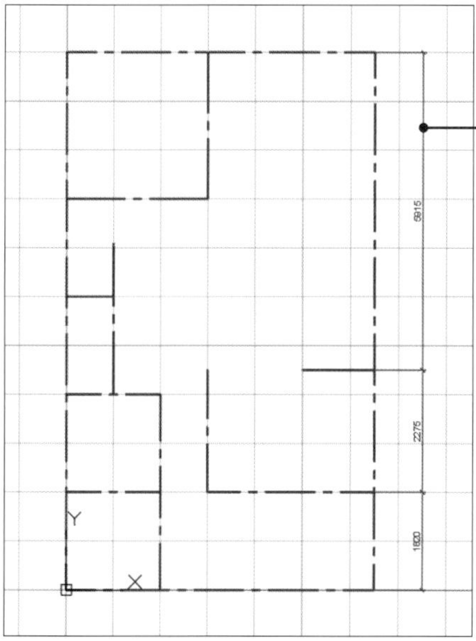

8 寸法線が作図されます。

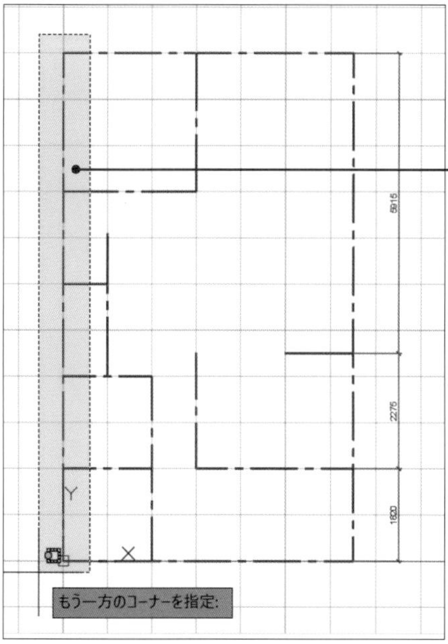

9 Enter キーを押してコマンドを繰り返します。

10 「寸法を記入するジオメトリを選択」で西側外壁部分を交差選択します。

11 Enter キーを押して確定します。

注意 寸法線の位置を指定について

手順6の「寸法線の位置を指定」時にマウスカーソルを北側の外壁線より上に移動すると、水平寸法が作図されます。

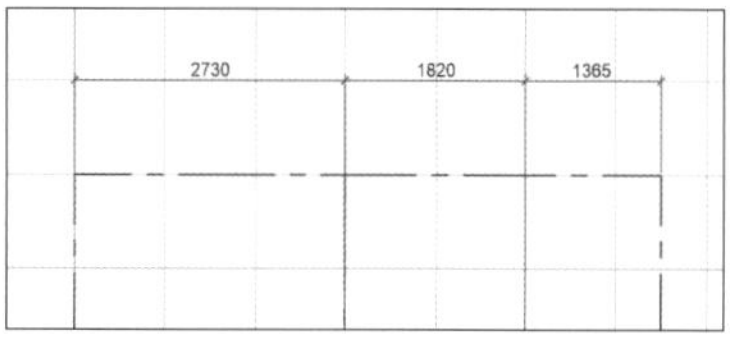

メモ 図形の修正について

寸法を作図後に図形を修正する場合は、ストレッチコマンド（P.116参照）を利用して寸法と図形を一緒に選択すると、同時に修正ができて便利です。

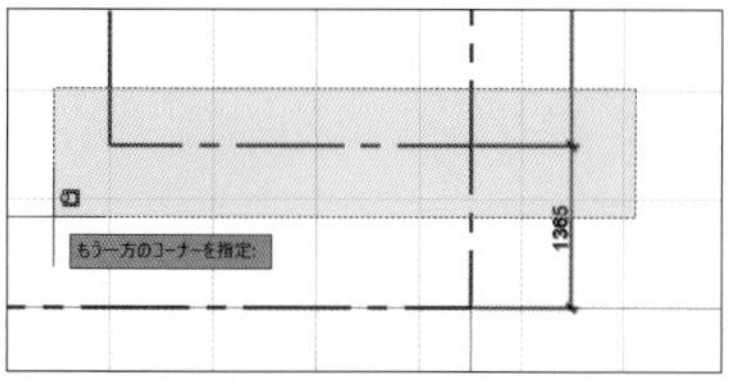

注意 交差選択を使用する場合

クイック寸法の「寸法を記入するジオメトリを選択」でほかの寸法線を選択すると、寸法の入れ替えが発生し、既存の寸法が削除されます。寸法線を選択してしまった場合は、選択除外（Shift キーを押しながら選択）で寸法線を選択セットから外します。交差選択を使用する場合は、選択時に寸法線を含まない範囲で行うようにしましょう。

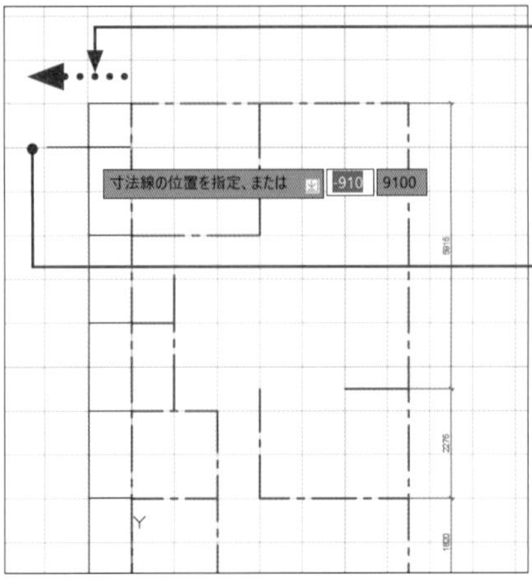

12 「寸法線の位置を指定」でマウスカーソルを左に移動します。

13 任意の位置でクリックします。

14 西側外壁部分に長さ寸法が作図されました。

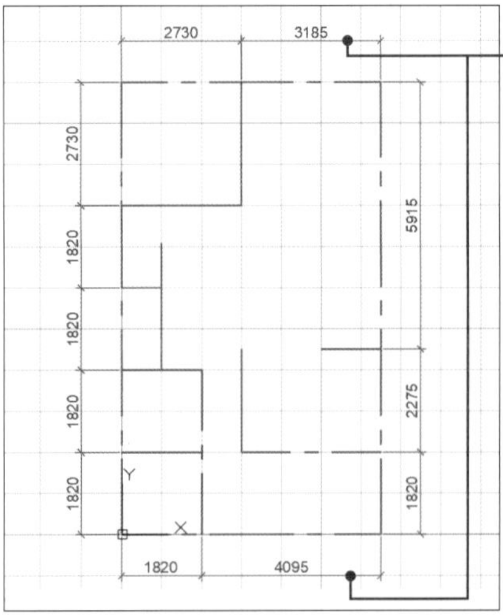

15 北側と南側も同じように「クイック寸法記入」を利用して寸法を作図します。

寸法が削除されてしまう場合は、「注意」を参照してください。

メモ 寸法値の大きさについて

手順15の寸法値は、見やすさを考慮して、実際の画面表示よりも大きく表示しています。

2 並列寸法を記入する

メモ 並列寸法の選択について

並列寸法コマンドを実行すると、既定では最後に作図した寸法を起点として並列寸法が開始されます。並列寸法の開始位置を指示するには、並列寸法の<選択>オプションを利用します。

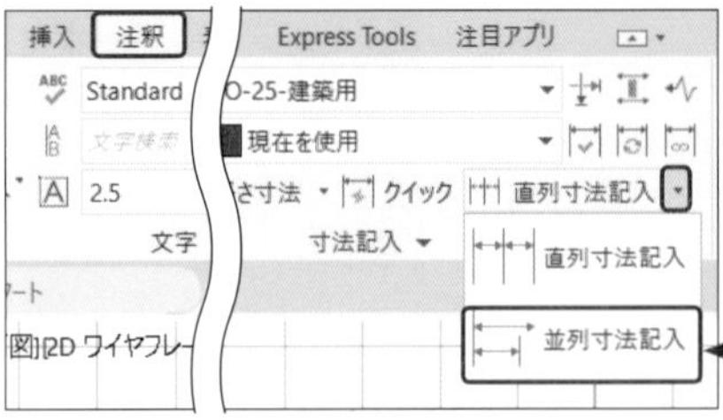

1 <注釈>タブ→<寸法記入>パネル→<直列寸法記入>横の ▼ →<並列寸法記入>をクリックします。

2 コマンドラインから<選択（S）>をクリックして選択します。

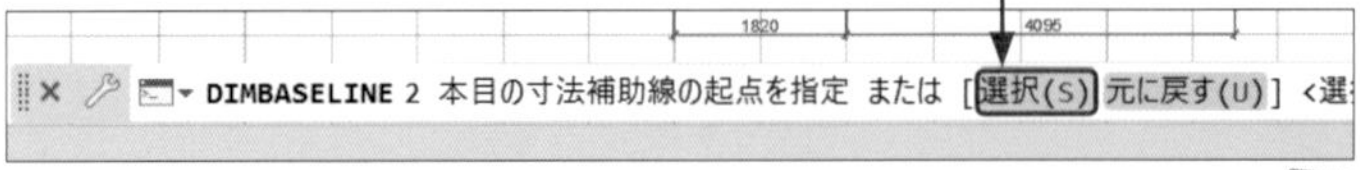

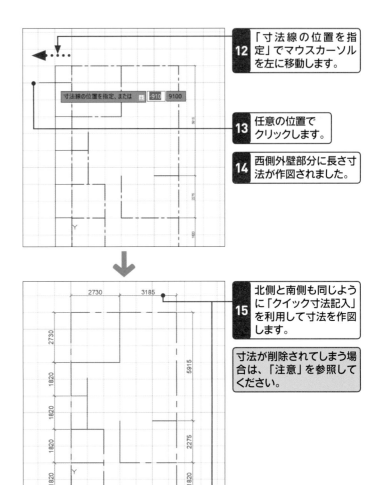

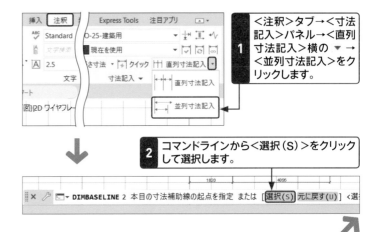

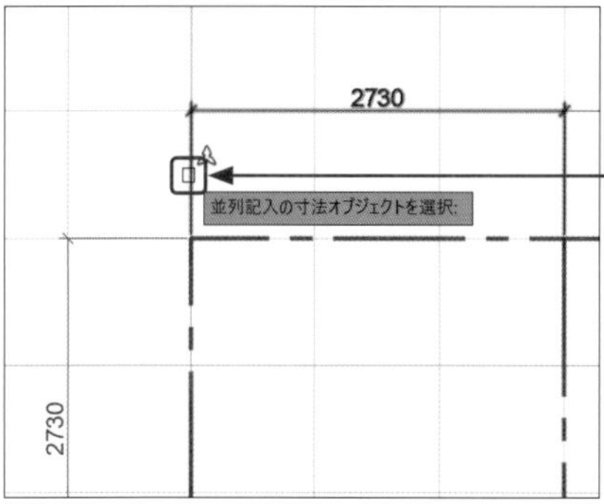

3 「並列記入の寸法オブジェクトを選択」で、北側の「2730」の寸法左側の寸法補助線上をクリックします。

4 ステータスバーの<オブジェクトスナップ>がになっていることを確認します（の場合はクリックしてにします）。

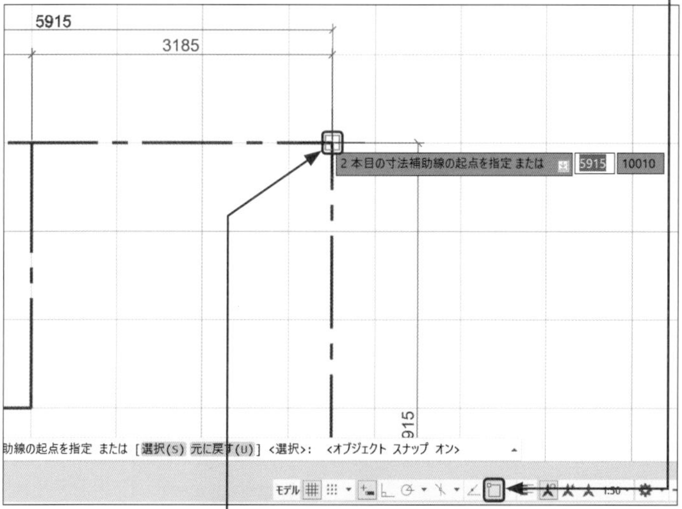

5 「2本目の寸法補助線の起点を指定」で北側外壁の右端点部をクリックし、

6 Enter キーを押します。

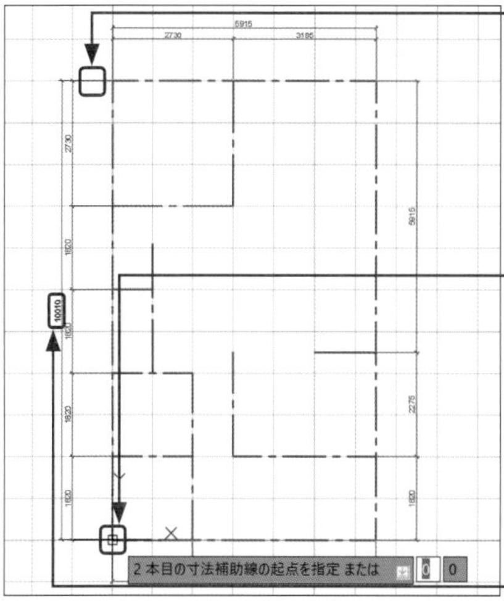

7 「並列記入の寸法オブジェクトを選択」で西側の「2730」の北側の寸法補助線上をクリックします。

8 「2本目の寸法補助線の起点を指定」で西側外壁の南側端点部をクリックします。

9 Enter キーを2回押してコマンドを終了します。

10 並列寸法が作図されました。

メモ　スナップについて

寸法を選択する際に、スナップ機能が邪魔になる場合は、ステータスバーの「スナップ」をクリックしてオフにしてから選択します。

メモ　並列寸法記入コマンドについて

P.242でも解説したように、寸法記入コマンドを使用しても並列寸法を作図できます。ただし、今回のようにクイック寸法で作図した寸法に寸法記入コマンドで並列寸法を作図すると、寸法の配置が崩れてしまう場合があるので、寸法記入コマンドではなく並列寸法記入コマンドを使用しています。

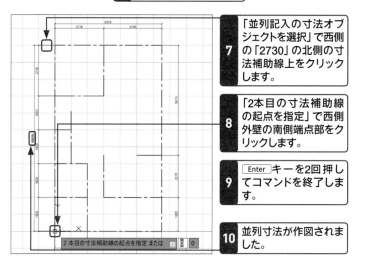

Section 76 壁を作図する

覚えておきたいキーワード
☑ オフセット
☑ 現在の画層
☑ ポリライン

ここでは、P.264のSec.74で作図した壁芯（ポリライン）を使って、外壁と間仕切り壁をオフセットで作図します。今回はオプションを利用して、オフセットされた図形を、現在の画層に直接作図します。この方法を利用すれば、作業時間の短縮を図ることができます。

練習用ファイル	Sec76.dwg		
リボン	[ホーム]タブ-[修正]パネル-[オフセット]／[ホーム]タブ-[作成]パネル-[ポリライン]		
コマンド	OFFSET（オフセット）／PLINE（ポリライン）	エイリアス	O（オフセット）／PL（ポリライン）

1 外壁を作図する

注意 画層をフリーズする際の注意点について

現在の画層（書き込み画層）をフリーズすることはできません。フリーズを実行する際は、現在の画層を違う画層に切り替えてから行います。

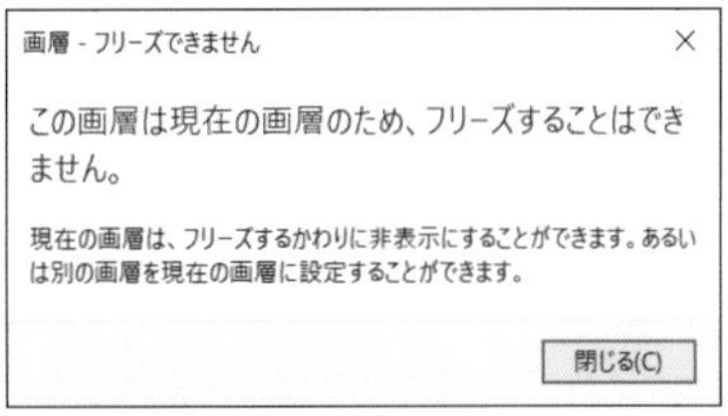

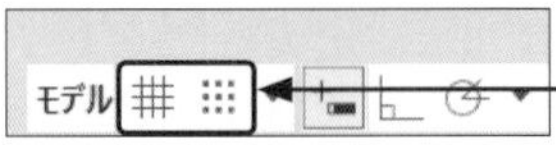

1 ステータスバーの＜グリッド＞と＜スナップ＞をクリックしてにします。

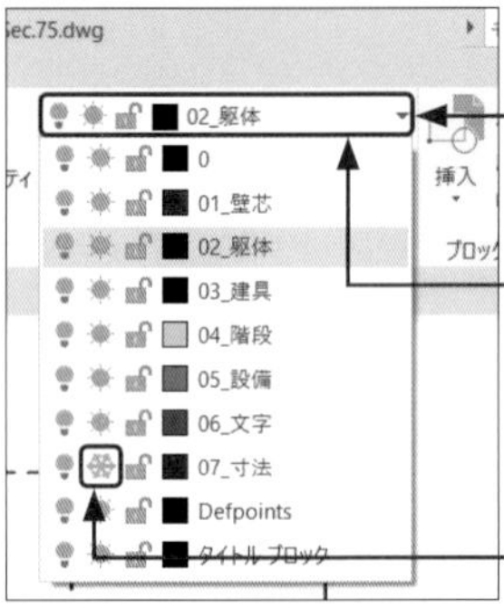

2 ＜ホーム＞タブ→＜画層＞パネル→＜07_寸法＞をクリックし、表示されるメニューから、＜02_躯体＞をクリックして選択します。

3 もう一度＜ホーム＞タブ→＜画層＞パネル→＜02_躯体＞をクリックし、

4 表示されるメニューから、＜07_寸法＞の＜すべてのビューポートでフリーズまたはフリーズ解除＞をクリックして＜フリーズ＞に変更します。

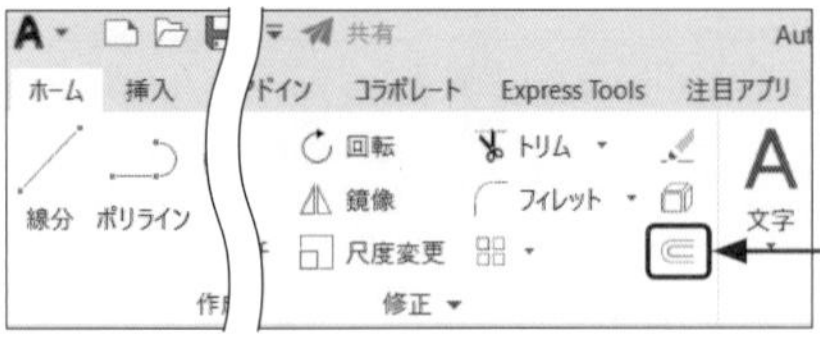

5 ＜ホーム＞タブ→＜修正＞パネル→＜オフセット＞をクリックします。

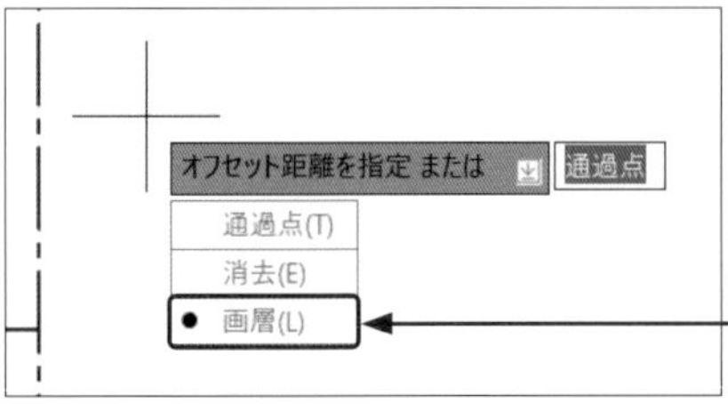

6 ↓キーを押し、

7 ＜画層＞をクリックして選択します。

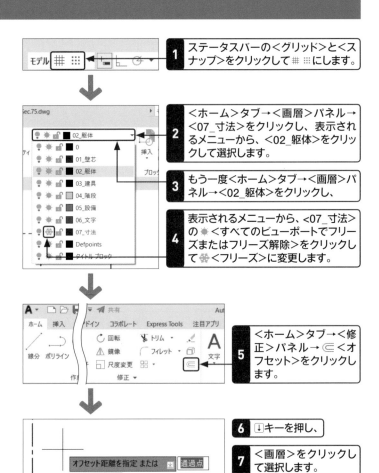

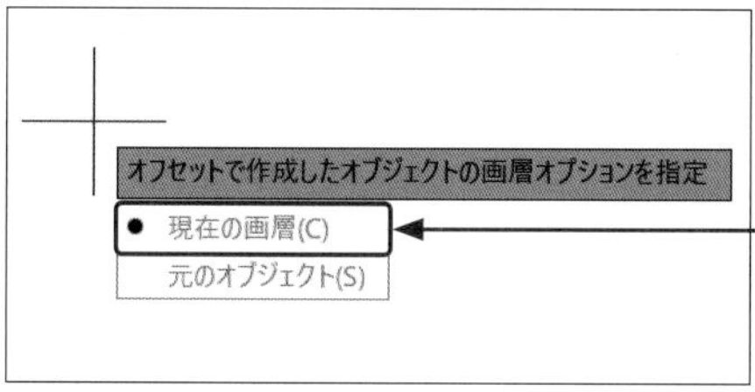

8 「オフセットで作成したオブジェクトの画層オプションを指定」で、<現在の画層>をクリックして選択します。

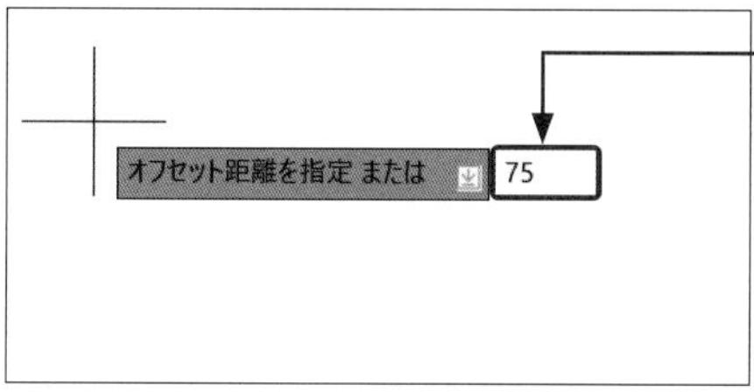

9 「オフセット距離を指定」で「75」と入力します。

10 Enter キーを押して確定します。

11 「オフセットするオブジェクトを選択」で、外壁の壁芯にあたる赤い長方形をクリックします。

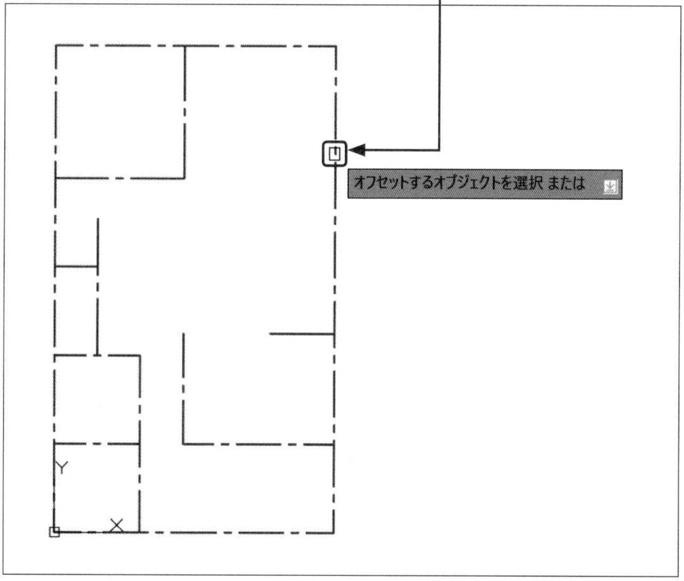

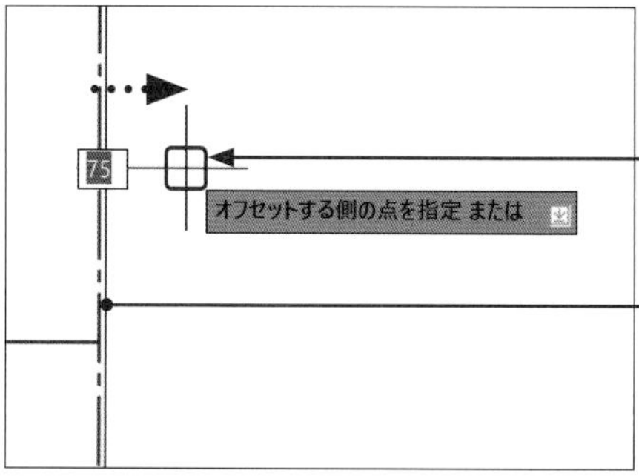

12 「オフセットする側の点を指定」で外壁の外にマウスカーソルを移動します。

13 表示を確認し、任意の位置でクリックします。

メモ　オフセット時の画層について

オフセットした図形は、初期値では現在の画層に関係なく、選択した図形（オフセット元）と同じ画層に同じプロパティ（線種・線色）で作図されます。現在の画層に直接作図したい場合は、手順**8**のようにオフセットのオプションから<現在の画層>を選択します。この設定はAutoCADを終了するまで有効です。

<元のオブジェクト>で設定してオフセットした場合

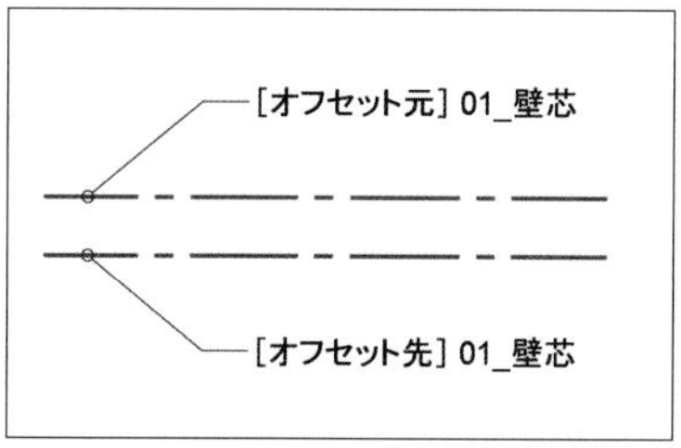

<現在の画層>で設定してオフセットした場合

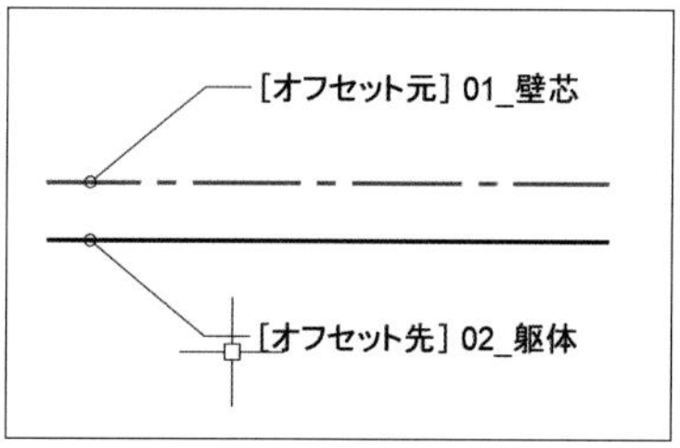

メモ　オフセット時の処理について

オフセットを行う際、ポリラインと線分では処理の方法が異なります。詳細は、P.106のSec.29「図形を平行に複写する」を参照してください。

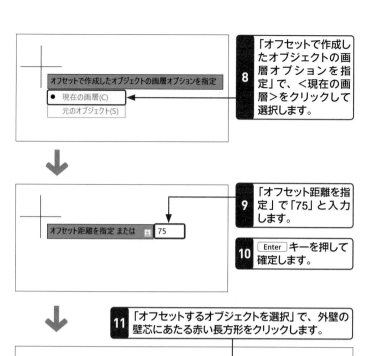

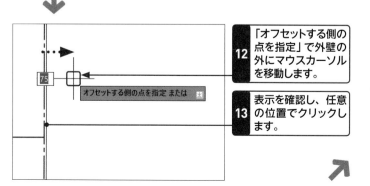

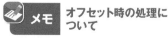

14 引き続き「オフセットするオブジェクトを選択」で、外壁の壁芯にあたる赤い長方形をクリックします。

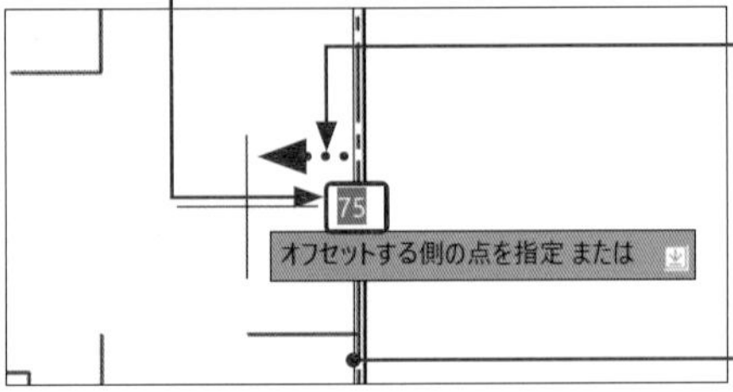

15 「オフセットする側の点を指定」で外壁の内側にマウスカーソルを移動します。

16 表示を確認し、任意の位置でクリックします。

17 Enter キーを押してコマンドを終了します。

2 間仕切り壁を作図する

メモ 数値の除算について

一部コマンドでは、数値を入力する際に「/（スラッシュ）」を用いて除算することができます。手順2の場合、内壁の壁厚が115mmの設定なので「115mm÷2＝57.5mm」となります。

1 Enter キーを押して直前のコマンド（オフセット）を繰り返します。

2 「オフセット距離を指定」で「115/2」と入力します。

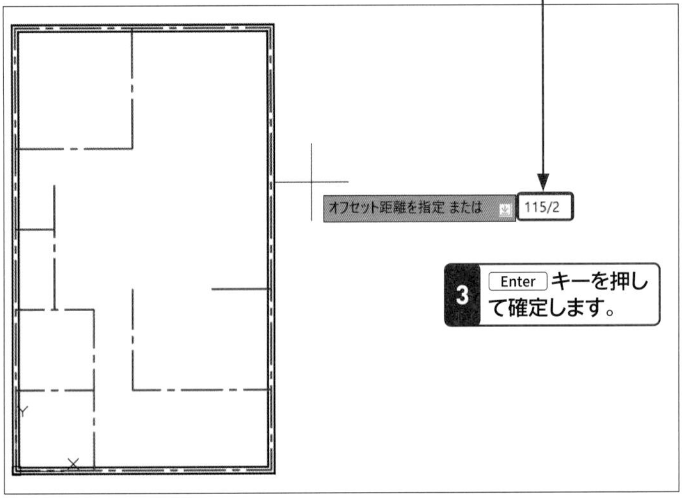

3 Enter キーを押して確定します。

4 「オフセットするオブジェクトを選択」で、間仕切り壁の壁芯にあたるポリラインをクリックします。

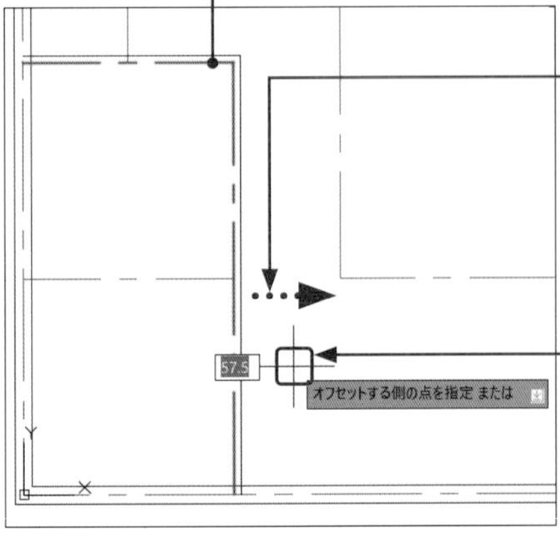

5 「オフセットする側の点を指定」で任意の方向にマウスカーソルを移動し、

6 クリックします。

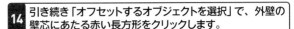

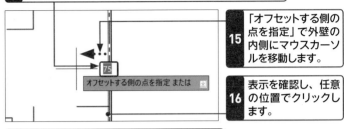

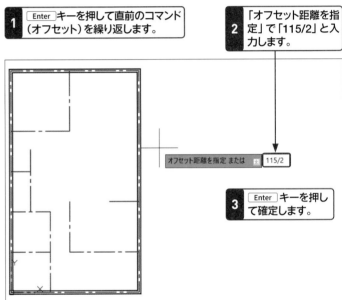

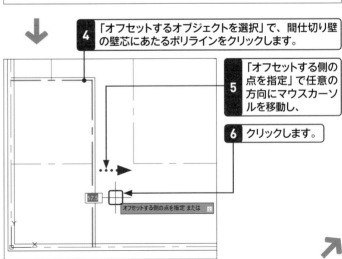

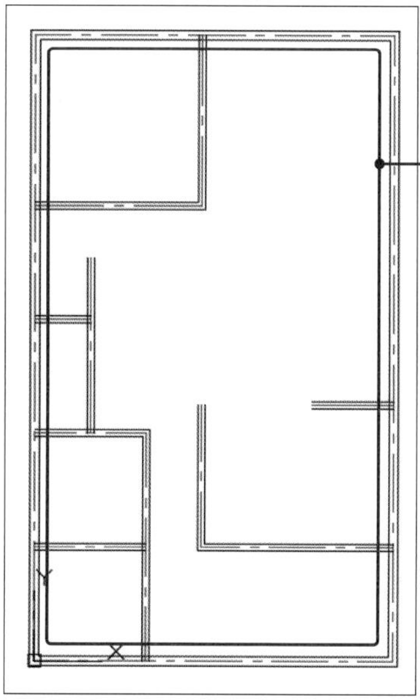

7 すべての間仕切り壁の壁芯の両側にオフセット値「57.5」で壁を作図します。

8 すべての間仕切り壁の壁芯の両側にオフセットが完了したら、Enter キーを押してコマンドを終了します。

メモ　間違えた場合は

オフセットの途中で間違えた場合は、オプションより＜元に戻す＞をクリックします。クイックアクセスツールバーの「元に戻す（UNDO）」を使うと、オフセットコマンドを実行後のすべての作業が元に戻されてしまうので注意しましょう。

3 壁の端部を閉じる

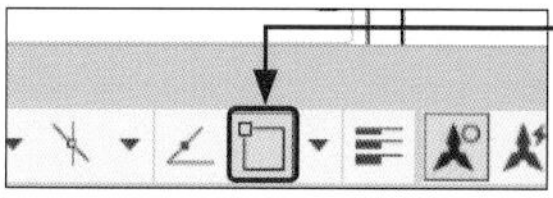

1 ステータスバーの□＜オブジェクトスナップ＞が□になっていることを確認します)。

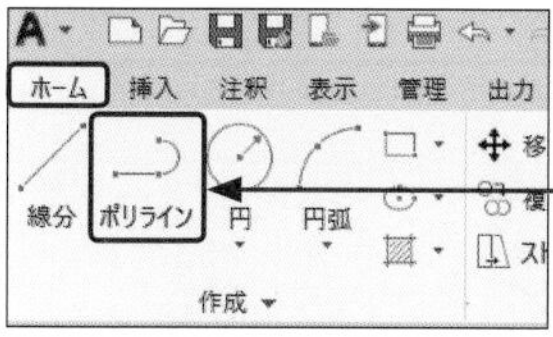

2 ＜ホーム＞タブ→＜作成＞パネル→＜ポリライン＞をクリックします。

3 「始点を指定」で壁の端点をクリックします。

4 「次の点を指定」で反対側の壁端点をクリックします。

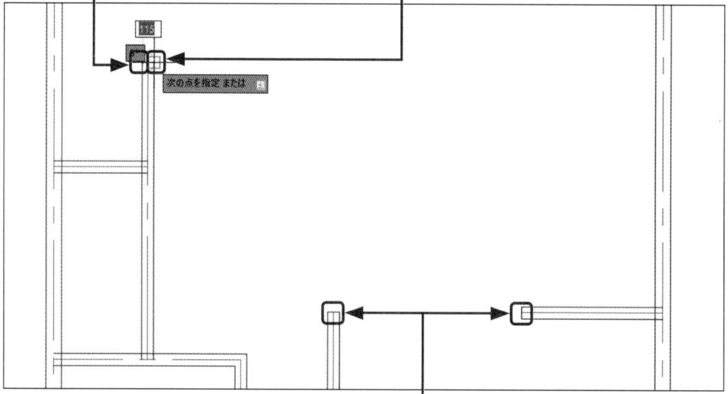

5 Enter キーを押してコマンドを終了します。

6 Enter キーを押して直前のコマンド（ポリライン）を繰り返し、残り2か所も同じように閉じておきます。

Section 77 壁の結合部を処理する

覚えておきたいキーワード
☑ トリム
☑ トリム（すべて選択）
☑ 包絡

ここでは、柱と壁の結合部の線分を削除（包絡）する方法を解説します。今回はトリムコマンドを使用します。編集に不要な画層を一時的に非表示にすることで、作業時間短縮とケアレスミスを防止することができます。建築図面では必須の作業なのでしっかり練習しましょう。

練習用ファイル	Sec77.dwg		
リボン	［ホーム］タブ-［修正］パネル-［トリム］		
コマンド	TRIM（トリム）	エイリアス	TR（トリム）

1 壁の結合部を処理する（包絡）

注意 2020以前のバージョンで作業する場合

トリム／延長コマンドは2021バージョンより仕様変更が行われました。2020以前のバージョンで、テキストと同じ作業を行う場合は、手順5で切り取りエッジ（基準線）を選択せずに、Enter キーを押すと、＜すべて選択＞オプションが実行され、図面上にあるすべての図形が切り取りエッジ（基準線）として選択されます。

1 ＜ホーム＞タブ→＜画層＞パネル→＜02_躯体＞をクリックし、

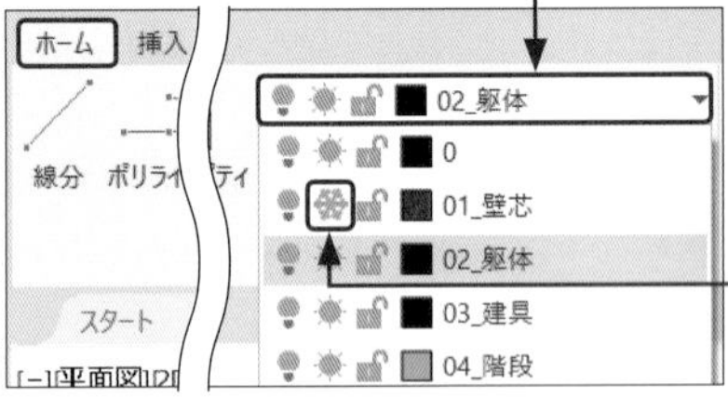

2 ＜01_壁芯＞の＜すべてのビューポートでフリーズまたはフリーズ解除＞をクリックして＜フリーズ＞に変更します。

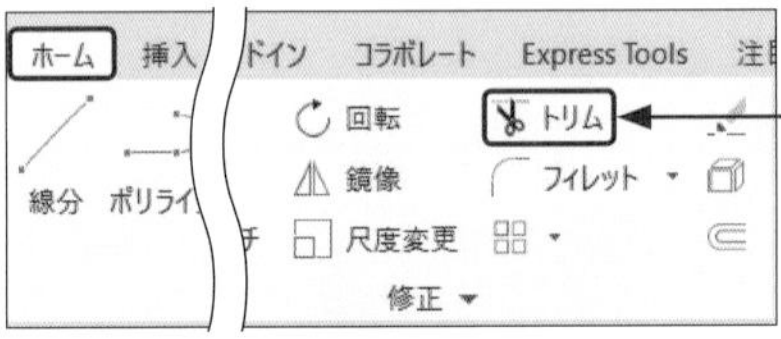

3 ＜ホーム＞タブ→＜修正＞パネル→＜トリム＞をクリックします。

4 壁の取り合い部分を拡大します。

5 「トリムするオブジェクトを選択」でトリムする図形の上をクリックします。

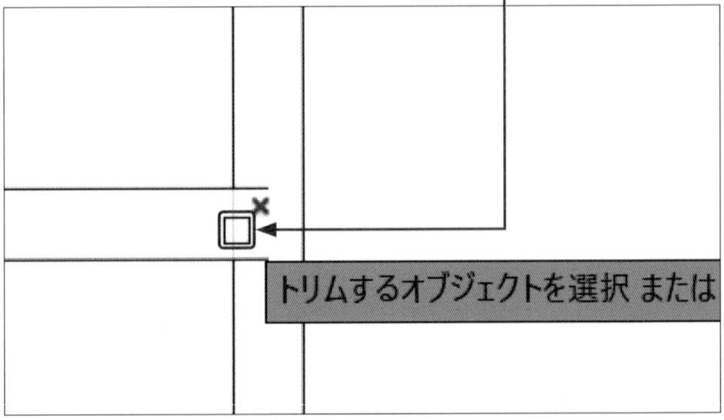

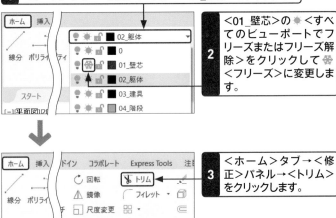

6 壁からはみ出した部分をフェンス選択でトリムするために任意の位置（図形上以外）をクリックします。

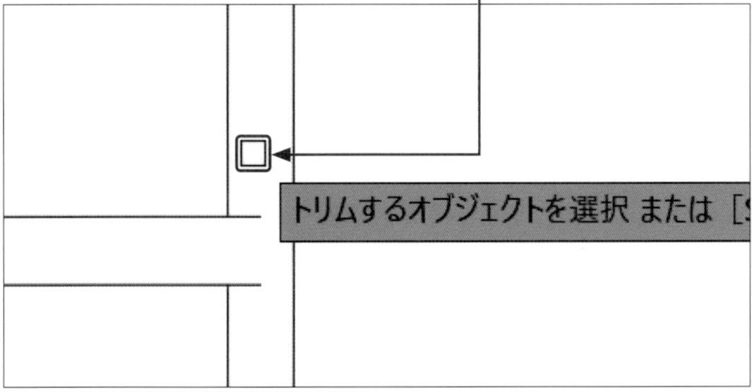

7 マウスを移動し、はみ出した部分とフェンス選択の点線が交差した位置でクリックします。

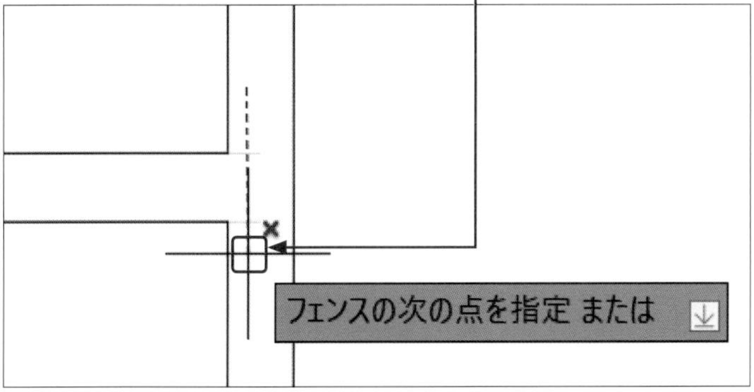

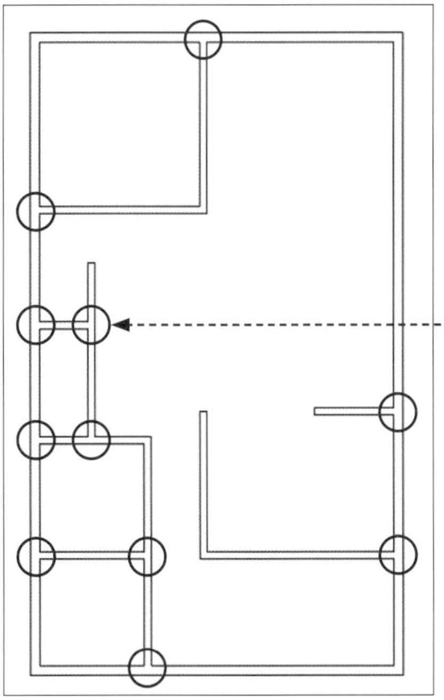

8 すべての壁の取り合い部分を同じように処理します。

9 Enter キーを押してコマンドを終了します。

手順4で拡大した部分

メモ 包絡処理について

建築図面において、壁と壁、または壁と柱の取り合い部分の線分を削除して表現することがあります。これを「包絡（ほうらく）」と呼びます。

メモ UCSアイコンの表示について

画面左下の原点に表示されているUCSアイコンを非表示にするには、＜表示＞タブ→＜ビューポートツール＞パネル→＜UCSアイコン＞をクリックしてオフにします。

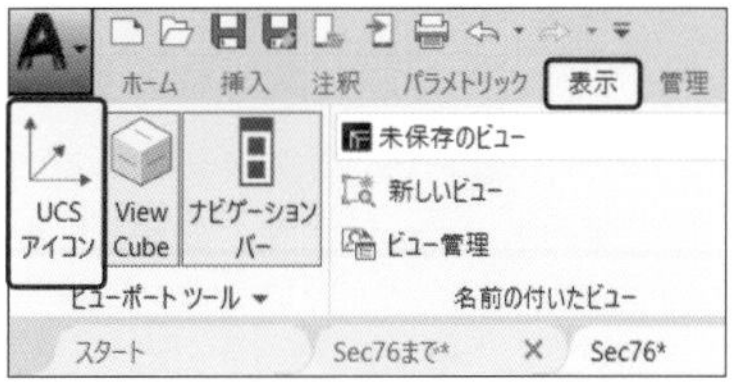

メモ 間違えた場合は

トリムの途中で間違えた場合は、コマンドラインオプションの＜元に戻す＞をクリックします。クイックアクセスツールバーの「元に戻す（UNDO）」を使うと、トリムコマンド実行後のすべての作業が元に戻されてしまうので注意しましょう。

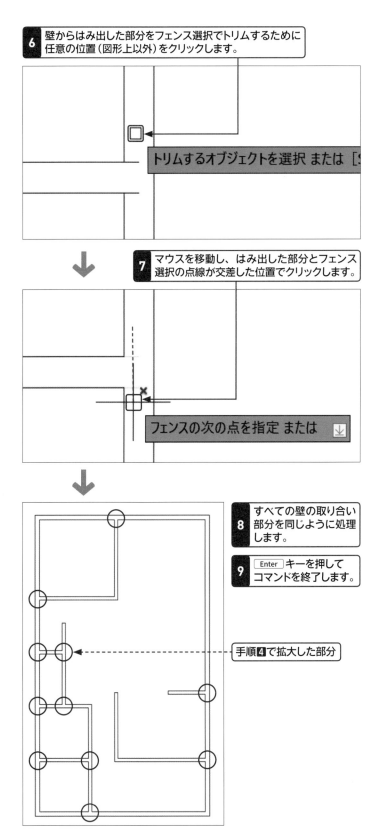

Section 78 建具ブロックにワイプアウトを追加する

覚えておきたいキーワード
- ☑ ブロックエディタ(ブロック定義を編集)
- ☑ ワイプアウト
- ☑ 表示順番(最背面に移動)

今回の間取り図では、すでに作成されている建具ブロックを利用します。ブロックを挿入する前に、「ワイプアウト」を追加して建具の開口部を処理します。これは目隠しのような機能で、表示順番を調整することで指定した範囲の図形を非表示にすることができます。

練習用ファイル	建具部品.dwg		
リボン	[ホーム]タブ-[ブロック]パネル-[ブロックエディタ]/[ホーム]タブ-[作成]パネル-[ワイプアウト]/[ホーム]タブ-[修正]パネル-[表示順番]		
コマンド	BEDIT(ブロックエディタ)/WIPEOUT(ワイプアウト)/DRAWORDER(最背面に移動)	エイリアス	BE(ブロックエディタ)

1 ブロック定義を編集する

メモ 建具ブロックについて

ここでは、ブロックを編集してワイプアウトを追加する方法を練習します。「練習用ブロック」以外のブロックには、ワイプアウトがすでに設定されているので、「建具部品.dwg」図面の保存は不要です。

1 建具部品.dwgを開きます。

2 <練習用>のブロックをダブルクリックします。

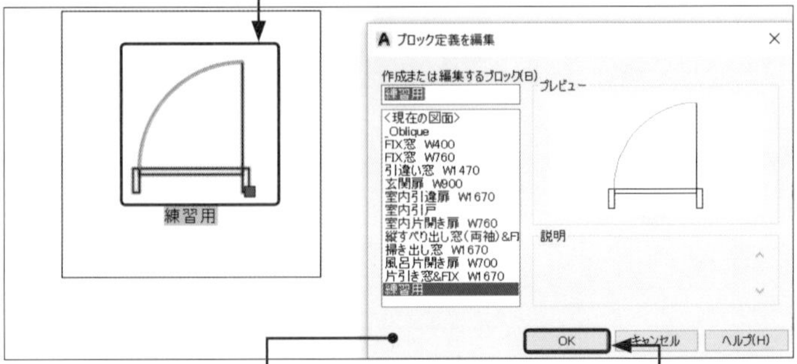

3 「ブロック定義を編集」ダイアログボックスが表示されるので、

4 <OK>ボタンをクリックします。

5 「ブロック エディタ」の画面に切り替わったら、<ホーム>タブをクリックします。

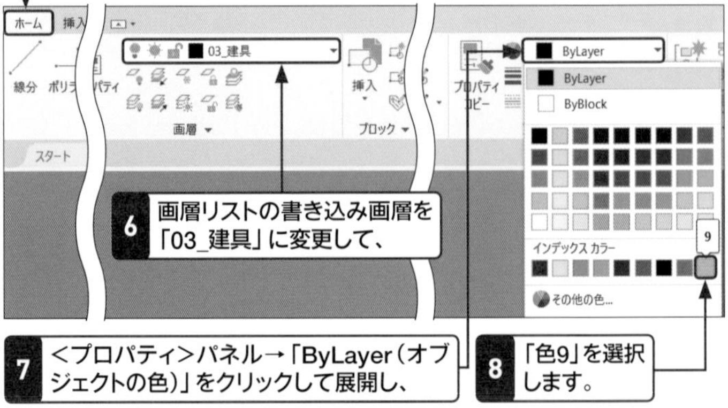

6 画層リストの書き込み画層を「03_建具」に変更して、

7 <プロパティ>パネル→「ByLayer(オブジェクトの色)」をクリックして展開し、

8 「色9」を選択します。

メモ リボン以外からブロックエディタを使用する場合

リボン以外からブロックエディタを使用する場合は、「ブロック定義を編集」ダイアログボックスで編集するブロック名を選択してから<OK>をクリックします。

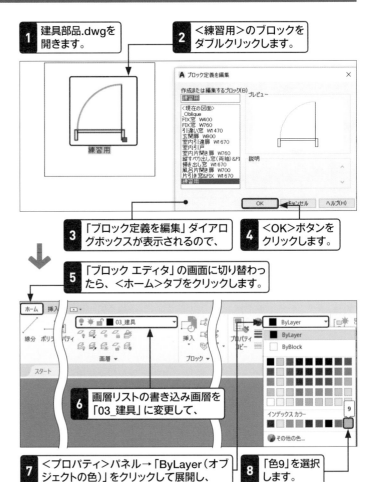

2 ワイプアウトを作成する

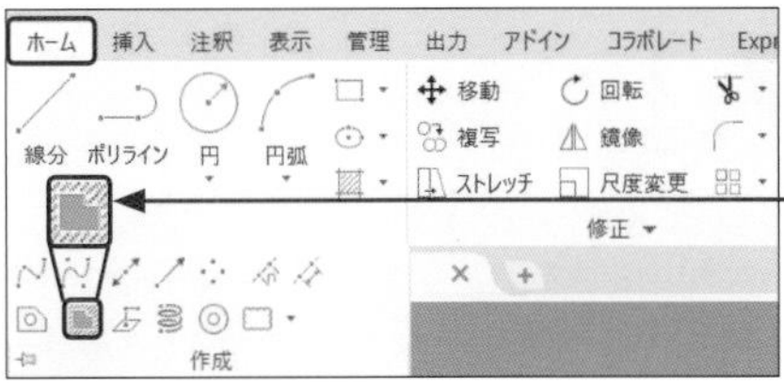

1 <ホーム>タブ→<作成>パネル→<▼>→<ワイプアウト>をクリックします。

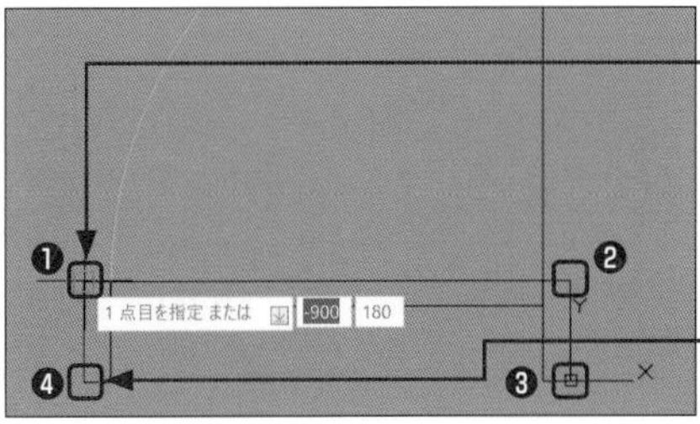

2 外枠の角を順番(❶→❷→❸→❹)にクリックして、

3 最後の点(❹)をクリックしたら、Enter キーを押して確定します。

4 作成したワイプアウトをクリックして選択し、

5 任意の場所で右クリックします。

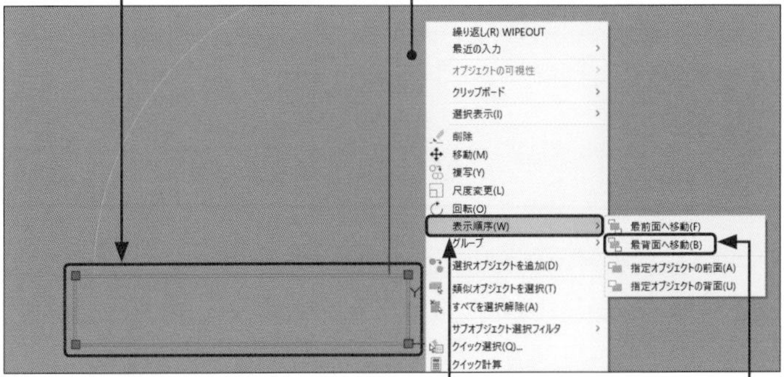

6 表示されるメニューから<表示順番>にマウスをポイントし、

7 <最背面に移動>をクリックします。

8 ワイプアウトが最背面に移動します。

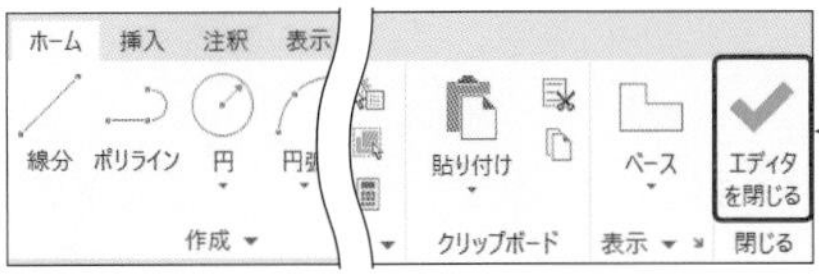

9 <ホーム>タブ→<閉じる>パネル→<エディタを閉じる>をクリックします。

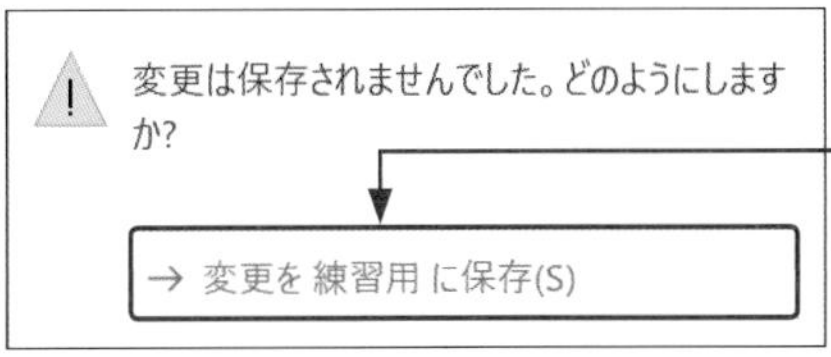

10 「ブロック-変更は保存されませんでした」ダイアログボックスより<変更を練習用に保存>をクリックして保存します。

メモ 表示順番について

通常、AutoCAD上で図形を重ねて作図した場合、最後に描画した図形が最前面に表示されます。ただし、表示エラーにより図形の表示順番が崩れることがあります。その場合はキーボードで「RE」と入力し、Enter キーを押して図形を再作図します。

メモ ブロックの再定義について

ブロックの内容を変更し保存することを「再定義」といいます。ブロックを再定義すると、同一図面内にある、同じブロック名を持つブロックすべてに変更が反映されます。

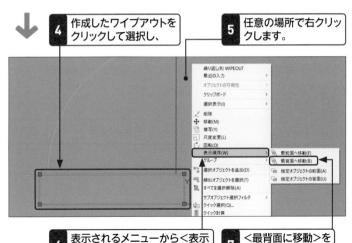

Section 79 建具を挿入する［ブロック挿入］

覚えておきたいキーワード
☑ ブロックパレット
☑ グリップ編集
☑ 移動

ここでは、建具を挿入します。今回は別図面にブロックとして作成されている建具の平面記号を、ブロックパレットを使用して挿入する方法を解説します。頻繁に使用する建具や設備は、別図面にブロックとして作成しておくと、ほかの作業者と共有して使用することができます。

練習用ファイル	Sec79.dwg		
リボン	［ホーム］タブ-［ブロック］パネル-［挿入］-［ライブラリのブロック］／［ホーム］タブ-［修正］パネル-［移動］		
コマンド	INSERT（ブロック挿入）／MOVE（移動）	エイリアス	I（ブロック挿入）／M（移動）

1 別図面の建具ブロックを挿入する

メモ　ブロックの活用

繰り返し使用する図形は、ブロックとして登録しておくと、ほかの図面に転用でき、時間短縮だけでなくデータの整合性を保つことができます。ただし、同じ名前のブロックが図面上にすでに存在する場合、新しいブロックを挿入しても反映されません（ブロックの再定義が必要）。ほかの作業者とブロックデータを共用する場合は、ブロック名が重複していないか確認しましょう。

注意　2019以前のバージョンで作業する場合

2019以前のバージョンで作業する場合は、P.229の「DesignCenterを利用してブロック挿入する」を参照してください。

メモ　タブの位置について

手順4で表示されているタブの位置は左側にある場合もあります。この配置はパレットと作図ウィンドウの位置で調整され、作図や編集には影響しません。

1 <ホーム>タブ→<画層>パネル→<02_躯体>をクリックし、表示されるメニューから<03_建具>をクリックして選択します。

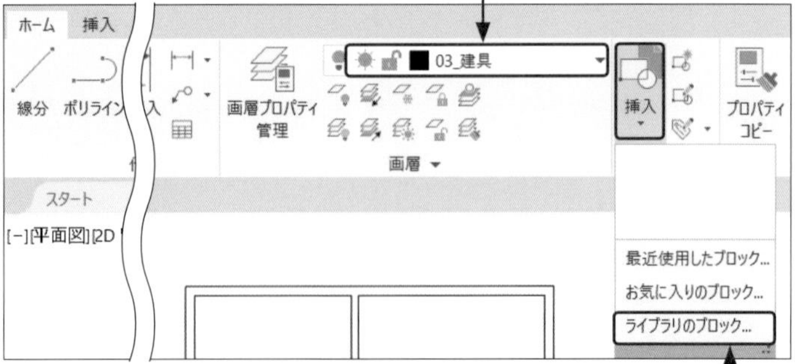

2 <ブロック>パネル→<挿入>→<ライブラリのブロック>をクリックします。

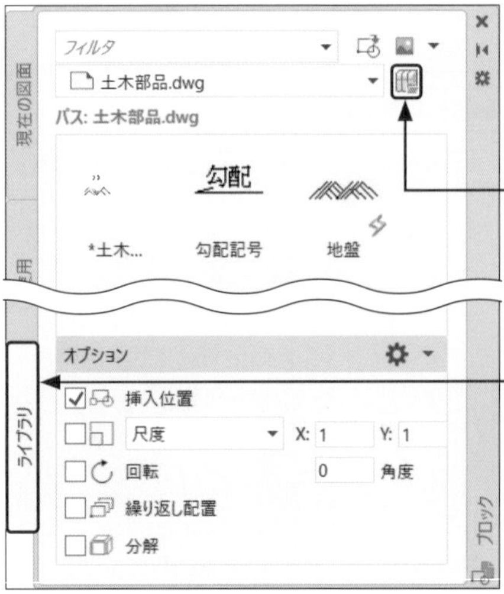

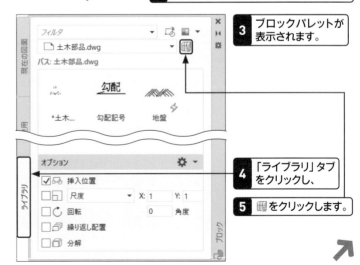

3 ブロックパレットが表示されます。

4 「ライブラリ」タブをクリックし、

5 をクリックします。

6 「図面ファイルを選択」ダイアログボックスが表示されます。

7 <第7章>を選択し、

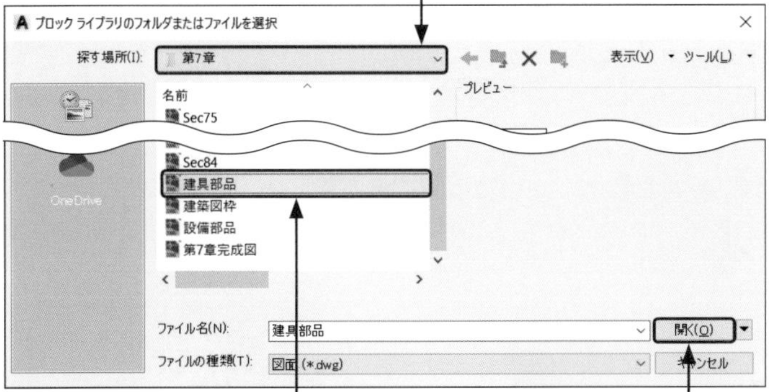

8 <建具部品.dwg>をクリックして選択し、

9 <開く>をクリックします。

2 スナップを利用して建具を挿入する

1 ブロックパレットから<玄関扉>ブロックをクリックして選択します。

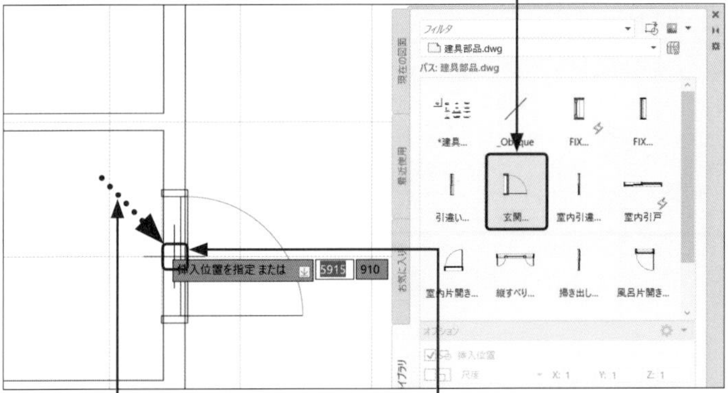

2 作図領域にマウスカーソルを移動します。

3 「挿入位置を指定」で玄関部の外壁中心にスナップし（絶対座標値「5915,910」）、クリックしてブロックを挿入します。

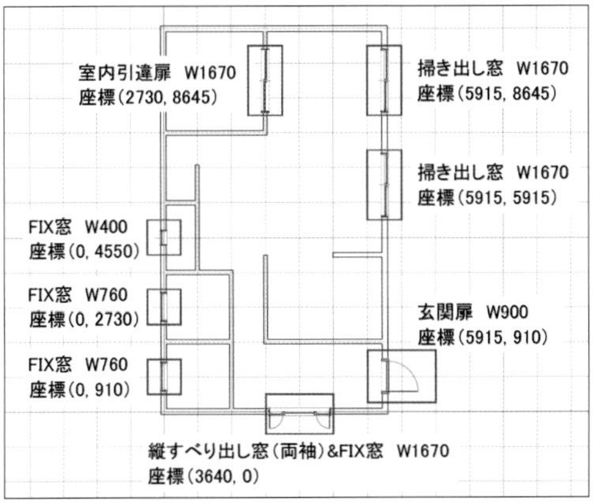

4 そのほかのスナップ上の建具も同じように、指定された位置に挿入します。

注意 事前の確認について

操作の前にステータスバーの設定を確認しておきましょう。<オブジェクトスナップ><極トラッキング><オブジェクトスナップトラッキング>はオフに、<グリッド><スナップ><ダイナミック入力>はオンにしておきます。

メモ ブロックの再定義について

同じブロックを挿入しようとすると「ブロック再定義」ダイアログボックスが表示されることがあります。これはほかの図面から同じ名前のブロックを挿入すると、ブロックの再定義（置き換え）が行われるためです。「ブロック再定義」ダイアログボックスが表示されたら<"○○"の再定義を行わない>をクリックします。

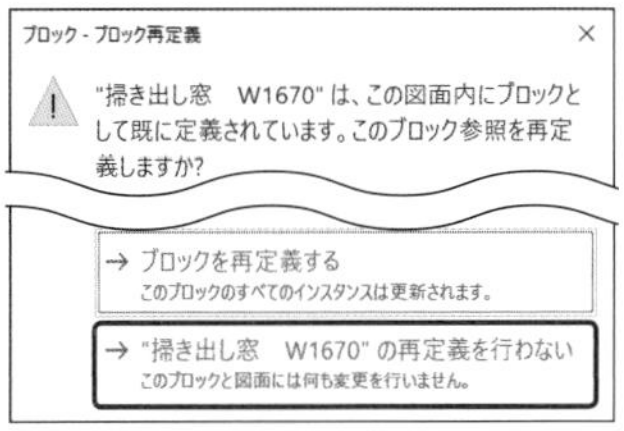

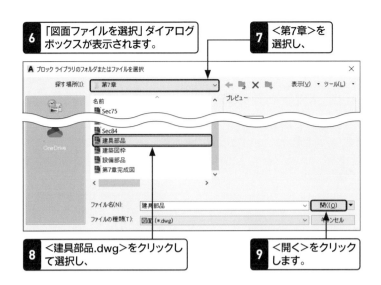

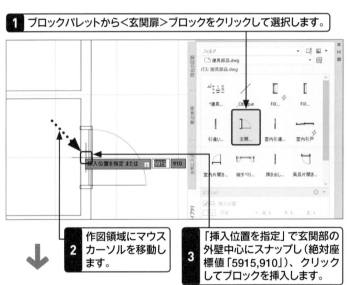

3 建具の位置を調整する

メモ　ブロック名について

ブロックパネルでブロック名の一部しか確認できない場合は、対象となるブロックの上にマウスポインタをポイントしてしばらく待つと、ブロック名などの詳細情報が表示されます。

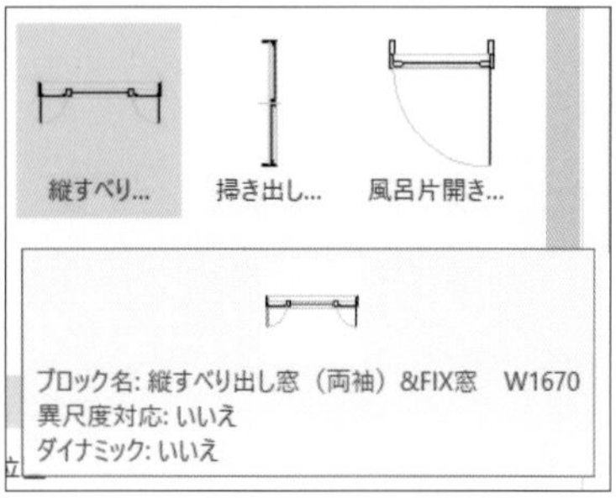

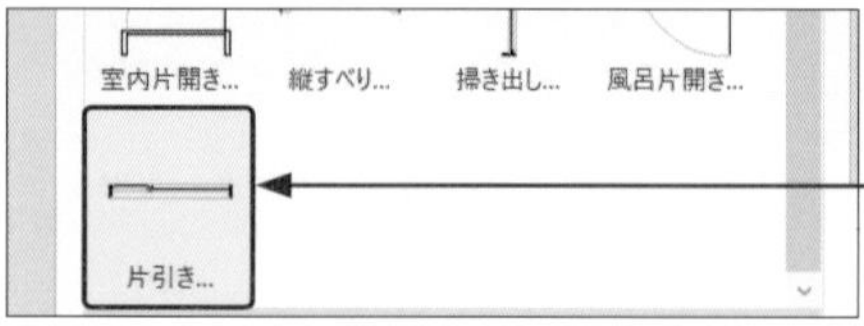

1 ブロックパレットから<片引き窓&FIX W1670>をクリックして選択します。

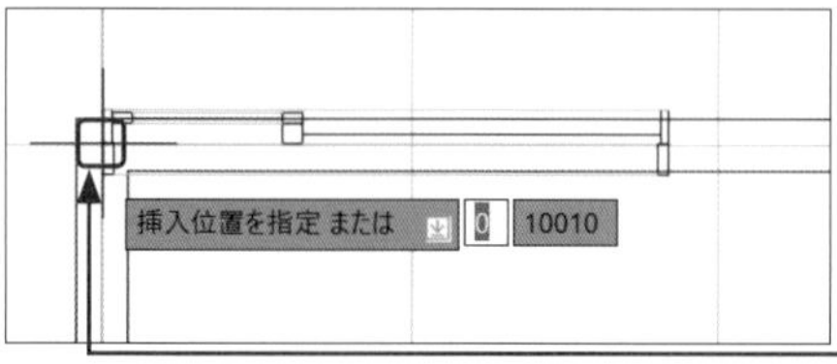

2 「挿入位置を指定」で北西外壁の壁芯部にスナップ（絶対座標値[0,10010]）して、クリックしてブロックを挿入します。

3 挿入したブロックをクリックして選択します。

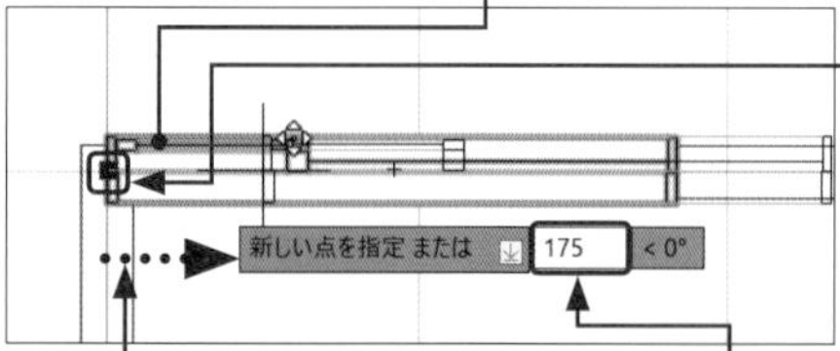

4 ブロックに表示されたグリップ（ブロック基点）をクリックします。

5 マウスカーソルを右に移動して、任意の位置にスナップさせます。

6 「新しい点を指定」で「175」と入力して Enter キーを押して確定します。

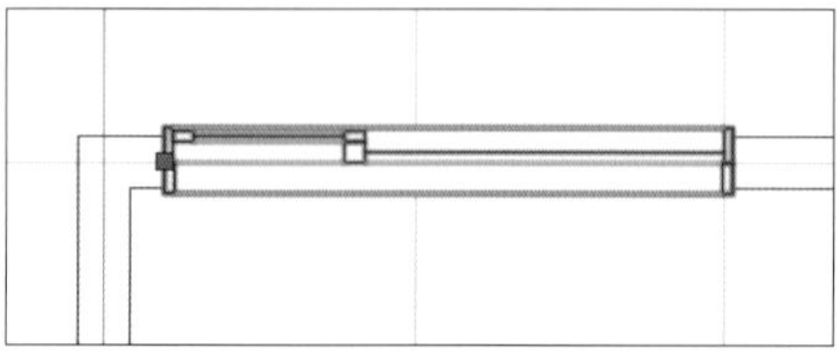

7 右に175mm移動しました。

8 Esc キーを押して選択を解除します。

9 ブロックパレットより<風呂片開き扉W700>をクリックして選択します。

10 「挿入位置を指定」で指定された位置（絶対座標値[1820,1820]）にスナップし、クリックしてブロックを挿入します。

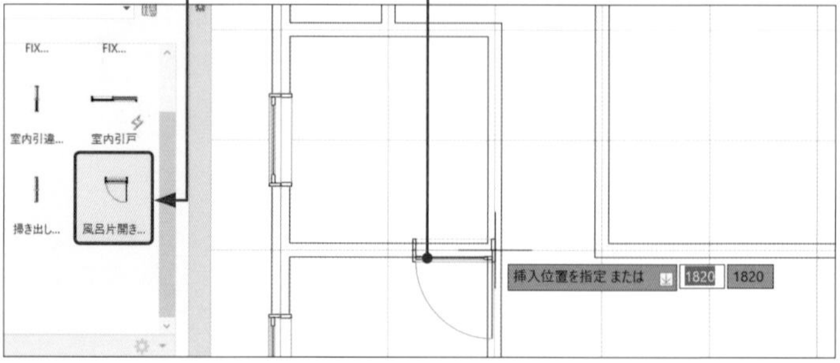

メモ　ブロックの挿入位置がわからない場合

ブロックの挿入位置がわからない場合は、手順**2**の「挿入位置を指定」のタイミングで絶対座標値を入力すると、指定された座標にブロックが配置されます。

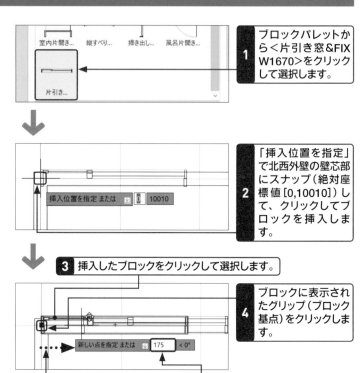

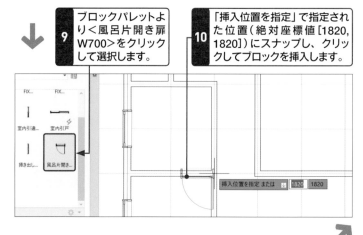

11 挿入したブロックをクリックして選択します。

12 ブロックに表示されたグリップ（ブロック基点）をクリックします。

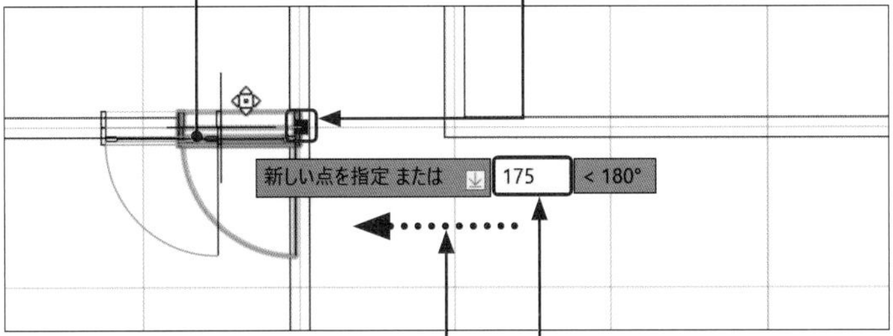

13 マウスカーソルを左に移動して、任意の位置にスナップさせます。

14 「新しい点を指定」で「175」と入力し、

15 Enter キーを押して確定します。

16 ブロックパレットより＜室内片開き扉 W760＞をクリックして選択します。

17 「挿入位置を指定」で画面上の指定された位置（絶対座標値［2730,1820］）にスナップし、クリックしてブロックを挿入します。

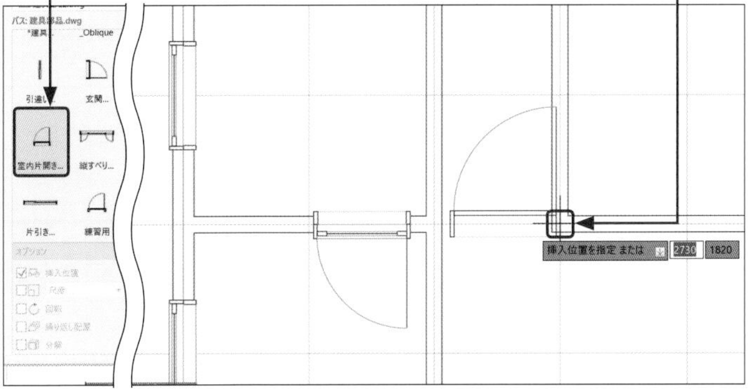

18 挿入したブロックをクリックして選択します。

19 ブロックに表示されたグリップ（ブロック基点）をクリックします。

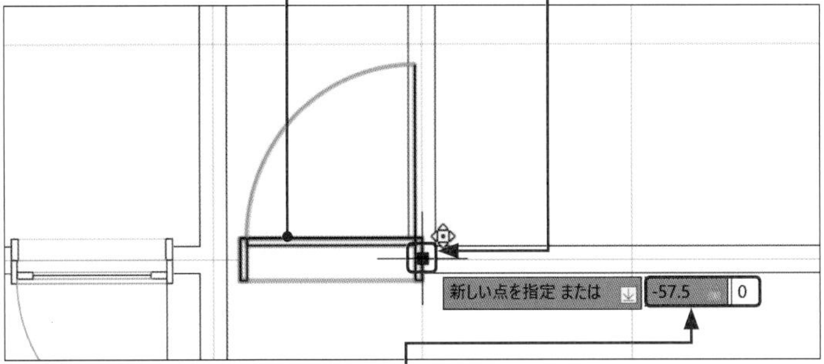

20 「新しい点を指定」で「-57.5,0」と入力して Enter キーを押して確定します。

21 Esc キーを押して選択を解除します。

メモ　相対座標について

手順20で「-57.5、0」と相対座標で移動させました。相対座標は現在の座標を基準に、水平方向は右方向を+X、左方向を-X、垂直方向は上を+Y、下を-Yで表します。

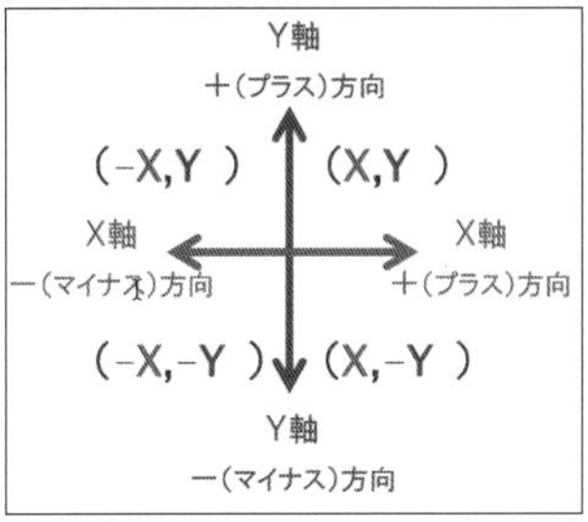

注意　ワイプアウトについて

Sec.78で建具ブロックにワイプアウトを追加しました。これにより、建具を配置した際に、壁の線が非表示となり、壁の開口を処理する手間を軽減することがでいます。ただし、これはAutoCADのみ有効な機能でほかのCADと図面をやり取りする際は、トリムなどで壁の線を包絡処理する必要があります。

ワイプアウトあり

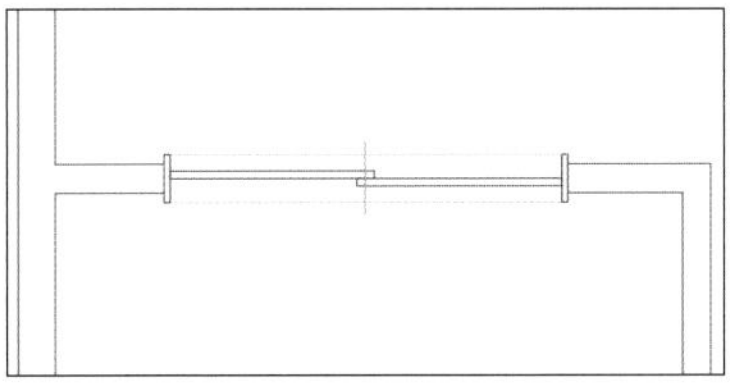

ワイプアウトなし

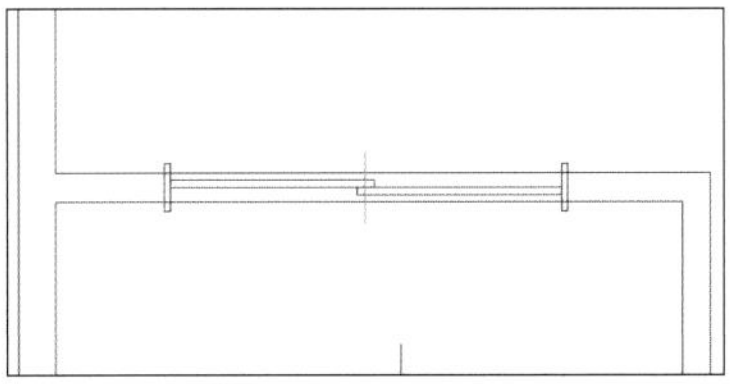

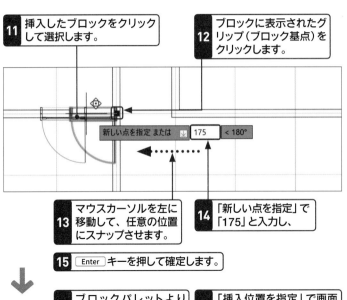

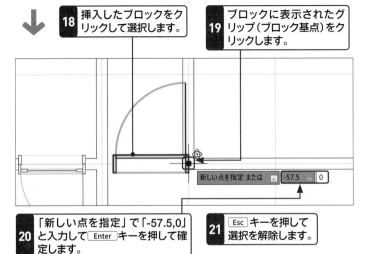

4 建具ブロックを回転して挿入する

メモ 回転角度の設定

ブロックパレットで設定した回転角度はその後も継続されます。回転するブロックの配置が終わったら、回転を「0」に戻しておきましょう。

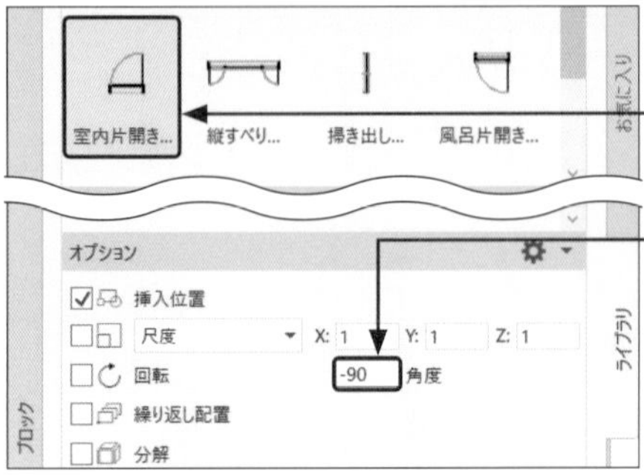

1 「挿入オプション」の回転に「−90」と入力します。

2 <室内片開き扉W760>をクリックして選択します。

3 回転の角度が自動的に「270」に変換されます。

4 ブロックが「−90°(270°)」回転した状態で表示されます。

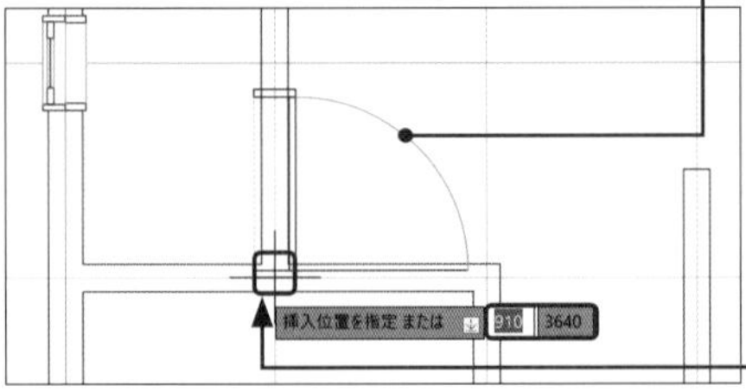

5 「挿入位置を指定」で指定された位置(絶対座標値[910, 3640])にスナップし、クリックしてブロックを挿入します。

6 挿入したブロックをクリックして選択します。

7 ブロックに表示されたグリップ(ブロック基点)をクリックします。

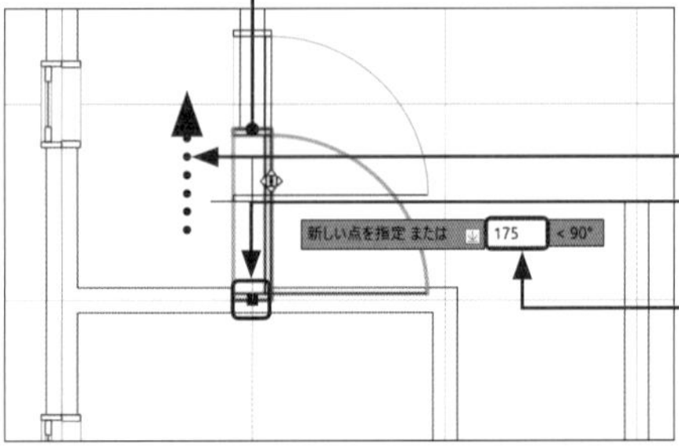

8 マウスカーソルを上に移動して、任意の位置にスナップさせます。

9 「新しい点を指定」で「175」と入力し、

10 Enter キーを押して確定します。

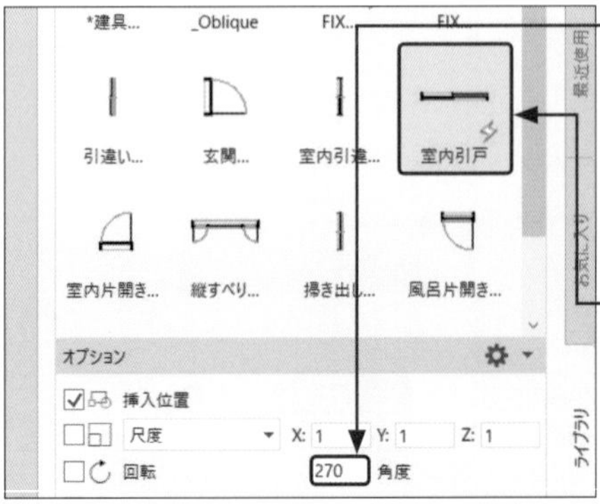

11 ブロックパレットの「挿入オプション」の回転が「270」になっていることを確認します。

12 ブロックパレットの<室内引戸>をクリックして選択します。

メモ DesignCenterを使用する場合

「DesignCenter」を使用してブロックを挿入する場合、「ブロック挿入」ダイアログボックス→<回転>に指定された角度を入力します。

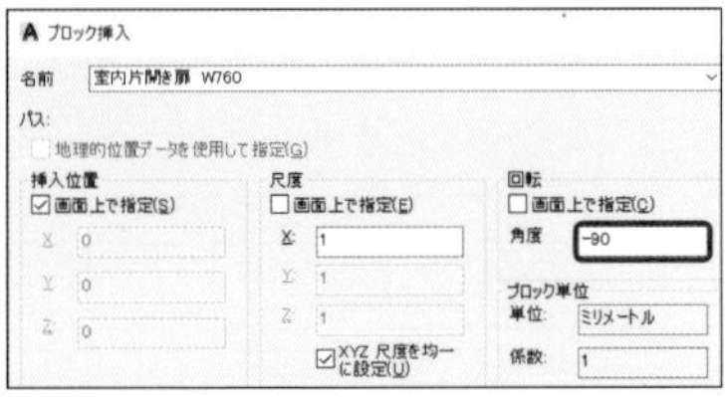

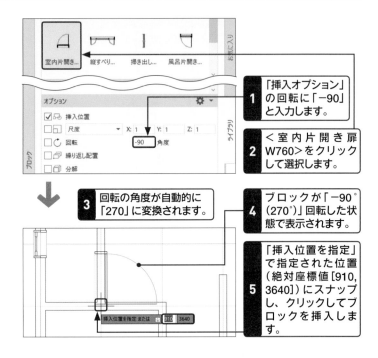

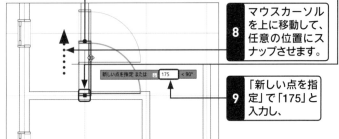

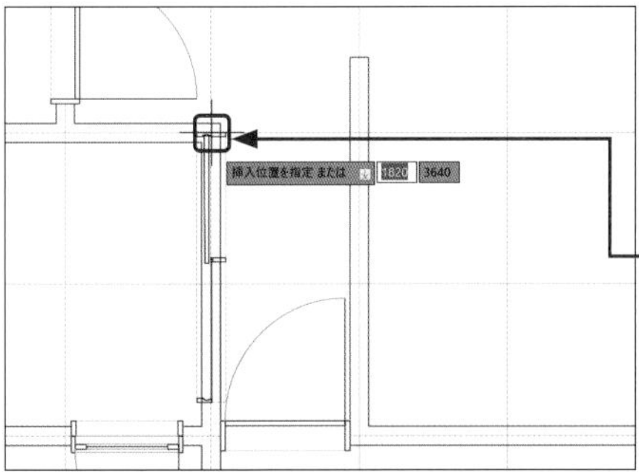

13 ブロックが270°回転した状態で表示されます。

14 「挿入位置を指定」で指定された位置（絶対座標値［1820, 3640］）にスナップし、クリックしてブロックを挿入します。

15 ステータスバーの＜スナップ＞をクリックして に、＜オブジェクトスナップ＞を にします。

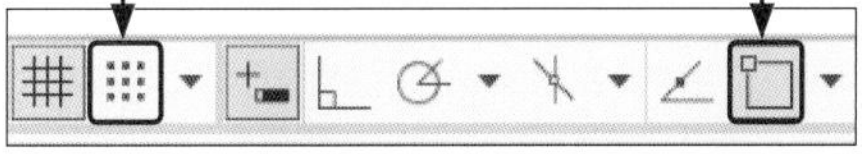

16 挿入したブロック（室内引戸）をクリックして選択します。

17 ＜ホーム＞タブ→＜修正＞パネル→＜移動＞をクリックします。

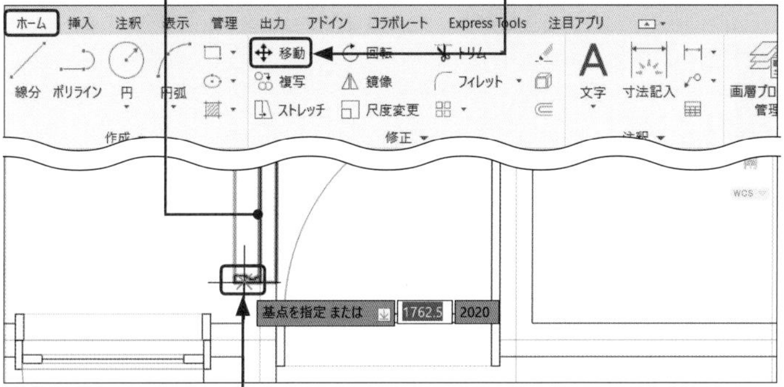

18 「基点を指定」で壁と建具の交点をクリックします。

19 「目的点を指定」で壁の交点部をクリックします。

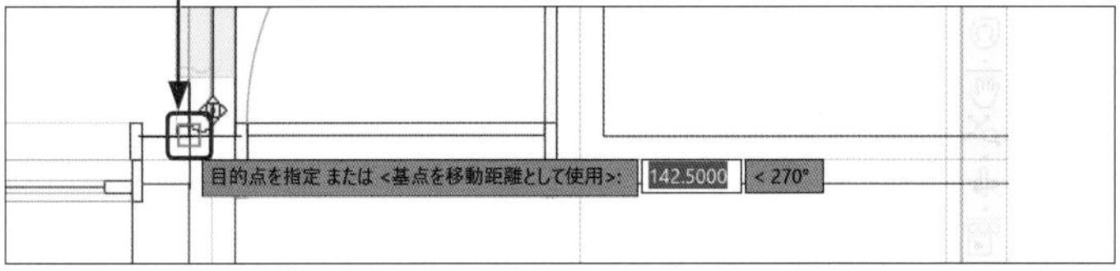

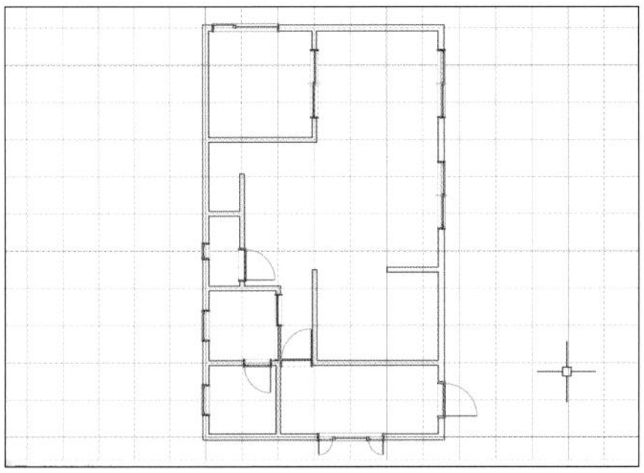

20 室内引戸が移動します。

21 建具がすべて配置されました。

22 ブロックパレットの ＜閉じる＞をクリックします。

メモ 図形を選択してからコマンドを実行する

図形を選択している状態で、コマンドを実行するとコマンド内で図形を選択するステップを省略することができます。ただし、コマンド実行後の選択グループの追加および削除はできないので注意が必要です。

ヒント 交点のクリックがうまくいかない

手順18、19で、うまくクリックできない場合は、手順15で、ステータスバーの＜スナップ＞が （オフ）に、＜オブジェクトスナップ＞が （オン）になっているか確認してください。

メモ ワイプアウトの線を非表示にする

このあとの作業がしやすいように、ワイプアウトのフレーム（枠線）を非表示にしておきます。

1 ＜ホーム＞タブ→＜作成＞パネル-＜▼＞→＜ワイプアウト＞をクリックします。

2 オプションより＜フレーム（F）＞をクリックします。

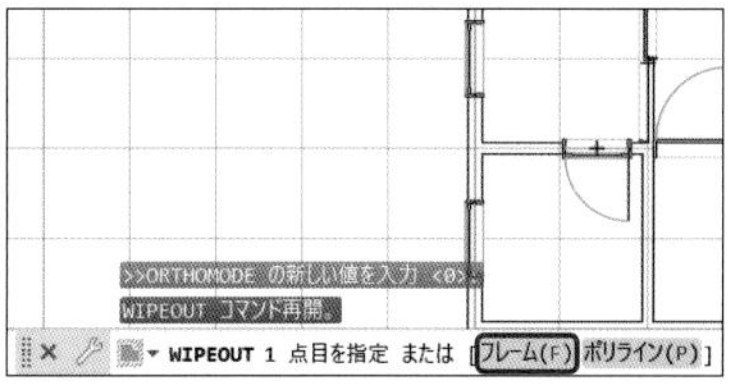

3 オプションより＜非表示（OFF）＞をクリックします。

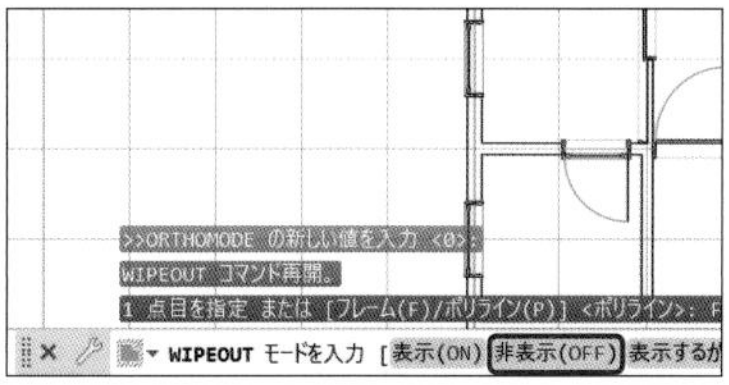

Section 80

階段を作図する

覚えておきたいキーワード
- ☑ 線分
- ☑ ポリライン
- ☑ オフセット

ここでは、階段を作図します。まずは階段の踏み板を線分とオフセットで作成します。オフセットでは一括のオプションを使うことで、同じ方向に同じ間隔のオフセットする図形をすばやく効率的に作成できます。その後、階段の上り記号を円とポリラインを使って作図します。

練習用ファイル	Sec80.dwg		
リボン	[ホーム]タブ-[作成]パネル-[線分]／[ホーム]タブ-[作成]パネル-[ポリライン]／[ホーム]タブ-[修正]パネル-[オフセット]		
コマンド	LINE(線分)／PLINE(ポリライン)／OFFSET(オフセット)	エイリアス	L(線分)／PL(ポリライン)／O(オフセット)

1 階段を作図する

メモ 回り階段

ここでは、回り階段を含む一般的な階段を平面図に作図します。回り階段とは直角(または180度)に向きを変える際に、踊り場となる場所に三角形の踏板を設けた階段を指します。

1 ステータスバーの<グリッド>をクリックしてオフ、<極トラッキング><オブジェクトスナップトラッキング><オブジェクトスナップ>をクリックしてにします。

2 <ホーム>タブ→<画層>パネル→<03_建具>をクリックし、表示されるメニューから<04_階段>をクリックして選択します。

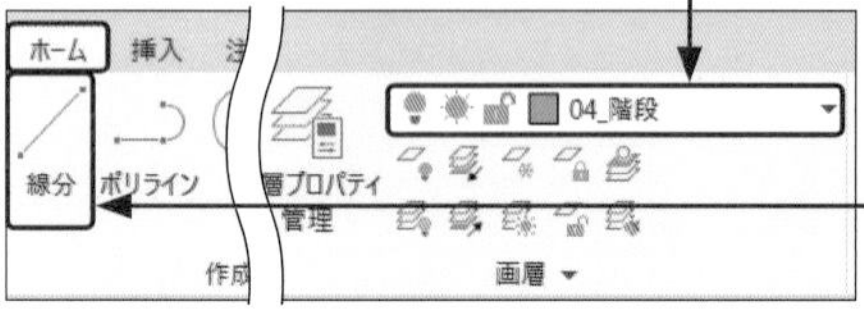

3 ＜作成＞パネル→＜線分＞をクリックします。

4 「1点目を指定」で壁の中点をクリックします。

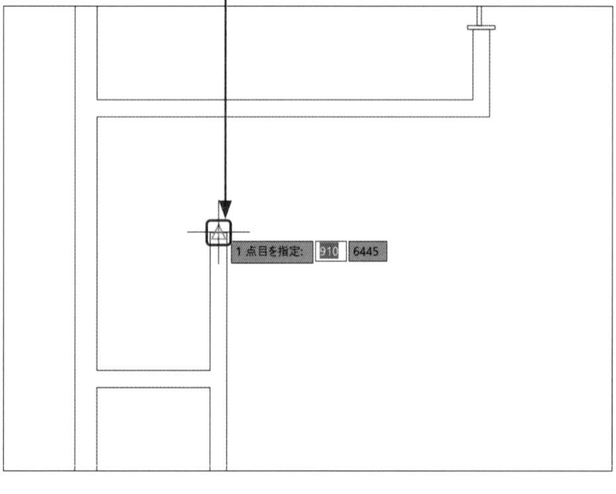

5 「次の点を指定」でマウスカーソルを上に移動し、垂直（90°）のトラッキング線が表示されていることを確認します。

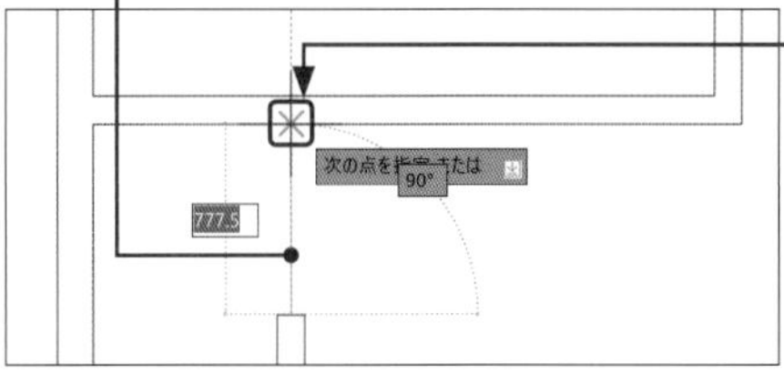

6 壁と交点が表示されたらクリックします。

7 Enter キーを押してコマンドを終了します。

8 Enter キーを押して直前コマンド（線分）を繰り返します。

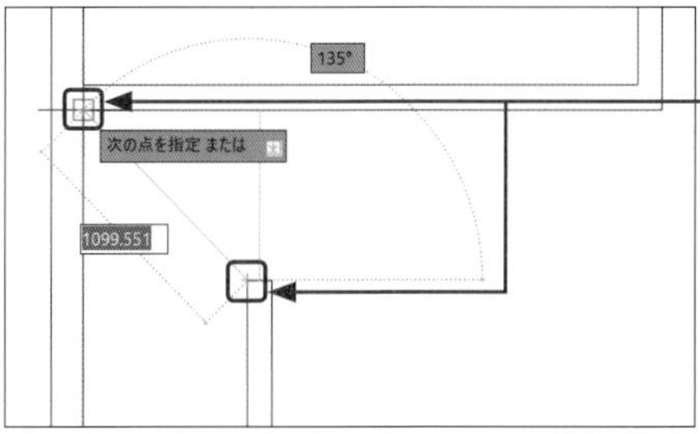

9 壁の角とコーナーを結んで廻り階段部の線分を作成します。

10 Enter キーを押してコマンドを終了します。

11 Enter キーを押して直前コマンド（線分）を繰り返します。

12 壁のコーナー（端点）にマウスカーソルを合わせ、

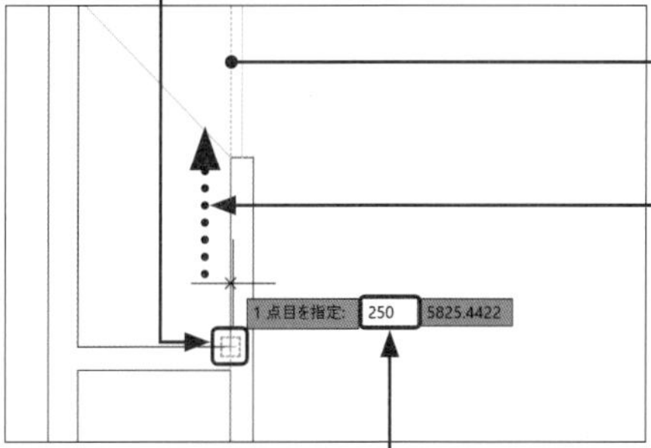

13 上に移動します。

14 垂直（90°）のトラッキング線が表示されていることを確認します。

15 トラッキング線が表示されている状態で「250」と入力し、Enter キーを押します。

16 「次の点を指定」でマウスカーソルを左に移動し、水平（180°）のトラッキング線が表示されていることを確認します。

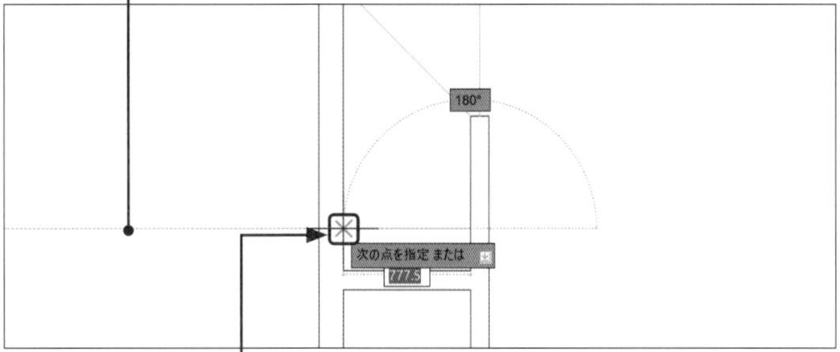

17 壁と交点が表示されたらクリックします。

18 Enter キーを押してコマンドを終了します。

ステップアップ 階段の部材

階段はさまざまな部材で構成されています。平面図では踏み面や線を作図します。

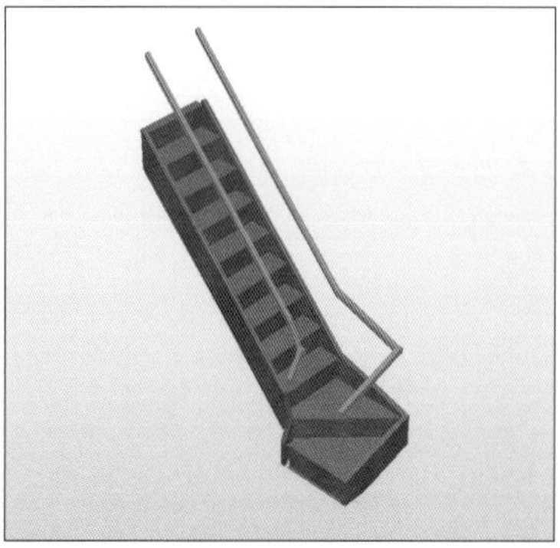

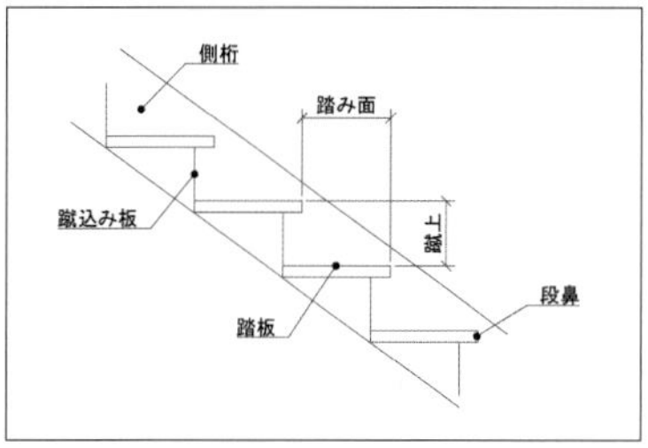

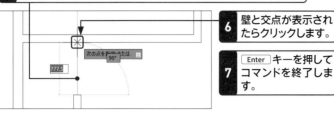

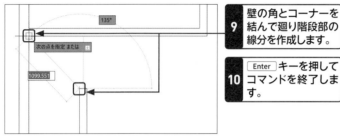

メモ 階段の寸法について

建築基準法(23条1項)で一般住宅の階段の寸法は以下のように定められています。今回は設計図ではなく、簡易的な間取り図なので、詳細な寸法については割愛しています。

・階段の幅：75cm以上
・踏面：15cm以上
・蹴上：23cm以下

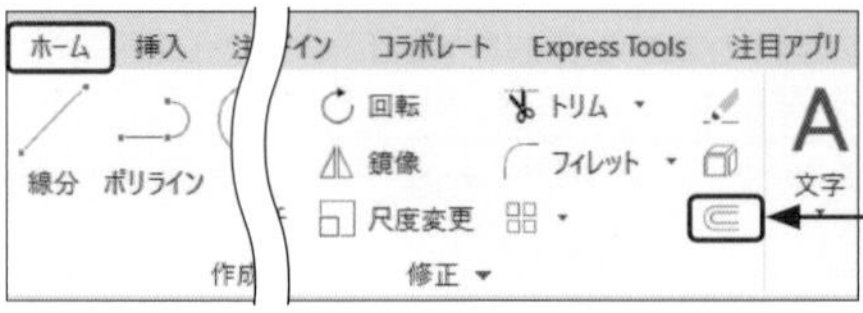

19 <ホーム>タブ→<修正>パネル→<オフセット>をクリックします。

20 「オフセット距離を指定」で「250」と入力し Enter キーを押して確定します。

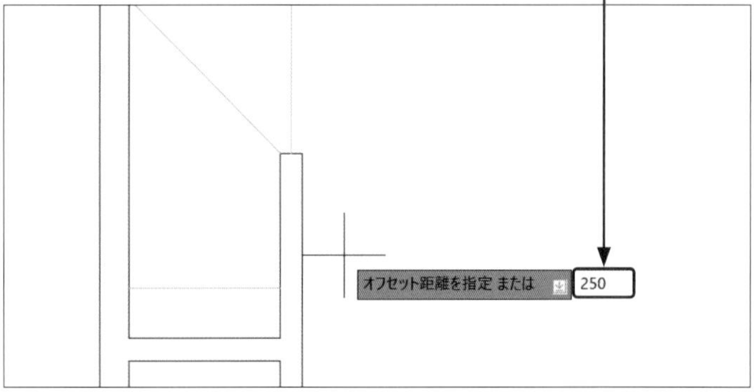

21 「オフセットするオブジェクトを選択」で線分をクリックして選択します。

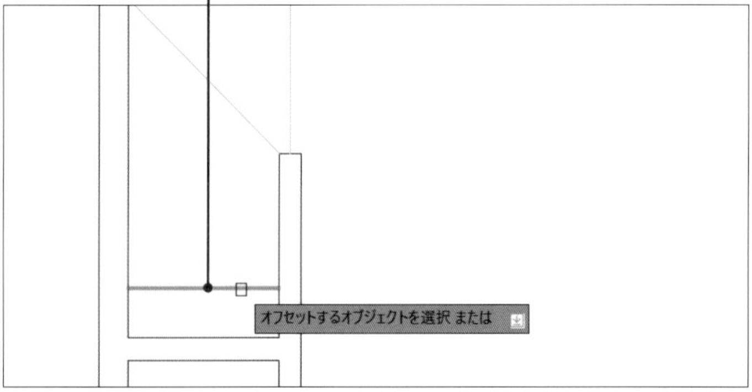

22 ↓キーを押し、

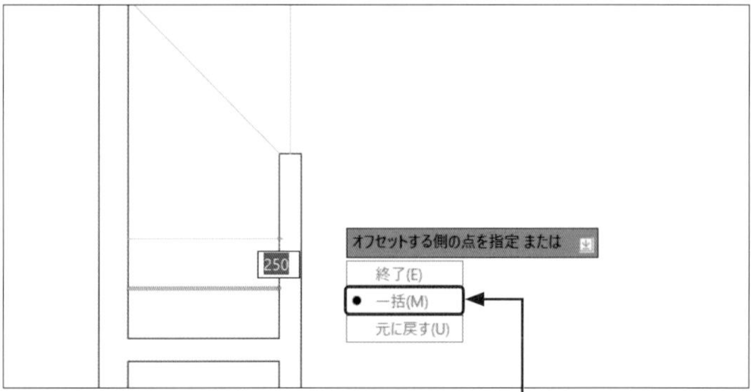

23 「オフセットする側の点を指定」でオプションより<一括>をクリックします。

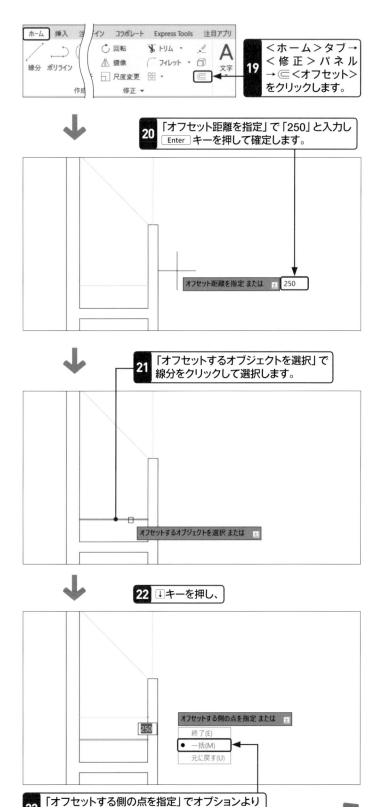

24 「オフセットする側の指定」でマウスカーソルを選択した線分よりも上に移動します。

25 選択した線分の上（北）に仮線が表示されていることを確認し、

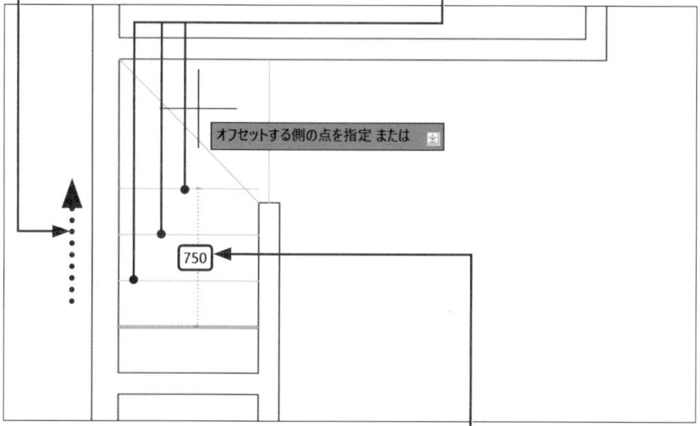

26 そのままの状態で任意の位置を2回クリックします。

27 仮寸法「750」が表示されている状態であることを確認します。

28 Enter キーを2回押してコマンドを終了します。

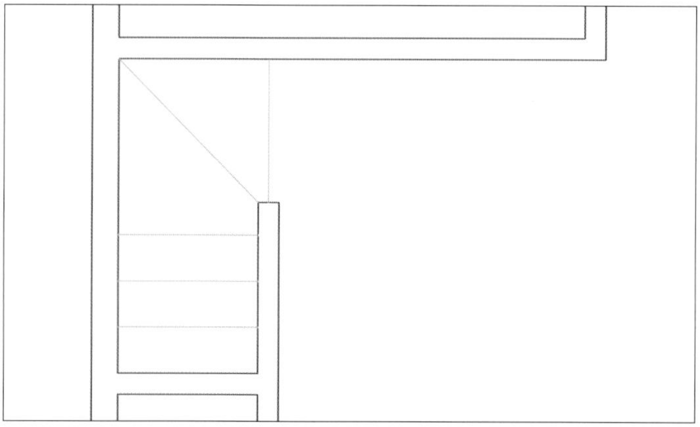

メモ 一括オプションについて

オフセットの一括オプションを使用する場合、「オフセットする側の指定」でクリックした回数分オフセットされます。この際、実際にオフセットした図形に1本追加された状態で、仮寸法と仮線が表示されます。

メモ 間違えた場合は

オフセットする（クリックする）回数を間違えた場合は、コマンドラインから＜元に戻す＞をクリックします。

2 階段の記号を作図する

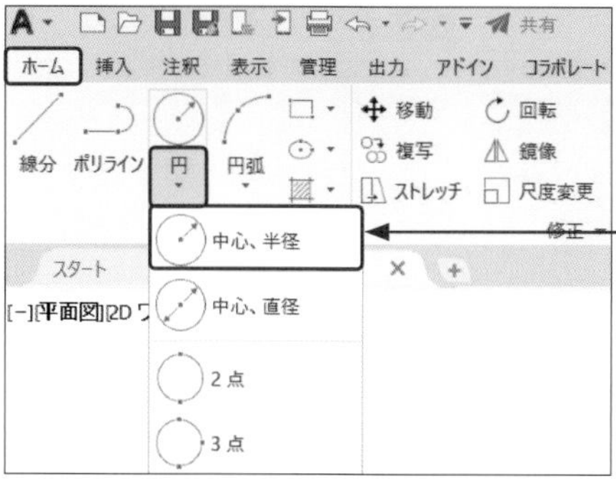

1 ＜ホーム＞タブ→＜作成＞パネル→＜円▼＞→＜中心、半径＞をクリックします。

第7章 間取り図を作図しよう

メモ 階段の昇り表示について

階段を作図する際には、階段の高さ方向を示す「階段昇り表示」を入れます。ここでは起点を円で作図しましたが、点オブジェクトで作図しても問題ありません。また、1階から2階のように昇り方向の階段には起点部に「UP」、逆に屋上階から下の階のように降る方向の階段には「DN」と文字を追加することがあります。また、階段数が多い場合は、破断線などで省略表示することもできます。

2 「円の中心点を指定」で階段の1段目の線分の中点でクリックします。

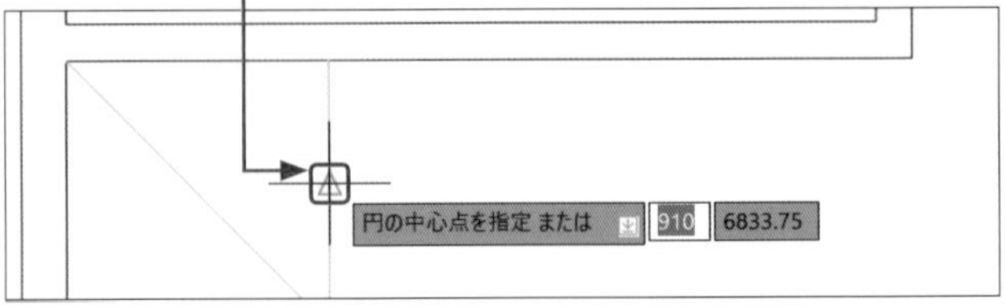

3 「円の半径を指定」で「25」と入力し、

4 Enter キーを押して確定します。

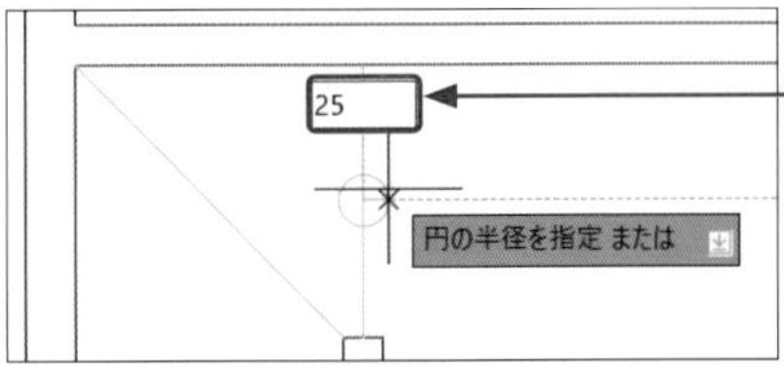

5 ＜ホーム＞タブ→＜作成＞パネル→＜ポリライン＞をクリックします。

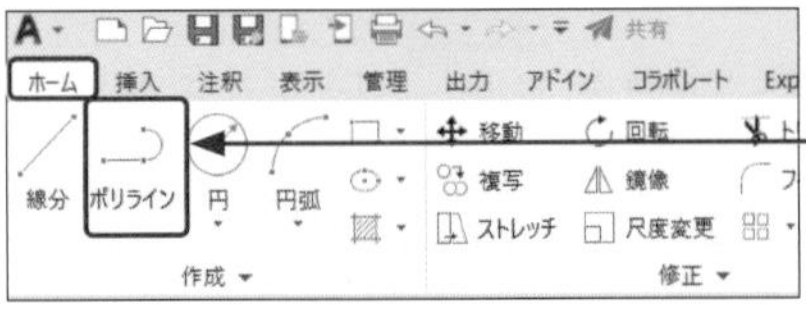

6 「始点を指定」で円の中心をクリックします。

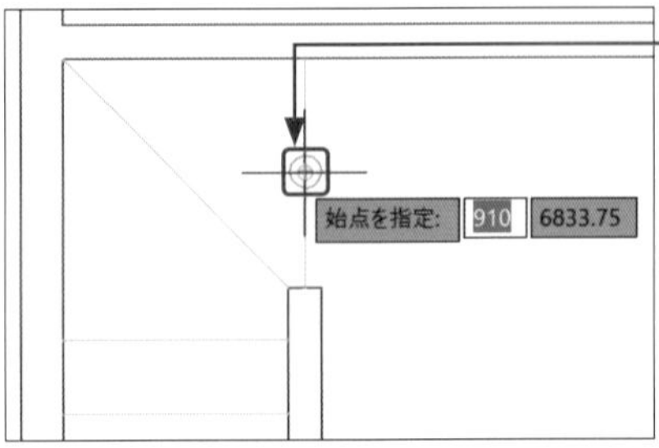

7 「次の点を指定」で廻り階段の斜線の中点をクリックします。

8 次に壁の中点をクリックします。

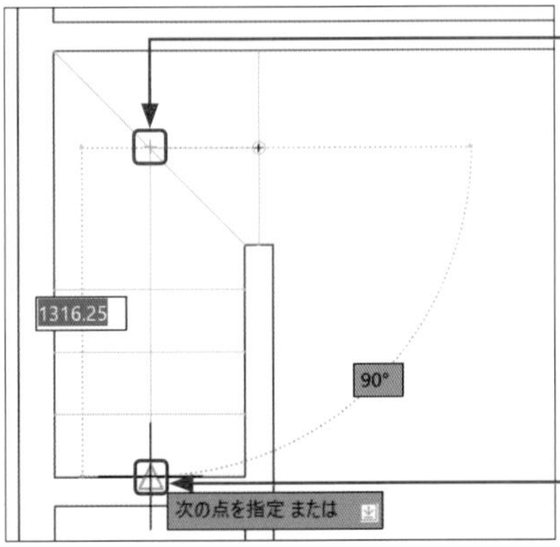

9 Enter キーを押してコマンドを終了します。

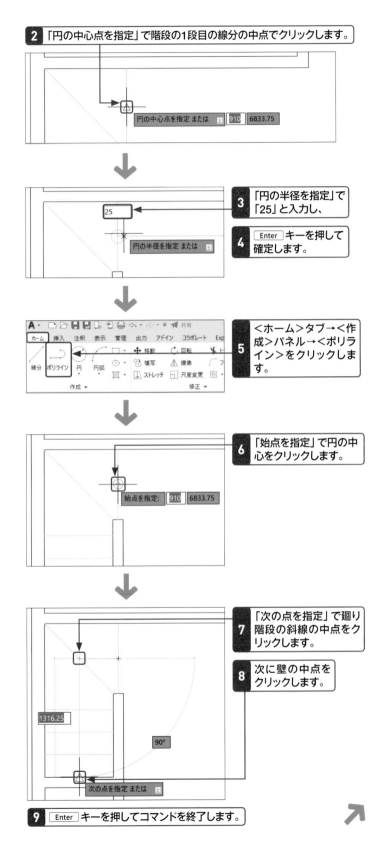

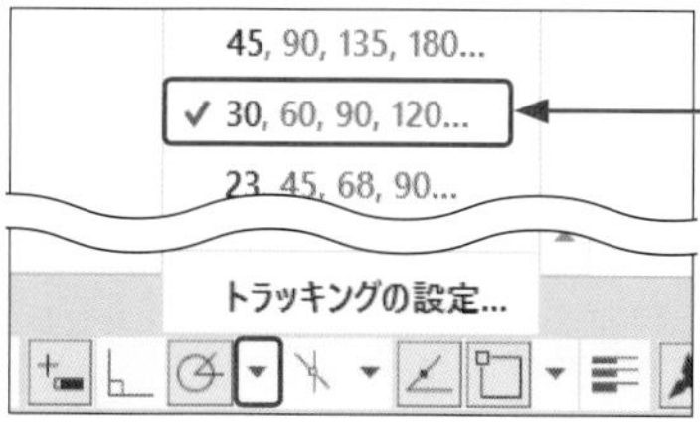

10 ステータスバーの<極トラッキング>→ ▼ →<30,60,90,120…>をクリックして選択します。

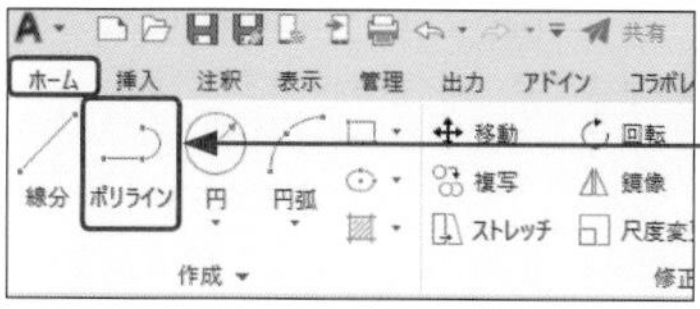

11 <ホーム>タブ→<作成>パネル→<ポリライン>をクリックします。

12 「始点を指定」で端点をクリックします。

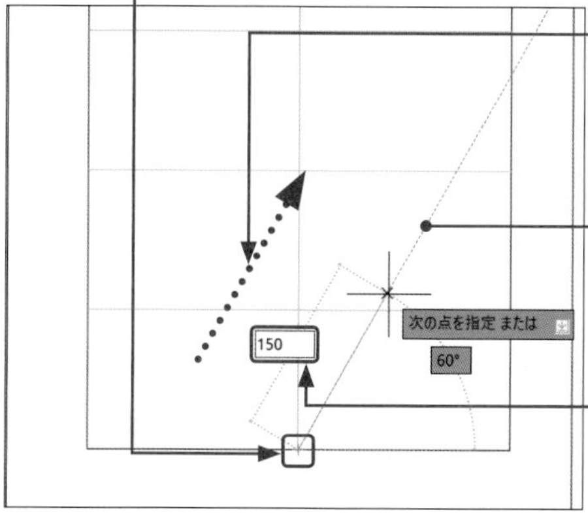

13 「次の点を指定」でマウスカーソルを右上に移動します。

14 60°のトラッキング線が表示されていることを確認します。

15 トラッキング線が表示されている状態で「150」と入力し、

16 Enter キーを押して確定します。

17 Enter キーを押してコマンドを終了します。

18 Enter キーを押して直前のコマンド（ポリライン）を繰り返します。

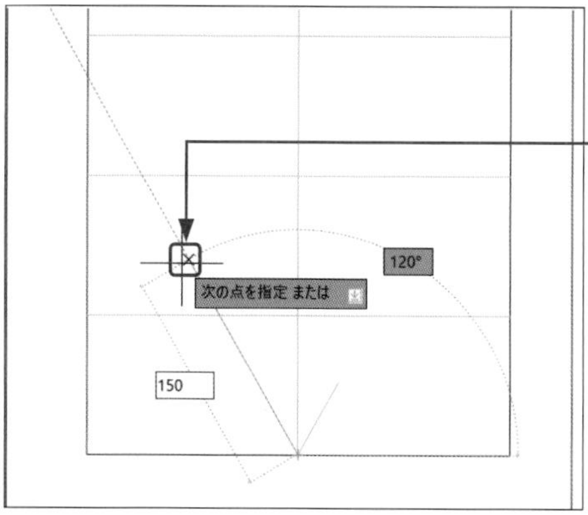

19 反対側の矢印の斜線（長さ=150mm 角度=120°）も同じ手順で作成します。

20 Enter キーを押してコマンドを終了します。

メモ 鏡像コマンドを使用する場合

左右対称の図形を作図する場合は、鏡像コマンドを使用して反転複写する方法もあります。鏡像コマンドについてはP.110のSec.30「図形を反転して移動／複写する（鏡像）」を参照してください。

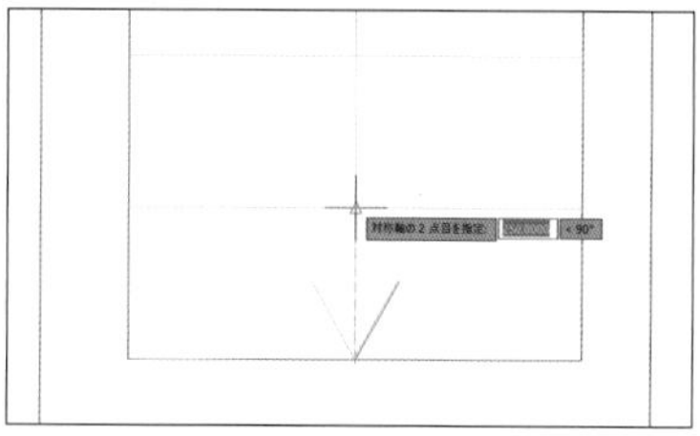

メモ 完成図について

階段の作図は以下のようになれば完成です。

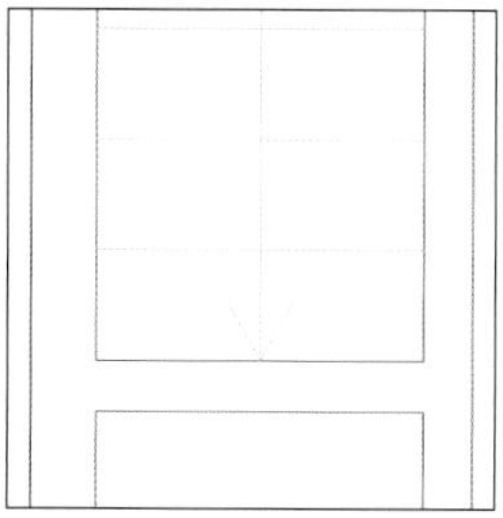

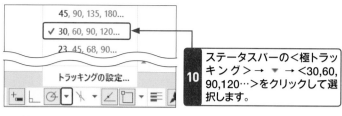

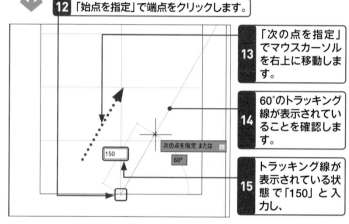

Section 81

畳を作図する

覚えておきたいキーワード
- ☑ 線分
- ☑ オフセット
- ☑ パス配列複写

ここでは、和室の框と畳を作成します。具体的には、パス配列複写のディバイダ（分割）機能を利用して、部屋の広さに合わせて畳を等間隔で分割して作成します。パス配列複写は曲線（スプライン）などに沿って指定した間隔で図形をコピーする機能ですが、今回のように直線でも使用できます。

練習用ファイル	Sec81.dwg		
リボン	[ホーム]タブ-[作成]パネル-[線分]／[ホーム]タブ-[修正]パネル-[オフセット]／[ホーム]タブ-[修正]パネル-[パス配列複写]		
コマンド	LINE（線分）／OFFSET（オフセット）／ARRAYPATH（パス配列複写）	エイリアス	L（線分）／O（オフセット）

1 和室の上り框を作図する

キーワード 框

「框（かまち）」は、玄関など段差のある床との切替え部に配置する化粧材全般を指します。

1 <ホーム>タブ→<画層>パネル→<04_階段>をクリックし、表示されるメニューから<05_設備>をクリックして選択します。

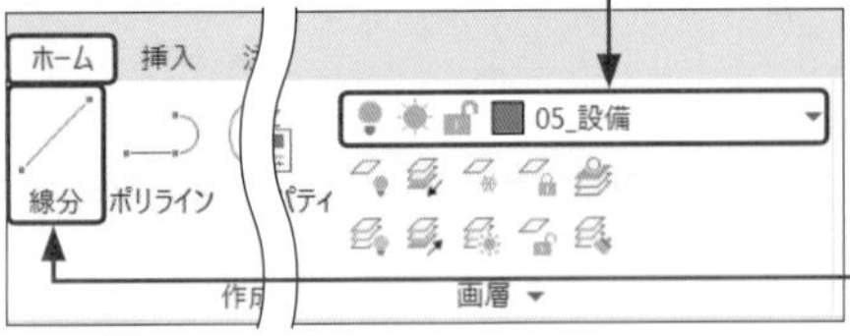

2 <作成>パネル→<線分>をクリックします。

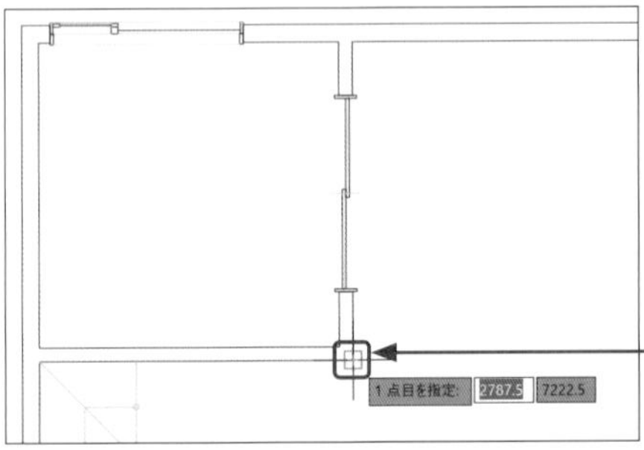

3 「1点目を指定」で画面上の指定された位置（絶対座標値「2787.5,7222.5」）壁のコーナーをクリックします。

4 「次の点を指定」でマウスカーソルを右に移動し、水平（0°）のトラッキング線が表示されていることを確認します。

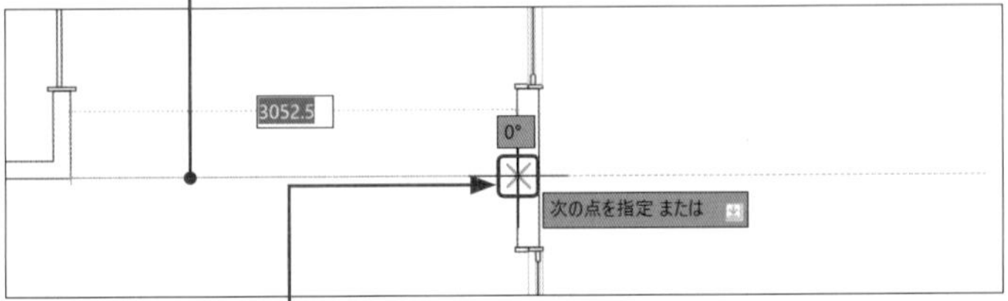

5 壁と交点が表示されたらクリックします。

6 Enter キーを押してコマンドを終了します。

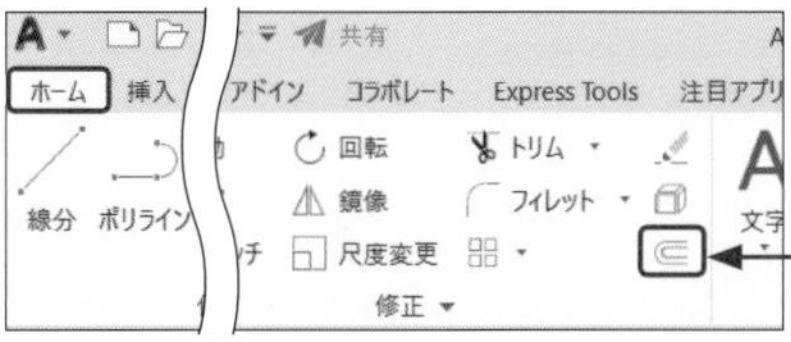

7 <ホーム>タブ→<修正>パネル→<オフセット>をクリックします。

8 「オフセット距離を指定」で「90」と入力し、Enter キーを押して確定します。

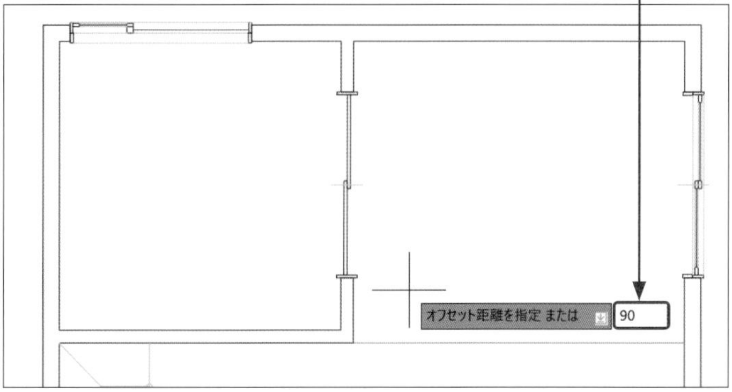

9 「オフセットするオブジェクトを選択」で線分をクリックして選択します。

10 「オフセットする側の点を指定」でマウスカーソルを選択した線分よりも上に移動します。

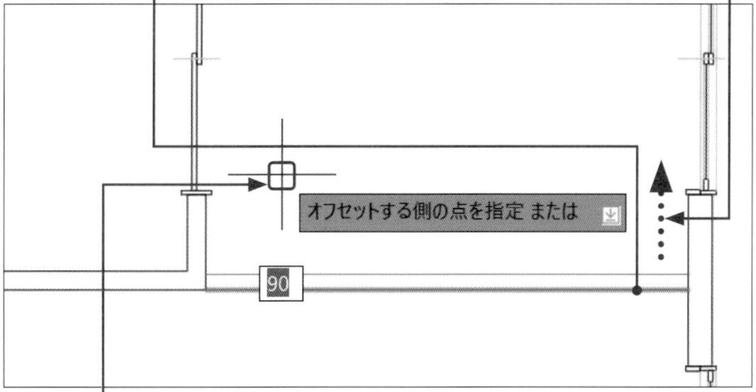

11 表示を確認し、任意の位置でクリックします。

12 Enter キーを押してコマンドを終了します。

メモ 複写コマンドを使用する場合

手順7から12では、オフセットを使用して框を作成しましたが、複写コマンドを使って90°方向に距離90で複写して作図方法もあります。複写コマンドに関してはP.102のSec.28「図形を複写する」を参照してください。

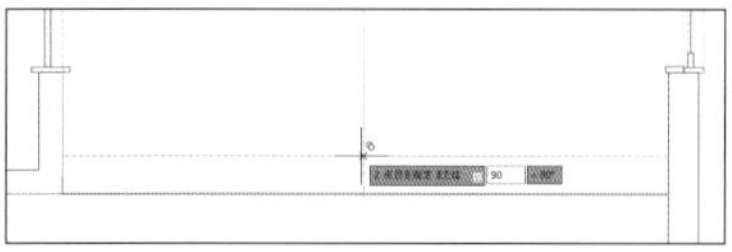

2 畳の外枠を作図する

1 <ホーム>タブ→<作成>パネル→<線分>をクリックします。

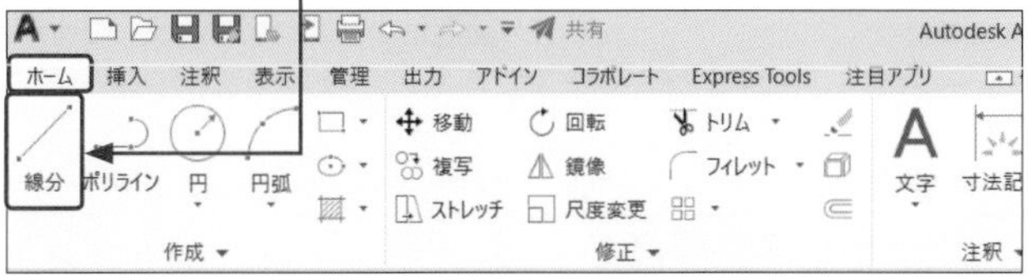

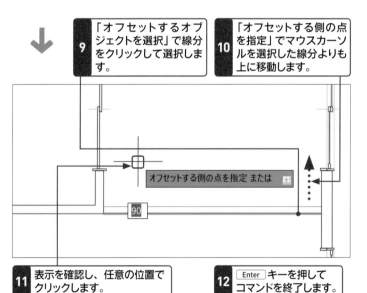

注意 選択表示の初期設定について

初めて「選択表示」コマンドを使用する場合は、右の手順5のあとに以下の初期設定を行います。

1 コマンドラインの<設定(S)>をクリックします。

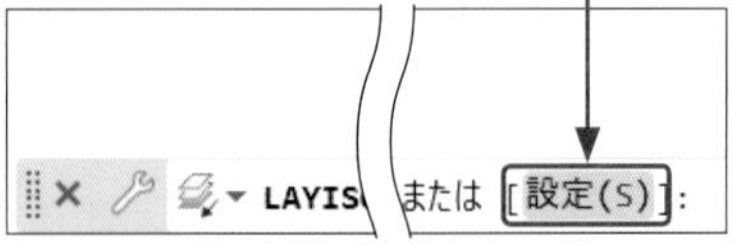

2 「選択表示されていない画層の設定を入力」で<非表示(O)>をクリックします。

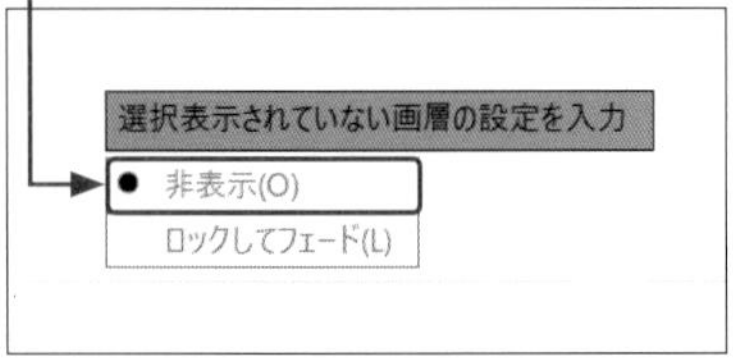

3 「ペーパー空間ビューポートを使用時の設定」で<非表示(O)>をクリックします。上記の設定をしてから右の手順6に進んでください。

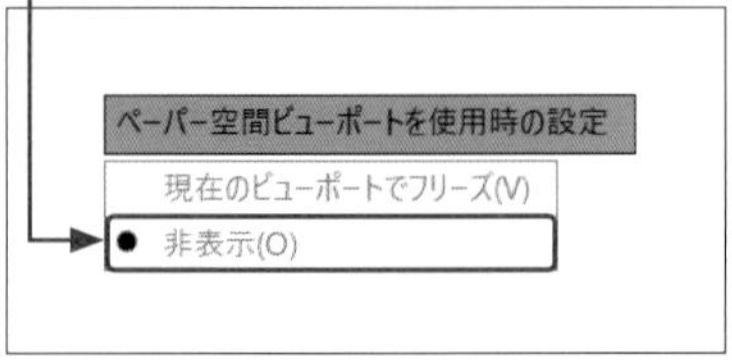

2 「1点目を指定」で框の左上端点(絶対座標値「2787.5,7312.5」)をクリックします。

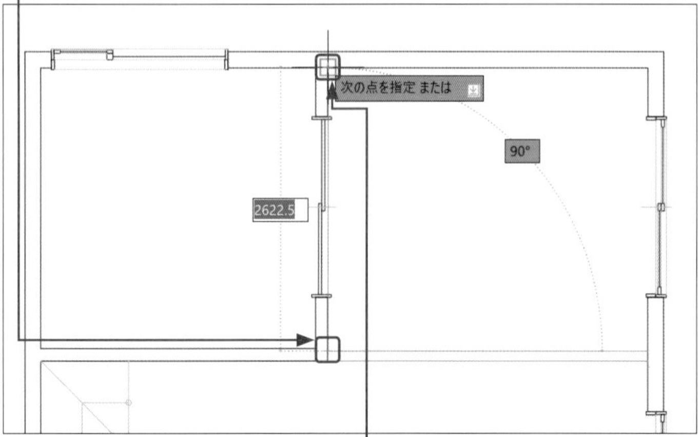

3 「次の点を指定」で北側内壁のコーナーをクリックします。

4 Enter キーを押してコマンドを終了します。

5 <ホーム>タブ→<画層>パネル→<選択表示>をクリックします。

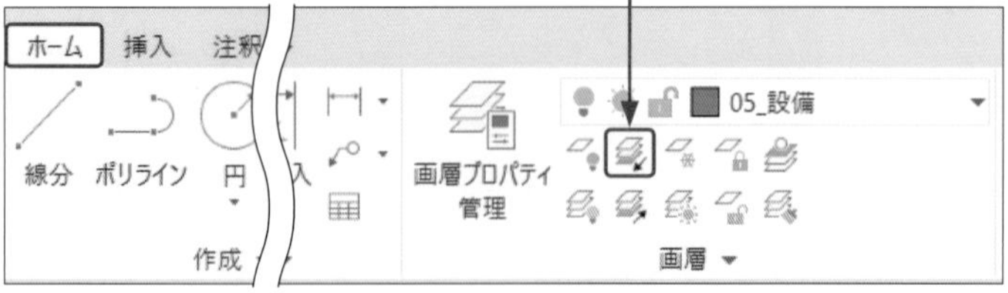

6 「選択表示したい画層上にあるオブジェクトを選択」で、「05_設備」画層上に作図されている線分(框)をクリックして選択します(左の「注意」参照)。

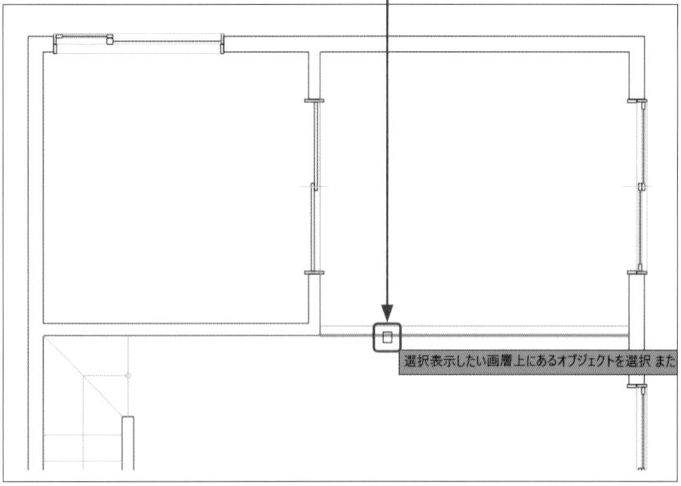

7 Enter キーを押して確定します。

8 「05_設備」画層以外の画層が非表示になります。

3 畳の全体を作図する

1 <ホーム>タブ→<修正>パネル→<配列複写>の▼→<パス配列複写>をクリックします。

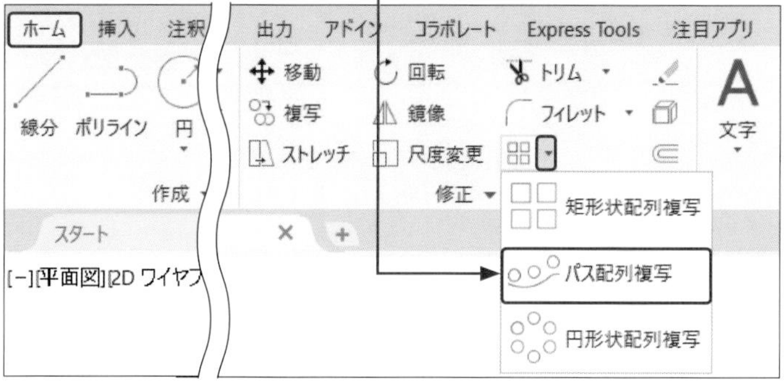

2 「オブジェクトを選択」で框の北側の線分をクリックして選択します。

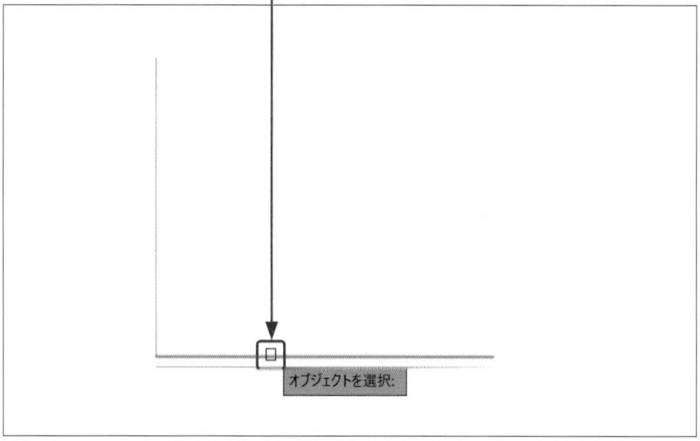

3 Enter キーを押して確定します。

メモ 畳の大きさ(寸法)

畳の大きさ(寸法)は、地域により異なります。京間(本間)、江戸間など、同じ畳数でも使用している畳のサイズによって広さが異なります。ここでは、自由度の高い正方形の畳を配置します。琉球畳などが有名ですが、部屋の大きさに合わせて自由にカスタマイズができるので、近年とても人気の高い畳です。

メモ パス配列複写

パス配列複写では、線分、ポリライン、スプライン、円弧、円、楕円などを基準線(パス)として、選択した図形を一定間隔で複写することができます。

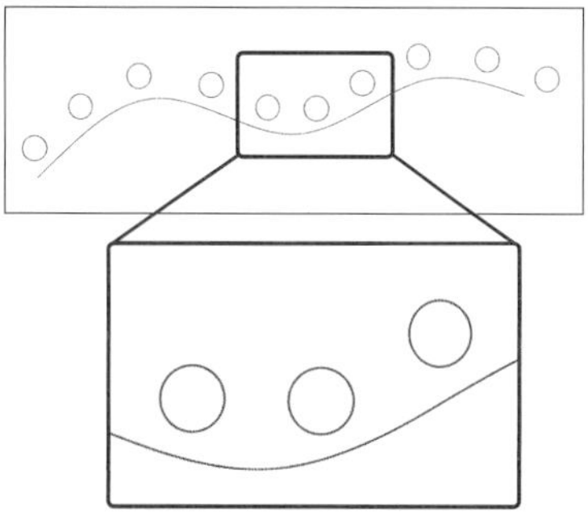

キーワード　メジャーとディバイダ

指定した数値で基準線(パス曲線)に沿って一定間隔で複写することを「メジャー」といいます(画面上)。一方、基準線(パス曲線)の全体の長さを、指定した項目数で等分割して複写することを「ディバイダ」といいます(画面下)。

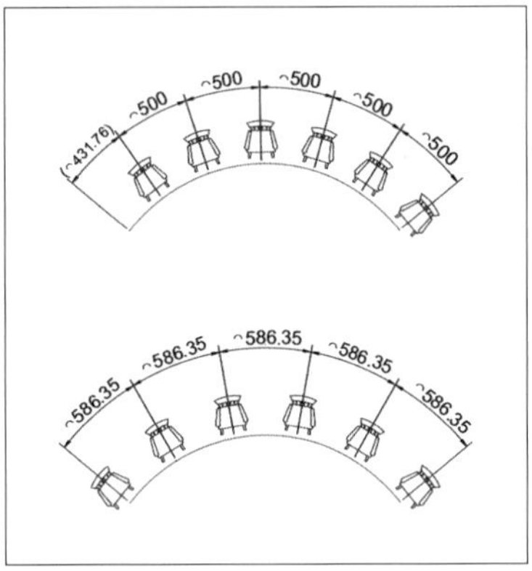

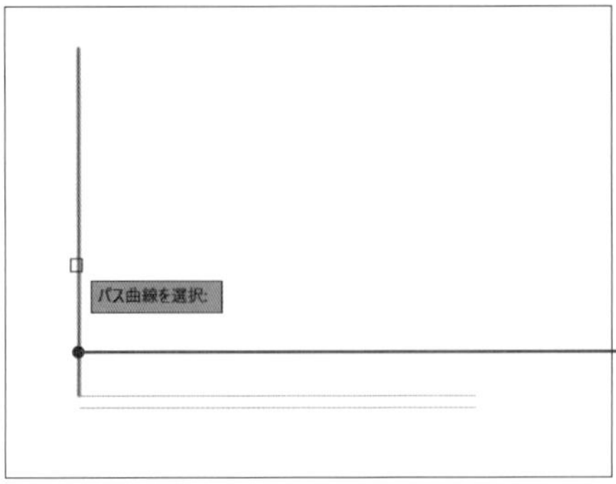

4 「パス曲線を選択」で西側の線分の中点より下をクリックして選択します。

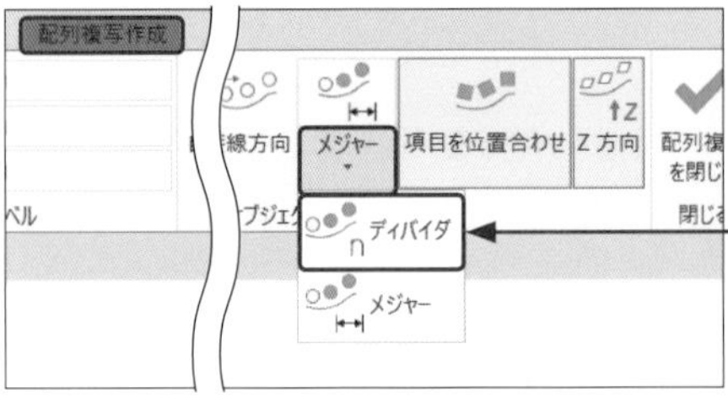

5 <配列複写作成>コンテキストリボンタブ→<オブジェクトプロパティ管理>パネル→<メジャー▼>→<ディバイダ>をクリックします。

6 <配列複写作成>コンテキストリボンタブ→<項目>パネル→<項目>に「4」と入力し、

7 Enter キーを押して確定します。

8 マウスカーソルを作図領域に移動します。

9 <閉じる>パネル→<配列複写を閉じる>をクリックします。

10 Enter キーを押して直前のコマンド(パス配列複写)を繰り返します。

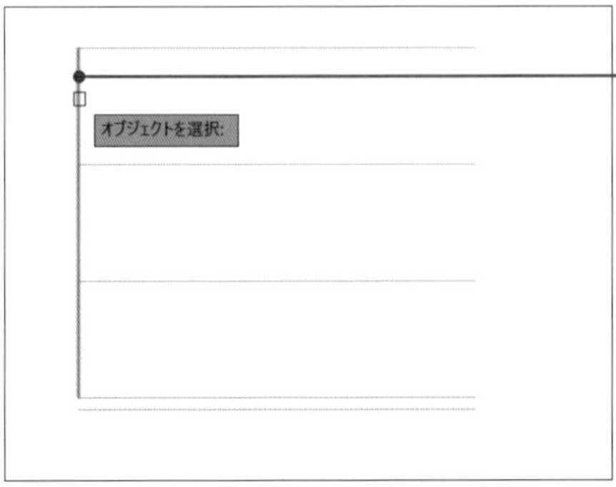

11 「オブジェクトを選択」で西側の線分をクリックして選択します。

12 Enter キーを押して確定します。

メモ　配列複写を解除する場合

パス配列複写で作図した図形を線分として編集したい場合は、「分解コマンド」で編集します。詳細については、P.186の「キーワード」を参照してください。

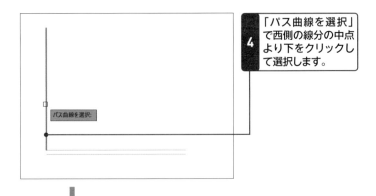

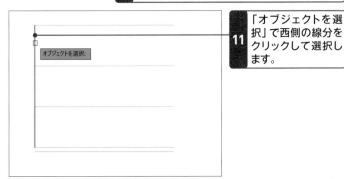

13 「パス曲線を選択」で上がり框の南側の線分をクリックして選択します。

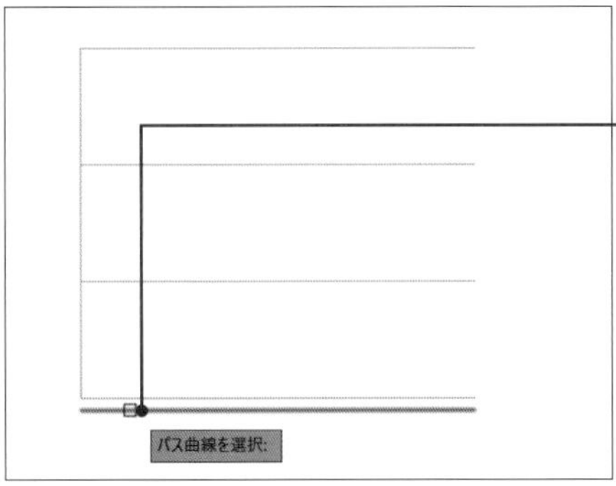

14 <配列複写作成>コンテキストリボンタブ→<オブジェクトプロパティ管理>パネル→<メジャー▼>→<ディバイダ>をクリックします。

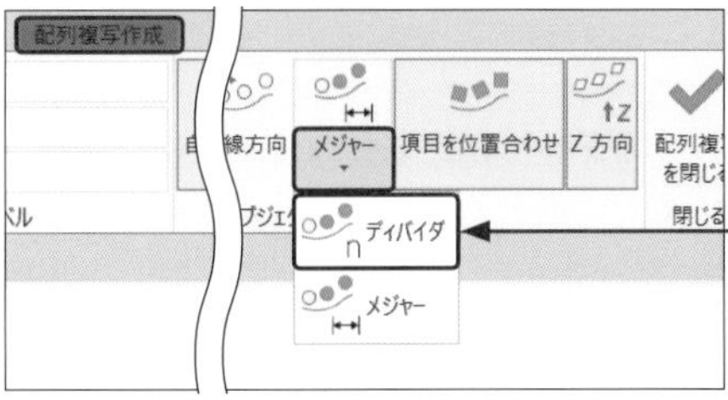

15 <配列複写作成>コンテキストリボンタブ→<項目>パネル→<項目>に「4」と入力し、

16 Enter キーを押して確定します。

17 マウスカーソルを作図領域に移動します。

18 <閉じる>パネル→<配列複写を閉じる>をクリックします。

19 <ホーム>タブ→<画層>パネル→<選択表示解除>をクリックします。

20 選択表示を実行する前の画層の状態に戻ります。

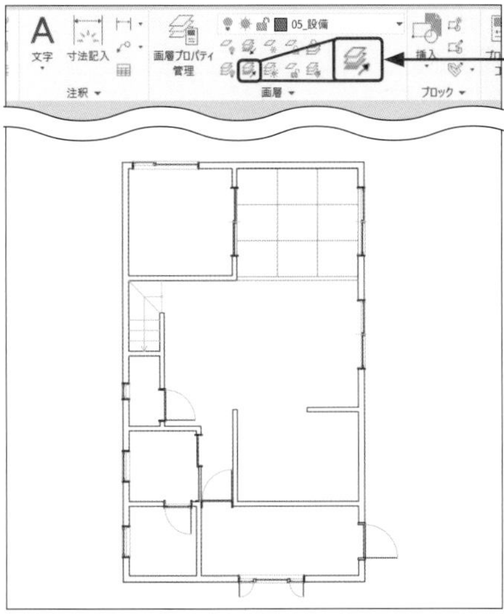

注意 パス曲線を選択時の注意点

パス曲線をクリックして選択する際、希望している向きと反対側に配列複写されてしまった場合は、<配列複写作成>コンテキストリボンタブ→<オブジェクトプロパティ管理>パネル→<基点>を選択し、配列複写の開始となる点をクリックします。

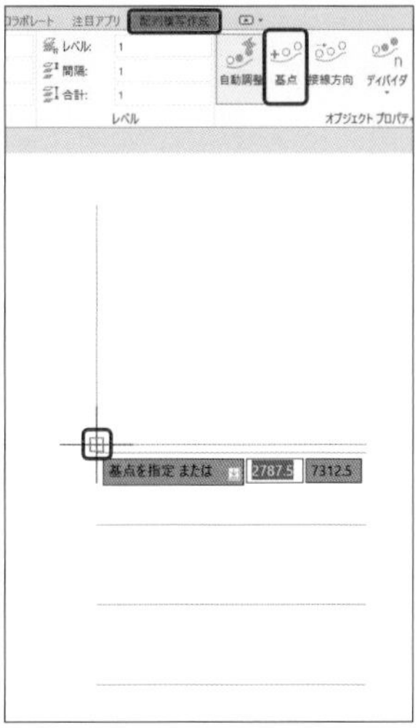

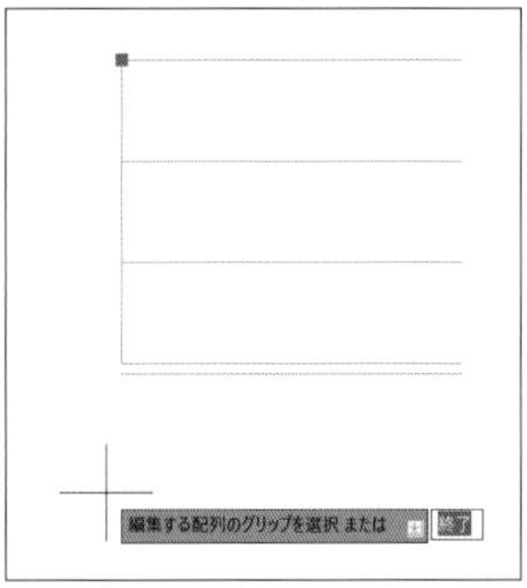

メモ 再作図について

作成した畳の線が、建具ブロックのワイプアウトで隠れてしまう場合は、キーボードで「RE」と入力し Enter キーを押して再作図します。

Section 82 玄関にタイルハッチングを施す

覚えておきたいキーワード
☑ 線分
☑ オフセット
☑ ハッチング

ここでは、玄関の床にタイル柄のハッチングを施します。ハッチングの原点指定を利用すれば、ハッチングの原点（基点）である貼り始めを指定できます。外壁や床などに対して、タイルやフローリングをイメージしたハッチングを施す際に重宝する機能です。

練習用ファイル	Sec82.dwg		
リボン	[ホーム]タブ-[作成]パネル-[線分]／[ホーム]タブ-[修正]パネル-[オフセット]／[ホーム]タブ-[作成]パネル-[ハッチング]		
コマンド	LINE（線分）／OFFSET（オフセット）／HATCH（ハッチング）	エイリアス	L（線分）／O（オフセット）／H（ハッチング）

1 玄関の上がり框を作図する

キーワード 上がり框

玄関部の床の段差部に施す化粧材を「上がり框」と呼びます。

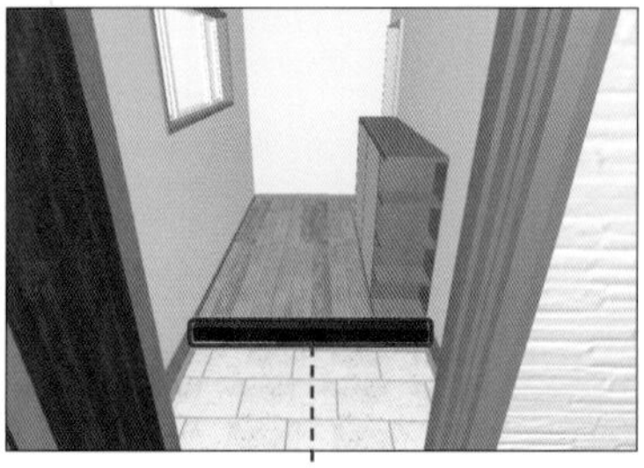

上がり框

1 ステータスバーの<グリッド><スナップ>をクリックして に、<オブジェクトスナップ>を にします。

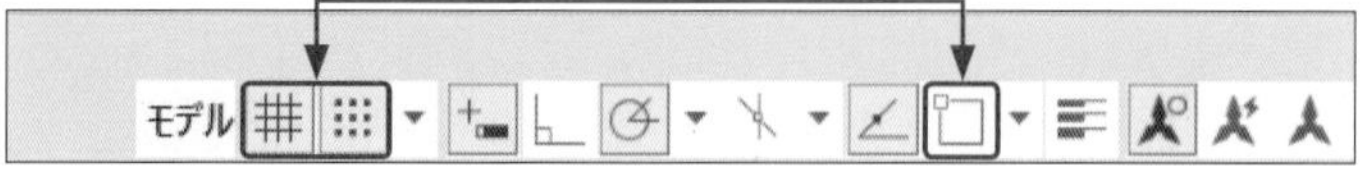

2 <ホーム>タブ→<作成>パネル→<線分>をクリックします。

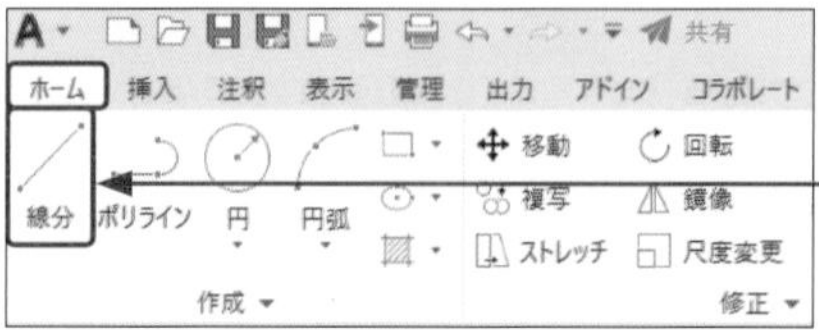

3 「1点目を指定」で玄関部のスナップ点（絶対座標値［4550,1820］）をクリックします。

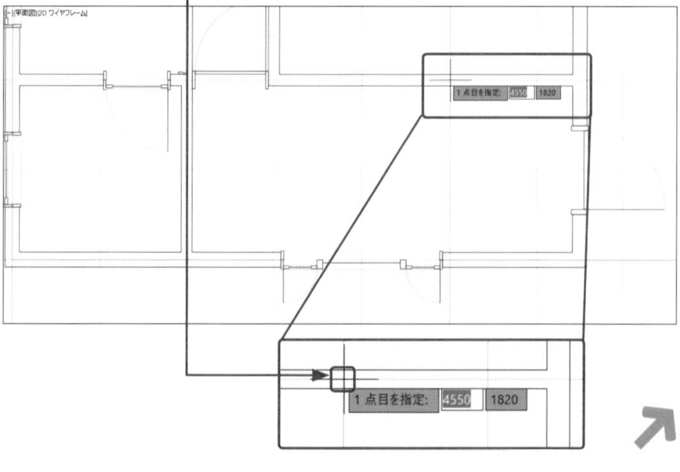

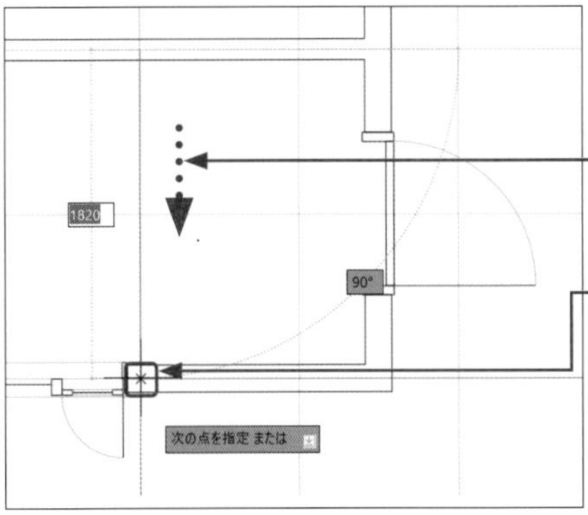

4 「次の点を指定」でマウスカーソルを下（90°）方向に移動します。

5 長さが「1820」と表示されるスナップでクリックします。

6 Enter キーを押してコマンドを終了します。

7 ステータスバーの<グリッド><スナップ>をクリックして にし、<オブジェクトスナップ>を にします。

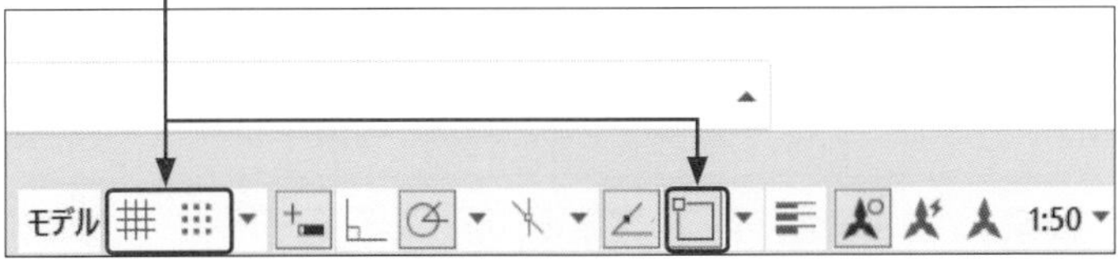

8 <ホーム>タブ→<修正>パネル→<トリム>をクリックします。

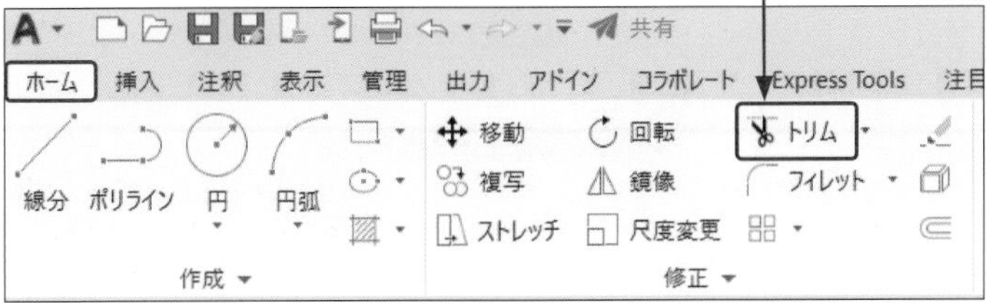

9 「トリムするオブジェクトを選択」で壁からはみ出した部分をクリックでトリムします。

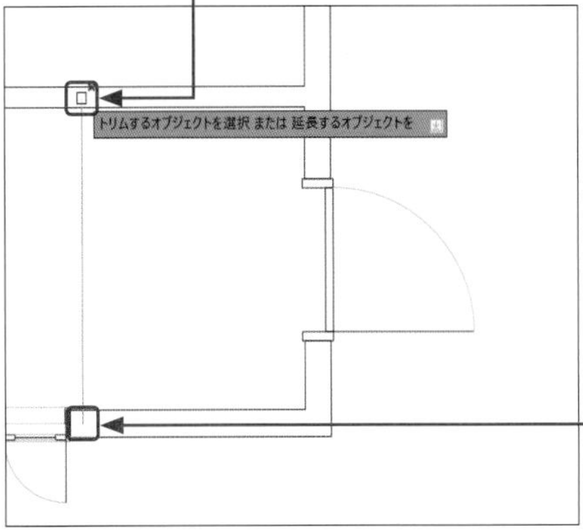

10 反対側も同じようにトリムします。

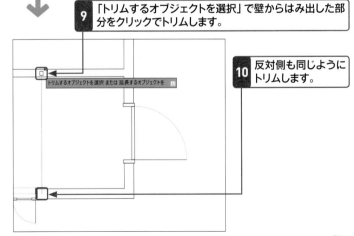

11 Enter キーを押してコマンドを終了します。

メモ オブジェクトスナップトラッキングの使用

グリップスナップを使用しないで、オブジェクトスナップトラッキングを使用して上がり框を作図する場合は、内壁の右端点から左に「1290」移動した位置に線分を作図します。オブジェクトスナップトラッキングの詳細についてはP.74のSec.19「離れた位置に図形を作図する」を参照してください。

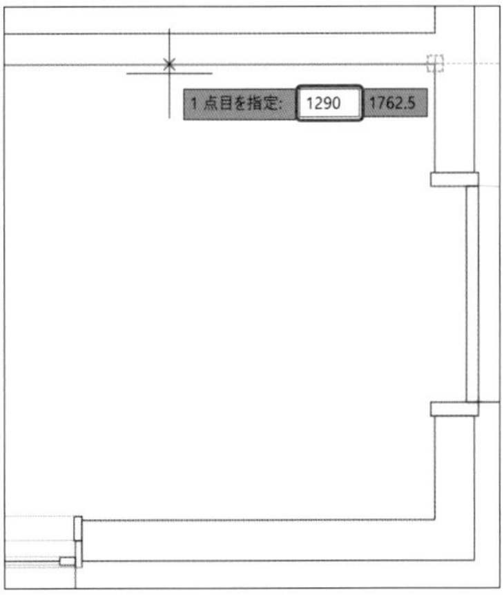

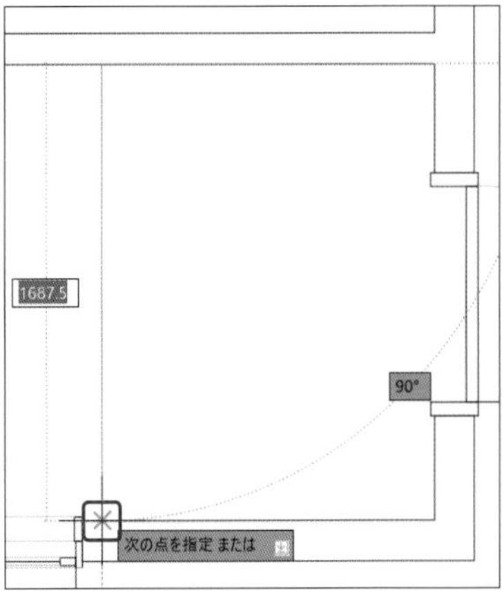

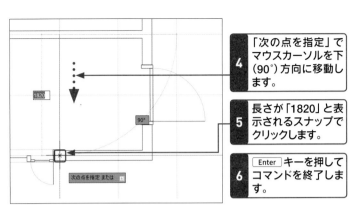

メモ 前回値の使用について

手順13でオフセット距離を入力しましたが、前回の数値（和室の框で使用した「90」）が表示される場合は、入力せずに Enter キーを押すだけで「90」を使用することができます。

12 <ホーム>タブ→<修正>パネル→<オフセット>をクリックします。

13 「オフセット距離を指定」で「90」と入力し、

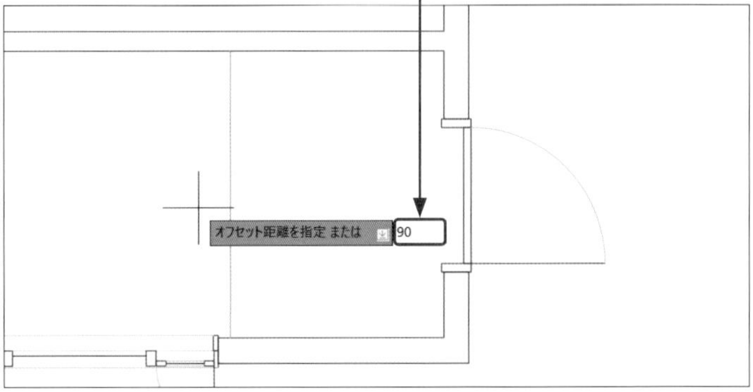

14 Enter キーを押して確定します。

15 「オフセットするオブジェクトを選択」で線分をクリックして選択します。

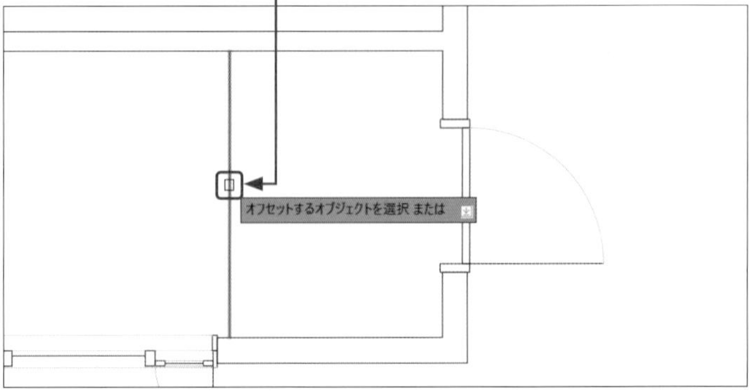

16 「オフセットする側の点を指定」でマウスカーソルを選択した線分よりも右に移動します。

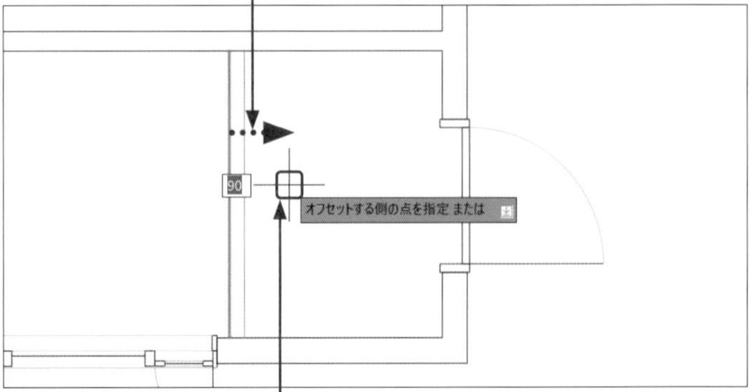

17 表示を確認し、任意の位置でクリックします。

18 Enter キーを押してコマンドを終了します。

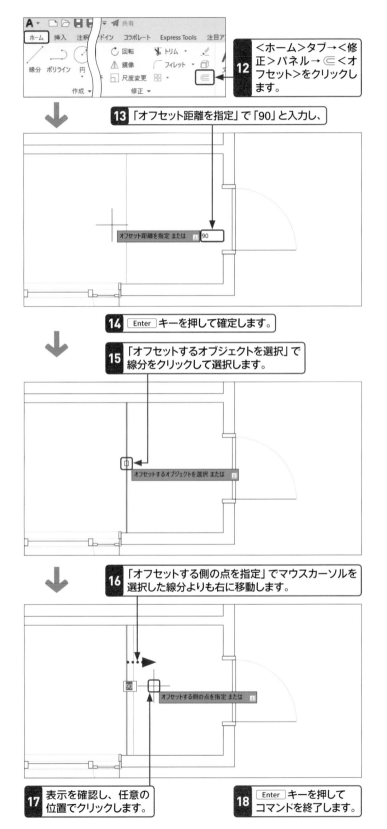

2 玄関の床をハッチングする

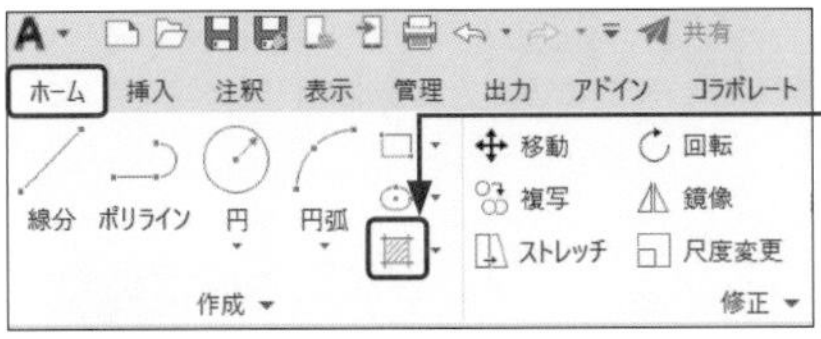

1 <ホーム>タブ→<作成>パネル→ <ハッチング>をクリックします。

2 <ハッチング作成>タブ→<境界>パネル→<点をクリック>をクリックします。

3 <パターン>パネル→<AR-B816>をクリックして選択します。

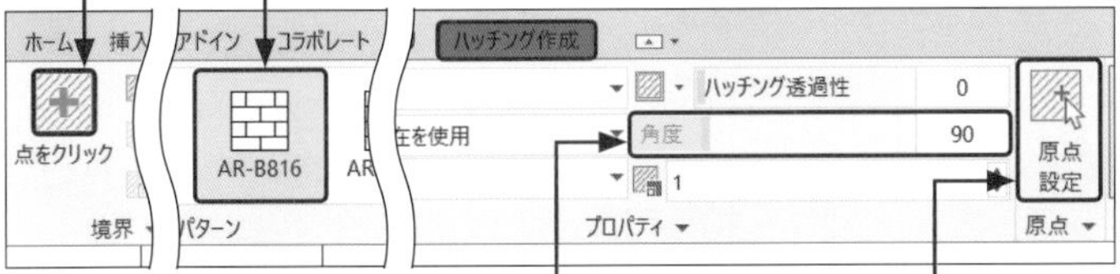

4 <プロパティ>パネル→<角度>に「90」と入力します。

5 <原点>パネル→<原点設定>をクリックします。

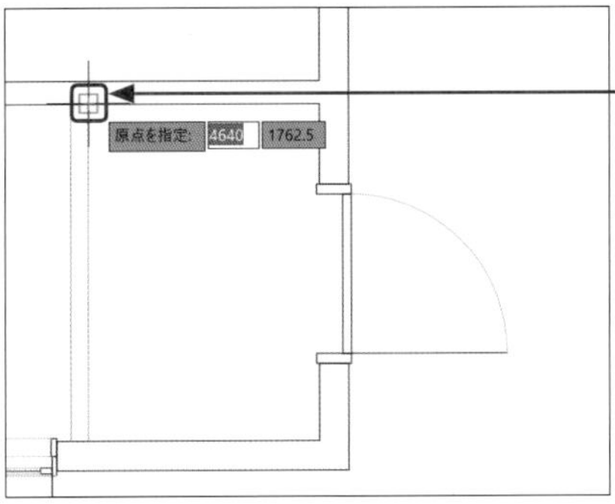

6 「原点を指定」で内壁と上がり框の交点(絶対座標値[4640, 1762.5])でクリックします。

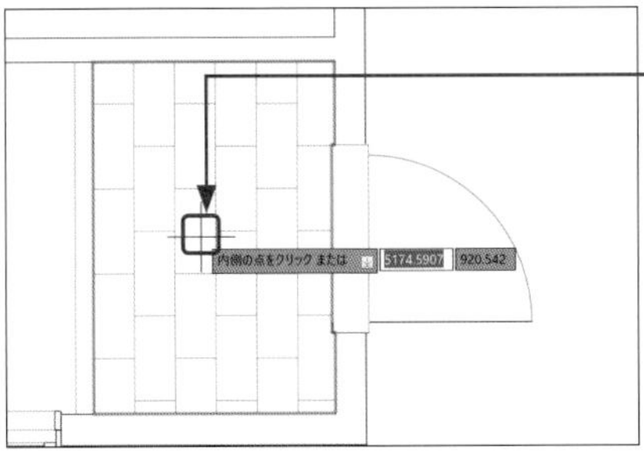

7 「内側の点をクリック」で玄関部分の任意の位置をクリックします。

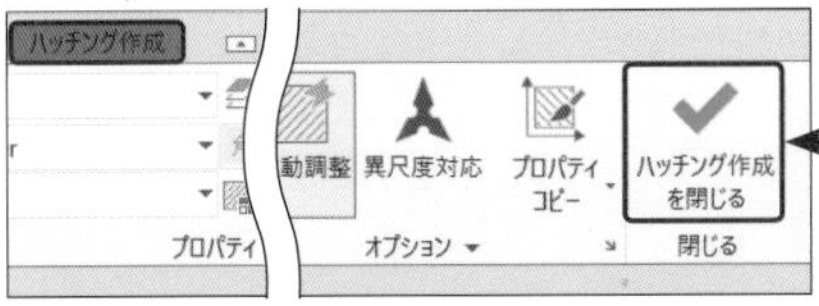

8 <ハッチング作成>タブ→<閉じる>パネル→<ハッチング作成を閉じる>をクリックします。

メモ ハッチングの原点について

ハッチングの原点(基点)は「原点指定」を利用しない場合は、自動的に絶対座標の「0,0」(UCSアイコン)の位置が原点となります。

原点指定なし　絶対座標(0, 0)

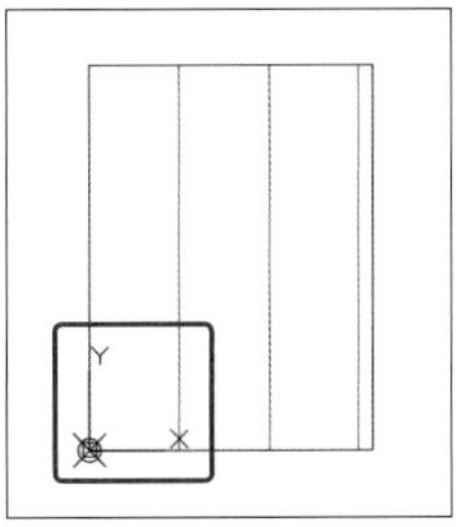

原点=中点

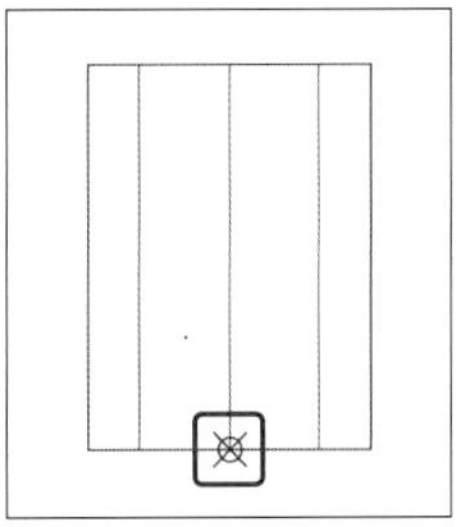

原点=図形右下

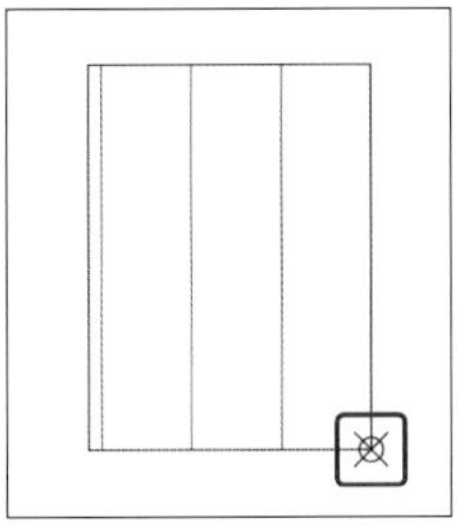

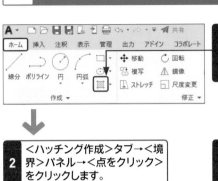

Section 83

設備を挿入する

覚えておきたいキーワード
☑ ブロック
☑ ブロックパレット
☑ 回転

P.280のSec.79で解説した「建具の挿入」と同じように、設備関係の部品も別図面からブロックパレットを使用して挿入します。現在では、インターネットを介して建具や設備などさまざまなブロックを入手することができ、それらを上手に利用することで見栄えのよい図面を作成することができます。

練習用ファイル	Sec83.dwg		
リボン	[ホーム] タブ - [ブロック] パネル - [挿入] - [ライブラリのブロック]		
コマンド	INSERT (ブロック挿入)	エイリアス	I (ブロック挿入)

1 設備を挿入する

メモ インターネットでブロックを検索する

建具や住設設備に関しては、各メーカーからAutoCADのDWGデータを無償(一部有償もあり)でダウンロードすることができます。たとえば、TOTOでは、CADデータのダウンロードページを設けています(https://www.com-et.com/jp/page/cad/)。使用する場合は許可が必要になる場合もあるので、詳細は該当サイトで確認してください。

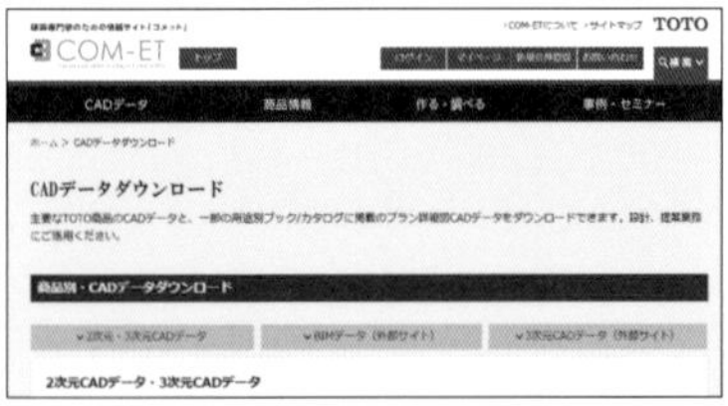

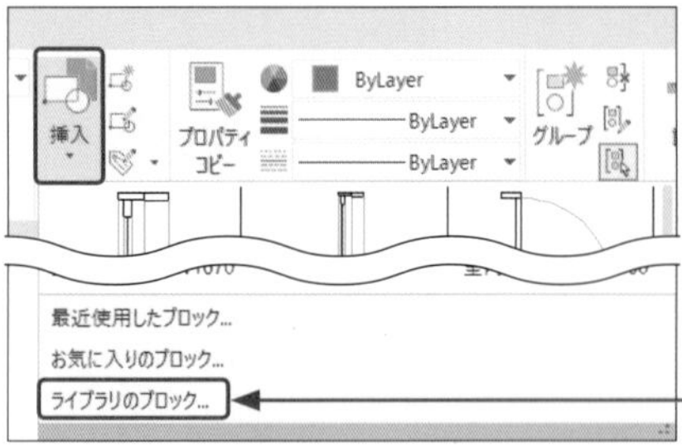

1 <ホーム>タブ→<ブロック>パネル→<挿入▼>→<ライブラリのブロック>をクリックします。

2 ブロックパレットが表示されます。

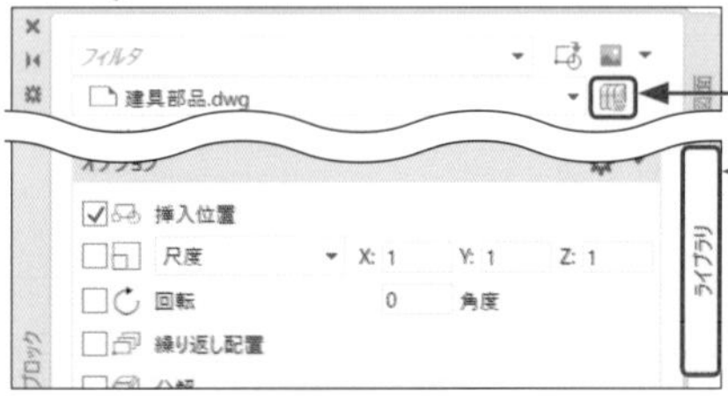

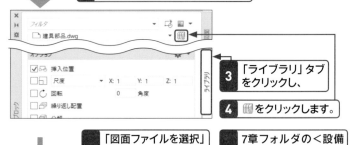

3 「ライブラリ」タブをクリックし、

4 ▦をクリックします。

5 「図面ファイルを選択」ダイアログボックスが表示されます。

6 7章フォルダの<設備部品.dwg>をクリックして選択し、

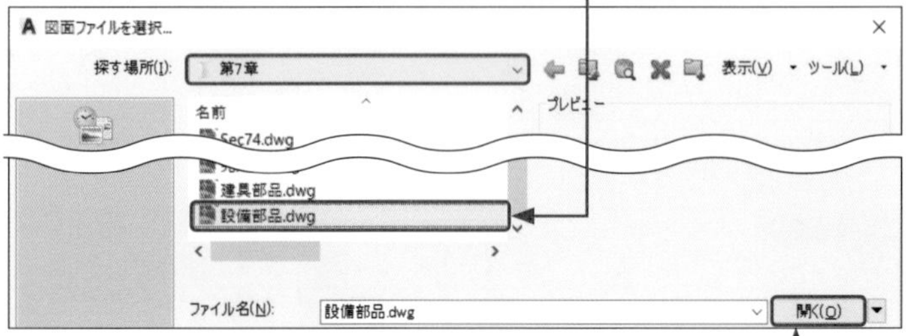

7 <開く>をクリックします。

注意 2019以前のバージョンで作業する場合

2019以前のバージョンで作業する場合は、P.229の「DesignCenterを利用してブロック挿入する」を参照してください。

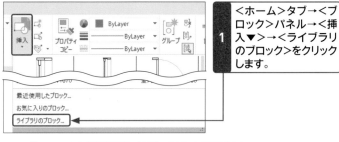

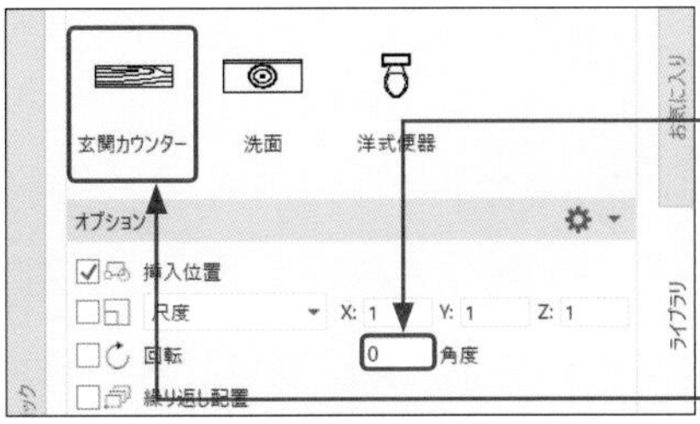

8 「挿入オプション」の「角度」に「0」と入力します。

9 ブロックパレットより<玄関カウンター>ブロックをクリックして選択します。

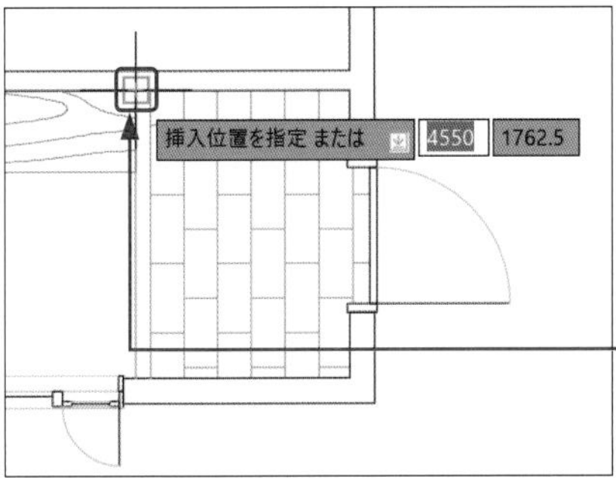

10 作図領域にマウスカーソルを移動します。

11 「挿入位置を指定」で壁と框の交点(端点)クリックしてブロックを挿入します。

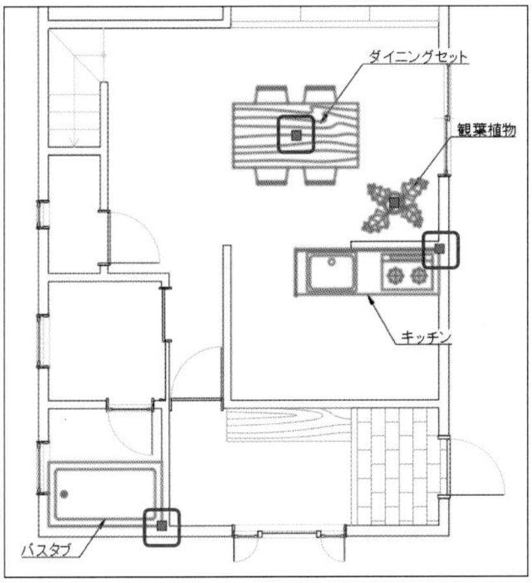

12 同じ手順で「バスタブ」「キッチン」「観葉植物」「ダイニングセット」を配置します(「キッチン」と「バスタブ」は挿入基点を壁の端点に合わせます)。

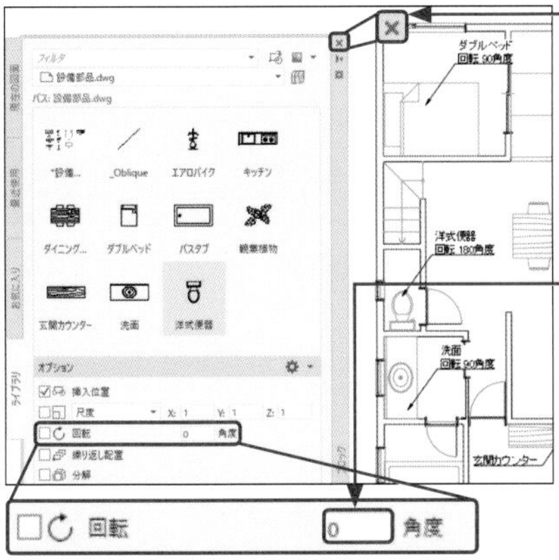

13 「ダブルベッド」「洋式便器」「洗面」を、ブロックパレットの「挿入オプション」の「回転」に、それぞれ指定された回転角度を入力して挿入します。

14 ブロックパレットの ✕ <閉じる>をクリックします。

メモ ブロックの回転について

ブロックの向きは、ブロック登録時の向きに依存します。ブロックパレットのサムネイルを確認し、反時計回りに回転角度を指定します。ブロック選択後に角度を修正したい場合は、Esc キーを押していったん選択を解除してから、再度角度を指定します。

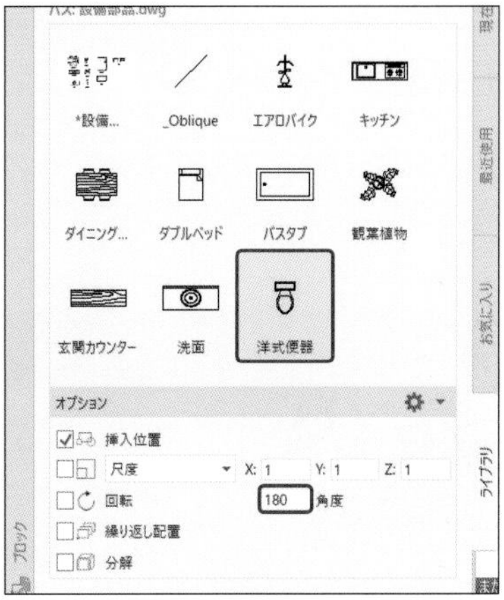

メモ 指定の角度について

手順13で入力する角度は、ダブルベッドが「90」、洋式便所が「180」、洗面が「90」となります。

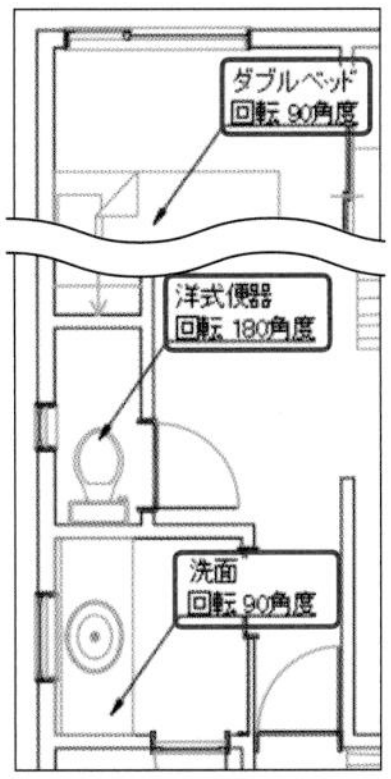

Section 84

部屋名を入力する

覚えておきたいキーワード
- ☑ 文字記入
- ☑ 複写
- ☑ 2点間中点

ここでは完成した部屋に「部屋名」を文字記入コマンドで入力します。基準となる文字をまずは複写で各部屋に配置し、その後文字編集コマンドを使用して変更することで効率化と時間短縮を図ります。また2点間中点コマンドで部屋の中心部に文字を配置する方法も学習します。

練習用ファイル	Sec84.dwg		
リボン	[ホーム]タブ-[注釈]パネル-[文字記入]／[注釈]タブ-[文字]パネル-[文字記入]／[ホーム]タブ-[修正]パネル-[複写]		
ショートカット	(図形選択後)[ショートカットメニュー]-「複写」／[Shift]＋右クリック(2点間中点)		
コマンド	TEXT(文字記入)／COPY(複写)／MTP または M2P (コマンド変更子)	エイリアス	DT(文字記入)／CO(複写)

1 部屋名を入力する

メモ 文字スタイルについて

今回使用する「部屋名」は、異尺度対応で設定されています。「現在のビューの注釈尺度」が<1：50>に設定されているので、これから作図する寸法は<1:50>用となります。

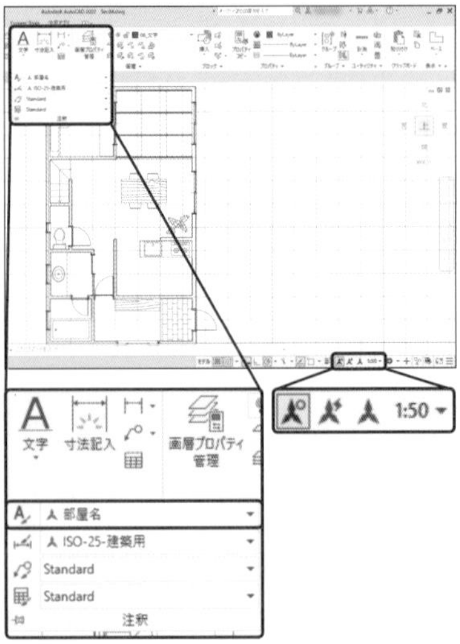

1 ステータスバーの<グリッド><スナップ>をクリックしてに、<オブジェクトスナップ>をにします。

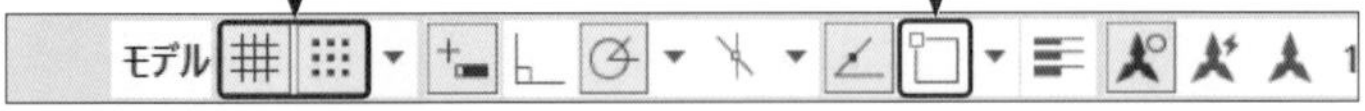

2 <ホーム>タブ→<画層>パネル→<05_設備>をクリックし、表示されるメニューから<06_文字>をクリックして選択します。

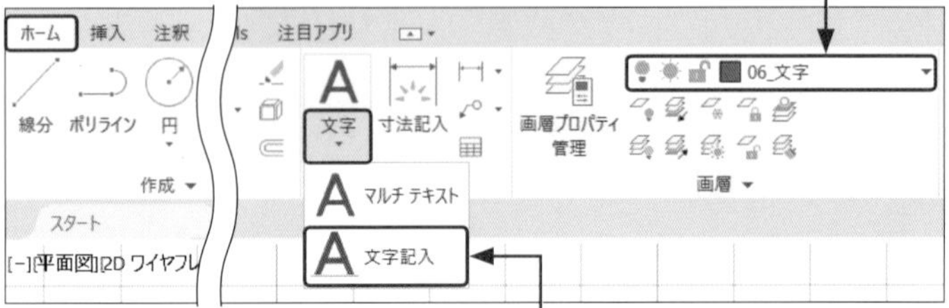

3 <注釈>パネル→<文字▼>→<文字記入>をクリックします。

4 ↓キーを押し、

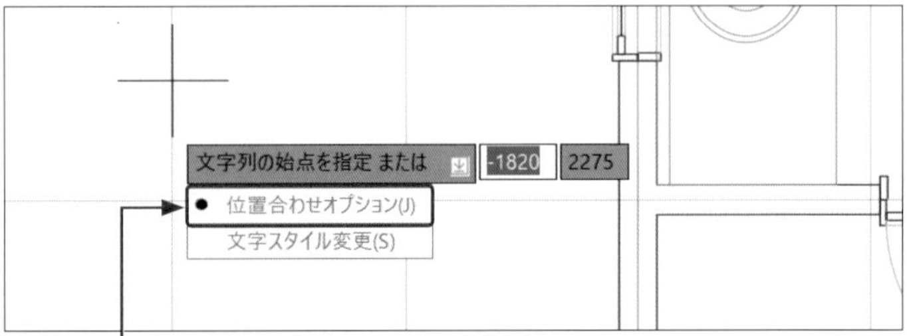

5 「文字列の始点を指定」でオプションより<位置合わせオプション>をクリックします。

第7章 間取り図を作図しよう

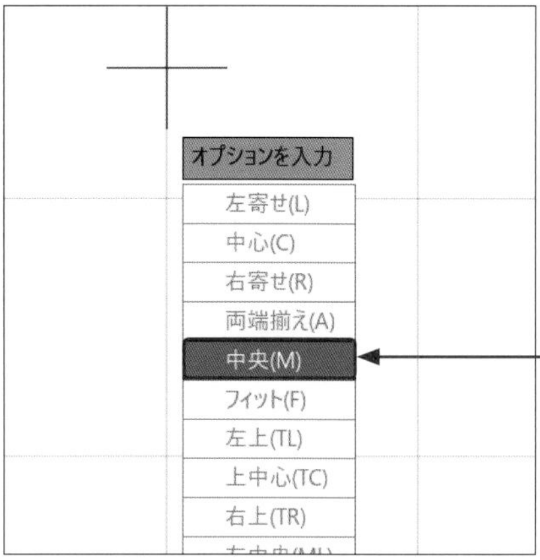

6 「オプションを入力」で＜中央（M）＞をクリックして選択し、

7 「文字列の中央点を指定」で浴室の内のスナップ点（絶対座標値「455,1365」）をクリックします。

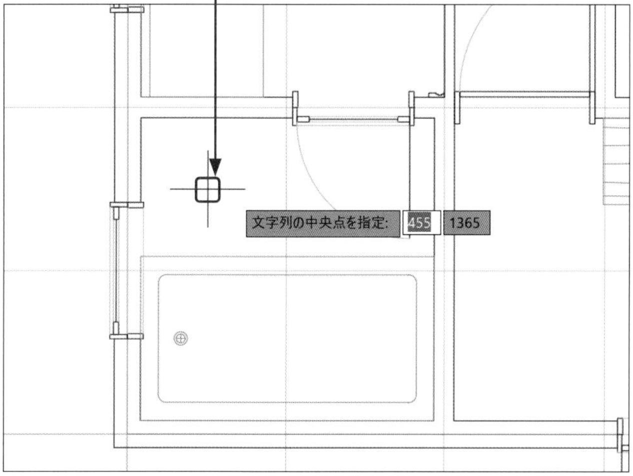

8 用紙上の文字の「高さを指定」で「4」と入力し、Enter キーを押して確定します。

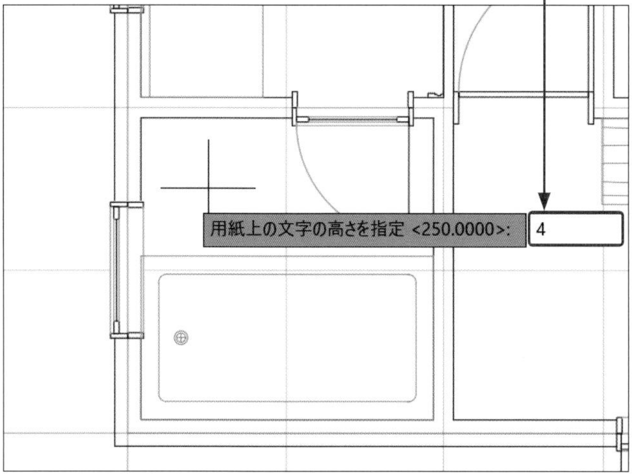

メモ 用紙上の文字の高さについて

P.125でも解説したように、文字の大きさは印刷時の尺度に依存します。今回はS=1/50で印刷時に文字高さ4mmで表示されるよう設定しています。

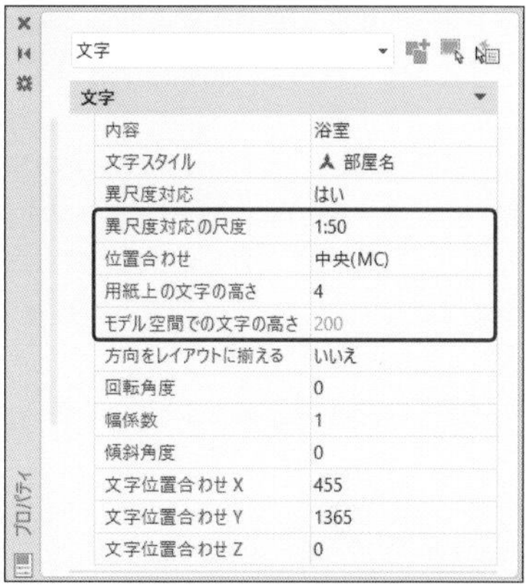

メモ　文字の高さを変更したい場合

AutoCADのコマンド手順は基本的に一方通行です。したがって、角度を指定するステップで、1つ前の文字の高さに戻ることはできません。文字高さを変更したい場合は、Esc キーでいったん実行中のコマンドをキャンセルするか、作成後にプロパティパレットなどで変更します。

9 「文字列の角度を指定」で「0」と入力されていることを確認し、

10 Enter キーを押します。

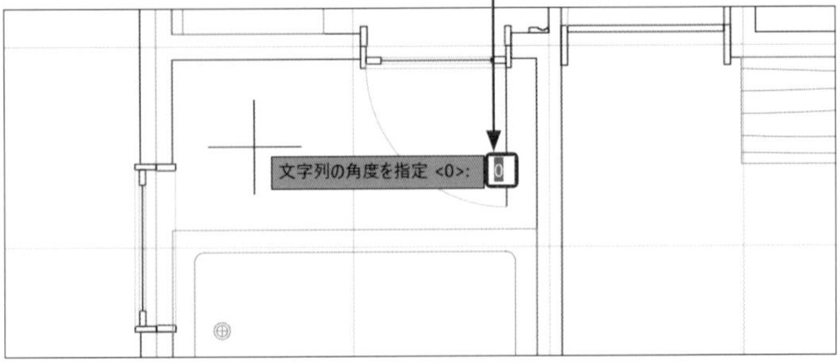

11 マウスカーソルが表示されたら「浴室」と入力します。

12 Enter キーを2回押してコマンドを終了します。

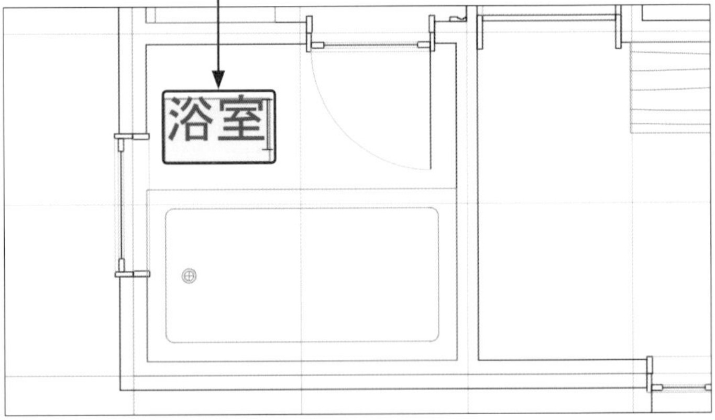

2 文字を複写する

メモ　文字の複写について

ここでは文字を複写して、あとから文字編集する方法を用いています。図面のデータ量が増えると、いかに効率よく手順を少なく操作できるかによって、作業時間に大きな差がでます。たとえば、1文字ずつ作成する場合「文字コマンド選択→基点の指定→高さの指定→角度の指定→文字入力」の手順が必要となります。しかし、複写コマンドを使えば「複写コマンドの選択→コピー貼付→文字編集」と手順を短縮することができます。

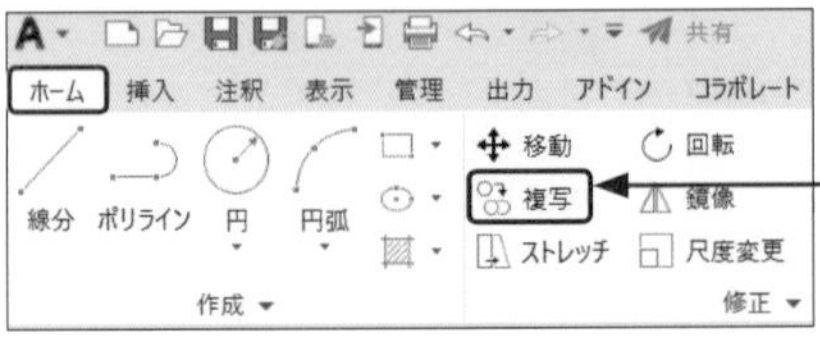

1 <ホーム>タブ→<修正>パネル→<複写>をクリックし、

2 「オブジェクトを選択」で<浴室>をクリックして、

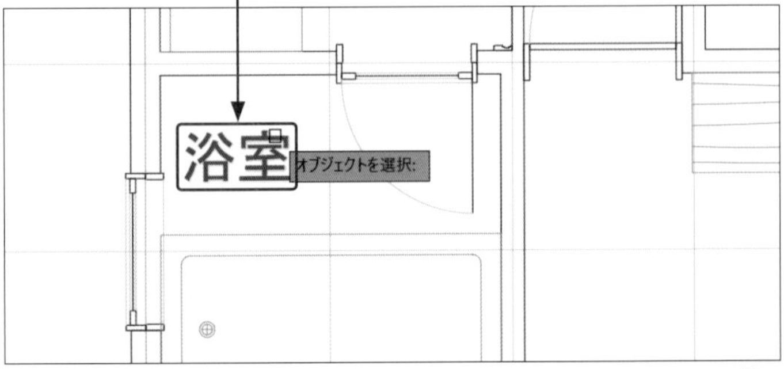

3 Enter キーを押します。

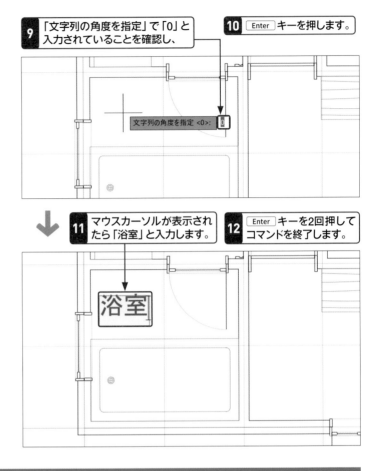

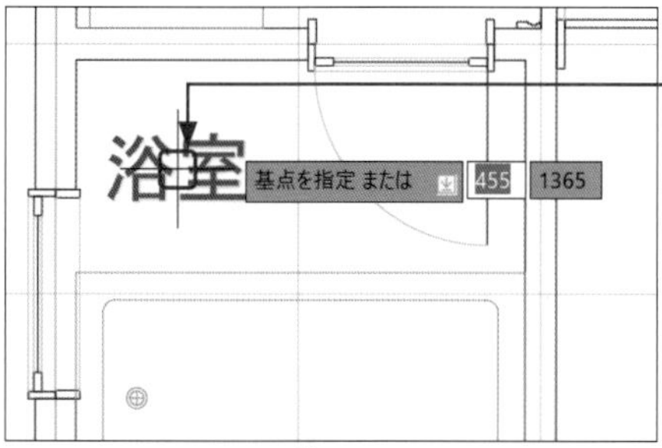

4 「基点を指定」で浴室の内のスナップ点（絶対座標値「455, 1365」）をクリックします。

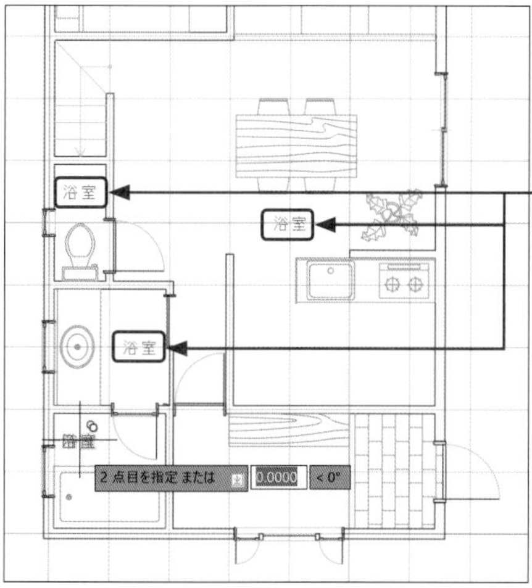

5 「2点目を指定」で「トイレ」「洗面」「リビング」にあたる位置のスナップ点を、それぞれクリックして貼り付けます。

3 部屋の中心に文字を配置する

1 ステータスバーの<グリッド><スナップ><極トラッキング>をクリックして にし、<オブジェクトスナップ>を にします。

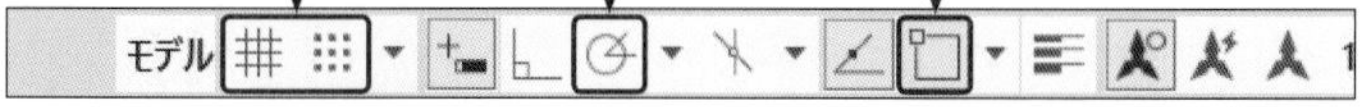

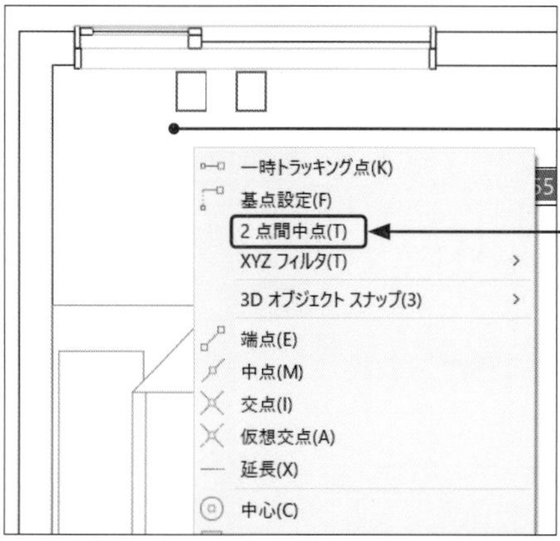

2 「2点目を指定」で、Shift キーを押しながら、作図領域内で右クリックしてます。

3 「優先オブジェクトスナップ」メニューより<2点間中点>をクリックして選択します。

メモ　2点間中点について

P.58のSec.14「指定した2点間の中点を取得する」でも解説したように、2点間中点を使用すれば指定した2点の中点をかんたんにとることができます。方法としては、補助線として対角線を描く方法（線を作図→文字をコピー貼付→対角線を削除）もありますが、より効率的に作業を行うために2点間中点を使用しています。

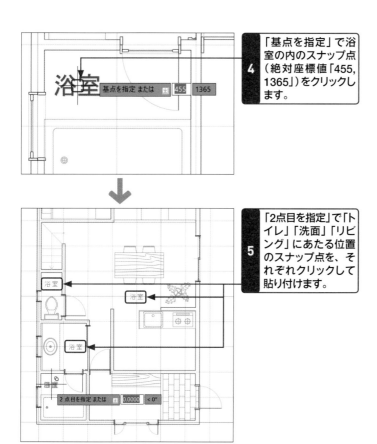

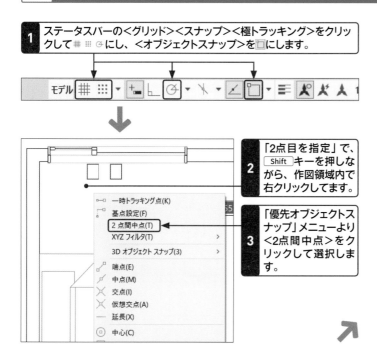

メモ フォントについて

P.132のSec.36「文字スタイルを設定する」でも解説したように、通常、フォントは文字スタイル単位で管理します。AutoCADの文字スタイルの初期値に設定されているStandardスタイルのフォントは「Arial」です。シェイプ（ビック）フォントなど一部の欧文フォントは日本語に対応しておらず、日本語を入力すると「?」で表示されます。

Arial	ABCDEFG あいうえお
MSPゴシック	ABCDEFG あいうえお
MSゴシック	ABCDEFG あいうえお
scriptc.shx	ABCDEFG ?????

4 「中点の1点目」で寝室内壁の右上コーナー端点をクリックします。

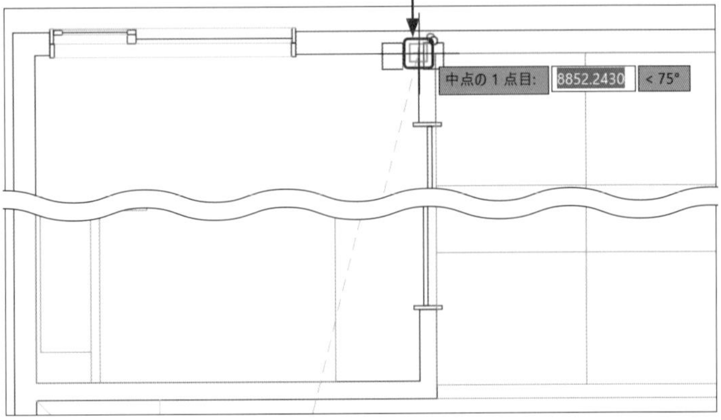

5 「中点の2点目」で寝室内壁の左下コーナー端点をクリックします。

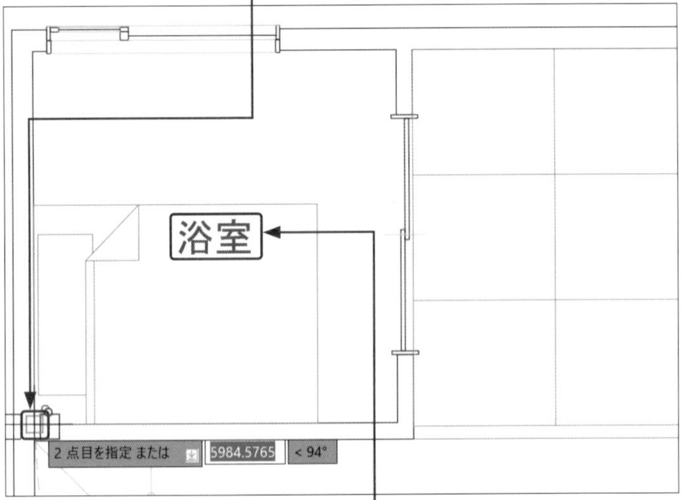

6 2点を結んだ線の中点に文字が貼り付けられます。

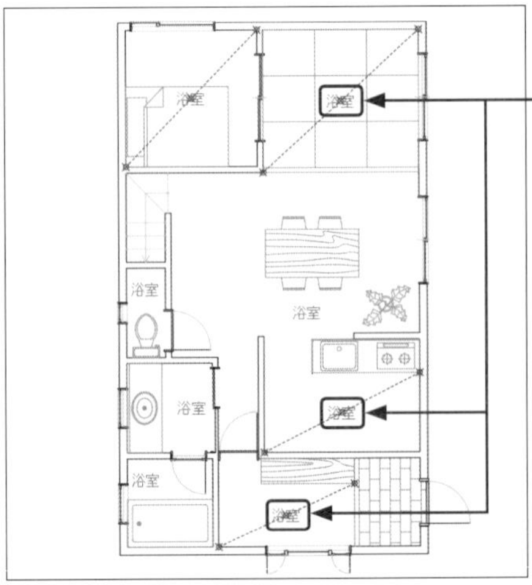

7 「2点間中点」を繰り返して、同じ手順で「和室」「キッチン」「玄関」のそれぞれ指定された2点の中点に文字を貼り付けます。

8 Enter キーを押してコマンドを終了します。

4 文字を変更する

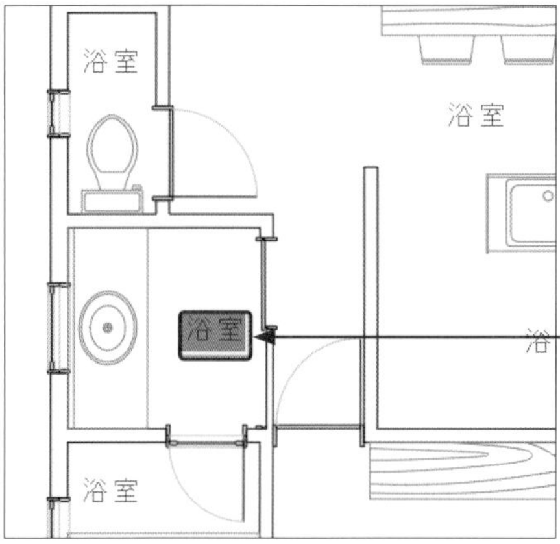

1 洗面所に貼り付けた文字をダブルクリックして選択します。

2 文字が編集状態になります。

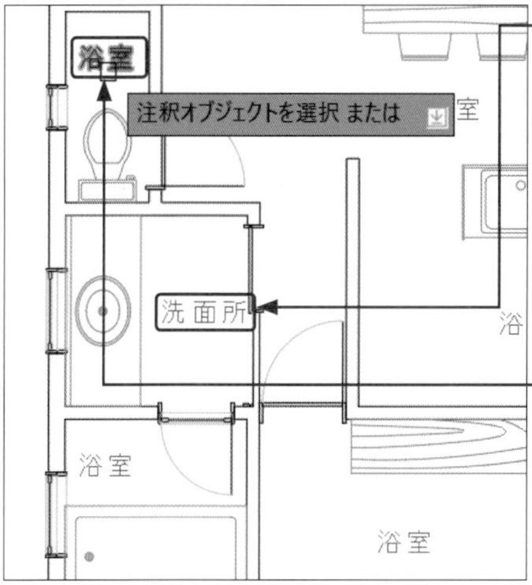

3 「洗面所」と入力し、

4 Enter キーを押して確定します。

5 「注釈オブジェクトを選択」で次に変更する文字をクリックして選択します。

6 文字を変更し、

7 Enter キーを押して確定します。

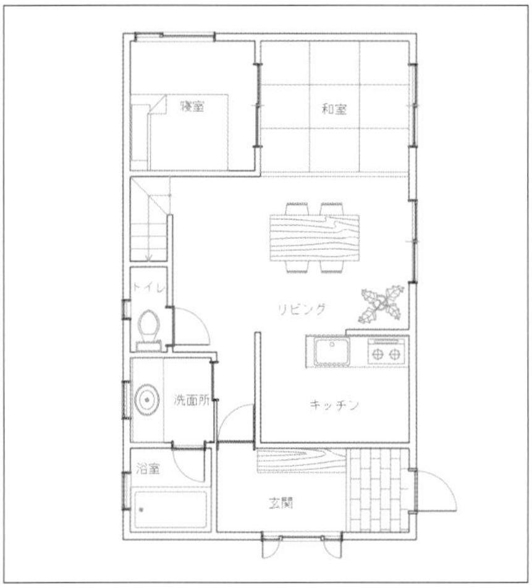

8 すべての文字を変更したら、Enter キーを押してコマンドを終了します。

メモ プロパティパレットを使用した文字編集

プロパティパレットを使用して文字を編集する場合は、Ctrl＋1キーを押して「プロパティパレット」を起動し、編集対象の文字をクリックで選択し、＜文字＞→＜内容＞から変更します。編集が終了したら、必ず Esc キーを押して選択を解除します。

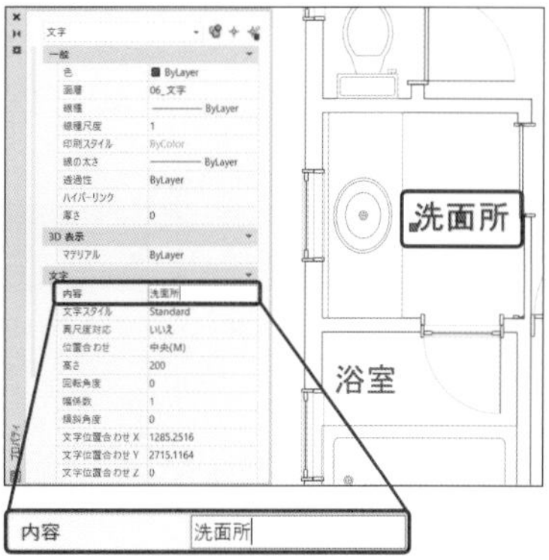

Section 85

レイアウトビューを作成する

覚えておきたいキーワード
- 新しいビュー
- ビューを挿入
- レイアウト

ここでは、ビューを挿入コマンドを利用して、指定した範囲をあらかじめ準備されたレイアウトに合わせて配置する方法を解説します。ただし、これは2018 UPDATEで追加された機能なので、それ以前のバージョンで作成する場合は、P.162「ビューポートを設定する」を参照してください。

練習用ファイル	Sec85.dwg		
リボン	[表示]タブ→[名前の付いたビュー]パネル→[新しいビュー]/[レイアウト]タブ→[レイアウト ビューポート]パネル→[ビューを挿入]		
コマンド	NEWVIEW(新しいビュー)	エイリアス	—

1 レイアウトビューを作成する

キーワード ビュー

「ビュー」とは、指定された画面の表示範囲のことを指します。ビューを登録しておくと、かんたんに登録した範囲を表示することができます。

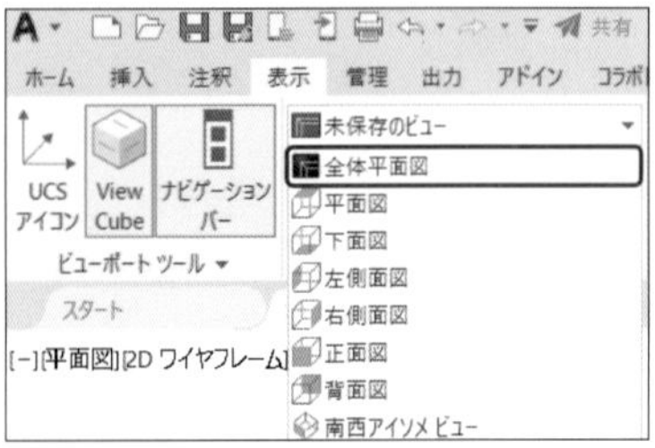

メモ ビュー管理

登録したビューは<表示>タブ→<名前の付いたビュー>パネル→<ビュー管理>→「ビュー管理」ダイアログボックスより編集できます。

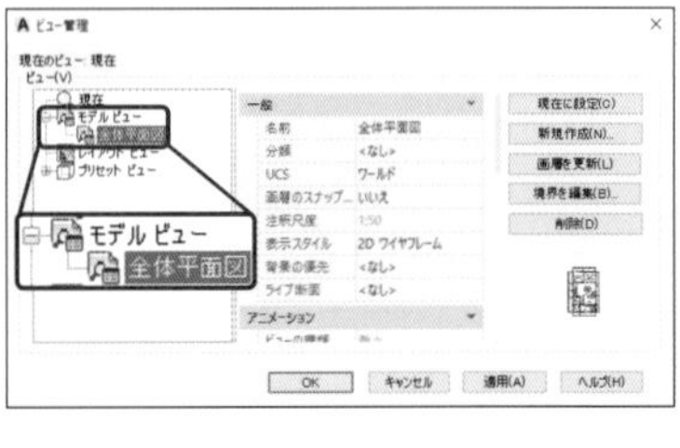

1 <ホーム>タブ→<画層>パネル→<06_文字>をクリックし、

2 表示されるメニューから、<07_寸法>の<フリーズ>をクリックして<すべてのビューポートでフリーズまたはフリーズ解除>に変更します。

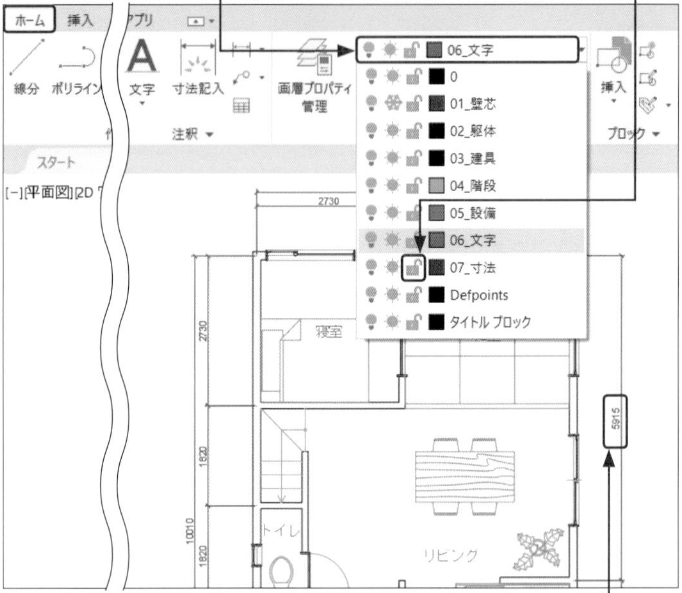

3 寸法が表示されます。

4 <表示>タブ→<名前の付いたビュー>パネル→<新しいビュー>をクリックします。

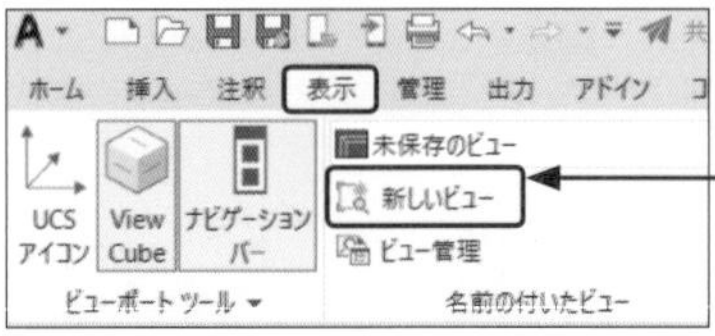

5 「新しいビュー/ショットのプロパティ」ダイアログボックスが表示されます（LTの場合は、「ビューを登録」ダイアログボックス）。

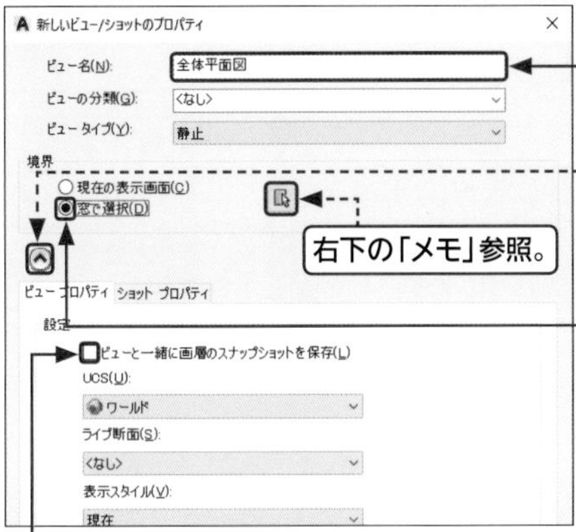

6 ビュー名に「全体平面図」と入力します。

ダイアログボックスの下部が表示されていない場合は「∨（オプションを表示）」ボタンをクリックします。

右下の「メモ」参照。

7 ＜ビュープロパティ＞タブ→「設定」の＜ビューと一緒に画層のスナップショットを保存＞の☑をクリックして、□にします。

8 「境界」で＜窓で選択＞の○をクリックして、◉にします。

メモ　ビューと一緒に画層のスナップショットを保存

＜ビューと一緒に画層のスナップショットを保存＞にチェックを入れた状態でビューを登録すると、ビューを呼び出した（表示した）際に、自動的に登録した時点で設定されていた画層表示に変更されます。

メモ　「窓で選択」で画面が切り替わらないときは

手順**8**を実行しても画面が切り替わらない場合は、右のアイコン＜ビューの窓で選択＞をクリックします。

2 印刷範囲を指定する

1 モデル画面に切り替わります（図面を拡大／縮小していると、この表示は異なります）。

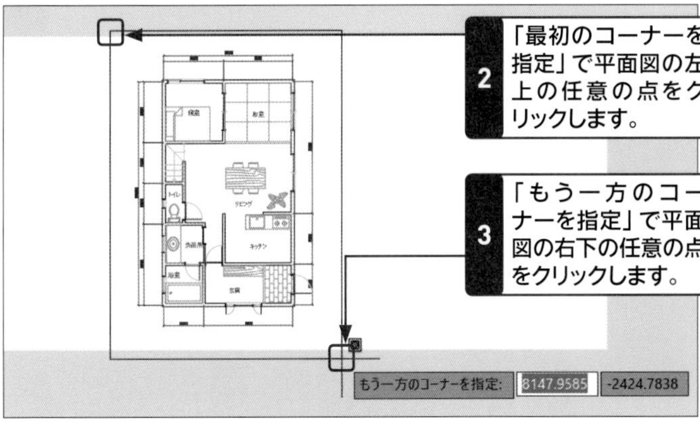

2 「最初のコーナーを指定」で平面図の左上の任意の点をクリックします。

3 「もう一方のコーナーを指定」で平面図の右下の任意の点をクリックします。

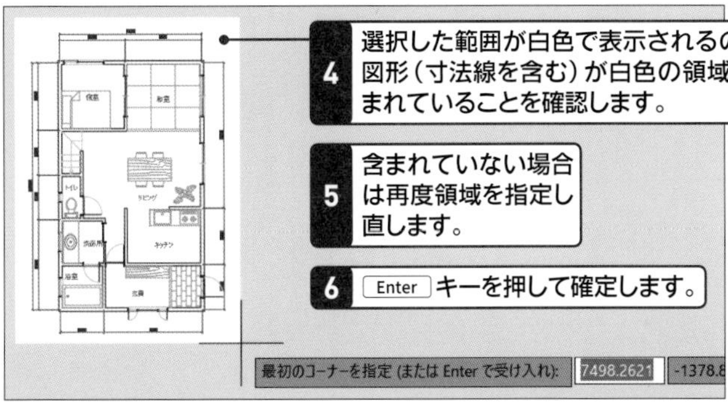

4 選択した範囲が白色で表示されるので、図形（寸法線を含む）が白色の領域に含まれていることを確認します。

5 含まれていない場合は再度領域を指定し直します。

6 Enter キーを押して確定します。

メモ　領域のサイズについて

手順**4**で指定した領域のサイズが、レイアウトの用紙サイズより大きくなった場合、P.313の手順**15**のビューポートの配置の際に縮小して表示されます。尺度を調整したい場合は、P.313のステップアップ「ビューポート尺度の設定」を参照して、ビューポート尺度を調整します。

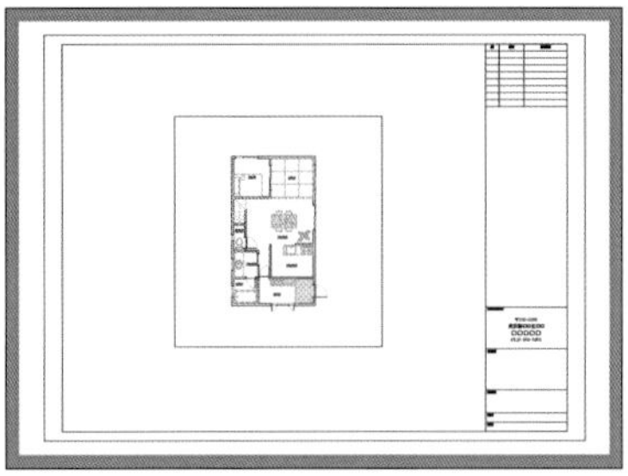

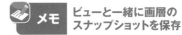

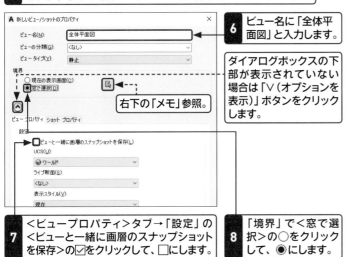

キーワード Defpoints画層

「Defpoints画層」とはAutoCADによって自動的に作成される特別な画層で、図面上に寸法を作図したタイミングで作成されます。印刷はできない画層のため、印刷したくないビューポート(の枠線)を書くときなどに利用できます。

メモ 手動でビューポートを作成するには

手動でビューポートを作成する場合は、<レイアウト ビューポート>→<矩形>で任意のビューポートを作成します(P.160のSec.42「レイアウト印刷をする」参照)。

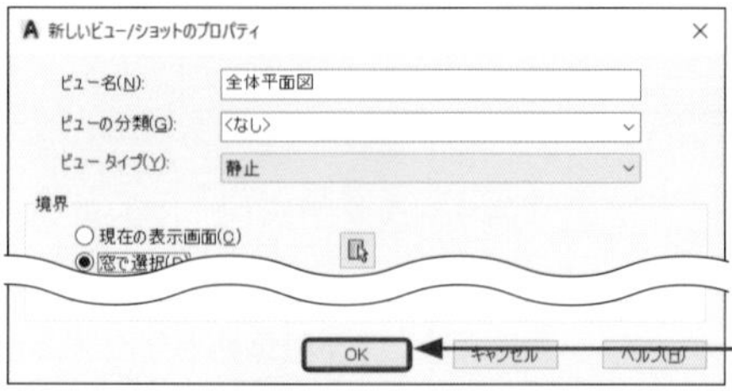

7 再び「新しいビュー/ショットのプロパティ」ダイアログボックスが表示されます。

8 <OK>をクリックします。

9 <A3_1_50>のレイアウトタブをクリックします。

10 レイアウト画面が表示されます。

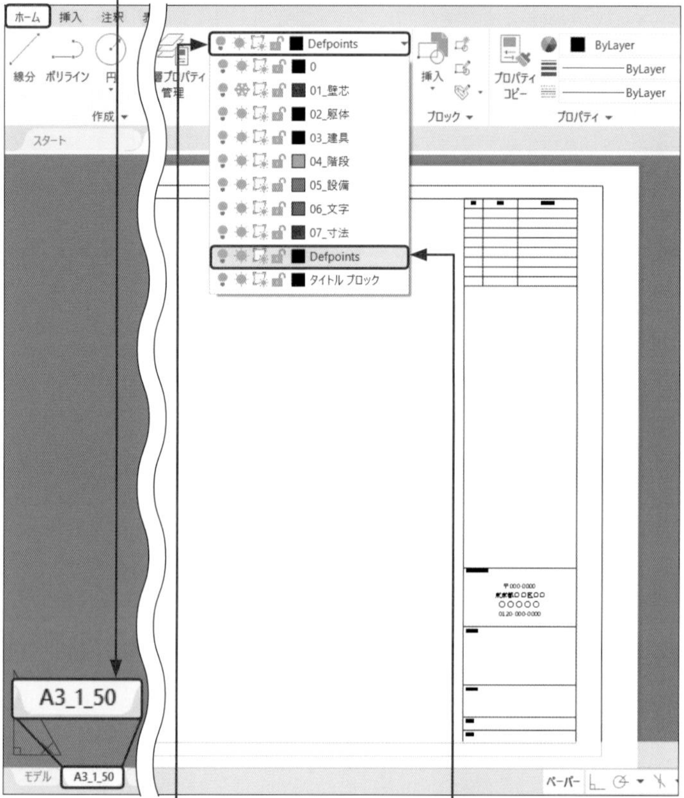

11 <ホーム>タブ→<画層>パネル→<06_文字>をクリックし、

12 表示されるメニューから<Defpoints>をクリックして選択します。

13 <レイアウト>タブ→<レイアウト ビューポート>→<ビューを挿入>をクリックし、

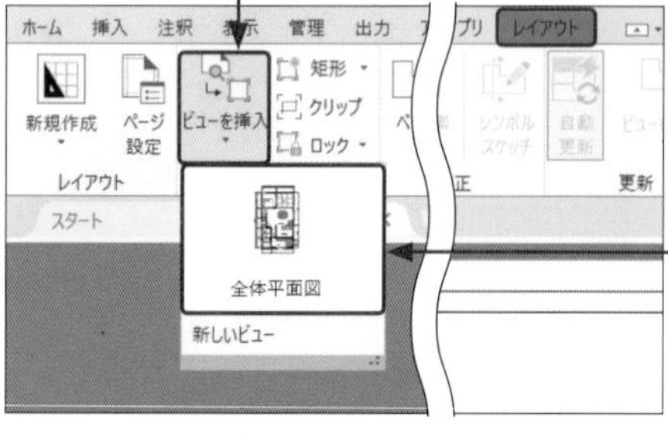

14 表示されるメニューから<全体平面図>をクリックして選択します。

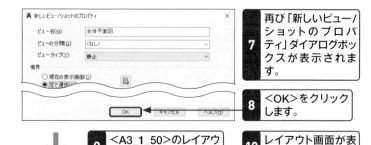

15 「ビューの位置を指定」でレイアウトの内側の任意の位置をクリックします。

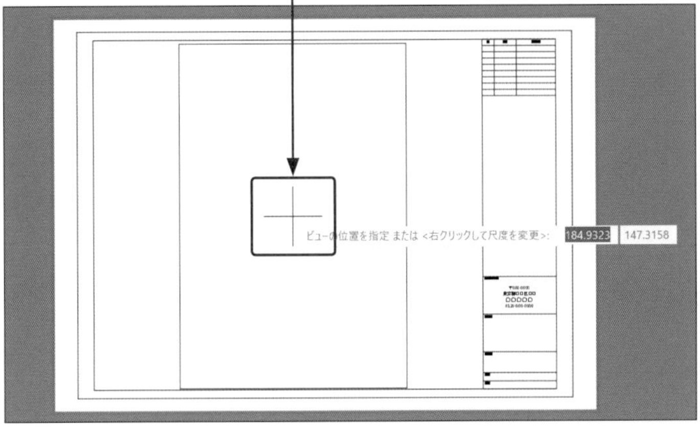

16 ビューポート内に、「新しいビュー」で指定した範囲が表示されます。

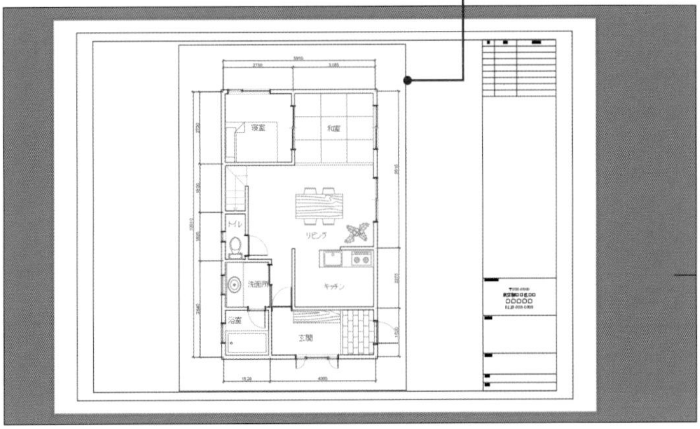

メモ ビューポートの大きさと尺度について

＜ビューを挿入＞コマンドを使用してビューを配置すると、自動的に最適なビューポート尺度と大きさに自動調整してくれます。

メモ 異尺度対応のビューポート内での表示について

レイアウト空間で「注釈オブジェクトの表示」をオフ（現在の尺度のみ）の状態にすると、ビューポートと同じ尺度で作成された異尺度対応の文字や寸法のみが表示されます（異尺度対応でない文字や寸法は尺度関係なく表示されます）。

ステップアップ ビューポート尺度の設定

手動でビューポート尺度を調整する場合は、次の手順で行います。

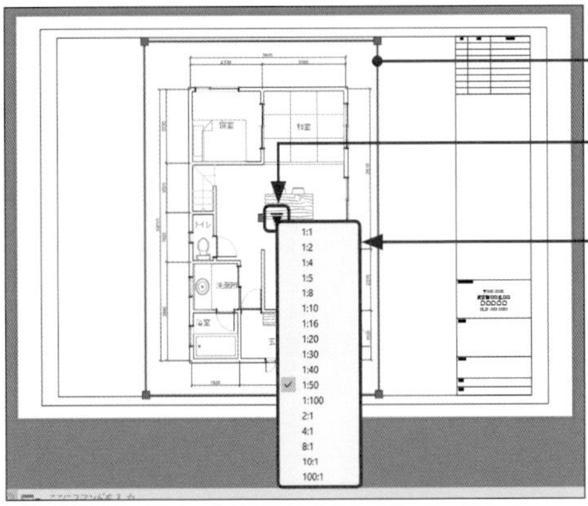

1 ビューポートの枠線をクリックして選択します。

2 ビューポートの中央部に表示される尺度変更グリップをクリックします。

3 表示されるメニューから尺度をクリックして選択します。

4 Esc キーを押して選択を解除します。

主なキーボードショートカット

AutoCADの豊富で多彩な機能の多くには、その機能にすばやくアクセスできるキーボードショートカットが割り当てられていることがあります。キーボードショートカットとは、マウスではなくキーボードを使って各種操作を実行する機能です。よく使うキーボードショートカットを覚えることで、作業効率が向上します。なお、メーカー製パソコンの中には、独自の機能をキーボードショートカットに割り当てていることがあるので、ここで紹介している内容とは異なる動作をする場合もあります。ご了承ください。

■作図補助設定の切り替え

内容	キー操作	コマンド
オンライン ヘルプを表示する	F1	
定常オブジェクト スナップのオン／オフを切り替える	F3	
	Ctrl + F	
グリッドの表示モードのオン／オフを切り替える	F7	
	Ctrl + G	
直交モードのオン／オフを切り替える	F8	
スナップのオン／オフを切り替える	F9	
	Ctrl + B	
極トラッキングのオン／オフを切り替える	F10	
	Ctrl + U	
オブジェクト スナップ トラッキングのオン／オフを切り替える	F11	
ダイナミック入力のオン／オフを切り替える	F12	
[プロパティ]パレットの表示を切り替える	Ctrl + 1	
[DesignCenter]の表示を切り替える	Ctrl + 2	

■編集・作図作業

内容	キー操作	コマンド
(ロックおよびフリーズされていない)図面内のすべてのオブジェクトを選択する	Ctrl + A	AI_SELALL
直前に選択したオブジェクトを選択する	Ctrl + Shift + L	SELECT
オブジェクトを クリップボードにコピーする	Ctrl + C	COPYCLIP
基点とともにオブジェクトをクリップボードにコピーする	Ctrl + Shift + C	COPYBASE
クリップボードのデータを貼り付ける	Ctrl + V	PASTECLIP
クリップボードのデータをブロックとして貼り付ける	Ctrl + Shift + V	PASTEBLOCK
クリップボードに切り取る	Ctrl + X	CUTCLIP
やり直し	Ctrl + Y	MREDO
元に戻す	Ctrl + Z	UNDO

円(中心-半径)コマンド	C	CIRCLE
寸法スタイル管理	D	DIMSTYLE
削除コマンド	E	ERASE
フィレットコマンド	F	FILLET
ハッチングコマンド	H	HATCH
ブロック挿入コマンド	I	INSERT
結合コマンド	J	JOIN
線分コマンド	L	LINE
移動コマンド	M	MOVE
オフセットコマンド	O	OFFSET
ストレッチコマンド	S	STRETCH
マルチテキストコマンド	T	MTEXT
ビュー管理ダイアログボックス	V	VIEW
分解コマンド	X	EXPLODE

■図面の操作

内容	キー操作	コマンド
図面を新規作成する	Ctrl + N	NEW
既存の図面ファイルを開く	Ctrl + O	OPEN
現在の図面を印刷する	Ctrl + P	PLOT
現在の図面を閉じる	Ctrl + F4	CLOSE
アプリケーションを終了する	Ctrl + Q	QUIT
	Alt + F4	
図面を保存する(上書き保存)	Ctrl + S	QSAVE
	Q	
図面に名前を付けて保存	Ctrl + Shift + S	SAVEAS
[スタート]タブに移動する	Ctrl + Home	GOTOSTART
次のレイアウト タブに移動する	Ctrl + Page down	
直前のレイアウトに移動する	Ctrl + Page up	
次のファイル タブに移動する	Ctrl + Tab	
	Ctrl + F6	
画面移動	P	PAN
窓ズーム	Z	ZOOM

索引

記号・数字・英字

あ行

か行

さ行

た～な行

は行

ま～わ行

お問い合わせについて

本書に関するご質問については、本書に記載されている内容に関するもののみとさせていただきます。本書の内容と関係のないご質問につきましては、一切お答えできませんので、あらかじめご了承ください。また、電話でのご質問は受け付けておりませんので、必ずFAXか書面にて下記までお送りください。
なお、ご質問の際には、必ず以下の項目を明記していただきますようお願いいたします。

1 お名前
2 返信先の住所またはFAX番号
3 書名（今すぐ使えるかんたん AutoCAD [改訂2版]）
4 本書の該当ページ
5 ご使用のOSとアプリ
6 ご質問内容

なお、お送りいただいたご質問には、できる限り迅速にお答えできるよう努力いたしておりますが、場合によってはお答えするまでに時間がかかることがあります。また、回答の期日をご指定なさっても、ご希望にお応えできるとは限りません。あらかじめご了承くださいますよう、お願いいたします。

問い合わせ先

〒162-0846
東京都新宿区市谷左内町21-13
株式会社技術評論社　書籍編集部
「今すぐ使えるかんたん AutoCAD [改訂2版]」質問係
FAX番号　03-3513-6167

URL https://book.gihyo.jp/116

■お問い合わせの例

FAX

1 お名前
　技術　太郎
2 返信先の住所またはFAX番号
　03-XXXX-XXXX
3 書名
　今すぐ使えるかんたん
　AutoCAD [改訂2版]
4 本書の該当ページ
　82ページ
5 ご使用のOSとアプリ
　Windows 10
　AutoCAD 2022
6 ご質問内容
　手順2～3の操作をしても、手順4のようにならない

※ご質問の際に記載いただきました個人情報は、回答後速やかに破棄させていただきます。

今《いま》すぐ使《つか》えるかんたん AutoCAD《オートキャド》 [改訂《かいてい》2《に》版《はん》]

2019年12月10日　初版　　第1刷発行
2021年11月 5 日　第2版　第1刷発行
2022年 7 月15日　第2版　第2刷発行

著　者●アヴニールCAD《キャド》システムズ　代表《だいひょう》　日野眞澄《ひのますみ》
発行者●片岡　巌
発行所●株式会社 技術評論社
　東京都新宿区市谷左内町21-13
　電話　03-3513-6150　販売促進部
　　　　03-3513-6160　書籍編集部
装丁●田邉　恵里香
作図●中村　知子
本文デザイン●リンクアップ
編集／DTP●オンサイト
担当●矢野　俊博
製本／印刷●大日本印刷株式会社

定価はカバーに表示してあります。

ISBN978-4-297-12367-3 C3055
Printed in Japan

著者プロフィール

日野眞澄（ひの ますみ）
アヴニールCADシステムズ代表。
YouTubeチャンネル登録者数2次元CAD関連チャンネルで日本一を達成（2021年9月現在）。1年間の総再生回数110万回を突破。小学校の教員を退職後、スーパーゼネコンを中心に土木・建築・機械など様々なジャンルのCADオペレーターとして10年間従事。2011年アヴニールCADシステムズとして独立。AutoCAD認定インストラクターとして、職業訓練や企業研修を行う。2017年より日建学院WEB講座担当（AutoCAD/OFFICE）。